MINISTÈRE DU COMMERCE, DE L'INDUSTRIE
DES POSTES ET DES TÉLÉGRAPHES

EXPOSITION UNIVERSELLE INTERNATIONALE DE 1900
À PARIS

RAPPORTS
DU JURY INTERNATIONAL

Classe 5. — Enseignement spécial agricole

RAPPORT DE M. LÉON DABAT
DIRECTEUR AU MINISTÈRE DE L'AGRICULTURE

TOME II

PARIS
IMPRIMERIE NATIONALE

M CMIV

RAPPORTS DU JURY INTERNATIONAL

DE

L'EXPOSITION UNIVERSELLE DE 1900

MINISTÈRE DU COMMERCE, DE L'INDUSTRIE
DES POSTES ET DES TÉLÉGRAPHES

EXPOSITION UNIVERSELLE INTERNATIONALE DE 1900
À PARIS

RAPPORTS
DU JURY INTERNATIONAL

Classe 5. — Enseignement spécial agricole

RAPPORT DE M. LÉON DABAT

DIRECTEUR AU MINISTÈRE DE L'AGRICULTURE

TOME II

PARIS

IMPRIMERIE NATIONALE

M CMIV

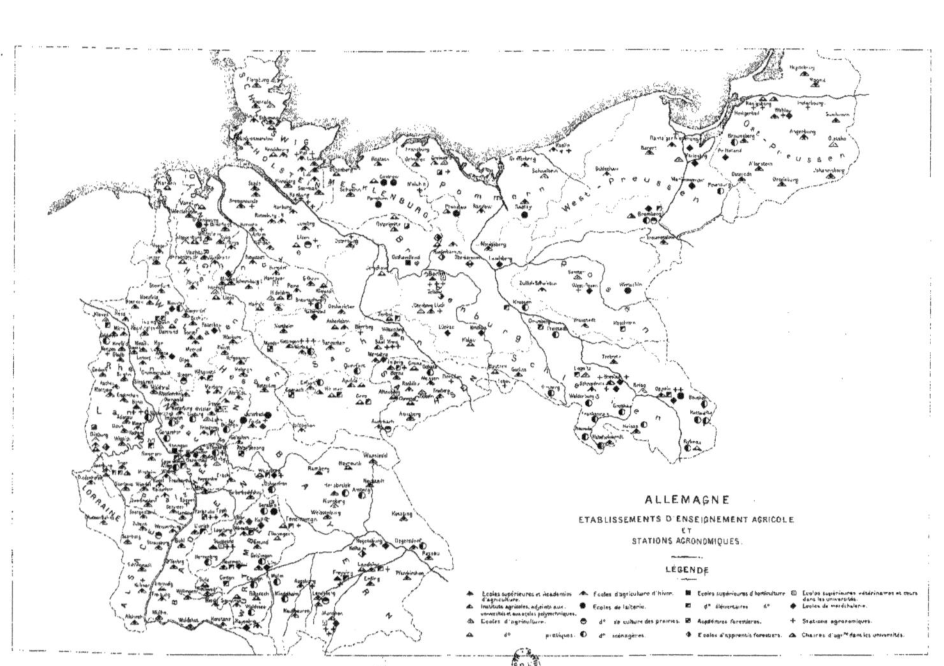

Fig. 1.—Carte des établissements d'enseignement agricole et stations agronomiques.

ENSEIGNEMENT SPÉCIAL AGRICOLE.

DEUXIÈME PARTIE.

PAYS ÉTRANGERS[1].

I

ALLEMAGNE.

CHAPITRE PREMIER.

EXPOSITION.

Le Commissariat général d'Allemagne avait su tirer parti de la surface restreinte dont il disposait, dans la section du Palais de l'agriculture et des aliments (ancienne Galerie des machines), en installant sur le dessus du pavillon des produits agricoles allemands, formé par une série de tonnelles en bois découpé décorées de feuillages et de pampres verts, une large galerie, divisée en deux parties, à laquelle on accédait par un double escalier. L'exposition de l'enseignement agricole de l'Allemagne n'y gagnait pas seulement en étendue, mais aussi en clarté par les jours sombres. A chaque angle du quadrilatère, une rotonde rompait la monotonie de la ligne droite.

Au haut de l'escalier par lequel on accédait au premier étage, une grande carte murale indiquait le nombre et la répartition en Allemagne des diverses sortes d'établissements d'instruction agricole et des stations agronomiques pour l'année 1899. C'est une reproduction de cette carte que nous donnons dans le présent rapport.

Dans la rotonde de droite, en entrant, l'Institut agricole de l'Université de Leipzig avait présenté des plans des parcelles de son champ d'expériences, ainsi qu'un tableau contenant des chiffres sur la composition physique et chimique de la couche arable de ce champ et sur la solubilité dans quelques acides des principaux aliments des plantes qu'elle contient. A côté des plans et des vues photographiques de l'Institut, figuraient des vues pour l'enseignement et des photographies sur verre représentant des phénomènes d'hérédité chez les plantes. A côté de Leipzig, l'Académie royale de Bonn-Poppelsdorf exposait une aquarelle représentant les bâtiments et les diverses installations de l'Académie, un graphique du nombre des étudiants, un tableau météorologique de l'observatoire de Bonn, des échantillons de roches formant les terrains de la province Rhénane et

[1] Voir introduction en tête du tome I.

des échantillons de terrains. Le caractère scientifique de l'exposition technique de l'Allemagne s'accentuait avec l'École supérieure d'agriculture de Berlin, représentée par un appareil pour l'étude de la respiration de l'homme et des animaux, avec un compteur sec à triple enveloppe pouvant être installé dans les cliniques; elle avait en outre exposé diverses vues du hall des machines agricoles et une maquette de l'Institut. L'Institut agricole de Halle exposait toute une collection de brochures et d'ouvrages, ainsi que de nombreux appareils scientifiques et notamment un appareil destiné à fournir de l'eau exempte de germes dans les recherches sur l'action du *Rhizobium leguminosorum*. La série d'appareils de l'Université de Giessen, réduits au 1/10 ou 1/15, attirait également l'attention; on y voyait des modèles de distillerie pour pommes de terre et maïs, de machine à battre combinée, d'élévateurs. Les diverses institutions d'enseignement agricole se succédaient avec des vues, des plans, de nombreux albums de photographies des Instituts et de leurs dépendances : musées, cabinets, laboratoires, champs d'expériences. Elles présentaient également de nombreux appareils de démonstrations scientifiques et des comptes rendus des travaux des professeurs. Des modèles d'histoire naturelle destinés à l'enseignement et des statuettes très bien modelées mettaient une note d'art dans l'ensemble de cette exposition scientifique dont nous avons voulu donner une idée en fournissant quelques indications de détail sur les expositions des grandes écoles.

Dans la grande galerie de gauche, les écoles secondaires d'agriculture étaient représentées par des vues, des plans des établissements, des spécimens de machines agricoles à échelle réduite, des collections de graines, des modèles de petits appareils de distillerie et de sucrerie, des modèles des divers genres de drainage des tourbières, et par une collection d'anciens types de charrue.

La librairie Parey avait présenté des ouvrages d'agriculture, d'horticulture et de sylviculture, ainsi que plusieurs publications du Ministère de l'agriculture, des domaines et des forêts de Prusse.

L'Allemagne avait limité à des points essentiels son exposition technique très bien organisée par le professeur Wittmack. L'ensemble des travaux et des objets présentés témoignait de l'activité qui règne dans les écoles d'agriculture allemandes. L'exposition offrait un caractère de haute valeur scientifique.

Récompenses. — 5 grands prix, 7 médailles d'or, 17 médailles d'argent. Collaborateurs : 1 médaille d'argent, 2 médailles de bronze.

CHAPITRE II.

HISTORIQUE DE L'ENSEIGNEMENT AGRICOLE.

Dans un mémoire publié en 1804 par la Société centrale d'agriculture de France, François de Neufchâteau rappelait que le duc de Saxe-Weimar, Ernest-Auguste, avait publié, en 1730, une ordonnance prescrivant l'introduction de l'enseignement agricole dans les gymnases et les écoles du duché. Adolphe Schrœnius avait composé, dans ce but, un traité classique d'agriculture, d'après les auteurs latins. Rizhaub, recteur du gymnase d'Idstein, publia, vers 1786, un autre traité : *Brevis rustica descriptio.*

Dès le début du xviiie siècle le roi de Prusse, Frédéric-Guillaume Ier, nomma des professeurs d'économie rurale dans les universités de Halle et de Francfort-sur-l'Oder. Diverses chaires d'économie rurale (Kammeral) furent ensuite créées dans les autres universités allemandes. Ces chaires étaient occupées par des juristes ou des philosophes qui étudiaient les principes de l'administration ou de la gestion des domaines princiers et seigneuriaux, sans s'occuper de l'enseignement technique de l'agriculture. Vers la fin du xviiie siècle, les sciences naturelles se développèrent d'une manière remarquable, et des groupes de praticiens agricoles se séparèrent des premiers professeurs d'économie rurale appelés « caméralistes » pour essayer de créer l'enseignement expérimental agricole. Les chaires des « caméralistes » disparurent ou se transformèrent en chaires d'économie politique et de sciences naturelles, enseignement qui existait en Saxe où il constituait une excellente préparation aux études agronomiques. En 1771, Frédéric-Auguste III, électeur de Saxe, et l'électeur de Hanovre, Georges III, roi d'Angleterre, instituaient dans la Saxe et le Hanovre des écoles et des séminaires pour l'enseignement de l'agriculture.

nE 1804, Thaer, qui avait suivi de très près le mouvement agricole de son pays et qui avait étudié, en sa qualité de médecin, les sciences naturelles, créa à Möglin, dans la Marche de Brandebourg, la première école d'agriculture. D'autres écoles furent créées pendant la première moitié du xixe siècle en Prusse, en Poméranie, en Silésie, dans la Saxe, le Wurtemberg et surtout dans la Bavière. Hohenheim dans le Wurtemberg, Weihenstephan en Bavière et Poppelsdorf, près de Bonn, dans la Prusse rhénane, datent de cette époque et existent encore aujourd'hui. Ces académies agricoles, établies sur le modèle de Möglin, étaient situées dans la campagne et annexées à de grandes exploitations agricoles; l'enseignement y était pratique contrairement à ce qui se passait du temps des caméralistes. Ces écoles donnèrent tout d'abord de bons résultats, mais peu à peu elles périclitèrent en raison des mauvaises conditions de leur fonctionnement et aussi parce qu'elles ne pouvaient se tenir suffisamment au courant des progrès de la science à cause de leur éloignement de tout centre universitaire. Schultze d'Iéna avait signalé ces défauts dès 1826 et cherché à y remédier en créant un Institut d'enseignement agricole relevant, sous certains rapports, de l'Université locale.

En 1861, Liebig émit l'avis que l'enseignement de l'agriculture devait entrer dans les cadres universitaires. En réclamant le rattachement aux universités de l'enseignement supérieur de l'agriculture, Liebig voulait faire profiter cet enseignement de leur organisation scientifique et lui communiquer les caractères propres à la vie universitaire en Allemagne. Dans les universités, l'étudiant trouverait un enseignement élevé, des cours supérieurs à ceux professés dans les écoles techniques. Dès l'année suivante, une chaire d'agriculture fut fondée à l'Université de Halle; puis aux universités de Gœttingue, Kœnigsberg, Kiel, Leipzig, Giessen, Heidelberg, Rostock et Breslau, dans les années qui suivirent. Cette nouvelle création de chaires dans les Universités ne fut pas un retour à l'ancienne forme caméralistique du xviiie siècle : l'enseignement agricole, au lieu de se confondre comme jadis avec l'étude des sciences naturelles, fut spécialisé et les nouvelles chaires furent dotées d'un matériel destiné aux recherches scientifiques. Le lien étroit qui existait avec l'Université avait pour but de donner à l'étudiant, avec l'instruction professionnelle agricole, une instruction générale complète. On voulait aussi réaliser l'union intime de l'enseignement agricole avec les sciences pures qui lui servent de base.

Dans ces derniers temps, une nouvelle modification commence à se manifester : l'enseignement agricole s'élargit et on établit dans les Universités des Instituts spéciaux ayant leur vie propre; des sections agricoles ont été créées dans quelques écoles supérieures techniques.

L'enseignement primaire en Allemagne s'est préoccupé de l'orientation agricole à donner aux enfants; dès 1842 le programme de cet enseignement comprenait des notions élémentaires de sciences naturelles appliquées à la vie rurale. Dans la plupart des écoles rurales, on apprenait aux élèves les éléments de l'horticulture, particulièrement dans les duchés de Posen et de Nassau.

CHAPITRE III.

ORGANISATION DE L'ENSEIGNEMENT AGRICOLE.

I. — Enseignement supérieur.

1. Chairesd'agriculture avec instituts dans les Universités de Breslau, Giessen, Gœttingue, Halle, Kiel, Kœnigsberg, Leipzig, Rostock. — II.. Établissements indépendants d'enseignement agricole supérieur, en rapports avec une université : Institut agronomique de l'Université d'Iéna: Académie royale d'agriculture de Bonn-Poppelsdorf; École supérieure d'agriculture de Berlin. — III. Sections agricoles des écoles techniques supérieures : Écoles polytechniques de Munich et de Darmstadt. — IV. Établissements d'enseignement agricole indépendants, sans rapports avec l'Université : École d'agriculture de Hohenheim dans le Wurtemberg; École d'agriculture et de brasserie de Weihenstephan, en Bavière.

I. L'enseignement de l'agriculture dans les universités de Prusse et de Saxe ressort du ministère de l'instruction publique. Les autres établissements d'enseignement agricole de Prusse dépendent du ministère de l'agriculture.

Pour l'admission, le certificat de maturité délivré par les écoles réales, qui équivaut au diplôme de bachelier, n'est obligatoire que pour les étudiants qui se destinent à l'enseignement dans les écoles supérieures ou secondaires d'agriculture. Pour les autres candidats, le certificat spécial qui donne le droit de ne faire qu'un an de service militaire suffit pour l'admission dans les établissements d'enseignement supérieur; on admet même à suivre les cours des étudiants qui ne possèdent aucun diplôme, des jeunes gens qui paraissent susceptibles de profiter de l'enseignement.

Les étudiants en agriculture des universités sont immatriculés à la faculté de philosophie, et ils ont les mêmes droits que tous les autres étudiants. Leur nombre, dans les établissements d'enseignement supérieur agricole de Prusse, s'élevait à 1,567 à la fin de l'année 1898, en y comprenant les 444 jeunes gens qui se destinent à être géomètres ou ingénieurs agronomes et qui suivent les cours de géodésie et de génie rural de l'École supérieure d'agriculture de Berlin ou de l'Académie agricole de Bonn-Poppelsdorf.

Le régime de l'enseignement dans les universités allemandes comporte deux examens spéciaux; mais les épreuves sont les mêmes. Pour obtenir le diplôme exigé pour les professeurs dans les écoles d'agriculture, il faut : 1° posséder le certificat de maturité délivré par un lycée ou une école réale de premier rang; 2° avoir accompli trois années d'études à l'université; 3° justifier d'un séjour de deux années dans une ferme pour y étudier l'agriculture pratique.

Fig. 2. — Institut agronomique de l'Université de Breslau.

Le stage de deux ans dans une exploitation rurale, qui précède le séjour à l'université, est obligatoire pour les élèves qui postulent le certificat d'aptitude à l'enseignement des sciences agricoles dans les écoles secondaires ou pour ceux qui veulent devenir *privat docent* dans les universités. Les stagiaires occupent parfois des fonctions rétribuées, comme inspecteurs de culture dans les grandes exploitations rurales.

Les étudiants qui ne se destinent pas à l'enseignement peuvent choisir entre quatre ou six semestres d'études, soit entre deux ou trois années; ils sont libres de suivre les cours à leur guise; leur assiduité n'est pas contrôlée. A la fin de leurs études, ils passent un examen qui sert simplement de sanction à l'enseignement.

L'ordonnance du 24 février 1894, relative aux épreuves de sortie des écoles supérieures d'agriculture, subordonne la faculté de passer l'examen à l'accomplissement de quatre semestres d'études. L'épreuve consiste en une partie écrite (composition sur un sujet d'agriculture et un sujet de sciences naturelles ou d'économie rurale) et en examens oraux portant sur les matières suivantes : agriculture (cultures, zootechnie, exploitation du sol), économie rurale, physique, chimie, zoologie et physiologie animale, botanique et physiologie végétale, minéralogie et géologie.

En France, à l'Institut agronomique, la présence aux cours, les leçons et tous les exercices sont au contraire rigoureusement obligatoires, ainsi que nous l'avons vu :

l'emploi du temps correspond à un travail effectif. Le régime des universités allemandes peut être assimilé, pour l'assiduité aux cours, à celui de nos facultés. Il en résulte que le nombre des élèves peut être en quelque sorte illimité.

En Allemagne, on accorde plus de temps, dans l'enseignement supérieur, aux questions économiques et particulièrement à la comptabilité, que chez nous.

Dans les universités allemandes, on trouve des cours spéciaux sur l'anatomie comparée, la pathologie et l'alimentation des animaux. Les matières du cours de chimie sont souvent réparties entre différentes chaires : chimie, agriculture, botanique, zootechnie. Le même professeur est quelquefois chargé d'enseigner la comptabilité, l'agriculture générale et la zootechnie. En France, on sépare davantage ces enseignements qui emploient des procédés différents d'investigation.

Le plan d'études de la section agricole d'une université allemande montre les différences qui caractérisent les programmes des instituts agronomiques des deux pays.

UNIVERSITÉS ALLEMANDES.
(Deux années ou trois années d'études.)

1ᵉʳ SEMESTRE.

(2 ANNÉES.)	HEURES PAR SEMAINE.	(3 ANNÉES.)	HEURES PAR SEMAINE.
Chimie inorganique..............	5	Chimie inorganique.............	5
Zoologie générale..............	4	Zoologie (1ʳᵉ partie)............	4
Physique expérimentale (1ʳᵉ partie)..	4	Économie politique (1ʳᵉ partie).....	4
Économie politique (1ʳᵉ partie).....	4	Anatomie et physiologie des animaux.	3
Anatomie et physiologie des animaux.	4	Anatomie et physiologie des plantes..	4
Anatomie et physiologie des plantes.	3	Introduction à l'étude de l'agriculture.	1
Introduction à l'étude de l'agriculture.	1	Agriculture générale............	4
Agriculture générale.............	4	Minéralogie..................	3
TOTAL.............	29	TOTAL.........	28

Exercices pratiques : microscopie.　　　　　　Exercices pratiques : microscopie.

2ᵉ SEMESTRE.

	HEURES PAR SEMAINE.		HEURES PAR SEMAINE.
Chimie organique...............	4	Chimie organique............	4
Physique expérimentale (2ᵉ partie)..	4	Économie politique............	4
Botanique générale.............	5	Botanique générale.............	5
Géologie....................	4	Géologie..................	4
Économie politique..............	4	Zoologie (2ᵉ partie)............	4
Agriculture spéciale.............	4	Agriculture spéciale............	4
Drainage et irrigation...........	3	Étude du sol et des améliorations....	3
TOTAL.............	28	TOTAL.........	28

Exercices pratiques : laboratoire de chimie.　　Exercices pratiques : excursions botaniques, agricoles, géologiques.

enseignements. Nos écoles nationales sont essentiellement spéciales; elles donnent un enseignement théorique élevé et complet et un enseignement pratique compatible avec les exigences de leur programme scientifique. Les Landwirtschafts-Schulen ne correspondent donc pas à nos Écoles nationales, pas plus qu'elles n'ont de rapport avec nos Écoles pratiques.

PLAN DE L'ENSEIGNEMENT.

MATIÈRES ENSEIGNÉES.	NOMBRE D'HEURES DE LEÇONS PAR SEMAINE.		
	TROISIÈME ANNÉE.	DEUXIÈME ANNÉE.	PREMIÈRE ANNÉE.
	heures.	heures.	heures.
1. Religion. — Enseignement obligatoire pour certains élèves, facultatif pour les autres...	1	1	1
2. Langues (allemand, anglais ou français au choix)...	9	9	9
3. Géographie et histoire...	4	4	4
4. Mathématiques...	5	4	4
5. Histoire naturelle.			
a. Zoologie et botanique...	4	4	2
b. Physique...	2	2	2
c. Chimie et minéralogie...	2	4	4
6. Agriculture.			
a. Production des plantes...	4	4	2
b. Production des animaux...			
c. Économie rurale...	//	//	4
7. Dessin...	2	2	2
8. Gymnastique et chant...	3	3	3

Les écoles du deuxième degré dépendent, en Prusse, du ministère de l'agriculture, et du ministère des cultes et de l'instruction publique. Ce ne sont pas des écoles de l'État, mais elles sont subventionnées par l'État, par les provinces, par les villes et par des sociétés d'agriculture. Pour être admis aux classes préparatoires, il suffit d'avoir un certificat d'écoles correspondantes ou de justifier, après examen, qu'on possède une instruction équivalente; mais on n'admet en troisième année que les élèves munis du diplôme correspondant d'une école d'agriculture, d'un gymnase, d'une école réale, ou ceux qui ont subi les épreuves d'entrée avec succès.

Il y a 16 écoles d'agriculture du deuxième degré en Prusse :

Heiligenbeil, Margrabowa, Marienbourg, Dahme (Brandebourg), Eldena et Schwiebelbein (Poméranie), Samter (Posen), Brieg et Liegnitz (Silésie), Flensbourg (Schleswig-Holstein), Hildesheim (Hanovre), Herford et Ludinghausen (Westphalie), Weilbourg (Hesse-Nassau), Clèves et Bitbourg (province Rhénane).

Ces écoles ont été fréquentées depuis quelques années par environ 2,000 élèves.

On trouve en Allemagne six autres écoles d'agriculture du même rang :

L'école royale d'agriculture de Dœbeln, dans le royaume de Saxe; l'école d'agriculture de Gr. Umstadt, dans le grand-duché de Hesse; l'école grand-ducale d'agriculture et de culture pratique de Varel-sur-le-Jade (grand-duché d'Oldenbourg); l'école d'agriculture Marienberg, à Helmstedt, dans le grand-duché de Brunswick; l'établissement d'enseignement agricole de Kœstritz, dans la principauté de Reuss; l'école impériale moyenne d'agriculture de Rufach, dans la Haute-Alsace.

III. —Enseignement élémentaire.

Les établissements d'enseignement agricole élémentaire ou primaire comprennent des écoles théoriques et pratiques, où les élèves s'occupent aux champs en dehors du temps réservé à l'étude, et des écoles à enseignement exclusivement théorique parmi lesquelles se trouvent les écoles d'hiver.

L'enseignement est très variable suivant l'école et l'origine des élèves : pour les paysans, l'instruction professionnelle est très complète; pour les jeunes gens des villes qui veulent s'occuper d'agriculture, l'enseignement pratique est au contraire peu développé. Le mode d'enseignement varie beaucoup également : avec l'exécution des travaux pratiques, on apprend aux élèves les éléments des sciences professionnelles, ou bien on entre dans le détail des spécialités et des sciences accessoires.

Les écoles élémentaires agricoles (Ackerbauschulen), qui joignent à l'enseignement théorique l'enseignement pratique, disposent en général d'une importante exploitation agricole. Les élèves payent une rétribution.

L'entretien de ces écoles a été confié par la loi de dotation provinciale du 8 juillet 1875 aux administrations des provinces. Ces écoles ont été en partie fondées par des syndicats agricoles, par des districts ou par des villes et aussi par des particuliers. On ne peut y obtenir le diplôme nécessaire pour avoir droit au service militaire d'un an. La durée des cours est d'un an et demi à deux ans pour les écoles pratiques et de deux semestres pour les écoles d'hiver. Dans plusieurs de ces écoles, les cours ont lieu dans la matinée et les travaux agricoles l'après-midi; dans d'autres, on réserve les travaux de la ferme pour le trimestre d'été; ailleurs, les élèves assistent seulement à des démonstrations pratiques.

On peut comparer certaines de ces écoles à nos écoles pratiques d'agriculture; mais, lorsque ces écoles sont exclusivement théoriques, on ne trouve plus en France d'établissements similaires.

Le genre fermes-écoles, où la pratique a le pas sur la théorie, n'existe pour ainsi dire pas en Allemagne.

Les écoles élémentaires supposent le certificat de fin d'études (Absolvirung) des écoles communales (Volksschule), pour l'admission.

Dans les écoles professionnelles d'irrigation et de drainage, comme l'école de Siegen, la durée des études est de quatre ans pour les élèves ordinaires et de cinq ans pour ceux qui veulent devenir agents subalternes dans les services de l'État et avoir le titre de « maître pour la culture des prairies » ou « Wiesenbaumeister ». Mais, sauf pour les élèves de la classe supérieure, les cours n'ont lieu à Siegen que pendant deux jours par semaine, le samedi et le dimanche; les élèves sont occupés, le reste du temps, à des travaux d'irrigation et de drainage. C'est donc là une école d'un genre tout spécial.

Les écoles élémentaires d'agriculture se répartissent ainsi : 26 en Prusse, 5 en Bavière, 3 dans le royaume de Saxe, 2 à Weimar et une dans chacun des États suivants : Bade, Mecklembourg-Schwerin, Oldenbourg, Saxe-Oldenbourg, Anhalt et Reuss.

Écoles d'hiver. — Les écoles d'hiver sont destinées à donner une instruction théorique suffisante aux fils des petits cultivateurs qui ne peuvent aller passer deux ans dans une école d'agriculture parce que leurs parents ont besoin d'eux, l'été, pour les travaux des champs.

La première école d'hiver fut fondée dans le Nassau, en 1834. La Prusse n'introduisit chez elle ces institutions qu'en 1869. Actuellement, ce sont les écoles d'hiver qui, de toutes les écoles élémentaires, sont les plus nombreuses puisque l'Allemagne compte 182 ou 195 écoles d'hiver, suivant la classification adoptée, dont 118 pour la Prusse, 21 en Bavière, 12 dans le duché de Bade, 9 dans la Hesse, 8 dans le Wurtemberg, 6 en Saxe, 4 dans le duché d'Oldenbourg, 10 en Alsace-Lorraine, 1 dans chacun des États suivants : Saxe-Meiningen, Mecklembourg-Schwerin, Waldeck, Lubeck, Schaumbourg-Lippe, Lippe et Brême.

Les écoles de la Prusse ont été fréquentées pendant ces dernières années par plus de trois mille élèves. Les jeunes gens payent de 40 à 50 francs par semestre. Les cours durent deux semestres, d'octobre à mars. Les subsides proviennent de sources diverses : administrations provinciales, municipalités, sociétés d'agriculture.

Les écoles d'hiver sont soumises à un conseil de surveillance composé du directeur et d'agriculteurs notables de la région. La plupart du temps, c'est le professeur d'agriculture de la circonscription qui dirige ces écoles d'hiver. En été, il fait des conférences dans la région. On trouve facilement des fonctionnaires, des agriculteurs instruits et un vétérinaire, pour compléter les cours. C'est ainsi que la plupart des écoles d'hiver en Allemagne comptent cinq ou six excellents professeurs. Les écoles d'hiver donnent un enseignement exclusivement théorique; aussi beaucoup d'entre elles n'admettent que les jeunes gens qui peuvent justifier d'une année, au minimum, de pratique agricole. Elles ne sont pas accompagnées d'exploitations rurales, mais elles possèdent des jardins botaniques ou des champs d'expériences, ce qui permet aux professeurs de compléter les leçons par des démonstrations pratiques. L'âge d'admission des élèves varie entre 15 et 18 ans; mais le plus grand nombre des élèves ont de 17 à 18 ans.

Le plan des études comprend, à côté de l'enseignement purement agricole, des notions générales assez étendues tirées du programme de l'enseignement primaire. L'enseignement y est donc à la fois complémentaire et technique. Le programme est très vaste comparativement à la durée des études, dix mois; il comporte jusqu'à six heures de leçons par jour. L'âge et l'instruction technique des élèves leur permettent, il est vrai, de s'intéresser à l'enseignement et d'en tirer le meilleur parti.

Le premier semestre d'études est consacré surtout aux notions générales : calcul, géométrie, histoire, etc.; les sciences naturelles, les leçons techniques occupent le second.

A l'école d'hiver d'Offenbourg, type du genre, le programme des études montre que les cours techniques absorbent à peu près 55 p. 100 du temps dévolu pendant les deux années que dure l'enseignement. Ailleurs, cette proportion s'élève à 55 p. 100, tandis qu'elle s'abaisse parfois à 45 p. 100 dans quelques écoles.

PROGRAMME DES ÉTUDES DE L'ÉCOLE D'HIVER D'OFFENBURG
(GRAND-DUCHÉ DE BADE).

MATIÈRES ENSEIGNÉES.	NOMBRE D'HEURES DE LEÇONS PAR SEMAINE.			
	PREMIER SEMESTRE.	DEUXIÈME SEMESTRE.	ENSEIGNEMENT COMMUN aux deux semestres.	TOTAL.
	heures.	heures.	heures.	heures.
A. *Enseignement général :*				
Langue allemande	4	2	2	8
Calcul	2	2	2	6
Géométrie, dessin, arpentage	2	2	2	6
Géographie	1	//	//	1
Chant	//	//	1	1
B. *Sciences naturelles :*				
Histoire naturelle (zoologie)	//	//	1	1
Chimie	2	2	//	4
Minéralogie et géologie	//	1	//	1
Botanique	//	//	1	1
C. *Cours techniques :*				
Agriculture générale	6	//	//	6
Agriculture spéciale	//	5	//	5
Arboriculture et exercices pratiques	2	1	1	4
Viticulture	//	1	//	1
Destruction des animaux nuisibles	//	//	1	1
Pathologie végétale	//	1	//	1
Zootechnie spéciale	3	//	//	3
Zootechnie générale	//	4	//	4
Économie rurale et comptabilité	3	4	//	7
Exercices pratiques	//	1	//	1
Hygiène du bétail	2	1	1	4
Totaux	27	27	12	66

IV. — Écoles professionnelles diverses.

Indépendamment des établissements d'enseignement agricole supérieur, moyen, élémentaire, on compte un grand nombre d'écoles professionnelles et de cours spéciaux en Allemagne. A la fin de décembre 1898, il y avait en Prusse : 104 cours ou écoles d'horticulture et d'arboriculture, 17 écoles de laiterie, 7 écoles de culture des prairies, 3 cours de distillerie et de brasserie, 42 écoles ménagères rurales, 48 écoles de maréchalerie, 4 écoles d'apiculture, 4 cours de pédagogie, 6 cours de tenue de livres, 10 cours d'élevage du bétail, divers cours ou conférences au nombre de 1,079 pour les adultes dans les campagnes. Faute de renseignements complets nous ne parlerons que de quelques-unes de ces écoles.

Fig. 5. — École d'horticulture de Wildpark.

Écoles de brasserie. — Si nous laissons de côté l'institut de fermentation annexé à l'école supérieure d'agriculture de Berlin dont il a été question plus haut, les principales écoles allemandes sont celles de Weihenstephan, Worms, Munich et Augsbourg.

L'école de Weihenstephan, la plus ancienne, créée à Schleisheim en 1824, transférée à Weihenstephan en 1852, est annexée à l'école d'agriculture dont nous avons précédemment parlé. L'enseignement, à la fois théorique et pratique, comprend deux semestres d'études et porte sur les mathématiques, la mécanique, la physique et la chimie, la botanique, les matières premières utilisées en brasserie, les fermentations, la comptabilité, la législation et l'hippologie.

La pratique est enseignée dans la grande brasserie de l'État, dite *brasserie de Weihenstephan.*

L'école comprend des élèves internes et des auditeurs libres. Elle délivre à ceux qui en sont jugés dignes le diplôme de maître-brasseur.

Les écoles de Worms sont au nombre de deux. Elles ont été respectivement créées en 1861 et 1865 sur le même modèle que celle de Weihenstephan. Les élèves sont également internes.

L'école de Munich, primitivement créée en 1869 à Augsbourg, a été depuis transférée à son siège actuel.

L'école d'Augsbourg a été établie en 1877.

Ces quatre dernières écoles sont des écoles privées, appartenant soit à des associations locales, soit à des particuliers. Leur installation est bien comprise et elles possèdent, en général, une petite brasserie d'essai. Les élèves n'y sont admis qu'après deux ans au moins de pratique dans une brasserie.

Toutes ces écoles ont beaucoup d'élèves; on en compte quelquefois plus de 100.

L'enseignement de la brasserie se fait, en outre, par des séries de conférences données pendant huit à dix jours, à certaines époques de l'année.

Écoles de laiterie. — Les écoles de laiterie sont organisées pour la plupart par des sociétés d'agriculture ou des sociétés coopératives de laiterie; quelques-unes appartiennent à des particuliers. La durée des cours varie de six mois à deux ans. On admet généralement des élèves libres. Plusieurs établissements organisent en outre des cours temporaires. Des stations laitières sont habituellement annexées aux écoles : Kiel (Schleswig-Holstein), Kleinhof (Prusse orientale), Hameln (Hanovre), Proskau (Silésie).

Écoles pour la culture des prairies. — Parmi les écoles de cette espèce, il en est une catégorie plus particulièrement intéressante : ce sont celles qui ont pour objet non seulement de donner aux jeunes cultivateurs l'enseignement relatif à la culture des prairies, mais encore de fournir aux services des Améliorations agricoles le personnel d'agents subalternes dont ils ont besoin.

Les principales d'entre elles — véritables écoles spéciales de génie rural — sont celles de Siegen en Prusse, de Landsberg-sur-Lech et de Wurzbourg en Bavière, de Karlsruhe dans le grand-duché de Bade, de Strasbourg en Alsace-Lorraine et de Darmstadt dans la Hesse. Quelques-unes fournissent un enseignement très élevé, bien supérieur à celui des écoles élémentaires ordinaires. Elles sont, d'ailleurs, de types divers et ont une organisation assez variable.

La plus connue et la plus importante est celle de Siegen en Westphalie. Fondée en 1843, réorganisée à plusieurs reprises et notamment en 1853 et en 1894, c'est une école d'hiver d'un genre spécial. La durée des études y est de quatre ans pour les élèves ordinaires et de cinq ans pour ceux qui se destinent à entrer dans les services de l'État, désirant acquérir le titre de maîtres pour la culture des prairies ou *Wiesenbaumeister.*

Les élèves sont admis à l'école à partir de l'âge de 14 ans, sur la production d'un certificat de bonnes études primaires et après un examen d'entrée.

Les cours ont lieu pendant deux jours par semaine, le samedi et le dimanche pour les élèves des quatre premières classes, pendant trois jours pour ceux de la classe des maîtres, toujours à raison de quatre heures par jour. Pendant l'intervalle, les élèves des quatre premières années sont occupés sur le terrain; les élèves de la classe supérieure travaillent pour la plupart dans le bureau du Conducteur des Améliorations agricoles de Siegen.

Les cours comprennent : la langue allemande, l'écriture, la comptabilité, l'arithmétique, la géométrie et ses applications usuelles, les éléments de la mécanique générale, la chimie, la botanique, l'arpentage et le nivellement, la mécanique agricole, l'art des constructions, la culture des prairies, l'irrigation, l'assainissement et le drainage, l'art de dresser les cartes et les plans, le dessin linéaire et le dessin à main levée, l'exécution de plans, la préparation des projets.

Les élèves qui désirent entrer dans la classe des maîtres doivent subir un examen préalable. A la sortie de cette cinquième année a lieu une série d'épreuves théoriques, à la suite desquelles l'élève qui en est jugé digne est placé dans le corps des Améliorations agricoles. Au bout d'un temps plus ou moins long, mais qui ne peut pas être inférieur à deux ans, il revient à l'école pour passer l'épreuve définitive lui conférant le titre de *Wiesenbaumeister*, épreuve consistant dans un projet d'irrigation ou de drainage et dans la production d'un certificat de capacité délivré par l'inspecteur des Améliorations dans le service duquel il a été placé [1].

Dans les autres écoles dont nous avons parlé, l'enseignement est analogue. Les élèves passent deux ou plusieurs semestres d'hiver à l'école, et sont attachés, les semestres d'été, aux services des Améliorations.

Le titre de Wiesenbaumeister n'est accordé, en général, qu'au bout d'un certain stage.

V. — Écoles ménagères.

Dès 1845, on introduisait dans l'enseignement primaire des jeunes Allemandes des notions d'agriculture et d'économie ménagère. Dans les différents États de l'Allemagne, on compte une quarantaine d'écoles de ménagères et de fermières. La plus ancienne de ces écoles date de 1868-1869, et la plupart ont été fondées depuis une douzaine d'années par des sociétés d'agriculture, des propriétaires fonciers, des congrégations religieuses, quelquefois avec des subventions de l'État. La durée de l'enseignement varie de plusieurs mois, six en général, à un ou deux ans. Le personnel enseignant comprend plusieurs maîtresses. Les jeunes filles qui suivent les cours sont âgées en moyenne de 14 à 18 ans. L'admission ne comporte pas d'examen.

Ces écoles sont disséminées dans toutes les parties de l'Allemagne. On en trouve plusieurs dans la Silésie, dans le district de Breslau et dans le district d'Oppeln, en Poméranie près de Stettin, dans le district de Magdebourg, à Bromberg, entre Dantzig et Varsovie. Dans les provinces rhénanes, près de la frontière de Belgique, ainsi que de l'autre côté du Rhin, des écoles ménagères ont été créées près de Siegen, de Sarrelouis, à Saint-Vitk, à Scheven. Les religieuses dominicaines ont fondé des établissements analogues entre Trèves et Coblentz. Dans le district de Wiesbaden, on fait des cours temporaires de laiterie pour les fermières de la région. En Westphalie, deux écoles ménagères existent dans les districts d'Osnabrück et de Munster.

[1] **En 1901, a été ouverte à l'École de Siegen,** parallèlement à la classe des maîtres pour la culture des prairies, une classe spéciale destinée à former des maîtres pour la construction des chemins. Cette excellente école est dirigée actuellement par M. Geibel.

VI. — Enseignement nomade.

L'enseignement nomade en Allemagne diffère essentiellement du nôtre, quoique le principal moyen de propagande soit le même.

Il ne s'agit pas dans ce pays d'une institution de l'Empire; chaque État ou chaque province a toute latitude pour organiser son enseignement, et c'est ce qui fait que l'enseignement nomade, tout en étant, dans toute l'étendue de l'Empire, organisé suivant le même principe, est plus développé dans certains États que dans d'autres.

Ce sont les chambres et sociétés d'agriculture qui ont pris l'initiative de cet enseignement, et les secrétaires généraux de ces chambres ont en quelque sorte, sinon la direction, du moins une certaine influence sur l'organisation particulière de l'enseignement nomade dans leur région.

Les conférenciers sont d'abord choisis parmi les directeurs et professeurs des écoles d'hiver (Winterschulen) qui, libres pendant la belle saison, sont des agents actifs et instruits. Ces écoles d'hiver étant très nombreuses en Allemagne (il en existe actuellement 175), le personnel des conférenciers qu'elles peuvent fournir est donc important.

En dehors du personnel des écoles d'hiver, les chambres d'agriculture emploient encore un nombre plus ou moins grand de conférenciers qui font des conférences agricoles pendant toute l'année. Ce sont en général des *spécialistes* qui font des conférences sur l'horticulture, l'apiculture, la sylviculture, la pisciculture, le génie rural, l'élevage et l'entretien des animaux, les questions laitières et la maréchalerie. Certains traitent spécialement des sujets économiques, et quelques-uns s'occupent exclusivement de la création des syndicats agricoles ou des sociétés d'assurances mutuelles.

Tout ce personnel de conférenciers est rétribué par les chambres d'agriculture et par l'État.

Dans le Wurtemberg, des professeurs, nommés et payés par le Gouvernement, font des conférences d'apiculture.

En Alsace-Lorraine, la société d'apiculture, qui compte 4,200 membres, envoie partout des conférenciers; elle s'occupe de l'organisation des expositions pour faire connaître les meilleures méthodes d'apiculture et les modèles les plus perfectionnés de ruches et d'instruments apicoles.

VII. — Stations agronomiques.

Les nombreuses stations agronomiques créées en Allemagne depuis une cinquantaine d'années ont contribué dans une large mesure aux progrès de l'agriculture allemande. Ces stations ne s'occupent pas seulement du contrôle et de l'analyse des matières alimentaires, des semences, des engrais, mais aussi de recherches scientifiques et des progrès à réaliser dans la pratique agricole.

En 1851-1852, des agronomes allemands créèrent l'établissement de Moeckern

(Saxe), reproduction de la station de Bechelbronn (Bas-Rhin), créée par Boussingault vers 1839.

L'académie royale agricole de Saxe donna d'ailleurs à ce premier établissement le nom français de station agronomique. Ces établissements se sont rapidement multipliés en Allemagne, où on en compte actuellement 69.

L'Union des stations agronomiques d'Allemagne, fondée à Weimar, en 1898, réunit 58 stations, créées par l'État, les administrations provinciales et les associations agricoles affiliées à une union centrale ou à une chambre d'agriculture. Le « Verband » comprend aussi les stations qui existent dans les écoles supérieures d'agriculture et la station de chimie agricole de la société d'agriculture d'Allemagne. Le but du « Verband » est de donner une impulsion commune aux expériences des stations agronomiques dans le domaine scientifique et pratique, et spécialement de s'accorder sur une méthode unique d'analyse et de contrôle des engrais, des matières fourragères, des semences et des autres produits agricoles.

Les ressources budgétaires de ces 58 établissements, en quelque sorte syndiqués, s'élèvent annuellement à 2,732,000 francs. Les 11 stations restées en dehors de l'association ont ensemble un budget de recettes de 126,000 francs. Le budget annuel de la station de Halle dépasse 125,000 francs.

Voici la provenance des recettes des 58 stations syndiquées : subvention de l'État, 752,000 francs; subventions des provinces, 73,300 francs; subventions des associations agricoles, 1,112,600 francs; produit des analyses, 794,000 francs; ressources diverses, 20,100 francs. Sur cette somme de 2,732,000 francs, la seule association des distillateurs allemands verse 978,000 francs; la société des agriculteurs donne 28,000 francs aux stations agronomiques. En Allemagne, il suffit de désigner un établissement public pour une donation pour que cet établissement devienne habile à recevoir.

En Prusse, on compte 20 stations d'essais de semences; 7 en Bavière; 1 dans chacun des États suivants : Saxe, Bade, Hesse, Oldenbourg, Brunswick, Mecklembourg, Saxe-Weimar. L'Alsace-Lorraine et la ville de Brême ont également une station d'essais de semences; Hambourg en a deux, une station privée et la station de l'État.

Nous ne nous étendons pas davantage sur les stations agronomiques, car elles rentrent dans l'examen de la Classe 38; nous avons voulu simplement les signaler afin de donner un ensemble complet de l'enseignement agricole en Allemagne.

VIII. — Enseignement vétérinaire.

L'enseignement vétérinaire en Allemagne a une centaine d'années d'existence. Il est donné dans les écoles spéciales de Berlin, Hanovre, Dresde, Munich et Stuttgart. Ces écoles sont du ressort du Ministère de l'agriculture, à l'exception de celle de Munich, qui dépend du Ministère des cultes et de l'instruction publique. Il convient d'ajouter qu'un enseignement vétérinaire est annexé à l'Université de Giessen.

L'École supérieure vétérinaire de Berlin, fondée en 1790, est la plus grande des écoles allemandes. C'est aussi la plus importante et celle dont l'installation générale est la plus complète. Sans se servir des locaux qui existaient avant sa fondation, on a construit successivement les bâtiments qui sont devenus nécessaires aux divers services à mesure qu'ils se développaient et on est arrivé ainsi à former un établissement dont toutes les parties ont été créées dans un but déterminé. L'École vétérinaire de Berlin se compose d'un bâtiment d'anatomie, d'un institut pathologique, d'une clinique médicale, chirurgicale et d'un hôpital pour petits animaux domestiques, d'un manège, d'une pharmacie, d'écuries pour maladies contagieuses, d'écuries pour les différentes races et d'un bâtiment principal d'habitation.

Fig. 6. — École royale vétérinaire de Hanovre. (Bâtiment principal nord-est.)

Pour être moins luxueuse que celle de Berlin, l'installation de l'École supérieure vétérinaire de Hanovre est cependant vaste et son ensemble forme un établissement remarquable. L'École, fondée en 1778, et reconstruite en 1895, se compose d'un bâtiment d'anatomie, d'une salle de macérations, d'un institut chimico-physiologique, d'une clinique médicale, d'une clinique chirurgicale, d'un bâtiment d'administration des cliniques, d'un manège, d'un hôpital pour petits animaux domestiques, d'une maréchalerie, d'une salle des machines et de maisons d'habitation.

A Dresde, à Munich et à Stuttgart, on s'est servi des locaux existants pour installer la plupart des services, qui sont, à peu de chose près, les mêmes que ceux de Hanovre et de Berlin. A Dresde et à Stuttgart, deux bâtiments nouveaux ont été édifiés depuis peu.

L'enseignement vétérinaire, à l'Université de Giessen, est donné dans un ensemble de locaux comprenant une clinique, des salles de dissection, d'opérations, d'anatomie et des écuries.

En général, les écoles vétérinaires allemandes sont bien installées, sur de vastes emplacements et se composent, presque uniformément, de bâtiments indépendants, ce qui a permis l'organisation de certains services en instituts complets, but auquel tendent les efforts des universités allemandes.

En Allemagne, l'enseignement vétérinaire est donné par un nombre de professeurs sensiblement supérieur à celui qui est affecté à nos écoles, en France, et qui varie de 12 à 17. A ces professeurs sont adjoints un certain nombre d'assistants.

Le régime est l'externat. Les élèves militaires sont casernés au voisinage des écoles où ils reçoivent simplement l'instruction : ils sont choisis parmi les meilleurs élèves maréchaux militaires.

Fig. 7. — École royale vétérinaire de Hanovre. (Bâtiment des machines.)

La rétribution scolaire est de 37 fr. 50 par semestre pour les élèves allemands et de 56 fr. 25 à 62 fr. 50 pour les étrangers, somme très inférieure à celle qui est demandée en France pour suivre les cours de nos écoles vétérinaires. Les auditeurs libres payent 75 francs pour suivre tout l'enseignement théorique.

La durée des études en Allemagne, dans toutes les écoles vétérinaires sans exception, est de trois ans et demi (7 semestres).

IX. — Enseignement forestier.

Les jeunes gens qui veulent entrer dans l'administration des forêts et obtenir le titre de forestier supérieur (Oberforster) doivent, en Prusse et dans la plupart des autres États de l'Allemagne, faire de longues études techniques :

1° Une année de stage ou d'apprentissage, en forêt, chez un *Oberforster* (forestier supérieur). Tous les candidats sont assujettis à ce stage près d'un agent des forêts, qui les initie à la pratique du métier et qui se rend ainsi compte de leur aptitude professionnelle.

2° L'année de stage est suivie de trois années d'études scientifiques et techniques, dont deux années de cours à une académie forestière avec un premier examen.

3° Viennent ensuite deux années de pratique terminées par un deuxième examen professionnel.

Après avoir passé le second examen, les jeunes gens reçoivent le titre de *Forstassessor;* ils entrent alors chez un forestier supérieur et obtiennent, quelques années plus tard, une place vacante et le titre de *Oberforster.* Après dix ans de service, les Oberforster reçoivent le titre de *Forstmeister,* fonctionnaire supérieur du service des forêts.

La répartition des écoles forestières de l'Allemagne est naturellement basée sur l'étendue des forêts et sur leur situation. Les provinces prussiennes du Brandebourg, de Hesse-Nassau et du Rhin ont plus d'un tiers de leur surface boisé; le Hanovre et le Schleswig-Holstein, où se trouvent de grandes prairies, des marécages et des landes, sont pauvres en forêts. Le grand-duché d'Oldenbourg est également peu boisé. Par contre, la Bavière, le grand-duché de Bade, la Thuringe sont riches en forêts.

Académies forestières. — *Établissements spéciaux d'enseignement forestier supérieur et chaires de sylviculture avec Institut dans les Universités.* — Prusse : Eberswald, province de Brandebourg, et Munden, province de Hanovre; Saxe : Tharand; Bavière : Munich; Wurtemberg : Tubingue; grand-duché de Bade : école polytechnique de Carlsruhe.

Le programme de l'enseignement est très chargé. A la section forestière de l'Université de Munich, il porte sur une vingtaine de matières différentes : sylviculture, étude des sols et chimie agricole, principes fondamentaux de la production du sol, cubage des bois, botanique, économie politique, climatologie et météorologie, repeuplements artificiels, maladies des plantes, exploitation des bois et technologie, construction des routes et dessins des places, géodésie, aménagement des forêts, etc.

Le nombre d'heures consacrées chaque jour à l'étude de ces différentes branches n'est pas inférieur à neuf; mais les étudiants ne sont pas rigoureusement astreints à suivre tous les cours.

L'Académie forestière d'Eberswald a été fondée en 1830. Le nombre des étudiants s'élevait à 68 en 1898; le nombre des professeurs, à 17. La durée des études à l'Académie forestière est de quatre semestres; mais les étudiants doivent passer, avant leur entrée ou après leur sortie, deux semestres à une université quelconque. Pour l'admission, ils doivent présenter le certificat de maturité d'un gymnase et un certificat de stage ou de service d'un an comme élève forestier.

Le budget de l'Académie, à la charge de l'État, était de 100,914 marks en 1898-1899. A l'Académie d'Eberswald est rattachée la station forestière qui comprend 5 divisions : technologie forestière, météorologie, botanique, zoologie, géologie.

L'Académie forestière de Munden, province de Hanovre, fut fondée en 1868. Les conditions d'admission sont les mêmes qu'à Eberswald. Ces deux académies forestières dépendent du Ministère de l'agriculture de Prusse. En 1898, le nombre des étudiants à Munden était de 45. La subvention de l'État s'élevait à 76,798 marks.

L'Académie forestière de Tharandt, fondée en 1811 par Cotta, devint quelques années plus tard, en 1816, un établissement de l'État. Elle dépend du Ministère des finances du royaume de Saxe. En 1869, le botaniste Nobbe fonda, à l'académie forestière de Tharandt, la première station pour l'essai des semences. A Munich, en Bavière, il y a six chaires de sylviculture. Les cours ne durent qu'un an, mais les étudiants doivent avoir suivi pendant deux ans les cours de l'école forestière à Aschaffenbourg.

Dans le Wurtemberg, les études forestières se faisaient autrefois à l'Académie agricole et forestière de Hohenheim, près de Stuttgart; mais, depuis 1881, les cours se font à Tubingue où il y a trois chaires de sylviculture. Hohenheim est devenue une académie exclusivement agricole. Dans le grand-duché de Bade, une section forestière a été créée en 1832 à l'école polytechnique de Carlsruhe. Les cours durent trois ans et demi.

La première station de recherches forestières a été établie auprès de l'école polytechnique de Carlsruhe, en 1870. En 1825, on avait créé un institut forestier à Giessen, dans le grand-duché de Hesse; mais il fut rattaché, quelques années plus tard, à l'Université, où l'on compte deux chaires de sylviculture. Dans le grand-duché de Saxe-Weimar, il y a une école forestière à Eisenach, depuis 1830. Le nombre des chaires est de 8, dont 4 spéciales à la sylviculture. Les études ont une durée de deux ans.

En Allemagne, les cours de sylviculture, contrairement à ce qui se passe dans la plupart des autres pays, sont suivis par un certain nombre d'élèves libres.

Écoles pratiques de sylviculture. — *Recrutement des gardes forestiers.* — Les jeunes gens, âgés de 16 à 18 ans, qui veulent devenir gardes forestiers, font un apprentissage de deux ans chez un agent des forêts, après avoir terminé leurs études dans une école primaire. Après leur apprentissage chez un forestier supérieur, ils font leur service militaire dans le corps des chasseurs et peuvent subir à la fin de leur première année de service militaire l'examen de chasseur (Jagerprufung). Après avoir accompli douze ans de service militaire, dont huit dans la réserve, ils passent l'examen de garde forestier et sont nommés en cette qualité. Pendant la durée de leur service militaire dans le corps des chasseurs, les gardes forestiers suivent des cours de sylviculture.

Indépendamment de ce mode de recrutement, par l'armée, des préposés forestiers, on trouve dans les différents États de l'Allemagne plusieurs écoles pratiques de sylviculture ou d'enseignement forestier professionnel : en Prusse, à Gross-Schonebeck, province de Brandebourg, et à Proskau, dans la Silésie. Pour être admis à cette dernière école, les jeunes gens doivent justifier d'un apprentissage d'une année chez un forestier. La plupart des élèves de ces deux écoles sont des fils de gardes forestiers. En Bavière, il y a cinq écoles pratiques de sylviculture : à Kelheim, Trippstadt, Wunsiedel, Lohr et Kaufteuven.

CHAPITRE IV.

ÉTABLISSEMENTS ET INSTITUTIONS D'ENSEIGNEMENT AGRICOLE
RÉCOMPENSÉS.

École supérieure d'agriculture de Berlin. (Grand prix.) — Cette École fut fondée en 1881, par la transformation de l'ancien Institut agricole. L'enseignement est divisé en trois grandes sections : 1° agriculture; 2° géodésie (drainage, irrigations, améliorations foncières); 3° technologie.

Fig. 8. — École supérieure d'agriculture de Berlin.
(Bas-côté du Hall central.)

La section de l'agriculture proprement dite comprend de nombreux instituts spéciaux : institut de physique et de météorologie, instituts de chimie, de géologie et minéralogie, de botanique (deux sections), de zoologie, de zootechnie, de culture, de génie rural. Des laboratoires très bien aménagés, une importante bibliothèque, complètent, avec un champ d'expériences l'organisation de ces instituts. Dans le Hall central de l'École et les bas-côtés se trouve un superbe musée installé d'une façon parfaite par le professeur Wittmack et tenu constamment au courant de toutes les nouveautés par les professeurs de l'École.

Les étudiants en géodésie étudient le lever des plans, le dessin, le drainage, l'irrigation, tout ce qui se rapporte à l'art du géomètre et de l'ingénieur agricoles.

L'enseignement de la technologie des industries agricoles a pris un grand développement à l'école supérieure de Berlin. De grands industriels fournissent les capitaux à cette section, qui comprend : 1° un institut pour les industries de fermentation et la féculerie; 2° un institut pour l'industrie sucrière; 3° une station d'essais de machines agricoles et une de produits de la meunerie.

A côté des laboratoires de recherches scientifiques de la section de technologie, on trouve de véritables fabriques, des distilleries, etc. Les bâtiments et le terrain appartiennent à l'État, mais l'administration intérieure de l'institut des industries de fermentation et le budget de cet établissement sont à la charge d'associations industrielles. L'Institut a été réorganisé récemment et est aujourd'hui admirablement dirigé par le professeur Delbrück.

Fig. 9. — École supérieure d'agriculture de Berlin.
(Hall central.)

Dans le but d'encourager les progrès scientifiques et techniques de l'industrie et les découvertes nouvelles, les sociétés suivantes fournissent à l'institut les capitaux de roulement nécessaires : Syndicat des distillateurs allemands, Syndicat de recherches et d'enseignement de la brasserie à Berlin, Syndicat des féculiers d'Allemagne, Syndicat des distillateurs de grains et des fabricants de levures, Union des fabricants de vinaigre. Le capital engagé dans l'institut des industries de fermentation s'élève à 4,125,000 francs. Le Syndicat des distillateurs participe à l'entretien de l'institut pour une somme de 220,000 marks; le Syndicat de recherches et d'enseignement de la brasserie, pour 450,000 marks.

Ces associations comptent plus de 9,000 membres dans les différentes parties de l'Allemagne.

Le laboratoire et l'établissement d'enseignement possèdent chacun une installation expérimentale pratique pour l'industrie étudiée. Le personnel de l'Institut, professeurs, fonctionnaires, aides, comprend 89 personnes. Les professeurs Lindner et Saare avaient présenté de nombreux appareils à l'exposition des stations agronomiques allemandes.

Le directeur ou recteur est élu pour deux ans par les professeurs. En 1904, le recteur était le conseiller intime professeur docteur Orth.

L'École supérieure d'agriculture de Berlin dépend du Ministère de l'agriculture.

Le nombre des étudiants et des auditeurs varie de 450 à 600. Actuellement, il s'élève à 580 environ.

Les dépenses de l'École supérieure d'agriculture se sont élevées, du 1er avril 1898 au 1er avril 1899, à 749,588 francs : budget ordinaire 413,860 francs; budget extraordinaire 335,728 francs. Sur les dépenses ordinaires, 53,123 francs étaient employés pour les collections et les laboratoires; 176,435 francs pour les appointements des professeurs et des employés; 58,880 francs pour le traitement des maîtres de conférences, des assistants et des auxiliaires pour le service. Le reste de la somme servait pour les frais de bureau, l'entretien des bâtiments, les missions, les bourses. Le traitement fixe d'un professeur de l'école s'élève à 7,400 marks, y compris 900 marks pour indemnité de logement; mais il touche en outre, avec les professeurs auxiliaires ou maîtres de conférences, 25 p. 100 sur le total des droits payés par les étudiants, frais de scolarité qui s'élèvent pour chaque étudiant à 120 marks par semestre.

Objets exposés. — L'École supérieure d'agriculture de Berlin, ne pouvant présenter toutes les recherches faites par les professeurs, s'est contenté d'exposer quelques appareils scientifiques intéressants. M. Elster a obtenu une médaille d'argent et M. A. Michel une médaille de bronze comme collaborateurs de l'École. Nous signalerons un appareil à baignoire de burettes pour l'étude de la respiration de l'homme et des animaux domestiques et un compteur sec à triple enveloppe qui peut être facilement installé dans les cliniques. Ces appareils ont été fabriqués, ainsi que les compteurs spéciaux pour les laboratoires chimiques, par M. Elster, de Berlin, d'après les indications du docteur Zuntz, professeur de physiologie animale à l'École supérieure d'agriculture.

Académie royale d'agriculture de Bonn-Poppelsdorf. (Grand prix.) — L'enseignement de l'agriculture à Poppelsdorf, près Bonn, date de la première moitié du XIXe siècle. Il y fut créé un peu après l'établissement de la première école d'agriculture, à Möglin, dans la Marche de Brandebourg. L'Académie de Poppelsdorf dépend du Ministère de l'agriculture, des domaines et des forêts, et, pour la partie qui se rattache à l'Université de Bonn, du Ministère des cultes et de l'instruction publique. Bien que ce soit une école supérieure d'agriculture distincte, l'Académie agricole de Poppelsdorf est en quelque sorte rattachée à l'Université de Bonn, puisque ses élèves sont inscrits à l'Université dans la section de philosophie.

C'est à l'ancien directeur de l'Académie d'agriculture de Poppelsdorf, le professeur Dunkelberg, que revient l'initiative de la création de cours spéciaux pour les ingénieurs agricoles et les géomètres chargés du service des améliorations foncières.

D'après ses statuts, l'Académie se propose de servir à l'enseignement et aux recherches dans le domaine de l'agriculture, de la géodésie, du génie rural et de toutes les industries techniques qui se rattachent à l'agriculture.

Ce but est atteint au moyen de cours, de conférences, d'exercices et de recherches scientifiques dans les différentes sections de l'Institut, de démonstrations dans l'exploitation rattachée à l'Académie et dans les collections, enfin d'excursions avec les élèves.

A l'Académie, on accepte comme auditeurs ordinaires :

1° Ceux qui étudient l'agriculture; ceux qui, voulant plus tard exploiter par eux-mêmes et avec profit des biens qui leur appartiennent, ont besoin d'acquérir les connaissances nécessaires; ceux qui veulent faire leur carrière de l'administration agricole, et ceux qui se destinent à l'enseignement dans les écoles d'agriculture;

2° Les élèves qui étudient le génie rural;

3° Les élèves qui étudient la géodésie et le génie rural pour se consacrer aux fonctions de géomètres.

Fig. 10. — École royale d'agriculture de Bonn-Poppelsdorf.

En outre, l'assistance aux cours est accordée aux étudiants de l'Université de Bonn. Peuvent être admis temporairement comme auditeurs libres ceux qui veulent profiter de l'enseignement de l'Académie pour un but déterminé.

Les femmes (ordonnance ministérielle du 15 novembre 1896) peuvent être admises à titre d'auditrices libres à quelques cours.

L'admission à titre d'élève ordinaire est subordonnée, pour les Allemands, à la production d'un diplôme qui donne droit au service d'un an dans l'armée allemande. Mais, par exception, on peut admettre certaines personnes qui ne sont pas en état de produire ces titres. Les étrangers doivent produire des grades équivalents, sous une forme jugée suffisante par le directeur.

Des dispositions particulières concernent la préparation qu'on exige des étudiants en géodésie et génie rural qui veulent passer plus tard l'examen de géomètre et d'ingénieur agricole. Pour suivre les cours de la section de génie rural, les élèves doivent être munis du certificat de maturité pour la classe de seconde supérieure dans les lycées et justifier d'un stage d'une année auprès d'un géomètre diplômé. ·

Par l'immatriculation, les élèves de l'Académie acquièrent droit de cité académique, par suite ils sont soumis à tous les règlements en vigueur à l'Université de Bonn pour les autres étudiants.

PLAN D'ÉTUDES DE LA SECTION DES INGÉNIEURS AGRICOLES ET GÉOMÈTRES À POPPELSDORF.

MATIÈRES ENSEIGNÉES.	NOMBRE DE LEÇONS PAR SEMAINE.			
	PREMIER SEMESTRE.	DEUXIÈME SEMESTRE.	TROISIÈME SEMESTRE.	QUATRIÈME SEMESTRE.
Algèbre et analyse mathématique.	2	"	"	"
Géométrie analytique et analyse mathématique.	3	5	"	"
Trigonométrie plane et géométrie descriptive.	2	"	"	"
Stéréométrie et trigonométrie sphérique.	"	2	"	"
Mécanique et hydraulique.	"	2	"	"
Exercices de mathématiques.	4	4	4	4
Physique expérimentale.	2	2	"	"
Chimie.	2	"	"	"
Minéralogie.	"	2	"	"
Géologie.	"	"	2	"
Botanique des graminées et autres plantes fourragères.	"	"	2	"
Exercices pratiques de minéralogie et excursions de géologie.	"	"	2	"
Géodésie.	1	"	"	"
Géométrie appliquée.	2	2	2	2
Étude des instruments et report des projets sur le terrain.	"	2	2	"
Théorie des erreurs et méthode des moindres carrés.	"	2	2	2
Conférences de géodésie.	"	"	4	4
Calcul géodésique (exercices pratiques au cabinet).	2	"	"	"
Exercices pratiques sur le terrain.	(Deux jours par semaine.)			
Améliorations foncières (partie générale).	2	2	"	"
Améliorations foncières (partie spéciale).	"	"	1	1
Cubature des terrassements et mouvement des terres.	2	"	"	"
Hydraulique appliquée.	"	"	2	"
Cours de construction. — Généralités (matériaux, fondations).	2	"	"	"
Construction des ponts, des écluses, des barrages et des routes.	"	3	"	"
Agriculture générale.	"	3	"	"
Leçons d'évaluation de la valeur des terrains.	"	"	2	"
Étude et préparation de projets de construction (ponts, écluses, barrages, routes).	5	4	"	"
Étude et préparation de projets d'améliorations foncières.	"	"	4	4
Exercices pratiques d'agriculture.	"	"	"	1
Droit administratif.	"	"	2	"
Législation rurale.	"	"	1	3

L'étude du génie rural et de l'hydraulique agricole, organisée à Poppelsdorf en 1875 a pris une extension considérable qui a dépassé même les prévisions des spécialistes.

En même temps se sont multipliées les entreprises d'irrigation, d'assainissement, de drainage, de remembrements territoriaux et de réunions de parcelles, de mise en valeur des terres incultes (les sols tourbeux seuls occupent en Allemagne une étendue de plus de 400 kilomètres carrés, dont le quart est à peine utilisé par la culture), etc... On se fera d'ailleurs une idée de l'influence exercée par cet enseignement sur le développement de ces améliorations diverses, si l'on remarque que le nombre des ingénieurs-géomètres agricoles actuellement employés dans les services du Ministère de l'agriculture ne s'élève pas aujourd'hui à moins de 1,055 pour la Prusse seule.

La ferme de l'Académie d'agriculture a une étendue de 30 hectares; on y poursuit des essais d'engraissement et d'amélioration de diverses races bovines. L'objet principal de l'exploitation est la production du lait et la fabrication du beurre.

Poppelsdorf possède un institut de physiologie animale dirigé par le professeur Hagemann, qui vient d'installer un calorimètre des plus importants et des mieux étudiés.

L'École possède encore un institut de physiologie végétale et un vaste champ d'expériences dirigées par le professeur Woltmann d'une façon très remarquable. 2,048 étudiants en agriculture,

Fig. 11. — Académie royale d'agriculture de Bonn-Poppelsdorf. (Un exercice pratique.)

389 étudiants en génie rural, 1,131 en géodésie, 538 auditeurs libres ont suivi les cours depuis la fondation de l'Académie.

Les allocations accordées à l'Académie royale d'agriculture de Poppelsdorf sur les fonds de l'État se sont élevées, dans ces dernières années, à 150,000 marks en moyenne.

Récemment l'État vient d'acquérir pour l'instruction pratique des élèves une propriété de 125 hectares pour le prix de 1 million de francs.

Objets exposés. — Aquarelle représentant les bâtiments et les diverses installations de l'Académie d'agriculture. — Graphiques de la variation du nombre des élèves de l'Académie, de 1847 à 1900. — Échantillons de roches formant le sol des terrains de la province Rhénane.

Institut agronomique de l'Université de Halle. (Grand prix.) — C'est en 1727 que fut fondée à Halle la première chaire d'agriculture. Cette chaire, ainsi que celles qui s'ouvrirent vers la même époque dans les universités allemandes, n'eut pas une grande influence sur l'agriculture et disparut plus tard. La chaire d'agriculture fondée en 1862 à l'Université de Halle par Liebig ouvrit une voie nouvelle à l'enseignement de l'agriculture en Allemagne.

Les objets exposés par l'Institut agronomique de Halle et les explications qui les accompagnaient permettaient de se rendre compte des débuts de cet enseignement et de la situation de l'Institut.

La plus grande partie du jardin de l'Institut est occupée par le jardin des plantes de Halle, où l'on cultive 402 sortes de céréales, 170 espèces de légumineuses et autant d'autres plantes diverses, notamment des graminées et des plantes fourragères. Au nord de ce jardin s'élève une serre qui comprend une grande section pour la culture des plantes tropicales, et une autre pour les plantes de la région méditerranéenne. Devant la serre se trouvent des caisses où l'on cultive, en plein air, le riz de rivière et de montagne, le millet Pinsel, le soja, l'arachide, le cotonnier, etc.

Une petite section du jardin des plantes est réservée aux plantes submergées les plus propres à la constitution des prairies à litière ; une autre section sert à la culture des champignons parasites.

A l'extrémité ouest de la partie nord du jardin sont groupés des échantillons de roches et un profil géologique qui constitue un précieux moyen de démonstration pour l'étude de la géologie et des terrains. Un observatoire météorologique est établi au milieu du jardin des plantes.

Le jardin d'acclimatation de Halle renferme des représentants des principales races d'animaux domestiques d'Europe et des autres parties du monde. C'est un groupement d'une grande valeur pour l'étude des races. Des expériences de croisements très intéressantes ont été faites pour fixer les rapports des formes domestiques aux espèces sauvages employées. Au jardin des animaux domestiques est annexée la clinique vétérinaire. On y étudie en détail l'anatomie et la physiologie des animaux, la connaissance de l'extérieur, l'art vétérinaire.

Le champ d'expériences de l'Institut s'étend sur une superficie de 106 hectares. Les expériences organisées depuis plus de vingt ans dans cet immense champ d'études ont permis d'étudier les différents systèmes de culture, dans les conditions les plus variées de fumure et d'assolement.

Travaux et objets exposés. — Plans de la ville de Halle et de l'Institut agronomique. – Travaux du laboratoire de physiologie agricole. — Communications de l'Institut agricole. – Rapports du laboratoire et de la station. – Guide pour l'analyse minéralogique du sol par le docteur Steinriede. — Carte agronomique des environs de Halle. — Appareil pour l'analyse mécanique du sol, avec des explications par M. Kühn, professeur de chimie agricole. — Rapport de M. Kühn sur les expériences faites sur la nitragine, avec photographies. — Appareil pour déterminer la distribution spontanée du *Rhizobium leguminosorum* — Modèle d'un appareil destiné à fournir de l'eau exempte de germes, avec explications par le docteur Falke. — Vases à expériences de Kühn. — Un fascicule contenant le rapport de Jul. Kühn sur ses expériences pour déterminer l'influence de l'acide phosphorique de la poudre d'os. — Modèle d'un appareil pour retenir les poussières atmosphériques. − Caisses servant aux expériences sur les sols à efflorescences et ceux des terrains flottants, avec explications de Kühn et du docteur Bade. − Rapport annuel de la station de recherches pour la destruction des nématodes et la protection des plantes, par le docteur Hollrung. (Cette station se rattache à l'Institut.) − Le hall des machines, avec indications du professeur docteur Lorenz. − Le bâtiment de la laiterie, indications et photographies relatives à l'enseignement de la laiterie. − Le cabinet des laines. − Modèle d'une cage servant aux expériences d'alimentation des animaux. − La clinique vétérinaire, figures et explications relatives à l'enseignement vétérinaire. − Plans d'études, programmes, brochures relatives à l'enseignement agricole.

. **Institut agronomique de l'Université de Leipzig.** (Grand prix.) — Créé en 1869, l'Institut est placé sous la direction du conseiller intime docteur Kirchner, professeur à la Faculté de philosophie. A l'Institut agricole se rattache l'Institut des machines et des améliorations agricoles, placé sous la direction du professeur docteur Strecker.

L'Institut agronomique possède une laiterie pourvue des instruments et des machines les plus perfectionnés et des animaux appartenant aux meilleures races et variétés. L'entretien des vaches présente, au point de vue économique, un intérêt particulier, puisque le lait est vendu dans les différents quartiers de la ville au prix relativement élevé, pour l'Allemagne, de 0 fr. 30 le litre. Le champ d'expériences de Leipzig a une étendue de 28 hectares 5, dont 3 hect. 5 de prairies. Une superficie de 75 ares est consacrée à la culture des arbres fruitiers.

Indépendamment des épreuves communes aux différentes écoles supérieures d'agriculture en Allemagne, on a établi à Leipzig deux autres examens auxquels les agriculteurs peuvent se présenter.

Le premier examen, spécial pour les inspecteurs du bétail, demande une connaissance approfondie de l'élevage des différentes races de bestiaux, la tenue des livres généalogiques, ainsi que des notions de médecine vétérinaire, spécialement sur les épizooties et les maladies contagieuses du bétail.

L'autre examen comprend la technique des améliorations agricoles. Les candidats doivent étudier la mécanique, la géométrie pratique, la construction des chemins, le régime des eaux, le drainage et l'irrigation, les constructions rurales, la culture des prairies. Ils doivent suivre des exercices pratiques sur le terrain et dresser des projets et des études d'améliorations.

Pour suivre les cours de la section de génie rural à l'Université de Leipzig, les élèves doivent être porteurs d'un des diplômes d'agriculture conférés par l'Université et justifier d'une année de stage préalable auprès d'un géomètre diplômé. La durée des études est de deux semestres.

Objets exposés. — Plan du champ d'expériences divisé en quarante parcelles de 10 ares chacune, montrant les divers systèmes de culture. − Vues et photographies pour l'enseignement agricole et spécialement pour l'étude des machines agricoles. − Représentation des phénomènes d'hérédité et de corrélation pour le seigle, le blé, l'avoine et la pomme de terre, par le professeur docteur Fischer.

Institut agronomique de l'Université de Breslau. (Médaille d'or.) — L'Institut agronomique de l'Université de Breslau possède cinq instituts spéciaux, indépendants au

Fig. 12. — Institut agronomique
de l'Université de Breslau.
(Collection destinée à l'enseignement de l'art vétérinaire.)

Fig. 13. — Institut agronomique
de l'Université de Breslau.
(Salle de constructions agricoles.)

point de vue du budget et du personnel; chacun d'eux est chargé d'une partie déterminée de l'enseignement agricole. Un nouvel institut doit être créé prochainement pour l'enseignement de la médecine vétérinaire.

Fig. 14. — Institut agronomique
de l'Université de Breslau.
(Partie de la salle d'exposition des machines agricoles.)

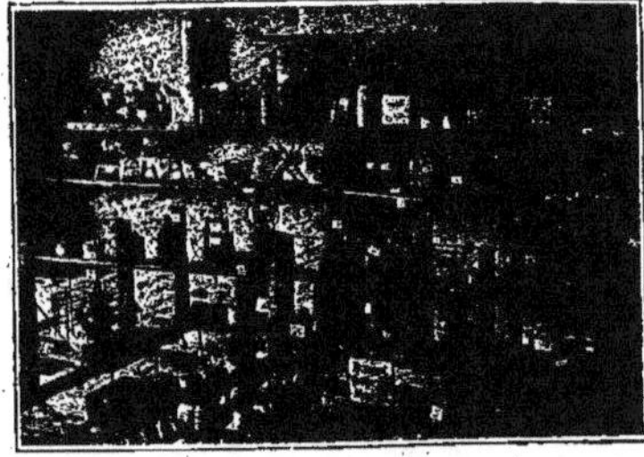

Fig. 15. — Institut agronomique
de l'Université de Breslau.
(Partie de la salle consacrée aux appareils de laiterie.)

Le champ d'essais de Breslau est situé près de la ville. Le laboratoire agricole a reçu en 1896 une importante extension et un nouveau matériel; les collections, qui provenaient en partie de l'Académie de Proskau, ont été complétées et installées d'une manière systématique et elles représentent un excellent moyen d'enseignement; la bibliothèque et la salle d'études pour les étudiants ont été l'objet de compléments importants.

On a rétabli une chaire de cultures spéciales; la chaire extraordinaire d'agriculture a été transformée en une seconde chaire ordinaire et l'ancien Institut de chimie animale est devenu un Institut de chimie agricole et de bactériologie.

Comme on le voit, l'enseignement de l'agriculture à l'Université de Breslau a été complètement réorganisé depuis 1896, et le Gouvernement a fourni les capitaux nécessaires pour mettre l'enseignement agronomique au niveau des exigences de l'époque.

Objets exposés. —— Vue de la ferme expérimentale du champ d'expériences. – Plan du champ d'expériences. – Album avec portraits des animaux de l'étable. – Album de vues de l'Institut agronomique. – Programme de l'étude de l'agriculture à l'Université de Breslau; plan d'études et emploi du temps. – Photographies de bactéries.

Institut agronomique de l'Université de Ludwig, à Giessen. (Médaille d'or. Collaborateur : M. Schmitt, médaille de bronze.) — Les cours commencent en même temps que les autres cours de l'Université, en général à la fin d'avril, pour le semestre d'été, à la fin d'octobre pour le semestre d'hiver. Un champ d'expériences agricoles de 1 hect. 25 et les collections de l'Institut servent aux démonstrations.

Fig. 16. — Institut agronomique de Giessen.

Objets exposés. —— L'Institut de Giessen avait exposé des modèles réduits au 1/10 ou au 1/15 pour l'enseignement des installations d'appareils utilisés par l'industrie agricole. Fabrication du sucre : élévateur de betteraves; spirale avec laveurs; bascule automatique; élévateur de jus; presse à cossettes. – Fabrication de l'alcool : modèle d'une petite distillerie agricole pour pommes de terre et maïs. – Machine à battre combinée, dont les parois latérales en verre permettaient de voir le fonctionnement du mécanisme.

Institut agronomique de l'Université de Gœttingen. (Médaille d'or.) — En 1851, sur la demande du professeur Hanssen, on institua un cours d'agriculture de quatre semestres, à Gœttingen. Le domaine de Weende servait aux démonstrations.

En 1857, une station agronomique fut établie dans ce même domaine de Weende;

réunie au cours d'agriculture de Gœttingen, cette station reçut le nom d'Académie royale de Gœttingen-Weende. En 1872, après que la station agronomique eût été transportée de Weende à Gœttingen, l'ensemble prit le nom d'Institut agricole. C'est à partir de 1874 que cet Institut fut rattaché à l'Université. L'Institut agronomique possède un champ d'expériences, avec hall à plantes; un laboratoire de chimie agricole très bien outillé.

L'Institut vétérinaire possède une clinique et de riches collections. La station de recherches de physiologie animale de la Société royale d'agriculture de Hanovre ne dépend pas du Ministère de l'instruction publique, mais du Ministère royal d'agriculture, bien qu'elle soit établie dans le voisinage de l'Université pour faciliter les études scientifiques. Elle dispose de laboratoires, d'étables d'expériences et de nombreux appareils d'étude. Tous les professeurs qui enseignent l'agriculture et ses industries font partie du corps professoral de l'Université, à laquelle doivent être immatriculés tous les étudiants.

Fig. 17. — Institut agronomique de Gœttingen. (Hangar-abri pour les plantes.)

Objets exposés. — Tableau et vues des bâtiments de l'Institut agronomique. Plan du champ d'expériences et photographies. — Série complète du journal de l'agriculture, organe de l'Institut agronomique de Gœttingen.

Fig. 18. — Institut agronomique de Gœttingen. (Champ d'expériences agricoles.)

Institut agronomique de l'Université de Kœnigsberg. (Médaille d'or.) — L'Institut agricole a été fondé vers 1871. Les nouvelles constructions ont été terminées en 1876. La situation géographique de Kœnigsberg dans les provinces prussiennes de l'Est a amené la spécialisation de l'enseignement agricole à cet Institut. Dans ces provinces, par suite de l'intensité de la culture, le nombre des praticiens à instruire est grand; c'est ce qui explique la grande importance de l'établissement de Kœnigsberg, où l'on étudie surtout les cultures de la région du Nord-Est.

A l'éducation technique des agriculteurs et des futurs professeurs d'agriculture, l'Institut joint une série d'expériences et de recherches destinées à provoquer les progrès de l'agriculture régionale. Les cours d'agriculture pour les cultivateurs en exercice sont suivis en moyenne par 300 auditeurs, à Kœnigsberg et à Dantzig.

L'Institut possède des salles de cours, des laboratoires, des collections, un jardin botanique, une clinique vétérinaire, un laboratoire de physiologie. La laiterie expérimentale de Quadrau, qui traite 1,000 litres de lait par jour, est annexée au laboratoire de l'Institut agronomique. Les rapports de l'Institut agronomique sur l'étude de l'agriculture à Kœnigsberg contenaient le résumé de travaux intéressants.

*
* *

École supérieure vétérinaire de Hanovre. (Grand prix.) — L'École supérieure vétérinaire de Hanovre a obtenu un grand prix à la Classe 5 pour son enseignement.

Fig. 19. — École royale vétérinaire de Hanovre.
(Bâtiment de l'Institut de physiologie et de chimie.)

Cette école dépend du Ministère de l'agriculture. L'enseignement y est donné par neuf professeurs, cinq professeurs suppléants ou adjoints et six assistants. La durée des études est de sept semestres.

L'école reçoit deux catégories d'élèves et des auditeurs libres désignés sous le nom
d'*Hospitanten*. Ceux-ci, proportionnellement peu nombreux, suivent seulement quelques
cours. Le régime de l'école est l'externat. Le programme de l'enseignement a beaucoup
d'analogie avec le programme de nos écoles nationales vétérinaires.

La construction de la nouvelle école de Hanovre, commencée en 1895, a demandé
plus de quatre années et certaines parties, comme l'Institut d'hygiène, ne sont pas encore
terminées. Les nombreux bâtiments de l'école et l'emplacement occupent une superficie
de plus de 4 hectares. Dans un de ces bâtiments se trouvent les instituts d'anatomie et
d'anatomie pathologique; dans un autre, l'institut de physiologie et l'institut de chimie.
L'hôpital des grands animaux domestiques comprend seul quatre bâtiments : administration de la clinique, clinique médicale, clinique chirurgicale, manège couvert.

Fig. 20. — École royale vétérinaire de Hanovre.
(Boxes pour les animaux domestiques de grande taille.)

Les dépenses d'installation de la nouvelle école vétérinaire supérieure de Hanovre
(terrain, bâtiments, aménagement intérieur) s'élèvent à 2,400,000 marks, environ
3 millions de francs.

Le tableau exposé par l'école vétérinaire représentait une vue perspective de l'installation de l'école et un plan indiquant les dimensions des divers bâtiments. Ce tableau
montrait encore l'aspect des instituts d'anatomie zoologique et d'anatomie pathologique,
de la clinique chirurgicale des chevaux, une vue de l'hôpital pour les petits animaux
domestiques, ainsi que quelques vues intérieures, représentant la salle de cours du bâtiment principal, la salle de cours pour l'anatomie, une étable de la section interne de
l'hôpital pour les gros animaux domestiques et une salle de malades dans l'hôpital des
petits animaux domestiques.

Nous étudierons dans les considérations générales l'enseignement vétérinaire en Allemagne dans ses grandes lignes, en indiquant les principales différences qui existent entre cet enseignement et celui donné dans les écoles nationales vétérinaires de France.

*
* *

École agricole de Bitburg. (Médaille d'argent.) — L'École de Bitburg fut fondée en 1873. École du deuxième degré avec six classes, Bitburg, dans la province du Rhin, compte, chaque année, une moyenne de cinquante élèves diplômés. Depuis 1877, elle confère la dispense de deux années de service militaire. Une ferme modèle, des champs d'expériences, un établissement de pisciculture et des cours d'arboriculture pour les agents voyers, les instituteurs et les jardiniers, sont annexés à l'école. L'école avait exposé, dans une vitrine, les insectes les plus redoutables pour les arbres fruitiers, dans les différents stades de leur développement : œufs, chenilles, larves, chrysalides, cocons.

École agricole de Clèves. (Médaille d'argent.) — L'École de Clèves s'ouvrit, le 21 mars 1868, comme école pratique; elle fut transformée, en 1875, en école d'agriculture. Subventionnée par la province et par l'État, l'école appartient à la ville de Clèves. Elle est sous la surveillance immédiate du Gouvernement royal de Dusseldorf et indirectement sous celle du Ministère de l'agriculture. C'est une école réale de six classes pour les fils des propriétaires ruraux. Le diplôme de sortie permet de ne faire qu'un an de service militaire. Avec l'agriculture, on y enseigne le français, les mathématiques, les sciences naturelles, le dessin. L'école possède un jardin botanique et un champ d'expériences.

Fig. 21. — École agricole de Clèves.

Les modèles d'instruments agricoles réduits au 1/15 représentaient une charrue des Flandres, une faucheuse, un aplatisseur du sol et une herse pour les prairies.

École de Dahme. (Médaille d'argent.) — L'établissement était, à l'époque de sa fondation, le 1ᵉʳ mai 1876, une entreprise du district de Juterborg-Luckenwalde et de l'Union provinciale de Brandebourg et du Niederlausitz. Depuis 1887, l'école agricole proprement dite appartient à la ville de Dahme; elle est soumise à l'inspection du Gouvernement de Potsdam et à celles du Ministre de l'agriculture et de l'instruction publique. A l'école « autorisée » d'agriculture est annexée une école d'agriculture d'hiver.

Fig. 22. — École de Dahme.

Le conseil d'administration de l'école est composé de huit membres : deux représentants du Gouvernement royal, un représentant de la province, un délégué de la Chambre d'agriculture, un délégué de l'Union agricole du district de Juterborg-Luckenwalde, deux représentants de la ville de Dahme et le directeur de l'école. L'enseignement est donné dans les trois classes inférieures d'après le plan d'études adopté pour les gymnases. L'étude du latin est facultative; le français obligatoire, comme langue étrangère. Dans les trois classes supérieures, on étudie l'agriculture. L'école possède d'importantes collections et un jardin botanique.

L'ouverture des cours de l'école d'hiver a eu lieu en 1888. C'est aussi une œuvre de la ville de Dahme. Placée sous la même direction, l'école d'agriculture d'hiver a une classe préparatoire et une classe principale; les cours durent pendant deux hivers.

Objets exposés. — Échantillons de laine brute, filée et cardée; échantillons de semences; scories Thomas et sels de Stassfurt dans des flacons.

École supérieure d'agriculture royale saxonne de Dœbeln. (Médaille d'argent.) — Réunie au gymnase de Dœbeln, l'école d'agriculture occupe une place intermédiaire entre les écoles supérieures d'agriculture annexées aux universités et les écoles inférieures d'agriculture, écoles pratiques ou écoles d'hiver.

L'école de Dœbeln ne dépend que de l'État, et c'est la seule école de ce genre en Allemagne. Les écoles d'agriculture autorisées, hors de Saxe, à délivrer le diplôme permettant le service militaire d'un an sont créées par des districts ou des villes, mais elles reçoivent des allocations de l'État. La réunion de l'école agricole de Dœbeln à un réal gymnase permet aux élèves de faire des études complètes. L'école a des laboratoires de chimie et de physique, un vaste jardin botanique, un verger et un champ d'expériences de près de 3 hectares.

Le directeur de l'école, M. le professeur Ruhlmann, avait exposé un appareil de projection à éclairage électrique.

École agricole d'Eldena, près Greifswald. (Médaille d'argent.) — Fondée en 1877 par l'Union centrale d'encouragement à l'agriculture de la Baltique, l'école appartient à la Chambre d'agriculture de la province de Poméranie. L'enseignement pratique est donné à la ferme d'Eldena, propriété de l'Université de Greifswald. On y trouve une brasserie, une distillerie, une laiterie à vapeur. L'État contribue aux dépenses de l'école pour 23,200 marks par an; la province, pour 4,000 marks; les districts et les villes du gouvernement de Stralsund, pour 3,000 marks.

L'enseignement est donné par le directeur, professeur de sciences naturelles, et par deux professeurs, trois maîtres supérieurs, un maître des classes élémentaires et deux adjoints.

Le nombre des élèves était, en janvier 1900, de 81, dont 59 pour les cours spéciaux et 22 pour les cours préparatoires.

Depuis sa fondation, l'établissement a donné le diplôme de maturité à 217 élèves.

Objets exposés : Appareils de sondage et d'analyse du sol; appareils pour la détermination de la perméabilité du sol; échantillons des résultats d'une analyse du sol avec un tamis et le cylindre à limon de Kuhn; échantillons des parties essentielles du sol : pierres, sable, argile, calcaire et humus.

École agricole de Flensbourg. (Médaille d'argent.) — L'école a été fondée en 1875 et placée en 1896 sous la direction de l'école réale supérieure. L'école de Flensbourg se compose de trois classes professionnelles indépendantes et de trois classes préparatoires, annexées aux classes correspondantes de l'école réale supérieure.

L'école avait envoyé à l'Exposition une collection de matières alimentaires à l'usage du bétail qui comprenait 52 produits divers : tourteaux, drèches, résidus, farines, sons, poudres, mélanges de tourbe et de mélasse.

École d'agriculture de Heiligenbeil. (Médaille d'argent.) — L'exposition de cette école était une des plus complètes et des plus intéressantes par la variété des objets exposés : 1° collection de fers pour chevaux et bœufs forgés par l'école de maréchalerie de Marienbourg; 2° série d'appareils pour l'analyse du lait, appareils employés à l'école pour les démonstrations et les exercices pratiques; 3° collection de poissons préparés dans l'alcool (gardon, brochet, saumon, épinoche, écrevisse); 4° 30 modèles de charrues anciennes.

École d'agriculture de Marienberg, avec section réale, à Helmstedt. (Médaille d'argent.) — Cet établissement fut fondé, en 1809, par l'Union centrale des agriculteurs du grand-duché de Brunswick. Il ouvrit avec 9 élèves.

La ville d'Helmstedt prit l'école à sa charge, après qu'elle eût été reconnue comme école supérieure publique par le Gouvernement ducal; on annexa à l'école une section réale.

Fig. 23. — École d'agriculture de Marienberg.
(Verger et potager et station météorologique.)

L'enseignement est donné par le directeur et par 16 maîtres ordinaires, un professeur de dessin et un vétérinaire. Depuis sa fondation, l'école de Marienberg a reçu 2,255 élèves. Le budget de l'école s'élève à 76,500 marks, dont 16,400 marks fournis par l'État et 2,500 marks par le district de l'Union agricole.

Objets exposés. — Parmi les différents modèles exposés pour la démonstration des différents systèmes de drainage, on remarquait des modèles de drains pour les tourbières, des drains en pierres, en briques, ainsi que des tableaux relatifs à l'irrigation des prairies.

École de Herford. (Médaille d'argent.) — Cette école est installée dans la ville même de Herford, gouvernement de Minden. Une vue des bâtiments de l'école reproduisait les détails de l'aménagement intérieur très moderne de l'école qui possède un amphithéâtre pour les cours, un grand laboratoire de chimie muni des appareils les meilleurs et les plus récents, pour les travaux des élèves; une salle de cours de physique, une salle des collections d'histoire naturelle.

École agricole de Hildesheim. (Médaille d'argent.) — L'école, fondée en 1875 par la Chambre d'agriculture de Hanovre, est sous la surveillance de l'Oberpresidium royal de Hanovre et sous celle du Ministère de l'agriculture. A l'école d'agriculture de

Hildesheim, est annexée une sorte d'école normale pour les professeurs d'agriculture avec un cours d'arboriculture pour les instituteurs primaires. Le nombre des élèves est en moyenne de 220, environ 140 pour l'école d'agriculture, 80 pour l'école de professeurs.

Le personnel enseignant se compose de 14 personnes.

Objets exposés. — Appareils pour servir à l'enseignement de différentes industries agricoles : appareil de démonstration pour l'extraction de la fécule de pomme de terre; appareil pour montrer la production du vide dans les appareils de sucrerie; appareil pour la rectification de l'alcool ; appareil pour la détermination de la proportion de fécule dans les pommes de terre, pour l'examen de l'orge de brasserie.

Fig. 24. — École agricole de Hildesheim.
(Salle des collections.)

École agricole de Liegnitz. (Médaille d'argent.) — L'école de Liegnitz a été fondée en 1873. Le nombre actuel des élèves est de 230. Le personnel enseignant comprend 9 personnes. On y enseigne principalement la zootechnie dont l'étude est bien comprise, ainsi que l'établissaient les types exposés : modèles de chevaux, de bœufs, des différentes races de moutons, de porcs.

École agricole de Luedinghausen. (Médaille d'argent.) — L'école a trois classes spéciales et trois classes préparatoires. Elle comprenait, en 1899, 187 élèves avec un personnel enseignant de 12 maîtres. A Luedinghausen, les élèves se livrent à de nombreux exercices pratiques d'arboriculture. La Westphalie possède la plupart des variétés de fruits à pépins, pommes et poires, dont les échantillons exposés représentaient les meilleures variétés de l'Allemagne. Le diplôme de l'école donne droit au service militaire d'un an.

École d'agriculture de Marienbourg. (Médaille d'argent.) — Cette école était représentée par des vues de l'établissement. Fondée en 1875 par la ville de Marienbourg qui en est propriétaire, l'école est soutenue aussi par l'État (21,200 marks en 1898-1899) et par la province (3,000 marks). Elle est placée sous l'inspection du Gouvernement comme les autres écoles d'agriculture.

Le prix moyen de l'externat est de 120 marks. La durée des cours est de trois ans et de deux ans seulement pour l'école inférieure (Vorschule). Nombre des élèves en 1898 : 179. Professeurs : 13.

École agricole de Schivelbein en Poméranie. (Médaille d'argent.) — École municipale subventionnée par l'État et par la province, Schivelbein possède un établissement agricole modèle.

Objets exposés : Photographies et plan de l'établissement agricole; développement de l'abeille; modèle de ruches; tableaux représentant la fécondation des plantes par les insectes.

*
* *

Écoles d'horticulture. — *L'École royale d'horticulture de Wildpark* (médaille d'or), près de Potsdam, est la première et la plus ancienne des trois écoles d'horticulture de Prusse. Elle doit être transférée dans quelques années à Dahlem, près de Berlin, où l'on a commencé à installer un jardin botanique.

Fig. 25. — École d'horticulture de Wildpark.
(Les travaux.)

L'école, fondée en 1823, est un établissement de l'État placé sous la surveillance du Ministère de l'agriculture et annexé aux jardins royaux. Elle a pour but de former des chefs jardiniers, des horticulteurs et des arboriculteurs, des jardiniers paysagistes, etc.

Pour être admis à l'école, les élèves doivent justifier d'un stage de deux ans chez un horticulteur capable. Ils doivent, en outre, avoir passé l'examen qui confère le droit de ne faire qu'une année de service militaire ou posséder un diplôme équivalent.

La durée des études est de deux ans. Les élèves payent une rétribution scolaire de 250 marks qui comprend, outre le prix des études, celui du logement, du chauffage et de l'éclairage, les soins médicaux et la pharmacie. Ils doivent apporter leur literie et pourvoir à leur nourriture. Le séjour d'un élève à l'établissement revient en moyenne à 900 ou 1,000 marks par an.

Le nombre des élèves est fixé en moyenne à 24; l'école admet des élèves libres moyennant une rétribution de 150 marks par semestre.

L'école de Wildpark possède des collections importantes. Elle dispose dans ses jardins de nombreuses sections pour les

Fig. 26. — École d'horticulture de Wildpark.
(Vue du parc.)

cultures spéciales, notamment un jardin potager et un jardin fruitier, des pépinières, des serres, etc. Elle a, en outre, à sa disposition les jardins royaux de Potsdam.

La subvention de l'État pour l'année 1899 s'est élevée à la somme de 20,960 marks; l'intendance des jardins royaux a versé la même année 3,024 marks.

Depuis sa fondation, l'école a formé 727 élèves dont 44 étrangers.

L'École royale d'horticulture de Wildpark avait envoyé à la Classe 5 le plan et des vues de l'établissement.

Aux écoles d'horticulture de *Proskau* et de *Geisenheim* sur le Rhin, on ne demande aux jeunes gens pour l'admission que le certificat de 3ᵉ classe inférieure; ce qu'on appelle en Allemagne la maturité pour la « Ober-Tertia » (3ᵉ classe).

Fig. 27. — École d'horticulture de Wildpark.
(Les serres.)

A l'*Institut pomologique de Proskau* (médaille d'argent), près d'Oppeln, en Silésie, fondé en 1868, on étudie, ainsi que le nom l'indique, l'arboriculture d'une façon particulière, avec les autres branches de l'horticulture.

Le nombre des internes s'élève à 38. Les cours, d'une durée de deux ans, sont également suivis par des externes. La subvention de l'État, pour l'année 1898-1899, s'élevait à 48,589 marks. A Proskau, où le sol est argileux et le climat un peu rude, on cultive surtout des pommiers, les autres arbres fruitiers de plein vent et les plantes potagères. Il est question de transférer l'Institut pomologique à Trebnitz, en Silésie, où le climat est plus doux.

L'Institut pomologique de Proskau avait envoyé un grand album et des tableaux représentant l'établissement, les serres, les vergers, les pépinières, les différents systèmes de taille le plus ordinairement pratiqués. L'École royale d'arboriculture, de viticulture et d'horticulture de *Geisenheim* sur le Rhin, jouit d'un climat très doux qui permet d'y cultiver la vigne. Fondée en 1872, l'école, qui peut recevoir une trentaine d'internes, avait obtenu de l'État, en 1898-1899, une subvention de 83,818 marks. Cette école n'avait pas exposé. Une école d'horticulture inférieure où les cours ne durent qu'une année est annexée à l'école royale d'arboriculture. Les horticulteurs, les instituteurs, les pépiniéristes, les viticulteurs peuvent y suivre des cours spéciaux et y étudier la vinification, la fabrication du cidre, le séchage des fruits, etc.

Fig. 28.
École d'horticulture de Wildpark.
(Intérieur d'une serre.)

Le Wurtemberg possède également un institut pomologique. La Saxe a l'école d'horticulture de Dresde fondée par le Syndicat des horticulteurs du royaume.

Mais ces dernières écoles n'ont pas pris part à l'exposition spéciale de l'enseignement agricole, de même que l'école d'horticulture du docteur Sattegast à Kostritzet les écoles inférieures d'horticulture de divers États de l'Allemagne.

CHAPITRE V.

EXPOSANTS LIBRES RÉCOMPENSÉS.

M. Max Landsberg, sculpteur, a obtenu une médaille d'or pour une série de statuettes d'animaux domestiques de race, modèles exécutés d'après nature : étalon d'Oldenbourg, étalon de Holstein et du Hanovre; taureau de Westerwald et vache d'Hinterwald; bélier de Rambouillet et brebis mérinos. Ces statuettes, modelées sur la demande de l'École d'agriculture de Berlin, servent pour l'enseignement de la zootechnie dans les écoles d'agriculture d'Allemagne.

Le Jury a décerné à la *Librairie Brendel* une médaille d'or pour ses modèles destinés à l'enseignement de la botanique. Ces modèles exécutés en bois, en gélatine, voire en papier mâché, puis peints à l'huile, reproduisent d'une manière exacte et artistique les fleurs, les fruits et autres parties des plantes. Un agrandissement assez considérable et la facilité du démontage, joints à une scrupuleuse exactitude dans la reproduction, ont fait adopter ce moyen d'enseignement par les yeux en Allemagne et à l'étranger.

Institut des sciences physiques et naturelles Linnaea, à Berlin : médaille d'argent pour ses modèles d'histoire naturelle destinés à l'enseignement.

M. Paul Parey, directeur de la Librairie agricole, horticole et forestière, de Berlin, avait exposé de nombreux ouvrages d'agriculture et des publications relatives à l'enseignement agricole qui lui ont valu une médaille d'argent.

CHAPITRE VI.

CONSIDÉRATIONS GÉNÉRALES.

L'enseignement agricole ne repose pas en Allemagne sur un plan d'organisation semblable à celui qui a été adopté en France et dans la plupart des autres pays d'Europe. La division des écoles d'agriculture en établissements d'enseignement supérieur, moyen, inférieur, qu'on retrouve dans les différentes nations, n'a rien d'absolu en Allemagne où l'on voit, dans chacun des trois degrés de l'enseignement, des écoles qui diffèrent les unes des autres. De là une espèce de confusion qui disparaît peu à peu quand on examine de près l'ensemble de toute l'organisation. En comparant les établissements français aux établissements allemands, on peut en déduire la classification suivante :

ÉCOLES ALLEMANDES.	ÉCOLES FRANÇAISES CORRESPONDANTES.
Instituts et académies agricoles, écoles techniques supérieures.	Institut national agronomique de Paris.
. . . .	Écoles nationales d'agriculture (Grignon, Montpellier, Rennes).
Landwirtschaftsschulen.	Rien d'analogue.
Ackerbauschulen	Écoles pratiques d'agriculture. Fermes-écoles.
Winterschulen (écoles d'hiver).	Pas d'établissements analogues.
Wanderlehrer (professeurs nomades). . . .	Professeurs départementaux et spéciaux d'agriculture.

L'enseignement agricole supérieur, caractérisé par son esprit scientifique, est donné en Allemagne par quatre genres d'établissements :

1° Par les universités;

2° Par les instituts agricoles annexés aux universités;

3° Par les instituts complètement indépendants;

4° Par les sections agricoles des écoles techniques supérieures.

La diversité de ces établissements résulte surtout des différentes idées qui ont eu cours en Allemagne au sujet de l'enseignement supérieur.

On a cru pendant longtemps que les écoles d'agriculture supérieures devaient être établies en pleine campagne, dans un domaine proportionné à leur importance. Penser le contraire paraissait illogique. Aussi les premières écoles allemandes : Möglin (1804), Hohenheim (1818), Schleisheim (1822), Iéna (1826), Eldena (1835), Wiesbaden (1836), Tharand (1839), Regenwald (1842), Proskau (1847), etc., furent toutes créées loin des villes, au milieu des champs. Trop éloignées des centres scientifiques, la plupart de ces écoles périclitèrent. Elles ne purent suivre les progrès de la science. On s'en tenait aux principes de Thaer, le créateur de la première école de Möglin, sans songer que la chimie et la physique avaient, pendant ce temps, modifié ces principes.

La disparition des premiers établissements agricoles prouva que l'enseignement supérieur de l'agriculture ne peut vivre et prospérer que dans les centres scientifiques. « C'est qu'à l'enseignement supérieur, ainsi que le fait remarquer M. Wéry, directeur des études à l'Institut agronomique de Paris, il ne faut pas seulement des élèves dotés d'une solide instruction. Il lui faut encore des professeurs de premier ordre qui soient à la tête du mouvement scientifique, des laboratoires, des collections, des bibliothèques, et cette atmosphère spéciale, faite d'idées échangées et d'émulation active, qui semble féconder le travail. Or savants, professeurs, laboratoires et toutes ces richesses auxiliaires, indispensables aux fortes études, ne se trouvent que dans leur habitat naturel, les centres scientifiques, les villes. »

Si quelques écoles, comme Hohenheim et Poppelsdorf, n'ont pas disparu, quoique situées à la campagne, c'est qu'elles se trouvent, la première près de Stuttgard et la deuxième en contact intime avec l'université de Bonn.

C'est Liebig qui, en Allemagne, dès 1861, fit triompher l'idée de donner l'enseignement agricole dans les centres scientifiques.

Dans un discours resté célèbre, à l'Académie des sciences de Munich, Liebig émit d'une manière claire et nette l'opinion que l'enseignement de l'agriculture devait entrer dans les cadres universitaires et se développer dans le sens et l'esprit de toutes les autres sciences qu'on y cultive.

Il voulait de plus que les étudiants en agriculture suivissent, en dehors des cours spéciaux d'agriculture, des cours scientifiques, des leçons d'économie politique et sociale afin de prendre plus tard une part effective aux affaires de l'État. Il voulait, en un mot, que l'étudiant agricole vécût de la même vie intellectuelle universitaire que les autres étudiants. Après une lutte très vive, l'idée de Liebig prévalut. Dès lors, la plupart des écoles supérieures d'agriculture furent rattachées aux Universités.

Il était allé un peu trop loin, car dans ces dernières années les esprits ont paru être plus frappés des inconvénients que des avantages de cette fusion.

Les progrès scientifiques accomplis et l'élargissement de l'enseignement agricole ont démontré, en effet, la nécessité de créer des instituts spéciaux ayant leur direction propre, bien que rattachés encore aux universités par raison budgétaire et pour satisfaire au mouvement universitaire si spécial à l'Allemagne. C'est à cette tendance que semble due l'organisation mixte de l'Institut agronomique de Berlin, de l'Académie de Bonn-Poppelsdorf, de l'Institut agricole d'Iéna. Il y a là une extension importante de la spécialisation de l'enseignement agricole.

L'émigration des écoles de la campagne vers la ville devait nécessairement avoir son contre-coup sur l'enseignement pratique. Ce dernier disparut, en effet, peu à peu pour laisser plus de place à l'enseignement théorique. On a reconnu maintenant qu'il est impossible d'enseigner à la fois, dans le même temps et le même lieu, la science et le métier. Ce n'est pas en deux ans, deux ans et demi et même trois ans, que l'on peut étudier complètement le programme si étendu des connaissances théoriques et apprendre le métier d'agriculteur.

C'est bien parce que les écoles supérieures allemandes ont admis depuis longtemps ce principe qu'elles ne possèdent que des champs d'expériences de peu d'étendue. L'Institut agronomique de Berlin ne possède qu'un champ de démonstration de 63 ares 20 centiares. Cependant, depuis quelques années, la nécessité de relier plus directement la théorie à la pratique et aussi la facilité des communications ont poussé certaines écoles, telles que les instituts de Halle, Breslau, Kœnigsberg et Poppelsdorf, à s'annexer de véritables fermes d'expériences. Cette nouvelle organisation est celle qui a été adoptée depuis longtemps par l'Institut agronomique de Paris.

« Les écoles ne possédant pas de domaines peuvent vivre, comme le fait remarquer M. Wéry, sous le régime des excursions dans les fermes bien tenues du voisinage, des visites d'usines, de marchés, de concours, etc. Elles trouvent là les exemples et les démonstrations les meilleurs parce qu'ils correspondent exactement à la réalité des choses. Autrefois, il était matériellement impossible, le plus souvent, d'utiliser ces précieux moyens d'enseignement. Aussi s'explique-t-on la répugnance que l'on avait à rapprocher des villes les écoles d'agriculture. Mais aujourd'hui les chemins de fer, les tramways, qui sillonnent les campagnes et qui pénètrent dans les villes, ont changé complètement la face des choses. Ils mettent, pour ainsi dire à la portée de la main, fermes, usines, marchés, forêts, et toutes ces ressources qui constituent, pour l'enseignement pratique, l'un des meilleurs matériels que l'on puisse imaginer. »

Si l'enseignement est spécialement théorique, il faut nécessairement que la pratique se fasse, soit avant, soit après les études. En Allemagne, les candidats des instituts qui désirent passer le *Staatsexamen* sont obligés de faire un stage de deux ans au moins dans une exploitation agricole.

Quant aux élèves des « Landwirtschaftsschulen », ils font généralement un stage dans une ferme à la fin de leurs études.

Nous venons d'indiquer les grands principes qui ont présidé à la création de l'enseignement agricole supérieur en Allemagne. Il nous reste à signaler les points particuliers qui caractérisent l'organisation de l'enseignement proprement dit.

Notons tout d'abord la facilité pour les jeunes gens d'entrer sans difficulté dans les instituts agronomiques. Sans doute, l'admission comme élève ordinaire est subordonnée à la réussite d'un examen d'entrée ou à la possession d'un titre donnant droit au volontariat d'un an. Mais ces conditions sont peu difficiles à remplir et, en réalité, on admet aux cours tous les candidats qui peuvent les suivre, alors même qu'ils ne possèdent aucun certificat. L'avantage que présente cette mesure est de permettre à tous les fils des grands agriculteurs de suivre le haut enseignement agricole. Mais ce manque de sélection des candidats à leur entrée à l'école offre le grave inconvénient d'attirer un certain nombre de jeunes gens peu doués, qui ne sont pas capables de profiter de leurs années d'études. Une fois admis, les élèves jouissent des mêmes droits que tous les autres étudiants. Il leur est permis de suivre, entre les leçons d'agriculture, n'importe quels cours de l'Université (histoire, littérature, économie politique, etc.). Ils sont libres d'assister aux cours agricoles qui leur plaisent. Aucun contrôle n'est exercé pour l'assiduité. Ils sont simplement, s'ils le désirent, guidés par leurs professeurs dans le choix des leçons. En somme, l'enseignement des universités allemandes a le caractère facultatif de nos facultés de droit et de médecine.

Cette grande liberté donnée aux étudiants rend bien incertaine l'appréciation des connaissances acquises. Elles peuvent être solides et très étendues, mais elles peuvent être aussi médiocres et pleines de lacunes.

Quant aux programmes d'enseignement, ils sont à peu près les mêmes que dans les écoles supérieures des autres pays. Mais il faut ici signaler le fait très intéressant que plusieurs établissements d'enseignement supérieur ont été organisés de façon à fournir, à côté de l'enseignement général de l'agriculture, certains enseignements techniques spéciaux.

Le plus important de ces enseignements est, de beaucoup, celui du génie rural, ou si l'on veut, de l'art de l'ingénieur dans ses rapports avec l'agriculture. Il est donné en Allemagne dans des sections spéciales, créées à cet effet, dans les instituts agronomiques de Bonn et de Berlin, les écoles supérieures de Munich et de Darmstadt et à l'Université de Leipzig [1]. Les programmes de ces sections sont établis en vue de la formation d'ingénieurs spéciaux possédant à la fois les connaissances techniques et agricoles nécessaires à la conduite des divers travaux d'amélioration du sol et destinés à assurer le recrutement des divers services publics chargés de l'exécution de ces travaux. Les programmes font naturellement la plus large part à l'étude théorique et pratique des diverses améliorations foncières et notamment à l'étude de l'irrigation et du drainage qui,

[1] Des sections semblables existent à l'Institut agronomique de Vienne, ainsi qu'à l'École polytechnique de Zurich.

grâce aux travaux effectués par le personnel enseignant de ces écoles ou par les nombreux ingénieurs qui en sont sortis, ont fait des progrès remarquables, tant dans le domaine de la théorie que sur le terrain de la pratique.

Parmi ces établissements, l'Institut agronomique de Bonn-Poppelsdorf mérite une mention spéciale, car, comme le fait remarquer M. Faure, « c'est la première école de l'Europe où, sur l'initiative du professeur Dünkelberg, ont été préparés, d'une manière systématique, des ingénieurs des Améliorations et sur laquelle les autres écoles ont, plus ou moins, pris modèle ». Si les écoles de Berlin et de Vienne l'ont depuis égalée et peut-être même dépassée, il semble juste de rappeler que c'est à elle qu'est dû le premier pas dans la voie nouvelle et féconde où se sont engagés à sa suite la plupart des grands établissements agricoles de l'Europe centrale.

Comme autre exemple d'enseignement technique spécial, il faut encore citer la section de technologie de l'École supérieure technique de Berlin et celle de brasserie de l'École de Weihenstephan, en Bavière.

L'enseignement forestier supérieur, donné en France à la seule école de Nancy, est distribué en Allemagne d'après trois types différents :

1° Dans des établissements spéciaux comme à Nancy, en Prusse et dans la Saxe ; 2° dans des facultés dépendant d'universités (grand-duché de Hesse, Wurtemberg) ou dans des écoles polytechniques (grand-duché de Bade) ; 3° d'après ces deux modes à la fois, en Bavière. Dans les écoles forestières allemandes, l'externat est pratiqué partout.

Nous avons vu qu'à la section forestière de l'université de Munich, l'enseignement portait sur un grand nombre de matières dites accessoires. L'économie politique et la science financière y figurent pour un plus grand nombre d'heures que la sylviculture, soit pour 180 heures, alors qu'il n'en est accordé que 72 à l'anatomie et à la physiologie végétales. Il en est à peu près de même à l'Institut forestier de Neustadt, à Eberwald (Prusse). Il semble bien qu'il y aurait avantage à diminuer l'importance des branches dites accessoires de l'enseignement pour augmenter le nombre des heures de travail consacrées aux branches d'une utilité immédiate : à la sylviculture, à la technologie et à la physiologie végétale. Mais, cette remarque faite, on ne doit pas oublier que tous les jeunes gens qui veulent entrer, en Allemagne, dans l'Administration des forêts, sont astreints à faire un stage préalable d'une année près d'un agent des forêts qui les initie à la pratique du métier et qui se rend ainsi compte de leur aptitude à l'exercer. Le système allemand du stage antérieur préparatoire aux études scientifiques rend service à l'Administration et au candidat, comme le faisait observer au Congrès de l'enseignement M. Mer, dans son rapport sur l'enseignement agricole forestier : « L'Administration allemande est ainsi assurée de n'avoir que des agents propres à leurs fonctions ; le candidat, de son côté, est mis à même de n'embrasser une carrière qu'après un essai préalable et en toute connaissance de cause ». L'assimilation de l'enseignement technique est plus prompte et plus certaine avec ce système.

En Allemagne, les cours de sylviculture sont suivis par un certain nombre d'auditeurs libres.

Les *écoles vétérinaires de l'Allemagne* sont situées à Berlin, Dresde, Hanovre, Munich, Stuttgard; un institut vétérinaire est aussi annexé à l'université de Giessen. Ces écoles, fondées par des États indépendants, il y a à peu près un siècle, offrent une certaine diversité dans leur installation. Au point de vue de l'organisation, l'école de Berlin se place en première ligne. On y a organisé des instituts indépendants, si en honneur dans les universités allemandes. L'indépendance des divers services rend le fonctionnement plus facile et crée entre les hommes qui les dirigent une émulation favorable au progrès de la science.

Le nombre des personnes attachées à l'enseignement varie de douze à dix-sept suivant l'importance de l'établissement. Outre un certain nombre de professeurs, sept au minimum et dix au maximum, on compte de deux à cinq assistants et, outre les professeurs et les assistants, un prosecteur et un chiffre variable de professeurs adjoints, d'agrégés ou de chargés de cours. Les élèves qui suivent les cours des écoles vétérinaires allemandes sont plus nombreux qu'en France. En 1900, on comptait dans les différentes écoles de 1,200 à 1,500 étudiants répartis en trois catégories d'inégale importance : élèves civils, élèves militaires, auditeurs libres; ces derniers relativement peu nombreux.

Les matières de l'enseignement vétérinaire sont presque celles de nos écoles françaises, accompagnées des mêmes travaux pratiques. Pourtant, on donne à l'ophtalmologie, dans certaines écoles, un développement plus considérable qu'en France où ces leçons font partie du cours de pathologie interne ou des cours de pathologie externe. Le programme des matières enseignées comprend aussi l'histoire de la médecine vétérinaire, enseignement négligé dans nos écoles. Quant à la répartition des matières entre les professeurs et entre les années d'études, elle varie d'une école à l'autre et souvent d'une manière qui peut soulever quelques critiques. En règle générale, la répartition des matières entre les professeurs donne lieu à des groupements moins naturels qu'en France, où l'on s'est attaché à réunir entre les mains d'une seule personne des enseignements aussi peu disparates que possible. A Berlin, par exemple, on trouve la clinique des petits animaux, la pharmacologie, la toxicologie et l'art de formuler confiés à une même personne; l'histologie, l'embryologie, l'hygiène des aliments et les maladies parasitaires sont entre les mains d'une autre.

Les organisateurs de l'enseignement vétérinaire allemand n'ont rien négligé en faveur des applications médicales. Non seulement les cours spéciaux de médecine, de chirurgie, de thérapeutique, etc., occupent les quatre derniers semestres, comme en France, mais ils empiètent encore sur le troisième semestre dans la plupart des écoles. De sorte que, sur sept semestres, les sciences préparatoires n'embrassent que deux semestres à deux semestres et demi. Il y a là un peu de tassement.

M. Arloing, directeur de l'école nationale vétérinaire de Lyon, qui a visité, en 1890, les principales écoles vétérinaires de l'Allemagne, a fait les remarques suivantes sur l'enseignement dans ces écoles, si on le rapproche de celui donné en France[1] : « L'enseignement

[1] Rapport sur l'organisation de l'enseignement vétérinaire en Allemagne.

de l'anatomie et les travaux de dissection se font mieux dans les écoles françaises que dans les écoles d'Allemagne. L'histologie normale est bien enseignée dans toutes les écoles allemandes, et les laboratoires sont pourvus de nombreux microscopes. Le service d'histologie en possède cinquante à l'école de Berlin. C'est un exemple à suivre pour l'enseignement français. D'une manière générale, nos écoles françaises possèdent des installations supérieures pour la physiologie, à l'exception toutefois de l'école de Berlin, au point de vue des collections d'appareils de cours. L'enseignement de la physique et de la chimie est semblable dans les deux pays. L'anatomie pathologique est l'objet d'une attention spéciale en Allemagne, depuis l'impulsion communiquée à cette branche par les études médicales de Virchow. A Berlin, on a édifié un véritable institut d'anatomie pathologique qui soutient la comparaison avec ceux des universités. Partout les collections sont d'une richesse inconnue en France : au musée de l'école pathologique de Munich, le nombre des pièces conservées dans l'alcool et des moulages s'élève à 2,470 et celui des préparations microscopiques à 3,650, nombre que les collections réunies des trois écoles françaises n'atteignaient pas en 1890. La bactériologie est rattachée à l'anatomie pathologique dans toutes les écoles allemandes. Le groupement français fusionnant la bactériologie et le cours sur les maladies contagieuses paraît préférable. En Allemagne, la zootechnie ne fait pas partie d'une chaire aussi homogène qu'en France. Elle est habituellement séparée de l'étude des aliments et de l'alimentation, des notions d'économie rurale. En France, à l'École de Lyon notamment, les moyens d'enseignement de la zootechnie sont plus complets. La collection des instruments de chirurgie en Allemagne est partout très riche. A Berlin, dans la clinique médicale, le nombre des malades hospitalisés ou sur lesquels il a été pris des observations a subi un accroissement considérable. Dans les écoles françaises, le nombre des malades soignés dans les infirmeries n'est pas assez élevé. Les écoles allemandes ne sont pas mieux partagées que les nôtres au point de vue des applications de la pathologie du bœuf et des autres animaux de ferme. Ainsi, à Dresde, en 1889, on a soigné huit bœufs dans les infirmeries et l'on en a reçu deux à la consultation. On a cherché à remédier à cet inconvénient par la création d'une clinique ambulante, à Berlin et à Munich. Quand l'enseignement de la maréchalerie est annexé à celui de l'école, il est confié à un professeur adjoint, nommé *Beschlaglehrer* ou *Hufbeschlaglehrer*. Celui-ci donne, en outre, des leçons (deux à trois heures par semaine) aux élèves vétérinaires, sur la théorie et la pratique de la ferrure des pieds sains et malades. Malgré le développement apparent de cet enseignement, les exercices de maréchalerie sont peu en faveur parmi les élèves allemands. »

Comme conclusion de son rapport, M. Arloing résumait ses impressions sur les écoles vétérinaires allemandes et françaises de la manière suivante :

« Par l'installation générale, les écoles vétérinaires françaises paraissent l'emporter sur les écoles allemandes. Leurs divers services forment un tout homogène; ils affectent davantage, dans leur ensemble, l'aspect d'un établissement scientifique. Mais nos écoles fléchissent quand on envisage l'installation, les collections et l'enseignement de l'anatomie pathologique, les ressources nombreuses de l'enseignement clinique en Allemagne. »

L'enseignement agricole secondaire ou moyen se greffe, en Allemagne, sur l'enseignement secondaire universitaire dont il est en quelque sorte le prolongement. L'enseignement technique proprement dit n'y occupe qu'une partie restreinte du temps des
élèves.

Les établissements qui sont chargés de l'enseignement agricole appelés écoles d'agriculture (*Landwirthschafts-Schulen*) reçoivent les jeunes gens qui ont achevé leur quatrième
classe dans les lycées ou dans les écoles réales de premier rang. Ces élèves inter-
rompent leurs études secondaires pour les continuer dans l'école d'agriculture. Des
classes préparatoires existent auprès de ces écoles pour y préparer, par des études d'une
durée de trois ans, les élèves qui n'ont pas suivi les cours des lycées ou des écoles
réales.

Pendant leur séjour à l'école d'agriculture, les élèves font des études pour ainsi dire
parallèles à celles que suivent les élèves des lycées dans les classes correspondantes.
L'école d'agriculture réduit le programme de l'enseignement littéraire; elle donne la
même importance que l'école réale à l'enseignement des langues vivantes, de l'histoire,
de la géographie, des mathématiques, mais elle fait une part plus large aux sciences
naturelles et elle introduit dans le programme de son enseignement des cours d'agriculture et d'économie rurale. La partie agricole de l'enseignement ne représente guère
plus du dixième du temps absorbé par l'ensemble des études. Comme on le voit, on ne
peut guère assimiler ces établissements à nos écoles nationales d'agriculture où les
élèves ne sont admis qu'après un examen rigoureux, portant sur la partie scientifique
du programme de l'enseignement secondaire et où l'on donne un enseignement technique
complet, théorique et pratique. Vingt-deux Landwirthschafts-Schulen fonctionnent actuellement en Allemagne. Ce sont les seules des écoles allemandes qui soient établies d'après
le même type, conformément au règlement ministériel du 10 août 1879. Cela tient à
ce que la loi accorde aux élèves qui sortent de ces écoles le bénéfice du volontariat
d'un an. En échange de cette réduction du service militaire, l'Administration a imposé
à ce groupe d'écoles un programme d'études, et fixé les conditions d'admission des
élèves, ainsi que les titres que doivent posséder les professeurs.

Le service militaire joue un rôle très important pour le recrutement des élèves dans
les établissements agricoles allemands. La durée normale de ce service est deux ans.
Les porteurs de certains diplômes, parmi lesquels ceux qui ont obtenu le certificat de réussite de l'examen final des Landwirthschafts-Schulen, ne passent qu'un an
sous les drapeaux et sont admis ensuite dans la réserve de l'armée où ils deviennent
souvent officiers.

Avant 1875, les fils d'agriculteurs désireux de ne faire qu'une année de service étaient
obligés de suivre les cours des lycées ou des écoles réales qui les détournaient souvent
de la profession agricole. La loi de 1875 fut votée pour porter remède à cette situation
défavorable faite à l'agriculture.

Le remède fut excellent; il suffit de constater le grand nombre d'élèves qui fréquentent les Landwirtschafts-Schulen (2,000 environ) pour s'en rendre compte.

4.

Il est bon de noter qu'aucune dispense de service militaire n'est attachée à la réussite de l'épreuve finale des « Ackerbauschulen ».

Les écoles élémentaires agricoles (*Ackerbauschulen*) donnent l'enseignement agricole inférieur. Les élèves y entrent à leur sortie de l'école primaire et y passent un an et demi ou deux ans. C'est surtout dans ces écoles qu'on rencontre la plus grande variété d'organisation. Dans quelques-unes de ces écoles l'enseignement est exclusivement théorique; dans d'autres, les cours occupent la matinée, l'après-midi étant consacrée aux travaux de la ferme, répartition du travail en usage dans les écoles pratiques d'agriculture françaises; mais c'est le petit nombre : la plupart des Ackerbauschulen réservent l'hiver pour l'enseignement théorique et emploient l'été aux travaux agricoles. Il y a même des écoles qui n'envoient leurs élèves à la ferme qu'après l'achèvement de leurs études.

Les écoles où l'enseignement est presque exclusivement théorique sont surtout destinées aux jeunes gens des villes qui veulent suivre les professions agricoles, elles n'ont pas d'analogues en France; tandis que les Ackerbauschulen, où les travaux pratiques marchent de pair avec l'enseignement théorique, recrutent leurs élèves parmi les fils de cultivateurs. Ces élèves, comme dans nos écoles pratiques d'agriculture françaises, exécutent la majeure partie des travaux de l'exploitation. L'école élémentaire annexée à l'école supérieure de Hohenheim, près de Stuttgard, se rapproche beaucoup du genre ferme-école.

Les Ackerbauschulen où l'on donne l'enseignement pratique possèdent, en général, une importante exploitation rurale; d'autres n'utilisent la ferme annexée à l'école que pour les démonstrations; la majorité des écoles théoriques agricoles n'a que des champs d'expériences et de démonstration de quelques hectares. Dans toutes les écoles élémentaires, les élèves payent une rétribution; il y a là une différence avec certaines écoles françaises, les fermes-écoles, où des primes de sortie sont accordées aux élèves.

Il est à remarquer que l'Allemagne est, avec le Danemark, un des rares pays ayant des écoles agricoles inférieures à enseignement exclusivement théorique. C'est sans doute parce que ces établissements sont moins coûteux, ne nécessitant pas de domaine ou peut-être encore parce qu'on admet que l'enseignement pratique ne peut se faire que dans une ferme ordinaire de la région, avant ou après les études.

Pour les jeunes gens qui ne peuvent passer deux ans dans une école d'agriculture, leurs parents ayant besoin d'eux pour les travaux des champs, l'Allemagne possède, comme l'Autriche, un genre spécial d'institutions, *les écoles d'hiver*. Ces écoles fonctionnent seulement pendant la mauvaise saison, alors que les travaux agricoles sont en partie suspendus, et elles terminent leurs cours au printemps, afin de permettre aux élèves d'aider leurs parents pour les gros travaux. La durée des études, exclusivement théoriques, est ordinairement de deux hivers. Les écoles d'hiver, qui offrent l'avantage de pouvoir donner l'enseignement agricole à un nombre d'élèves pour ainsi dire illimité, donnent d'excellents résultats et contribuent puissamment à la diffusion des bonnes méthodes de culture dans les campagnes. Ces écoles ne possèdent pas de domaine, mais seulement des champs d'expériences ou des jardins botaniques. Les cours techniques absorbent à peu près la moitié du temps dévolu à l'enseignement.

Toutes les écoles que nous venons d'examiner vivent sous un régime très en faveur en Allemagne et en Angleterre, le régime de l'externat qui rend les établissements moins onéreux et qui permet d'en multiplier le nombre sans grande dépense. On conçoit facilement que l'externat soit appliqué aux instituts agronomiques et même aux Landwirtschafts-Schulen, fréquentés par des jeunes gens d'un certain âge, mais ce qui pourrait surprendre en France où ses partisans sont encore peu nombreux, c'est qu'il soit accordé aux Ackerbauschulen théoriques et aux Winterschulen fréquentées par de jeunes élèves dont les parents habitent quelquefois très loin de l'école. Ces enfants, à qui l'on ne peut laisser toute liberté, sont nécessairement répartis dans des familles où ils sont peut-être plus heureux et où leur éducation se fait aussi facilement.

Nous ne voudrions pas, à ce propos, discuter cette question du régime des écoles, dont l'étude ne peut avoir sa place ici. Cependant, nous ferons remarquer que l'externat, si favorable pour préparer l'enfant à son rôle d'homme, pour l'initier aux devoirs qui l'attendent et aux responsabilités qu'il aura à encourir, n'est possible que si les écoles sont théoriques et établies dans les villes, il devient impossible pour les écoles pratiques possédant un domaine exploité en majeure partie par les élèves.

En Allemagne même, les Ackerbauschulen pratiques et quelques Winterschulen ont été obligés de s'annexer des internats. Et puis, le régime de l'internat, dans des écoles d'agriculture où les élèves peu nombreux passent une partie de leur temps dans les champs et vivent pour ainsi dire de la vie de famille, n'est-il pas préférable à l'externat au point de vue des études? Nous posons la question sans vouloir la résoudre.

En dehors des établissements d'enseignement agricole général, l'Allemagne possède encore un grand nombre d'écoles spéciales : écoles de brasserie et de distillerie, d'horticulture et d'arboriculture, de laiterie, de culture des prairies, de maréchalerie, d'élevage du bétail, d'industries agricoles, d'apiculture, écoles ménagères, etc.

Parmi ces écoles, certaines méritent d'attirer notre attention parce qu'on n'en trouve pas d'analogues en France : par exemple, les écoles de culture des prairies ou de génie rural, d'élevage du bétail, de maréchalerie.

Les écoles de culture des prairies sont, pour la plupart, très fortement organisées, surtout celles qui ont pour but principal la préparation des agents secondaires attachés aux services publics des Améliorations agricoles. Bien que de type très différent, elles sont pour la plupart organisées de façon telle que l'enseignement théorique y soit donné pendant l'hiver et l'instruction pratique pendant l'été, près des services d'Améliorations agricoles où les élèves sont exercés à la pratique des travaux. La durée totale des études y est, en moyenne, de trois ou quatre ans.

L'Allemagne compte 48 écoles de maréchalerie (à Dresde, à Berlin, à Munich, à Wurzbourg, à Altona, etc.) dont quelques-unes sont rattachées aux instituts vétérinaires. Les cours sont gratuits. De nombreuses bourses instituées par les gouvernements de province, des comités, les sociétés d'agriculture, facilitent l'admission des ouvriers maréchaux. Elles montrent, ainsi que le fait remarquer M. Lavalard, combien l'Allemagne se préoccupe de faire donner aux maréchaux une instruction leur permettant d'exercer convenablement leur métier.

Ainsi que nous l'avons vu dans l'exposé de l'enseignement, il existe plusieurs écoles de brasserie assez importantes dont l'installation est assez complète; elles possèdent, en effet, ordinairement une petite brasserie d'essai. La plupart de ces écoles appartiennent soit à des particuliers, soit à des associations.

Comme moyens de propagation des connaissances agricoles autres que les établissements d'enseignement, on trouve en Allemagne les conférences faites par les professeurs nomades d'agriculture et les stations agronomiques. Les conférenciers sont en général directeurs des écoles d'hiver. Ils font des cours dans ces écoles pendant la mauvaise saison et des conférences dans les villages pendant l'été; ils ne reçoivent de l'État qu'une subvention et ce sont presque toujours des associations agricoles qui payent leur traitement. Quant aux stations agronomiques, leurs recettes proviennent de sources différentes; mais, ici encore, l'État ne fournit qu'une subvention et les sociétés agricoles contribuent pour une large part à couvrir les frais de recherches auxquelles se livrent ces établissements.

En Allemagne, l'initiative privée a joué un rôle important dans l'enseignement agricole : elle a contribué à doter l'Allemagne d'un ensemble remarquable d'établissements d'enseignement pour l'agriculture et pour les industries agricoles.

Fig. 29.—Enseignement agricole et forestier en Autriche

II
AUTRICHE.

CHAPITRE PREMIER.

EXPOSITION.

C'est dans le Palais de l'agriculture et des aliments, du côté de l'avenue de Suffren, que l'Autriche avait placé les documents relatifs à l'enseignement agricole. On y voyait une longue vitrine en forme de pupitre qui renfermait des plans et des photographies des principaux instituts agricoles. L'exposition était restreinte et placée au milieu de produits se rapportant aux industries annexes de la sucrerie, de la brasserie. L'ordre adopté, s'il rendait plus difficile la tâche du Jury, avait l'avantage de montrer la nécessité d'un enseignement agricole complet dans un pays de grande culture et l'importance exceptionnelle de plusieurs branches de l'agriculture autrichienne, comme la culture de l'orge de brasserie.

Nous avons relevé dans la vitrine dix-sept tableaux photographiques des écoles agricoles et forestières autrichiennes, depuis l'école supérieure d'agriculture de Vienne jusqu'à la station linière de Trautenau, guidé dans nos recherches par la monographie publiée sur les écoles agricoles et forestières de l'Autriche par M. le chevalier DE ZIMMERAUER et par une série de publications des membres du corps enseignant de l'école de Tetschen-Liebwerd.

La section de médecine vétérinaire avait présenté des travaux importants dans des vitrines verticales très bien disposées au centre de l'exposition; on y remarquait les préparations et les gravures établies par M. le professeur docteur BAYER, conseiller aulique et recteur de l'école vétérinaire de Vienne, et dont les principales étaient relatives à des ophtalmies d'animaux domestiques. La station d'essais de semences de Vienne avait exposé les résultats des recherches effectuées en vue de reconnaître les meilleurs mélanges pour prairies, dans les divers sols et dans les terrains de haute altitude, champs d'expériences alpins. L'école de Prerau, en Moravie, avait exposé une série de tableaux et de graphiques relatifs à la culture de l'orge.

La plupart des objets et des volumes présentés ont été donnés très gracieusement par le Comité autrichien, à l'issue de l'Exposition, à l'Institut agronomique de Paris.

L'exposition forestière de l'Autriche, placée dans le pavillon des forêts, au bord de la Seine, était remarquable par sa décoration élégante en bois de mélèze, mais elle comprenait peu de documents relatifs à l'enseignement.

L'Administration des domaines de l'État avait exposé une grande carte des propriétés domaniales, et le Ministère de l'agriculture des ouvrages sur l'endiguement des torrents et la police forestière.

Récompenses. — Deux grands prix, dont l'un au Ministère de l'agriculture et l'autre à l'École supérieure d'agriculture de Vienne; quatre médailles d'or pour diverses expositions.

CHAPITRE II.

HISTORIQUE DE L'ENSEIGNEMENT AGRICOLE.

Les domaines princiers de l'Autriche, Teschen à l'archiduc Frédéric, Zleb au prince Auersperg, Ploskowitz à l'empereur, les terres du prince Schwarzenberg en Bohême offrent d'immenses champs d'expériences pour la science agronomique. Les grands domaines qui se trouvent de tous côtés dans l'Empire impriment un caractère spécial à l'enseignement agricole autrichien.

Teschen, en Silésie, la plus grande propriété domaniale de l'Autriche, comprend 64,338 hectares : anciens fiefs de la couronne de Bohême, biens fidéi-commissaires, biens allodiaux. L'administration de Teschen a sous sa dépendance : 17 districts ruraux en régie, avec 63 métairies; 1 laiterie centrale; 6 biens affermés, avec 6 métairies; 22 districts de gardes forestiers; 3 scieries à vapeur; 5 administrations minières; 10 fonderies, avec un laboratoire de chimie à Trzynietz, et un atelier de construction de machines à Ustron; 5 fabriques : 1° la brasserie du château, qui a produit 65,950 hectolitres de bière en 1898; 2° et 3° la fabrique d'huile et la raffinerie de Mosty; 4° la fabrique de liqueurs de Teschen, qui a produit 8,950 hectolitres en 1898; 5° la fabrique de sucre de Chybi.

A Zleb, en Bohême, on compte 12,526 pommiers, 4,784 poiriers, 10,507 cerisiers, 12,644 pruniers et 523 noyers.

L'exploitation bien conduite de ces immenses propriétés, d'après les méthodes modernes, suffit pour contribuer au progrès de toutes les branches de l'agriculture dans un pays, ainsi que l'établissaient les monographies, publiées à l'occasion de l'Exposition, où l'on trouvait décrites les transformations des conditions et des procédés d'exploitation de ces biens depuis un siècle, et indiqués, par des diagrammes, les résultats financiers de ces entreprises agricoles. Si les exportations du sucre s'élevaient, en 1899, pour l'Autriche, au chiffre de 374,315,000 florins, on peut attribuer ce résultat à la production de ces immenses domaines et à l'influence exercée par eux sur la grande culture en Autriche. Il en est de même pour la production des orges de brasserie, en Bohême, en Moravie, en Silésie. Les demandes de bonne orge à brasser et l'exportation de cette céréale, qui en est la conséquence, augmentent chaque année.

L'enseignement agricole devant s'adapter aux besoins de l'agriculture, on conçoit, par ce simple exposé, que l'enseignement supérieur de l'agriculture a dû être porté en Autriche à un haut degré de perfectionnement, afin de pouvoir répondre à sa mission. L'Institut agronomique de Vienne est, en effet, organisé de façon à fournir à la grande propriété des spécialistes dans toutes les branches de la culture du sol : des agronomes, des forestiers et des ingénieurs.

La moyenne propriété, prédominante dans d'autres pays, n'a, en Autriche, au point de vue économique, qu'une importance bien secondaire. La petite propriété rurale paraît douée de plus de vitalité. L'affranchissement du sol, qui s'est effectué vers la seconde moitié du xixe siècle, a imprimé un puissant essor à la petite culture en rendant le paysan propriétaire des terres qu'il cultivait dans les pays jusqu'alors soumis au servage, et en lui permettant de consacrer tout son labeur, sans être tracassé par les corvées, à l'exploitation de ses biens propres. Dans certains pays, des restrictions subsistaient en ce qui concerne le partage des biens des paysans; elles ne furent abolies qu'en 1868 et 1869.

La loi d'empire du 27 juin 1868 décréta que les dispositions contenues dans les lois politiques qui s'écartaient des dispositions du code civil, quant à la transmission des biens des paysans par voie de succession, seraient abolies dans les pays où le partage de ces biens n'était soumis à aucune restriction. Dans les autres provinces, à l'exception de la partie allemande du Tyrol, des lois provinciales supprimèrent en 1868 les restrictions apportées au partage des biens. Pour éviter le morcellement excessif des terres, la loi d'empire du 1er avril 1889 a édicté un régime successoral spécial pour les petites propriétés rurales pourvues d'une maison d'habitation, afin de conserver indivise dans la main d'un seul héritier la ferme avec ses dépendances.

Dans une enquête faite sur la petite culture en Autriche, par MM. le baron de Hohenbruck et George Wieninger, on pouvait étudier les origines de la petite propriété en Autriche, l'état des exploitations, les charges qui grèvent les biens et l'état des recettes et des dépenses annuelles. En Autriche, dans le Tyrol, la Styrie, la Carinthie, la Carniole, la Dalmatie, la Moravie, la Bohême, la Silésie, la Galicie, le paysan n'est pas plus riche qu'en France; s'il arrive à équilibrer son modeste budget, il le doit, comme chez nous, à son travail, à son économie, à sa sobriété. Les salaires ou les gages des domestiques sont moins élevés qu'en France, mais le bien est souvent grevé. Les intérêts à payer pour les dettes hypothécaires, les redevances, les rentes viagères, etc., absorbent une grande partie des revenus de l'exploitation. Aussi, le principal souci du petit propriétaire rural autrichien est-il de maintenir son bien libre de toute dette. Ceux dont les recettes dépassent notablement les dépenses le doivent à une intelligente pratique de leur métier. Dans certains perfectionnements apportés à leur culture, dans leur initiative à se créer des débouchés, on sent l'influence des écoles pratiques d'agriculture et des diverses écoles primaires spéciales.

M. le chevalier Frédéric de Zimmerauer, qui a publié une monographie complète sur les écoles agricoles et forestières en Autriche, pour laquelle le Jury de la Classe 5 lui a accordé une médaille d'or, a maintenu dans son étude le classement systématique généralement adopté, avec les trois degrés d'enseignement. Trois catégories d'écoles, primaire, secondaire, supérieure, correspondent à cette classification, mais chacune d'elles constitue en Autriche un tout complet, uniquement adapté à sa destination.

L'enseignement de la catégorie secondaire ne peut être, par exemple, considéré comme une préparation à l'enseignement supérieur agronomique.

Jusqu'au milieu du xviiie siècle, il n'y avait en Autriche d'enseignement public que pour les prêtres, les médecins et les fonctionnaires; le nombre des écoles élémentaires était insignifiant. Quelques tentatives furent faites, sans beaucoup de succès, pour introduire l'enseignement agricole dans le pays, comme à l'institut de Prague, la première école technique autrichienne, ouverte le 10 novembre 1806. Des cours y étaient réservés aux ingénieurs agronomes, aux agriculteurs, aux ingénieurs de l'hydraulique agricole et aux fonctionnaires des eaux et forêts. L'Académie forestière de Mariabrunn, fondée en 1813, ne fut fermée qu'en 1875, après le transfert des professeurs et des collections à l'École supérieure de Vienne. Mais en l'absence de renseignements précis, une étude rétrospective de ces établissements d'enseignement nous paraît dénuée d'intérêt.

La plupart des institutions d'enseignement agricole étaient dues à l'initiative privée, et l'enseignement était très inégal, incomplet. Il manquait une organisation d'ensemble, que l'État seul pouvait créer.

Ce fut la première mission que le Ministère de l'agriculture, créé en 1868, se proposa de remplir.

Pour l'organisation de l'enseignement agricole, le Gouvernement autrichien posa ce principe : « Rechercher pour quelle occupation officielle, ou pour quelle profession spéciale agricole, les différents établissements scolaires auront à instruire leurs élèves ». Voici les conclusions adoptées :

1° L'école doit rendre ses élèves capables de cultiver et d'exploiter eux-mêmes une petite propriété rurale, à l'exploitation de laquelle ils devront participer par leur travail manuel;

2° L'école doit former des élèves pour un service administratif agricole ou forestier, n'exigeant point la participation manuelle et n'imposant à l'ancien élève que la direction des travaux;

3° Les études ont pour but d'atteindre la perfection scientifique dans le domaine agricole ou forestier, soit pour l'exercice de la profession elle-même, soit pour l'enseignement spécial.

Le Ministre de l'agriculture réunit en 1868, dans un congrès, les présidents des sociétés d'agriculture pour étudier la question de l'enseignement agricole. La Commission proposa de créer une Université d'agriculture chargée de donner un enseignement scientifique et de choisir la ville de Vienne comme siège de la nouvelle institution qui devait trouver sa place naturelle dans un centre scientifique. En 1869, on loua à la ville de Vienne le palais de Schœnborn, dans la Laudongasse. L'École supérieure d'agriculture actuelle ne fut construite qu'en 1894-1895, près du parc Turkenschanz, dans le xviiie arrondissement.

Les frais de construction et d'aménagement, terminés en 1896, s'élevèrent à 665,000 florins.

CHAPITRE III.

ORGANISATION DE L'ENSEIGNEMENT AGRICOLE.

ÉTABLISSEMENTS ET INSTITUTIONS D'ENSEIGNEMENT AGRICOLE.

L'enseignement agricole et forestier, tel qu'il existe actuellement, comprend :

1° L'enseignement supérieur représenté : par l'école supérieure d'agriculture de Vienne, ayant le rang d'université, avec trois sections : agriculture, sylviculture et génie rural; par la section d'agriculture annexée à l'Université de Cracovie; par les chaires des écoles impériales et royales polytechniques de Vienne, Graz, Prague, Brünn, Lemberg, et par les cours de génie rural établis à Prague;

2° L'enseignement secondaire ayant comme établissements généraux : les écoles agricoles supérieures et les écoles moyennes agricoles et forestières; — comme établissements spéciaux : un institut œnologique et pomologique, une école supérieure d'arboriculture et d'horticulture et une école supérieure de brasserie.

3° L'enseignement primaire ayant, comme écoles professionnelles générales : les écoles pratiques d'agriculture, d'arboriculture et de sylviculture, et les cours agricoles d'hiver; — comme établissements spéciaux : les écoles d'horticulture, de viticulture, de la culture du houblon, de laiterie, de brasserie et d'économie ménagère.

A la fin de l'année scolaire 1898-1899, on comptait en Autriche 159 établissements d'enseignement agricole et forestier réunissant un ensemble de 5,343 élèves, savoir : 2 instituts supérieurs agronomiques (ayant le rang d'université); 12 écoles d'agriculture de catégorie moyenne; 3 écoles forestières également de catégorie moyenne; 2 écoles moyennes pour la viticulture, l'arboriculture et l'horticulture; 1 institut supérieur pour l'industrie de la brasserie; 40 écoles primaires d'agriculture (écoles agricoles avec enseignement annuel); 57 écoles agricoles d'hiver; 7 écoles primaires forestières; 13 écoles de laiterie et d'économie domestique; 18 écoles primaires spéciales pour l'arboriculture, la viticulture, le jardinage et la culture du houblon; 2 écoles de brasserie; 2 écoles de distillerie; 1 école supérieure vétérinaire.

D'après la langue de l'enseignement, ces 159 écoles se divisaient ainsi : 65 allemandes, 62 bohémiennes, 6 écoles mixtes bohémiennes-allemandes, 17 polonaises, 3 slovènes, 2 italiennes, l'école mixte serbo-croate, 1 allemande-italienne, 1 allemande-ruthène et 1 allemande-roumaine.

L'enseignement agricole est encore représenté, en dehors de ces établissements spéciaux, par des chaires ou des cours d'agriculture et de sylviculture auprès de toutes les académies impériales et royales polytechniques, ainsi que par l'instruction agricole obligatoire donnée aux élèves des écoles normales et par les cours agricoles d'adultes, créés spécialement pour l'instruction agricole de la population rurale.

I. — Enseignement supérieur.

École supérieure d'agriculture de Vienne. (Grand prix.) — L'école supérieure d'agriculture de Vienne (institut impérial et royal agronomique), fondée et entretenue par l'État (loi du 3 avril 1872), a pour but « le plus haut perfectionnement scientifique dans l'agriculture et la sylviculture ».

Fig. 30. — Institut agronomique de Vienne. (Vue générale.)

Créé par le Ministère de l'agriculture, cet établissement fut placé en 1878 sous la direction du Ministère des cultes et de l'instruction publique; mais le Ministère de l'agriculture a conservé une certaine ingérence dans les affaires les plus importantes de l'école, relativement à son organisation, à la nomination des professeurs, etc.

L'école est soumise au régime universitaire; la direction est confiée à un corps de professeurs. Le recteur est élu pour une durée d'un an par les professeurs attachés à l'école. Le personnel enseignant se compose actuellement de 17 professeurs titulaires, 3 professeurs extraordinaires, 21 maîtres de conférences, 3 maîtres suppléants et 12 assistants.

Depuis l'année scolaire 1883-1884, l'Institut agronomique distribue l'enseignement supérieur dans toutes les branches de la culture du sol. Les 3 divisions : agriculture, sylviculture, génie rural, sont pour ainsi dire séparées. Quoique toute liberté soit laissée à l'Institut pour l'enseignement, il existe néanmoins un plan d'études pour chacune des trois sections. Ce plan, arrêté par le corps des professeurs, embrasse trois années scolaires.

L'admission ne peut être obtenue que sur la présentation du diplôme de bachelier, acquis à un gymnase ou à un lycée polytechnique de l'État. Pour les étudiants des

autres écoles spéciales, de rang universitaire, il suffit de présenter un certificat d'études. Les élèves ne réunissant pas ces conditions peuvent être admis à suivre les cours en qualité d'auditeurs, si leur éducation préparatoire est suffisante et s'ils ont 18 ans révolus.

La durée des études est de trois ans; mais il est question de répartir l'enseignement sur quatre années afin d'approfondir davantage les programmes et de multiplier les exercices pratiques. L'école de

Fig. 31. — Institut agronomique de Vienne.
(Chimie.)

Vienne possède des annexes destinées aux expériences et aux démonstrations et elle dispose, depuis deux ans, d'un domaine d'études de 50 hectares environ.

Les étudiants ont le droit de se faire examiner par leurs professeurs à la fin de chaque semestre, dans les matières du cours qu'ils ont suivi. Ces examens particuliers, qui ne se rapportent qu'à un seul cours, ont uniquement pour but de prouver l'assiduité et l'intelligence des élèves pendant le semestre écoulé.

Pour prouver qu'ils ont accompli leurs études avec succès les étudiants ont à subir des examens publics dits *examens d'État,* qui sont au nombre de trois pour la branche agricole ou la branche forestière et de deux pour le génie rural. Le premier de ces examens ne comprend, pour les trois branches, que les sujets d'études générales

Fig. 32. — Institut agronomique de Vienne.
(Laboratoire pour la production végétale.)

et fondamentales. En ce qui concerne l'examen sur les matières professionnelles, cet examen se divise, pour la section agricole ainsi que pour la branche sylvicole, en deux parties dont l'une comprend l'examen sur les sujets d'études pour la production, l'autre sur ceux qui concernent l'économie et la législation rurales; tandis que pour le génie rural ces matières ne sont l'objet que d'un examen unique. L'ordre à suivre dans la série de ces examens est fixé pour les deux premières sections d'études, de telle sorte que, après le premier examen sur les matières fondamentales, doit suivre, comme deuxième

Fig. 33. — Institut agronomique de Vienne.
(Endiguement des torrents.)

examen, celui qui a pour objet la production et, comme troisième examen d'État, celui qui concerne l'économie et la législation rurales.

Pour ces examens, le Ministre des cultes et de l'instruction publique désigne des commissions d'examinateurs spéciaux, qui ne se composent pas seulement de professeurs et de docents de l'Institut agronomique, mais aussi d'autres personnalités qui ne font pas partie de cet établissement. Les Ministères de l'instruction publique et de l'agriculture peuvent encore déléguer à ces examens des commissaires spéciaux. Les certificats « d'examen d'État » portent le cachet de la Commission.

Outre ces examens il y a encore des examens scientifiques, pour la délivrance des diplômes. Ces examens, nommés examens de diplômes et institués à cet Institut en 1875, ont pour but de constater la plus haute perfection scientifique agricole et forestière.

Les étudiants inscrits à l'Institut qui ont achevé au moins les matières principales des trois années d'études prescrites peuvent seuls subir ces examens; mais il est tenu compte des cours correspondants suivis à une des académies polytechniques, ou à la faculté de philosophie d'une université. Seulement, il est indispensable d'avoir fréquenté l'Institut agronomique au moins pendant trois semestres.

Les examens de diplômes se partagent en deux groupes dont le premier comprend les sujets d'études préparatoires; le second, les spécialités et la législation.

Fig. 34. — Institut agronomique
de Vienne.
(Cabinet d'un professeur.)

Les étudiants peuvent se présenter à l'examen du premier groupe lorsqu'ils ont suivi les cours respectifs d'après le plan d'études. A l'examen du second groupe ne peuvent être admis que les candidats ayant achevé, à l'Institut même, au moins les cours sur les spécialités principales de leur direction d'étude.

Les examens oraux ont lieu en public. Les membres de la commission pour l'examen de diplôme sont les professeurs titulaires ou suppléants.

D'après le résultat de l'examen, les candidats obtiennent un diplôme dans lequel leur aptitude pour la profession agricole ou forestière est exprimée par les termes

PROGRAMME DES COURS.
(*École de Vienne.*)

1. Plan d'études agricoles.

DÉSIGNATION DES COURS.	HEURES PAR SEMAINE.	DÉSIGNATION DES COURS.	HEURES PAR SEMAINE.
1ᵉʳ SEMESTRE.		Construction	3
		Économie politique	2
Mathématiques	4		
Physique et mécanique	4	**4ᵉ SEMESTRE.**	
Chimie générale	4	Production végétale	2
Chimie analytique qualitative	2	Les modifications dans le règne végétal	2
Zoologie générale et spéciale	3	Physiologie végétale expérimentale	2
Anatomie et physiologie végétales	5	Pathologie végétale	2
Minéralogie	3	Anatomie et physiologie animales	3
Description des minerais utiles	2	Zootechnie	3
Éléments d'arpentage	3	Entomologie	1
Économie politique	3	Parasites animaux et plantes utiles	1
		Instruments et machines agricoles	3
2ᵉ SEMESTRE.		Constructions rurales	3
Physique et mécanique	4	Climatologie	1
Chimie générale	4	Laiterie	2
Analyse chimique	2		
Botanique générale	2	**5ᵉ SEMESTRE.**	
Botanique spéciale	3	Viticulture	2
Zoologie générale et spéciale	3	Pisciculture	1
Géologie générale	3	Insectes nuisibles à l'agriculture	2
Géologie appliquée	2	Maladies des animaux domestiques	3
Arpentage	1	Constructions	3
Économie politique	3	Travaux hydrauliques agricoles (améliorations agricoles)	3
		Technologie agricole	5
3ᵉ SEMESTRE.		Recherches chimiques (industries agricoles)	2
Étude du sol	1	Économie rurale et comptabilité	5
Chimie agricole	2	Droit et administration	5
Météorologie	2		
Production végétale	5	**6ᵉ SEMESTRE.**	
Pathologie végétale	1	Arboriculture fruitière	2
Transformation de matières des plantes	1	Sylviculture (généralités)	2
Anatomie et physiologie animale	3	Travaux hydrauliques agricoles (améliorations agricoles)	3
Zootechnie	3	Technologie agricole	5
Zoologie appliquée	2	Économie rurale et comptabilité	5
Méthodes de développement	2	Droit et administration	5
Laiterie	2		
Étude générale des machines	2		

NOTA. — Tous ces cours sont suivis de nombreux exercices pratiques.

II. Plan d'études sylvicoles.

DÉSIGNATION DES COURS.	HEURES PAR SEMAINE.	DÉSIGNATION DES COURS.	HEURES PAR SEMAINE.
		Protection des forêts	3
		Chasse	2
1er SEMESTRE.		Pathologie végétale forestière	2
Mathématiques	4		
Physique et mécanique	4	**4e SEMESTRE.**	
Chimie générale	4		
Chimie analytique qualitative	2	Géodésie supérieure	3
Anatomie et physiologie végétales	5	Physiologie végétale expérimentale	2
Sylviculture (principes)	1	Histoire de la sylviculture	2
Minéralogie	3	Sylviculture (aménagements)	4
Description des minéraux	2	Technologie sylvicole	2
Zoologie générale et spéciale	3	Protection des forêts	4
Géométrie descriptive	3	Pathologie végétale forestière	2
Géodésie	4	Constructions rurales et forestières	3
Économie politique	3		
		5e SEMESTRE.	
2e SEMESTRE.			
		Agriculture (généralités)	2
Physique et mécanique	4	Pisciculture	1
Chimie générale	4	Géodésie supérieure	3
Botanique générale	2	Organisation de l'exploitation forestière	3
Botanique forestière	3	Valeur des forêts et statistique forestière	3
Zoologie générale et spéciale	3	Étude des machines	2
Géologie générale	3	Constructions (généralités)	3
Géologie appliquée	2	Constructions forestières	2
Géométrie descriptive	4	Constructions des routes forestières	2
Géodésie	3	Administration et droit	5
Économie politique	3		
		6e SEMESTRE.	
3e SEMESTRE.			
		Organisation de l'exploitation forestière	3
Étude du sol	1	Organisation du service forestier	3
Chimie agricole	2	Technologie forestière	4
Météorologie et climatologie	3	Construction de chemins de fer forestiers	1
Constructions (généralités)	3	Administration et droit	4
Économie politique	2	Histoire de la sylviculture	2
Anatomie des essences forestières	1	Éléments d'électrotechnie	2
Sylviculture (aménagements)	3		
Utilisation des forêts	3		

Nota. — Les cours ci-dessus sont suivis de nombreux exercices pratiques.

III. Plans d'études sur le génie rural.

DÉSIGNATION DES COURS.	NOMBRE D'HEURES PAR SEMAINE. SEMESTRES.					
	1er.	2e.	3e.	4e.	5e.	6e.
COURS THÉORIQUES						
Mathématiques	4	//	//	//	//	//
Physique et mécanique	4	4	//	//	//	//
Chimie minérale et organique	4	4	//	//	//	//
Anatomie et physiologie végétales	3	2	//	//	//	//
Géométrie descriptive	3	4	//	//	//	//
Minéralogie et géologie	3	3	//	//	//	//
Géologie appliquée	//	2	//	//	//	//
Géodésie	4	3	3	3	//	//
Économie politique	3	3	//	//	//	//
Chimie agricole	//	//	2	//	//	//
Agriculture générale	//	//	4	//	//	//
Cours de machines	//	//	2	//	//	//
Machines et outils agricoles	//	//	//	3	//	//
Cours de constructions (généralités)	//	//	6	//	//	//
Constructions agricoles	//	//	//	3	//	//
Météorologie et climatologie	//	//	3	//	//	//
Météorologie pratique	//	//	2	//	//	//
Leçons d'amélioration (1re partie : hydraulique appliquée, terrassements et mouvement des terres, construction des ponts; 2e partie : irrigations, assainissements et drainage)	//	//	3	3	//	//
Hydraulique et statique graphique	//	//	4	4	//	//
Régularisation des cours d'eau [1]	//	//	//	//	//	//
Législation et droit administratif	//	//	5	4	//	//
Construction des routes et hydraulique appliquée	//	//	//	//	6 1/2	5
Leçons d'améliorations (3e partie : applications)	//	//	//	//	8	10
Correction des torrents	//	//	//	//	2	//
Économie forestière (généralités)	//	//	4	//	//	3
Économie rurale	//	//	//	//	//	2
Législation et administration des améliorations	//	//	//	//	//	3
EXERCICES PRATIQUES.						
Conférences de mathématiques	1	//	//	//	//	//
Conférences sur l'anatomie des plantes	1	//	//	//	//	//
Exercices pratiques de géodésie	6	6	//	//	//	//
Exercices pratiques de géométrie descriptive	//	//	4	//	//	//
Exercices pratiques d'agriculture	//	//	2	//	//	//
Dessin graphique et topographique	//	//	6	//	//	//
Exercices pratiques sur le cours de routes et d'hydraulique appliquée	//	//	//	6	//	//
Exercices pratiques sur le cours d'améliorations	//	//	//	//	10 1/2	11
Exercices pratiques de météorologie	//	//	//	6	//	//
Conférences d'économie politique	1	1	//	1	//	//

[1] Les heures des leçons n'étaient pas encore publiées quand le programme a paru.

« apte » ou « supérieurement apte ». Depuis la fondation de l'école, 274 étudiants, dont 147 agronomes et 127 forestiers, ont passé avec succès l'examen de diplôme; 880 ont obtenu le certificat de l'examen d'État : 230 agronomes, 590 forestiers et 60 ingénieurs des améliorations agricoles. De 1872 à 1897, les cours de l'École de Vienne ont été suivis par plus de 200 élèves étrangers.

Depuis quelques années, des *cours spéciaux* (*cours temporaires*) sont établis à l'Institut agronomique de Vienne, comme à l'École supérieure de Berlin, pour les agriculteurs et les sylviculteurs de profession, qui apprennent, dans les conférences et démonstrations, à connaître les résultats des dernières recherches dans le domaine de l'agriculture ou de la sylviculture. Ces cours ont habituellement lieu à la fin du semestre d'hiver. Une année, l'on traite des questions agronomiques, et, l'autre année, des questions forestières. La fréquentation de ces cours a montré le bien-fondé de ce système alternatif. Le nombre des auditeurs inscrits, qui était de 40 en 1896 et de 46 en 1897, s'est élevé à 101 en 1900 et à 139 en 1902. Parmi les conférenciers, on trouve à côté des professeurs de l'école des savants et des spécialistes.

Les tableaux ci-dessus (voir les tableaux des pages 63 à 65) font ressortir l'établissement d'un plan d'études spécial pour chacune des branches agricole, sylvicole et du génie rural. C'est un guide précieux pour les étudiants qui peuvent, tout en suivant les cours communs, se spécialiser dans la branche qu'ils ont choisie. Ces divisions dans une même école évitent les doubles emplois qui se produisent lorsque chaque sorte d'enseignement est donnée dans des écoles distinctes. Cette centralisation est indispensable en Autriche où les forêts sont très nombreuses et exigent dans les écoles un enseignement forestier joint à l'enseignement agricole.

L'École supérieure d'agriculture de Vienne n'avait exposé que la photographie et le plan des bâtiments.

Le Jury a dû tenir compte de la renommée de son haut enseignement pour lui attribuer un grand prix.

Université de Cracovie. — Depuis 1890 il existe une section d'enseignement agricole à l'Université de Cracovie. Cette section est la seule qui soit attachée à une université en Autriche. Dépendant de l'État, cet institut est soumis aux règles prescrites à l'université.

L'enseignement agricole de l'université de Cracovie a pour but de procurer aux jeunes gens de famille le moyen d'étudier les sciences agronomiques et de faciliter aux étudiants des autres facultés l'étude de l'agriculture dans la mesure qui leur paraîtra avantageuse pour l'exercice de leur future profession. La durée du cours complet comprend trois années. Pour obtenir la licence, les étudiants doivent se conformer au plan d'études, et passer un examen à la fin de chacune des années de cours. Les étudiants qui justifient de quatre années d'études universitaires peuvent obtenir le grade de docteur en philosophie. La thèse prescrite pour l'examen peut avoir pour sujet une question agronomique.

Les professeurs titulaires de la section d'agriculture et trois professeurs de sciences naturelles à l'Université forment une commission permanente spéciale, à la tête de laquelle se trouve placé un directeur des études agricoles, nommé par le Ministre des cultes et de l'instruction publique, pour une durée de trois ans, et choisi parmi les professeurs d'agriculture de l'Université.

Corps professionnel de l'enseignement agricole : 5 professeurs, 2 maîtres suppléants et plusieurs assistants ou chefs de pratique. Un certain nombre de professeurs et d'autres maîtres de la faculté de philosophie, ainsi que des professeurs de la faculté de droit, participent encore à l'enseignement avec un vétérinaire. L'Institut de Cracovie a trouvé un excellent cadre dans cette organisation, et il représente un élément important dans le système d'enseignement agricole supérieur de l'Autriche.

Cours dans les académies impériales et royales polytechniques. — A Prague, à l'école polytechnique allemande et à l'école polytechnique bohémienne, existent des cours de génie rural, dans lesquels cette branche de la technique agricole est l'objet d'une étude approfondie.

Des cours spéciaux d'agriculture, de sciences naturelles, de chimie agricole, de mécanique et de construction, d'améliorations foncières, de génie rural, ont lieu dans toutes les académies polytechniques : à Vienne, à Graz, aux deux académies impériales et royales (allemande et bohémienne) de Prague, à Brunn et à Lemberg. A Vienne et à Brunn, l'enseignement est donné par des professeurs titulaires; ailleurs, par des professeurs honoraires ou par des suppléants. Un cours de sylviculture est adjoint au cours d'agriculture de Vienne; aux académies polytechniques de Prague et de Lemberg, la culture forestière est l'objet de cours spéciaux. A Brunn, on étudie l'endiguement des torrents.

II. — Enseignement secondaire.

Écoles agricoles supérieures et moyennes d'agriculture. — Les écoles professionnelles, nommées «établissements scolaires agricoles supérieurs», de Tetschen-Liebwerd, de Tabor en Bohême et de Dublany en Galicie occupent le premier rang.

Les deux écoles de Bohême n'exigent, comme études préparatoires, que l'achèvement des études à une école agricole moyenne ou de six classes suivies à un gymnase ou à un lycée polytechnique, tandis que l'établissement de Dublany exige, pour l'admission, le complet achèvement des études. Mais les élèves qui n'ont terminé que six classes peuvent être admis après un examen. La durée des études dans les trois établissements est de trois ans.

Les professeurs de l'école de Tetschen-Liebwerd avaient présenté à la Classe 5 un tableau des analyses des principaux sols arables de Tetschen, un plan de la métairie de Liebwerd et des vues de l'école agricole supérieure provinciale. Une série de publications émanant de ces professeurs avait été également exposée, ainsi qu'un catalogue des objets servant à l'enseignement de l'École de Tetschen-Liebwerd, et un rapport sur son développement. Le Jury a donné à ces professeurs une médaille d'or pour cette exposition.

Les autres écoles secondaires d'agriculture d'Autriche, Mödlingen dans la Basse-Autriche, Chrudrin, Kaaden et Raudnitz-Hracholusk en Bohême, Neutitschen et Prerau

Fig. 35. — École supérieure d'agriculture
à Tetschen-Liebwerd.

en Moravie, Oberhermsdorf en Silésie, Czernichow en Galicie et Czernowitz en Bucovine, sont organisées d'une manière à peu près identique. En général, les élèves admis dans ces écoles ont terminé leurs études dans un gymnase ou un lycée polytechnique.

Aux écoles bohémiennes et moraves, on admet les élèves sortis de l'École normale.

Les études ont une durée de trois ans. L'enseignement n'est pas uniquement spécialisé à l'agriculture, une place notable est réservée à l'instruction générale (histoire, géographie, langue, religion). A la fin de chaque semestre ou de chaque année scolaire, on délivre un certificat aux élèves qui subissent à la fin de la troisième année un examen de sortie ou de maturité. Ce dernier examen comprend deux parties, l'une écrite et l'autre orale.

Toutes les écoles secondaires dépendent de leur province, à l'exception du Francisco-Josephinum de Modling qui appartient à une association. Les diplômés de ces établissements bénéficient, comme ceux des gymnases et des lycées polytechniques, du droit de ne faire qu'une année de service dans l'armée. L'École Prerau, en Moravie, avait fait une exposition intéressante.

Fig. 36. — École moyenne d'agriculture
à Czernowitz.

En dehors d'ouvrages relatifs à l'enseignement, elle avait présenté toute une série d'études relatives à la culture de l'orge. On y voyait à ce sujet une carte, un tableau de production, des diagrammes, des résultats d'analyse, et enfin une collection d'échantillons d'orges. Le Jury a accordé à cette école une médaille d'or.

Écoles moyennes de viticulture, d'arboriculture et d'horticulture. — Parmi ces écoles, l'Institut œnologique et pomologique de Klosterneubourg, près de Vienne, est l'unique établissement de catégorie moyenne qui soit subordonné au Ministère de l'agriculture.

La mission de cette école est de donner aux jeunes gens l'enseignement nécessaire, en ce qui concerne la viticulture, la vinification et le traitement des vins, l'arboriculture et l'horticulture, pour former de bons régisseurs de vignobles, des maîtres de chais, des professeurs nomades pour l'enseignement élémentaire de la viticulture et de l'arboriculture, des directeurs de pépinières. Outre cet enseignement spécial, les élèves reçoivent des leçons sur l'économie rurale, la législation rurale et l'économie politique.

L'école atteint le but que vise son enseignement, par une instruction théorique répartie en deux années scolaires et complétée par des démonstrations et des leçons pratiques données sur les lieux, c'est-à-dire à la vigne, dans les vergers et dans les caves de l'établissement.

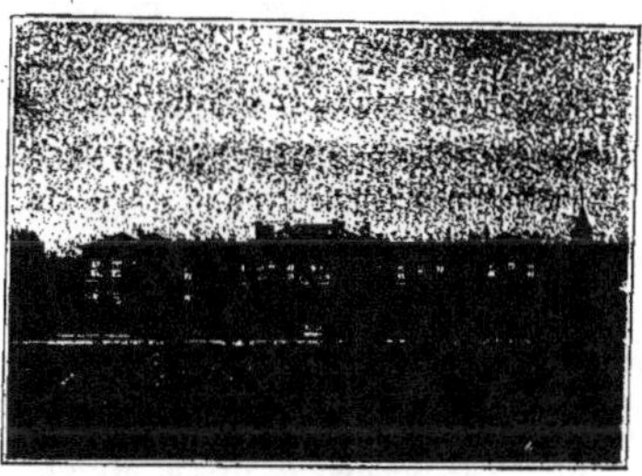

Fig. 37. — École moyenne d'agriculture à Neutischen-Joehte (en Moravie).

Sont admis à l'école ceux qui justifient de la fréquentation avec succès des quatre premières classes d'un gymnase ou lycée polytechnique et possèdent certaines connaissances pratiques dans la viticulture ou la pomiculture. Le Ministre de l'agriculture peut dispenser de la preuve des études préparatoires si l'élève se soumet à l'examen d'entrée.

Dans le premier cours il peut y avoir 25 élèves. Les examens sont semestriels; il y a, en outre, un examen de sortie. En dehors du directeur, on compte trois professeurs titulaires et deux professeurs spéciaux pour les cours d'agronomie, de législation rurale et d'économie politique; il existe en outre un maître suppléant et plusieurs démonstrateurs pour les exercices pratiques.

Pour le volontariat d'un an, les élèves de l'Institut impérial et royal œnologique

Fig. 38. — Institut œnologique et pomologique à Klosterneubourg.

et pomologique de Klosterneubourg jouissent de la même faveur que ceux des écoles moyennes agricoles et forestières.

Depuis l'année 1895, une seconde école moyenne spéciale s'occupe d'arboriculture et d'horticulture, à Eisgrub, en Moravie. Cet établissement fut ouvert en 1895, sous les auspices de la Société impériale et royale d'horticulture de Vienne, avec le concours du Ministère de l'agriculture et de la diète de la province de Moravie. Le prince Jean de Liechtenstein céda, pour l'installation de cette école, les immenses jardins de Eisgrub.

Le but de cet établissement, unique en son genre, est de procurer à ses élèves, auxquels sont seulement demandées les études préparatoires des premières classes d'une école moyenne ou bien la fréquentation d'une école primaire supérieure, une instruction pratique, scientifique et artistique, dans toutes les branches de l'arboriculture et de l'horticulture ainsi que dans l'art du jardinage, dans la culture maraîchère, dans la direction et la surveillance des jardins publics ou privés.

La durée des études est de trois ans. Pour l'admission, en plus de l'instruction préparatoire ci-dessus mentionnée, il est exigé une année au moins d'apprentissage dans un jardin d'une certaine importance. Il y a place pour 20 élèves internes. Les études comprennent les sciences naturelles et l'instruction générale; les exercices pratiques sont très développés; ces exercices sont beaucoup facilités par la situation de l'école au milieu des spacieux jardins princiers. Les examens et les certificats sont soumis aux mêmes règles que ceux de l'école de Klosterneubourg.

L'administration supérieure de l'école est confiée à un conseil de curateurs, composé de délégués des autorités qui la subventionnent et dont fait également partie le fonctionnaire qui dirige l'établissement. En plus du directeur, il y a trois maîtres principaux et un certain nombre de maîtres suppléants et adjoints. Les élèves ne font qu'une année de service militaire.

A Klosterneubourg et à Eisgrub, les cours sont suivis par les maîtres des écoles primaires et primaires supérieures.

III. — Enseignement primaire.

Écoles d'agriculture pratique (*Écoles primaires agricoles avec enseignement pendant l'année entière*). — Les règlements de ces écoles essentiellement destinées à la population rurale présentent une grande variété dans la distribution des études. En premier lieu, elles donnent aux adultes, n'ayant que la simple préparation des écoles primaires, une instruction théorique et pratique, qui leur permet de perfectionner leur culture. D'autres forment exclusivement des chefs de culture, des fromagers.

Les écoles d'agriculture pratique s'efforcent de remplir leur mission non seulement en enseignant la théorie de l'agriculture ainsi que ses branches fondamentales, mais aussi en donnant une instruction générale, destinée à fixer les connaissances acquises à l'école primaire, par l'enseignement pratique de tous les travaux d'une exploitation agricole, complété par des démonstrations et des excursions.

Dans plusieurs de ces écoles on étudie aussi les petites industries rurales telles que la menuiserie, le charronnage et la vannerie, etc.

La durée du cours d'enseignement dans la plupart des écoles d'agriculture est, en général, de deux années entières. Des exceptions à cette règle n'ont lieu que dans deux établissements, Edthof et Edelhof en Basse-Autriche, où l'enseignement dure actuellement un an et demi, et dans les cinq écoles agricoles galiciennes, dont les cours comprennent trois années scolaires.

Ce qui caractérise surtout les écoles primaires d'agriculture, c'est l'instruction pratique qui y est donnée. L'enseignement y dure l'année entière, c'est-à-dire qu'il comprend aussi la saison d'été, pendant laquelle s'exécutent, dans la ferme de l'école, les travaux pratiques les plus importants.

Il est donc prescrit à toutes ces écoles d'avoir comme annexe une ferme assez grande (ferme-école), qui représente un champ de démonstrations et d'exercices pour les élèves. Plusieurs écoles d'agriculture ont l'avantage d'avoir une ferme en propriété, tandis que beaucoup d'autres doivent se contenter d'une pièce de terre, prise en location.

Le corps enseignant de ces écoles se compose de maîtres titulaires et de maîtres suppléants. Souvent les règlements fixent le nombre des maîtres attachés à l'école. En général, il n'y en a que deux ou trois, dont l'un remplit les fonctions de directeur de l'école et de la ferme-école qui lui est adjointe.

La plupart des écoles d'agriculture pratique sont gérées par des curateurs délégués par les autorités qui subventionnent l'école; ces délégués sont chargés de la surveillance directe de l'école et de son administration, surtout en ce qui concerne la comptabilité. S'il se produit une vacance parmi les maîtres titulaires, ils désignent les candidats capables de remplir cet emploi, tandis que le choix des maîtres suppléants, ainsi que l'engagement des ouvriers et des personnes de service sont du ressort de l'école. L'administration supérieure de ces écoles d'agriculture appartient de droit, dans chaque province, au conseil du gouvernement provincial.

L'école délivre deux sortes de certificats : l'un concernant les notes décernées par les maîtres pendant la durée de l'année scolaire, l'autre attestant les résultats des examens de sortie.

Écoles d'hiver. — Les écoles d'agriculture d'hiver ont pour mission de donner rapidement et au moins de frais possible l'instruction agricole aux fils de petits cultivateurs qui, sortis de l'école primaire, se destinent à la culture d'une petite propriété rurale.

Comme l'indique le titre de ces écoles, l'enseignement n'y est donné que pendant les six mois d'hiver; au printemps, quand commencent les travaux des champs, les élèves rentrent à la maison paternelle. Il y a, en Autriche, trois espèces d'écoles d'hiver, dont les premières n'ont qu'un seul cours; les secondes ont deux cours facultatifs, les dernières possèdent deux cours obligatoires.

Les premières, auxquelles l'enseignement n'est donné que pendant un seul hiver (5 à 6 mois), perdent peu à peu de leur importance, parce qu'il est reconnu que le but de l'instruction peut être mieux atteint en deux cours qu'en un seul.

Dans les écoles d'hiver, à deux cours facultatifs, l'enseignement de la première partie, pendant l'hiver, concentre un ensemble de connaissances qui, pendant le second hiver, est réservé principalement à la répétition et à la consolidation des connaissances acquises.

Dans les écoles hivernales ayant deux cours obligatoires, les matières d'enseignement sont réparties de telle sorte que les branches fondamentales précèdent les branches spéciales. Le premier de ces cours est principalement destiné aux branches fondamentales et, par conséquent, ne représente pas un ensemble complet de connaissances; il n'est que la préparation au second cours, et ce n'est qu'après achèvement de tous deux que les études peuvent être considérées comme terminées. Les écoles d'hiver représentent la catégorie d'écoles professionnelles d'agriculture qui, dans les dix dernières années, ont donné l'accroissement le plus notable dans le nombre des élèves qui les fréquentent.

D'après le relevé de l'année scolaire 1898-1899, parmi les 159 écoles d'agriculture se trouvent 57 écoles d'hiver.

La faveur dont ces établissements jouissent parmi la population rurale résulte principalement de ce fait que la fréquentation de l'école n'ayant lieu que pendant la morte saison, du mois d'octobre au mois d'avril, cela permet aux élèves de participer, dès le printemps, aux travaux de la culture avec leurs parents.

Certaines écoles, dites d'hiver, ont aussi créé des cours d'été pour quelques branches de l'agriculture : arboriculture, culture fourragère et culture maraîchère. Le personnel enseignant des écoles d'hiver se compose, en général, d'un instituteur qui dirige l'école et enseigne en même temps l'agriculture spéciale et l'histoire naturelle, puis d'un nombre restreint de maîtres suppléants et d'adjoints pour l'instruction générale.

Quoique ces écoles appartiennent presque toujours à une association, leurs maîtres jouissent pour la plupart des mêmes avantages et du même rang que les fonctionnaires de l'État: ils ont également une pension de retraite assurée, égale à celle du personnel des écoles d'agriculture.

Les élèves reçoivent de simples certificats à la fin des cours, après avoir subi un examen de sortie.

Écoles de laiterie et d'économie ménagère. —— Les écoles de laiterie et d'économie ménagère sont des établissements ouverts aux jeunes filles. Les écoles d'économie domestique, dont la tâche principale est d'enseigner les connaissances ménagères nécessaires à la tenue d'une maison rurale, sont exclusivement réservées aux jeunes filles.

L'instruction comprend : le service des étables et de la laiterie, la culture maraîchère et potagère, la tenue d'un ménage (en général les travaux d'économie domestique tels que la cuisine, y compris la boulangerie et le blanchissage); les travaux à l'aiguille, l'hygiène et les soins à donner aux malades; la langue nationale, l'arithmétique (y compris la tenue des livres du ménage), la religion, et, dans certaines écoles, l'éducation enfantine. Ces écoles sont organisées comme des internats, dans lesquels les jeunes filles sont réparties en groupes et où s'enseignent alternativement les différents travaux.

La direction attache la plus grande importance aux exercices pratiques. L'enseignement est donné en première ligne par trois institutrices principales : celle qui porte le titre de mère exerce la surveillance générale et enseigne les choses qui se rattachent à la direction d'un ménage; la seconde, ou maîtresse laitière, est spécialement chargée de l'instruction de tout ce qui concerne la laiterie, et la troisième, ou maîtresse ouvrière,

est chargée de l'enseignement des travaux à l'aiguille ainsi que de celui de l'arithmétique et de la composition élémentaire. Plusieurs personnes concourent souvent à l'instruction dans les autres branches de l'enseignement qui, presque toujours, doit avoir
la durée d'un an. Ces écoles sont fréquentées par de nombreuses élèves, et de bons
résultats y ont déjà été obtenus. Dans les endroits où des écoles de cette nature n'ont
pu être instituées, elles sont remplacées par des cours faits pendant quelques mois, sur
l'économie domestique, dans les écoles primaires agricoles et dans les écoles d'hiver.

A Friedland, il existe une école de laiterie annexée à une importante industrie laitière. Dans cette école de laiterie, des cours ont lieu pour les jeunes gens et pour les
jeunes filles de la Bohême.

**Écoles primaires spéciales pour l'arboriculture, la viticulture et la culture du
lin et du houblon.** — Une instruction spéciale suffisante pour certaines branches de
l'agriculture n'ayant pu être donnée dans les écoles pratiques ordinaires, on a été amené
à créer des écoles spéciales. Ces écoles ont eu pour but de procurer aux élèves une
instruction professionnelle pouvant être immédiatement utilisée dans l'industrie. On a
créé des écoles spéciales de pomiculture et de viticulture, d'horticulture pour les jardiniers fleuristes principalement. Des écoles pour la culture du houblon ont également été
instituées.

La culture du houblon en Autriche s'est beaucoup développée depuis qu'on a apporté
des perfectionnements à la dessiccation artificielle au moyen de divers systèmes d'étuves.
C'est ce qui explique cet enseignement spécial. La dessiccation artificielle est surtout
pratiquée dans les houblonnières de Bohême.

Les plans d'études présentent, relativement à leur étendue et au contenu des matières de l'enseignement, la plus grande diversité. La durée des études varie dans
ces différentes écoles de six mois à trois ans. Ces écoles sont des établissements de
provinces, d'associations, de communes, ou bien des institutions privées.

IV. — Enseignement forestier.

Historique. — Organisation du service forestier en Autriche. — L'Administration forestière en Autriche a une importance exceptionnelle. Les ordonnances et les
règlements concernant les forêts remontent à une époque extrêmement reculée. En
1524, le règlement forestier publié par l'archevêque Lang de Wellembourg, pour la
province de Salzbourg, prévoyait l'importance que pourrait avoir pour la sylviculture
la rédaction d'un livre forestier (cadastre), la surveillance et l'aménagement des
forêts. Au xviiie siècle, sous le règne de Marie-Thérèse, on publia des règlements très
complets; mais l'organisation du service des forêts domaniales n'était pas uniforme.

Les forêts camérales et les propriétés appartenant aux établissements publics étaient
administrées par le Département caméral des perceptions et par la chambre des Finances
de la Cour, tandis que les forêts appartenant aux mines et aux salines de l'État relevaient

directement du Département des mines et monnaies de la chambre des Finances de la Cour.

Lorsqu'on créa en 1848 le Ministère des mines et de l'agriculture pour l'Empire, ce fut au second département de ce ministère qu'échut l'administration des forêts domaniales; il s'ensuivit une réorganisation de toute l'administration. Après la dissolution de ce ministère (1853), l'administration des forêts fut soumise à l'Administration des Finances.

On reconnut ensuite qu'il valait mieux que les forêts domaniales fussent administrées par le Ministère de l'agriculture qui venait d'être créé et qui élabora une nouvelle organisation du service, entrée en vigueur le 30 juillet 1873. Cette nouvelle organisation fut le point de départ du développement de l'administration des forêts domaniales. On basa la nouvelle instruction de service sur le système nommé : « Système des chefs de cantonnement ». La base de l'organisation de l'année 1873 est la suivante :

Chaque district d'administration a pour chef un administrateur des forêts et des domaines, qui gère son district et en est responsable. L'exploitation rationnelle des forêts et des domaines, les plans d'exploitation périodique et de culture lui incombent, ainsi que la comptabilité qui s'ensuit, la livraison et l'emploi des produits forestiers, le boisement des forêts; il représente l'État ou les établissements publics, en tant qu'il s'agit de délits forestiers ou ruraux, et enfin il met en valeur tous les produits et matériaux confiés à son administration.

Le nombre des employés de l'État, chargés du service forestier de toutes les administrations des forêts domaniales et des établissements publics, s'élève à 373 fonctionnaires : 1 conseiller du ministère, 9 conservateurs, 27 inspecteurs-conseillers, 82 inspecteurs, 150 administrateurs, 49 adjoints forestiers, 43 élèves forestiers, 1 ingénieur en chef des ponts et chaussées, 6 ingénieurs, 4 ingénieurs adjoints, 1 élève ingénieur. 858 gardes et apprentis forestiers sont chargés du service des bureaux et de la surveillance, ainsi que 443 simples gardes.

Le service forestier a exécuté en Autriche de nombreux travaux de reboisement depuis trente ans, dans les montagnes du Karst en Dalmatie et dans la Carniole.

En 1882, le versant des Alpes autrichiennes, notamment dans le Tyrol et la Carinthie, fut éprouvé par les ravages causés par les torrents. L'année suivante, le Gouvernement autrichien adjoignit au service forestier un bureau spécial pour la correction et l'endiguement des torrents. On emploie les détenus et les forçats, qui font preuve d'une bonne conduite au pénitencier, pour les travaux de terrassement et le transport des matériaux.

Depuis 1875, on impose aux candidats au service forestier des conditions d'admission plus sévères; ce qui a encore contribué à relever le prestige de la profession. Les aspirants doivent être physiquement aptes au service dans les hautes Alpes. Ils ont à produire un diplôme de bachelier ès lettres ou ès sciences; ils doivent avoir obtenu à l'École supérieure d'agriculture à Vienne les trois diplômes d'examens d'État et le certificat d'examen sur l'endiguement des torrents.

Pour l'admission définitive, on exige de la part des élèves forestiers, après deux années de pratique, qu'ils se soumettent à un examen se rapportant au service forestier technique de l'État. Cet examen, passé devant une commission composée de forestiers et d'un examinateur juriste, doit démontrer que le candidat sait mettre à profit ses connaissances théoriques et pratiques, qu'il connaît à fond toutes les prescriptions et ordonnances sur les forêts et enfin qu'il est à même de traiter, sans aucune aide, les affaires qui lui sont confiées.

L'admission des surveillants de forêts (préposés) ne se distingue de celle des agents que par le fait que l'Administration des forêts domaniales s'occupe elle-même de donner l'instruction forestière à ce personnel. Dans ce but, on a créé une école forestière auprès des administrations des forêts et domaines de Gusswerk en Styrie, de Hall en Tyrol, d'Idria en Carniole, et de Bolechow en Galicie. Les élèves sont internes et reçoivent une instruction pratique et théorique durant onze mois. Leur nombre est limité suivant les besoins de l'administration et en raison de l'installation de l'école et de l'internat; il s'élève à six pour Idria et à douze pour les autres écoles. L'enseignement est gratuit, mais la nourriture et les autres fournitures sont aux frais des élèves; les fils de gardes forestiers ou d'ouvriers forestiers obtiennent, s'ils en sont dignes, une bourse qui varie entre 110, 165 et 275 florins.

Écoles forestières supérieures. — Ces écoles sont au nombre de 3 : Weisswasser (Bohême), Mährisch-Weisskirchen (Moravie) et Lemberg (Galicie). Les deux premières sont des instituts soutenus par une association; la seconde est une école de province. Un quatrième établissement provincial, destiné aux pays alpestres, est actuellement en construction à Bruck sur la Mur, en Styrie.

Les études dans ces instituts ne duraient primitivement que deux années, mais comme cette durée de l'instruction parut insuffisante, elle fut portée à trois années scolaires, entre lesquelles l'enseignement fondamental se répartit systématiquement. Celui-ci comprend principalement les sciences naturelles et les mathématiques, puis l'enseignement forestier, très spécialisé, qui est donné dans toutes les écoles et enfin, bien que très limitée, une instruction classique générale, l'histoire, la langue nationale, etc.

Pour l'admission à ces écoles, on demande maintenant, comme éducation préparatoire, l'achèvement des études des premières classes d'un gymnase ou d'un lycée polytechnique, ainsi qu'une année de service forestier pratique; mais, en considération de la trop grande jeunesse des candidats, on doit modifier ces conditions.

Les élèves passent des examens semestriels et un examen général après l'achèvement complet de leurs études, à la fin de la troisième année. Pour le service volontaire d'un an, les élèves de ces écoles jouissent des mêmes prérogatives que ceux des écoles agricoles supérieures.

Écoles primaires forestières. — Les écoles de gardes forestiers forment, dans le système scolaire forestier, le dernier degré de l'enseignement spécial. Ces écoles, au nombre de quatre à la fin de l'année 1898-1899, doivent former des gardes et des aides pour le service technique des eaux et forêts et surtout pour l'exploitation forestière de l'État.

Le plan d'études comprend : un enseignement élémentaire : arithmétique, géographie, arpentage et cubage, sciences naturelles, histoire naturelle, exercices de calligraphie et de dessin; un enseignement professionnel proprement dit concernant la sylviculture, la conservation, l'exploitation et l'administration forestière, les règlements de service, ainsi que ceux qui concernent la chasse et la pêche, y compris la législation qui leur est spéciale; les connaissances indispensables à l'exécution de travaux de construction rurale. Le corps professoral se compose toujours d'employés des administrations forestières et domaniales de l'État. Chaque école possède, outre un directeur (administrateur des forêts et domaines), un ou deux maîtres suppléants (aides ou élèves forestiers). A la fin du cours, tous les élèves ont à subir un examen.

Un second type d'école primaire forestière en Autriche est représenté par les écoles de sylviculture, qui, sans exception, sont des établissements appartenant à des associations; l'une, située à Aggsbach, en Basse-Autriche, est indépendante, tandis que celle de Pisek, en Bohême, est annexée à une école primaire d'agriculture. Celle de Mährisch-Weisskirchen, en Moravie, est unie à une école supérieure forestière. Ces écoles ont également pour objet de former le personnel technique forestier, suppléants et gardes. Celle de Pisek doit former les aides et les forestiers de district. Pour Pisek, les conditions d'admission sont, ou l'achèvement des études d'une école primaire supérieure, ou bien quatre classes d'un gymnase ou d'un lycée polytechnique; les deux autres écoles de sylviculture exigent l'achèvement des études à une école primaire supérieure ou bien deux classes d'un gymnase ou lycée polytechnique. Toutes ces écoles exigent en outre des candidats une pratique préparatoire forestière d'au moins une année.

Des cours de pisciculture ont lieu dans la plupart des écoles forestières. L'Administration des domaines de l'État s'occupe peu de la pisciculture dans les étangs, mais elle surveille la pisciculture en eaux vives et dans quelques lacs des hautes Alpes. Les eaux vives et les lacs sont peuplés de truites, de saumons et d'autres poissons. La pêche se fait en régie, ou est donnée à bail. Pour la pisciculture en régie, l'administration s'occupe de l'élevage artificiel; les fermiers sont aussi forcés de mettre à l'eau un certain nombre d'alevins appartenant à des espèces déterminées.

V. — Enseignement vétérinaire.

La grande école vétérinaire de l'Autriche est celle de Vienne, qui fut fondée en 1877. Cette école dépend du Ministère de la guerre.

L'établissement comprend deux corps de logis en arrière desquels s'étend une vaste cour gazonnée où, sur des pelouses séparées, peuvent être mis en liberté des animaux convalescents. Cette cour est bordée de bâtiments où sont installés les divers services. L'ensemble couvre environ 3 hectares.

L'école de Vienne est un institut militaire dont le personnel enseignant est emprunté au corps des vétérinaires de l'armée. Ce personnel est logé dans l'école ainsi que les élèves militaires. Les élèves civils, peu nombreux, sont seuls externes.

Le personnel enseignant se compose de 8 professeurs, 3 conférenciers, 1 professeur de maréchalerie, 1 o professeurs agrégés.

L'enseignement donné à l'école de Vienne est presque le même qu'en France. Il est, en tous cas, absolument semblable à celui donné dans les grandes écoles allemandes de Berlin, Dresde, Hanovre, avec cette différence, cependant, que l'indépendance des services, si en honneur dans les écoles allemandes, ne semble pas exister à Vienne.

La durée des études est de huit semestres, avec cinq examens. Le nombre des élèves varie de 200 à 250.

L'École supérieure vétérinaire de Vienne n'était représentée à la Classe 5 que par l'exposition de M. le docteur Bayer, conseiller aulique et recteur de l'école vétérinaire, auquel le Jury a attribué une médaille d'or, pour des préparations et des gravures représentant des ophtalmies d'animaux domestiques.

VI. — Enseignement de la brasserie et de la distillerie.

École supérieure de brasserie. — En 1895 a été fondée l'Académie pour l'industrie du brasseur par l'association de la station d'essais de brasserie et de maltage à Vienne. Le but de cette académie est de former des brasseurs possédant des connaissances professionnelles scientifiques et spéciales, capables d'occuper des positions élevées dans la direction des établissements où cette industrie est exercée en grand; cet établissement donne également un enseignement pour les branches techniques auxiliaires telles que : mécanique et construction, électrotechnie, etc.; l'enseignement commercial est également très développé. Pour être admis il faut avoir achevé complètement ses études dans une école moyenne, ou subir un examen d'entrée. L'Académie pour l'industrie du brasseur est en rapport constant avec la station d'essais de brasserie et de maltage de Vienne ainsi qu'avec le Conservatoire impérial et royal des arts et métiers de la même ville.

C'est dans ce dernier institut qu'ont lieu les cours théoriques et pratiques de la première année; ceux de la seconde année se tiennent dans les locaux de l'Académie même et de la station d'essais. Les étudiants y trouvent à leur disposition un laboratoire de chimie technique, un laboratoire de microscopie et de biologie, une station pour la culture rationnelle des levures, des collections d'objets d'enseignement, et spécialement une brasserie et malterie modèle, complètement montée. Des examens à la fin de l'année donnent droit à des certificats de sortie (Absolutorium). Les étudiants qui, après leur sortie de l'académie, pourront justifier d'une pratique professionnelle de trois années, ayant eu lieu avant ou après la fréquentation de cet établissement, obtiennent le diplôme de brasseur.

Écoles primaires de brasserie et de distillerie. — Une école de brasserie est annexée à l'école moyenne d'agriculture « Francisco Josephinum »; elle est placée sous la même direction et administration que l'école d'agriculture. L'enseignement théorique donné aux étudiants brasseurs est complété par des travaux techniques à la brasserie-école qui se compose d'une brasserie d'essais et d'instruction. L'enseignement dure une année; il est scindé en deux cours semestriels; l'instruction purement spéciale est réservée au 2° semestre. Les candidats ayant une éducation préparatoire plus développée (premières classes d'une école moyenne ou école d'agriculture, etc.) peuvent être immédiatement admis au 2° cours, de même que les candidats d'un âge plus avancé qui sont déjà praticiens. Pour l'admission au 1ᵉʳ cours, il suffit de la simple préparation des écoles primaires et d'une pratique professionnelle d'au moins six mois dans une brasserie.

La ville de Prague possède une école du même genre, qui appartient à l'Association des brasseurs de Prague et à la Société pour l'industrie de la brasserie en Bohême. On y exige l'instruction primaire supérieure, ou celle d'une école de commerce, ou bien encore celle qui est acquise dans les premières classes d'une école moyenne; les candidats qui n'ont pas ces titres doivent subir un examen d'entrée.

Comme écoles primaires de distillerie, il en existe deux : l'école de Prague, fondée par l'Association pour l'industrie de l'alcool du royaume de Bohême, à laquelle se rattache une station d'essais pour l'industrie de l'alcool, et l'école de distillerie annexée à l'École supérieure d'agriculture de Dublany, près de Lemberg. Les cours durent plusieurs mois, le temps nécessaire pour rendre les jeunes gens aptes à remplir les fonctions de directeur d'une distillerie. Sont admis les candidats qui ont suivi les premiers cours d'un gymnase ou ceux d'un lycée polytechnique ou d'un institut agricole, et ceux qui ont reçu une instruction professionnelle pratique, ces derniers après avoir subi un examen d'admission. Dans ces deux instituts l'enseignement pratique est très important. A l'École de distillerie de Prague, les élèves sont divisés en quatre groupes. Le roulement établi dans leur répartition leur permet d'acquérir promptement les connaissances nécessaires aux diverses branches de l'industrie du distillateur.

CHAPITRE IV.

CONSIDÉRATIONS GÉNÉRALES.

Ainsi que nous l'avons fait remarquer dans l'historique, l'enseignement supérieur agricole en Autriche a été l'objet, dès le début, d'une attention toute particulière parce qu'il devait répondre aux besoins exigés par l'administration des grands domaines à la fois agricoles et forestiers; il fallait des agronomes, des ingénieurs et des forestiers. Pour répondre à cette nécessité, le niveau des études a été élevé autant qu'il était possible à l'Institut agronomique de Vienne et trois branches d'enseignement : agricole, sylvicole, génie rural, ont été réunies dans cette école. Chacune d'elles a, pour ainsi dire, fait l'objet d'une section spéciale de façon à permettre aux étudiants de faire de plus hautes études dans la branche choisie. Un certain nombre de cours sont communs à toutes les sections ou à une partie d'entre elles, mais les élèves, grâce au plan d'études bien défini pour chacune d'elles, peuvent suivre la branche qu'ils ont choisie.

La spécialisation d'ailleurs n'est pas exagérée. Ainsi dans la section agricole on étudie aussi les machines et la sylviculture, mais d'une manière plus générale, moins approfondie que dans la section de génie rural et la section sylvicole.

Dans la section de génie rural, qui s'occupe de machines agricoles et d'hydraulique, on étudie aussi l'agriculture, la chimie agricole, même un peu de sylviculture. Toutes ces connaissances d'ordre général permettent à l'ingénieur constructeur ou à l'ingénieur hydraulicien de mieux approprier leurs travaux au but à atteindre. Cette organisation montre notamment qu'en ce qui concerne l'enseignement du génie rural, l'idée dominante qui a présidé à l'établissement des programmes consiste dans ce principe que tout ingénieur, tout conducteur de travaux d'améliorations agricoles ne doit pas être seulement un constructeur ni même un hydraulicien, mais qu'il doit être en même temps un agriculteur expérimenté, pourvu d'une solide instruction théorique et pratique dans le domaine des sciences naturelles appliquées à l'agriculture.

L'ingénieur agricole se différencie des autres ingénieurs par certains caractères qui lui constituent une physionomie tout à fait spéciale. Alors que ceux-ci sont uniquement aux prises avec la substance inerte et qu'ils n'ont jamais à faire intervenir que les lois physico-mathématiques qui régissent la matière, celui-là, au contraire, est constamment en contact avec la nature vivante. Il est obligé, dans ses travaux, de tenir compte des facteurs si nombreux et si variables qui influent sur la production des organismes végétaux et de savoir utiliser en vue de cette production le sol, le climat, les eaux.

C'est pour cette raison que le service des améliorations agricoles, dont nous avons parlé à propos de l'Allemagne et qui fonctionne très bien en Autriche, est exclusivement dirigé par des ingénieurs sortant de l'Institut agronomique de Vienne. La section du génie rural est en quelque sorte la section des améliorations agricoles; il suffit de lire la désignation des cours pour s'en rendre compte.

Cette intelligente spécialisation a permis à l'Autriche, comme à l'Allemagne, de former des spécialistes qui, soit au nom de l'État, soit pour le compte d'associations syndicales ou de simples particuliers, assurent l'exécution d'entreprises d'aménagement des eaux ou dirigent l'exploitation de domaines irrigués.

Pour élever le niveau des études, l'Institut agronomique de Vienne ne s'est pas contenté de spécialiser son enseignement en le divisant en trois sections, il a institué aussi un examen particulier très scientifique et rigoureux nommé *examen de diplôme*, qui a permis d'avoir un enseignement nettement caractérisé par son esprit scientifique, le véritable esprit que doit avoir tout établissement supérieur vraiment digne de ce nom.

Aujourd'hui l'École supérieure de Vienne, donnant l'enseignement supérieur dans toutes les branches de la culture du sol, prépare les jeunes gens à tous les services publics ou privés dans lesquels les intérêts de l'agriculture sont engagés. Les élèves agronomes deviennent professeurs dans les écoles d'agriculture, d'horticulture, de viticulture; ils occupent des situations dans les stations de recherches, dans les laboratoires des industries agricoles; ils sont administrateurs ou gérants de grands domaines. A la section de génie rural appartient le service des améliorations, public ou privé, puis le service des géomètres, chargé de la revision du cadastre. Les élèves des facultés de droit peuvent suivre certains cours de l'école supérieure d'agriculture et y acquérir des connaissances fort utiles.

Il convient de remarquer la réunion qui a été faite en Autriche de l'enseignement agricole et de l'enseignement supérieur forestier. Ce groupement heureux a permis de centraliser les efforts et de réaliser de notables économies.

Dans les écoles d'agriculture du deuxième et du premier degré le programme sylvicole est assez développé. Mais, en raison de la grande importance de l'exploitation des nombreuses forêts qui couvrent l'Autriche, des écoles spéciales sylvicoles ont dû être créées et, ainsi que nous l'avons vu dans l'étude de l'enseignement forestier, il existe trois écoles forestières secondaires et sept écoles primaires indépendantes des écoles d'agriculture proprement dites.

M. le chevalier de Zimmerauer, dans l'introduction de son étude sur l'enseignement agricole, fait ressortir que, dans chacune des trois catégories d'enseignement en Autriche (supérieur, secondaire, primaire), il est donné aux élèves, avec l'instruction professionnelle, un ensemble de connaissances parfaitement complet. Il en conclut que l'enseignement primaire ne peut pas être considéré comme préparatoire à l'enseignement d'un ordre plus élevé.

Nous devons faire remarquer que les écoles secondaires autrichiennes, comme les écoles secondaires allemandes, réservent dans leurs programmes, à côté de l'enseignement agricole, une place assez importante à l'enseignement général : histoire, géographie, langues, mathématiques, etc. Cette place est cependant moins considérable que celle attribuée en Allemagne : les écoles secondaires d'Autriche consacrent près de 60 p. 100 de leurs leçons aux sciences agricoles, alors que dans les « Landwirtschafts-Schulen » allemandes la proportion n'est que de 15 p. 100.

Ce souci de l'enseignement général que nous venons d'indiquer n'a pas fait cependant perdre de vue le côté pratique, et à ce propos on peut signaler une des branches du programme des écoles primaires agricoles se rapportant à la petite industrie, laquelle a, comme en France, une tendance à émigrer dans les villes. Nous relevons en effet, dans quelques écoles, l'étude de petites industries (vannerie, menuiserie, charronnage, etc.) pour laquelle ont été installés des ateliers et des forges.

Le Ministère de l'agriculture n'a pas hésité à spécialiser les écoles du deuxième et du premier degré dans les branches de l'agriculture où il était nécessaire de produire des praticiens.

C'est ainsi que l'on compte en Autriche :

2 écoles secondaires pour la viticulture, l'arboriculture et l'horticulture;

1 institut supérieur pour la brasserie;

18 écoles primaires spéciales pour arboriculture, viticulture, jardinage et culture du houblon;

13 écoles de laiterie;

4 écoles de brasserie ou de distillerie;

Soit 38 établissements d'enseignement spécial pour 102 écoles agricoles et forestières d'enseignement général. En outre, 3 écoles (Tabor, Kaaden et Hoheumault en Bohême) ont des cours spéciaux pour la culture des prairies.

L'Administration a obtenu de très beaux résultats dans son enseignement agricole et forestier; le Jury s'est plu à le reconnaître et, pour récompenser le Ministère de l'agriculture de son œuvre, il lui accordé un grand prix.

Comme en Allemagne, on trouve de nombreuses écoles d'hiver (Winterschulen). Leur nombre (57) prouve leur grand succès. Si elles jouissent d'une faveur exceptionnelle, c'est probablement parce qu'elles permettent, pendant la saison de repos forcé, de donner rapidement une instruction élémentaire suffisante. Elles ont un enseignement purement théorique, l'apprentissage de la pratique manuelle se faisant dans la famille.

Il est bon de remarquer que les écoles à un seul cours d'hiver ont eu peu de succès : on a reconnu que six mois d'études sont insuffisants pour acquérir une instruction agricole élémentaire. Seules les Winterschulen à deux cours ont pu prospérer.

Donner dans les diverses écoles d'agriculture, depuis l'école d'hiver jusqu'aux écoles supérieures, une instruction agricole à la grande masse des agriculteurs, semble avoir été la préoccupation constante du Gouvernement autrichien.

A l'Institut agronomique de Vienne, depuis quelques années, des cours spéciaux ont été en effet établis pour les agriculteurs et sylviculteurs praticiens qui apprennent, à l'aide de conférences et de démonstrations, à connaître les résultats des dernières recherches ayant eu lieu dans le domaine de l'agriculture ou de la sylviculture. En procédant ainsi, les écoles d'agriculture ne servent pas seulement aux quelques élèves qui les fréquentent, mais à tous les agriculteurs. Elles restent en contact direct avec le pays tout entier dont elles comprennent mieux les besoins et peuvent se rendre compte de l'orientation à donner à leur enseignement.

La sollicitude du Gouvernement autrichien s'étend aussi à l'instruction agricole de la femme : écoles de laiterie, cours d'économie domestique, cours temporaires, etc.; rien ne manque pour faire de la jeune fille des campagnes une active ménagère experte dans tout ce qui se rattache à la profession agricole.

III

BELGIQUE.

CHAPITRE PREMIER.

EXPOSITION.

L'exposition de l'enseignement spécial agricole belge se trouvait dans le palais de l'Agriculture et des aliments du côté de l'avenue de Suffren. L'emplacement réservé à cette section étant assez restreint, les organisateurs eurent l'idée de se servir de grands panneaux pour présenter les principaux objets exposés. L'ordre dans lequel les différentes écoles belges étaient présentées et leur classification systématique donnaient une image générale de l'enseignement agricole et aussi de l'agriculture du pays. L'Administration de l'agriculture de Belgique avait su éviter les doubles emplois et désigner pour chaque école la spécialité à présenter pour la démonstration de son enseignement.

La collectivité des écoles régionales d'agriculture avait été chargée de montrer d'une façon instructive les particularités qui se rapportent aux cultures, au cheptel vivant et aux associations agricoles. Le directeur général de l'agriculture, M. Proost, avec le concours actif et dévoué de M. de Vuyst, inspecteur de l'agriculture, secondé lui-même par M. Vandervaeren, avait installé l'exposition d'une façon très méthodique. Elle avait été divisée par régions culturales : 1° région poldérienne, avec ses immenses pâturages pour l'élevage du bétail ; 2° régions sablo-limoneuses des Flandres, pays de la petite exploitation rurale où l'association agricole est très développée sous différentes formes : syndicats d'élevage, de crédit agricole, caisses Raiffeisen, sociétés d'assurances mutuelles ; 3° région sablonneuse de la Campanie ; 4° région limoneuse où l'on cultive le tabac, la betterave à sucre ; 5° région caudrusienne ; 6° région ardennaise ; 7° région jurassique.

Un type d'école spécial à chacune de ces régions montrait l'adaptation parfaite de l'enseignement aux besoins de l'agriculture locale. Les pratiques dominantes de l'enseignement agricole dans chaque région étaient soulignées par des albums de photographies et des dessins.

L'exposition de la collectivité des écoles ménagères, qui a vivement intéressé le Jury, était très soignée. Les organisateurs avaient eu l'idée originale et en même temps très pratique de charger chacune de ces écoles de représenter une des matières du programme : agriculture générale et zootechnie ; sciences naturelles ; laiterie et beurrerie ; comptabilité agricole ; économie sociale ; hygiène ; pharmacie ; économie domestique.

Une curieuse série de tableaux montrait le rôle de la ménagère dans la famille, les différents travaux de la maison (préparation des aliments, confection et coupe des vêtements, blanchissage et repassage), puis les travaux de la ferme.

D'autres tableaux, très instructifs et bien à la portée des jeunes élèves, indiquaient les différentes phases des principaux travaux agricoles. Dans cette exhibition, on voyait la pensée constante, la volonté bien arrêtée de tourner vers l'étude de l'agriculture l'enfant des cultivateurs, et, vers les travaux d'intérieur ou les occupations domestiques, la jeune fille destinée à ce genre de vie.

Le Ministère de l'agriculture de Belgique n'avait pas fait représenter spécialement l'enseignement supérieur, mais il avait complété par des statistiques l'exposition de l'enseignement agricole et surtout par la publication d'une très intéressante brochure illustrée sur l'enseignement agricole. Cette publication donnait le cadre, le but et la caractéristique de l'enseignement agricole en Belgique. Nous lui avons fait de nombreux emprunts pour notre rapport et nous avons suivi l'ordre qui y était adopté.

Une annexe à l'exposition de l'agriculture se trouvait dans un pavillon spécial édifié sur l'Esplanade des Invalides. On retrouvait là également quelques travaux d'enseignement et des graphiques établis par des écoles agricoles libres.

Récompenses : 1 grand prix, 1 médaille d'or, 25 médailles d'argent.

CHAPITRE II.

HISTORIQUE DE L'ENSEIGNEMENT AGRICOLE.

Les premiers essais d'organisation de l'enseignement agricole en Belgique ne remontent qu'à 1849 ; ils ont suivi par conséquent le décret du 3 octobre 1848 relatif à l'enseignement professionnel de l'agriculture en France.

Le Gouvernement belge comprit que, pour conserver la supériorité que lui assignait l'habileté de ses agriculteurs, il devait se préoccuper de l'application nouvelle des méthodes scientifiques à l'exploitation du sol.

Dans la seule année 1849, 8 écoles pratiques ou fermes-écoles et une école d'horticulture furent organisées avec le concours des conseils communaux et des particuliers. Cette organisation un peu hâtive était loin d'être parfaite. Les écoles théoriques et pratiques d'agriculture, organisées sur des bases différentes dans les Flandres et la Wallonie, étaient annexées à des collèges ou à des écoles industrielles, et certains organisateurs avaient uniquement pour but de participer aux subsides accordés par l'État. On divisait l'enseignement en enseignement intermédiaire et enseignement inférieur ou spécial. Ce dernier se bornait aux mathématiques élémentaires, à l'arpentage, au nivellement et au levé des plans, aux éléments des sciences physiques et naturelles, à la comptabilité et aux principales notions de l'agriculture. Pour l'admission, les élèves présentaient leur acte de naissance, un certificat de bonne conduite et un certificat de santé délivré par un docteur en médecine.

Ces écoles, dépourvues pour la plupart d'un personnel enseignant capable de remplir sa mission, disparurent successivement. L'école de Thourout, dans la Flandre occidentale, obtint seule quelques succès et survécut jusqu'en 1859. A cette date, le Ministre de l'intérieur résolut de doter le pays d'un institut agricole conçu sur le modèle des établissements de Grignon et de Hohenheim. Quelques écoles libres s'organisèrent à la même époque, et la plupart reçurent des subventions du Gouvernement.

La loi organique de l'enseignement agricole fut votée le 18 juillet 1860. Elle fut modifiée ou complétée, après une expérience de trente ans, par la loi du 4 avril 1890, qui a eu surtout pour but de créer l'enseignement moyen agricole.

CHAPITRE III.

ORGANISATION DE L'ENSEIGNEMENT AGRICOLE.

ÉTABLISSEMENTS ET INSTITUTIONS D'ENSEIGNEMENT AGRICOLE.

L'enseignement agricole se subdivise actuellement comme il suit :

Un institut agricole d'enseignement supérieur, entretenu par l'État, et une école supérieure libre d'agriculture formant des ingénieurs agricoles ;

Une école de médecine vétérinaire de l'État ;

Trois écoles moyennes de l'État pour l'enseignement pratique de l'agriculture et de l'horticulture : les écoles de Huy, Gand et Vilvorde ;

Des cours élémentaires d'agriculture annexés à un certain nombre d'athénées, d'écoles moyennes de l'État et d'écoles libres ;

Des écoles moyennes agricoles libres ou sections d'écoles subventionnées par l'État, à condition qu'elles se soumettent à l'inspection, qu'elles adoptent un programme représentant le minimum de l'enseignement et qu'elles possèdent des locaux suffisants, le mobilier et les appareils scientifiques jugés nécessaires.

Des cours théoriques et pratiques d'agriculture organisés dans quelques écoles primaires pour les élèves instituteurs et pour les instituteurs en fonctions. Ces derniers peuvent suivre des cours pendant les vacances aux écoles de Gand et de Nivelles. Les instituteurs sont ainsi mis à même, non seulement de donner à l'enseignement agricole la place qui lui revient à l'école primaire, mais encore de remplir, dans les centres ruraux, la mission de conférenciers agricoles.

Les cours d'adultes, les conférences spéciales, les écoles de laiterie et de fromagerie, les cours d'horticulture, d'apiculture, d'aviculture, de maréchalerie et les cours d'agronomie pour les militaires forment l'enseignement élémentaire.

I. — Enseignement supérieur.

Institut agricole de l'État à Gembloux. — L'Institut agricole de l'État a été fondé au moment où Liebig formulait d'une façon magistrale les lois naturelles de l'agriculture et montrait les services que la science pouvait rendre à la culture du sol.

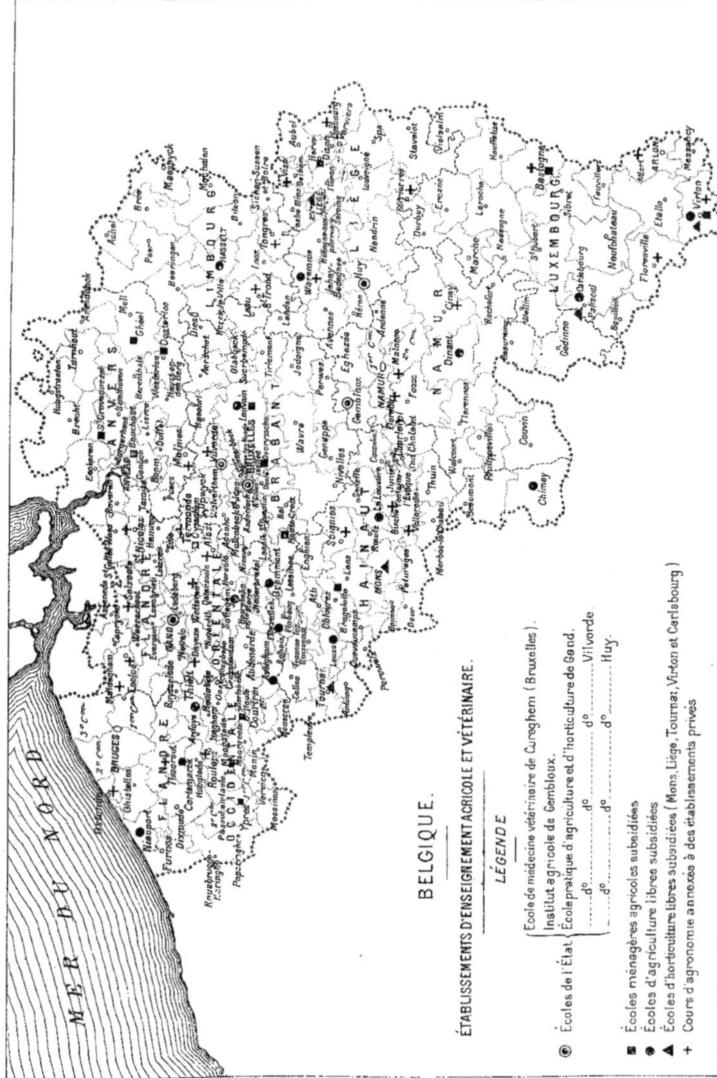

Fig. 39. — Carte des établissements d'enseignement agricole et vétérinaire de la Belgique.

Le 3o août 186o, un arrêté royal décrétait la création de l'Institut agricole de l'État.

L'emplacement de Gembloux était bien choisi, en plein centre agricole, au milieu des industries qui dérivent de l'agriculture. Installé dans les bâtiments de l'antique abbaye de Gembloux, l'Institut trouvait là de vastes locaux pour ses salles de cours, ses laboratoires et ses collections.

Le but que se proposait le Gouvernement en fondant l'Institut agricole était de former des hommes possédant les connaissances scientifiques nécessaires, ayant sous les yeux une pratique agricole raisonnée, capables par conséquent de régir leurs propriétés ou celles qui leur seraient confiées. Répandus dans tout le pays, ils devaient y devenir les propagateurs des nouvelles méthodes basées sur la science. Ils devaient aussi être à même de diriger les industries agricoles comme la sucrerie, la distillerie, la fabrication des engrais.

Fig. 4o. — Institut agricole de l'État, à Gembloux.

Le contrat passé avec le propriétaire portait l'adjonction à l'Institut d'une ferme de 38 hectares, dont l'étendue atteignit bientôt 58 hectares; aujourd'hui, l'étendue totale des bâtiments, cours et jardins compris, est de 6 9 hectares.

L'enseignement théorique comprenait les matières suivantes : Génie rural. — Sciences physiques et mathématiques. — Histoire naturelle. — Zootechnie. — Culture. — Économie rurale et forestière. — Droit rural. — Comptabilité agricole.

L'enseignement pratique comprenait les applications des cours qui précèdent. Une ferme exploitée par l'État, un établissement agricole et industriel dirigé par la société de Gembloux, ainsi que des cultures spéciales et des jardins servaient à l'enseignement pratique.

En 1861, onze élèves seulement suivaient les cours ; l'année suivante, 31 élèves se firent inscrire à l'Institut agricole. L'Institut comptait 61 élèves en 1870; 83 élèves, en 1880; 117, en 1890, et 104 élèves, en 1900.

Le Gouvernement belge a maintenu l'établissement à la hauteur des progrès réalisés dans le domaine des sciences agricoles, aussi bien au point de vue de l'enseignement qu'au point de vue des installations matérielles indispensables pour la diffusion des connaissances techniques. Le mouvement progressif s'est surtout accentué depuis la création du Ministère de l'agriculture en 1884.

Le développement donné au cours de culture amena la création, en 1875, d'une chaire spéciale pour l'enseignement de la sylviculture et des cultures arbustives. Un arrêté du 30 décembre 1875 créa un cours de microscopie pour les analyses chimiques et la recherche des falsifications des denrées alimentaires.

Le jardin agricole et expérimental, créé en 1883, a rendu de grands services pour l'enseignement pratique. Les élèves peuvent se familiariser avec la culture des plantes des climats tempérés et assister aux essais d'acclimatation et aux expériences faites sur l'emploi des engrais.

En 1890-1891, un nouveau laboratoire très bien outillé fut installé à l'Institut pour les élèves de la troisième année. L'enseignement des sciences naturelles fut divisé, un seul professeur ne pouvant y suffire; une chaire spéciale fut créée pour l'enseignement des sciences botaniques et pour celui de la zoologie et de l'entomologie; des laboratoires furent établis en même temps, pour l'étude de ces sciences. En

Fig. 41. — Institut agricole de l'État à Gembloux.
(Laboratoire d'analyses.)

1892, un cours d'hydrologie fut adjoint à la chaire de minéralogie et de géologie. Ces mesures eurent pour résultat de relever considérablement le niveau de l'enseignement.

Par suite de l'augmentation du nombre des matières enseignées, et en accordant à chacune des développements plus complets, le programme se trouva surchargé, et il fut décidé d'éliminer de l'enseignement des trois années d'étude toutes les connaissances qui n'étaient pas indispensables pour préparer des agriculteurs instruits, capables de régir leurs propriétés ou celles d'autrui et, au besoin, de diriger les industries qui peuvent être annexées à la ferme. Ces changements furent apportés au programme de l'enseignement des trois années. Comme corollaire à cette décision, une quatrième année d'études facultative fut créée par arrêté royal du 25 mars 1897.

Cette quatrième année est divisée en trois sections spécialisées :

a. Eaux et forêts ;

b. Chimie et industries agricoles ;

c. Agronomie et enseignement.

Ces sections permettent aux jeunes gens porteurs du diplôme d'ingénieur agricole de se spécialiser et de compléter leurs connaissances dans les sciences forestières, la chimie et les industries agricoles, ou de se préparer à l'enseignement des sciences agronomiques. Autrefois, les jeunes gens étaient forcés d'accomplir des stages à l'étranger dans les écoles de sylviculture ou dans des établissements industriels pour compléter leur préparation technique.

Le nombre des élèves étrangers est élevé à Gembloux ; dès l'année 1895-1896, on en comptait 67 dont 43 élèves réguliers.

Les professeurs de Gembloux ont été d'excellents propagandistes de la science agricole. Par leurs publications et leurs conférences ils ont perfectionné les méthodes de culture et le machinisme agricole.

PROGRAMME DE L'ENSEIGNEMENT À L'INSTITUT AGRICOLE DE GEMBLOUX.

Première année d'études. — Culture, 30 leçons. — Génie rural : mécanique générale, 60 leçons ; arpentage et lever de plans, 10 leçons ; partage des terres, applications, 10 leçons. — Zootechnie : anatomie, 15 leçons ; applications. — Physique, 70 leçons ; météorologie, 10 leçons. — Chimie générale : chimie inorganique, 45 leçons ; chimie organique, 35 leçons ; applications ; chimie analytique, 15 leçons. — Botanique, 26 leçons ; cours pratique. — Zoologie : cours théorique, 38 leçons ; cours pratique. — Sciences minérales ou minéralogie, 10 leçons.

Deuxième année d'études. — Culture, 75 leçons : le climat, agrologie ou étude du sol arable, appropriation des terrains pour la culture agricole, étude des engrais, examen spécial des engrais complémentaires. — Sylviculture, 35 leçons. — Génie rural, 50 leçons : hydraulique, instruments aratoires et machines agricoles, drainage, nivellement ; applications. — Zootechnie : physiologie animale, 30 leçons ; hygiène générale appliquée à l'homme et aux animaux domestiques, 25 leçons ; pathologie des maladies contagieuses des animaux domestiques et police sanitaire du bétail ; applications. — Chimie analytique qualitative, 16 leçons. — Botanique : physiologie végétale, 32 leçons ; géographie botanique, 8 leçons ; microbie, 10 leçons ; pathologie végétale, 10 leçons ; cours pratique. — Sciences minérales : lithologie ; géologie ; hydrologie ; applications. — Droit rural, 60 leçons. — Économie sociale et politique.

Deuxième année d'études. — Culture, 75 leçons : cultures spéciales. — Sylviculture, 60 leçons. — Génie rural, 45 leçons : moteurs à vapeur ; irrigation, 30 leçons : constructions rurales, 20 leçons ; applications. — Zootechnie : alimentation du bétail ou bromatologie, 20 leçons ; zootechnie appliquée, 70 leçons ; applications. — Chimie analytique quantitative, 16 leçons. — Technologie agricole, 30 leçons. — Économie rurale, 60 leçons. — Comptabilité agricole, 40 leçons : comptabilité générale, comptabilité agricole ; établissement du grand livre et comptes à y ouvrir ; comptabilité appliquée.

Quatrième année d'études facultative. — Cette quatrième année comprend :

I. — Section des eaux et forêts.

Sylviculture. — Conférences pratiques sur les forêts belges. — Mathématiques appliquées aux questions forestières. — Botanique spéciale. — Sciences piscicoles. — Entomologie forestière. — Géologie et hydrologie spéciales. — Législation forestière.

II. — Section de chimie et des industries agricoles.

Technologie. — Moteurs à pétrole et à gaz. — Électricité comme source de lumière et force motrice. — Constructions : Plans et devis de sucreries, distilleries, brasseries et laiteries ; applicalions de résistance des matériaux ; dessin industriel. — Chimie analytique quantitative. — Analyse des denrées alimentaires. — Microbie industrielle. — Législation industrielle. — Comptabilité industrielle.

III. — Section d'agronomie et d'enseignement.

Psychologie et logique dans leurs rapports avec l'enseignement. — Droit constitutionnel. — Méthodologie. — Agronomie. — Économie rurale. — Économie politique. — Zootechnie. — Botanique. — Zoologie. — Géologie. — Chimie et technologie. — Génie rural.

Une statistique établie en janvier 1900 donne les chiffres suivants, relatifs aux carrières embrassées par les ingénieurs diplômés depuis la fondation de l'Institut :

Cultivateurs propriétaires	61	Industries agricoles	94
Cultivateurs fermiers	15	Industries non agricoles	34
Régisseurs	19	Commerce (machines agricoles, engrais)	13
Enseignement	27	Divers	42
Sylviculture	17		
Stations agronomiques / Laboratoires agricoles	19	TOTAL	341

La ferme de l'Institut a subi successivement toutes les améliorations que nécessitaient les progrès de l'agriculture. Ses locaux sont vastes et bien aménagés, son outillage est à la hauteur des derniers perfectionnements. Elle vient d'être dotée d'un moteur à vapeur d'une force de 50 chevaux, destiné à pourvoir à l'éclairage électrique de tout l'établissement ; il actionne une laiterie coopérative capable de travailler 2,500 litres de lait à l'heure.

Un moteur électrique monté sur roues peut être transporté pour servir au battage des céréales et à tous les travaux d'intérieur d'une ferme.

Le capital d'exploitation de la ferme s'élève aujourd'hui à 105,000 francs, pour 60 hectares de terres et prairies, soit, par hectare, 1,700 francs, en chiffres ronds. Le cheptel vivant était estimé, au 30 avril 1899, à 55,132 francs, soit environ 900 francs par hectare.

Il est question de transformer la ferme de l'Institut en école expérimentale.

Institut agronomique de Louvain. — L'Institut agronomique de Louvain n'a pas pris part à l'exposition de l'enseignement agricole.

Louvain possédait une université dès 1426.

L'établissement privé, supprimé sous Joseph II, fut rétabli vers 1830-1834, sous le titre d'université catholique, et, en 1878, on annexa à la Faculté des sciences un institut agronomique établi sur le même plan que l'Institut agronomique de Paris. Le nouvel établissement, subventionné par de grands propriétaires, périclitait lorsqu'il fut repris et réorganisé par l'Université de Louvain. C'est un institut agronomique libre, non subsidié, faisant partie de la Faculté des sciences de Louvain. L'établissement est organisé sur le modèle des académies agricoles allemandes de Leipzig, Halle, Gœttingen. Le corps professoral comprend 16 professeurs.

L'Institut agronomique de Louvain délivre, comme celui de Gembloux, le diplôme d'ingénieur agricole.

L'école d'enseignement supérieur de la brasserie a un programme composé de trois années d'études. L'Institut agronomique de Louvain est renommé pour l'enseignement des industries agricoles et du génie rural : mécanique, hydraulique, machines agricoles, constructions rurales. Il a inauguré, en 1895, la quatrième année facultative de spécialisation à trois sections d'études.

École de médecine vétérinaire de l'État. — L'École de médecine vétérinaire belge date de 1832. Elle fut fondée à Bruxelles, sous les auspices du Gouvernement, par plusieurs docteurs-médecins et médecins-vétérinaires. — En 1836, le Gouvernement adopta cette école, l'organisa aux frais de l'État et lui donna le titre d'École de médecine vétérinaire et d'agriculture de l'État. Plus tard, .par suite de la disjonction de l'enseignement agricole, ce titre fut réduit à la dénomination actuelle d'*École de médecine vétérinaire de l'État*.

Fig. 42. — Institut agronomique de Louvain.

Sous l'ancien régime, de 1836 à 1890, l'enseignement donné à l'école de médecine vétérinaire comportait, outre les différentes branches relatives à la zootechnie et à la médecine vétérinaire, deux ordres de matières, les unes relatives aux sciences naturelles : la physique, la chimie, la botanique, les éléments de la zoologie ; les autres relatives à la médecine et à l'économie vétérinaire : l'anatomie descriptive et comparée, l'anatomie générale, la physiologie, la pharmacologie, la thérapeutique, la pathologie générale, interne et chirurgicale, la zootechnie, etc.

Ces matières faisaient l'objet de quatre années d'études et de deux examens, un pour la candidature et un pour la médecine vétérinaire. Le premier examen, subi après la deuxième année d'études, avait alors un caractère mixte ; la candidature vétérinaire comprenait la candidature en sciences naturelles et la candidature en médecine vétérinaire.

Après avoir décidé la suppression de l'internat, le Gouvernement jugea utile d'apporter une modification plus profonde au régime des études et de l'exercice de la médecine vétérinaire.

Il fit voter par les Chambres législatives la loi datée du 4 avril 1890, qui remplace celle du 11 juin 1850 et du 18 juillet 1860, et qui place l'enseignement de la médecine vétérinaire sur le même rang que celui de la médecine humaine.

Aux termes de cette loi, pour être reçu en qualité d'élève à l'École de médecine vétérinaire de l'État, de même que pour être admis à l'examen de candidat vétérinaire, il faut être porteur d'un diplôme de candidat en sciences naturelles préparatoire au doctorat dans les mêmes sciences.

L'enseignement de l'École de médecine vétérinaire, ainsi devenu purement professionnel, comprend les matières suivantes :

L'anatomie descriptive, systématique et comparée des animaux domestiques; l'anatomie topographique; l'histologie générale et spéciale; la physiologie, y compris l'embryologie, la physique et la chimie physiologiques expérimentales; l'extérieur; la pharmacognosie et la pharmacie; la thérapeutique, y compris la pharmacodynamique; l'anatomie pathologique; la pathologie générale, y compris la bactériologie et la parasitologie; la pathologie médicale; la pathologie chirurgicale; la zootechnie; l'hygiène et les principes généraux d'agronomie; la police sanitaire, la médecine légale, la législation commerciale et la déontologie; la toxicologie, y compris l'analyse chimique appliquée à la clinique; la maréchalerie; l'inspection des viandes; la terminologie flamande; l'équitation.

L'enseignement est théorique et pratique. La durée des études est fixée à trois années au moins. Pour être admis en qualité d'élève à l'École de médecine vétérinaire, il faut avoir le grade de candidat en sciences naturelles. Si le candidat a plus de 20 ans, il doit prouver qu'il a satisfait aux lois sur la milice.

Le Ministre peut admettre à un ou plusieurs cours des auditeurs libres qui, désireux de se livrer à l'étude de certaines branches spéciales de l'enseignement, ne peuvent être tenus de remplir les conditions auxquelles est subordonnée l'admission des élèves réguliers.

La rétribution par année scolaire est fixée, pour les élèves réguliers, à 200 francs et, pour les auditeurs libres, à 50 francs pour chacun des cours qu'ils sont autorisés à suivre.

Des bourses sont attribuées aux élèves qui se distinguent par leur bonne conduite et leurs progrès et qui appartiennent à des familles peu fortunées; elles sont accordées d'après le classement fait à la suite des examens généraux. Deux bourses de 1,500 francs chacune peuvent être accordées annuellement par le Gouvernement, sur la proposition du jury d'examen, à des Belges qui ont obtenu le grade de médecin vétérinaire avec la plus grande distinction.

Quatre élèves chargés d'assurer le service de la clinique sont internes; tous les autres sont externes.

Une commission composée de cinq membres est chargée de la haute surveillance et de l'administration de l'École.

Le personnel supérieur de l'École comprend : un directeur, huit professeurs, cinq agrégés ou assistants.

L'École possède des hôpitaux où des animaux sont reçus moyennant une rétribution.

L'examen pour le grade de candidat vétérinaire comprend : l'anatomie systématique et comparée des animaux domestiques; l'anatomie topographique; l'histologie générale et spéciale; la physiologie, y compris l'embryologie; la pharmacognosie et la maréchalerie.

L'examen pour le grade de médecin vétérinaire comprend : la thérapeutique, y compris la pharmacodynamique; l'anatomie pathologique; la pathologie générale, y compris la bactériologie et la parasitologie; la pathologie médicale; la pathologie chirurgicale; la police sanitaire; la médecine légale, y compris les éléments de toxicologie; la législation commerciale et la déontologie; la zootechnie; l'hygiène et les éléments d'agriculture.

Les examens sont oraux. Cependant les candidats peuvent, au moment de leur inscription, demander à être examinés par écrit et oralement.

Il y a, en outre, une épreuve pratique qui comprend, pour les aspirants au grade de candidat vétérinaire, des démonstrations macroscopiques et microscopiques d'anatomie normale; pour les aspirants au grade de médecin vétérinaire, la pharmacie, la médecine opératoire, la clinique, l'obstétrique et l'extérieur, des démonstrations macroscopique ou chimiques, microscopiques d'anatomie pathologique. Ne sont admis à l'examen pratique que les candidats qui ont satisfait à l'examen oral et, le cas échéant, à l'examen écrit.

Sur les 1,652 jeunes gens admis comme élèves à l'École vétérinaire depuis son origine jusqu'au début de l'année académique 1899-1900, 1,062 ont obtenu le diplôme de médecin vétérinaire.

II. — Enseignement moyen.

1° ÉCOLES RÉGIONALES D'AGRICULTURE.

Le but de l'enseignement agricole moyen est de donner une instruction professionnelle solide aux fils de fermiers et de petits propriétaires.

L'État ne possède que les trois écoles moyennes de Gand, Huy et Vilvorde. Les autres écoles, au nombre de 17, sont des écoles libres soumises à l'inspection officielle. L'enseignement agricole moyen est donc réalisé en Belgique sans qu'il en résulte beaucoup de frais pour l'État. Le Gouvernement s'efforce de provoquer et d'encourager l'initiative privée, en se réservant le droit de contrôler l'enseignement par l'intermédiaire de ses agronomes officiels et des inspecteurs d'agriculture. L'article 1er de la loi du 4 avril 1890 prévoit l'allocation de subsides aux établissements d'instruction agricole qui soumettent leur enseignement à l'inspection du Gouvernement. La durée de l'enseignement est de deux ou trois années. La moyenne des élèves s'élève à 22 par école.

Mais, ainsi que nous le faisons remarquer dans nos considérations générales, on englobe en Belgique sous la dénomination d'écoles d'agriculture de simples sections agricoles, dans lesquelles l'enseignement purement agricole comporte seulement dans certains établissements six heures de leçons d'agriculture théorique et six heures de démonstrations et d'exercices pratiques par semaine.

La circulaire ministérielle du 14 novembre 1890, relative à l'organisation de l'enseignement agricole dans les établissements d'instruction subsidiés par le Gouvernement, porte que le Département de l'agriculture a élaboré pour ces écoles trois programmes différents, dans le but de pourvoir aux nécessités de l'enseignement des différentes catégories d'élèves.

Fig. 43. — École pratique d'agriculture à Huy.

1° *Le programme primaire supérieur* est destiné aux écoles qui reçoivent des élèves ayant terminé leurs études primaires; il a pour but de les préparer à gérer rationnellement une petite culture. Pour suivre cet enseignement avec fruit, les élèves doivent avoir au moins 14 ans.

Toutefois, comme l'âge n'est pas un critérium absolu des aptitudes de l'élève, il est recommandé de faire passer un examen d'entrée quand cela est nécessaire. Les conditions de cet examen sont déterminées lorsqu'il est constaté par l'Inspection de l'agriculture que les élèves ne présentent pas les aptitudes suffisantes.

2° *Les programmes de l'enseignement agricole moyen* sont destinés aux élèves sortis des établissements d'instruction moyenne. Ces élèves doivent avoir, autant que possible, 15 ans accomplis, car on vise à former des jeunes gens capables d'exploiter rationnellement une culture moyenne ou même une grande culture.

On distingue le programme pour deux années d'étude et le programme en trois années.

Le programme de l'enseignement moyen EN DEUX ANNÉES semble convenir le mieux à la moyenne culture de la Belgique; aussi, ce programme a été adopté par la plupart des établissements subsidiés. L'exemple de l'étranger prouve qu'en suivant ce programme d'études en deux années l'enseignement pratique donne les meilleurs résultats.

Fig. 44. — Institut Saint-Joseph.

Le Gouvernement a proposé un horaire spécial qui permet de consacrer plus de temps à la pratique.

Les établissements trouvent le moyen de s'y conformer en s'adjoignant une ferme ou des terrains suffisants pour donner aux démonstrations pratiques ou aux exercices tout le développement désirable.

Le programme de l'enseignement moyen en TROIS ANNÉES convient aux jeunes gens qui veulent entreprendre la grande culture. Remarquons cependant que le programme de l'enseignement agricole pour cette dernière catégorie d'élèves ne fait pas double emploi avec celui des hautes études agricoles de Gembloux et de Louvain, qui ont plutôt pour but de former des agronomes, des professeurs et des spécialistes.

Bien qu'elles aient des programmes distincts, ces diverses catégories d'écoles ne doivent pas être considérées comme préparatoires les unes aux autres, ni comme préparatoires aux instituts supérieurs. Elles ont chacune un programme spécial répondant aux besoins particuliers de chaque catégorie d'agriculteurs. Il appartient aux directeurs d'approprier ce programme aux exigences des cultures, des industries spéciales de la région où l'école est établie.

Les programmes sont accompagnés de quelques conseils destinés à guider le professeur, conseils qui montrent bien le caractère pratique et pédagogique que le Ministère de l'agriculture belge désire donner à l'enseignement agricole :

L'enseignement agricole moyen vise un *but pratique;* le professeur ne doit apprendre à ses élèves que des notions directement applicables; il s'efforcera de leur démontrer constamment le parti économique à tirer des principes scientifiques qu'il enseigne.

C'est pour atteindre ce but que l'ENSEIGNEMENT DOIT ÊTRE INTUITIF ET DÉDUCTIF; les sciences naturelles sont des sciences d'observation; l'étude en est impossible si l'on ne rend pas les leçons vivantes par l'examen attentif de tous les faits et de tous les phénomènes dont elles s'occupent.

Tous les efforts du professeur restent stériles s'il ne réussit pas à développer chez ses élèves l'*esprit d'observation*

Il doit s'attacher à les initier à la méthode expérimentale en les obligeant à reproduire par eux-mêmes les démonstrations des phénomènes naturels et à en déduire les applications. Il importe donc de multiplier et de varier les expériences. Ce n'est que dans le cas où il est impossible de placer sous les yeux les choses mêmes que l'instituteur peut recourir aux tableaux. Il saisit toutes les occasions de rapprocher les objets en nature des tableaux qui les représentent, afin d'obliger les élèves à comparer l'image et la réalité. Mais, que les objets soient figurés ou qu'ils soient présentés en nature aux étudiants, il faut, dans tous les cas, les obliger à en dessiner l'esquisse et s'assurer ensuite, par l'examen des dessins, s'ils ont bien compris; ainsi l'on *apprend à voir,* à comparer, à juger, et l'on exerce méthodiquement et parallèlement l'œil et la main.

Pour bien graver les choses dans la mémoire des jeunes gens, chaque professeur veille *à ce qu'ils se forment des collections* d'objets servant aux démonstrations du cours, tels que herbier, collections d'insectes, de graines, d'engrais, etc. Rien de plus utile, de plus indispensable que les excursions fréquentes dans les champs, dans les fermes; elles éveillent l'intérêt, exercent l'attention et la sagacité des élèves et *provoquent leurs questions,* surtout quand le professeur s'attache à les suggérer par des remarques judicieusement enchaînées. De cette manière, on leur apprend à juger de la fertilité, de l'état de culture d'un champ, à apprécier la valeur d'un animal, etc.

Les démonstrations du professeur doivent nécessairement être suivies d'*exercices d'application* par les élèves.

Caractère pratique de l'enseignement. — Comme il s'agit surtout de donner une éducation professionnelle à des jeunes gens dont l'esprit n'est généralement pas assez développé pour découvrir par eux-mêmes les applications possibles de la théorie enseignée, le professeur doit s'efforcer d'y suppléer. *Il fait voir aux élèves les avantages immédiats à retirer de l'agriculture rationnelle.*

Quand, par exemple, il leur démontre par le calcul que le nitrate de soude du commerce contient environ 15,5 p. 100 d'azote, il fait établir par les élèves le prix de l'unité, en mettant à leur disposition les journaux agricoles dans lesquels les cotes se trouvent indiquées; il fait constater combien ce prix est augmenté dans les engrais mélangés du commerce; quelles pertes l'agriculteur subit par l'absence d'une simple unité, par la falsification, etc. Plus loin, il fait estimer par les élèves le surcroît de production, les autres avantages qui peuvent résulter de l'emploi judicieux des engrais. Afin de les initier aux questions économiques, aux spéculations rationnelles, aux prix des marchés, il les habitue à consulter les journaux agricoles, à supputer les avantages d'un achat ou d'une vente d'un article opérés dans telles ou telles conditions déterminées.

Les professeurs s'abstiendront de dicter leurs leçons. — Pour éviter aux élèves les pertes de temps occasionnées par la rédaction des notes, chaque professeur a soin d'*autographier le résumé de ses leçons.*

Ce résumé est complété ensuite par des explications, des démonstrations et des exercices nombreux.

L'enseignement agricole compris de cette façon ne doit pas manquer, comme le désire l'Inspection générale de l'agriculture belge, d'inspirer aux élèves le goût de la science et de l'agriculture et ne peut que permettre de mieux atteindre le but que doit viser tout enseignement professionnel.

Fig. 45. — École Notre-Dame de Bellevue.

Le Jury de la Classe 5 a accordé une médaille d'or à l'exposition collective des Écoles moyennes de l'État dont nous avons parlé dans notre premier chapitre relatif à l'ensemble de l'exposition de l'enseignement belge.

École d'agriculture et d'horticulture de l'État à Gand. (Médaille d'argent.) — La zone sablonneuse des Flandres, où l'École est située, est, par excellence, le pays de la petite culture et de la propriété foncière morcelée. L'agriculture y jouit d'une renommée due au travail opiniâtre d'une population active et relativement dense.

Fondée par arrêté royal du 30 avril 1849, l'École fut d'abord installée à Gentbrugge, dans l'établissement de l'horticulteur Van Houtte, puis transférée, en 1877, au jardin botanique de l'Université de Gand. Depuis 1887, elle est installée dans les locaux de l'école normale d'instituteurs.

En 1890, l'agriculture a été ajoutée au programme, bien que l'horticulture soit restée l'objet principal des études.

L'École a été créée dans le but de répandre les connaissances de l'horticulture théorique et pratique, de former des horticulteurs, des chefs d'établissements horticoles, des régisseurs, des jardiniers. Environ 500 jeunes gens sont sortis de l'École, munis d'un diplôme de capacité.

Un grand nombre d'établissements horticoles de la banlieue de Gand sont dirigés par d'anciens élèves de l'École de Gand.

Conditions d'admission. — Pour être admis à l'École, les aspirants doivent être âgés de 16 ans le 1er octobre de l'année de l'inscription, avoir la force nécessaire pour exécuter régulièrement tous les travaux de culture et satisfaire à l'examen d'admission. Ces examens comportent :

Un exercice d'écriture et d'orthographe; une rédaction d'un genre simple; des questions d'arithmétique, y compris le système métrique; une lecture à expliquer; des notions de géographie générale et d'histoire nationale.

Les travaux pratiques des élèves peuvent être rétribués à raison de 50 francs par an pour un travail parfait et une présence régulière. Des bourses d'études sont attribuées aux meilleurs élèves par l'État, la province et même par les communes.

TABLEAU DE L'EMPLOI DU TEMPS (1899-1900).

JOURS.	HEURES.	1re ANNÉE.	2e ANNÉE	3e ANNÉE.
Lundi..........	9 à 11	Dessin à main levée.	Dessin de fleurs.	Peinture d'après nature.
	11 à 12	Lecture des notes.	Lecture des notes.	Lecture des notes.
Mardi..........	9 à 10	Mathématiques.	Botanique.	Arboriculture fruitière.
	10 à 11	Arboriculture fruitière.	Physique et météorologie.	Botanique.
	11 à 12	Botanique.	Arboriculture fruitière.	Diction et conférences.
Mercredi	9 à 10	Langue française.	Rédaction des notes.	Architecture théorique.
	10 à 12	Architecture de jardins.	Architecture de jardins.	Architecture de jardins.
Jeudi..........	9 à 10	Géographie physique.	Culture maraîchère.	Agriculture.
	10 à 11	Agriculture.	Chimie théorique.	Culture maraîchère.
	11 à 12	Culture maraîchère.	Agriculture.	Chimie théorique.
Vendredi	9 à 10	Langue allemande.	Langue anglaise.	Comptabilité.
	10 à 12	Architecture de serres.	Architecture de serres.	Serres et constructions.
Samedi..........	9 à 10	Horticulture.	Géographie botanique (1er semestre).	Rédaction des notes.
	10 à 11	Physique.	Zoologie ou géologie.	Cultures coloniales.
	11 à 12	Langue flamande.	Horticulture.	Floriculture.

Exercices pratiques. — Les trois années : 1er semestre, de 2 heures à 4 h. 30; 2e semestre, de 2 heures à 4 heures.

Travail au laboratoire de chimie. — 2e année : 1er semestre, mercredi, de 2 heures à 6 heures, 2e semestre, mercredi, de 5 heures à 6 h. 30; — 3e année : 1er semestre, vendredi, de 2 heures à 4 heures; 2e semestre, vendredi, de 5 heures à 6 h. 30.

Travail à l'atelier de menuiserie. — 2e et 3e années : 1er semestre, jeudi, de 2 heures à 4 heures; 2e semestre, mardi, de 5 heures à 6 h. 30.

Excursions, herborisations, etc. — Aux jours et heures à fixer.

École moyenne pratique d'horticulture et d'agriculture de l'État, à Vilvorde. (Médaille d'argent.) — Vilvorde se trouve à 10 kilomètres au nord de Bruxelles, sur la Senne et le canal de Willebroeck. La ville compte de nombreuses beurreries, tanneries, meuneries. Le lait, vendu en nature à Bruxelles, Malines, Anvers, est l'objet d'un commerce important. Les environs de la ville forment une région essentiellement agricole à culture herbagère et variée; les pépinières sont nombreuses : pépinières forestières, d'arbustes d'agrément, d'arbres fruitiers.

L'École d'horticulture de Vilvorde a été fondée en 1848; une section agricole y a été annexée en 1890. Les cultures s'étendent sur une surface de 17 hectares. L'école possède un outillage complet pour l'étude des branches variées de l'horticulture : serres à fleurs, à vignes, à pêchers; couches, bâches, jardin fruitier, potager, d'ornement: laboratoires de chimie, de physique et de physiologie; arboretum; jardin botanique; champs d'expériences[1]. Le but de l'École est de préparer les jeunes gens à la profession d'horticulteur et aux professions connexes. Plus de 300 élèves ont obtenu le diplôme d'horticulteur depuis la fondation de l'École.

Objets exposés. — Dessins et photographies pour l'enseignement intuitif; vues de l'établissement; statistiques et ouvrages divers; historique de l'École et procès-verbaux des conférences hebdomadaires.

École d'agriculture de Huy (école de l'État). (Médaille d'argent.) — L'École de l'État est située entre la Condroz et la Hesbaye. La première région, dont l'altitude

Fig. 46. — École d'agriculture de Huy. (Cours pratique de laiterie.)

est de 250 mètres, est spéciale à l'élevage, aux cultures de céréales, aux prairies artificielles; la deuxième, dont l'altitude n'est que de 100 mètres, est réservée à la culture betteravière et aux grandes sucreries.

[1] Un cours d'enseignement colonial théorique et pratique d'une durée de quatre mois vient d'être institué en 1903 à l'École d'agriculture de Vilvorde. Il y a deux sessions chaque année, de janvier à avril et de mai à août. L'enseignement est gratuit. Un certificat de capacité est remis aux élèves qui satisfont aux épreuves théoriques et pratiques, à la fin de chaque session.

Dans les environs de Huy il existe des vignobles, les seuls qu'on trouve en Belgique. Huy est le centre de pépinières forestières importantes.

Les élèves doivent réunir, pour l'admission, les conditions suivantes : 1° être âgés de 15 ans; 2° avoir terminé les études primaires; 3° subir avec succès un examen portant sur les branches enseignées dans la division supérieure des écoles primaires.

La durée des cours est fixée à deux ans, et leur fréquentation est gratuite.

Un cours préparatoire est annexé à l'école; on y accepte les élèves à partir de 13 ans.

Fig. 47. — École d'agriculture de Huy. (Cours pratique de menuiserie.)

Le pensionnat de l'École, installé dans de vastes locaux de l'ancienne abbaye de Saint-Victor, est aménagé dans de bonnes conditions de confort et d'hygiène; le prix de la pension est de 500 francs.

L'enseignement est *théorique* et *pratique*. L'enseignement *théorique* comprend : langue française, arithmétique, géométrie, arpentage, commerce, géographie, histoire, dessin, botanique, zoologie, physique, chimie, agronomie, culture maraîchère, arboriculture, sylviculture, zootechnie, apiculture, laiterie, économie et législation rurale.

L'enseignement pratique est le complément de l'enseignement théorique, il se donne dans l'exploitation agricole annexée à l'école. Cette exploitation comprend : une laiterie, une vacherie, des champs d'expériences, des terres labourables, des vergers, un jardin fruitier et potager, des serres, une basse-cour, un atelier de menuiserie.

Depuis sa fondation, l'école a été fréquentée par plus de 350 élèves. Plusieurs d'entre eux ont obtenu le diplôme d'ingénieur agricole à Gembloux ou à Louvain, d'autres sont entrés comme chimistes dans des sucreries; d'autres exercent la profession de directeur de laiterie, brasseur, distillateur, ou se trouvent à la tête d'exploitations agricoles importantes.

Objets exposés. — L'école de Huy exposait une collection de fers normaux et pathologiques, quelques objets agricoles et des assemblages fabriqués par les élèves. Quelques instantanés donnaient un aperçu des cours pratiques de menuiserie, de laiterie et de fabrication du vinaigre de fruits.

École moyenne d'agriculture de Carlsbourg. (Médaille d'argent.) — L'École est située à une altitude de 400 mètres dans la région de l'Ardenne. Le sol est peu fertile ; la population est dense et essentiellement agricole. Les professeurs avec l'aide des agronomes de l'État ont contribué dans une large mesure à l'amélioration des cultures ; c'est à l'initiative de l'École qu'est due la création de la grande laiterie régionale de Carlsbourg qui traite le lait de 4,000 à 5,000 vaches. Le but de l'école d'agriculture de Carlsbourg est d'initier les jeunes gens à l'exercice de la profession agricole

Fig. 48. — École d'agriculture de Carlsbourg. (Ferme et machines agricoles.)

et des professions qui lui sont connexes. Pour le réaliser, l'établissement possède tous les moyens matériels d'enseignement : ferme avec ses dépendances et son outillage (machines agricoles) ; jardins de démonstration, jardin botanique ; champs d'expériences, pépinières, serres, rucher, laiterie et brasserie à vapeur, abattoir, laboratoires, cabinets de géologie, de minéralogie, de zoologie, de physique, pièces anatomiques, appareils pour l'incubation artificielle et l'élevage des oiseaux de basse-cour.

L'école de Carlsbourg est une école moyenne du 3e degré. La durée des études est de trois années. Les cours se terminent par deux examens, dont l'un conduit, après la seconde année, au diplôme d'agriculteur, et l'autre, après la troisième année, au diplôme d'*agronome*, de *directeur de laiterie*, ou de *maître-brasseur*, au gré des aspirants.

Depuis sa fondation, en 1886, l'école a été fréquentée par 173 élèves, sans compter 86 élèves de l'école d'horticulture fondée en 1890, à côté de l'école d'agriculture.

La plupart des élèves sortis de l'école cultivent le domaine paternel. 16 élèves ont été admis à l'école supérieure d'agriculture de Louvain; 3 à l'Institut de Gembloux; 2 à l'Institut agricole de Beauvais; 1 à l'école vétérinaire de Cureghem; 1 à l'école forestière de Nancy; 1 à l'Institut de chimie de Nancy; 14 ont obtenu le diplôme de géomètre; 34 le diplôme d'agriculteur; 7 le diplôme d'agronome; 2 le diplôme d'aptitude à la profession de directeur de laiterie; 1 le diplôme de maître-brasseur; 5 le diplôme d'expert-inspecteur des viandes de boucherie.

Fig. 49. — École d'agriculture de Carlsbourg. (Le rucher.)

L'École, dès sa fondation, a établi des champs d'expériences qui lui ont permis de modifier les cultures de la région et de les améliorer. Les expériences sont suivies avec grand soin par les professeurs et les résultats sont publiés chaque année dans le *Bulletin de l'agriculture*.

Objets exposés. — Travaux des professeurs. — Carte des Associations agricoles de l'Ardenne : laiteries coopératives, syndicats d'achat, caisses Raiffeisen, syndicats d'élevage, unions professionnelles, assurances pour le bétail, syndicats avicoles. Deux tableaux sur les champs d'expériences de l'école : l'un, graphique, donne les résultats d'un champ d'expériences cultivé pendant quatorze années consécutives; l'autre est un résumé de tous les essais de culture expérimentale entrepris depuis 1890. Un casier de la collection entomologique agricole, servant à l'enseignement. Un échantillon d'herbier de maladie des plantes. Deux albums, renfermant, l'un, des photographies des installations et des collections de l'école; l'autre, les publications des professeurs.

Travaux d'élèves. — Collection-type d'entomologie, collection-type de minéralogie, plans d'étude d'une ferme de 130 hectares.

École d'agriculture de la Louvière. (Médaille d'argent.) — L'école d'agriculture de La Louvière, fondée à Mont-sur-Marchienne en 1885, et transférée à son siège actuel en 1890, est installée dans la moyenne Belgique. Dans cette région de grande culture, l'école de La Louvière avait son programme tracé d'avance. Son enseignement devait être complet, pour assurer aux jeunes gens une instruction professionnelle solide qui leur permît de continuer avantageusement la profession paternelle dans de vastes exploitations et de lutter avec succès contre la concurrence étrangère. Aussi, l'école parcourt-elle en trois ans le cycle presque complet des connaissances agricoles. Les élèves n'y sont admis qu'après des études moyennes suffisantes pour pouvoir exiger d'eux un travail sérieux et une compréhension nette des leçons.

Toutefois, les professeurs visent surtout à rendre le programme assimilable par l'emploi d'une méthode d'enseignement rationnelle, basée avant tout sur l'expérience, et se servent de moyens intuitifs et concrets pour faire marcher l'élève presque à son insu du connu à l'inconnu, du concret à l'abstrait. Ce côté intuitif de la méthode ressort bien des spécimens d'expériences faites chaque année au cours de physiologie botanique, sans parler de l'outillage complet des cabinets de physique et de chimie, du laboratoire agréé par l'État, annexé à l'école, et de nombreuses collections botaniques, zootechniques, entomologiques, géologiques, architecturales, ainsi que d'une foule de tableaux muraux et de diagrammes qui parlent à l'œil et valent, par leur seul examen, toute une longue dissertation sur la matière.

Le niveau de l'enseignement est plus élevé à l'école de La Louvière et à celle de Carlsbourg que dans les autres écoles d'agriculture.

La population scolaire, pendant les quinze années que compte déjà l'école, a été en moyenne de 18 à 20 élèves pour les trois années réunies, avec un maximum de 30.

Objets exposés. — L'École avait exposé son horaire, pour montrer que, conformément aux données de la pédagogie, elle a soin de proportionner la longueur et l'importance des cours aux dispositions variables des élèves.

École d'agriculture d'Avelghem. (Médaille d'argent.) — L'Institut est situé au sud-est de la Flandre occidentale, au point de jonction des deux Flandres et du Hainaut; il est placé à proximité de l'Escaut, dans une plaine fertile où l'on trouve : d'un côté, de riches prairies; de l'autre, des champs bien cultivés. La population de la région, presque exclusivement agricole, y est très dense. L'école d'Avelghem, créée en 1881, reconnue et subsidiée par la province en 1886, a un outillage scolaire assez varié et des collections importantes.

Les programmes officiels (enseignement agricole du deuxième degré) sont suivis rigoureusement. Le but de l'enseignement est avant tout de préparer les jeunes gens à la profession agricole; aussi l'enseignement est complété par des expériences nombreuses, des excursions et des applications pratiques. Un champ d'expériences est mis à la disposition des élèves. Le corps enseignant, qui est signalé dans la notice officielle du Ministère de l'agriculture comme très complet, se compose de deux ingénieurs agricoles et un professeur de dessin.

Le cours agricole comprend deux années d'études. Les élèves, pour y être admis, doivent avoir fait des études moyennes inférieures et connaître la langue française. Le nombre des élèves est en moyenne de 15 à 20.

Objets exposés. — La contribution de l'école d'Avelghem à l'exposition du groupe de l'enseignement agricole avait trait à la culture du lin. Elle exposait à côté des produits du sol, sélectionnés avec soin, un tableau qui constituait une sorte d'innovation dans la matière et qui mettait en évidence les points suivants : la place que le lin occupe dans la distribution des cultures; sa fumure rationnelle en rapport avec l'assolement; les travaux que sa culture nécessite; le capital que la culture exige, suivant sa place dans la rotation; les rendements en argent, conformément au relevé statistique des dix dernières années.

École moyenne d'agriculture, annexée au Collège Saint-Joseph, à Chimay. (Médaille d'argent.) — L'École est située aux confins de la région ardennaise. On y trouve dans les environs des bois, des pâturages; ces derniers servent à l'engraissement du bétail et à l'entretien des vaches laitières. Il n'y a pas de culture industrielle. L'école d'agriculture de Chimay a été fondée en 1892-1893. Elle donne une instruction professionnelle pratique aux fils de fermiers et de propriétaires de la région. Ses collections et les résultats de ses différentes analyses peuvent être consultés avec fruit par les cultivateurs. Les collections de l'École sont assez complètes. Les élèves s'occupent de la culture des principales variétés de plantes agricoles dans le jardin agronomique de l'établissement; une partie du jardin leur est réservée pour les travaux pratiques de jardinage et d'arboriculture. L'analyse du sol par la plante se fait à l'aide des cultures en pots. Jusqu'ici six terres diverses de la région ont été analysées par ce procédé.

Les élèves sont admis *dans la section agricole* vers l'âge de 15 ans, après avoir subi un examen.

De 1896 à 1899, les cours ont été régulièrement suivis par 56 élèves.

Objets exposés. — Tableau portant une coupe géologique du sud de la région et montrant les diverses assises du dévonien moyen et supérieur; tableau indiquant la composition chimique des sols condrusiens. Des bandes de même couleur pour chaque substance fertilisante principale en indiquaient la teneur maximum et minimum. Par la seule inspection de ce tableau, on pouvait se rendre compte des brusques transitions qui existent dans la composition des différentes terres du pays. Tableau indiquant les résultats d'une analyse par la plante.

École moyenne d'agriculture, annexée au Collège Notre-Dame de Bellevue, à Dinant. (Médaille d'argent.) — L'École est située dans une région où les grandes exploitations agricoles sont nombreuses. Les agriculteurs se livrent principalement à l'élevage du cheval, des bêtes à cornes et du porc, ce qui entraîne la culture des betteraves fourragères, des pommes de terres et des prairies artificielles. Depuis douze ans qu'elle est créée, l'école de Dinant fait annuellement des expériences sur l'amélioration des prairies, les meilleures variétés de pommes de terre, la culture de l'avoine et des graminées, le rendement des prairies, et sur l'emploi des engrais chimiques.

La direction de l'école a eu soin de s'entourer d'un comité de patronage composé de propriétaires terriens et de cultivateurs renommés des environs, ce qui lui a donné une grande influence, en la faisant connaître.

Plus de 150 élèves ont suivi régulièrement les cours d'agriculture et une douzaine de jeunes gens se sont fait inscrire en qualité d'élèves libres. 20 élèves, en quittant l'école, sont entrés dans les Instituts supérieurs de Gembloux et de Louvain.

Objets exposés. — L'école d'agriculture de Dinant exposait un tableau donnant la répartition exacte des différentes cultures d'une partie de la région, avec les rendements moyens de chacune d'elles.

École régionale d'agriculture, annexée à l'Institut Saint-Joseph, à Grammont. (Médaille d'argent.) — Parmi les cultures caractéristiques du pays de Grammont,

Fig. 50. — École d'agriculture, à Grammont. (Salle de cours.)

il y a lieu de citer celle du tabac pratiquée surtout dans les petites exploitations. Cette culture s'étend continuellement depuis la suppression des impôts qui la frappaient jadis.

Pour mieux servir les intérêts agricoles et pour forcer les élèves à étudier de plus près cette culture, qui présente pour la région un intérêt particulier, l'école de Grammont organise, chaque année, des champs d'expériences et de démonstration pour la culture du tabac.

Les agriculteurs s'adonnent à l'élevage du cheval brabançon et à celui des vaches laitières sur les riches pâtures situées sur les rives de la Dendre.

L'École d'agriculture a été annexée en 1886 à l'Institut Saint-Joseph, dirigé par les

Révérends Pères Joséphistes, à Grammont. 245 élèves ont suivi régulièrement les cours. La plupart d'entre eux ont continué à s'occuper d'agriculture. Quelques élèves de Grammont ont obtenu le diplôme d'ingénieur agricole aux écoles supérieures d'agriculture de Gembloux et de Louvain; d'autres se sont spécialisés aux écoles de brasserie de Louvain, Gand, La Louvière. Quelques-uns ont trouvé des emplois de chimistes dans les sucreries ou d'autres industries agricoles.

L'établissement dispose d'une ferme de 13 hectares, comprenant une laiterie modèle, des champs d'expériences, un grand verger, un parc planté d'essences forestières et un vaste jardin, où sont cultivées les principales variétés des plantes agricoles. De grands soins ont été apportés à l'outillage scientifique de l'Institut, aux collections de toute nature et à la bibliothèque agricole. Les laiteries, les sucreries, les brasseries, les distilleries, les fermes modèles de la vallée de la Dendre sont visitées régulièrement par les élèves sous la conduite des maîtres. De multiples expériences pratiques sont organisées dans les champs de la ferme. Chaque semaine, à tour de rôle, les élèves donnent une conférence agricole en présence des maîtres et de leurs condisciples. Les jeunes auditeurs sont tenus de discuter et d'analyser ces conférences.

Fig. 51. — École d'agriculture, à Grammont. (Exercices pratiques.)

Objets exposés. — L'école de Grammont, s'occupant spécialement de la culture du tabac, avait exposé les résultats de six années d'expériences sur cette plante. Les résultats étaient relatés dans un tableau explicatif, dans un album, ainsi que dans les cahiers des élèves. Le tableau traitait des essais comparatifs de fumure, renseignait sur les chiffres obtenus en bénéfice net et classait ainsi les différentes formules d'engrais par ordre de mérite. —Nombreux cahiers d'élèves.

École régionale de Hasselt, annexée au collège Saint-Joseph. (Médaille d'argent.) — La Campine est une région de petite culture où l'on compte beaucoup de laiteries coopératives et de distilleries. Les irrigations sont employées avec succès dans la région pour l'amélioration des prairies. La culture du lupin est très développée; elle est appliquée pour la transformation des landes en terres arables. L'École régionale de Hasselt, annexée au collège Saint-Joseph, date de 1889. Depuis sa fondation, le personnel enseignant s'est occupé spécialement de l'étude du sol de la Campine. Après en avoir fait faire l'analyse au laboratoire de l'État, il s'est appliqué à en étudier les propriétés par l'*analyse du sol par la plante*.

En 1891, on a établi une grande serre abritant quelques centaines de vases de végétation; l'année suivante, l'extension des expériences exigea une nouvelle contruction, et maintenant ce jardin expérimental contient plus d'un millier de pots de culture.

Fig. 52. — École de Hasselt.
(Groupe d'élèves préparant le sol des vases de végétation.)

Pendant les onze années d'existence de l'École régionale de Hasselt, 315 élèves ont suivi les cours. Bon nombre de ceux-ci sont allés achever leurs études à une école supérieure d'agriculture; d'autres sont rentrés dans leur famille pour aider leurs parents dans l'exploitation du sol.

Objets exposés. —— Tableau intuitif montrant que l'emploi des scories et la culture du lupin améliorent notablement et à peu de frais les terres de la Campine et tableau montrant combien les méthodes rationnelles d'élevage et d'alimentation, ainsi que le bon aménagement des étables, exercent une heureuse influence sur le bétail; tableau résumant les avantages de l'assurance du bétail, de la réassurance, de la coopération en laiterie. — Monographies, photographies et ouvrages divers.

École d'agriculture de Leuze, annexée au collège épiscopal de Leuze. (Médaille d'argent.) —— L'École d'agriculture annexée au collège épiscopal de Leuze fut fondée en 1833 et patronnée par l'État de 1849 à 1855; elle a été réorganisée à la suite de l'arrêté ministériel du 14 novembre 1890 ; les jeunes gens sont admis à l'âge de 15 ans. Pendant les années 1897, 1898 et 1899 les cours ont été suivis par 144 élèves : 27 élèves ont obtenu le diplôme de capacité aux examens de sortie. Le but de l'école est de former de bons cultivateurs au courant de toutes les connaissances scientifiques, agronomiques, commerciales, industrielles et économiques, qui sont actuellement nécessaires pour exploiter une ferme et pour diriger une industrie rurale.

Objets exposés. — Tableaux résumant les caractères essentiels de la race bovine indigène. Photographies d'animaux.

École d'agriculture de Nieuport. (Médaille d'argent.) — Nieuport est située au nord-ouest de la Flandre occidentale, à environ 2 kilomètres de la mer, sur la limite séparative de la zone sablonneuse des dunes et de la zone argileuse poldérienne. On récolte surtout dans cette région du seigle, des pommes de terre de qualité supérieure. La culture maraîchère y est très développée.

Les jeunes gens sortant de l'école, pour la plupart futurs fermiers du Furnes-Ambacht, sont familiarisés avec toutes les cultures de la région. L'École possède un jardin d'essais et organise de nombreux champs d'expériences. Les conditions d'admission sont celles prescrites par l'Administration de l'agriculture. Voici les deux principales : certificat de deux années d'études moyennes; âge, 15 ans. Depuis 1897, deuxième année de fonctionnement de l'école, la population scolaire est de 15 élèves.

Objets exposés. — Carte géologique de la contrée et carte agronomique des environs de Nieuport; tableau contenant des photographies des races flamandes de Cassel et du Furnes-Ambacht. Diagramme donnant des indications sur la nature et l'importance relative des diverses cultures de la région.

École professionnelle d'agriculture à Sottegem. (Médaille d'argent.) — L'École est située dans la région sablo-limoneuse des Flandres au milieu d'une population agricole; il n'y a pas de grandes exploitations, on n'y trouve que des petites fermes. L'école d'agriculture de Sottegem a été fondée en 1888. Parmi les 260 élèves qui ont suivi régulièrement les cours, la plupart aident leurs parents aux travaux agricoles; d'autres dirigent des distilleries ou des brasseries; quelques-uns sont à la tête de laiteries coopératives.

Le programme suivi à cette école est celui qui a été fixé par le Département de l'agriculture pour l'enseignement agricole du deuxième degré. Les études se font en deux années.

L'inspection par le Gouvernement et le concours d'une commission de direction assurent la bonne tenue des cours. Un laboratoire pour les élèves, des instruments de démonstration et des exercices pratiques donnent aux leçons un caractère spécial d'utilité

Objets exposés. — L'école professionnelle d'agriculture de Sottegem avait exposé des dessins polychromés et des photogravures représentant divers types primés du cheval

brabançon. Des photographies montraient des fermes flamandes et des fermes modèles
où le cheval brabançon est élevé. Un album renfermant une douzaine de photographies
et des cahiers des élèves donnaient une idée des locaux et des leçons théoriques et pratiques données à l'établissement.

Fig. 53. — École d'agriculture de Sottegem. (Exercices pratiques.)

École agricole de Thielt, annexée à l'école moyenne patronnée de Thielt. (Médaille d'argent.) — L'École de Thielt se trouve dans la région moyenne des Flandres
où l'on élève beaucoup de bétail, principalement des vaches laitières et des chevaux.
Les plantes industrielles, lin, chicorée, betterave sucrière, sont cultivées avec succès en
raison des conditions économiques : les salaires sont relativement bas, et partout on
applique la culture intensive. La culture et l'exportation des pommes de terre a une
grande importance. En 1898, on a livré sur wagon en gare de Thielt 3,611,630 kilogrammes de pommes de terre.

Les fils des principaux agriculteurs de la région suivent les cours de l'École agricole.
De 1890, date de sa fondation, à 1900, 184 élèves ont suivi les cours. Au début
l'école fut annexée à l'école primaire, mais dès 1892 la nouvelle institution fut transférée à l'école moyenne patronnée existant à Thielt. Les anciens élèves ont fondé une
association amicale, des syndicats et des sociétés d'agriculture, des syndicats d'industrie
agricole pour la fabrication du beurre, la torréfaction de la chicorée et la distillerie.

Objets exposés. — Résultats des expériences sur la chicorée; type du cheval de la
région; cartes des œuvres agricoles de la région.

École moyenne d'agriculture de Waremme. (Médaille d'argent.) — L'École est
située au centre de la région hesbayenne, c'est-à-dire dans la partie limoneuse de la
province de Liège. On trouve dans la région des grandes, des moyennes et des petites

exploitations. Les cultures sont importantes et diverses; les cultivateurs s'adonnent à l'élevage des animaux domestiques. On compte dans le région 21 sucreries et 10 râperies, ainsi que des brasseries et des distilleries agricoles. L'école d'agriculture de Waremme a été fondée il y a dix ans. L'école de sucrerie, patronnée par le Ministère de l'agriculture, a été créée en 1894. Elle a pour but de rendre les jeunes gens capables de remplir les fonctions de chimistes de sucrerie et, après un stage, de devenir chefs de fabrication ou directeurs.

L'enseignement y est pratique. Un grand nombre de sucreries sont mises à la disposition de l'école, et les élèves peuvent, dans les nombreuses visites qu'ils y font, recevoir les explications du directeur et se familiariser avec la marche de la fabrique et les procédés mis en œuvre. Cette étude se complète par des cours de mécanique, de physique et de technologie sucrière. Le cours de chimie est très développé, et les élèves consacrent une grande partie de leur temps aux travaux de laboratoire. Les fabriques voisines mettent complaisamment à la disposition de l'école tous les produits de la fabrication. Les élèves peuvent donc exécuter au laboratoire tous les travaux dont ils seront chargés dans les fabriques.

Un cours de comptabilité initie les élèves au contrôle si important des opérations de l'industrie.

École régionale agricole de Virton. (Médaille d'argent.) — L'école d'agriculture de Virton est située à l'extrême frontière sud du Luxembourg, sur les confins de la France et du Grand-Duché, dans une région très fertile. La flore de la région est très variée. Les prairies artificielles sont très belles. Les cultivateurs multiplient les herbages à cause de la difficulté de trouver de la main-d'œuvre; ils s'adonnent par suite à l'élevage du bétail et à la production du lait pour les coopératives laitières.

Fondée en 1886, l'école de Virton a provoqué la première dans le Luxembourg la création des associations agricoles; elle a établi (4 août 1894) la première coopérative de laiterie, elle a donné l'essor à l'exportation du beurre en pays étranger. Par son initiative, elle a suscité le mouvement coopératif et a produit dans cette province une véritable évolution dans l'économie rurale. Le nombre des sociétés d'assurance du bétail, d'élevage, de crédit agricole, augmente d'année en année.

Objets exposés. — *Cartes.* — Une carte représentant une coupe transversale à travers la région jurassique jusqu'au dévonien, rencontrant dix assises géologiques; une carte adaptée au plan parcellaire d'une commune. Essais de cartes superposées à feuilles transparentes sur un canevas géologique montrant les relations qui existent entre les faits agricoles et les différentes assises géologiques.

Études complémentaires de la carte agronomique. — Analyses chimiques des sols; composition chimique des eaux ayant filtré à travers les mêmes sols; relevé des observations météorologiques recueillies à la station de l'école; résultats de l'analyse des sols par la plante; échantillons de roches et fossiles des différentes assises; *Texte explicatif*, relatif à la confection de la carte.

2° COURS ÉLÉMENTAIRES D'AGRONOMIE AUX ÉLÈVES DES ATHÉNÉES, DES ÉCOLES MOYENNES DE L'ÉTAT ET DES ÉCOLES LIBRES.

Indépendamment des établissements d'enseignement agricole complet, un cours spécial d'agronomie a lieu dans les athénées et les écoles moyennes de l'État où l'utilité de cet enseignement est reconnue.

L'enseignement des écoles moyennes belges s'adresse aux jeunes gens qui se destinent aux carrières commerciales, industrielles et agricoles d'ordre moyen, ou aux arts et métiers.

Ce qui convient aux exigences de leur instruction et de leur éducation, c'est un enseignement où l'on oriente leur formation générale vers les nécessités pratiques de la situation qui leur est réservée.

Pour les garçons, les écoles moyennes sont de quatre types : 1° école ne comprenant que des cours d'instruction générale; 2° école comprenant une section d'instruction générale et une section commerciale; 3° école comprenant une section d'instruction générale et une section industrielle; 4° école comprenant une section d'instruction générale et une section agricole.

Pour les filles, les écoles moyennes sont de deux types : 1° école avec cours d'instruction générale; 2° école d'instruction générale, avec une section commerciale.

L'article 11 de l'arrêté royal du 10 septembre 1897 fixe à huit le nombre des sections spéciales créées à titre d'essai.

Dans la pensée du Gouvernement belge, ces établissements doivent servir de modèles pour la création d'autres sections si, après une expérience suffisamment longue, les résultats du nouvel enseignement sont favorablement appréciés. Un certain nombre de sections ont été créées dans plusieurs écoles.

Dans les athénées, les écoles moyennes de l'État et les écoles libres, le cours est institué au début de chaque année scolaire, à la suite d'une demande du bureau administratif de l'école, accompagnée d'une liste nominative des élèves s'engageant formellement, sur le désir de leurs parents, à suivre toutes les leçons. Le cours n'est organisé que si les inscriptions sont de quinze au minimum. Toutefois, ce nombre peut être réduit à dix lorsqu'il est établi que tous les auditeurs sont fils de cultivateurs et se destinent à l'agriculture.

L'enseignement théorique est complété par des démonstrations et des expériences de culture, lorsque l'établissement dispose d'un jardin agronomique, sans compter les excursions dans les fermes importantes de la région, que le professeur est tenu d'organiser, d'accord avec le directeur de l'école. L'enseignement est donné en flamand lorsque l'emploi de cette langue est demandé par le bureau administratif.

Tout élève qui, dans les compositions, obtient les huit dixièmes des points, a droit à un prix; s'il a obtenu les sept dixièmes, il a droit à un accessit; s'il a obtenu les six dixièmes, il a droit à une mention honorable. Le procès-verbal de la distribution des prix cite, en outre, les élèves qui ont obtenu les cinq dixièmes des points.

Le cours d'agronomie comprend trente-cinq leçons d'une heure chacune et se donne d'après le programme ci-après :

PROGRAMME DES MATIÈRES DU COURS D'AGRONOMIE.

Définition de l'agriculture. — Loi de la production agricole.

Sol et sous-sol. — Ameublissement : ses effets avantageux sur l'assiette des plantes, la porosité, la perméabilité et l'assainissement du sol. — Différentes sortes de terrains : terrains argileux, sablonneux, calcaires, humifères. — Un mot sur les influences météorologiques.

Travail mécanique du sol. — Instruments à la main : bêche, houe, etc. — Défoncements. — Instruments attelés : charrue, double-brabant, sous-soleuse. — Description, règlement et qualités d'une bonne charrue usuelle.

Labourage. — Labour à plat, en planches, en billons. — Labour profond : précautions qu'il exige. — Labour superficiel ou déchaumage : instruments spéciaux.

Conditions d'un bon labour.

Opérations complémentaires du labour. Herses et rouleaux : leur fonction spéciale.

De la graine. — Sa composition : rôles des diverses parties. Qualités des bonnes semences. Pouvoir germinatif : méthode usuelle pour le constater. Précautions à prendre dans les achats de semences. Chaulage des graines. Sélection des graines.

Germination. — Rôle des feuilles cotylédonaires. Apparition de la tige, de la racine. Mode d'alimentation du végétal. Fonction des feuilles. Chlorophylle, acide carbonique. Différences entre les fonctions des feuilles le jour et la nuit. Conséquences.

Des semailles. — Époque. Semaille à la main, semaille par machines : avantages de cette dernière. Quantité de graines, profondeur d'enfouissement.

Façons d'entretien données au sol pendant la croissance de la plante. Binage, sarclage, butage,

Moisson et fenaison. — Époque favorable. Instruments. Conservation des produits agricoles : meules, granges, silos.

Fertilisation du sol. — Lois de la restitution. Engrais. Engrais animaux : fumier. Composition, Soins d'entretien. Citernes à purin. Nécessité de suppléer à l'insuffisance du fumier.

Os, noir animal, sang, déchets de laine, etc. Valeur. Emploi rationnel.

Engrais végétaux. Engrais verts. Mise en culture des sables. Tourbe, tourteaux, etc.

Engrais minéraux. Amendements. Chaux. Mode de fabrication, qualités. Chaulage des terres : effets physiques et chimiques. Quels terrains réclament surtout le chaulage. Plâtres, marnes, calcaires, écumes de sucreries : composés calcaires pour prairies.

Guano. Phosphate et superphosphate. Nitrates, sels ammoniacaux et autres engrais commerciaux, dits engrais chimiques.

Mode d'achat de ces substances. Précautions à prendre. Stations et laboratoires agricoles. Emploi rationnel, époque propice, dosages et quantités à l'hectare. Notions sur les dominantes. Champs d'expériences.

Hydraulique agricole. — Drainage. Sous-sol imperméable, élimination des eaux surabondantes : effets sur la qualité du terrain et des végétaux. Pratique du drainage.

Irrigation. Eaux convenables, époques propices ; effet sur les herbages.

Des prairies naturelles et artificielles. — Aménagement. Soins d'entretien. Pâturage et fauchage. Le trèfle et autres fourrages.

Quelques mots sur les *assolements.* Règles principales. Esquisse et appréciation sommaire de la culture dans la région dont l'école est le centre : progrès à réaliser.

Hygiène. — Définition : De l'eau, de l'air. Altération de l'air : *a.* par la respiration ; *b.* par la transpiration ; *c.* par les émanations de la peau, etc. ; *d.* par le chauffage et la ventilation. Aération des habitations, des étables, des laiteries, etc. Systèmes pratiques et élémentaires d'aération.

Température qui convient le mieux à ces locaux, en raison de leur destination. Degré convenable d'humidité de l'air : hygromètre.

Alimentation. — Description et fonctionnement de l'appareil de la digestion chez les divers animaux domestiques. Définition et rôle des principales substances renfermées dans les aliments; matières minérales, hydrates de carbone, matières protéiques, matières grasses. Résultats qu'on peut obtenir en variant les proportions de ces divers facteurs. Ration d'entretien, ration de production, ration de travail. Grande importance de la régularité du rationnement. Nécessité d'observer une transition graduelle lorsqu'il s'agit d'augmenter ou de diminuer la ration. Alimentation de la vache laitière, du cheval, etc.

Boissons. — Effets des boissons chaudes ou froides sur l'économie animale. — Caractères de l'eau potable. Moyen d'améliorer les eaux impures, aération, ébullition, filtration : méthodes élémentaires d'épuration. Température de l'eau la plus convenable pour les animaux.

Soins d'entretien. — Fonction et structure de la peau des animaux. Influence bienfaisante d'une litière convenable, de bains fréquents, d'un pansage journalier. Influence de la température des étables, suivant le but particulier qu'on se propose; étables d'engraissement. Précautions.

Empoisonnement par les plantes vénéneuses. Météorisation : causes. Inoculation et moyens préventifs des maladies. Précautions sommaires contre les épizooties. Service des vétérinaires agréés.

D'après les renseignements données dans la publication du Ministère de l'agriculture à propos de l'Exposition, une trentaine d'écoles officielles (athénées ou écoles moyennes), pendant les années scolaires 1897, 1898, 1899, ont pu bénéficier de cet enseignement. Il existe, en outre, 32 institutions privées qui reçoivent une subvention sur le Trésor public pour l'organisation de cours d'agronomie analogues.

3° ÉCOLES MÉNAGÈRES AGRICOLES.

L'enseignement agricole moyen pour jeunes filles se donne dans les écoles ménagères. La Belgique peut revendiquer l'honneur d'avoir organisé d'une manière générale cet

Fig. 54. — École d'Herve. (Économie domestique : repassage.)

enseignement. Mais pour créer ces écoles, il semble bien que l'administration de l'agriculture en Belgique a pris modèle sur l'école française de Coetlogon près de Rennes, dirigée par Mme Bodin. Des jeunes filles belges y sont venues étudier l'organisation de l'école de laiterie et ont suivi les cours de Coëtlogon avec des jeunes filles de Russie, de Norwège, de Roumanie et d'Angleterre.

C'est seulement en 1891 que des écoles ménagères furent organisées en Belgique. Le Gouvernement belge subventionne, dirige et fait inspecter les écoles et classes ménagères, dont la fondation est laissée à l'initiative privée. Le Gouvernement belge applique le système de l'école libre subsidiée soumise à l'inspection officielle. Une seule école ménagère, Bouchout, est exploitée aux frais de l'État, de la province d'Anvers et du Comice agricole.

Fig. 55. — École d'Oosterloo. (Économie domestique : préparation des aliments à la cuisine.)

Le but spécial de ces institutions est de donner aux jeunes filles de la campagne un enseignement en harmonie avec les occupations qui leur incomberont, de former des fermières actives et intelligentes, sachant diriger la basse-cour et le ménage et seconder utilement l'homme des champs dans tous ses travaux.

La première école ménagère fut fondée à Virton, en 1891. Des écoles similaires furent successivement organisées dans les diverses provinces :

Luxembourg, à Bastogne; Anvers, à Bouchout et à Oosterloo; Brabant, à Overyssche et à Héverlé; Flandre orientale, à Gyseghem; Liège, à Herve; Hainaut, à Brugelette.

Chaque école ménagère avait exposé des spécimens du matériel d'enseignement et des travaux des professeurs et des élèves sur une branche du programme, de sorte que l'exposition collective de ces écoles donnait des renseignements précis sur l'ensemble de leur organisation. Le côté pédagogique avait été particulièrement soigné. Le Jury a tenu à reconnaître l'excellence de l'exposition des écoles ménagères agricoles ainsi que la bonne organisation de ces établissements en accordant un grand prix à leur collectivité.

Le programme des écoles ménagères agricoles comprend des cours théoriques et des exercices pratiques sur les branches suivantes :

COURS.	NOMBRE D'HEURES PAR SEMAINE.		NOMBRE DE POINTS ATTRIBUÉS PENDANT L'ANNÉE	
	THÉORIE.	PRATIQUE.	à la théorie.	à la pratique.
Religion et morale.	1	//	20	//
Arithmétique	1 1/2	//	30	//
Rédaction	1	//	20	//
Éléments { d'histoire naturelle.	1 1/2	1 1/2	30	30
d'agriculture, de culture potagère et de floriculture.	1 1/2	2	30	45
de zootechnie	1 1/2	1 1/2	30	45
Laiterie	1 1/2	3	30	45
Économie { domestique.	1	2	20	35
sociale	1/2	//	15	25
Éléments de pédagogie et d'hygiène	1	3	30	30
Notions.. { de droit usuel.	1 1/2	//	15	10
de commerce et de comptabilité	1	1	30	35
Travaux de l'année			300	300
Points à mériter aux examens			300	300
TOTAL pour le certificat			600	600

Les cours sont distribués de façon que les exercices théoriques aient lieu le matin et que l'après-midi soit occupé par les exercices pratiques.

Afin de faciliter la tâche des professeurs et des élèves et de rendre uniformes les méthodes d'enseignement, le département a provoqué la rédaction de *manuels classiques* pour chacune des branches inscrites au programme. Quelques-uns de ces manuels ont déjà été publiés; les autres sont en voie de publication.

Toutes les écoles ménagères agricoles existantes sont annexées à des établissements privés *subsidiés* dans ce but; celle de Bouchout a été instituée, sous les auspices de l'État et de la province, par la Société provinciale d'agriculture d'Anvers.

Les subsides accordés par l'État aux écoles fondées par l'initiative privée varient de 1,000 à 2,000 francs. La durée des études est d'un an. A la fin des études, on délivre un *diplôme de capacité* à la suite d'un examen auquel assiste un délégué du Gouvernement.

Ces écoles ont donné de très bons résultats; la plupart des élèves sorties des établissements en question ont mis leurs connaissances spéciales en pratique à la ferme paternelle; d'autres se sont distinguées dans la direction des laiteries, dans l'étude de la fromagerie.

PROGRAMME DE L'ENSEIGNEMENT MÉNAGER AGRICOLE POUR LES JEUNES FILLES.

RELIGION ET MORALE.
(1 heure par semaine.)

ARITHMÉTIQUE.
(Minimum, 1 heure 1/2 par semaine.)

Applications des quatre règles fondamentales, du système métrique, de la règle de trois, dans les opérations concernant le ménage de la ferme. — Éléments de la géométrie intuitive.

RÉDACTION.
(Minimum, 1 heure par semaine.)

Rédaction de notes, de lettres, etc., concernant les affaires usuelles de la ferme et du ménage. — Récapitulation occasionnelle des règles de la grammaire.

ÉLÉMENTS D'HISTOIRE NATURELLE.
THÉORIE. — (Minimum, 1 heure 1/2 par semaine.)

Chimie. — Notions générales. Étude des principaux corps simples et composés qui entrent dans la constitution du sol, des plantes, des animaux et des produits employés dans le ménage agricole (sel de cuisine, sel de soude, vinaigre, genièvre, etc.).

Physique et météorologie. — Explication des appareils et instruments qui se rapportent à l'agriculture (thermomètre, baromètre, densimètre, siphon, etc.).

Botanique. — Notions élémentaires d'organographie; principales plantes utiles et nuisibles.

Zoologie. — Notions élémentaires. Animaux utiles et nuisibles.

PRATIQUE. — (Minimum, 1 heure 1/2 par semaine.)

Expériences élémentaires; démonstrations; appareil de projection. Herborisations. Excursions.

Dessin des appareils par les élèves. Fleurs et fruits dessinés à la planche en grand par la maîtresse.

ÉLÉMENTS D'AGRICULTURE, DE CULTURE POTAGÈRE ET DE FLORICULTURE.
THÉORIE.
(Minimum, 1 heure 1/2 par semaine.)

Diverses classes des sols. Assainissement et travail du sol. — Les engrais. — Semailles, travaux d'entretien, de récolte, pour les diverses plantes cultivées, principalement les plantes fourragères et les graminées des prairies.

Établissement et division du jardin potager de la ferme. Culture et conservation des principaux légumes. Notions élémentaires sur les arbres fruitiers.

Entretien et exploitation du verger. Conservation et utilisation des fruits; vente, emballage.

Culture de quelques arbustes et de quelques fleurs. Ornementation de la ferme.

PRATIQUE.
(Minimum, 2 heures par semaine.)

Excursions aux champs lors des opérations culturales. Surveillance des ouvriers. Travaux au jardin potager, au jardin d'agrément.

Dessin d'instruments, de plantes agricoles, horticoles; plans de jardins, de petites fermes.

N. B. Pour le dessin, il sera tenu compte des aptitudes particulières des élèves. On procédera méthodiquement; les élèves commenceront par des coupes (diagrammes) de fleurs et de fruits dessinées à la planche en grand par la maîtresse; puis on fera exécuter des coupes d'appareils, des plans et enfin des dessins d'après nature.

ÉLÉMENTS DE ZOOTECHNIE.

TuÉORIE. — (Minimum, 1 heure 1/2 par semaine.)

Race bovine. — Notions élémentaires d'anatomie et de physiologie. Alimentation rationnelle. Préparation des aliments; rationnement.

Logement; hygiène; soins en cas de maladie. Vêlage. Traite.

Élevage et engraissement des veaux. Engraissement du bétail. Choix de la vache laitière.

Race porcine. — Choix; hygiène; alimentation; élevage.

Le *mouton* et la *chèvre* dans les petits ménages ruraux.

Basse-cour. — Les meilleures races d'oiseaux de basse-cour. Le poulailler; la nourriture; la ponte, les œufs, l'incubation naturelle et artificielle; élevage; engraissement.

Lapins.

Hygiène des animaux et médecine vétérinaire domestique.

PRATIQUE. — (Minimum, 1 heure 1/2 par semaine.)

Démonstrations d'anatomie et de physiologie.

Préparation et administration de rations aux vaches, aux veaux, etc.

Traite.

Exercices d'appréciation de la vache laitière.

Visite d'étables.

Soins à donner aux animaux de basse-cour.

Soins à donner aux animaux malades; préparation des remèdes.

Dessins d'animaux, plans d'étables, de basse-cour, etc.

LAITERIE.

THÉORIE.

(Minimum, 1 heure 1/2 par semaine.)

Du lait, sa composition. Contrôle. Altérations. Conservation du lait.

Écrémage; procédés divers.

Traitement de la crème.

Barattage; délaitage; malaxage.

Conservation, emballage et vente du beurre.

Utilisation du lait écrémé.

Principes généraux de la fabrication du fromage; Fabrication des divers fromages.

Installation d'une laiterie et d'une fromagerie.

Associations coopératives.

PRATIQUE.

(Minimum, 3 heures par semaine.)

Fabrication du beurre et du fromage.

Manipulation et nettoyage des appareils.

Dessins d'appareils de laiterie.

ÉCONOMIE DOMESTIQUE.

THÉORIE.

(Minimum, 1 heure par semaine.)

Habitation. — Ameublement et tenue de la maison. Chauffage; principaux combustibles. Appareils de chauffage: leur entretien. Éclairage. Ventilation.

Vêtements. — Leur entretien; lavage, repassage, etc. Considérations économiques sur l'achat, etc.

Aliments. — Farines et pains.

Viandes et œufs. Légumes et fruits. Achat de conserves alimentaires.

Préparation des aliments. Nécessité d'une bonne alimentation. Alimentation suivant les âges et les milieux.

Boissons.

PRATIQUE.
(Minimum, 2 heures par semaine.)

Exercices pratiques concernant la tenue de la maison, l'entretien des vêtements, la préparation des aliments.

Plans de petites habitations.

ÉCONOMIE SOCIALE.
THÉORIE.
(Minimum, 1/2 heure par semaine.)

Avantages de l'association. Sociétés mutualistes. Unions professionnelles. Sociétés coopératives. Notions au point de vue du rôle de la femme.

PRATIQUE.
(Minimum, une excursion par mois.)

Excursions, visites de sociétés coopératives, etc.

ÉLÉMENTS DE PÉDAGOGIE ET D'HYGIÈNE.
THÉORIE.
(Minimum, 1 heure par semaine.)

Les conditions du développement corporel, intellectuel et moral des enfants.

Principes d'éducation physique, intellectuelle et morale.

Hygiène de l'homme; fonction du poumon et de la peau; nécessité des exercices physiques; maladies évitables. Soins à donner aux malades. Préparation des médicaments. Premiers secours en cas d'accident.

PRATIQUE.
(Minimum, 3 heures par semaine.)

Exercices d'application, s'il y a une école gardienne attachée à l'établissement.

Exercices d'application; exercices nombreux d'hygiène; exercices de chant; jeux; travaux manuels; mouvements rythmés; gymnastique suédoise. Traitement particulier des élèves, suivant leur tempérament, leur force, leur âge. Hydrothérapie.

N. B. Les exercices d'hygiène devront être appropriés autant que possible au tempérament de chaque élève, en prenant l'avis du médecin de l'établissement.

NOTIONS DE DROIT USUEL.
(Minimum, 1 heure 1/2 par semaine.)

Notions sur les actes de l'état civil, sur le contrat de mariage, sur les divers contrats, etc., permettant éventuellement à la femme de gérer ses affaires et ses biens.

Examen de contrats; explication de cas pratiques, etc.

NOTIONS DE COMMERCE ET DE COMPTABILITÉ.
(Minimum, 1 heure par semaine.)

Étude très élémentaire des documents qui constatent l'achat, la vente et le transport des marchandises (factures, lettres de voiture, etc.) et de ceux qui concernent la liquidation des opérations de commerce (billets au porteur, accréditifs, lettres de change, billets à ordre, chèques).

Tenue des comptes courants et calcul des intérêts.

Notions très élémentaires sur les actions, obligations, fonds publics, etc.

Comptabilité du ménage et de la ferme.

PRATIQUE. — (Minimum, 1 heure par semaine.)

Exercices d'application.

École supérieure d'agriculture pour jeunes filles, annexée à l'institut du Sacré-Cœur et de l'Immaculée-Conception, à Héverlé-Louvain. (Médaille d'argent.) — . *Enseignement.* — Le but de l'école, fondée en 1897, est de donner aux jeunes filles un enseignement agricole, non seulement pratique, mais encore scientifique et complet, tout au moins pour toutes les parties qui, dans l'industrie agricole, concernent spécialement la femme, et, pour les autres parties, suffisamment complet pour permettre à la fermière de remplacer au besoin son mari, même dans une exploitation importante. On forme également les élèves pour la direction des coopératives laitières et fromagères.

Le programme comporte des cours assez développés des diverses sciences naturelles : physique, chimie, minéralogie, zoologie, physiologie, botanique, préliminaires indispensables à l'étude de l'agriculture avec ses procédés modernes, de la laiterie, de la fromagerie, de la zootechnie.

L'école est pourvue d'un cabinet de physique, de laboratoires de chimie et de bactériologie, d'un jardin botanique.

Pour la laiterie et la fromagerie, l'outillage est complet : écrémeuses à bras et à vapeur.

Les élèves s'exercent quotidiennement aux manipulations chimiques, bactériologiques et autres, et au maniement et à la direction des divers instruments et machines. Elles font des expériences de toute nature sur la valeur proportionnelle de divers modes d'alimentation du bétail et des diverses façons de traiter le lait ou la crème.

L'institut possède une étable de 40 à 50 bêtes de l'espèce bovine, une bergerie, une porcherie. La basse-cour comprend, dans des parcs séparés, toutes les grandes races de poules de ferme acclimatées dans le pays. Le rucher a des ruches de tous systèmes.

On construit en ce moment une fromagerie assez étendue, permettant de donner une idée exacte du *travail industriel.*

L'institut possède, outre des serres étendues, un potager de 5 à 6 hectares, et l'exploitation agricole avec les pâturages, comprenant actuellement une trentaine d'hectares, sera portée incessamment à 80 hectares.

Les élèves mènent la vie de famille; elles font entre elles un vrai ménage, dont elles ont la direction à tour de rôle pendant une semaine ; elles cuisinent, lavent, repassent, nettoient. Les élèves de la deuxième année dirigent les travaux pratiques, sous la surveillance des maîtresses.

Outre les cours déjà indiqués, il y a lieu de mentionner le cours de pédagogie, pour former éventuellement les élèves à la carrière de l'enseignement ; le cours de droit usuel, d'économie sociale, plus particulièrement rurale; le cours de génie rural et de constructions agricoles, de sciences commerciales et de comptabilité agricole ; des répétitions de langue française, de langue flamande et de mathématiques.

Les élèves visitent fréquemment quelques grandes exploitations agricoles, les meilleures laiteries coopératives, les expositions relatives à l'agriculture.

La *durée* des études est de deux ans. La jeune fille est admise après un examen qui porte sur toutes les matières d'un enseignement primaire complet. Le prix de la pension, comprenant le blanchissage, la literie, les frais éventuels de médecin et de pharmacien, est de 3oo francs par an.

A côté de la section supérieure, il y a la section moyenne, où la durée des études n'est que d'un an. Dans cette section, les études scientifiques sont réduites en proportion, et la formation de l'élève se borne davantage à la pratique.

La population de l'école a été :

ANNÉES SCOLAIRES.	NOMBRE D'ÉLÈVES.				NOMBRE D'ÉLÈVES DIPLOMÉES.			
	SECTION SUPÉRIEURE.		SECTION MOYENNE.	TOTAL.	SECTION SUPÉRIEURE.		SECTION MOYENNE.	TOTAL.
	1ʳᵉ ANNÉE.	2ᵉ ANNÉE.			EXAMEN de sortie.	EXAMEN de passage.		
1897-1898..	6	"	4	10	"	4	3	7
1898-1899..	7	4	9	20	4	7	7	19
1899-1900..	5	7	6	18	"	"	"	"

Les anciennes élèves de l'école sont toutes occupées dans les exploitations de leurs parents.

Objets exposés. — Nombreux graphiques ayant trait à l'enseignement agricole ménager, à la bactériologie, etc.

École professionnelle d'agriculture pour jeunes filles à Bouchout. (Médaille d'argent.) — *Enseignement.* — L'école, ouverte le 3 janvier 1893, est exploitée aux

Fig. 56. — École ménagère agricole, à Bouchout.

frais de l'État, de la province d'Anvers et du Comice agricole. Son budget se monte annuellement à 25,000 francs environ. Une commission de huit membres est chargée de l'administration et de la surveillance. Cette commission comprend deux délégués de l'État, deux délégués de la province, deux délégués de la Commission provinciale d'agriculture, et deux délégués des sociétés agricoles locales.

L'École comprend :

Une ferme-modèle d'une étendue de 8 hectares; un jardin spécial à la disposition des élèves; une étable de huit vaches laitières; un rucher; des machines agricoles perfectionnées; un matériel complet de laiterie, comprenant entre autres : quatre systèmes d'écrémeuses centrifuges et un laboratoire de chimie laitière; une fromagerie; des appareils de physique; des collections et des tableaux pour l'enseignement de l'agriculture, de la zootechnie, de l'économie domestique, de l'hygiène.

Fig. 57. — École de Bouchout.
(Fabrication du fromage.)

Les cours de zootechnie sont aussi pratiques que possible. Pour l'étude des vaches laitières, l'enseignement est donné à l'étable. Les élèves doivent calculer régulièrement la relation nutritive et le prix des rations composées par elles. Les cours d'agriculture et d'horticulture se donnent en majeure partie dans la ferme et dans les jardins. Les élèves composent des formules d'engrais pour les différentes cultures, préparent la bouillie bordelaise et annotent les effets de son emploi.

Les élèves composent des herbiers; elles soignent le jardin et font la taille des arbres fruitiers et des arbustes; elles soignent les fleurs et s'habituent à faire des bouquets.

Les cours théoriques se donnent de 8 à 11 heures du matin, les cours pratiques et les exercices d'application occupent le reste de la journée.

Pour être admises, les jeunes filles doivent avoir au moins quinze ans et fournir à la direction un extrait de leur acte de naissance, ainsi qu'un certificat de bonne conduite.

L'enseignement dure dix mois et se donne en flamand. Les élèves ne payent que la nourriture. A titre d'exercice pratique, elles préparent elles-mêmes les repas à tour de rôle, lavent, repassent et entretiennent leur linge. Elles tiennent une comptabilité rigoureuse des dépenses du ménage; tous les mois, chaque participante, maîtresse ou élève, paye sa quote-part. Celle-ci s'élève en moyenne à 0 fr. 70 par jour.

Fig. 58. — École de Bouchout.
(Une leçon de couture.)

L'école de Bouchout n'admet que douze élèves par an. En 1899, le nombre des élèves diplomées s'élevait à 72.

Parmi les anciennes élèves, cinq occupent la place de maîtresse de laiterie dans les écoles temporaires de laiterie et dans les écoles ménagères agricoles ; quelques-unes travaillent dans les laiteries coopératives et le plus grand nombre ont pris la direction de la laiterie et du ménage à la ferme des parents.

Objets exposés. — Tableaux relatifs à la production du lait et du beurre à l'école. Tableaux de graminées et de légumineuses de la région. Photographies de l'école. Herbier d'élève. Divers travaux d'élèves. Publication du personnel.

École ménagère agricole du pensionnat des religieuses, à Isque. (Médaille d'argent.) — Cette école est établie sur les mêmes bases que les écoles précédentes dont nous avons parlé. Mais nous ne pouvons donner des détails spéciaux sur elle, aucune étude spéciale n'ayant été insérée dans la brochure publiée par les soins de la Section belge.

École ménagère agricole de Herve. (Médaille d'argent.) — L'école ménagère agricole de Herve fut fondée le 16 octobre 1893.

Située au centre d'une contrée fertile appelée le *Plateau-de-Herve,* elle avait naturellement sa raison d'être au milieu d'une population qui fait de la culture herbagère et des produits de la laiterie son travail essentiel.

Fig. 59. — École de Herve. (Travaux de couture.)

Les leçons données à l'école ont pour objet le perfectionnement de l'industrie agricole de la région : produits de la laiterie ; élevage du bétail. Les leçons de l'école ménagère proprement dite ont pour but d'initier les élèves à la préparation économique d'une nourriture variée et fortifiante, et à tout ce qui touche aux soins du ménage.

Dès le principe, l'école s'est munie des appareils nécessaires à son fonctionnement régulier. Pour ce qui concerne la pratique de la laiterie, elle possède une machine Alfa pour l'écrémage centrifuge, un malaxeur qui garantit la plus grande propreté dans la manipulation du beurre, et divers appareils perfectionnés.

Le plus grand nombre des élèves, rentrées chez elles, ont mis en pratique les méthodes et les procédés qui leur avaient été enseignés à l'école.

Fig. 60. — École de Herve.
(La laiterie : fabrication du beurre.)

Fig. 61. — École de Herve.
(Travaux pratiques.)

119 élèves ont suivi les cours et 81 ont obtenu un diplôme.

On admet les élèves ayant une instruction primaire suffisante dès l'âge de 15 à 16 ans; le prix de la pension est de 400 francs.

Objets exposés. — Photographies de groupes d'élèves au travail.

École ménagère agricole de Virton. (Médaille d'argent.) — Cette institution, ouverte le 22 mai 1891, fut la première de ce genre en Belgique. L'école est dirigée par les religieuses de la Doctrine chrétienne, lesquelles s'occupent des branches d'instruction générale, de l'enseignement ménager et de tous les travaux pratiques.

L'enseignement technique agricole est donné par les professeurs spéciaux des écoles d'agriculture et d'horticulture du collège Saint-Joseph. L'établissement est néanmoins autonome et uniquement affecté à l'éducation professionnelle des filles des cultivateurs et de la bourgeoisie. L'école est située à proximité d'une laiterie coopérative et d'une école d'agriculture. Elle est établie dans une exploitation agricole, avec des locaux appropriés à l'enseignement ménager et agricole, de vastes dépendances pour les travaux de la basse-cour et de la ferme.

Les exercices pratiques ont lieu le matin, en grande partie; les cours théoriques l'après-midi. Pour mieux partager les tâches et familiariser les élèves avec les divers exercices, on divise les élèves en groupes de quatre ou cinq, les occupant pendant une semaine entière à un même travail. Les exercices pratiques sont notés chaque jour par les professeurs au point de vue de l'exactitude, de l'habileté et du progrès; les notes entrent en ligne de compte dans les bulletins trimestriels. Les examens de sortie sont présidés par un délégué du Gouvernement; ils confèrent aux récipendiaires un certificat d'études ménagères et agricoles. L'école a fait l'éducation de 187 jeunes filles, parmi lesquelles 57 ont obtenu des certificats. Elles se sont placées dans les écoles, dans les laiteries coopératives, chez des cultivateurs ou sont revenues dans leur famille.

Les élèves sont admises à l'âge de 15 à 16 ans. La durée des études est d'un à deux ans, suivant les aptitudes et le degré d'instruction. Les externes payent 100 francs par an ; les internes 400 francs.

Fig. 62. — École de Virton. (Atelier de coupe.)

L'école de Virton a donné naissance à une laiterie, la laiterie Saint-Joseph de Virton, qui compte plus de 2,000 sociétaires, produit 1,000 à 1,200 kilogrammes de beurre par jour, et réalise, par année, un chiffre d'affaires de plus de 600,000 francs.

Objets exposés. — Tableau des récompenses obtenues par l'école. Album renfermant les travaux manuels des élèves. Cours et programmes de l'école. Cahiers d'élèves.

École ménagère agricole des Sœurs de Notre-Dame à Bastogne. (Médaille d'argent.) — Elle a été établie au mois d'octobre 1893. Le nombre des élèves diplômées varie de 10 à 15 par année.

Fig. 63. — École de Bastogne. (Laiterie.)

L'école forme *une section séparée du pensionnat* et de l'école normale et occupe un local dont les différentes parties sont spécialement appropriées aux exercices pratiques.

La durée normale des études est d'une année; cependant quelques élèves suivent les cours pendant deux ans.

La matinée est consacrée aux exercices pratiques; l'après-midi, aux cours théoriques.

École ménagère agricole des Sœurs de l'Enfant-Jésus à Brugelette. (Médaille d'argent.) — Au mois d'octobre 1891, la directrice du pensionnat des Sœurs de l'Enfant-Jésus *a annexé à l'école normale et au pensionnat une section ménagère agricole.*

L'école dispose de vastes locaux : une classe, un musée de sciences naturelles, quatre pièces distinctes pour le cours de laiterie, des salles de gymnastique, de dessin, de coupe, des installations spéciales pour les préparations culinaires et la fabrication du pain, une buanderie et une salle de repassage; parmi les dépendances domestiques, un abattoir, un moulin, une brasserie; des jardins potager, fleuriste, botanique; un poulailler avec pondoir distinct, un clapier, un rucher; cinq étables pour bœufs, vaches laitières, génisses à l'élève, vaches à l'engrais, veaux; une porcherie.

Les élèves sont internes et la durée des cours est, au minimum, d'un an. Les examens établis pour clôturer une session ne permettant pas de juger de la valeur d'une élève, les travaux de toute l'année entrent en ligne de compte pour l'obtention du diplôme.

Depuis la fondation de l'école, 239 jeunes filles ont suivi les cours en qualité d'élèves libres et 54 ont obtenu le diplôme prévu par le règlement. La plupart d'entre elles sont rentrées dans leur famille pour seconder leurs parents dans les travaux du ménage et de l'exploitation agricole.

Fig. 64. — École d'Oosterloo.
(Laiterie.)

Objets exposés. — Spécimens de collections relatives à l'hygiène et à la pédagogie. Ces collections, tableaux, diagrammes, reproduits en proportions réduites, donnaient une idée des ressources de l'école et des méthodes d'enseignement.

École ménagère d'Oosterloo. (Médaille d'argent.) — L'école d'Oosterloo-les-Westerloo a été érigée en 1892. Les leçons sont gratuites. Les élèves paient 28 francs par mois pour la nourriture et le logement. La durée des cours est de dix mois. Ils commencent le 15 octobre et finissent le 15 août. Plus de 120 élèves ont fréquenté l'école depuis son installation. Pour être admises, les jeunes filles doivent avoir au moins 15 ans.

Les élèves avec deux institutrices diplomées, auxquelles l'ordre intérieur et le contrôle des travaux théoriques et pratiques sont confiés, constituent un ménage à part. Les élèves entretiennent leur local, leurs jardins, leur basse-cour, etc., préparent elles-mêmes leur nourriture et pétrissent leur pain; elles dessinent, coupent, confectionnent,

Fig. 65. — École d'Oosterloo. (Fabrication du fromage.)

Fig. 66. — École d'Oosterloo. (Leçons de couture.)

lavent, repassent et raccommodent leurs vêtements. Elles entretiennent l'étable et la fromagerie.

Objets exposés. — Tableaux et graphiques relatifs à l'enseignement de l'économie sociale.

École ménagère agricole et école supérieure de fromagerie à Overyssche. — L'école ménagère a été fondée en 1893 et l'école supérieure de fromagerie en 1898. La durée des cours est de dix mois. Le régime de l'école est l'internat.

Fig. 67. — École supérieure de fromagerie d'Overyssche. (Exercice pratique.)

Un grand nombre de jeunes filles de différentes provinces, filles de bons fermiers, sorties de l'école, dirigent chez elles les travaux de la ferme.

L'école d'Overyssche n'avait pas exposé à la Classe 5.

École ménagère agricole des Sœurs de Saint-Vincent-de-Paul, à Gysegem. — L'école professionnelle d'agriculture fut définitivement organisée en 1891-1892, de manière à pouvoir admettre au maximum 15 élèves ayant atteint l'âge de 14 ans.

Cet établissement possède tout le matériel nécessaire pour l'enseignement de la laiterie; les élèves sont, en outre, mises au courant de la conduite d'un ménage par des leçons pratiques qui les initient à la préparation des aliments, à l'entretien, au lavage et au repassage du linge. La durée des cours est d'un an.

Cette école n'avait pas exposé à la Classe 5.

III. — Enseignement élémentaire.

1° ÉCOLES PRIMAIRES.

Dans la plupart des écoles primaires, des notions d'agriculture ont été portées au programme. Divers moyens sont mis en œuvre pour intéresser à l'agriculture le maître et l'élève, notamment par voie de primes, par l'organisation de sociétés pour la protection des oiseaux insectivores, pour la destruction des insectes.

L'instruction ministérielle relative à l'enseignement agricole primaire, du mois de février 1890, analyse le programme de l'enseignement agricole dans les écoles primaires ainsi qu'il suit :

Degré inférieur. — Aux enfants qui suivent les leçons du degré inférieur, on donne une première idée :

a. Des choses du jardin : arbres, plantes, travaux ;

b. Des animaux mammifères et des oiseaux, qui sont les uns les serviteurs journaliers, les autres d'utiles auxiliaires du cultivateur.

L'enseignement n'est pas borné aux causeries familières faites au jardin et en classe ; on s'attache surtout à montrer comment il faut voir, comment il faut observer les choses. Pour arriver plus sûrement au but, comme aussi pour inspirer le goût des occupations du jardinage, on associe, dans la limite du possible, les enfants à des travaux faciles.

Degré moyen. — Au degré moyen, le cours prend plus d'importance, tout en conservant un caractère de grande simplicité. Les premiers entretiens ont pour objet les organes essentiels du végétal observés sur deux ou trois plantes mises sous les yeux et dans les mains des enfants ; la structure de la tige de nos arbres, leurs productions à bois et à fruit sont étudiées tout spécialement. Ainsi préparés, les élèves reçoivent quelques leçons d'arboriculture : l'instituteur leur apprend le bouturage et le marcottage, leur montre la manière de former une petite pépinière de sujets à greffer, de déplanter et de planter un arbre de pépinière ; les initie à la connaissance des insectes les plus nuisibles aux arbres et aux légumes, et n'oublie pas de les faire assister aux opérations de la taille.

Les premières notions de culture potagère sont enseignées par l'observation méthodique des travaux du jardinage, par les explications que donne le maître à chaque visite au jardin, et enfin par les petits travaux de culture qu'exécutent les élèves.

Les leçons sur les animaux comprennent :

a. Quelques particularités essentielles du squelette des mammifères domestiques, de l'oiseau, du reptile ;

b. Des notions très simples sur les grandes fonctions de la vie de nutrition ;

c. Des entretiens sur les principaux animaux domestiques, sur la poule, sur les petits animaux insectivores qui ont droit à la protection du cultivateur,

Aux leçons et exercices formant le cours régulier, direct, correspondent des leçons occasionnelles au moyen de lectures expliquées, de dictées, de problèmes, etc.

L'enseignement anti-alcoolique organisé dans les écoles primaires comprend également des leçons spéciales et des leçons occasionnelles.

Degré supérieur. — Le programme du degré supérieur embrasse :

a. Quelques notions très élémentaires de physique indispensables pour l'intelligence des leçons d'agriculture ;

b. Des notions d'agriculture relatives au sol, aux diverses sortes de terres, aux labours, à la fumure, aux semis et au choix des graines, aux travaux d'entretien, à la récolte et enfin aux animaux domestiques (alimentation et hygiène);

c. Des notions d'arboriculture et d'horticulture.

Comme au degré moyen, les leçons directes sont fortifiées et complétées par des leçons occasionnelles.

2° SECTIONS PROFESSIONNELLES AGRICOLES ET HORTICOLES.

Les sections professionnelles primaires d'agriculture et d'horticulture sont instituées en général auprès des écoles publiques ou privées du degré primaire dans les centres ruraux populeux. Les élèves sont âgés d'au moins 14 ans.

Les deux Départements de l'instruction publique et de l'agriculture collaborèrent à l'organisation des sections agricoles qui comprennent un enseignement général et un enseignement spécial d'ordre pratique. Ce dernier suppose un jardin de démonstrations d'au moins 5 hectares et le matériel nécessaire à la méthode intuitive.

Les leçons peuvent se donner en deux semestres, soit la même année, soit en deux années consécutives. Les deux Départements de l'agriculture et de l'instruction publique interviennent dans les frais.

Les sections horticoles sont régies par l'Administration de l'agriculture. L'enseignement, théorique et pratique, comprend au minimum 60 leçons théoriques d'une heure sur les notions élémentaires de l'horticulture, et 30 applications, excursions ou exercices pratiques de deux heures au moins. Il se donne en une année ou en deux années. A la fin de leurs études, les jeunes gens qui ont obtenu 60 p. 100 des points attribués à l'ensemble des matières du programme obtiennent un certificat d'études.

3° COURS ET CONFÉRENCES AGRICOLES.

Cours d'agronomie pour adultes. — En 1887, le Ministre de l'agriculture institua des cours temporaires d'adultes destinés non seulement aux jeunes gens, mais aussi aux cultivateurs. Cet enseignement sera bientôt organisé dans toutes les communes rurales.

La fréquentation en est toujours régulière et, d'après les rapports des professeurs, les cultivateurs retirent le plus grand profit de cet enseignement.

Dans beaucoup de localités, on est parvenu à déraciner des méthodes défectueuses et à mettre en pratique l'achat en commun des matières premières avec les garanties voulues, la vente de la betterave à la richesse au lieu de la vente au poids, l'emploi des engrais chimiques, la connaissance des règles, complètement ignorées auparavant, que tout éleveur doit observer s'il veut exploiter économiquement les animaux de la ferme.

Les cours d'agronomie pour adultes en quinze leçons sont organisés chaque année, sur des propositions générales formulées par le corps des agronomes de l'État.

Les cours d'adultes sont professés par les aides des agronomes de l'État, par des jeunes gens diplômés des écoles d'agriculture, par des instituteurs, des vétérinaires, des spécialistes.

Depuis 1887, on a créé en Belgique trois mille cours d'adultes environ. Toutes les communes belges ont donc pu bénéficier de cet enseignement. Ces cours d'adultes ont beaucoup d'analogie avec ceux que faisaient primitivement les professeurs spéciaux d'agriculture en France.

PROGRAMME GÉNÉRAL DE L'ENSEIGNEMENT DANS LES COURS D'AGRONOMIE POUR ADULTES.

1° NOTIONS D'AGRICULTURE GÉNÉRALE.

Définition de l'agriculture. — Lois de la production agricole.

Sol et sous-sol. — Ameublissement : ses effets avantageux sur le développement des végétaux, la porosité, la perméabilité et l'assainissement du sol. — Différentes sortes de terrains ; terrains argileux, sablonneux, calcaires, humifères. — Un mot sur les influences météorologiques.

Travail mécanique du sol. — Instruments à la main : bêche, houe, etc. — Défoncements. — Instruments attelés : charrue simple, double-brabant, sous-soleuse. — Description, règlement et qualités d'une bonne charrue usuelle.

Labourage. — Labour à plat, en planches, en billons. — Labour profond : précautions qu'il exige. — Labour superficiel ou déchaumage : instruments spéciaux.

Conditions d'un bon labour.

Opérations complémentaires du labourage. — Herse et rouleau : leurs fonctions spéciales.

Des prairies naturelles et artificielles. — Aménagement. Soins d'entretien. Pâturage et fauchage. Le trèfle et autres fourrages.

De la graine. — Sa composition : rôles des diverses parties. — Les propriétés des graines. Pouvoir germinatif : méthode usuelle pour le constater. Précautions à prendre dans les achats de semence. Chaulage des graines. — Renouvellement des graines. — Amélioration des graines. — Méthodes de sélection.

Germination. — Rôle des feuilles cotylédonaires. Apparition de la tige, de la racine. Mode d'alimentation du végétal. Fonctions des feuilles le jour et la nuit. Conséquences.

Des semailles. — Époque ; choix des semences ; semaille à la main, semaille à la machine : avantages de cette dernière. Quantité de graines par hectare, profondeur d'enfouissement.

Façons d'entretien données au sol pendant la croissance de la plante. Binage, sarclage, butage.

Moisson et fenaison. — Époque favorable. Instruments. Conservation des produits agricoles : meules, granges, silos.

Fertilisation du sol. — Lois de la restitution. Engrais. Engrais animaux : Fumier. Composition. Soins d'entretien. Citernes à purin. Nécessité de suppléer à l'insuffisance du fumier de ferme.

Os, noir animal, sang, déchets de laine, etc. Valeur. Emploi rationnel.

Engrais végétaux. Engrais verts. Mise en culture des sables. Tourbe. Tourteaux, etc.

Engrais minéraux. Amendements : chaux. Mode de fabrication, qualités. Chaulage des terres : effets physiques et chimiques. Terrains qui réclament surtout le chaulage. Plâtre, marne, écumes de sucreries ; composts pour prairies.

Guano. Phosphate, superphosphate et phosphate basique (scories de déphosphoration). Nitrates, sels ammoniacaux. Chlorure de potasse, kaïnite, sulfate de potasse et autres engrais commerciaux, dits engrais chimiques.

Contrôle des engrais et des semences. — Loi et règlement sur la matière. Modes d'achat de ces substances. Précautions à prendre. Emploi rationnel, époque propice, dosages et quantités à l'hectare. Notions sur les dominantes. Champs d'expériences.

Service des laboratoires d'analyses. — Contrats avec les fournisseurs d'engrais et de semences. — Mode de prélèvement des échantillons.

Agronomes de l'État et enseignement agricole. — But de l'institution des agronomes. Services qu'ils sont appelés à rendre aux cultivateurs, création des champs d'expériences, consultations écrites ou orales, etc.

Nécessité de l'enseignement agricole, écoles professionnelles d'agriculture de l'État, enseignement de la laiterie, écoles subsidiées.

Une conférence est consacrée à chacune des cultures spéciales les plus importantes de la région, envisagée au triple point de vue du traitement du sol, des engrais et de la sélection des plantes. On insiste aussi sur les cultures à introduire ou à abandonner suivant les indications de l'agronome de la région.

2° NOTIONS SPÉCIALES.

Alimentation rationnelle du bétail, — Zootechnie. Hygiène. — Traitement du lait, du beurre et du fromage. — Comptabilité agricole. — Aviculture. — Droit rural. — Notions élémentaires d'économie rurale. — Mutualité et coopération. — Hydraulique agricole.

Cours élémentaire d'agronomie pour militaires. — En vertu d'un arrêté ministériel du 14 décembre 1897, le cours d'agronomie qui avait été créé, à titre d'essai, par l'arrêté ministériel du 5 juin 1890, pour les militaires de rang inférieur des places fortes d'Anvers, Liège, Namur et Termonde, ainsi que du camp de Beverloo, peut être institué dans toutes les garnisons du pays.

Le cours n'est pas créé s'il ne réunit au moins vingt inscriptions régulières. Pendant l'année 1899-1900, le Ministre de l'agriculture a organisé 35 cours d'agronomie dans 22 casernes.

Le cours a lieu pendant les mois de décembre, janvier, février et mars, à raison de deux leçons d'une heure par semaine, après 18 heures et demie.

Les locaux nécessaires pour ces conférences sont fournis par l'autorité militaire; les frais de chauffage et d'éclairage incombent au département de l'agriculture et des travaux publics.

On admet aux leçons tous les militaires qui en ont fait la demande à leur chef de corps avant l'ouverture des cours. Dans les garnisons importantes, on peut former plusieurs auditoires différents en groupant les élèves logés dans des casernes rapprochées les unes des autres.

L'enseignement théorique comprend vingt leçons environ. Il comporte le développement du programme des cours d'agronomie pour adultes. Toutefois, les conférenciers se bornent à expliquer les matières faciles et intéressant les auditeurs. L'enseignement pratique est donné dans des excursions, le dimanche.

Des récompenses sont délivrées par les soins du Ministère de l'agriculture à titre d'encouragement aux auditeurs qui, à la suite d'une épreuve spéciale, obtiennent le nombre de points le plus élevé sur l'ensemble des matières du concours.

Les cours sont visités par l'inspecteur général de l'agriculture ou par son délégué.

Le Congrès international de l'enseignement agricole à l'exposition de 1900, reconnaissant le grand effort fait en Belgique pour les cours militaires, a émis le vœu : «Que les gouvernements instituent des cours d'agronomie, tels qu'ils existent en Belgique, pour leurs nationaux appelés sous les drapeaux ». La Russie, l'Allemagne, la France, l'Autriche ont spécialement étudié l'organisation de ces cours.

Cours de maréchalerie. — Cet enseignement s'est donné jusqu'ici sous forme de conférences à l'école vétérinaire, à Liège, à Namur et à Péruwelz.

En vue de favoriser cet enseignement et de permettre aux maréchaux de le suivre sans frais de déplacement, un arrêté du 8 février 1900 a décrété que, dorénavant, des conférences publiques et gratuites de maréchalerie pourront être organisées dans les centres où l'utilité de cet enseignement sera reconnue et où l'on sera assuré d'une fréquentation régulière des leçons par douze auditeurs au minimum.

Le cours comprend 10 leçons. L'enseignement théorique est complété par des démonstrations pratiques à donner dans une forge de la localité siège du cours.

Dans chaque province, un jury composé de trois membres est chargé de procéder, à l'expiration du cours, à l'examen des personnes qui ont suivi régulièrement toutes les leçons théoriques et pratiques, et qui désirent faire constater leurs connaissances et obtenir un certificat de capacité. Ce jury est composé de l'inspecteur vétérinaire, de l'agronome de l'État et du professeur du cours.

Cours d'arboriculture fruitière et de culture maraîchère. — Des cours d'arboriculture ou de culture maraîchère en quinze leçons sont organisés dans les localités où l'utilité de cet enseignement est reconnue. Un arrêté en détermine le nombre chaque année. Les administrations communales et les sociétés horticoles ou agricoles qui réclament la création d'un cours doivent mettre gratuitement à la disposition du conférencier une salle ainsi qu'un jardin aménagé et planté d'arbres fruitiers.

Les cours sont faits d'après le programme général arrêté par le Ministre de l'agriculture.

Dans la période 1896-1899, il a été donné 280 cours d'arboriculture fréquentés par 12,417 personnes, et 120 cours de culture maraîchère suivis par 527 auditeurs réguliers. Un jury d'examen délivre des certificats de capacité. Les examens ont lieu, chaque année, dans les trois écoles de l'État, à Vilvorde, Gand, Huy.

Cours d'aviculture. — Des cours d'aviculture, comportant au moins trois leçons, sont institués chaque année par arrêté ministériel. La fréquentation de ces cours est gratuite. Ils n'ont pas lieu s'ils ne réunissent pas au moins vingt auditeurs réguliers.

La Fédération nationale des sociétés d'aviculture de Belgique consulte les agronomes de l'État sur la répartition des cours; ses propositions doivent être munies de l'approbation de ces fonctionnaires qui transmettent les demandes au Ministre de l'agriculture.

Les leçons d'un même cours se donnent à des dates rapprochées et dans le courant du premier semestre de l'année.

Le matériel intuitif pour ces cours comprend : squelette de la poule; instruments et appareils servant dans la pratique avicole; tableaux montrant le squelette et les divers appareils intérieurs; tableaux et diagrammes pour l'alimentation; gravures représentant les races; plans de poulaillers.

Cours de floriculture. — Des cours de floriculture en quinze leçons peuvent être institués, dans les localités où l'utilité de cet enseignement est reconnue, par un arrêté. Les administrations communales ou les sociétés horticoles et agricoles qui réclameront la création d'un cours devront mettre gratuitement à la disposition du conférencier une salle suffisamment spacieuse et le matériel nécessaire (poteries, terreau, plantes) pour donner un enseignement intuitif.

Ces cours ont pour but : 1° de permettre au jardinier d'acquérir les connaissances nécessaires pour entretenir les collections ornementales de serre froide et d'orangerie et pour faire la décoration des jardins et des parcs; d'apprendre aux amateurs les notions culturales nécessaires pour l'entretien des plantes d'appartement, de serre et de jardin.

Cours d'apiculture. — L'apiculture occupe actuellement une place importante en Belgique.

Les sociétés d'apiculture qui existent dans le pays et les groupements nouveaux qui se forment voient leur action s'étendre rapidement.

L'enseignement a été donné pendant le dernier triennat avec le plus grand succès, grâce à l'intervention directe des sociétés apicoles.

Les cours ont compris 760 leçons en 1897, 364 en 1898, 750 en 1899; chaque conférence réunissant environ 30 auditeurs.

Les sociétés d'apiculture, moyennant une subvention du Trésor public, se chargent de faire donner dans un très grand nombre de localités des conférences théoriques et pratiques, sous la surveillance et l'inspection des fonctionnaires délégués du département de l'agriculture.

IV. — Enseignement officiel de la laiterie.

1° ÉCOLES DE LAITERIE POUR JEUNES GENS.

Le but poursuivi par ces institutions est de former de bons contremaîtres et des directeurs de laiteries. De plus, elles permettent aux ingénieurs agricoles d'acquérir rapidement la pratique de l'industrie laitière.

L'administration de l'agriculture a institué la première école d'apprentissage pour contremaîtres de laiteries mécaniques à Deurle; deux sessions successives furent ensuite organisées à Hansbeke, puis l'école fut installée d'une façon permanente à Borsbeke.

Le programme de l'enseignement donné à l'école de laiterie de Borsbeke comprend les cours suivants :

Laiterie et fromagerie, mécanique, zootechnie, comptabilité, les travaux pratiques se rapportant à ces cours.

La durée des cours est de quatre mois. Une inspection officielle au moins a lieu durant chaque session.

Un examen a lieu à la fin des cours; il porte sur la théorie et sur la pratique.

École de laiterie pour garçons à Betecom. — L'enseignement est à la fois théorique et pratique.

Des *travaux pratiques* s'effectuent tous les jours de la semaine, à partir de 7 heures du matin (6 heures en été) jusqu'à 11 heures et demie.

Le travail se divise comme suit :

De 7 à 9 heures et demie, travaux de la laiterie, pour lesquels les élèves se divisent en six groupes :

Le premier s'occupe de la réception du lait (mesurage, prise d'échantillons, etc.);

Le deuxième surveille la chaudière, la machine à vapeur, les écrémeuses, les pasteurisateurs, etc.;

Le troisième fait le contrôle du lait au point de vue de la densité, de la richesse du lait en crème, de la matière grasse et de l'acidité du lait et de la crème;

Le quatrième s'occupe de la fabrication des fromages;

Le cinquième fait le barattage et le malaxage du beurre;

Le sixième fait l'emballage et l'expédition du beurre.

Pour être admis à suivre les cours, les élèves doivent :

Être âgés d'au moins 16 ans et posséder l'aptitude physique nécessaire pour participer aux différents travaux de la laiterie; posséder une bonne instruction primaire pour pouvoir suivre avec facilité les leçons théoriques; s'engager par écrit à suivre régulièrement les cours et à effectuer les travaux nécessaires au fonctionnement d'une laiterie. La fréquentation des cours est gratuite.

Les cours théoriques ont lieu dans des locaux séparés de la laiterie et situés au milieu du village, de 1 heure de l'après-midi jusqu'à 3 heures. De 4 à 7 heures les élèves sont autorisés à faire leurs études dans les locaux de l'école, sous la surveillance des professeurs.

Les élèves sont stimulés par des examens partiels qui ont lieu chaque mois et dont les résultats sont publiés.

2° ÉCOLES TEMPORAIRES DE LAITERIE POUR JEUNES FILLES.

En 1890, lorsque la première école temporaire de laiterie fut établie en Belgique, les progrès de l'agriculture générale s'accentuaient déjà dans le pays, tandis que l'industrie laitière restait stationnaire et semblait même péricliter. Le chiffre des exportations de produits laitiers diminuait d'année en année, les beurres des pays du Nord, notamment ceux du Danemark, supplantaient les produits belges en Angleterre, pays qui avait toujours été un excellent débouché pour la Belgique. Les pays circonvoisins, adoptant les nouvelles méthodes d'écrémage centrifuge, s'outillaient d'une façon supérieure et menaçaient d'accentuer cette crise en venant faire la concurrence aux beurres belges.

C'est dans ces circonstances que le Gouvernement jugea qu'il était indispensable de mettre l'industrie nationale au niveau du progrès qui se manifestait partout et d'organiser l'enseignement de la laiterie.

Cet enseignement devait être pratique avant tout. Son but était de répandre rapidement dans les campagnes les meilleures méthodes d'utilisation du lait et de fabrication du beurre et du fromage. Comme, dans les fermes belges, c'est principalement à la femme qu'incombent les soins de l'étable et de la laiterie, c'était à elle que devait s'adresser l'enseignement des principes de l'alimentation rationnelle et de l'hygiène des animaux, ainsi que de la laiterie.

Les écoles temporaires ou volantes de laiterie[1] se déplacent tous les trois mois, allant de comice en comice se mettre à la portée des jeunes filles qui désirent se mettre au courant des méthodes nouvelles en laiterie.

C'est à Soumagne, dans le pays de Herve, que fut organisée, en mars 1890, la première école temporaire de laiterie pour jeunes filles. Depuis cette époque, l'institution n'a fait que progresser, les écoles se sont multipliées et, à l'heure actuelle, chaque province belge possède son école de laiterie. Ces écoles sont hautement appréciées par les cultivateurs, qui peuvent, sans déplacement et sans frais, y envoyer leurs enfants.

La création d'une école temporaire de laiterie se fait généralement à la demande des comices, avec le concours pécuniaire de l'État, de la province, de la commune et du comice agricole de la région. Le budget de ces écoles s'élève à environ 2,000 francs pour une session de trois mois. Parfois, la session est prolongée d'un mois pour permettre aux élèves qui veulent étudier la fromagerie de se rendre mieux compte de la fabrication et de la maturation des fromages.

[1] Un arrêté du 6 janvier 1904 a modifié le titre des écoles volantes de laiterie qui s'appellent à présent : *Écoles ménagères agricoles ambulantes*. Le programme a également été modifié; en plus des matières anciennes il comprend des études sur l'hygiène, l'économie domestique et l'éducation.

Les écoles ménagères agricoles ambulantes ont pour but de donner aux filles de cultivateurs les notions nécessaires pour l'exercice de la profession de fermière. Si les circonstances locales le demandent, elles peuvent servir spécialement à vulgariser les notions nécessaires à l'établissement d'une laiterie ou d'une fromagerie coopérative.

Elles sont organisées conformément aux instructions suivantes : La création d'une école ménagère temporaire, ayant une durée de trois ou quatre mois, se fait généralement sur la demande des comices agricoles, avec le concours pécuniaire de l'État, de la province, de la commune et du comice agricole de la région.

L'enseignement est théorique et pratique. Les cours ont lieu tous les jours ouvrables; deux heures sont consacrées à la théorie et quatre heures au travail pratique.

Programme des cours : Hygiène, économie domestique, éducation; laiterie et fromagerie; zootechnie; aviculture; notions d'agriculture et de jardinage; comptabilité; exercices pratiques.

Un jury procède à un examen général des élèves et délivre un diplôme de capacité à celles qui ont obtenu la moitié des points attribués aux différentes épreuves.

L'outillage de l'école ménagère agricole se compose d'un matériel de cuisine; des appareils nécessaires à toutes les opérations d'écrémage, de fabrication du beurre et du fromage, ainsi que du mobilier scolaire (tables, pupitres, chaises, tableaux, livres, etc). Ce matériel est transporté, d'une localité à l'autre, aux frais de l'école temporaire à installer.

Le matériel est fourni par le Département de l'agriculture et les installations se font, soit dans une ferme, soit dans une habitation particulière présentant des salles assez nombreuses pour la division des différents services et les caves nécessaires. Le matériel se compose, pour la beurrerie, de deux ou trois écrémeuses centrifuges à bras, de pasteurisateurs, de réfrigérants, de barattes perfectionnées, de malaxeurs, d'appareils de contrôle (crémomètre, lacto-densimètre, lacto-butyromètre, contrôleurs Victoria, Babcock, Gerber, lacto-fermentateur, etc.); pour la fromagerie, de tables, d'égouttoirs, de cuves à double fond, de presses, de formes à fromages, etc.; enfin, de tous les appareils de chauffage et de tous les accessoires nécessaires à la fabrication du beurre et du fromage.

Le personnel enseignant se compose :

1° D'un directeur, chargé des cours d'agronomie et de zootechnie ; il s'occupe également de toute l'organisation matérielle de l'école (choix préalable des locaux, achat du lait, produits, etc.); il surveille les travaux pratiques et contrôle la marche régulière des appareils et des instruments ; la gestion financière lui est confiée. Les fonctions de directeur sont exercées par les agronomes de l'État ;

2° De deux maîtresses de laiterie, qui résident à l'école ; elles sont chargées de faire les cours de laiterie, de fromagerie et de comptabilité ; elles dirigent les travaux pratiques des élèves.

L'enseignement est théorique et pratique. Deux heures sont consacrées à la théorie et trois heures à la pratique.

Les cours pratiques se donnent de la façon suivante : chaque jour, 150 à 200 litres de lait sont convertis partie en beurre, partie en fromages les mieux appropriés à la région où l'école se trouve. Toutes les élèves prennent part, à tour de rôle, aux divers travaux ; elles sont, à cet effet, divisées en quatre groupes : le premier s'occupe du contrôle du lait et de l'écrémage ; le deuxième, du barattage et de la préparation du beurre ; le troisième fabrique les fromages et les soigne au séchoir et à la cave ; le quatrième est chargé du nettoyage des instruments et des locaux. Chaque semaine, les différents groupes changent de besogne.

Le lait mis en œuvre est fourni par les cultivateurs de la localité où fonctionne l'école, ou par les parents des élèves.

Le travail se fait en coopération. Chaque fournisseur reprend les produits et sous-produits qui lui sont dus. Ce système a été adopté pour démontrer pratiquement les bienfaits de la coopération laitière. Deux fois par semaine, les cultivateurs sont invités à venir voir fonctionner les appareils et à se rendre compte des avantages des nouveaux systèmes.

Deux heures sont consacrées chaque jour à la théorie, qui est donnée d'une façon aussi intuitive et aussi attrayante que possible, grâce au matériel dont le personnel enseignant peut disposer : collections d'engrais, de semences, tableaux, herbiers, microscope, etc.

Les élèves rassemblent de petites collections d'engrais, de tourteaux, de sols arables et, autant que la saison le permet, de graminées, de légumineuses, de plantes nuisibles dans les prairies.

. Les études théoriques sont très variées ; elles se rapportent aux notions principales qu'une bonne fermière doit posséder concernant l'alimentation, la sélection des animaux, l'amélioration des prairies, l'emploi des engrais, le lait, le beurre, le fromage. Le programme porte sur la laiterie et la fromagerie, la zootechnie, l'agriculture pastorale et la comptabilité.

Toutes les élèves sont externes. Le nombre maximum des admissions est de 16 élèves ; la fréquentation des cours est gratuite.

Les candidates doivent être âgées d'au moins 15 ans, posséder une bonne instruction primaire, avoir la force suffisante pour supporter les travaux de la laiterie.

Chaque école de laiterie est placée sous la surveillance des membres délégués du comice agricole et est soumise à l'inspection du Département de l'agriculture.

Un jury, composé de délégués du Département de l'agriculture, de la province et du comice, du directeur de l'école et des maîtresses de laiterie, procède à un examen général et délivre un diplôme de capacité aux élèves ayant obtenu la moitié des points attribués aux épreuves. Depuis que les écoles de laiterie fonctionnent, 1,786 élèves ont été diplômées.

Les écoles de laiterie ont certainement contribué, pour une large part, à l'extension de l'industrie laitière en Belgique. Partout où elles ont passé, on a vu adopter l'écrémage centrifuge et se monter des sociétés laitières. A l'heure actuelle, plus de 6,000 écrémeuses à bras fonctionnent dans les fermes et près de 400 laiteries coopératives et industrielles travaillent le lait de plus de 25,000 cultivateurs.

La fromagerie est comprise dans le cours de laiterie organisé dans les écoles et les sections ménagères. Le même enseignement est donné dans les écoles du degré primaire. Les sections spéciales de fromageries d'Overyssche et de Heverlé sont les plus connues. Le Gouvernement a publié le plan-type d'une école de fromagerie.

3° SERVICE DES CONSEILLERS DE LAITERIE.

Complétant le remarquable ensemble des institutions d'enseignement agricole nomade, le Département de l'agriculture a institué un service spécial composé de conseillers et de conseillères de laiterie, chargés de renseigner les promoteurs de syndicats de laiterie ou de fromagerie sur l'organisation matérielle des coopératives et de donner aux fermiers tous les éclaircissements et conseils de nature à lever les difficultés qu'ils peuvent rencontrer dans la fabrication du beurre et des fromages.

Les renseignements par écrit peuvent s'obtenir en s'adressant directement à l'un des membres de ce service.

Les personnes qui désirent recevoir la visite du conseiller ou de la conseillère de laiterie doivent en faire la demande au Ministre de l'agriculture.

Les conseillers ou conseillères de laiterie vont passer un ou plusieurs jours au siège des sociétés ou chez les particuliers.

V. — École professionnelle pour conducteurs de machines agricoles.

Une école de mécanique agricole a été fondée récemment[1] à Mons par la Société provinciale d'agriculture, avec le concours de l'État. L'école a pour but d'initier les praticiens à la machinerie agricole, aux applications nouvelles de la mécanique en agriculture, au montage, à l'entretien, aux réparations et à la conduite des instruments.

Les cours ont lieu pendant les mois de décembre, janvier et février, trois jours par semaine. L'apprentissage professionnel se poursuit pendant un an. Les jours de cours, après midi, ont lieu les travaux d'atelier, le dessin, les applications dans les fermes et établissements des environs. En dehors de cette période, les élèves s'exercent au réglage, à la conduite des machines de culture et de récolte, qui ne peuvent fonctionner qu'en bonne saison. Ils sont convoqués par groupes dans des exploitations agricoles.

Le personnel enseignant de l'école se compose d'un directeur, de professeurs et d'un chef d'atelier instructeur.

L'enseignement, donné gratuitement, s'adresse aux cultivateurs, laboureurs, domestiques de ferme, conducteurs de machines syndicales, entrepreneurs de travaux agricoles mécaniques, maréchaux et marchands de machines agricoles.

L'école délivre un brevet de *mécanicien-conducteur de machines* aux élèves qui ont fait preuve de capacités et en même temps d'aptitudes pratiques suffisantes.

Programme sommaire des cours : Cours de notions d'agronomie en rapport avec l'emploi des machines; notions de physique et de mécanique générale; étude des matériaux employés dans la construction du matériel mécanique agricole, des combustibles et lubrifiants; cours de machines agricoles; cours de machines de laiterie; cours de moteurs inanimés; cours de législation industrielle.

Enseignement pratique : Dessin; exécution de croquis cotés et de figures schématiques; outillage mécanique des fermes; travail d'atelier; conduite des machines.

VI. — Service des agronomes de l'État.

Les agronomes de l'État, dont les attributions ont beaucoup d'analogie avec celles de nos professeurs départementaux, ont été institués par arrêté royal du 26 septembre 1885. Antérieurement, l'enseignement nomade en Belgique consistait en conférences organisées par les soins du Gouvernement d'une façon irrégulière.

Les personnes munies d'un diplôme d'ingénieur agricole, délivré à la suite de hautes études, sont seules nommées dans ce service. Toutefois, il peut être fait exception à cette règle en faveur des personnes qui ont donné des preuves notoires de leurs connaissances en matière agronomique et qui s'engagent à subir dans un délai de deux ans un examen devant un jury spécial nommé par le Ministre de l'agriculture.

---

[1] Cette école a été organisée définitivement en 1903.

Dans le cas où il le juge utile, le Ministre de l'agriculture peut soumettre les candidats diplômés à un concours public.

La première nomination a lieu à titre provisoire pour la durée d'un an, en ce qui concerne les ingénieurs agricoles, et de deux ans pour les autres titulaires.

Les agronomes de l'État ont pour mission principale :

a. De vulgariser les notions et les procédés de la science agronomique par voie de consultations orales ou écrites, de conférences, de champs d'expériences, etc.

Ils se mettent en rapport direct avec les cultivateurs, donnent gratuitement les conseils qui leur sont demandés. Ils remplissent les fonctions de conseiller technique et de conférencier agricole ;

b. D'enseigner aux cultivateurs les avantages que peut leur procurer l'association et de fournir aux personnes qui leur en font la demande des données précises sur l'organisation, ainsi que sur le fonctionnement des groupements agricoles ;

c. D'éclairer l'administration centrale sur les travaux des sociétés agricoles officielles ou subsidiées de leur circonscription, sur les encouragements pécuniaires qu'il convient de leur octroyer, ainsi que sur les distinctions honorifiques qu'il y a lieu d'accorder aux membres les plus méritants de ces collèges ;

d. D'organiser et de diriger les cours agricoles pour adultes, les cours d'horticulture, d'arboriculture, de culture maraîchère, etc., établis par le département de l'agriculture dans leur ressort.

Afin de faciliter la mission de ces fonctionnaires, l'administration centrale est autorisée à nommer auprès de chaque agronome, pour un temps à déterminer, un ou plusieurs aides temporaires chargés de l'assister.

Le corps des agronomes de l'État comptait en 1900 vingt-trois titulaires, dont trois sont attachés à l'administration centrale.

Les agronomes adressent chaque mois à l'administration centrale un rapport rédigé d'après un plan uniforme, sur leurs conférences, sur l'état des cultures, sur l'état des champs d'expériences, établis par leurs soins, sur les associations et les divers groupements d'agriculteurs, sur les foires et marchés, sur les industries et l'outillage agricole, sur l'état sanitaire du bétail.

Sur ces divers points, les professeurs sont renseignés par des spécialistes remplissant les fonctions honorifiques de « correspondants de l'Administration de l'agriculture ».

Les professeurs sont surveillés par les inspecteurs de l'agriculture.

Les agronomes de l'État sont chargés de la direction des champs d'essais et de démonstrations. L'expérimentateur chez lequel est établi le champs d'essais ou de démonstrations est tenu d'effectuer la préparation du sol et de l'entretenir. Le Département de l'agriculture fournit gratuitement les graines, les tubercules et les engrais chimiques. Sur la proposition des agronomes, l'administration publie, sous forme de feuilles volantes, des *Avis aux cultivateurs.* Les agronomes distribuent ces avis, soit à l'occasion de leurs conférences, soit par l'intermédiaire de leurs correspondants ou des professeurs des cours publics de leur région.

Les bibliothèques agricoles sont soumises au contrôle des agronomes de l'État ou de leurs délégués, qui adressent chaque année un rapport au Ministre de l'agriculture sur les livres ou les sujets qui ont particulièrement intéressé les lecteurs.

Chaque agronome organise un essai de transmission télégraphique des prévisions du temps d'après les renseignements fournis par le service météorologique de l'Observatoire. Ces prévisions s'appliquent à la journée du lendemain; elles sont résumées par les mots suivants : Réchauffement. Refroidissement. Beau temps. Pluvieux. Pluie. Orageux. Orage. Grêle. Forte gelée, etc. Ces mots, employés seuls ou associés entre eux, comme dans «beau temps, refroidissement», s'appliquent à la seule journée du lendemain.

Comme il peut être utile pour l'agriculture de connaître les probabilités du temps pour une période plus longue et que, d'autre part, certaines situations atmosphériques relativement stables permettent d'annoncer le temps probable pour plusieurs jours, le terme *durable* fait connaître que la prévision se répétera vraisemblablement pendant les deux ou trois jours suivants.

VII. — Station agronomique. Laboratoires d'analyses de l'État. Chimistes agréés par l'État.

Station agronomique de Gembloux. — Elle a été fondée en 1871 par l'Association pour la fondation des stations agricoles en Belgique et reprise par l'État en 1883. Elle est à la charge de l'État. C'est un établissement de recherches qui poursuit l'étude des questions de chimie et de physiologie appliquées à l'agriculture. Elle remplit en outre le rôle de laboratoire du Ministère de l'agriculture. Les autres ministères ont, par l'entremise du Ministère de l'agriculture, également recours à la station agronomique. Un service de météorologie agricole y est organisé.

Laboratoires d'analyses de l'État. — Les laboratoires de Gembloux, Gand, Hasselt et Liège ont été fondés par l'ancienne association pour la fondation de stations agricoles, et repris par l'État en juin 1883. L'État a créé, depuis, les laboratoires d'Anvers, de Mons et de Louvain.

Le personnel de chaque laboratoire se compose d'un directeur, d'un ou deux chefs de travaux, d'un ou plusieurs chimistes et assistants, d'un comptable, de garçons de laboratoire. Les assistants sont nommés au concours.

Les laboratoires de l'État sont à la charge du budget du Ministère de l'agriculture; les recettes qu'ils effectuent (produit des analyses, contrôle) ainsi que les subsides des provinces sont versés au Trésor.

Ils sont mis à la disposition du public pour y faire exécuter, d'après un tarif uniforme arrêté par le Ministre pour les sept établissements existants, les analyses des terres, matières fertilisantes, des denrées et substances alimentaires de l'homme et des animaux, les produits agricoles et l'essai des semences. Il leur incombe en outre la vérification, gratuite pour l'acheteur, des marchandises livrées par les industriels et les négociants ayant accepté le concours de l'État, la participation, concurremment avec les laboratoires agréés, à l'analyse des échantillons prélevés en exécution des règlements relatifs à la surveillance du commerce des denrées alimentaires.

Chimistes agréés par l'État. — Dans le but de faciliter aux agriculteurs le moyen de faire vérifier, dans le plus court délai possible, les engrais, les semences et les substances alimentaires pour le bétail qui leur sont fournis par le commerce, le Ministre de l'agriculture peut *agréer* des laboratoires privés. L'arrêté royal du 12 août 1895 et l'arrêté ministériel du 29 novembre 1895 déterminent les conditions que doivent remplir les chimistes pour être appelés à effectuer avec les laboratoires de l'État les analyses demandées par le public et à participer au contrôle organisé pour l'application de la loi sur la falsification des engrais. Les laboratoires sont soumis à l'inspection d'un délégué de la Commission de surveillance des laboratoires de l'État. Il y a actuellement dix-huit chimistes agréés.

CHAPITRE IV.

CONSIDÉRATIONS GÉNÉRALES.

Les principales institutions d'enseignement agricole en Belgique ont été organisées par le Département de l'agriculture qui n'existe que depuis dix-sept ans. Elles portent donc l'empreinte de ce qu'on a appelé la politique scolaire du Gouvernement belge. A côté d'établissements de l'État, l'article 1er de la loi du 4 avril 1890 admet la fondation d'autres institutions avec le concours du pouvoir central, et pose ainsi le fondement de l'aide officielle aux écoles ou sections d'écoles agricoles libres.

La monographie publiée à l'occasion de l'Exposition par le Ministère de l'agriculture belge a facilité singulièrement notre tâche pour mettre en lumière les principales créations et améliorations de l'enseignement agricole belge.

En ce qui concerne l'Institut agronomique de Gembloux, c'est la création d'une quatrième année d'études facultative qui nous a le plus frappé. Il est incontestable que les progrès scientifiques considérables qui ont eu lieu en agriculture pendant ces dernières années incitent les jeunes gens qui se destinent à la carrière agricole à se spécialiser de plus en plus. L'esprit de spécialisation qui doit dominer désormais dans le domaine de l'enseignement agricole a précisément poussé le Ministère de l'agriculture belge à créer cette quatrième année d'études facultative. Les études agronomiques sont destinées à fournir à une agriculture qui *s'industrialise* des hommes capables de mener une grande exploitation comme un ingénieur dirige une usine.

Les trois dernières années d'études sont uniquement consacrées à préparer des agriculteurs capables de régir leurs propriétés ou de diriger les industries annexes de la ferme, alors que la quatrième année permet aux ingénieurs agricoles de compléter leurs connaissances dans trois directions bien définies : 1° les eaux et forêts; 2° la chimie et les industries agricoles; 3° l'agronomie et l'enseignement agricole. Les élèves de la section sylvicole peuvent entrer dans l'Administration des eaux et forêts.

Quoique cette organisation soit des plus récentes (1897), elle a déjà donné, d'après le Ministère de l'agriculture, des résultats très encourageants.

Notons que l'institut agronomique de l'Université de Louvain a inauguré aussi, en 1895, le même système de quatrième année facultative de spécialisation à trois sections d'études.

Le diplôme d'ingénieur agricole de l'Institut de Louvain a la même valeur que celui octroyé par l'Institut de Gembloux.

Si nous passons de l'enseignement supérieur à l'enseignement moyen ou secondaire, nous constatons une transition brusque au point de vue du niveau des études. En Belgique, l'enseignement secondaire n'est pas représenté par des établissements analogues à nos écoles nationales françaises (Grignon, Montpellier, Rennes). Au-dessous des deux instituts supérieurs de Gembloux et de Louvain, on trouve immédiatement les écoles régionales qui correspondent à peu près à nos écoles pratiques d'agriculture. Peut-être faudrait-il faire une exception en faveur de l'institut de Carlsbourg et de la Louvière qui occupent un degré quelque peu supérieur à celui des autres écoles d'enseignement moyen. Les écoles régionales, qui donnent l'enseignement moyen, sont au nombre de 17. L'État en possède trois et toutes les autres sont des écoles libres soumises à l'inspection officielle et subventionnées par le Gouvernement.

Comme on le voit, la Belgique a laissé aux associations et aux particuliers le pouvoir de fonder des écoles ayant le caractère et les droits des écoles de l'État. Aussi, les associations religieuses en ont-elles largement profité : on peut dire que presque tout l'enseignement agricole secondaire et ménager est entre leurs mains.

L'intervention pécuniaire des pouvoirs publics en faveur de ces écoles agricoles et sections agricoles revêt la double forme des subsides et des bourses d'études. Les écoles d'agriculture reçoivent de 3,500 à 5,000 francs; les sections agricoles de 1,500 à 3,500 francs; les écoles d'horticulture de 1,000 à 4,000 francs. Les sections spéciales de fromagerie reçoivent de 1,000 à 2,000 francs; les cours temporaires de laiterie 800 francs. Dans la limite de ses crédits, le Département de l'agriculture favorise les élèves peu fortunés des établissements, tant officiels que privés, par des bourses d'études qui sont une récompense de leur application.

En Belgique, on donne communément le nom d'*écoles d'agriculture* à de simples sections agricoles annexées aux écoles libres. Cette définition, qui est reproduite dans les instructions ministérielles du 16 août 1902, rend la distinction assez difficile : « Sont désignés sous le nom d'écoles d'agriculture les établissements d'instruction ou annexes d'établissements où les élèves reçoivent, outre un enseignement général séparé, un enseignement spécial agricole complet et qui possèdent des installations en conséquence. »

La préoccupation professionnelle domine dans les écoles d'agriculture; dans les sections, au contraire, une part meilleure est faite à l'instruction générale.

La plupart des écoles libres sont annexées à de grands pensionnats religieux. Il en est ainsi au collège épiscopal de Notre-Dame-de-Bellevue, à Dinant, au collège épiscopal de Saint-Joseph, à Hasselt, au collège des Joséphistes de Grammont, aux collèges de Saint-Joseph, à Hasselt et à Chimay, etc. L'école d'agriculture, dans ce cas, fournit les produits de son travail au grand pensionnat; les deux établissements se soutiennent mutuellement. Cette habile association du producteur et du consommateur présente, on le comprend, de sérieux avantages au point de vue économique. Elle explique même pourquoi les établissements en question n'ont besoin que de très petites subventions.

Le système des écoles libres subventionnées a pu permettre au Ministère de l'agriculture de créer de nombreux établissements d'instruction agricole avec des sommes relativement minimes. C'est à peine, en effet, si la Belgique dépense 3,000 francs en moyenne pour chaque établissement, soit à peu près 45,000 francs pour toutes ses écoles régionales libres, alors que l'école d'Huy, appartenant à l'État, revient à 25,000 ou 30,000 francs par an.

Les résultats donnés par ce système sont-ils en proportion directe de l'argent dépensé?

Disons tout de suite qu'il est difficile de s'en rendre compte. Il semble bien cependant que les résultats obtenus laissent un peu à désirer à certains points de vue. Nous relevons, en effet, dans la plupart des écoles, un recrutement assez faible : à l'école de Thielt, 20 élèves en moyenne pour trois années d'études, soit 7 élèves par année; à l'école de Dinant, même recrutement; à l'école de Carlsbourg, 13 élèves en moyenne pour trois années d'études, soit 4 à 5 élèves par année; à l'école de Chimay, 8 élèves par année; à la Louvière, 18 à 20 élèves pour trois années d'études, soit 6 à 7 élèves par année, etc.

Mais cette faible fréquentation scolaire est due peut-être à la crise de main-d'œuvre agricole que subit le pays.

Certains établissements se sont fait une spécialité de préparer des candidats aux Instituts de Gembloux et de Louvain : à l'école Notre-Dame-de-Bellevue, à Dinant, 20 élèves sur 150 sont entrés à Gembloux et à Louvain; à l'école de Carlsbourg, sur 173 élèves, 16 ont été admis à Louvain, 3 à l'Institut de Gembloux, 1 à l'Institut agricole de Beauvais, 1 à l'École vétérinaire de Cureghem, 1 à l'École forestière de Nancy, 1 à l'Institut de chimie de Nancy.

Les écoles subsidiées paraissent avoir usé de leur liberté pour élaborer elles-mêmes leurs programmes et diriger leur enseignement comme elles l'entendent. C'est ce qui ressort de la circulaire du 14 novembre 1890 : «A la suite des visites faites aux établissements subsidiés, les rapports de l'inspecteur d'agriculture ont fréquemment fait ressortir la nécessité d'introduire plus d'uniformité dans les méthodes d'enseignement agricole. En conséquence, je crois devoir formuler quelques prescriptions que je désirerais voir suivre, afin que cet enseignement produise les meilleurs résultats. »

Les cours spéciaux d'agronomie aux élèves des athénées, des écoles moyennes de l'État et des écoles libres dont nous avons parlé et donné le programme méritent d'attirer l'attention. Il y a là une tendance à vulgariser l'enseignement agricole parmi les élèves des écoles donnant l'instruction générale, sans le restreindre aux écoles spéciales. Ces cours d'agronomie qui font connaître les choses de la terre et indiquent les grandes lignes du métier d'agriculteur peuvent être de nature à donner l'idée aux citadins d'embrasser la carrière agricole et peuvent contribuer à ramener aux champs les fils de cultivateurs attirés par les carrières libérales.

Le Gouvernement belge a le souci d'ailleurs bien prononcé de développer les enseignements spéciaux (commerciaux, industriels, agricoles) afin d'éviter que les écoles ne produisent des déclassés.

Cette préoccupation ressort nettement de l'arrêté royal du 10 septembre 1897, qui a institué des sections spéciales dans les écoles moyennes de l'État; ce règlement organique prévoit quatre types d'écoles moyennes pour les garçons et deux pour les filles.

Dans ces dernières écoles on a développé d'une façon très heureuse l'enseignement de l'économie domestique et des travaux à l'aiguille. La section agricole dans les écoles de garçons comprend : les éléments d'agronomie et de zootechnie pratique; l'arboriculture fruitière et la culture potagère; la comptabilité agricole; le dessin technique; le travail du bois; l'application de la géométrie à l'agriculture.

La réforme a été appliquée à un nombre limité d'écoles; le Gouvernement a voulu tenter une expérience. On ne peut guère apprécier aujourd'hui les résultats obtenus, car l'organisation est trop récente; mais c'est une tentative intéressante qui mérite d'être signalée; elle est de nature à orienter les esprits vers l'industrie, le commerce, l'agriculture. C'est l'analogue de ce qui a été fait en France avec les sections industrielles et agricoles annexées aux écoles primaires supérieures.

Les écoles ménagères sont des écoles libres tenues par des congrégations et subventionnées par le Ministère de l'agriculture, à l'exception d'une seule, l'école de Bouchout, qui appartient à l'État. Les subventions varient de 1,000 à 2,000 francs.

L'introduction des écoles ménagères en Belgique et leur excellente organisation sont dues à M. Proost, directeur général de l'agriculture.

L'école française de Coëtlogon semble avoir servi de modèle à l'organisation des écoles ménagères en Belgique. L'idée qui avait germé en France s'est développée en Belgique où elle a déjà donné, ainsi que nous l'indique le Ministre de l'agriculture belge, des résultats tout à fait remarquables qui leur ont valu un grand prix du Jury.

Cette réussite des écoles ménagères prouve combien les agriculteurs belges ont su se pénétrer du rôle important de la femme dans la bonne tenue de la ferme et de la nécessité de maintenir chez les jeunes filles l'habitude et le goût de la profession de leurs parents. L'enseignement des notions d'hygiène et l'indication des premiers soins à donner aux malades, aux enfants, ont donné également d'excellents résultats.

Nous avons donné des détails très complets dans les monographies des écoles ménagères sur leur enseignement. Nous n'y reviendrons pas, nous bornant à dire un mot de l'école supérieure de Héverlé.

A l'école supérieure de Héverlé, où les études ont une durée de trois ans, les travaux pratiques se font dans la matinée. L'école reflète ainsi mieux la vie réelle, où les travaux de la ferme ont lieu le matin, notamment en été où le travail matinal se fait dans de meilleures conditions d'hygiène.

Au degré supérieur de l'enseignement agricole pour les jeunes filles, l'enseignement technique est complété par des cours de pédagogie et de méthodologie, de droit usuel et d'économie sociale. Une grande part est faite aussi à l'éducation morale et à l'enseignement de l'hygiène. Cette école a pour but de donner une instruction supérieure aux jeunes filles appelées à participer à la gestion de grands domaines, d'exploitations agricoles importantes, ou qui se destinent, éventuellement, à l'enseignement agricole. Les jeunes filles qui ne désirent pas faire des études supérieures peuvent obtenir le même certificat que celles des écoles ménagères ordinaires. Les programmes des études supérieures peuvent constituer la suite et le développement de ceux des écoles ménagères agricoles.

Si la Belgique se distingue des autres pays par ses écoles ménagères, elle semble s'en distinguer aussi par son enseignement agricole populaire dont le développement paraît considérable. Sous le titre d'enseignement agricole populaire, on peut ranger les écoles de laiterie, les cours d'agronomie pour adultes, les cours élémentaires d'agronomie pour militaires, les cours d'arboriculture fruitière, de culture maraîchère, d'apiculture et de maréchalerie. Il était très utile de donner de l'extension à cet enseignement parce que la propriété du sol est extrêmement divisée en Belgique; on y compte, en effet, 472,471 exploitations agricoles de moins de 50 ares, là où il n'y en avait, il y a cinquante ans, que 247,551. La plupart de ces petites exploitations sont prospères malgré leurs proportions réduites, parce que les applications de la science ont décuplé le rendement de chaque pouce de terrain.

Les écoles temporaires de laiterie pour jeunes filles, sortes «d'écoles volantes» se déplaçant tous les trois mois, pour être à la portée de toutes les jeunes filles de la campagne qui désirent se mettre au courant des nouvelles méthodes de laiterie, ont été fort utiles. Avec un faible budget de 2,000 francs pour trois mois, ces écoles ont pu donner dans huit provinces 71 cours auxquels ont pris part 874 jeunes filles. C'est certainement à l'enseignement professionnel qu'ont reçu ces jeunes filles qu'on doit la rénovation de l'industrie laitière en Belgique. La production laitière de ce pays s'est accrue considérablement; les beurres belges dont la production était autrefois insuffisante viennent maintenant faire concurrence aux beurres des pays voisins.

Mais l'extension même des coopératives, en supprimant le travail à la ferme, a diminué l'importance des études spéciales de laiterie. Il en est résulté une heureuse transformation. Les cours de zootechnie, d'agronomie et de comptabilité reçoivent plus de développements; place est faite à l'enseignement de l'économie domestique.

L'école continue son rôle d'école volante de laiterie dans les campagnes, mais avec une préoccupation moins exclusive; elle est devenue, depuis 1904, *ménagère agricole*.

Les cours élémentaires d'agronomie pour militaires sont non moins remarquables que les cours de laiterie pour jeunes filles. Les cours qui ont débuté à titre d'essai en 1890 ont été supprimés en 1893 et enfin rétablis en 1897. D'après le Ministère de l'agriculture belge, dans l'année 1898-1899, 36 cours groupèrent 1,239 auditeurs. Leur succès qui démontre leur nécessité a déterminé d'autres pays à faire des essais semblables.

L'enseignement des agronomes de l'État rappelle celui qui est donné par nos professeurs départementaux et spéciaux d'agriculture.

Leur rôle est très complexe et ils font pour ainsi dire fonction d'inspecteur dans leur circonscription, surveillent les établissements d'enseignement et les sociétés d'agriculture, et renseignent l'administration centrale sur leurs travaux, sur les encouragements pécuniaires qu'il convient de leur donner, ainsi que sur les distinctions honorifiques qu'il y a lieu d'accorder aux membres les plus méritants.

Chargés de vulgariser les notions et les procédés de la science agronomique, notamment par voie de consultations orales ou écrites, de conférences, ils se mettent en rapport avec les cultivateurs, auprès desquels ils remplissent les fonctions de conseiller technique et de conférencier agricole.

L'organisation méthodique des conférences ou cours publics en Belgique semble due à Pierre Joigneaux qui, sur la demande du gouverneur de la province de Namur, habitua aux fonctions de conférenciers horticoles des instituteurs belges. Le Gouvernement belge demanda au célèbre publiciste agronome un guide-brochure résumant ses conférences sur le jardinage et l'arboriculture. Les élèves de l'École normale furent les premiers à bénéficier de cet enseignement. Les écoles d'horticulture de Gand et de Vilvorde devinrent ensuite des pépinières de conférenciers agricoles.

Dans ce pays des conférenciers, la *Ligue nationale pour l'éducation familiale*, qui rentre dans la catégorie des œuvres post-scolaires, répand, avec succès, dans les familles, en dehors des notions pédagogiques d'éducation des enfants, des connaissances pratiques de sciences naturelles.

Le Département de l'agriculture assigne un rôle important aux publications agricoles. Sur la demande des agronomes et des conférenciers agricoles, l'administration distribue gratuitement sous la forme d'*Avis aux cultivateurs* des notices pratiques sur les maladies des plantes, sur la sélection des semences, sur la destruction des insectes, sur l'alimentation du bétail, etc. Aux États-Unis, le service des publications du Ministère de l'agriculture envoie aussi des « *tracts* spéciaux, *Farmer's bulletins* », à tous les agriculteurs qui en font la demande.

Des *bibliothèques agricoles* sont instituées sur la demande des administrations communales, des comices, des unions professionnelles, des sociétés agricoles et horticoles et des écoles d'agriculture qui présentent des garanties sérieuses de stabilité. Elles sont soumises au contrôle des agronomes de l'État ou de leurs délégués. L'usage de la bibliothèque est gratuit, et aucune rétribution n'est accordée par l'État au bibliothécaire. L'agronome de la région où se trouve la bibliothèque adresse chaque année au Ministre de l'agriculture un rapport dans lequel il indique les livres et les sujets qui ont particulièrement intéressé les lecteurs. Les bibliothèques doivent user pour leur catalogue de la classification adoptée par le Cercle d'études des agronomes et des professeurs d'agriculture.

Nous ne pouvons passer sous silence les cours de maréchalerie dont l'importance dans tous les pays a été si bien mise en lumière par M. Lavalard, maître de conférences à l'Institut agronomique de Paris. Comme le fait remarquer M. Lavalard, «on ne se préoccupe certainement pas assez de la situation des ouvriers maréchaux qui méritent, comme ceux des autres corps d'état, de recevoir une instruction théorique et pratique leur permettant de se perfectionner dans leur art, si indispensable à l'utilisation du cheval comme moteur». La Belgique, depuis 1900, s'efforce de développer l'enseignement de la maréchalerie; elle suit l'exemple de l'Allemagne dont les cours, depuis 1897, ont été suivis par 1,090 auditeurs, parmi lesquels 486 ont été diplômés.

Dans toutes les brochures exposées par la Belgique, dans tous les travaux, on relevait le souci d'un enseignement méthodique, pédagogique, sans lequel un établissement quel qu'il soit ne peut que péricliter.

Dans la circulaire ministérielle du 14 novembre 1890, déjà citée, le Ministre indiquait nettement que l'enseignement agricole moyen doit se rapprocher de l'enseignement primaire et lui emprunter ses méthodes :

«Il est entendu que l'enseignement, s'adressant à des jeunes gens sortis de l'école primaire, tout en étant moins élémentaire, devra également rester intuitif et méthodique.»

La méthode intuitive, méthode naturelle et analytique qui repose sur la perception et l'étude des choses par les sens, est particulièrement en faveur dans les écoles belges.

L'auteur de la brochure du Ministère de l'agriculture présentant les différentes écoles le rappelle à chaque instant. C'est ainsi que pour l'école de la Louvière, il écrit : «Les professeurs visent surtout à rendre le programme assimilable par l'emploi d'une méthode d'enseignement basée avant tout sur l'expérience, et se servent de moyens intuitifs et concrets pour faire marcher l'élève presque à son insu du connu à l'inconnu, des exemples à la thèse. Ce côté intuitif de la méthode ressort bien des spécimens d'expériences faites chaque année au cours de physiologie botanique, sans parler de l'outillage complet des cabinets de physique et de chimie, des collections, ainsi que d'une foule de tableaux muraux, de diagrammes, qui parlent à l'œil et valent, par leur seul examen, toute une longue dissertation sur la matière.»

«Le professeur, dit M. Proost, directeur général de l'agriculture, ne donnera aucune leçon sans avoir une série d'objets, d'instruments devant lui, et sans faire quelques expériences. Avec un peu de bonne volonté, tout professeur est capable de préparer une foule d'expériences très simples, sans frais, à l'aide d'appareils rudimentaires qu'il peut souvent confectionner lui-même.»

Ce sont bien là les sages conseils que Dumas, l'expérimentateur de génie, donnait, il y a cinquante ans, aux jeunes professeurs et que M. René Leblanc, le créateur des leçons de choses expérimentales à l'école primaire, a si bien mis en pratique.

M. Proost recommande aux professeurs, avec raison, de ne pas dicter leurs leçons.

Les élèves sortant de l'école primaire ne sont pas aptes, en effet, à prendre des notes; ils sont incapables de suivre et de fixer en même temps sur leurs cahiers la pensée du maître. Vouloir leur faire prendre des notes, c'est s'obliger à parler très lentement, à se répéter souvent, en un mot à dicter. Mais si le professeur ne dicte pas son cours, comment les élèves prépareront-ils leurs leçons? Il faut qu'ils aient à leur disposition ou le cours autographié du professeur ou des livres excellents. Faire autographier les cours dans chaque école, c'est se livrer à des dépenses exagérées. Le mieux encore est de créer une série unique d'ouvrages bien faits contenant les idées générales, les parties essentielles que nul élève ne doit ignorer. L'enseignement agricole belge, très pédagogique, devait nécessairement entrer dans cette voie. Il l'a fait sans hésiter.

«Afin de faciliter la tâche des professeurs et des élèves, nous dit le directeur de l'agriculture, nous avons provoqué la rédaction de manuels classiques pour chacune des branches inscrites au programme. Quelques-uns de ces manuels ont déjà été publiés; les autres sont en voie de publication. »

Ce serait une erreur de croire que le livre de l'école d'agriculture doit être appris par les élèves plus ou moins par cœur et suivi servilement par le professeur.

«Ce système, comme le fait remarquer M. Proost, permet, il est vrai, au maître, de ne consacrer que peu de temps à la préparation des leçons, mais il est désastreux pour l'enseignement. L'élève perd toute initiative et se dégoûte de l'étude. La paresse d'esprit s'accroît le plus souvent en raison directe du développement de la mémoire machinale. Le professeur doit donc bien préparer consciencieusement ses leçons et y apporter du dévouement et du zèle, afin d'imprimer à son enseignement un caractère personnel et de le rendre aussi attrayant que possible. »

C'est dire que le livre n'est pas destiné à supprimer le maître et à transformer l'enseignement oral en enseignement « livresque », mais à être simplement le collaborateur du professeur. Ce manuel classique économise le temps que prendraient des dictées, devient pour l'élève un *vade mecum* toujours utile à consulter et, sans enlever à l'enseignement du professeur un cachet d'originalité, facilite singulièrement la préparation méthodique des leçons.

IV

BOSNIE-HERZÉGOVINE.

CHAPITRE PREMIER.

EXPOSITION.

Installée au premier étage du pavillon de la Bosnie, l'exposition du Département de l'agriculture était fort intéressante. On y voyait tous les détails d'organisation et le fonctionnement des stations agricoles de l'État à Gacko, Ilidze, Livno et Modric, et des stations viticoles de Dervent, Lastra et Mostar.

Des plans et monographies des stations agronomiques et des écoles d'agriculture étendus sur un double pupitre renseignaient, sur l'ensemble, le visiteur, qui n'avait plus qu'à se reporter, pour les détails, à la série des tableaux accrochés aux parois. Une collection complète de graines, classées d'après l'altitude, représentait un travail fort utile et très intéressant dans un pays montagneux où la végétation et la nature des plantes à cultiver varient incessamment. De magnifiques gerbes de céréales complétaient le décor de l'exposition.

Récompenses. — 1 grand prix. Collaborateurs : 5 médailles de bronze.

CHAPITRE II.

ORGANISATION DE L'ENSEIGNEMENT AGRICOLE.

On sait que la Bosnie-Herzégovine a été annexée en 1878 à l'Autriche-Hongrie, qui avait reçu au Congrès de Berlin la mission de pacifier le pays et le droit d'occuper les deux provinces. Les Autrichiens trouvèrent le pays dans un état très arriéré. Pas d'écoles spéciales, pas de moyens de communication, insécurité déplorable des personnes et des propriétés, situation économique précaire. En dehors de la production des chevaux, de la culture du tabac, de la production des prunes, les diverses branches de l'agriculture ne donnaient que de maigres résultats. Malgré les conditions favorables qu'offraient le sol et le climat, les récoltes étaient médiocres, le bétail mal soigné. Tout était à faire. Cette situation n'avait qu'un avantage : elle offrait à l'administration nouvelle un terrain neuf, vierge de toute organisation. Elle allait donc pouvoir édifier à sa guise, maîtresse de ses mouvements. Puis grâce à un inventaire dressé immédiatement et répété d'année en année, elle pourrait juger des résultats accomplis.

L'Autriche-Hongrie se mit avec ardeur à la tâche et organisa d'une façon complète l'enseignement agricole.

Stations agricoles. — Le Gouvernement austro-hongrois s'efforça tout d'abord de constituer des sociétés agricoles qui devaient servir de centres d'améliorations. Les paysans paraissant réfractaires à ce mode de groupement des forces agricoles, il fut institué des stations analogues à nos fermes-écoles françaises, mais avec cette différence capitale que les stations bosniaques sont administrées directement par l'État. Il existe encore une autre particularité très originale, c'est que à ces stations sont annexées des fermes modèles. C'est une organisation tout à fait spéciale. On a voulu avoir en même temps des centres de production pour les meilleurs produits et les meilleures espèces d'animaux, et des fermes devant servir d'exemple aux populations agricoles de la région. Ces fermes vivent de la propre existence de la station; ce sont des exploitations de paysans qui sont dirigées pendant trois ans par le directeur de la station agricole.

L'exploitant s'engage à se conformer rigoureusement pendant ce laps de temps aux indications qui lui sont fournies par le directeur de la station. A l'expiration des trois années, il reprend sa liberté, et il se trouve à la tête d'une ferme singulièrement améliorée. Un autre paysan, possesseur d'une ferme, prend sa place et se soumet à l'administration de la station. De cette façon toute une région se transforme, s'améliore et se maintient au niveau du progrès.

Écoles primaires. — L'organisation de l'enseignement agricole en Bosnie-Herzégovine ne comprend pas seulement les stations ou écoles qui constituent l'enseignement spécial agricole. Toutes ou à peu près toutes les écoles primaires villageoises sont fréquentées par des enfants qui appartiennent en grande majorité à des familles rurales. Il était tout indiqué de se servir de ces écoles primaires pour faire pénétrer l'enseignement agricole dans les masses.

L'Administration paraît y avoir réussi d'une manière particulièrement remarquable. Un professeur d'agriculture est attaché à l'école pédagogique de Sarajevo. Les instituteurs qui ont suivi le cours d'agriculture passent, chaque année, une partie de leurs vacances dans les stations agricoles, notamment à Gacko, où ils reçoivent une instruction pratique.

Chacune des écoles primaires représente une véritable école d'agriculture. Le maître a reçu à l'école normale l'instruction agricole. Il en donne à ses élèves le côté essentiellement utilitaire, ne faisant intervenir dans ses leçons la théorie que dans la mesure nécessaire. Et nous retrouvons ici l'idée que nous avons tout à l'heure mise en relief. A chaque école primaire est rattachée une ferme de paysans qui est dirigée pendant un temps déterminé comme les fermes dont nous avons parlé sont dirigées par les stations agricoles. En été, les élèves y travaillent. Leurs travaux varient avec les différentes cultures : dans une région, on cultive le tabac ; dans l'autre, la vigne ou les pruniers.

Enfin, le dimanche, l'instituteur fait des conférences devant les cultivateurs des environs. La libre discussion y est admise au profit de tous. Ces conférences attirent toujours beaucoup de monde. Les avantages immédiats et utilitaires que les paysans en retirent ont contribué, dans une large mesure, à rendre populaire le régime des écoles primaires.

Écoles techniques moyennes. — En dehors des écoles d'artisans et de commerce l'Administration austro-hongroise a institué à Sarajevo une école technique moyenne destinée à former des agents-voyers, arpenteurs, petits ingénieurs, aides-architectes, capables de construire des maisons, des ouvrages d'art, etc., et d'occuper de petits postes dans les forêts. Dès leur entrée, les élèves sont répartis en deux sections, dont l'une est consacrée à l'architecture, l'autre aux forêts. Ils passent trois années à l'école et y suivent des cours de science communs aux deux sections et des cours particuliers à chaque section.

Écoles ménagères. — Au point de vue utilitaire, le Gouvernement n'a pas été moins bien inspiré en organisant l'enseignement ménager dans les écoles de jeunes filles. Si l'on parcourt le programme et l'horaire des études pour les écoles, on voit que c'est aux travaux manuels de la femme, à la couture, au blanchissage et au repassage, à la cuisine, aux diverses occupations de la ménagère en un mot, que se trouve consacré le plus de temps. En 5ᵉ année, le nombre d'heures employées à apprendre la préparation des mets s'élève à 24 heures par semaine et à 41 heures par semaine pour les élèves qui prennent part aux deux cours de blanchissage et de cuisine.

CHAPITRE III.

ÉTABLISSEMENTS D'ENSEIGNEMENT AGRICOLE.

Stations agricoles.

Les stations agricoles sont au nombre de quatre : ce sont les stations de *Modric*, de *Gacko*, de *Livno* et de *Ilidze*. Elles poursuivent un double but : 1° améliorer l'agriculture et le bétail du pays par de bons exemples et de bons conseils; 2° donner aux jeunes cultivateurs un enseignement pratique et théorique, approprié à leurs besoins.

Les stations de Modric et de Gacko, les premières en date, furent établies en 1886. La première a été placée dans le nord du pays, sur les frontières slavonnes; l'autre, dans le sud, dans la partie montagneuse de l'Herzégovine. Ce sont, au point de vue agricole, les deux extrêmes. On a donc pu étudier les conditions de l'agriculture de la Bosnie-Herzégovine sous ses deux aspects opposés et chercher à déduire, des observations faites, des mesures pour les intermédiaires.

La station de *Livno* fut fondée en 1888, non loin de la ville qui porte ce nom, près des frontières dalmatiques. Enfin, c'est en 1893 qu'on établit à 14 kilomètres de la capitale, Sarajevo, la 4ᵉ station, celle d'Ilidze. On eut, dès l'origine, la sagesse d'imposer à ces stations de modeler leur agriculture sur l'économie rurale de la région, de n'entreprendre que des améliorations accessibles aux paysans du voisinage. Ainsi la station de Modric, qui est située dans un district remarquable par sa production de céréales, celui de la Posavina, est surtout consacrée à la culture du sol proprement dite. Elle s'occupe cependant aussi de l'élevage du bétail qui joue un rôle dans l'économie rurale de la région.

Les stations de *Gacko* et de *Livno* sont situées dans des centres importants d'élevage. Aussi envisagent-elles surtout cette branche de l'activité agricole, tout en donnant à la production des céréales, l'attention qu'elle mérite. La station de Ilidze doit à sa proximité de la capitale une situation privilégiée pour la vente du lait. Aussi s'en occupe-t-elle beaucoup et est-elle organisée pour en profiter largement.

Les stations n'ont pas été instituées pour faire connaître de nouvelles méthodes de culture ou de nouvelles machines, mais pour donner de bons exemples à l'agriculture locale. Il faut donc qu'elles ne fournissent que des exemples qui soient à la portée des petits cultivateurs du voisinage. Elles n'emploient que des machines et des instruments qui peuvent convenir aux petites exploitations rurales.

Fig. 68. — Station agricole du Gouvernement, à Livno.

Chaque station sert de ferme de démonstration pour son voisinage immédiat. C'est pourquoi chacune d'elles, dans son organisation, satisfait à l'économie rurale des environs. En même temps, elle fournit des semences et des animaux de choix.

Elle ne cultive donc que les plantes et elle n'entretient que les animaux qui conviennent à la culture de la région. Cependant elles expérimentent des procédés nouveaux dans les limites où ils sont utiles aux paysans. Dans cette direction, l'activité des stations se manifeste par l'acclimatation de plantes nouvelles, par la distribution de semences sélectionnées (orges de Bohême et de Hongrie), par la mise en œuvre des instruments aratoires perfectionnés, par l'achat de reproducteurs de race pure employés à l'amélioration des races locales. Chaque station comporte un champ d'expériences.

Là s'exécutent, chaque année, des recherches suivant un plan déterminé par le Bureau agricole du Gouvernement. Celui-ci est en relation directe avec la Société pour les recherches agricoles, à Vienne.

Les 4 stations sont fréquentées normalement par 104 élèves : 20 à Gacko, 30 à Livno, 30 à Modric, 24 à Ilidze. Ils entrent à l'école de 16 à 20 ans, etc. Ils restent trois ans à la station. De préférence, on prend les fils des paysans libres ou des *Kmètes*.

On exige qu'ils fournissent un certificat de moralité et de bonne constitution.

Logés à la station, les apprentis reçoivent en entrant l'habillement et le linge. Le blanchissage est supporté par la station.

En 1re année, ils touchent 1 krone par jour pour leur travail; en 2e et 3e année, ils reçoivent en plus, chaque mois, un supplément de 6 krones.

Les élèves se constituent en ménages. Ils reçoivent gratuitement toutes les denrées que la station produit; ils achètent le reste. Leurs dépenses, de ce chef, ne montent pas à plus de 25 kreutzer par jour. L'Administration tient leurs comptes.

Fig. 69. — Station agricole du Gouvernement, à Ilidze.

L'enseignement est essentiellement pratique; mais une part assez large est faite à la théorie. Les cours ont lieu en hiver, pendant le temps qui n'est pas employé aux travaux de la ferme, soit 3 à 4 heures par jour. En été, il a lieu le dimanche et les jours de fête, une ou deux heures chaque fois.

D'ailleurs, au fur et à mesure qu'ils exécutent les divers travaux, les élèves reçoivent des explications détaillées sur leur conduite et leur but.

L'enseignement comprend : l'étude du sol, des engrais (production, conservation, emploi); culture du sol, des plantes; emploi et construction des machines; la zootechnie : alimentation, installation des étables, emploi des produits des animaux, premiers soins à donner aux animaux malades, maladies contagieuses, règles de police.

C'est un professeur spécial qui est chargé de ces leçons. Un maître d'école enseigne l'écriture, la lecture et le calcul.

En 3e année ont lieu des épreuves pratiques et théoriques qui sont sanctionnées par un certificat. Les meilleurs élèves diplômés reçoivent un prix. Celui-ci consiste généralement en un instrument agricole, une charrue, par exemple, parfois aussi, suivant le vœu de l'élève, en des semences ou un animal de choix.

Afin de donner une idée aussi précise que possible de ces établissements d'enseignement, nous allons décrire les stations de Gacko et de Modric. Nous les choisissons de préférence parce qu'elles sont situées dans deux régions opposées et qu'ainsi elles constituent deux types nettement caractérisés.

Station de Gacko. — Plaines et alpages. Superficie, 568.95 hectares dont 272 à 281 dans la vallée (996 au-dessus du niveau de l'Adriatique) et 296 hectares sur l'alp (1,420 mètres d'altitude). Les terres de la vallée comprennent :

	HECTARES.
Labours	69 86
Jardins	1 65
Prairies	50 58
Pâturages	149 05
Constructions, terres improductives	1 67

L'alp comprend :

	HECTARES.
Labours	0 50
Jardins	0 10
Prairies	32 80
Pâturages	218 04
Forêts	43 40
Constructions, terres improductives	1 30

Les bâtiments édifiés dans la vallée sont construits en pierre et recouverts de tuiles. Ceux de l'exploitation alpestre sont surtout en bois.

Le bâtiment de la vallée a deux étages. Il renferme le dortoir, les salles d'élèves, le logement du personnel. Le sous-sol sert de fromagerie et de laiterie, on y trouve une cave à fromage très bien conditionnée.

A côté du corps principal se trouvent la cuisine et le réfectoire des élèves, des étables pour le bétail, une porcherie, un poulailler. Signalons encore la forge et un hangar pour abriter les machines.

Sur l'alp, signalons une grande fromagerie avec 2 chambres d'habitation; 2 étables et, derrière la fromagerie, une cave à fromage.

Cultures. — Blés d'hiver et d'été, seigle, orge, avoine. Le maïs ne peut pas mûrir et n'est pas cultivé. Pommes de terre, betteraves fourragères (mammouth), trèfle rouge, maïs vert.

Les prairies irriguées donnent 2 coupes; les prairies de montagne, 1 coupe.

Bétail. — 18 bœufs de trait, 3 chevaux, 40 vaches, 2 taureaux, 600 moutons et 22 porcs pour l'élevage, de race berkshire, 350 volailles. Le bœuf du Wippthal est produit par la station, tandis que les moutons sont croisés avec les animaux du pays.

Le rajeunissement du sang des races pures, citées ci-dessus, a lieu grâce à la station de Livno où elles sont élevées en grand.

La production des vaches et des brebis laitières joue un rôle important dans le sud de la Bosnie-Herzégovine; il en est de même de l'industrie laitière. Aussi attache-t-on à Gacko une grande importance à ces branches de l'économie rurale.

L'agnelage et le vêlage ont lieu au printemps. L'été constitue la période de lactation et à ce moment on conduit les animaux dans les pâturages alpestres. Les paysans fabriquent deux sortes de fromages. L'un, le principal produit de l'industrie laitière, est gras ou demi-gras, très ferme. Le second n'est autre chose qu'un caillé de lait, chauffé, égoutté puis partagé en morceaux que l'on additionne de sel. Il est conservé dans des sacs de peaux de mouton ou de chèvre. Ces fromages sont de qualité inférieure et se vendent mal. Les stations cherchent à perfectionner cette fabrication, par l'instruction donnée aux élèves et par des conseils aux fromagers. Dans ce but, les laiteries installées par les stations sont pourvues de tous les appareils perfectionnés permettant de travailler dans de bonnes conditions. Mais ces installations sont toujours assez simples pour qu'elles soient à la portée des paysans.

La station de Gacko fabrique des fromages durs et des fromages mous avec du lait de vache et du lait de mouton. Les fromages obtenus avec le lait de vache se vendent bien. Ils pèsent 2-4 kilogrammes. Ils trouvent un débouché important en Dalmatie. Les fromages durs sont moins bons.

La station ne produit qu'une petite quantité de beurre. Quant au lait en nature, elle n'en vend que très peu à Gacko.

Station de Modric. — La station de Modric a été fondée en même temps que celle de Gacko, mais alors que celle-ci était placée dans le sud du pays, dans la partie montagneuse de l'Herzégovine, la première fut placée dans le nord, près de la frontière slavonne. C'étaient les deux situations extrêmes, tant sous le rapport des positions géographiques que sous celui du sol et du climat.

Le terrain sur lequel est située la station et ses environs forment une plaine parfaite, à l'altitude de 98 mètres au-dessus du niveau de la mer.

	HECTARES.
Surface totale	330 5535
Terres labourables	319 2339
Jardins	1 9072
Constructions, chemins, terres improductives	9 4124

Les constructions forment le cercle autour d'une cour spacieuse.

Les principales contiennent le logement des administrateurs. Les adjoints et les bureaux occupent un bâtiment spécial.

Les bâtiments d'exploitation se composent de : porcherie, étable, poulailler, bouverie, écurie, hangar, aire à battre, grenier, bâtiment servant de logement pour les élèves, boulangerie, forge, laverie, séchoirs à maïs.

Les étables couvrent 1,307 mètres carrés; le bétail comprend 50 vaches, 2 taureaux, 40 truies, 2 verrats, 400 volailles, 28 paires de bœufs, 5 paires de chevaux.

La propriété est constituée de telle sorte qu'on a pu la diviser en grandes parcelles de 10 hectares environ entourées de larges chemins bordés d'arbres fruitiers.

Le sol est argileux, avec, par places, des mouillères; on assainit d'ailleurs ces endroits en y creusant des fossés de 4 à 15 mètres de profondeur que l'on remplit de pierres. En outre, quand ils s'étendent sur une grande surface on ajoute, suivant la ligne médiane, des lignes de drains en pierre.

Ces drains sont recouverts d'une forte épaisseur de terre afin de ne pas gêner la culture.

Assolement libre. — Les fourrages occupent les deux tiers de la superficie. Le tiers est donc cultivé en céréales, parmi lesquelles le blé occupe la première place.

Comme fourrages, trèfle rouge mohair, vesces d'hiver, betteraves et maïs vert. Peu de pommes de terre, le sol de tout le bassin de la Save ne leur convient pas.

La station, qui s'occupe activement de l'amélioration de la race bovine indigène, a importé des taureaux de la race grise des steppes et des vaches de race pure.

Les porcs appartiennent à la race berkshire. La production du lait n'est qu'accessoire. Le lait est vendu en nature. On fait un peu de beurre et des fromages.

Stations diverses.

L'Administration a créé trois stations vinicoles et fruitières à Mostar, à Dewent en Bosnie et à Lastva en Herzégovine. On y apprend, avec l'arboriculture, à tirer le meilleur parti des fruits, des prunes surtout, par le séchage et la distillation. Dès

Fig. 70. — Station vinicole et d'arboriculture, près Mostar.

le début, l'Administration s'est occupée avec un soin particulier de la production des pruneaux. Elle a organisé, dans toutes les régions, où cette culture est importante, des cours relatifs au choix et à la disposition rationnelle des vergers, à la plantation des arbres, à la sélection des plants, à l'utilisation des fruits. C'est en grande partie aux mesures prises par le Gouvernement que les pruneaux de la Bosnie doivent la réputation dont ils jouissent dans le commerce.

La vigne est, après le tabac, une des principales sources de revenus pour les cultivateurs dans l'Herzégovine. Indépendamment des cours mis à la portée des viticulteurs, l'administration met à leur disposition des plants choisis; elle leur fournit à crédit les instruments, les engrais, les préparations de sulfate de cuivre nécessaires pour combattre les maladies cryptogamiques.

Une station a été créée à Prijedor pour encourager l'élevage de la volaille; elle fournit des œufs et de la volaille directement aux gens du pays et aussi aux stations agricoles qui continuent l'élevage de ces races pour distribuer à leur tour les poussins aux paysans de leur rayon.

École technique moyenne de Sarajevo.

L'école technique moyenne de Sarajevo, comme nous l'avons dit au début, comprend deux sections, l'une pour l'architecture, l'autre pour les forêts; elle a été fondée en 1889. C'est de cette école que sortent des agents intermédiaires entre le simple ouvrier et l'ingénieur provenant des grandes écoles de Vienne qui sont indispensables pour le service des travaux publics et des forêts. L'école reçoit des élèves d'environ 15 ans, sortant soit des écoles commerciales, soit de la quatrième classe d'un gymnase, soit des écoles musulmanes.

La section d'architecture ne concerne pas seulement la construction des maisons, elle embrasse l'art du géomètre et de l'agent voyer.

Les deux sections ont des cours communs qui portent sur les mathématiques, le dessin, la mécanique, la physique, la chimie et la géologie.

L'idée dominante des deux sections est que les élèves y doivent recevoir l'enseignement théorique et pratique. L'enseignement théorique est donné pendant l'hiver, mais l'été on fait des excursions et les élèves sont employés comme travailleurs à diverses entreprises forestières ou agricoles. Les cours théoriques durent six mois (d'octobre jusqu'en avril), les cours pratiques durent cinq mois (d'avril en août). Pour fournir la preuve qu'ils ont suivi avec succès les cours professés à l'école les élèves passent à la fin de leurs études un examen de capacité.

L'école possède pour l'enseignement des sciences des formes géométriques, des modèles de dessin, des instruments de démonstration et la collection des principales roches du pays. La section d'architecture dispose d'une collection d'engins mécaniques de toutes sortes, de modèles de constructions; les élèves sont exercés à travailler le bois, à manier la truelle et la pioche, à fabriquer eux-mêmes à petite échelle tous les types d'édifices et d'ouvrages d'art dont ils auront plus tard à diriger ou surveiller la construction comme contremaîtres ou sous-ingénieurs. La section des forêts est très bien installée; on y trouve un musée très bien conçu et parfaitement classé qui est toujours à la disposition des élèves; des dessins et notices accompagnent les échantillons de bois; les insectes et champignons qui attaquent les arbres sont également réunis en collections; les graines et les semis sont l'objet d'indications spéciales. Enfin des modèles de constructions et d'ouvrages pour la défense des montagnes sont mis sous les yeux des élèves.

On apprend aux élèves à manier les engins de leur métier; on leur fait faire en petit les ouvrages qu'on effectue dans les forêts; on prend, en un mot, toutes les mesures pour qu'ils acquièrent à la fois l'habileté de l'ouvrier et les connaissances scientifiques qui les guideront dans leur carrière.

PLAN D'ÉTUDES ET NOMBRE D'HEURES CONSACRÉES À L'ENSEIGNEMENT DES COURS OBLIGATOIRES À L'ÉCOLE TECHNIQUE MOYENNE DE SARAJEVO.

MATIÈRES ENSEIGNÉES.	COURS COMMUNS.			SECTION D'ARCHITECTURE.			SECTION FORESTIÈRE.		
	I.	II.	III.	I.	II.	III.	I.	II.	III.
1. Religion	2	2	2	//	//	//	//	//	//
2. Langue allemande	2	2	2	//	//	//	//	//	//
3. Langue bosniaque	1	1	1	//	//	//	//	//	//
4. Algèbre et trigonométrie	4	3	2	//	//	//	//	//	//
5. Histoire naturelle	2	2	//	//	//	//	//	//	//
6. Dessin d'ornement	//	3	5	//	//	//	//	//	//
7. Chimie agricole	//	//	//	//	//	5	//	//	//
8. Dessin de projection	//	//	//	6	4	//	//	//	//
9. Dessin à main levée	//	//	//	4	4	//	//	//	//
10. Architecture	//	//	//	5	5	6	//	//	//
11. Étude du matériel de construction	//	//	//	2	2	//	//	//	//
12. Dessin architectural	//	//	//	11	11	16	//	//	//
13. Botanique forestière	//	//	//	//	//	//	10	//	//
14. Étude topographique	//	//	//	//	//	//	5	//	//
15. Climatologie	//	//	//	//	//	//	5	//	//
16. Code forestier	//	//	//	//	//	//	8	//	//
17. Culture forestière	//	//	//	//	//	//	//	8	7
18. Exploitation forestière	//	//	//	//	//	//	//	10	8
19. Cubage	//	//	//	//	//	//	//	5	2
20. Calcul	//	//	//	//	//	//	//	3	3
21. Encyclopédie agricole	//	//	//	//	//	//	//	//	7
TOTAL	11	13	12	28	26	27	28	26	27
TOTAL, y compris les cours communs	//	//	//	39	39	39	39	39	39

L'école technique possède un jardin d'essais pour la culture forestière, de même que plusieurs terrains propres à y pratiquer des plantations et à reboiser; les professeurs sont choisis parmi les candidats admis au poste de professeur à l'école réale, les ingénieurs ayant les certificats d'État et les experts forestiers pourvus d'un diplôme décerné par une école forestière supérieure.

CHAPITRE IV.

CONSIDÉRATIONS GÉNÉRALES.

L'enseignement agricole en Bosnie-Herzégovine a été organisé d'une façon tout à fait remarquable par le Gouvernement austro-hongrois. Il a été approprié d'une façon parfaite aux besoins de la contrée; le plan d'organisation a été complet et dans certaines parties empreint d'une curieuse originalité. Ce qui prouve qu'il n'y a pas de système général en ce qui concerne l'enseignement agricole et que les procédés doivent varier avec les conditions propres aux pays intéressés.

Les efforts de l'Autriche-Hongrie pour relever ce pays qu'elle avait trouvé dans un état déplorable et dont les paysans étaient des plus arriérés ont été considérables, mais ils ont été couronnés par un succès éclatant. Nous ne pouvons mieux le faire ressortir qu'en donnant un aperçu de la situation actuelle en Bosnie-Herzégovine.

Depuis vingt ans la population a augmenté de 36 p. 100; les routes et les chemins de fer se sont considérablement développés; l'enseignement, l'hygiène, ont pris dans la préoccupation du Gouvernement une place très importante. Le cadastre a été organisé; des caisses de crédit fonctionnent. La production agricole a augmenté dans des proportions énormes : la culture des céréales est en plus-value de 78 p. 100, celle des légumineuses de 199 p. 100, celle des pommes de terre de 167 p. 100, celle du tabac de 33 p. 100, celle des foins de 99 p. 100, celle des pruneaux de 73 p. 100, celle des raisins de 21 p. 100 et celle des plantes jardinières de 170 p. 100.

Quant au bétail, de 1879 à 1895, le nombre des chevaux a passé de 161,168 à 239,626; le nombre des têtes de gros bétail de 762,077 à 1,417,341; celui des moutons de 839,988 à 3,230,720.

Trois dépôts d'étalons ont été créés à Sarajevo, à Mostar, à Travnik et une jumenterie à Livno. Les étalons proviennent des haras de Babolna, de Lippiza et de la Styrie.

Cette amélioration si sensible de la situation agricole a été suivie d'une progression parallèle de la population. Celle-ci a augmenté depuis 1879 de 35.4 p. 100. On voit par ce court aperçu que les vingt ans d'administration austro-hongroise ont transformé la Bosnie-Herzégovine et ont fait succéder à la misère une ère de prospérité.

Dire que les 88 p. 100 de cette population sont voués à l'agriculture, c'est montrer le rôle prédominant que joue l'industrie agricole dans le pays. La population presque toute entière est attachée directement au sol dont elle tire ses subsistances. Le pays ne compte qu'un petit nombre de grands propriétaires, 2.63 p. 100 du nombre total des familles qui s'occupent d'agriculture.

La Bosnie-Herzégovine est donc un pays essentiellement agricole et en même temps un pays de petite propriété. Le système d'enseignement agricole qui lui convenait le mieux était un enseignement pratique, simple, ne conseillant que des procédés faciles, peu dispendieux, en rapport avec les besoins et les moyens de la population rurale.

Ainsi première condition : des écoles qui aient le cachet de la pratique, des méthodes simples. Comme les intéressés, petits cultivateurs, ne peuvent faire de grandes dépenses, les écoles doivent, d'autre part, être assez nombreuses pour éviter les longs déplacements. Pour la même raison, les frais de scolarité devront se réduire au minimum. Et cette nécessité devra s'allier avec celle d'imposer aux élèves la pratique complète de l'agriculture. L'organisation des stations agricoles auxquelles ont été annexées les fermes modèles a répondu à ces nécessités d'une façon complète. Les élèves, en effet, sont employés comme ouvriers sur l'exploitation attenante à l'école, et ils reçoivent un salaire. Ainsi, d'une part, ils apprendront à fond le métier, et de l'autre, loin d'être à la charge de leur famille, ils recevront une rémunération. En même temps, ils profiteront d'un enseignement théorique proportionné à leurs besoins.

Les idées essentielles qui ont présidé au système d'enseignement agricole adopté en Bosnie-Herzégovine dérivent de la nature même des choses, et c'est le meilleur éloge qu'on en puisse faire. L'institution a quelque rapport avec nos fermes-écoles françaises, mais il existe une différence capitale, ainsi que nous l'avons déjà fait remarquer, c'est que les fermes bosniaques sont administrées directement par l'État.

Elles n'ont pas, par conséquent, l'inconvénient d'avoir à leur tête un fermier qui est tenté de diminuer l'enseignement théorique pour profiter davantage du travail des élèves.

Ce procédé des fermes annexées à une station a donné d'excellents résultats. Le meilleur éloge qu'on en puisse faire c'est de dire que les cultivateurs qui ont accepté le contrôle de la station le réclament encore après avoir recouvré leur indépendance. On imagine les bienfaits que le pays retire d'une pareille organisation : transformation rapide, assurée, d'un grand nombre d'exploitations, amélioration en quelque sorte permanente de l'agriculture nationale.

L'enseignement primaire agricole, ainsi que nous l'avons vu dans l'exposé de l'organisation, ne laisse rien à désirer et il est aussi complet que possible. On pourrait être tenté cependant de formuler un reproche. Nous n'avons pas trouvé d'établissements d'enseignement supérieur parmi ceux que nous avons signalés, et cet enseignement est nécessaire pour faire avancer l'agriculture et pour former des professeurs. Mais ce reproche ne serait pas fondé. La Bosnie-Herzégovine dépend de l'Empire austro-hongrois qui pourvoit, grâce à ses écoles supérieures, à l'école de Vienne en particulier, aux besoins de cette nature.

L'école technique moyenne de Sarajevo est très économiquement organisée. Grâce à ses deux sections réunies dans un même établissement, beaucoup de cours sont communs et évitent des frais inutiles de professeurs. Les élèves profitent de l'enseignement général qui est donné dans l'école et en même temps des études spéciales qui sont, pour certaines parties, profitables à tous. L'école a déjà produit un assez grand nombre d'architectes et de forestiers aujourd'hui employés à la mise en valeur du pays. L'école après avoir commencé en 1889 avec 17 étudiants comptait, en 1897, 60 élèves.

Appréciant comme elle le mérite l'œuvre entreprise et réalisée par l'Administration en

Bosnie-Herzégovine, le Jury de la Classe 5 a accordé un grand prix au Département de l'agriculture.

L'exposition des stations gouvernementales agricoles permettait de se rendre compte, *de visu*, par les plans et tableaux exposés, des merveilleux résultats obtenus dans un pays jadis ravagé par la guerre, devenu aujourd'hui un centre de travail et de production.

Les collections de grains et les gerbes d'épis présentées par les stations agricoles de Gacko, Livno, Modric et Ilidze, avec l'indication des zones d'altitude limitant les cultures, les échantillons de prunes étuvées, de pruneaux en caisses, de «slivovitz», les brins de laine, les fils de soie, montraient la distance qui sépare la nouvelle Bosnie-Herzégovine des anciennes provinces turques.

V

CANADA.

CHAPITRE PREMIER.

EXPOSITION.

L'exposition agricole du Canada, installée dans un pavillon du Trocadéro, avait le cachet, la marque d'origine en quelque sorte des expositions françaises d'agriculture. Les gerbes de céréales, les bouquets d'épis, les bottes de fléole semblaient avoir été coupés dans les meilleures terres du nord de la France ou de la Normandie; mais les tableaux et les photographies qui les accompagnaient indiquaient leur lointaine provenance et montraient l'infinie variété du sol canadien.

L'exposition de l'enseignement général occupait un grand salon au premier étage du pavillon du Canada; on y voyait de nombreux travaux d'élèves, fils de Canadiens français : cahiers de cours, dessins, graphiques. L'enseignement spécial agricole n'était pas aussi bien représenté que l'enseignement universitaire. Nous avons remarqué, dans cette section, un tableau-programme du collège d'agriculture de Guelph et des documents relatifs à l'enseignement agricole dans la province d'Ottawa.

Récompense. — Une médaille d'or au Collège d'agriculture de Guelph.

CHAPITRE II.

ORGANISATION DE L'ENSEIGNEMENT AGRICOLE.

INSTITUTIONS ET ÉTABLISSEMENTS D'ENSEIGNEMENT AGRICOLE.

Le Gouvernement fédéral et les gouvernements des provinces canadiennes encouragent l'organisation et le développement de l'enseignement agricole par des subventions importantes. Le Gouvernement du *Dominion* a créé des fermes ou stations expérimentales, des écoles de laiterie, et il a contribué à la formation des sociétés d'agriculture et d'horticulture. En 1899, le total des subventions accordées à l'agriculture canadienne s'élevait à 4 millions de francs. Sur cette somme, le Gouvernement fédéral prélève, il est vrai, les fonds nécessaires pour faciliter aux cultivateurs canadiens le transport de certaines denrées agricoles, comme les fruits et le beurre, de l'intérieur du pays au littoral, puis l'exportation de ces produits à l'étranger, au moyen d'un service d'entrepôts et d'appareils frigorifiques pour la conservation des produits. Dans la province de Québec, ancienne terre française, on retrouve les procédés de culture du nord-ouest de la France; mais les lacs et les nombreux cours d'eau rendent les transports infiniment moins coûteux dans la *Nouvelle-France* que dans l'ancienne.

Les progrès de l'agriculture ont reçu une vive impulsion, au Canada, par l'organisation, en 1887, des cinq fermes expérimentales de l'État. Elles sont situées dans les diverses régions du Canada, de façon à étudier les différentes cultures et à renseigner les agriculteurs des diverses provinces. La ferme centrale est située à Ottawa, entre les provinces de Québec et de l'Ontario; une des fermes auxiliaires ou des succursales de la ferme d'Ottawa a été établie à Nappan (Nouvelle-Ecosse); elle est destinée aux trois provinces maritimes. Une autre ferme est située à Brandon dans le Manitoba; une troisième à Yndian-Head, dans l'est de l'Assiniboine, et la quatrième à Agassiz dans la Colombie britannique.

Le but que poursuivent les fermes ou stations expérimentales est de soumettre à l'observation scientifique les phénomènes culturaux et, d'une manière générale, d'étudier toutes les questions qui intéressent l'agriculture canadienne. Au nombre des expériences poursuivies dans ces fermes figurent celles qui sont relatives à l'alimentation rationnelle du bétail, à la détermination des meilleures variétés de céréales, de graminées, de fruits et d'arbres. Des quantités considérables de semences sont distribuées aux cultivateurs pour faire connaître les plus productives.

La ferme d'Ottawa envoie dans les différents districts des professeurs et des agronomes qui font des conférences sur les sujets d'un intérêt immédiat pour les cultivateurs. Des renseignements détaillés sont publiés dans le *Rapport annuel des fermes expérimentales* ou dans des bulletins spéciaux. Ces publications sont envoyées gratuitement, sur leur demande, à tous les agriculteurs du Canada. Le personnel de la ferme se tient en rapport avec les cultivateurs pour les conseiller et les renseigner. Les chefs de pratique dans les fermes expérimentales assistent aux expositions agricoles et horticoles, prennent part aux conférences agricoles et communiquent les résultats de leurs expériences.

L'introduction de l'enseignement des notions d'agriculture dans les écoles normales permet aux instituteurs canadiens, qui se bornaient autrefois à étudier les rudiments de l'agriculture dans un manuel, d'enseigner à leurs élèves les choses essentielles à connaître, de les instruire selon le milieu dans lequel ils devront vivre.

PROVINCE D'ONTARIO.

École d'agriculture de Guelph. (Médaille d'or.) — Le collège d'agriculture de Guelph, dans la province d'Ontario, fondé en 1874, peut être considéré comme l'un des meilleurs établissements d'enseignement agricole de l'Amérique. Il reçoit des jeunes gens âgés d'au moins 16 ans et susceptibles d'entrer dans les écoles supérieures ou secondaires. L'enseignement dure deux ou quatre ans : il est sanctionné dans le premier cas par un diplôme ordinaire et, dans le second, par le diplôme de bachelier ès sciences en agriculture qui est délivré par l'Université de Toronto à laquelle le collège est affilié. Le collège de Guelph est une institution d'enseignement agricole pur. Au collège est annexée une école spéciale de laiterie qui est fréquentée par les deux sexes. Les directeurs des écoles rurales élémentaires ont la faculté de prendre comme professeurs des élèves diplômés du collège d'agriculture. Des tentatives ont même été faites pour rendre obligatoire dans les écoles urbaines l'enseignement de l'agriculture ou celui de la botanique, au choix des élèves. C'est ce qui a lieu d'ailleurs dans les écoles supérieures.

Récemment, on a introduit l'agriculture, professée par des spécialistes, aux écoles normales de Toronto et d'Ottawa.

Le Département de l'agriculture de la province d'Ontario fournit à la population rurale de nombreux renseignements agricoles grâce aux institutions qu'il subventionne, telles que les instituts de fermiers, les associations laitières, les associations pour la production des fruits.

Le gouvernement provincial d'Ontario a consacré, en 1898, plus de 1 million de francs à l'enseignement agricole.

PROVINCE DU MANITOBA.

Dans les plaines fertiles de cette province, la terre est exceptionnellement propre à la culture du blé. La récolte, battue sur le champ, est portée immédiatement aux élévateurs placés près des lignes de chemin de fer.

L'enseignement agricole est donné dans les écoles de la province, d'une manière générale. Les candidats aux emplois de maîtres dans les écoles élémentaires doivent subir un examen sur l'agriculture. La province possède, à Brandon, une ferme expérimentale.

TERRITOIRES DU NORD-OUEST.

Les immenses territoires du nord-ouest s'étendent au delà des grands lacs, depuis le Manitoba jusqu'aux contreforts des monts Rocheux. Deux millions d'acres sont occupés par des *ranches* où l'on élève des chevaux et des bêtes à cornes. Dans les contrées où l'irrigation est possible, il s'est formé d'importants établissements agricoles. Les territoires réunis de l'Assiniboine, du Saskatchewan, de l'Alberta et de l'Athabasca, ont une superficie de plus de 400,000 milles carrés.

L'enseignement des notions élémentaires de l'agriculture fait partie du programme des écoles publiques pour les enfants de 5 à 14 ans. Cet enseignement est surtout objectif. Il s'appuie sur la culture des principales plantes dans les jardins, dans le sable, dans les différents terrains.

Dans les écoles secondaires, l'enseignement agricole est obligatoire pour tous les élèves qui se préparent à subir l'examen d'instituteurs; il est facultatif pour les autres élèves.

Les territoires du nord-ouest ne possèdent pas de collège agricole, mais une ferme expérimentale à India-Head.

NOUVEAU-BRUNSWICK.

Le programme d'enseignement des écoles élémentaires comprend toujours les éléments des sciences naturelles et leurs applications à l'agriculture.

Dans les écoles normales, les jeunes gens reçoivent des leçons de chimie agricole et de sciences naturelles. Ils doivent passer un examen sur ces matières pour obtenir le droit d'enseigner.

Les adultes peuvent assister à des conférences sur l'agriculture qui ont lieu dans la province. Il y a une école de laiterie à Sussy dans le comté de King.

Le gouvernement du Nouveau-Brunswick a consacré à l'agriculture, en 1898, environ 5,445 livres sterling, soit 136,125 francs.

NOUVELLE-ÉCOSSE.

On insiste beaucoup, dans toutes les écoles élémentaires, sur l'enseignement par l'observation des choses. On apprend aux enfants à observer et à raisonner ensuite par induction en les intéressant particulièrement aux phénomènes qui ont des rapports avec l'agriculture.

On a procédé à l'organisation de jardins scolaires, et quelquefois les maîtres, anciens élèves diplômés de l'École d'agriculture, donnent aux enfants des leçons élémentaires d'agriculture suivies d'excursions aux fermes voisines. Ces maîtres reçoivent du Trésor provincial une indemnité supplémentaire; quelques-uns s'occupent spécialement de l'enseignement de l'arboriculture.

La culture fruitière est développée dans les vallées de la Nouvelle-Écosse où le climat est doux et humide.

Dans quelques écoles supérieures, l'agriculture est enseignée par des professeurs, anciens élèves gradués de l'École normale provinciale.

Dans toutes les écoles supérieures, pendant leur deuxième année, les élèves doivent suivre à leur choix, soit un cours d'agriculture, soit un cours de minéralogie.

Afin d'encourager l'étude de l'agriculture à l'école normale, les maîtres qui ont reçu le diplôme d'agriculture sont placés dans une école où l'agriculture est enseignée et ils reçoivent un traitement supérieur de 100 dollars par an à celui des maîtres qui n'ont pas obtenu ce diplôme. Cinq prix de 50 dollars chacun sont offerts par le gouvernement aux élèves qui suivent l'enseignement agricole de l'École normale de Truro. On offre aux élèves la facilité d'obtenir un salaire en travaillant à la ferme provinciale attachée à l'école.

La Nouvelle-Écosse a consacré à l'agriculture, en 1898, environ 4,824 livres sterling, soit 120,600 francs.

Pendant les deux dernières années, la Nouvelle-Écosse a exporté de 400,000 à 500,000 barils de pommes récoltées dans les immenses vergers plantés pour l'exportation des fruits.

COLOMBIE BRITANNIQUE.

La ferme expérimentale organisée par le gouvernement et entretenue par lui à Agassiz commence à rendre les services qu'on en attendait. On y a créé d'immenses vergers d'expériences plantés d'arbres fruitiers provenant des différentes parties du monde. Mais aucune disposition n'a été prise pour organiser dans les écoles élémentaires ou supérieures un enseignement agricole.

La province possède quatre écoles d'agriculture : Oka, l'Assomption, Sainte-Anne de la Pocatière et Compton.

En 1892, le gouvernement provincial commença à subventionner une école d'économie domestique établie à Roberval, sous la direction des Ursulines. En 1892 également, une école de laiterie fut établie à Sainte-Hyacinthe sous le contrôle de l'Association des laitiers de la province. Le gouvernement lui accorde 10,000 dollars. C'est dans cette école que sont formés les inspecteurs pour les syndicats laitiers. Les cours de l'école sont suivis par 200 élèves en moyenne. Ces syndicats sont composés de propriétaires de beurreries et de fromageries. Ils reçoivent du gouvernement des subsides pour organiser un service d'inspection des produits laitiers et pour répandre les meilleures méthodes de fabrication du beurre et du fromage.

La production des fruits joue un grand rôle dans l'économie rurale de la province. La région de Montréal est réputée pour ses pommes. Il existe deux sociétés d'horticulture et de pomologie.

La première société d'agriculture fut établie en 1789. En 1897, il y avait 65 sociétés agricoles réunissant 12,770 membres.

Une loi spéciale autorisa, en 1893, la formation de *Clubs de fermiers*. 509 de ces clubs, réunissant 39,284 membres, fonctionnèrent pendant l'année 1896. Ils ont dépensé, dans un but agricole, environ 492,550 francs dont 24,000 francs pour l'achat de reproducteurs de choix. Beaucoup de ces clubs tiennent chaque année plusieurs réunions pour écouter des conférences sur des questions agricoles et pour se livrer à des discussions qui intéressent l'agriculture.

En 1892, le *Journal d'agriculture* n'avait que 7,516 souscripteurs; en 1898, il en a eu 47,611. Les clubs de fermiers et la lecture du *Journal d'agriculture* par des centaines de fermiers ont contribué à développer et à répandre la connaissance des bases scientifiques de l'agriculture. La production agricole, et principalement la production du lait, a largement augmenté. Les fermiers veillent davantage au maintien et au développement de la fertilité du sol. On peut constater une amélioration notable dans les méthodes de culture. D'après les statistiques publiées en 1898 par l'Association des laitiers il y avait cette année 337 beurreries, 1,263 fromageries et 317 établissements produisant à la fois le beurre et le fromage.

En 1890, il n'y avait que 111 beurreries et 617 fromageries. La valeur du beurre produit en 1890 était d'environ 2,788,100 fr. et celle des fromages de 12,305,175 fr. Depuis cette date, la valeur de la production du beurre et des fromages a beaucoup augmenté, si elle n'a pas doublé.

La province de Québec, où la culture très variée rappelle celle de la France et où l'industrie laitière a pris une grande importance, possède 3 écoles d'agriculture : l'École d'Oka, dirigée par des congréganistes, où l'on s'occupe de la culture générale, de l'élevage, de l'industrie laitière, de la culture potagère; celle de Compton, où l'on étudie particulièrement l'arboriculture, la production fruitière; l'École de Sainte-Anne de la Pocatière où l'on a fait d'intéressants essais de culture et des expériences sur l'emploi des engrais chimiques. Les Frères de l'instruction chrétienne de Ploërmel, qui possèdent des établissements au Canada, enseignent aussi les notions d'agriculture dans leurs écoles primaires.

Le gouvernement de Québec a créé, en 1897, 6 stations expérimentales d'arboriculture fruitière où un grand nombre de variétés de pommiers, de pruniers, de cerisiers, de groseilliers, fournis par le Département de l'agriculture, sont mis à l'essai afin d'assurer la propagation des meilleures variétés, de celles qui s'adaptent le mieux au sol et au climat de chaque localité.

École d'Oka. — Des religieux sont à la tête des divers services de la ferme : culture générale, beurrerie, fromagerie, étables, porcherie, potager, pépinière, etc. Ces chefs de service sont chargés de l'instruction pratique des jeunes gens dans les diverses branches qu'ils dirigent. 60 élèves suivaient les cours de l'école en 1900.

Les étables peuvent contenir 120 têtes de bétail; les écuries peuvent loger 40 chevaux. Au-dessus des étables et des écuries s'étendent d'immenses greniers où les céréales et les fourrages sont emmagasinés.

La ferme comprend environ 1,000 acres de terrain.

L'enseignement est à la fois théorique et pratique. L'enseignement théorique embrasse trois années et comprend : l'agriculture, l'industrie laitière, l'apiculture, la botanique, des éléments de zoologie, la comptabilité agricole, la fabrication du cidre et du vin. Après chaque cours, les élèves reçoivent un résumé des matières qui ont été traitées; à la leçon suivante, le professeur leur pose des interrogations sur le dernier cours suivi. A leur arrivée à l'École, tous les jeunes gens, même ceux qui se destinent à une spécialité, sont attachés pendant un certain temps aux travaux généraux de la ferme.

Après s'être familiarisés durant quelques mois avec ces travaux, les spécialistes sont attachés au département particulier où ils puisent les connaissances techniques dont ils ont besoin; toutefois, ils travaillent encore de temps à autre avec leurs camarades, afin qu'à leur sortie de l'École les horticulteurs beurriers, pépiniéristes possèdent, outre l'instruction approfondie de leur branche, des données sérieuses sur l'ensemble d'une exploitation.

Pendant l'hiver, les élèves qui le désirent sont employés :

A la boucherie-charcuterie, pour apprendre à dépecer la viande, fumer les jambons, faire les saucisses, les boudins, etc.;

A la forge, où on leur montre à souder, à limer les métaux; ils se familiarisent aussi aux divers modes de ferrures;

A la menuiserie; ils y apprennent à raboter et à faire des boîtes, réparer des portes, fenêtres, etc.

Ferme-École de Compton. — La culture des arbres fruitiers y est importante.

Tous les élèves de la beurrerie sont fabricants de beurre ou aides dans les beurreries. La beurrerie de Compton est renommée pour sa parfaite manipulation du lait.

École de Sainte-Anne de la Pocatière. — L'abbé Pilote, qui était venu étudier en France, en 1857, l'organisation de nos établissements d'enseignement agricole, fonda, à son retour au Canada, l'École de Sainte-Anne. Les élèves, au nombre de 33 en 1900, prennent part à tous les travaux qui se font généralement dans une ferme. L'école possède une vaste ferme modèle dont 250 arpents sont en prairie. On y a fait des expériences sur l'emploi des engrais en 1897 (cendres de bois, purin, fumier, chaux, nitrate de soude, superphosphate).

L'École avait présenté à l'Exposition une remarquable collection de céréales et de trèfle blanc et rouge.

École ménagère de Roberval. — En 1892, le gouvernement provincial accorda une allocation annuelle à l'École ménagère établie à Roberval, région du lac Saint-Jean, sous le contrôle des Dames Ursulines.

Voici le cours d'économie domestique et rurale donné dans cette institution :

1° Toutes les élèves, quel que soit leur âge, sont formées à être de bonnes ménagères, particulièrement au point de vue de l'ordre et de la propreté. On leur enseigne aussi les règles principales de l'art culinaire : préparation des potages, cuisson des viandes, pâtisseries, confitures, gelées. A la laiterie : soin des ustensiles, préparation de la crème pour le barattage, préparation du beurre.

2° A l'ouvroir : division de la laine, cardage, filage, tissage de différentes étoffes, couvertures en laine, etc., coupe des vêtements, couture, reprises, boutonnières ;

3° Au jardin : division des carrés, ensemencement, repiquage, mise en pleine terre, sarclage, soins des fruits, destruction des insectes ;

4° Au poulailler : soins des poules et des poussins.

On enseigne encore aux élèves : la comptabilité domestique, le raccommodage du linge ; à coudre, à tricoter, à carder, tisser et filer. Deux fois par semaine, on donne des leçons théoriques et pratiques sur la fabrication du beurre et du fromage pour la consommation domestique. On donne, enfin, aux élèves, des leçons d'agriculture et d'horticulture. Le nombre des jeunes filles qui ont suivi les cours de l'École ménagère de Roberval s'est élevé à 221 en 1899. La ferme modèle attachée à cette institution comprend 100 arpents, soit 40 hectares environ.

CHAPITRE III.

CONSIDÉRATIONS GÉNÉRALES.

Le Canada est une fédération de provinces assez différentes les unes des autres au point de vue de la richesse et de la population. Chaque province a établi son enseignement comme elle l'entendait, se préoccupant uniquement de l'adapter aux besoins de la population rurale. La province d'Ontario et celle de la Colombie britannique ont chacune un ministre de l'instruction publique et un surintendant général. Dans la province de Québec, les élèves sont sous le contrôle du surintendant de l'instruction publique, assisté d'un conseil de 35 membres, divisé en deux comités, dont l'un pour les catholiques romains, l'autre pour les protestants. Dans le Manitoba, le Nouveau-Brunswick, la Nouvelle-Écosse, les Territoires du Nord-Ouest, les écoles publiques sont sous la direction de l'exécutif et d'un surintendant. Dans l'Île du Prince Édouard, il existe un «bureau d'éducation» et un surintendant nommé par le Gouvernement.

Les diverses Églises qui se partagent l'influence religieuse au Canada s'occupent directement d'enseignement. Sur les 17 Universités du Canada, 12 sont confessionnelles : 3 sous le contrôle de l'Église d'Angleterre, 4 de l'Église catholique romaine, 1 de l'Église presbytérienne, 2 de l'Église méthodiste et 2 de l'Église baptiste.

Comme en Angleterre, l'enseignement spécialement agricole occupe encore une place peu importante au Canada.

L'enseignement supérieur agricole ou, plus exactement, l'enseignement secondaire n'est organisé que dans la province d'Ontario, au Collège d'agriculture de Guelph. Ce collège, à peu près semblable à ceux d'Angleterre, est rattaché également à une Université, à l'Université de Toronto. Il comprend 2 cours : cours de deux ans ne donnant droit qu'au diplôme ordinaire (c'est le *short cours* anglais); cours de quatre ans, donnant droit au diplôme de bachelier ès sciences en agriculture (*long courses*). Le Collège de Guelph diffère des collèges américains en ce qu'il a un enseignement agricole pur et non un enseignement à la fois agricole, commercial ou industriel. Une école spéciale de laiterie pour les deux sexes y est annexée.

En dehors du Collège agricole de Guelph, nous ne connaissons dans le Canada que les écoles d'agriculture situées dans la province de Québec, province de langue française : les Écoles d'*Oka*, de *Compton*, de l'*Assomption* et de *Sainte-Anne de la Pocatière*. Ce sont des écoles ressemblant à nos écoles pratiques de France; l'enseignement y est à la fois théorique et pratique.

Les travaux pratiques effectués en hiver par les élèves sont fort bien compris et très variés. A l'École d'Oka, les élèves s'occupent de boucherie, de charcuterie, s'exercent à la forge, à la menuiserie, de façon à être aptes à tous les travaux que réclame une exploitation rurale, une ferme canadienne, souvent éloignée de tout centre important.

A ces 4 écoles d'agriculture de la province de Québec on doit ajouter l'*École ménagère de Roberval*, créée en 1892.

Comme on le voit, cette province est certainement la mieux partagée sous le rapport de l'enseignement spécialement agricole. Notons, en passant, l'École de laiterie de Sussey dans le comté de King, province du Nouveau-Brunswick.

A côté des 5 écoles pratiques on peut ranger les 5 fermes expérimentales que le Canada a créées en 1897 : la ferme centrale d'Ottawa, entre la province de Québec et celle d'Ontario; la ferme de Nappan, Nouvelle-Écosse; la ferme de Brandon, Manitoba; la ferme d'Indian-Head, Assiniboine; la ferme d'Agassiz, dans la Colombie britannique.

Ces établissements ne sont pas des fermes-écoles comme nous en possédons en France; elles s'occupent, ainsi que nous l'avons dit plus haut, de l'observation scientifique des phénomènes culturaux et, d'une manière générale, de l'étude de toutes les questions qui intéressent l'agriculture canadienne. Ce sont en quelque sorte des stations expérimentales pratiques analogues à celles qui ont été préconisées par Dehérain; elles sont destinées à résoudre les problèmes agricoles dont les solutions dépendent soit de la nature du sol, soit du climat, et à aplanir les obstacles que les agriculteurs rencontrent. Ce sont aussi des établissements de vulgarisation qui envoient au loin des professeurs, des agronomes conférenciers. Le Gouvernement canadien publie chaque année dans le *Rapport annuel des fermes expérimentales* ou dans des bulletins spéciaux les renseignements détaillés donnés par les fermes expérimentales; les publications sont envoyées gratuitement aux agriculteurs.

Si l'enseignement spécialement agricole est peu développé au Canada, par contre les notions agricoles occupent une place importante dans les programmes de l'enseignement général.

L'étude de l'agriculture est obligatoire dans les écoles normales, et les instituteurs de la province de Manitoba, par exemple, doivent subir un examen agricole.

Dans quelques provinces, les maîtres de l'enseignement primaire qui veulent enseigner l'agriculture reçoivent des indemnités assez importantes : ainsi, dans la Nouvelle-Écosse, les instituteurs (diplômés de l'agriculture) ont un supplément de traitement de 100 dollars par an. Cinq prix de 50 dollars chacun sont offerts par le gouvernement aux élèves qui suivent l'enseignement agricole de l'École normale de Truro. On offre aux élèves la facilité d'obtenir un salaire en travaillant à la ferme provinciale attachée à l'école.

Tous ces encouragements doivent influer sur le développement de l'enseignement agricole à l'école primaire.

Les écoles primaires supérieures et les écoles secondaires s'occupent aussi sérieusement de l'agriculture; la plupart d'entre elles considèrent cette partie de l'enseignement comme obligatoire. Tout l'enseignement universitaire est ainsi nettement orienté vers les choses de l'agriculture; c'est une compensation au petit nombre d'écoles spécialement agricoles.

VI

DANEMARK.

CHAPITRE PREMIER.
EXPOSITION.

Réunie à son exposition agricole générale, l'exposition de l'enseignement agricole se trouvait placée dans le Palais de l'agriculture et des aliments. Des cloisons richement ornées formaient plusieurs pièces dans lesquelles étaient réparties les diverses sections de l'exposition danoise. Dans la plus grande pièce, se trouvait un très grand plan en relief, sorte de maquette de l'Institut royal vétérinaire et agricole de Copenhague, qui attirait les regards du public. On voyait à côté un tableau d'expériences sur l'alimentation des vaches laitières et des graphiques dressés par le Laboratoire d'expériences agronomiques de l'Institut de Copenhague.

Dans une autre pièce se trouvaient des tableaux statistiques concernant l'enseignement des écoles agricoles et des écoles populaires.

D'autres tableaux présentaient la description graphique des céréales cultivées en Danemark comparées avec celles de l'étranger. Des spécimens du matériel très perfectionné des laiteries danoises montraient l'état avancé de l'industrie laitière dans ce pays.

Récompense. — Un grand prix à l'Institut royal vétérinaire et agricole de Copenhague.

CHAPITRE II.
APERÇU HISTORIQUE SUR L'ENSEIGNEMENT AGRICOLE.

Le comte Reventlov avait projeté, dès la fin du XVIIIe siècle, de fonder des écoles populaires où l'agriculteur danois recevrait une instruction primaire et technique. Vers la même époque, le major général F. F. von Classen, convaincu lui aussi de la nécessité et de l'utilité d'un enseignement spécial agricole en Danemark, fit les premières tentatives pour le réaliser. Jugeant qu'il ne pouvait être encore question de la fondation d'écoles d'agriculture, ses efforts tendirent seulement à aboutir à l'établissement de conférences populaires, faites le dimanche, après le service religieux. Ces conférences, pour différentes raisons, ne donnèrent pas de résultats satisfaisants. En 1789, le major von Classen légua, par testament, une somme importante pour la fondation d'une école agricole. Établie dans la ferme de Nœsgaard, île de Falster, elle ouvrit ses portes en 1800, mais ne fonctionna pas, faute d'élèves. Elle fut réorganisée plus tard.

Le legs de Classen eut comme résultat d'attirer l'attention sur la question de l'enseignement agricole et, après l'échec de Nœsgaard, des cours d'agriculture s'ouvrirent à Copenhague, de 1807 à 1826. Ces cours étaient suivis par des étudiants qui furent plus tard pasteurs, instituteurs ou fonctionnaires et qui répandirent ensuite, dans leur sphère d'action, les idées d'enseignement agricole auxquelles les populations rurales étaient réfractaires. C'est ainsi qu'en 1830 on put créer les deux écoles de Morupgaard et de Lynbygaard. La première, mal gérée, cessa bientôt de fonctionner; mais l'école de Lynbygaard fut ouverte une quarantaine d'années et peut être considérée comme la première école d'agriculture du Danemark. Le projet Classen repris aboutit en 1849 à la réouverture de l'école de Nœsgaard, qui existe encore aujourd'hui.

De 1850 à 1864, 15 écoles supérieures populaires furent ouvertes.

Le programme détaillé, les principes d'organisation et les moyens d'action des écoles supérieures au Danemark ont été exposés dans une série de brochures de Grundtvig, dont les idées ont pénétré le système d'éducation danois. La généralisation de l'enseignement agricole ne date cependant que de la deuxième guerre du Slesvig. Une ère nouvelle commença pour le Danemark après cette guerre de 1864 qui lui enleva de riches provinces. La nation danoise fit preuve d'une grande énergie pour le relèvement de son agriculture. La puissante impulsion donnée alors à la production agricole, dans ce petit pays, et à l'exportation des produits résulte des efforts combinés, de l'initiative et d'une intelligente entente des professeurs d'agriculture, des cultivateurs associés et de l'État. L'instruction primaire, organisée au Danemark depuis un siècle, a aussi facilité la vulgarisation de l'enseignement agricole dans les campagnes.

Dans l'étude des divers degrés de l'enseignement agricole, que nous donnons ci-après, se trouve le détail de l'historique de cet enseignement.

CHAPITRE III.

ORGANISATION DE L'ENSEIGNEMENT AGRICOLE.

ÉTABLISSEMENTS ET INSTITUTIONS D'ENSEIGNEMENT AGRICOLE.

I. — Enseignement supérieur.

Institut royal vétérinaire et agricole de Copenhague. (Grand prix.) — Fondé en 1858 en vertu de la loi du 8 mars 1856, l'Institut royal vétérinaire et agricole de Copenhague est le seul établissement d'enseignement supérieur agronomique du Danemark. On y étudie les différentes branches de l'enseignement agricole : *agriculture, médecine vétérinaire, arpentage et nivellement, horticulture, sylviculture*. L'Institut forme donc des agriculteurs, des vétérinaires, des géomètres et ingénieurs agronomes, des agriculteurs et des forestiers.

Les débuts de l'enseignement vétérinaire remontent au xviii⁰ siècle. En 1773, Abildgaard fondait à Christianshavn, faubourg de Copenhague, un établissement privé pour enseigner l'art vétérinaire, institution qui devint, trois ans plus tard, une école vétérinaire de l'État. Au début, les conférences étaient uniquement suivies par des militaires, puis vinrent des maréchaux ferrants et enfin des médecins vétérinaires. L'établissement a joui d'une grande renommée au Danemark jusqu'en 1820.

Des phases d'évolution assez compliquées marquent le développement de l'enseignement forestier. Vers l'année 1765, le forestier Langen vint établir à Jægersborg, dans les environs de Copenhague, un collège forestier. En 1785, on créa deux corps de chasseurs forestiers, l'un à Elseneur, l'autre à Kiel, où l'on enseignait la sylviculture. L'école de Kiel occupait d'abord un rang honorable parmi les établissements d'enseignement forestier; mais le nombre des élèves diminua peu à peu, et on la supprima en 1832. L'enseignement forestier fut alors donné à l'École polytechnique de Copenhague; les études y étaient libres, mais on réclamait des étudiants d'assez fortes études antérieures. D'autre part, Erik Viborg faisait, au commencement du xixᵉ siècle, des conférences sur la botanique à l'Université de Copenhague, et l'on y passait une sorte d'examen de forestier.

Fig. 71. — Institut royal vétérinaire et agricole de Copenhague. (Entrée principale.)

Jœrgensen commença à enseigner l'agriculture en 1849 à l'École polytechnique. Membre d'une commission chargée de l'agrandissement de l'École vétérinaire et de sa transformation en vue d'en faire un établissement où l'on enseignerait l'agriculture avec l'art vétérinaire, Jœrgensen élabora un projet d'où est sortie la loi du 8 mars 1856 relative à la création d'une école supérieure d'agriculture et de médecine vétérinaire. Sur les indications de la Commission, l'État fit l'acquisition d'une propriété d'une étendue de 30 hectares, sise dans la commune de Fréderiksberg, contiguë à la ville, et y construisit pour l'école des bâtiments neufs. En 1858, on y commença l'enseignement pour les vétérinaires, les agriculteurs et les géomètres-arpenteurs; à partir de 1863, on étendit l'enseignement à l'horticulture et à la sylviculture. La loi du 12 avril 1892 augmenta le nombre des professeurs de l'école ainsi que leurs honoraires, et une allocation de 1,260,000 francs permit de modifier et d'agencer les locaux en vue de l'extension des études.

En même temps, on travaillait à réorganiser l'enseignement et les examens d'après les exigences de l'époque actuelle.

Enseignement. — L'enseignement comprend : 1° des cours et des conférences suivis de démonstrations pratiques; 2° des examens; 3° des exercices d'application, soit à l'école, soit en dehors de l'Institut.

La partie de l'enseignement relative aux applications de l'art vétérinaire se donne à l'école ou dans les dépendances. L'école possède une maréchalerie où les maréchaux ferrants apprennent la technique de leur métier et passent un examen. En dehors de l'école, les étudiants vétérinaires visitent les animaux malades, à Copenhague ainsi que dans la banlieue et assistent à l'inspection des viandes.

Les agriculteurs et les horticulteurs se livrent aux travaux pratiques en dehors de l'école et sans être placés sous la direction ou la surveillance des professeurs, tandis que les géomètres et les forestiers sont, au contraire, dirigés par le personnel enseignant de l'école et font un stage d'une certaine durée chez des arpenteurs-géomètres ou des agents forestiers dont ils partagent les travaux. Le programme de l'enseignement forestier comporte un grand nombre d'excursions dans les forêts, des visites dans les usines où on travaille le bois.

Fig. 72. — Institut royal vétérinaire et agricole de Copenhague. (Photographie du plan en relief exposé.)

Les élèves de l'Institut de Copenhague ont seuls le droit de se présenter aux examens pour être nommés vétérinaires, arpenteurs ou agents des forêts. L'examen des médecins-vétérinaires, arpenteurs et agents forestiers porte sur la théorie et la pratique de leur métier. En ce qui concerne la pratique, la partie principale de l'examen de sortie se passe en dehors de l'école, dans des cliniques ou dans des étables et écuries, dans les champs pour les géomètres-arpenteurs, dans les bois pour les forestiers. L'examen théorique comporte deux parties : la première partie comprend les sciences fondamentales : mathématiques, sciences naturelles, dessin, etc.; la seconde consiste dans l'épreuve des études spéciales à la profession. La troisième partie, essentiellement pratique, qui permet de constater l'habileté comme praticiens des jeunes gens, n'est passée que par les vétérinaires, arpenteurs et agents des forêts.

Fig. 73. — Institut royal vétérinaire et agricole de Copenhague.
(Intérieur d'un laboratoire.)

Le Conseil de l'Institut royal agricole et vétérinaire est composé du directeur et de tous les professeurs de l'Institut. Le nombre des professeurs titulaires est de 22; celui des agrégés de 20.

L'enseignement de l'agriculture comprend les cours suivants : 1° cours ordinaire, d'une durée de 20 mois; 2° cours supplémentaire pour les sciences fondamentales, 14 mois; 3° cours supplémentaire pour la phytotechnie, 14 mois; 4° cours supplémentaire pour la zootechnie, 14 mois.

Le nombre des candidats à l'examen complet ordinaire a varié, pendant les trente dernières années, de neuf à trente-deux par an. Après les deux premiers semestres, les étudiants passent la première partie de l'examen au mois de juin. La seconde partie est passée au mois d'avril de l'année suivante. L'élève qui a passé cette seconde partie de l'examen a le droit de prendre le titre de licencié ès agriculteur (Landbrugs candidat).

Il est question d'augmenter la durée de l'enseignement donné aux agriculteurs et aux horticulteurs et d'ajouter à leur examen une troisième partie pour les applications pratiques, ainsi que cela a lieu pour les vétérinaires, les géomètres et les forestiers.

Pour le cours ordinaire, on n'exige comme condition d'admission aux études et à l'examen que l'éducation nécessaire, pratique et théorique, pour suivre l'enseignement; mais cette condition ne doit être regardée que comme un avis, car on ne refuse jamais de recevoir un étudiant pour cause de connaissances insuffisantes, et les candidats ne sont soumis à aucune épreuve pour l'admission. En effet, on distingue « élèves » et « participants extraordinaires », et si, pour l'inscription comme élève, on demande le certificat d'un lycée ou école réale, qui correspond à peu près au diplôme français de bachelier, la différence entre les élèves et les « participants extraordinaires » se réduit en réalité au droit pour les premiers de suivre les cours supplémentaires et d'obtenir des bourses. Généralement, le quart au moins des étudiants obtiennent l'enseignement gratuit et la moitié de ceux-ci reçoivent des bourses.

Le programme normal de l'enseignement pour le *cours ordinaire* donne une idée de l'instruction que l'Institut donne aux jeunes gens.

	PAR SEMAINE.			
COURS ET EXAMENS.	SEM. 1.	SEM. 2.	SEM. 3.	SEM. 4.
	heures.	heures.	heures.	heures.
Physique et météorologie.	5	3	»	»
Chimie	4	4	»	»
Géologie agricole	»	4	»	»
Zoologie générale et zoologie agricole	5	»	»	»
Anatomie et physiologie des animaux domestiques.	»	3	»	»
Machines agricoles	2	1	2	»
Agriculture générale (compris défrichement, drainage, etc.) et culture des plantes agricoles	»	»	5	4
Zootechnie	»	»	4	4
Laiterie et comptabilité	»	»	6 à 7	4
Économie, histoire et statistique agricole	»	»	3	5
Pathologie des plantes agricoles	»	»	2	»
EXERCICES ET DÉMONSTRATIONS.				
Chimie	9	9	»	»
Botanique	1	1	»	»
Dessin	6	6	»	»
Horticulture (octobre et avril)	2	2	»	»
Arpentage et nivellement	4	2	»	»
Agriculture, économie et laiterie	»	»	3	3
Chimie agricole	»	»	6	»
Zootechnie	»	»	2 à 3	2 à 3

Laboratoire d'expériences agronomiques de l'Institut royal vétérinaire et agricole de Copenhague. — Le laboratoire d'expériences agronomiques qui fonctionne depuis 1888 forme une section spéciale ou une annexe de l'Institut de Copenhague. Les expériences de Fjord, commencées en 1865, prirent une si grande importance que la Société royale d'agriculture danoise accorda d'abord un crédit pour la continuation et l'extension de ces expériences sur l'alimentation des vaches laitières. Quelques années plus tard, l'État accordait également une subvention annuelle; puis il se décida à organiser sur des bases plus scientifiques et à centraliser les résultats de ces expériences dans un établissement unique en son genre.

La construction du laboratoire coûta environ 208,000 francs; mais plus tard on y joignit une section de bactériologie et de physiologie animale, ainsi qu'une section spéciale pour les expositions du beurre envoyé par plus de 800 laiteries du pays pour être apprécié; la dépense de construction s'éleva alors à 350,000 francs. La subvention annuelle de l'État pour le fonctionnement du laboratoire et pour les expériences était, en 1888, de 62,000 francs; mais, depuis, elle a été augmentée successivement, et le laboratoire et ses différentes sections ont aujourd'hui à leur disposition une subvention annuelle totale de 180,000 francs.

Fig. 74. — Institut royal vétérinaire et agricole de Copenhague.
(Salle du laboratoire d'expériences.)

Ces chiffres montrent l'intérêt que l'État et les agriculteurs danois attachent aux recherches scientifiques entreprises dans des directions essentiellement pratiques : amélioration du régime alimentaire des vaches laitières et des produits de la laiterie, élevage du porc, corollaire indispensable de la création des laiteries et beurreries coopératives.

Le système adopté pour les expériences d'alimentation, inaugurées par Fjord, repose sur la collaboration des praticiens et des hommes de science qui dirigent les essais. Les expériences se font chez les cultivateurs, dont on prend l'avis et les conseils sur le caractère à leur donner, suivant les conditions locales et le but à atteindre. Cette méthode familiarise les fermiers avec les essais entrepris et leur donne confiance dans les résultats. On ne saurait trop insister sur les avantages offerts par la façon pratique avec laquelle le fonctionnement de ces expériences a été conçu. On a ainsi évité les fausses manœuvres et inspiré confiance aux praticiens; leur coopération a permis de vulgariser l'usage de l'écrémeuse centrifuge, système auquel la fabrication en grand du beurre doit sa supériorité.

Les stations d'expériences du Laboratoire de Copenhague sont répandues dans tout le pays, et on travaille tantôt dans un endroit, tantôt dans un autre, suivant que les conditions locales se prêtent à l'une ou à l'autre série d'expériences poursuivies. Les stations ambulantes sont établies dans un grand nombre de fermes. Les questions à étudier et les méthodes à suivre sont fixées d'avance, mais tous les travaux d'analyse sont centralisés au laboratoire de Copenhague.

Fig. 75. — Institut royal vétérinaire et agricole de Copenhague.
(Vue du laboratoire d'expériences agronomiques.)

Le laboratoire de Copenhague opère toujours par expériences comparatives faites sur des groupes d'animaux assez nombreux pour éliminer les causes de variations individuelles dans les résultats.

Les chefs du service du Laboratoire organisent les essais dans de grandes fermes mises à leur disposition par leurs propriétaires.

L'intéressant rapport rédigé par les professeurs du Laboratoire en vue de l'Exposition universelle de 1900 a fait connaître en détail les recherches du Laboratoire de Copenhague et les expériences d'alimentation faites sur les vaches laitières et sur les porcs, les analyses sur la composition du lait et des beurres, les recherches sur les globules gras du lait et sur la structure des globules du beurre, les examens bactériologiques des défauts du lait et des beurres. Les travaux du Laboratoire étaient résumés dans une série de rapports. L'exposition du Laboratoire de Copenhague comprenait aussi des appareils dont les expériences ont suggéré l'invention : une glacière, une écrémeuse centrifuge, un appareil de pasteurisation.

L'Institut royal agricole et vétérinaire de Copenhague était le seul établissement d'enseignement agricole qui avait exposé. Le Jury lui a décerné un grand prix. M. le professeur Westermann avait présenté, sous forme de graphiques, la proportion entre les diverses parties du capital d'exploitation; les résultats de ses expériences sur la culture du seigle, de l'avoine, des trèfles.

Le docteur Rostrup avait envoyé des planches avec des dessins reproduisant les maladies des plantes causées par des champignons parasites.

II. — Enseignement secondaire et élémentaire.

L'enseignement agricole de second ordre au Danemark est surtout théorique. Il n'existe qu'une seule École où l'on ait donné autant d'importance à l'enseignement pratique qu'à l'enseignement théorique, c'est l'École de Nœsgaard.

Avant que cette école eût commencé à fonctionner, le propriétaire de Hofmannsgave avait établi, en 1845, dans sa propriété une école analogue à celle de Classen. Cette école, qui pouvait recevoir seulement 7 élèves, fonctionna jusqu'en 1854 et fut fréquentée par 65 jeunes gens appartenant aux diverses classes de la société. En 1844, la famille Krarup fonda une institution agricole dans le Jutland de l'Est, d'abord à Haraldslund, puis à Skaarupgaard et en dernier lieu à Daugaard. Cette école qui recevait, de l'État, dans les dernières années de son fonctionnement, une subvention de 100 kr. par élève, subsista pendant une trentaine d'années, de 1844 à 1874. Dans les derniers temps de son existence, l'enseignement théorique avait pris une plus grande extension, et les exercices pratiques avaient diminué; ce qui tenait aux exigences croissantes de la profession et aux facilités offertes aux fils de cultivateurs pour se former à la pratique. On institua en 1845 et en 1847 des écoles analogues pour les régions des landes du Jutland à Kastrup et à Skibildgaard, mais elles furent fermées dès 1848 et 1852. Par contre, l'école purement théorique, installée en 1855 à Odensée par la Société agricole de Fionie, existe encore actuellement.

L'*École de Nœsgaard* a été fondée d'après les idées de Classen et au moyen des sommes léguées par lui dans ce but, dès l'année 1800, mais elle ne reçut des élèves qu'en 1849. Pour être admis à l'École de Nœsgaard, les candidats doivent être âgés de 18 à 20 ans. Les cours ont une durée de deux ans, et ne sont donnés qu'à 18 élèves. Ces derniers reçoivent l'enseignement théorique le matin (pendant trois heures) et l'enseignement pratique le soir.

L'exploitation agricole de l'École a une étendue de 166 hectares. Le directeur de l'établissement est régisseur de l'exploitation.

L'*École d'Odensée*, dans le bailliage de Viborg, a été fondée en 1851 par la Société patriotique du diocèse de Fionie. Elle reçoit de l'État une subvention de 1,400 kroners par an. L'enseignement y est donné pendant six mois d'hiver par le directeur (agronome) et deux instituteurs.

Entre l'École de Nœsgaard (théorie et pratique) et l'École d'Odensée (exclusivement théorique) viennent se placer une série d'écoles où l'enseignement théorique domine,. mais où l'enseignement pratique n'est pas complètement négligé. Parmi ces dernières nous pouvons citer :

L'*École agricole de Lyngby,* fondée en 1859 par les souscriptions d'un cercle d'agriculteurs du Nord de l'île de Fionie. L'enseignement y est donné, pendant le semestre d'hiver, à une quinzaine d'élèves en moyenne.

Fig. 76. — Institut royal vétérinaire et agricole de Copenhague.
(Une salle de laboratoire.)

École agricole de Tunefrès Taastrup, bailliage de Copenhague, fondée comme école supérieure populaire, a été transformée, en 1871, en école d'agriculture. Elle reçoit une subvention de l'État de 3,100 kroners.

L'enseignement est donné en deux cours indépendants. Cette école possède une exploitation de 25 hectares.

Le personnel enseignant comprend le directeur (licencié en agriculture) et quatre professeurs fixes, dont trois sont licenciés. Le nombre des élèves est en moyenne de 75 ; 28 au cours de neuf mois et 47 à celui de six mois.

L'*École d'agriculture de Ladelund,* bailliage de Ribe, fondée en 1879, qui donne un cours d'hiver et un cours d'été de cinq à six mois. Cette école reçoit de l'État une subvention de 2,400 kroners. Elle possède une exploitation de 28 hectares et une grande laiterie avec laboratoire pour les expériences. Le personnel enseignant comprend un directeur et trois professeurs (licenciés en agriculture). De 1887 à 1889, un des postes de professeur était occupé par une femme (licenciée en agriculture). Chaque année, le cours d'hiver est fréquenté par 80 à 90 élèves en moyenne et le cours d'été par 20 à 25 élèves.

L'*École d'agriculture de Dalun*, près d'Odensée, fondée en 1886, par l'initiative privée et propriété du directeur, touche de l'État une subvention de 2,500 kroners. Les cours ont une durée de six mois (novembre à mai); l'école donne en outre un cours de trois mois pour les *gérants de laiterie*. Les leçons ont lieu, chaque jour, de 8 heures à midi, de 2 à 6 heures et de 7 à 8 heures du soir; ce sont en quelque sorte des conférences.

L'école possède une exploitation agricole de 33 hectares. Le personnel enseignant comprend un directeur et quatre professeurs. La pension est en moyenne de 35 couronnes (kroners) par mois.

L'*École d'agriculture de Malling*, fondée en 1889 par une société d'actionnaires au capital de 140,000 kr. L'enseignement comprend trois cours de neuf et de douze mois. Pendant les six premiers mois (novembre à mai), l'enseignement est le même pour les deux cours. Pendant le semestre d'été, les élèves sont placés quelquefois, par les soins de l'école, dans les exploitations agricoles du pays. Les leçons ont lieu, chaque jour, de 8 heures à midi et de 2 à 6 heures du soir.

Les élèves sont admis à partir de 16 ans.

Fig. 77. — École agricole Malling, à Jutland.

L'école possède une exploitation de 55 hectares. Le personnel enseignant comprend un directeur, trois professeurs et deux instituteurs.

L'*École d'agriculture de Aarup*, fondée en 1886, dont le nombre des élèves est en moyenne de 15 par année.

Dans toutes les écoles que nous venons de citer, les élèves suivent la marche de l'exploitation que chaque établissement possède, mais ne prennent pas une part active aux travaux pratiques de la ferme.

*
* *

L'enseignement agricole est non seulement donné par les écoles d'agriculture, mais aussi par les écoles supérieures populaires (*Folkehöjskoler*) qui correspondent à nos écoles primaires supérieures de l'enseignement universitaire.

La vie des écoles d'agriculture est tellement liée à celle de ces écoles supérieures populaires qu'il est bon de donner un léger aperçu de ces dernières.

Le programme détaillé, les principes d'organisation et les moyens d'action des écoles populaires supérieures ont été exposés dans une série de brochures de Grundtvig dont les idées, ainsi que nous l'avons indiqué dans l'historique, ont pénétré tout le système d'éducation de la plupart d'entre elles. Conformément aux théories de Grundtvig, ces écoles se sont proposé de donner une éducation qui prendrait pour principe et pour point de départ la patrie danoise, son sol et son histoire, sans jamais perdre de vue les exigences de la vie réelle et du moment, de manière à éveiller le sentiment patriotique et à le rendre fécond tout en donnant une direction scientifique à l'esprit.

La première école supérieure populaire (*Folkehojskole*) a été fondée à Rœdding, dans le Jutland méridional. Aucune école nouvelle ne fut créée entre 1840 et 1850, si l'on ne tient pas compte de trois tentatives faites en Seeland, en Fionie et en Jutland, dont l'insuccès prouve que le moment propice n'était pas encore venu.

C'est alors que survint la guerre de 1848 à 1850 qui donna une vive impulsion au sentiment national, puis la libre Constitution de 1849 qui provoqua chez le paysan le besoin d'une éducation plus développée. De 1850 à 1864, on fonda ainsi quinze écoles supérieures dont cinq fonctionnent encore.

Après la deuxième guerre du Slesvig, de 1864 à 1870, il ne se créa pas moins de cinquante-trois nouvelles écoles.

Le grave danger que courait la nationalité danoise et le sentiment profond de la nécessité impérieuse où l'on se trouvait d'élever une génération énergique expliquent ces nombreuses créations.

L'augmentation du nombre de ces écoles avait été cependant trop rapide, car, sur 53 écoles, 29 ont dû fermer depuis.

Après 1870, les questions nationales passant au deuxième plan pour laisser la place aux questions économiques et sociales, on eut moins besoin de ces écoles.

Aussi, de 1871 à 1875, on n'en créa que 13 nouvelles, dont 9 ont été fermées depuis.

Ce n'est que de 1875 à 1880 que le besoin croissant d'un enseignement technique agricole amena la création de 12 nouvelles écoles avec sections spéciales pour l'enseignement de l'agriculture, plus ou moins importantes, suivant les besoins du pays. Ces écoles supérieures entrèrent en relation avec les écoles agricoles auxquelles elles servirent de point d'appui. Beaucoup d'élèves d'écoles primaires, insuffisamment préparés à s'assimiler l'enseignement agricole plus élevé, passent en effet quelque temps dans les écoles supérieures populaires avant d'entrer dans les écoles d'agriculture. L'école de Malling par exemple, pour n'en citer qu'une, prend de préférence les élèves qui ont fréquenté au moins un cours d'école supérieure populaire.

Cette nécessité de l'école supérieure primaire pour le recrutement et le bon fonctionnement des écoles agricoles devint si grande que dans certains cas l'école d'agriculture se joignit à l'école supérieure. Le premier essai de ce genre date de 1867 et fut entrepris par M. La Cour. Ce fondateur se proposait de réunir l'école supérieure populaire de Grundtvig à l'école agricole de Lyngby, en transportant à cette dernière les principes fondamentaux de l'école supérieure, de manière à la mettre en mesure aussi bien de former l'esprit des élèves et de leur donner une instruction intégrale que de leur inculquer les connaissances agricoles. C'est cette idée que M. La Cour voulut exprimer en donnant à son école le nom d'« École de paysans » (*Landboskole*).

L'école agricole est la propriété de l'école supérieure populaire de Grundtvig (*Grundtvigs Höjskole*), mais elle fonctionne pour le compte et sous la responsabilité du directeur.

L'enseignement agricole y est donné en deux cours indépendants : le premier, de six mois (du 1er novembre au 1er mai), et le second de neuf mois (du 1er novembre au 1er août). Il y a, en outre, en octobre, un cours préparatoire pour ceux qui veulent suivre le cours de neuf mois. — *Cours de six mois*. Pendant les mois de novembre et de décembre, les élèves étudient les principales notions de physique, de chimie, d'histoire naturelle et de zootechnie. Pendant les quatre derniers mois, on étudie les engrais, la culture des plantes, la laiterie, la comptabilité, le nivellement, l'arpentage. — *Cours de neuf mois*. Les élèves étudient les mêmes matières que dans le cours de six mois, mais d'une façon plus étendue. De nombreux exercices d'application suivent les cours. En plus, l'enseignement comprend l'économie et la législation rurales. Les leçons de chaque jour dans les deux cours ont lieu le matin de 8 heures et demie à midi, et le soir de 4 à 6 heures.

Pendant l'hiver, les élèves font des exercices de gymnastique, et il y a souvent le soir, de 9 heures à 10 heures, des réunions avec lectures ou conférences instructives.

L'école possède un terrain de 5 hectares aménagé comme jardin d'essai pour la culture des plantes fourragères et maraîchères. Les élèves reçoivent chacun une parcelle de ce jardin d'essai qu'ils sont tenus de cultiver eux-mêmes. Ils ont aussi accès à l'exploitation d'une ferme voisine appartenant à l'établissement.

Les jeunes gens pour être admis à l'école doivent avoir 18 ans révolus et connaître les travaux des champs.

Le personnel enseignant comprend un directeur et cinq professeurs. Le prix de la pension est de 40 kroners (couronnes) par mois.

L'*École supérieure d'agriculture de Trejsdaken*, bailliage de Vejle, fondée en 1879, rentre dans la catégorie des Landboskole. Cette école reçoit une subvention de 1,200 kroners.

L'enseignement est donné par le directeur, qui est instituteur primaire, et par un ou deux professeurs.

Le nombre des élèves est, en moyenne, de 35.

L'*École agricole de Tune* peut rentrer dans la catégorie des « Landboskole »; elle résulte de la transformation de l'ancienne école supérieure créée en 1867. On y donne un enseignement agricole en deux cours indépendants dont l'un de six mois (du 5 novembre au 30 avril); l'autre de neuf mois (du 5 novembre au 31 juillet).

Les leçons de chaque jour ont lieu :

De novembre à mai .
  Matin..
    De 6 h. 1/2 à 7 h. 1/2, gymnastique.
    De 8 à 9 heures, enseignement proprement dit.
    De 10 heures à midi, enseignement proprement dit.
  Soir...
    De 1 h. 1/2 à 3 h. 1/2, enseignement proprement dit.
    De 4 à 6 heures, enseignement proprement dit.
    De 7 à 8 heures, lectures instructives.

De mai à juillet . . . .
  Matin..
    De 7 à 9 heures, enseignement proprement dit.
    De 10 heures à midi, enseignement proprement dit.
  Soir...
    De 2 à 6 heures, enseignement proprement dit.

L'école dispose d'un laboratoire de chimie, d'appareils de physique, de collections d'insectes, de minéraux, etc. Elle possède une exploitation de 25 hectares. Sans prendre une part active aux travaux pratiques de la ferme, les élèves suivent la marche générale de cette exploitation.

Le personnel enseignant comprend un directeur et quatre professeurs.

Le nombre des élèves qui suivent le cours de neuf mois est environ de 30, et le cours de six mois, 45.

L'*École supérieure et d'agriculture de Nysted,* fondée en 1891 par une société d'actionnaires, donne des cours de cinq à six mois. Le personnel enseignant comprend un directeur et deux professeurs. Le nombre moyen des élèves est de 25 à 30.

Il est bon de remarquer qu'entre les écoles supérieures populaires et les écoles d'agriculture, il n'y a pas de démarcation nette. C'est ainsi que les écoles de Dalun, Malling et Trejsdaken peuvent être considérées comme étant des écoles types intermédiaires entre les écoles supérieures populaires et les écoles d'agriculture.

Il n'est même pas rare de voir des écoles d'agriculture se transformer insensiblement en écoles supérieures, et réciproquement. L'*École d'agriculture de Horso* en est un exemple. Fondée en 1884 par une société d'actionnaires avec des cours de cinq à six mois, cette école d'agriculture n'est plus qu'une école supérieure populaire avec section agricole peu importante : l'enseignement spécial d'agriculture a peu à peu cédé la place à l'enseignement général. En somme, ces deux catégories d'écoles collaborent avec fruit : elles ont la même origine, la même vie, les mêmes aspirations. Elles ont formé une association, réunissant les deux sortes d'écoles, qui a fondé des cours communs d'enseignement pour les professeurs soit à Askov, soit à l'Université de Copenhague, ainsi qu'une caisse de secours commune pour les professeurs âgés ou pour les veuves et orphelins.

Cours de peu de durée, supplémentaires ou spéciaux dans les écoles d'agriculture. — Les écoles agricoles et quelques écoles supérieures populaires donnent encore des cours spéciaux de courte durée pour les hommes et les femmes qui ne peuvent pas fréquenter les cours réguliers. Ces cours sont les suivants :

1° Cours d'enseignement agricole général pour les petits propriétaires, pendant une ou deux semaines, une ou deux fois par année;

2° Des cours de comptabilité agricole courante pendant une ou deux semaines pour les instituteurs primaires, dans le but de répandre les connaissances les plus nécessaires parmi les petits agriculteurs;

3° Un cours spécial de comptabilité pour les « adjoints de contrôle » (*Kontrolforeninger*) des associations laitières. Ces adjoints apprennent à calculer, à employer des appareils pour examiner la quantité de matières grasses que contient le lait, etc. Ces cours durent un mois;

4° Des cours de *traite*, pour hommes et femmes. Ils ont une durée de deux à trois semaines. L'enseignement pratique est accompagné de notions très élémentaires sur l'anatomie et la physiologie du pis.

*
* *

L'enseignement agricole donné à Nœsgaard, dans les écoles mixtes et les écoles spéciales, est subventionné en vertu de la loi du 12 avril 1892 relative aux écoles d'agriculture proprement dites, aux écoles de laiterie, d'horticulture et aux écoles primaires supérieures.

Lorsqu'elles sont reconnues par le Ministère des cultes et de l'instruction publique, chacune de ces écoles a droit aux subventions prévues par la loi sus-mentionnée. Elles peuvent recevoir chaque année : 1° une subvention fixe de 300 couronnes; 2° 10 couronnes pour chaque élève ayant suivi les cours l'année précédente; 3° jusqu'au tiers des dépenses pour gages aux professeurs et matériel d'enseignement.

Pour être reconnue, une école doit avoir existé un an et être fréquentée au moins par 10 élèves d'un certain âge. Les élèves pauvres des écoles reconnues peuvent obtenir une subvention de 20 couronnes (27 fr. 50) par mois.

La subvention totale des écoles reconnues, pour une année, se répartit de la manière suivante :

	directe aux écoles	136,500 couronnes.
	pour les élèves	180,000
Subvention..	pour le perfectionnement des professeurs (cours et voyages)	9,500
	répartie par les conseils d'enseignement	15,280
Dépense pour la surveillance de l'État		7,000
	TOTAL	348,280

En outre des écoles reconnues, il existe :

1° L'École de Nœsgaard, subventionnée par les legs Classen;

2° Des écoles qui n'ont pas le nombre d'élèves suffisant ou qui existent depuis trop peu de temps;

3° Des écoles qui ne cherchent pas à être reconnues.

La surveillance des écoles reconnues est pratiquée par un inspecteur dépendant du Ministère des cultes et de l'instruction publique.

Ce sont surtout les métayers et les petits propriétaires qui ont soutenu et fréquenté les écoles populaires et les écoles de paysans.

Pendant l'année scolaire 1898-1899, les écoles supérieures populaires ont reçu 2,650 élèves hommes et 2,646 élèves femmes, parmi lesquels 2,690 étaient fils ou filles de métayers, 1,389 de petits agriculteurs, 899 d'artisans, de marchands, etc., 307 de fonctionnaires, de négociants, etc.

A la même époque, 12 écoles agricoles et sections agricoles d'écoles supérieures comptaient 841 élèves hommes, parmi lesquels 623 étaient fils de métayers et de grands propriétaires ruraux, 82 de petits agriculteurs, 81 d'artisans, de marchands, etc., 55 de fonctionnaires, de négociants, etc.

*
* *

Indépendamment des écoles agricoles à enseignement général, le Danemark possède *3 écoles d'horticulture* et *3 écoles de laiterie* pour élèves hommes et femmes.

Les écoles de laiterie sont organisées d'une façon parfaite; elles sont souvent dirigées par les élèves de l'Institut de Copenhague, ce qui leur assure un caractère de pratique scientifique. Elles ont beaucoup contribué au progrès de l'industrie laitière en Danemark.

Pendant l'année 1899-1900, le nombre des écoles reconnues est le suivant :

DÉSIGNATION.	NOMBRE D'ÉCOLES.	DURÉE DES COURS.	NOMBRE DES ÉLÈVES.
Écoles d'agriculture proprement dites..............	10	2 cours de 5 mois et 9 mois.	661
Écoles de laiterie........	3	3 mois.	385
Écoles d'horticulture......................	3	3 cours différents : de 6 mois, 12 mois, 24 mois.	41
Écoles primaires supérieures (ou *Folkehojskoler*) avec cours spéciaux agricoles.	3	5 mois.	52
Écoles primaires supérieures donnant aux élèves hommes plus de 50 leçons pendant un cours mixte d'une durée de 5 mois.	27	5 mois.	1,077

Plusieurs écoles primaires supérieures donnent encore un nombre plus restreint de leçons agricoles.

Le nombre total des écoles secondaires agricoles, générales, spéciales et des « Folkehojskoler » reconnues et subventionnées par l'État est de 82.

III. — Enseignement agricole pratique.

L'École de Næsgaard est le seul établissement où l'on donne un enseignement général de la pratique agricole. Il n'existe pas comme en France de fermes-écoles où l'enseignement de la pratique domine. Quelques écoles d'agriculture possèdent bien des fermes où les élèves peuvent suivre, sans y prendre une part active, les différents travaux; mais ces fermes ne reçoivent pas d'élèves particuliers, elles n'admettent que des *apprentis*.

L'apprentissage pratique de l'agriculture, très en honneur au Danemark, ne se fait pas dans des établissements spéciaux; il se fait dans les meilleures fermes du pays, appartenant aux particuliers, aux sociétés ou aux écoles d'agriculture. Cela nous amène à parler du rôle considérable qu'ont joué les sociétés d'agriculture (surtout la Société royale d'agriculture) dans l'enseignement de la pratique agricole aux jeunes paysans.

La *Société royale d'agriculture* invite chaque année les jeunes gens de 17 ans, fils de cultivateurs ou autres, qui désirent faire un stage dans les exploitations agricoles de premier ordre tenues par des particuliers à lui envoyer leurs adhésions.

Les jeunes gens sont répartis en trois classes, suivant qu'ils veulent connaître la culture des moyennes ou petites propriétés, ou se faire une spécialité de l'élevage, de la nourriture du bétail.

Les stagiaires de la 1re classe, qui sont de beaucoup les plus nombreux, 55 sur 61 en 1899, sont placés dans de moyennes propriétés bien cultivées; ils y restent trois ans pendant lesquels ils doivent prendre part à tous les travaux, faire des lectures et tenir un journal. En échange, ils sont nourris, logés, et reçoivent un salaire de 120 couronnes la première année, 150 couronnes la deuxième année, 180 couronnes la troisième année. En fin d'études, un diplôme qui comporte trois degrés, suivant les notes du jeune homme, leur est attribué.

Les stagiaires de la 2e classe font un stage total de deux ans dans les différentes petites propriétés et reçoivent un salaire de 120, puis de 150 couronnes.

Les jeunes gens qui désirent être instruits de tout ce qui touche les soins à donner au bétail (alimentation, traitement des vaches laitières, etc.) font d'abord un stage de deux ans dans une moyenne propriété, puis d'un an dans une seconde. Ils reçoivent en plus de la nourriture et du logement un salaire de 120 couronnes la 1re année, de 160 la deuxième année et de 200 la troisième année.

L'organisation de ces stages d'instruction, qui témoigne en faveur de l'initiative privée, remonte au commencement du xixe siècle. Elle a été modifiée à diverses reprises depuis cette époque, mais le principe qui est de faire donner aux jeunes agriculteurs une éducation pratique par les plus instruits d'entre leurs aînés est resté le même.

Malgré les efforts de la Société, le nombre des stagiaires est en décroissance : 55 jeunes gens avaient répondu à l'appel de la Société en 1864; 26 y répondirent en 1899; 15 en 1900. La longue durée du stage est une des causes de ce recul; c'est ainsi que, jusqu'en 1899, 30 p. 100 environ des jeunes gens ont abandonné leur stage avant de l'avoir terminé.

Pour arrêter cette décroissance du nombre des élèves, on a institué récemment le concours de fin d'études et une grande publicité a été donnée à ses résultats. Ces mesures n'ont amené qu'une amélioration partielle; le nombre des élèves a continué à diminuer, mais, au cours des deux dernières années, aucun d'entre eux n'est parti avant l'époque fixée.

Il faut bien remarquer, d'ailleurs, que si l'institution d'apprentissage sous la direction de la Société royale d'agriculture était très recherchée au début, c'est que les fermes reconnues comme bonnes étaient relativement rares. Aujourd'hui, la situation a changé, et les fermiers donnant l'instruction privée aux apprentis sont nombreux.

Comme, d'autre part, la main-d'œuvre est de plus en plus chère, ces fermiers cherchent à substituer, dans une certaine mesure, les apprentis aux domestiques, et à se procurer ainsi un personnel intéressé. Pour obtenir ces apprentis, les fermiers offrent de bonnes conditions. La durée de l'apprentissage est souvent limitée à deux années. Les gages sont assez élevés et plusieurs fermiers, presque toujours anciens élèves de l'Institut agronomique de Copenhague, donnent aux apprentis un enseignement théorique ou engagent un élève récemment sorti de l'Institut pour les remplacer.

L'*Union des Comices agricoles de la Fionie* reçoit des enfants de Copenhague et des villes de la Fionie pour les faire instruire comme ouvriers agricoles. On s'adresse aux écoles primaires de ces villes pour se faire désigner des enfants pauvres aptes au travail des champs, et on emploie ces enfants chez de petits fermiers habiles. Si, après une année d'épreuve, les enfants montrent des qualités, l'instruction est continuée encore trois années aux mêmes endroits. Outre le logis et la nourriture, les apprentis reçoivent, la 1ʳᵉ année, leur habillement, et les trois dernières années, respectivement, pour les garçons : 81, 130 et 180 couronnes; pour les filles : 60, 100 et 130 couronnes. Une certaine partie de ces gages doit, chaque année, être portée sur un livret de la caisse d'épargne au nom de l'apprenti. Au commencement de l'année dernière, 44 apprentis étaient employés sous le contrôle de la Société.

*
* *

L'industrie laitière en Danemark a été guidée par les écoles spéciales de laiterie dont nous avons parlé. Si la population des campagnes a pu s'assimiler et mettre aussi promptement à profit les bonnes méthodes qui lui ont été signalées, il est bien certain qu'une grande part de ce progrès revient aux écoles de laiterie.

La Société des régisseurs de laiterie danois organise des cours de laiterie pratique pour les jeunes gens âgés d'au moins 17 ans, connaissant un peu l'agriculture pratique. Les apprentis sont employés dans trois bonnes laiteries, une année dans chacune, et reçoivent, comme gages, outre le logement et la nourriture, 50, 120 et même 200 couronnes.

On pouvait se rendre compte, à l'Exposition, des progrès réalisés au Danemark par l'industrie laitière, admirablement outillée avec des centrifuges, des élévateurs de crème, des appareils à pasteuriser, etc.

L'association a joué un grand rôle pour l'organisation et le fonctionnement des laiteries danoises.

D'après la moyenne fournie par la statistique d'exploitation, l'installation des 1,013 laiteries coopératives existantes a coûté 30 millions de francs; à ce chiffre, il faut ajouter au moins 25 p. 100 pour les frais d'achat de nouvelles machines et instruments tels que écrémeuses centrifuges, appareils à pasteuriser, etc., ce qui porte le capital employé par les laiteries coopératives à 37 millions et demi de francs. D'après le même document, les 1,013 laiteries comptent environ 148,000 participants, possédant 842,000 vaches ayant produit 1,820 millions de kilogrammes de lait.

Généralement ce sont de simples fermiers ou des petits cultivateurs qui dirigent ces laiteries et qui tiennent la comptabilité ; jamais cette direction n'a donné lieu à aucune plainte. Presque toutes les laiteries ont à leur service d'habiles laitiers qui, aux diverses expositions, se disputent les prix pour leurs produits.

Les laiteries occupent environ 6,000 ouvriers, laitiers ou apprentis. La caractéristique de l'industrie laitière, au Danemark, est la perfection apportée au traitement du lait, qui, dans aucun pays, n'est aussi exclusivement basé sur les méthodes scientifiques.

IV. — Enseignement agricole nomade.

L'enseignement nomade est organisé en principe par les associations agricoles danoises. Les membres de ces différentes sociétés agricoles sont au nombre de 55,000. Des professeurs d'agriculture diplômés, choisis par les sociétés agricoles, font des cours d'une durée de deux semaines environ. L'État avance ou rembourse aux associations agricoles la plus grosse part des frais.

Des conseillers de génie rural et de mécanique agricole, de zootechnie, de laiterie, font des conférences sur ces différentes spécialités.

Répartition des professeurs et conseillers d'agriculture : 6 sont placés sous la direction immédiate de l'État ; 12 sous celle de la Société royale d'agriculture, mais gagés par l'État ; 34 sous la direction des associations agricoles, rétribués partie par elles et partie par l'État ; 6 sous la direction de la Société pour la culture des landes et des marais, mais payés par l'État.

Tous les conseillers dépendant des trois premiers groupes sont obligés de prendre part aux réunions organisées au nom de l'État par la Société royale d'agriculture dans le but de discuter les intérêts agricoles.

Quelques-uns des conseillers sont directeurs de stations d'expériences, mais, pour tous, c'est un devoir important de faire des conférences et d'instruire les agriculteurs qui s'adressent à eux.

L'Union des Comices agricoles — divisée en quatre sections pour les provinces et renfermant environ cent comices — organise, à l'aide d'une subvention de l'État de 6,000 couronnes par an, des conférences dans les comices spéciaux. La présidence des unions est dévolue à des personnes qualifiées, qui peuvent recevoir une rémunération pour leur travail.

Des associations de conférences sont établies dans plusieurs parties du pays dans le but d'organiser des conférences régulières pour leurs membres.

Des voyages d'instruction sont organisés par les associations agricoles, avec le concours de l'État, pour de petits propriétaires ruraux qui visitent, par groupes de vingt à quarante membres, sous la conduite d'un guide compétent, les fermes bien tenues, les écoles agricoles, les champs de démonstration. En 1899, le nombre des participants à ces excursions s'élevait à 510, et le montant de la subvention de l'État à 9,970 couronnes.

CHAPITRE IV.
CONSIDÉRATIONS GÉNÉRALES.

Si l'on examine l'organisation de l'enseignement agricole proprement dit au Danemark, on voit qu'il existe un enseignement supérieur représenté par l'Institut agronomique de Copenhague et un enseignement plus élémentaire destiné aux jeunes gens sortant des écoles primaires ou plutôt des écoles primaires supérieures.

Fait caractéristique : dans toutes les écoles agricoles, l'enseignement théorique seul est donné régulièrement, sauf à l'École de Nœsgaard, où la pratique et la théorie ont une importance égale. En Danemark, on a été amené, en effet, à admettre que les écoles d'agriculture ne doivent s'occuper que de l'enseignement théorique.

Les partisans de l'enseignement théorique exclusif prétendent que la meilleure manière d'apprendre l'agriculture pratique est de travailler dans une exploitation ordinaire et bien aménagée. Ils prétendent, à tort ou à raison, qu'une exploitation agricole, dirigée par une école et dont la main-d'œuvre est en majeure partie fournie par les élèves, présente le danger d'être toujours plus ou moins sous l'influence des égards spéciaux qu'elle doit à l'école. Le côté économique est ainsi quelque peu négligé; tout le système d'exploitation prend facilement un caractère doctrinaire et exclusif peu en rapport avec les exigences de la vie pratique.

Une école théorique et pratique comme celle de Nœsgaard, avec une grande exploitation et un petit nombre d'élèves, est regardée comme trop coûteuse., et c'est, sans doute, cette dernière considération qui l'emporte chez les partisans de l'enseignement théorique exclusif.

Cependant, l'expérience a démontré que l'enseignement théorique, pour être vraiment profitable, ne peut guère se passer du secours des travaux pratiques. Voilà pourquoi, à l'exception de l'école d'Odensee, exclusivement théorique, toutes les écoles agricoles du Danemark possèdent une ferme ordinaire plus ou moins grande, où les élèves suivent comme *applications du cours et sans y prendre une part active* les principaux travaux de l'exploitation.

Il est bon de remarquer, d'ailleurs, que presque tous les élèves fréquentant les écoles agricoles sont fils d'agriculteurs, et qu'on exige d'eux des connaissances pratiques assez étendues, connaissances qu'ils ont pu acquérir puisque l'âge d'admission varie de 16 à 19 ans.

Avec des écoles théoriques et pratiques, il faut nécessairement garder les élèves au moins deux ans, comme à Nœsgaard. C'est un lourd sacrifice pour les agriculteurs peu aisés. De là *cet enseignement à courte durée,* tout particulièrement en faveur au Danemark : cours de 2 semaines, cours de 3 mois, de 5 mois, de 6 mois, de 9 mois, de 12 mois, de 24 mois; les agriculteurs n'ont que l'embarras du choix.

Les cours de 5 mois et de 9 mois sont généralement les plus suivis. En somme, les cours de 5 mois ne sont pas autre chose que des *cours d'hiver,* et les écoles qui les donnent, des *écoles d'hiver.*

L'expérience a montré que les cours de 5 à 6 mois, sans parler des cours de plus courte durée, ne suffisent pas pour donner aux élèves la somme des connaissances nécessaires. Si on lit la circulaire du 6 août 1895 du Ministre des cultes et de l'instruction publique, on voit très bien que l'insuffisance des cours à courte durée a été reconnue par le Gouvernement danois :

« Tandis qu'auparavant un temps d'enseignement de 9 à 12 mois était la règle générale pour un cours ordinaire d'agriculture, il est de plus en plus commun que les élèves des écoles d'agriculture limitent le temps de leurs études à 5 ou 6 mois. La raison en est sans doute à rechercher dans les difficultés pécuniaires qu'amène un séjour prolongé. La fondation de nouvelles écoles bien aménagées, avec des cours de 5 à 6 mois, a porté la population à croire que cette durée était suffisante pour s'approprier les connaissances nécessaires et la maturité suffisante.

« Cette opinion a été en partie appuyée par les conseils des écoles, car ce n'est qu'exceptionnellement qu'ils ont accordé des subventions pour des cours prolongés; ainsi, en 1892-1893, parmi 1,049 subventions pour hommes, nous en relevons seulement 5, et, en 1893-1894, parmi 1,164, 7 seulement, et encore ce n'est qu'une faible partie de ces subventions qui a été affectée aux cours d'agriculture.

« Cependant, le Ministère doit considérer comme très douteux que l'on puisse s'approprier les connaissances approfondies de ces branches pendant un temps si court. En tout cas, il semble qu'on devrait accorder toutes les facilités aux élèves qui désireraient terminer leur éducation, d'autant plus que la loi du 12 avril 1892 accorde des moyens suffisants pour les subventions des élèves, de sorte que le côté économique ne peut être allégué comme une objection décisive contre de tels cours.

« Le Ministère invite, en conséquence, les conseils des écoles à examiner, s'il n'y aurait pas lieu, lors des distributions de subventions aux élèves des écoles agricoles, d'accorder, dans une mesure plus large qu'on ne l'a fait jusqu'ici, des subventions pour les cours de 9 mois ou, en tout cas, d'accorder un secours qui permettrait à celui qui désire suivre un cours de plus de 6 mois d'obtenir l'enseignement et la pension gratuite pendant les mois d'enseignement supplémentaires. »

En résumé, le Ministre préconise des cours de 9 à 12 mois.

De ce que les écoles d'agriculture sont plutôt théoriques, il ne faudrait pas en déduire que l'enseignement de la pratique soit négligé et considéré comme de peu d'importance. Ce serait une erreur.

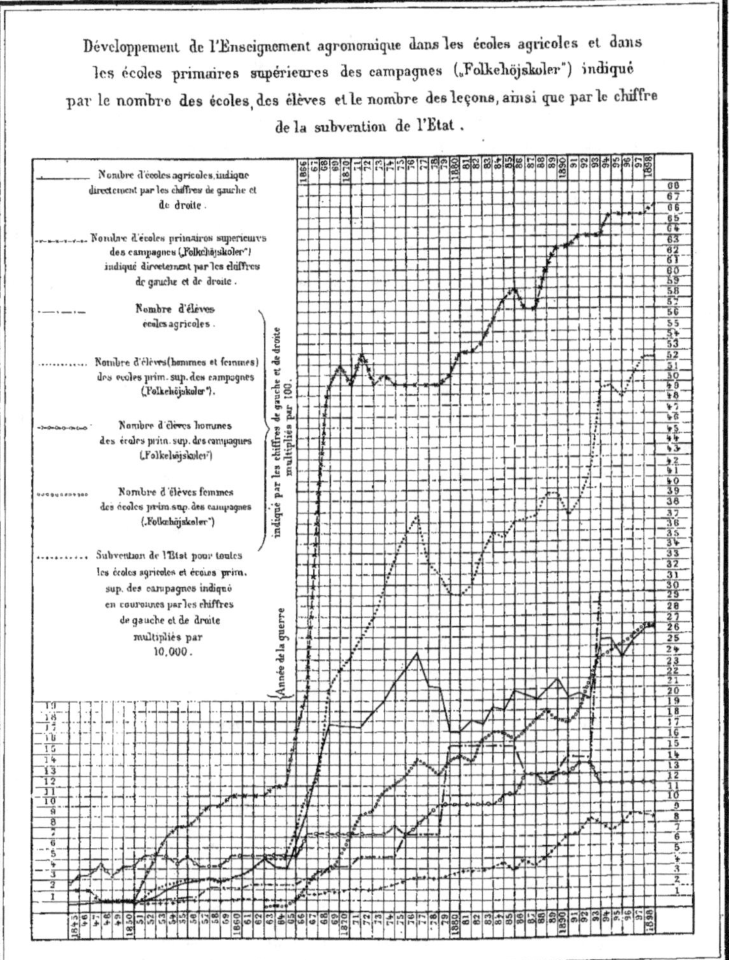

Fig. 78.

L'apprentissage de la pratique agricole, ainsi que nous l'avons fait remarquer, est au contraire très en faveur au Danemark, mais il a lieu dans les meilleures fermes privées.

Presque tous les jeunes gens aisés reçoivent leur instruction pratique dans des fermes chez des agriculteurs qui ont acquis un renom comme instructeurs, et généralement les *apprentis, même les fils des grands propriétaires, sont obligés de prendre part aux travaux comme de simples ouvriers.*

Il y a lieu de constater que cet apprentissage pratique est surtout dû à l'influence des sociétés d'agriculture et à l'initiative privée. C'est un bon exemple pour les populations agricoles qui, dans certains pays, ont l'habitude d'attendre tout de l'État.

Enseigner la théorie à l'école et la pratique dans les meilleures fermes du pays, telle est la formule que les Danois semblent avoir adoptée pour leur enseignement agricole.

Si les écoles d'agriculture ont pu se développer et réussir au Danemark, c'est surtout aux écoles primaires supérieures populaires (Folkehojskoler) qu'elles le doivent. Les « Folkehojskoler » ont, en effet, exercé sur l'enseignement général de la population, et par cela même sur les progrès de l'agriculture danoise, une très grande influence, l'enseignement dans ces écoles ayant éveillé parmi les paysans un goût pour la lecture des publications agricoles, laquelle est nécessaire pour suivre le développement de l'agriculture.

« Folkehojskoler » et écoles agricoles, entre lesquelles il n'y a pas de ligne de démarcation nette, vivent pour ainsi dire en commun, se soutiennent et prospèrent ensemble. L'école d'agriculture sert d'école d'application à l'école supérieure, et cette dernière sert d'école préparatoire à l'école agricole.

Nous ne voudrions pas terminer cette étude sans signaler d'une manière toute particulière le caractère *mixte* (enseignement aux garçons et aux filles) adopté dans quelques écoles d'agriculture danoises. L'enseignement agricole, ainsi que nous l'avons indiqué plus haut est largement donné aux femmes (plus de 2,500 en 1899-1900).

On reconnaît bien là le sens pratique du peuple danois, l'esprit positif des nations du nord de l'Europe que l'on retrouve encore dans la définition de l'enseignement de l'économie domestique aux jeunes filles des écoles primaires : « Propager le goût et le respect du travail domestique, même le plus bas, quand il contribue à la santé, au bien-être et à la prospérité de la famille; apprendre notamment la cuisine, le blanchissage et la couture, les notions essentielles d'hygiène et les premiers soins à donner aux enfants et aux malades. »

On peut se rendre compte par le graphique que nous donnons à la page 191 de l'importance et de la rapidité du développement de l'enseignement agricole dans les écoles d'agriculture et dans les écoles primaires supérieures des campagnes, en Danemark.

VII

ESPAGNE.

CHAPITRE PREMIER.

EXPOSITION.

Le Gouvernement espagnol et les grandes écoles d'agriculture n'avaient pas pris part à l'exposition de l'enseignement spécial agricole. Il eût été intéressant cependant d'étudier dans ce pays d'une civilisation très ancienne les origines de l'enseignement agricole, à l'organisation duquel avaient contribué des anciens élèves de l'école de Grignon qui dirigeaient, en 1859, les instituts agricoles de Vittoria et de Tolosa dans les provinces basques d'Alava et de Guipuscoa.

Fig. 79. — École provinciale d'agriculture de Barcelone.
(Grange et station d'aviculture.)

Dans la section espagnole de l'enseignement, installée au premier étage du Palais de l'éducation et de l'enseignement, le directeur de l'école provinciale d'agriculture de Barcelone, M. Hermenegildo Gorria, avait présenté différents documents : rapports sur les champs d'expériences de la ferme expérimentale de Barcelone; bulletins agricoles et météorologiques de la ferme expérimentale; résumés de conférences agronomiques dans la province de Tarragone; tableaux contenant des indications sur les remèdes à appliquer aux maladies de la vigne.

Récompenses. — 2 médailles d'argent.

CHAPITRE II.

ÉTABLISSEMENTS ET INSTITUTIONS D'ENSEIGNEMENT AGRICOLE.

L'École provinciale d'agriculture ou ferme expérimentale de Barcelone est la seule des écoles d'agriculture espagnoles qui ait pris part à l'exposition universelle de l'enseignement agricole. Nous n'avons pas pu obtenir de renseignements précis sur les autres établissements d'enseignement agricole établis en Espagne et nous avons dû nous borner à donner quelques indications sur l'École de Barcelone.

École provinciale d'agriculture de Barcelone. (Médaille d'argent.) — La ferme expérimentale de Barcelone se trouve aux environs de cette ville, à Gracia. Elle a une étendue de 14 hectares. Les fermes expérimentales ont pour objet « d'expérimenter et de propager les procédés nouveaux de culture et de répandre l'enseignement pratique et technique de l'agriculture ». Créées et subventionnées par le Gouvernement, les fermes expérimentales doivent avoir deux ingénieurs agronomes et trois conducteurs du service national agricole.

Fig. 80. — Ecole de Barcelone.
(Sonde.)

La chambre des Représentants de Barcelone autorisa, en 1894, la création à la ferme de Barcelone des sections dites d'experts agronomes et de régisseurs agricoles.

Les études agronomiques, dans la première section, correspondent à l'enseignement donné à l'école générale d'agriculture; dans la seconde section, pour les régisseurs, on applique le programme de l'enseignement donné dans les fermes expérimentales, règlement du 31 juillet 1892. Pour être admis à suivre les cours d'agriculture, section des agronomes, il faut avoir obtenu le certificat d'une école où l'on enseigne les mathématiques élémentaires. L'enseignement comporte deux années d'études.

Programme des études. — Première année : topographie; notions d'agriculture; élevage du bétail; conduite des machines agricoles; mathématiques; exercices de physique et de chimie; dessin.

Deuxième année : agriculture et cultures spéciales; principes d'économie rurale; législation et comptabilité; arpentage; conduite et montage des machines agricoles; expériences et travaux pratiques d'agriculture; soins et méthodes rationnelles pour l'élevage et la nourriture du bétail.

Section des régisseurs agricoles ou chefs de culture. — L'enseignement est surtout pratique. L'apprentissage du métier comprend : 1° la conduite des ma-

Fig. 81. — École de Barcelone.
(Serre.)

chines et le maniement des instruments aratoires et des outils; 2° des leçons pratiques de culture : labourage, hersage, etc.; 3° des leçons de taille et de greffage de la vigne et des arbres fruitiers; 4° des leçons orales d'agriculture, de zootechnie, d'aviculture, de physiologie végétale et de météorologie. L'enseignement a une durée de trois ans.

Conditions d'admission : âge, 16 ans; santé robuste; certificat de bonne vie et mœurs; savoir lire, écrire et connaître les quatre règles de l'arithmétique.

Cours spéciaux. — Des cours de greffage ont lieu à l'école pendant le mois de février, spécialement pour les viticulteurs ainsi que des cours d'apiculture et de botanique.

Des élèves externes et des apprentis sont admis à suivre les cours et à exécuter les travaux pratiques de la ferme et du champ d'expériences. Les apprentis externes sont obligés d'assister régulièrement aux leçons et aux travaux pratiques.

Avec les bâtiments d'exploitation d'une ferme, la ferme expérimentale de Barcelone possède un laboratoire, une station météorologique, un musée de machines. Le laboratoire de la ferme est muni de tous les instruments et appareils nécessaires pour les analyses des vins, de l'huile, etc. C'est à ce laboratoire, considéré comme officiel, que les cultivateurs de la région viennent faire analyser les produits employés par eux. La ferme vend aussi des machines agricoles aux cultivateurs.

La station météorologique de l'école est comprise dans le réseau météorologique de la Catalogne et des Baléares. On y imprime des bulletins et des cartes météorologiques et on y enregistre toutes les observations relatives à la climatologie.

*
* *

Le Jury a accordé une médaille d'argent à l'École provinciale d'agriculture de Barcelone pour son organisation; il a également décerné une médaille du même ordre à M. Hermenegildo pour les travaux spéciaux très intéressants qu'il avait présentés à l'exposition de la Classe 5.

VIII
ÉTATS-UNIS.

CHAPITRE PREMIER.
EXPOSITION.

L'exposition de l'enseignement général tenait une grande place au premier étage du Palais de l'éducation et de l'enseignement. Les vitrines renfermaient de nombreuses photographies des principaux établissements d'instruction primaire et secondaire, ainsi que des Universités. Le Comité d'organisation de l'exposition américaine a présenté au Jury de la Classe 5 des documents intéressants sur les systèmes d'enseignement aux États-Unis dans les écoles d'agronomie et les stations expérimentales d'agriculture ; un grand prix a été accordé pour l'ensemble de ces écoles et de ces stations. Malheureusement, ces documents ne figuraient pas en bonne place à l'exposition publique, et, pour les visiteurs, l'enseignement agricole proprement dit n'était représenté que par une monographie de M. Charles DABNEY sur l'enseignement agronomique ; cette notice bien faite et très complète suffisait pour une étude d'ensemble et elle a guidé le Jury pour son examen des établissements d'enseignement agricole aux États-Unis ; une médaille d'or a été accordée à M. DABNEY.

Le Jury a remarqué dans la section agricole l'exposition de l'*American Book Company*, une des plus importantes maisons d'édition de livres scolaires dont l'action s'étend sur le monde entier ; pour reconnaître son intelligente activité et son heureuse propagande en faveur de l'enseignement agricole, il lui a été accordé une médaille d'argent.

Au premier étage du Palais de l'agriculture, près de l'avenue de Suffren, se trouvait un album rotatif de photographies de l'École du baron HIRSCH, à Woodbine, New-Jersey ; cette école, à la fois industrielle et agricole, a reçu du Jury une médaille d'argent.

Récompenses. — Au total : 1 grand prix, 1 médaille d'or, 2 médailles d'argent.

CHAPITRE II.
HISTORIQUE DE L'ENSEIGNEMENT AGRICOLE.

Les États-Unis d'Amérique représentent un pays jeune qui a grandi librement, poussé par l'idée de progrès et guidé par l'expérience du vieux monde. Ce qui s'est fait en Europe peu à peu, sous la lente poussée des années, s'est créé pour ainsi dire tout d'une pièce dans ce pays. Le développement des diverses parties de l'organisme de ce peuple nouveau n'en présente qu'un plus grand intérêt, et, en particulier, la genèse de son enseignement agricole. C'est le besoin qui a créé cet enseignement.

A l'origine, l'enseignement général, seul, intéressait la nation. De même qu'en Europe, les ecclésiastiques, qui le dispensaient, enseignaient la théologie, la philosophie, la législation, ce qu'ils savaient, en un mot. Ils formèrent des théologiens, des juristes éminents, des administrateurs, des hommes d'État, des soldats. Mais à ce peuple jeune, pratique, dont la merveilleuse croissance n'était entravée ni par les conditions économiques, ni par les charges fiscales, ni par les préjugés de l'ancien continent, il fallait des ingénieurs, pour tracer des routes, établir des chemins de fer, creuser des canaux, exploiter les mines; des métallurgistes, pour mettre en œuvre d'immenses richesses minérales; des chimistes, pour les usines; des agriculteurs, pour exploiter le sol et nourrir une population qui se développait avec une intensité inouïe. Dans les premiers temps, ces spécialistes venaient d'Angleterre, de France ou de Hollande. Mais la nation eut bientôt le légitime désir de les former. Les découvertes multiples réalisées dans les sciences, les livres mis à la portée de tous accélérèrent encore le mouvement. On reconnut alors que les lycées et les collèges classiques étaient insuffisants, qu'ils ne répondaient pas aux exigences de la vie moderne, et on réclama énergiquement des écoles techniques.

Fig. 82. — Collège d'agriculture de Michigan. (Vue générale.)

Washington s'intéressait vivement aux progrès de l'agriculture. Dans un message adressé au Congrès, le 8 janvier 1790, il exprimait l'espoir qu'on saisirait tous les moyens d'améliorer l'industrie, l'agriculture et le commerce, et il demandait : 1° la création d'une Université nationale pour l'enseignement de toutes les sciences et de tous les arts de la paix; 2° l'organisation de bureaux d'informations et de renseignements répartis dans tout le pays et rattachés à un bureau central. Le Congrès fonda effectivement, quelques années plus tard, le Département de l'Agriculture. Il répondait ainsi à l'un des vœux les plus chers du grand citoyen. C'est aussi sous son impulsion que se fondèrent les premières sociétés d'agriculture. Washington correspondait avec sir John Saint-Clair, président de la Société des Higlands en Angleterre et, plus tard, président du Royal Board of Agriculture (1793).

Le premier enseignement agricole fut donné en 1792 au collège de Columbia (cité de New-York). Jusqu'en 1840, la guerre avec l'Angleterre, puis le développement considérable que prirent les manufactures et le commerce, détournèrent le peuple américain de l'agriculture, mais bientôt il devait y appliquer toute son activité. En quelques années allait éclore une organisation complète et, aujourd'hui, on distingue plusieurs branches également vivaces et prospères d'enseignement agricole :

1° Les sections agricoles des universités et des collèges d'agriculture qui donnent l'enseignement supérieur et l'enseignement secondaire;

2° Les institutions d'enseignement primaire et d'enseignement aux adultes;

3°- Le Département ou Ministère d'État de l'Agriculture dont dépendent les stations expérimentales réparties sur tout le territoire de l'Union, stations qui répandent sur tou le pays les enseignements des laboratoires.

Fig. 83. — Collège de Michigan. (Bâtiment des machines.)

De 1819 à 1855, de riches particuliers et quelques États de l'Union établirent des collèges d'agriculture, comme ceux de Michigan (1850), de Maryland (1856), du Massachusetts (1856). Un homme éminent, Justin S. Morrill, membre de la Chambre des représentants comme délégué de l'État de Virginie, grâce à sa clairvoyance, à sa ténacité, devait doter les États-Unis des remarquables écoles d'agriculture qu'ils possèdent aujourd'hui. Il a mérité d'être appelé en Amérique le *père de l'enseignement technique*. Il eut la bonne fortune de voir ses efforts aboutir et de pouvoir, en quelque sorte, couronner son œuvre. Il ne pourvut pas seulement à l'enseignement agricole, mais encore à l'enseignement technique tout entier. En effet, les collèges qu'il fit établir, les sections spéciales qui s'organisèrent, à son appel, près des Universités, n'enseignent pas seulement l'agriculture, mais aussi les *arts*. Le mécanisme qu'il fit mettre en action pour obtenir des ressources fut simple autant qu'ingénieux. Le Gouvernement qui possédait de vastes territoires, cédant aux demandes réitérées de Morrill, autorisa chacun des États à vendre une certaine étendue de ce domaine. Le produit des ventes devait être employé à la fondation de ces établissements d'enseignement. Aussi les a-t-on appelés *land grant Colleges*, c'est-à-dire « collèges provenant de dons territoriaux ».

Justin S. Morrill, en trente ans, présenta au Congrès trois bills. Il soumit le premier, à la Chambre basse, le 14 décembre 1857. Il fit approuver le dernier le 30 août 1890.

Son premier bill demandait qu'il fût institué, dans tous les États, des collèges d'agriculture et d'art mécanique, et qu'il fût attribué à chaque État, pour leur fondation, autant de fois 20,000 acres de terres domaniales qu'il comptait de représentants au Congrès. Le comité des domaines, tout d'abord, s'y opposa. Malgré cette opposition, le bill passa devant les deux Chambres à la session suivante. Mais alors, conformément à son droit constitutionnel, le président Buchanan y mit son veto. Loin de se décourager, Morrill introduisit un second bill en décembre 1861. Cette fois, au lieu de 20,000 acres de terres, il en demandait 30,000. Ce nouveau bill, extension du premier, fut adopté par les deux Chambres, malgré un rapport défavorable du comité des domaines. Le président Lincoln l'approuva le 2 juillet 1862, le jour même de la retraite de Mac Clellan, après la bataille de Malvern-Hill, en Virginie. C'est là une date mémorable dans l'histoire de l'enseignement technique aux États-Unis. C'était un cadeau de 13 millions d'acres de terres que recevait, d'un seul coup, l'enseignement technique. Il lui échut au milieu des tristesses de la guerre. Aussi le Gouvernement exige-t-il qu'en compensation du bénéfice accordé les écoles donnent à leurs élèves l'instruction militaire.

Fig. 84. — Université de Wisconsin. (Collège agricole.)

D'après les textes des décrets, ce don était destiné à la dotation et au fonctionnement d'au moins un collège dans chaque État. Il devait y être professé, outre les connaissances classiques, scientifiques et militaires, l'agriculture et les arts mécaniques, de manière à préparer aux diverses professions agricoles et industrielles.

Le sénateur Morrill a, lui-même, défini ces établissements dans les termes suivants : « Ces collèges ne sont pas uniquement destinés aux agriculteurs, mais à tous ceux qui désirent étudier les sciences dans leur application à l'agriculture et à l'industrie. Ils donnent à leurs élèves l'enseignement littéraire, mais, alors que le grec, le latin et les langues étrangères occupent dans les lycées les deux tiers du temps des élèves, ils font à ces connaissances une part moindre. Ils développent, par contre, l'enseignement des sciences et celui de la technique. Ils ne donnent pas l'enseignement manuel ni celui de la pratique. Ce n'est pas qu'ils dédaignent ce côté essentiel du savoir de l'agriculteur ou de l'industriel, mais ils ne disposent que d'un temps trop limité pour pouvoir faire face aux deux côtés de l'enseignement. Qu'il s'agisse d'agriculture ou d'art mécanique, les élèves doivent apprendre la pratique du métier avant ou après l'École. » Ces institutions ne sont donc ni des fermes, ni des usines, mais des établissements de haut enseignement, donnant une instruction professionnelle et libérale. Ils n'apprennent aux élèves ni la pratique agricole, ni telle ou telle pratique industrielle, mais simplement les branches du savoir qui ont trait à l'agriculture ou à l'industrie.

Ces établissements posaient encore un principe qui était nouveau en Amérique, bien que le gouvernement de ce pays fût démocratique : l'accès de l'enseignement supérieur aux classes pauvres. Enfin, ils étaient indistinctement destinés à toutes les classes professionnelles sans exception.

Chaque État eut d'ailleurs la liberté de dresser le programme de l'enseignement qui devait être donné dans chacun de ces collèges. Ce fut une excellente mesure qui permit de développer, soit l'enseignement agricole, soit l'enseignement industriel, suivant les besoins locaux.

Nous avons dit que Morrill fit adopter un dernier bill, trente ans après le premier ; ce bill complète heureusement l'organisation des *land grant Colleges*. Les collèges techniques se développèrent rapidement, et il devint nécessaire de leur allouer de nouveaux subsides. Le bill du 30 août 1890 permit de faire face à cette nécessité. Il décida qu'à l'aide de la vente de domaines publics, qui serait effectuée pendant l'année 1890, chaque État recevrait, pour l'entretien de son collège, une somme annuelle de 15,000 dollars, et, qu'en outre, il recevrait chaque année une somme additionnelle de 1,000 dollars, qui se cumulerait avec la première, et cela jusqu'à ce que le total de l'allocation annuelle atteigne 25,000 dollars, somme à laquelle elle serait maintenue.

Le bill ajoutait que cette allocation devrait être uniquement affectée à l'enseignement de l'agriculture, des arts mécaniques, de la langue anglaise, des branches variées des mathématiques, de la physique, des sciences naturelles et économiques, dans leurs applications aux industries.

Le développement de ces institutions se trouvait ainsi assuré de la manière la plus large, en même temps qu'il était limité, avec précision, aux connaissances techniques. Le même bill prévoyait l'organisation de sections spéciales, séparées, pour les étudiants de couleur.

Une particularité de l'enseignement américain est la coéducation : dans les universités et les collèges américains, les jeunes filles suivent les mêmes cours que les garçons et habitent dans des quartiers séparés. Des cours d'hygiène et des leçons de gymnastique remplacent, pour les jeunes filles, les exercices militaires. L'organisation de l'enseignement aux États-Unis ayant coïncidé avec la guerre de 1861, on dut recourir à des institutrices pour l'instruction des enfants; les aptitudes pédagogiques dont elles firent preuve contribuèrent beaucoup à la progression de l'enseignement.

CHAPITRE III.

ORGANISATION DES INSTITUTIONS ET ÉCOLES

D'ENSEIGNEMENT AGRICOLE

ET CONSIDÉRATIONS GÉNÉRALES.

Nous donnons dans le même chapitre l'organisation des écoles et les considérations générales. Ces dernières s'appliquant à chaque catégorie d'écoles et portant surtout sur des détails d'organisation auraient été difficilement comprises si elles avaient été résumées et rejetées à la fin dans un chapitre spécial. D'un autre côté, pour bien faire saisir la constitution des divers types d'institutions agricoles, nous donnons dans un chapitre séparé des monographies complètes de quelques établissements.

I. — Land Grant Colleges.

L'organisation des institutions d'enseignement a été laissée à l'initiative de chacun des États. Il en résulte qu'elle affecte des formes très variées.

Parmi ces divers collèges, un seul est exclusivement destiné à l'agriculture, c'est celui des Massachusetts, à Amherst; tous les autres, conformément à la loi, donnent l'enseignement agricole et industriel. On peut les diviser immédiatement en deux classes :

1° Les collèges indépendants; 2° les collèges rattachés aux universités.

Sur les 65 collèges existant en 1900, 27 sont du premier groupe et 18 du second. Il y a un certain nombre d'établissements séparés qui sont réservés aux gens de couleur (États d'Alabama, Delaware, Floride, Mississipi, Caroline et Virginie).

Fig. 85. — Université de Wisconsin.
(Un bâtiment du collège agricole.)

Enfin, sept établissements restent en dehors de la classification. Qu'ils soient libres ou qu'ils soient rattachés aux universités, ces collèges varient dans leur organisation et dans leur programme, suivant qu'ils appartiennent à un État ou à un autre. Là où l'agriculture joue le principal rôle dans la situation économique de la région, comme dans le Texas ou le Mississipi, le collège est surtout orienté vers l'agriculture; ailleurs, son enseignement est plus particulièrement appliqué à l'industrie et même à l'industrie spéciale qui a dans le pays l'influence prépondérante. Cependant, l'observateur qui regarde ces institutions d'assez haut pour négliger les détails perçoit des traits caracté-ristiques, points communs ou divergences, dont nous allons tâcher de rendre compte.

Les collèges comprennent un certain nombre de cours ou de sections qui sont ré-servés aux diverses branches de l'enseignement.

Les universités adoptent une division analogue, mais elles donnent à ces sections le nom de collèges. C'est ainsi que le Collège libre de l'État de Pensylvanie comprend les

Fig. 86. — Collège de Wisconsin.
(Opérations sur un cheval.)

départements ou sections suivantes : agri-culture, biologie, chimie, génie civil, électricité, mathématiques, mécanique, mines, physique, et que, d'autre part, l'*Université du Wisconsin* comprend les col-lèges désignés ci-dessous : I. Le collège de lettres et de sciences. — II. Le collège de mécanique. — III. Le collège d'agriculture. — IV. Le collège de droit. — V. Le collège de pharmacie. — VI. L'école de musique. — VII. Le Département « of University Ex-tension ». — VIII. L'école d'été (*Summer school*). Chacune de ces sections possède une autonomie propre.

L'examen des plans d'études de ces établissements permet d'établir immédiatement une différence sensible entre les collèges libres et les collèges rattachés aux universités.

Les premiers paraissent donner un enseignement plus élémentaire et plus immédiate-ment utilitaire que celui qui est donné par les seconds. Ceux-ci font une place plus large aux sciences. Les uns et les autres sont accompagnés de grandes exploitations agri-coles, d'ateliers de menuiserie, de forge, d'électricité, de laiteries, etc.

Les élèves sont souvent exercés à la pra-tique agricole dans les collèges indépendants. Les sections techniques des universités pa-raissent utiliser surtout la ferme qui leur est attenante comme moyen d'expérimentation et de démonstration. En dehors des fermes, on trouve, dans les divers collèges, des ate-liers de menuiserie, de travail des métaux,

Fig. 87. — Collège de Wisconsin.
(Infirmerie des chevaux.)

des forges, des laboratoires et des ateliers d'électricité, des laiteries munies des appa-reils les plus perfectionnés. Les élèves y sont exercés fréquemment. Si, dans les uni-versités, ils ne participent pas toujours aux travaux manuels des champs, en revanche ils visitent les grands marchés, manient le bétail, apprennent à l'apprécier, etc.

Les examens d'admission dans les collèges libres sont élémentaires, et la limite in-férieure de l'âge d'admission descend quelquefois jusqu'à 14 ans. Les épreuves qui

ouvrent aux étudiants les sections techniques des universités sont d'ordre plus élevé.
La durée des études est généralement de quatre ans pour les uns et les autres. Ce laps
de temps comprend deux années préparatoires et deux années d'études appliquées.
Dans les collèges libres comme dans les universités, d'ailleurs, les étudiants peuvent

Fig. 88. — Collège de Wisconsin.
(Atelier de menuiserie.)

choisir entre plusieurs régimes. Les *long
courses* représentent les études complètes,
les *short courses* ne durent que quelques
semaines; les *special courses* sont destinés
aux étudiants qui, tout en pouvant consacrer à leurs études plus de temps que
n'en exigent les short courses, ne peuvent
cependant demeurer quatre ans au collège
ou à l'université. Les short courses ont
lieu, surtout pendant les mois d'hiver, à
un moment où les cultivateurs jouissent de
leur liberté. Ils rappellent donc les écoles

d'hiver de l'Allemagne. A côté de ces cours existent souvent des cours de laiterie, de
fromagerie, d'horticulture, qui ne durent que quelques semaines.

University extension. — Enfin, il existe une branche d'enseignement très intéressante et peu connue en Europe qui est appelée l'*University Extension*. C'est l'extension
de l'enseignement universitaire, grâce à
des conférences faites au loin par les professeurs et à la correspondance qu'ils entretiennent avec les étudiants qui ne peuvent se déplacer.

L'idée dérive de ce que l'Université a le
devoir de pourvoir par tous les moyens
possibles à l'instruction générale.

Elle s'efforce de la donner à ceux qui
viennent s'asseoir sur ses bancs. Mais tous
les citoyens ne peuvent frapper à sa porte.
Elle doit aller vers ceux qui ne peuvent se

Fig. 89. — Collège de Wisconsin.
(Laboratoire pour épreuves du lait.)

déplacer; elle leur délègue des conférenciers et elle entretient avec eux la corrrespon-
dance à laquelle nous venons de faire allusion.

Nous venons de voir ci-dessus que l'Université de Wisconsin possédait une section
spéciale pour « l'University Extension ». Voici l'organisation des services de cette section :

1° *Conférences.* — Ces conférences sont faites par les professeurs de l'Université
sur les sujets qu'ils traitent habituellement dans leurs cours, mais elles doivent être
faites dans une forme telle qu'elles soient accessibles aux personnes qui ne sont pas au
courant de la science, ni des choses techniques. Il faut qu'elles soient intelligibles à
tous, sans exiger de connaissances spéciales.

Elles constituent des cours. Chaque cours comprend six conférences, et chaque conférence forme un chapitre isolé, indépendant, de telle sorte qu'il n'est pas nécessaire d'avoir entendu les conférences qui l'ont précédé. Mais l'ensemble des six conférences a trait au même sujet. On remet aux auditeurs des résumés imprimés de la conférence, accompagnés de notes et d'une bibliographie indiquant les meilleurs ouvrages à consulter. Ces résumés évitent aux auditeurs de prendre des notes, ils leur remémorent les conférences et les mettent en mesure de travailler seuls.

Fig 90. — Collège d'Alabama. (Bâtiment principal.)

Avant et après la conférence, le professeur se tient à la disposition de son auditoire pour donner les explications qui peuvent lui être demandées.

Les conférences ont lieu sous le régime de la libre discussion. Ainsi s'établit un contact entre le maître et les élèves. Le premier fait passer dans son auditoire l'esprit et les méthodes de l'Université, il soumet aux élèves une série de questions écrites. Ceux-ci sont invités à les résoudre et à lui adresser leurs réponses. Le professeur les examine et renvoie aux auteurs les copies annotées et corrigées.

Ces conférences peuvent avoir lieu, à la demande des intéressés, dans toutes les villes qui font partie du ressort de l'Université. Dans chaque centre de conférences, fonctionne une association d'étudaints; les membres se réunissent tous les huit ou quinze jours pour discuter les sujets sur lesquels portent les conférences. Ils s'habituent à la compréhension des termes scientifiques afin de comprendre plus aisément le conférencier. Ils se réunissent d'ailleurs encore pendant et après les conférences, de manière à discuter et à approfondir le sujet qui a été traité. L'organisation des centres locaux est assez facile. Une seule personne, en relation avec

Fig. 91. — Collège d'Alabama.
(Champ de la station expérimentale.)

l'Université, peut constituer le noyau du groupement. Ce dernier comprend naturellement les professeurs de la ville, les ecclésiastiques, les principaux libraires, les personnes instruites et influentes.

Fréquemment, plusieurs centres se réunissent et constituent ce que l'on appelle un cercle. Il y a alors une entente complète entre les différents éléments de ce cercle, de façon que les conférences s'organisent d'une manière plus intéressante et plus pratique pour tous.

Les frais que nécessitent les conférences consistent dans la location d'un local, dans des frais d'impression et d'affichage. Une partie de ces dépenses est supportée par les localités où ont lieu les conférences.

2° *Enseignement par correspondance.* — Il est évident que cet enseignement ne peut être comparable, quant à ses résultats, à l'enseignement qui est donné aux étudiants résidant à l'Université. Mais cependant l'expérience a prouvé que les étudiants sérieux peuvent faire de bonnes études, même à distance, quand ils sont judicieusement guidés. La catégorie d'étudiants qui utilisent ces cours comprend les personnes qui désirent étudier un sujet déterminé et qui ne pourraient le faire sans l'assistance des professeurs de l'Université, celles qui ne peuvent suivre qu'une partie des cours, celles qui se préparent à entrer à l'Université. L'enseignement s'exerce de deux manières différentes. Aux étudiants qui suivent le programme de l'Université, les professeurs envoient à des intervalles déterminés des cahiers imprimés qui reproduisent

Fig. 92. — Collège d'Alabama.
(Vue du laboratoire de chimie.)

avec les leçons des questions auxquelles ils doivent répondre dans un certain délai. Les étudiants doivent encore consigner les observations suggérées par ces communications, spécifier les passages qu'ils n'ont pas bien compris, demander des explications sur les difficultés qu'ils ont aperçues.

Le professeur renvoie aux étudiants leurs copies corrigées et annotées avec soin.

Aux étudiants, d'une culture plus avancée, qui étudient un sujet particulier,

Fig. 93. — Collège d'Alabama.
(Atelier des industries du bois.)

qui préparent une thèse par exemple, les professeurs donnent des conseils, une direction. On en a apprécié souvent les effets salutaires.

Il n'y a du reste qu'un nombre restreint de cours qui se prêtent à ce genre d'enseignement.

L'Université ne donne pas de diplômes aux étudiants qui ont fait toutes leurs études par correspondance; mais elle en donne à ceux qui se sont conformés aux conditions qui suivent : pour le grade de bachelier et de maître, à ceux qui ont accompli à l'Université même la moitié au moins des études exigées; pour le grade de docteur, à ceux qui ont accompli à l'Université au moins le tiers de leurs études. Les candidats doivent se présenter à l'Université pour subir les examens. Ce n'est que dans des cas tout à fait exceptionnels qu'ils peuvent être examinés à domicile.

Cet enseignement d'une nature si particulière donne-t-il pour toutes les catégories d'élèves des résultats sérieux? Nous verrons plus tard qu'il est appliqué avec beaucoup de succès à l'enseignement des adultes. Il n'existe, croyons-nous, qu'en Amérique et constitue, à notre avis, une innovation curieuse et bien intéressante.

INSTRUCTION MILITAIRE. — Les universités et les collèges donnent tous à leurs élèves l'instruction militaire. Nous avons dit que les collèges institués au moment de la guerre de 1862 devaient, en compensation des terres abandonnées par l'État pour leur création, fournir en cas de guerre des officiers instruits. Les collèges ont parfaitement rempli cette partie de leur tâche.

Fig. 94. — Collège de Pennsylvanie. (Bâtiment principal.)

On estime que dans ces dix dernières années 15,000 jeunes gens ont fait dans ces collèges leur éducation militaire.

INSTALLATION DES ÉCOLES. — Les différents établissements ont pris soin de rendre aux étudiants la vie aussi agréable et aussi intellectuelle que possible. Les vues photographiques et les descriptions présentées à l'Exposition représentaient de beaux bâtiments, munis de tout le confort possible, placés dans de jolis sites entourés de parcs et de champs soigneusement cultivés.

Les étudiants organisent un grand nombre de sociétés : sociétés de musique, de tir, de gymnastique, etc. C'est là encore une coutume caractéristique de la vie des étudiants américains.

DÉPENSES DES ÉTUDIANTS. —Elles varient beaucoup. En principe, les études seules sont gratuites. Les étudiants ont à leur charge le logement et la nourriture. En outre, ils couvrent par un petit versement les dépenses de matériel.

L'année scolaire est de neuf mois.

Pour ce laps de temps, les dépenses totales varient de 150 dollars (collège de l'Ouest ou du Sud) à 400 et 500 dollars (universités et collèges de l'Est). On cherche à aider les fils d'agriculteurs sans fortune. Ils peuvent travailler sur l'exploitation et toucher une rémunération.

Fig. 95. — Collège de Pennsylvanie.
(Station expérimentale.)

Connaissances exigées des étudiants pour leur admission. — Elles diffèrent sensiblement suivant les institutions. La limite d'âge inférieure varie de 14 à 16 ans pour les jeunes gens, de 15 à 17 ans pour les jeunes filles. Elle est plus élevée dans les universités que dans les collèges. Il n'y a pas de concours pour entrer dans les établissements d'enseignement agricole; des examens d'entrée seuls existent. L'Association des professeurs de collèges, dans la réunion tenue au mois de novembre 1896, a proposé un programme uniforme. Il représenterait le niveau moyen des connaissances qui pourrait être exigé pour l'admission dans tous les collèges. Nous le relatons ci-après : 1° géographie physique; 2° histoire des États-Unis; 3° arithmétique, y compris le système métrique; 4° algèbre jusqu'aux équations du 2ᵉ degré; 5° grammaire anglaise et composition littéraire; 6° géométrie plane; 7° une langue étrangère; 8° une des sciences naturelles; 9° histoire ancienne générale ou histoire d'Angleterre.

La plupart des universités exigent des candidats la connaissance d'un programme plus élevé. L'Université de Cornell (État de New-York) leur demande l'anglais, la géographie, la physiologie et l'hygiène; l'histoire des États-Unis et celle de l'An-

Fig. 96. — Collège de Pennsylvanie.
(Maison d'habitation des jeunes filles.)

gleterre, de la Grèce ou de Rome; la géométrie plane, l'algèbre élémentaire et au moins, à leur choix, deux des matières suivantes : grec, latin, français, allemand, mathématiques.

Plans d'études — Les programmes d'admission varient sensiblement suivant qu'il s'agit d'un collège ou d'une université et même entre les institutions de même nature, et cette irrégularité se retrouve dans les plans d'études. Nous en tracerons rapidement quelques-uns en décrivant les principales institutions. Mais nous reproduisons ici les programmes qui ont été dressés en 1896-1897 par l'association des collèges d'agriculture.

Le modèle auquel il a paru souhaitable à l'association de ramener les divers programmes comprend deux parties :

1° Connaissances générales;

2° Connaissances techniques.

La durée des études a été évaluée à quatre ans, comprenant deux années d'études préparatoires et deux années d'études plus spécialement affectées à la technique.

Les quatre années de cours comprennent 144 semaines qui fournissent chacune 15 heures de cours et 10 heures de travail au laboratoire ou de pratique. Cela donne donc, pour les quatre ans, 2,160 heures pour les leçons et 1,440 heures pour les applications; en tout, 3,600 heures de travail.

Les programmes proposés par l'association comprennent les dispositions suivantes :

1° CONNAISSANCES GÉNÉRALES.

	HEURES.		HEURES.
Algèbre	75	Langues modernes	340
Géométrie	40	Psychologie	60
Trigonométrie	40	Logique et morale	40
Physique (classe)	75	Économie politique	60
Physique (laboratoire)	75	Histoire générale	80
Chimie (classe)	75	Lois constitutionnelles	50
Chimie (laboratoire)	75	TOTAL	1,285
Anglais	200		

2° CONNAISSANCES TECHNIQUES.

	HEURES.		HEURES.
Agriculture	486	Physiologie	180
Horticulture et sylviculture	180	Géologie	120
Science vétérinaire et anatomie	180	Météorologie	60
Chimie agricole	180	Dessin	60
Botanique (physiologie et pathologie incluses)	180	TOTAL	1,746
Zoologie (entomologie comprise)	120		

Quant à l'utilisation du temps accordé aux diverses branches de l'enseignement, voici comment l'association des collèges l'a comprise pour l'agriculture. On a indiqué, à côté des divers cours, les livres les meilleurs sur la matière.

Agriculture : 486 heures ainsi réparties :

1° Agronomie ou culture des plantes	152 heures.
2° Zootechnie ou production des animaux	162
3° Technologie agricole	72
4° Génie rural	60
5° Économie rurale	60
TOTAL	486

1° *Agronomie.* — Climats, sols, drainage, irrigation : *le sol*[1].

Engrais : *fertilité des terres.* Production des plantes, récoltes : *sols et récoltes.*

2° *Zootechnie.* — Principes de zootechnie générale et spéciale : *zootechnie; chevaux, bovidés, moutons et porcs.*

Soins à donner aux animaux, alimentation : *manuel d'alimentation.*

3° *Technologie agricole.* — Fabrication du beurre : *le lait et ses dérivés; laiterie américaine.* Fabrication du fromage : *fabrication du fromage de Cheddar.*

(Dans les parties de l'Amérique qui sont spécialement intéressées par ces industries, il y a des cours sur la sucrerie, la vinification, la fabrication de l'huile, etc.).

Fig. 97. — Université de Cornell. (Bibliothèque.)

4° *Génie rural.* — Routes, drainage, irrigation, construction de fermes, machines.

5° *Économie rurale.* — Histoire de l'agriculture, aménagement de la ferme, législation rurale.

Comme nous l'avons déjà dit, l'enseignement donné par les sections agricoles des universités est d'un ordre plus élevé, en général, que celui qui est donné par les collèges. Ceux-ci font une part plus large aux applications. Leur enseignement est moins divisé.

Les universités comptent davantage de chaires distinctes confiées à des spécialistes.

ÉTUDES SUPÉRIEURES. — Les « graduate courses » correspondent à peu près, en Amérique, à l'enseignement supérieur de l'agriculture.

Après l'achèvement des quatre années de « long courses », les élèves qui ont satisfait aux examens reçoivent le diplôme de bachelier. Munis de ce titre, ils peuvent travailler pendant une ou plusieurs années supplémentaires et obtenir, sous des conditions

---

[1] Les noms en italique, à la suite de l'énumération des matières du programme, indiquent les titres des livres recommandés.

déterminées, le diplôme de maître et, dans les universités, celui de docteur en philosophie.

Pendant ces années supplémentaires passées, soit au collège, soit à l'université, ils étudient un programme de leur choix approuvé par les professeurs. Ils se livrent à des recherches originales et doivent présenter une thèse.

D'ailleurs les programmes varient très sensiblement avec les différents établissements, et il serait impossible de les renfermer dans une formule générale.

Fig. 98. — Collège de la Nouvelle-Galles, à Bangor. (Vue générale des bâtiments.)

Cours d'hiver (short courses). — Les cours d'hiver rappellent les écoles d'hiver qui rendent en Allemagne de si grands services à l'enseignement élémentaire de l'agriculture. Ils intéressent immédiatement un plus grand nombre de personnes que les cours complets de quatre ans. Ils sont destinés aux jeunes fermiers qui, après avoir achevé leurs études générales, désirent se mettre rapidement au courant des choses agricoles. Dans beaucoup de collèges, ces cours durent douze semaines et commencent avec le mois de janvier. A cette époque de l'année les agriculteurs, qui n'ont pas de travaux à faire dans les champs, consacrent volontiers à la théorie les loisirs que leur laisse la mauvaise saison. Et c'est ce qui fait en grande partie le succès de ces cours d'hiver. Ils traitent de l'élevage, de l'alimentation, des éléments de chimie agricole, de la physique, des sols, de la météorologie, des éléments de la physiologie végétale, des principes de la science vétérinaire, de la laiterie, de l'horticulture, des points les plus importants de la bactériologie. Leur enseignement comprend encore des applications : appréciation des sols, des animaux; physiologie végétale, horticulture pratique. Certains de ces cours sont limités à la chimie, à la bactériologie du lait, à la propagation des plantes : greffage, marcottage, horticulture pratique. Ils sont plus largement fréquentés que les cours qui durent quatre ans. Il est intéressant de signaler ce fait qu'un certain nombre d'étudiants y reviennent. Ils les fréquentent pendant plusieurs hivers, afin d'acquérir de nouvelles connaissances.

Statistique des «Land grant Colleges». — En 1898, le nombre des maîtres dans les facultés des collèges agricoles et industriels était de 1,722.

ÉTUDIANTS EN 1898.

Classe préparatoire.	6,593
Classe collégiale.	20,466
Étudiants se destinant aux grades.	878
Étudiants des short coûrses.	3,721
Total	31,658

Nombre des volumes dans les bibliothèques.	1,221,226
Nombre d'acres de terre, fondations et fermes.	20,713

VALEUR DES FONDS PERMANENTS ET DU MOBILIER
POUR LES 64 LAND GRANT COLLEGES EN 1898.

Land grant funds of 1862.	50,852,750 francs.
Autres fonds permanents.	84,293,560
Valeur des terrains et des fermes.	30,232,500
Bâtiments.	75,927,380
Appareils et machines.	16,496,825
Librairie et divers.	16,997,165
Total	274,800,180

REVENU DE CES INSTITUTIONS EN 1898.

Du land grant fund de 1862 et d'autres fonds permanents.	6,163,065 francs.
De l'allocation des États-Unis (oct. 1890).	5,543,050
Allocation de l'État.	11,853,595
Divers et rétribution des étudiants.	6,532,185
Total	30,091,895

La valeur additionnelle de l'allocation permanente et de l'entretien de ces collèges est estimée pour 1898 à 13,981,755 francs.

Il y a une grande différence dans les revenus et dans les dotations des divers collèges. Cela tient d'abord à ce qu'ils ont été inégalement partagés dans la répartition des terres, puis aussi à l'emploi plus ou moins habile qu'ils ont su en faire.

II. — Enseignement secondaire de l'agriculture.

M. True, dans son mémoire : «Popular education for the farmer in the United States», dit qu'il est nécessaire de constituer un intermédiaire entre l'école primaire et le collège d'agriculture. Cet intermédiaire constituerait l'enseignement secondaire agricole. Les universités de Minnesota et d'Alabama l'ont organisé à côté des autres cours agricoles. Mais pour qu'il soit efficace il faudrait qu'il fût à la portée des cultivateurs. Placé dans les universités, il est trop loin d'eux. On ne peut demander au petit agriculteur ou même à l'agriculteur de moyenne importance, à qui ces écoles sont destinées, d'envoyer leurs enfants passer deux ou trois ans loin d'eux.

La solution consiste à l'organiser dans les écoles primaires supérieures et dans les académies. On donne le nom d'académie aux écoles dont l'enseignement est supérieur à celui des écoles primaires. De cette façon, les intéressés trouveront à leur portée l'enseignement dont ils ont besoin. Évidemment, cet enseignement ne saura remplacer

Fig. 99. — Université de Cornell. (Ferme.)

celui qui est donné par les collèges ou par les universités.

Les rapports officiels ne nous donnent pas plus de détails sur cet enseignement secondaire que sur l'enseignement agricole qui est donné dans les écoles primaires. Sans doute il s'agit là de projets, de méthodes nouvelles qui sont encore à leur début et qu'on ne peut guère que signaler.

L'étude de l'organisation des collèges et des universités nous a montré que ces grandes institutions donnaient effectivement dans leur cours de quatre ans un enseignement qui correspond à ce qu'en France et en Allemagne on appellerait l'enseignement secondaire, tandis que dans leur *short course* elles donnaient un enseignement élémentaire. Les sections réservées aux candidats aux grades, les *graduat courses* seuls, correspondent à nos yeux à l'enseignement supérieur.

Il semble donc que l'on ne comprend pas en Amérique les divisions de l'enseignement comme on les comprend en Europe ou tout au moins en France.

III. — Enseignement élémentaire de l'agriculture.

Les collèges et les universités, grâce aux short courses et au système de l'University Extension, font une part à la fois à l'enseignement élémentaire et à celui des adultes. Mais il est évident que ce ne serait pas suffisant. Les collèges et les universités sont trop éloignés pour que les enfants des petits cultivateurs s'y rendent. Ils seraient obligés de s'écarter trop loin de leur demeure et ils se trouveraient dans l'impossibilité de pourvoir aux frais de séjour et à ceux des études. Aussi s'est-on efforcé, dans ces dernières années, de développer l'enseignemement agricole dans les écoles communales. On a créé en outre dans les écoles supérieures, qui font suite aux écoles communales, des cours d'agriculture, de laiterie, de fromagerie, etc., qui constituent un enseignement d'un degré inférieur de l'agriculture, intermédiaire entre l'enseignement élémentaire et l'enseignement qui est donné par les collèges et les universités.

L'enseignement agricole à l'école communale. — Cette branche de l'enseignement, malgré son utilité si grande, ne s'est développée que la dernière. C'est qu'elle repose sur l'étude des sciences d'observation et que celles-ci restèrent longtemps ignorées dans les écoles primaires. Ce n'est que peu à peu que les universités et les collèges purent donner aux écoles normales d'instituteurs de bons maîtres dans les sciences naturelles. Ce n'est donc que peu à peu que les écoles normales purent, à leur tour, fournir des maîtres au courant des sciences d'observation.

Les promoteurs de l'enseignement agricole dans les écoles communales estiment que le programme suivant est le meilleur :

1° Étude de la nature, leçons combinées avec des excursions et, incidemment, étude des pratiques agricoles;

Fig. 100. — Université de l'Illinois. (Bâtiments agricoles.)

2° Instruction par correspondance en connexion avec des conférences qui réunissent entre elles : universités, écoles rurales, sociétés littéraires, etc.;

3° Expériences ambulantes ou locales faites par la démonstration et non dans un esprit de recherche;

4° Publication de bulletins propres à la lecture, qui fassent aimer la vie rurale, qui puissent servir de thème dans les réunions agricoles et qui servent de préface à des sujets plus difficiles;

5° Envoi d'agents spéciaux comme maîtres dans les écoles normales;

6° Création d'écoles d'agriculture ambulantes dans les communes qui se sont signalées par leur activité et par leur zèle.

Les rédacteurs de ce programme insistent sur la nécessité d'apprendre aux enfants à observer. Il faut leur donner des maîtres qui leur apprennent à voir. L'Université de Cornell a été la première à s'occuper de l'enseignement agricole dans les écoles primaires

Grâce à la méthode dite d'extension (University Extension), elle a instruit par correspondance un grand nombre de maîtres, elle a enrôlé aussi de nombreux élèves et des fermiers.

L'Université de Cornell recommande avec insistance aux maîtres d'apprendre aux enfants à observer. Elle propose, pour arriver à cette fin, de faire semer par les petits écoliers quelques graines, de leur faire bien voir comment le germe sort, comment il pousse et sort bientôt de terre. Ils devront avoir un petit jardin qu'ils cultiveront eux-mêmes. Ils pourront suivre ainsi les principaux phénomènes de la vie végétale.

Ce plan de travail est évidemment excellent, mais, malheureusement, les documents officiels que nous avons eus entre les mains ne nous donnent pas suffisamment de détails sur son application et sur les résultats que l'on a obtenus (Agricultural Education, by Dabney, et Popular education for the farmer in the United States by A. C. True, director of the Office of experiment Station).

IV. — Institut des fermiers (Farmer's Institut).

L'Institut des fermiers, exactement défini par son nom, a pour but d'instruire les praticiens, de vulgariser les connaissances agricoles. Ses procédés d'enseignement consistent dans des conférences faites dans des congrès agricoles locaux. Les réunions, qui ont lieu pendant l'hiver ou après la moisson, durent trois ou quatre jours consécutifs. Les conférences sont suivies d'une discussion à laquelle peuvent prendre part tous les assistants, agronomes et cultivateurs.

Fig. 101. — École d'agriculture de l'Université de Minnesota.
(Bâtiment des filles.)

Les conférenciers sont des professeurs des collèges agricoles ou des établissements d'instruction agricole, des agronomes, ou bien des membres des bureaux des sociétés d'agriculture. Les conférences ont lieu fréquemment dans des établissements possédant des collections nécessaires pour les démonstrations.

Dans certains États, la société d'agriculture prend la direction des «farmer's institute» et tâche de systématiser l'enseignement; elle envoie des conférenciers en leur traçant le programme à suivre. Dans d'autres régions, ce sont les écoles d'agriculture qui s'occupent de l'organisation des conférences; quelquefois, les cultivateurs forment entre eux un comité qui rassemble les fonds nécessaires. Plusieurs États accordent des subventions et chargent spécialement un fonctionnaire de cet enseignement.

Les rapports des congrès de fermiers sont imprimés et distribués en grand nombre. Le *Farmer's Institute Bulletin* du Wisconsin est tiré à 5o,ooo exemplaires.

M. Rusk, ancien ministre, promoteur de ces réunions, les appelait des écoles d'agriculture du peuple. En quelques jours, on y apprend, en effet, les nouveaux progrès de la science agricole et les avantages

Fig. 102. — École d'agriculture de Minnesota.
(Examen des moutons.)

que la pratique peut en retirer. Le désir de s'instruire que manifeste le fermier américain, qui n'hésite pas souvent à rétribuer les conférenciers, devrait servir d'exemple au cultivateur français qui néglige de suivre les conférences gratuites des professeurs d'agriculture.

V. — Institutions diverses d'enseignement agricole.

L'*École ambulante* fonctionne dans l'État de New-York. Elle est placé sous le contrôle de l'Université de Cornell. Elle se transporte de place en place avec ses maîtres et son matériel. Ses leçons durent deux ou trois jours consécutifs. C'est une institution intéressante qui paraît à ses débuts en Amérique.

A l'enseignement des adultes se rattache étroitement l'*Enseignement par la correspondance et par la lecture*. Nous avons précédemment expliqué qu'il était organisé et dirigé par les collèges et par les universités. Le collège de Pennsylvanie s'est particulièrement distingué par les résultats qu'il a obtenus. Cet enseignement nécessite

Fig. 103. — École d'agriculture de Minnesota.
(Laboratoire d'horticulture.).

la réunion des conditions suivantes : 1° la possession d'un certain nombre d'ouvrages bien faits, parfaitement appropriés au but poursuivi et qui traitent des principaux chapitres de la science agricole et de sa pratique; 2° la possibilité de distribuer à prix réduit les livres qui sont nécessaires; 3° un personnel instruit qui puisse se charger de la correspondance; 4° l'institution d'examens et l'obtention de certificats ou de diplômes qui sanctionnent une institution déterminée.

Les cours ainsi organisés par le collège de Pennsylvanie ont trait à cinq sujets : culture des plantes, production des animaux, horticulture, laiterie, économie domes-

Fig. 104. — École d'agriculture de Minnesota.
(Classe des filles.)

tique. Les étudiants qui désirent pousser plus loin leurs études trouvent dans des livres supplémentaires des lectures additionnelles.

Les maîtres tirent de ces divers ouvrages des leçons condensées en quelques lignes sous forme de cahiers imprimés. Ils indiquent les observations, les expériences à faire, posent des questions, renvoient le lecteur à tel ou tel livre.

Les élèves leur remettent les cahiers annotés et répondent au questionnaire,

et ce n'est qu'après avoir répondu au questionnaire correspondant à une leçon qu'ils en reçoivent un autre.

Champs d'expériences. — La fondation des champs d'expériences remonte à celle des collèges. C'est du reste le collège ou la station agronomique voisine qui établit les

Fig. 105. — Ecole d'agriculture de Minnesota.
(Classe d'horticulture.)

plans de recherches, qui donne les engrais, les prescriptions à suivre et qui dirige les opérations.

Mais les fermiers surveillent les expériences et fournissent la main-d'œuvre qui est nécessaire. Ils remplissent les questionnaires qui leur sont envoyés par les professeurs ou le directeur de la station agronomique.

Les résultats fournis par les recherches sont publiés et largement distribués.

Ces champs d'expériences ont propagé l'usage des engrais, celui des insecticides, etc. En même temps, ils ont donné aux fermiers le goût et l'esprit d'observation.

CHAPITRE IV.
MONOGRAPHIES D'INSTITUTIONS ET D'ÉCOLES AGRICOLES.

Université de Tennessee.
(*COLLÈGE D'AGRICULTURE ET DES ARTS MÉCANIQUES.*)

L'Université forme le couronnement de l'enseignement public qui est donné dans l'État de Tennessee.

Les écoles supérieures sont toutes accréditées auprès d'elle. Les étudiants qui ont obtenu les diplômes délivrés par ces écoles sont admis sans examens à l'Université, en première année.

Organisation. — L'Université, en dehors des institutions relatives au droit, à la médecine, à l'odontologie, au cours académique, etc., comprend le collège d'agriculture et des arts mécaniques. A celui-ci ressortissent les départements suivants :

1° Le département de l'agriculture avec un enseignement de quatre ans pour les sciences dans leurs rapports avec l'agriculture et un cours réduit pour les *fermiers* ;

2° Le département des ingénieurs avec un cours de quatre ans pour la mécanique, l'électricité, le génie civil et la chimie ;

3° Le département académique, pour l'enseignement de la littérature, de l'histoire et des sciences générales ;

4° Le département industriel organisé au collège de Knoxville pour les étudiants de couleur.

L'Université est située à 1,100 pieds au-dessus du niveau de la mer, dans les montagnes du Tennessee Est. Elle occupe un site remarquable, au point de vue sanitaire et au point de vue de la beauté agreste. Les bâtiments de l'Université sont admirablement placés sur une haute colline de la rive gauche de la rivière Tennessee. Ils couvrent 37 acres de terrain.

L'Université est d'ailleurs aménagée suivant les règles les plus modernes de l'hygiène. Les bâtiments et leurs annexes sont éclairés à la lumière électrique; il y a quinze grands bâtiments.

Le *Science hall* contient les amphithéâtres, les bureaux du président, la bibliothèque, la salle de lecture; les laboratoires de chimie et de physique, les salles de dessin et de lecture pour les ingénieurs et les mécaniciens.

La session ou l'année scolaire du collège s'étend sur 39 semaines. En 1900, elle a commencé le jeudi 20 septembre et elle s'est terminée le mercredi 19 juillet.

La session est divisée en trois termes. En 1900, le premier terme s'est terminé le 20 décembre; le second terme a commencé le 3 janvier 1901 et s'est terminé le 27 mai; le troisième terme a commencé le 28 mai et s'est terminé le 19 juin.

Co-éducation. — Les élèves des deux sexes sont admis au département académique. Les élèves masculins doivent avoir au moins 15 ans, les jeunes filles 17 ans. Ils sont admis les uns et les autres dans les mêmes conditions; ils peuvent choisir les mêmes cours et jouissent de privilèges égaux dans toutes les sections.

Bourses de l'État. — L'État a fondé en faveur du département académique un certain nombre de bourses. Elles sont accordées aux élèves (masculins ou féminins) des divers comtés et districts, suivant le nombre de leurs représentants politiques à l'Assemblée générale.

Les sénateurs ou les représentants désignent les titulaires parmi les élèves qui ont passé un examen ou parmi ceux qui possèdent le certificat d'une école secondaire de l'État ou d'une école accréditée auprès de l'Université. Tous les candidats originaires du Tennessee et qui en sont dignes obtiennent des bourses.

Admission. — Tous les candidats, quels qu'ils soient, doivent produire un certificat attestant leur moralité. Ce certificat doit émaner autant que possible de leur maître le plus récent.

Quand ils sortent d'un autre collège ou d'une autre université, ils doivent prouver qu'ils n'ont pas été l'objet d'une censure.

L'examen d'admission consiste dans des épreuves écrites. On y ajoute, s'il y a lieu, des épreuves orales. Les candidats peuvent passer cet examen :

1° A l'Université, trois fois par an.

Fig. 106. — Collège d'agriculture de Tennessee. (Laboratoire à la ferme.)

2° Chaque année dans les différentes régions de l'État. Ces examens sont dirigés par des examinateurs autorisés. Le lieu et la date de ces examens sont publiés dans les journaux.

Les gradués des académies et des écoles accréditées sont reçus sur la présentation de leurs certificats. On étend le privilège à d'autres écoles lorsque le Comité des examinateurs y consent.

Les candidats à l'admission en première année qui ne possèdent pas les certificats précités passent les épreuves suivantes :

Les candidats aux baccalauréats, dans la section littéraire, sont examinés en anglais, en latin, en mathématiques (a) (b) (c).

Les candidats au degré B. S. (bachelier ès sciences) dans la section des ingénieurs et des chimistes sont examinés en anglais et en mathématiques (a) (b) (c) (d).

Les candidats qui ne sont pas prêts à subir l'examen mathématique complet, mais qui sont capables d'être examinés dans les matières (a) (b) (c), sont autorisés à compléter leur instruction à l'Université sans que cela puisse compter comme temps passé à l'Université.

Les candidats au degré de B. S. (bachelier ès sciences) en agriculture sont examinés en anglais, en mathématiques.

Voici quels sont les différents programmes qui sont requis :

I. *Anglais* — 1° Grammaire et connaissance des règles essentielles de la grammaire anglaise; analyse; critique du mauvais anglais — 2° Composition : Narration ou description; exercices d'après des auteurs déterminés.

II. *Mathématiques.* — (a) Arithmétique.

(b) Algèbre, jusqu'aux équations du second degré.

(c) Géométrie, les deux livres de géométrie plane.

Fig. 107. — École d'agriculture de Tennessee. (Bâtiment de laiterie.)

(d) Compléments d'algèbre et de géométrie, uniquement pour les ingénieurs et les chimistes.

III. *Histoire.* — Les principaux faits de l'histoire de l'Amérique. Il est recommandé aux candidats de connaître les éléments de l'histoire générale, l'histoire grecque jusqu'à la mort d'Alexandre et l'histoire romaine jusqu'au règne d'Auguste. Cet examen suppose la connaissance de la géographie des contrées.

IV. *Physique.* — Connaissance du livre de Gage : « Introduction à la Physique » ou de son équivalent.

V. *Physiologie.* — Connaissance du livre de Martin : « Le corps humain » ou de son équivalent.

VI. *Botanique.* — Connaissance d'un traité comme celui de Gray : « Leçons de Botanique » ou de son équivalent.

VII. *Latin.* — 1° Grammaire : Inflexion des substantifs et des verbes; formation des mots: éléments de la syntaxe. — 2° Traduction. Thème. — 3° Quatre livres de César; quatre discours de Cicéron.

VIII. *Grec.* — 1° Grammaire. Inflexion des substantifs et des verbes. Formation des mots. Règles simples de la syntaxe. — 2° Exercices de traduction; thème. — 3° Trois livres de Xénophon.

IX. *Français.* — Connaissance des formes grammaticales et des principales règles de la syntaxe.

X. *Allemand.* — Formes grammaticales et règles générales de la syntaxe.

Bourses et prix. — A la fin de chaque session, la Faculté accorde une bourse pour l'année suivante au meilleur élève des première, deuxième et troisième années dans toutes les sections. Cette bourse exonère le titulaire de tous les frais scolaires, sauf des dépenses d'éclairage.

Fig. 108. — Collège de Pennsylvanie.
(Laboratoire de physique et de chimie.)

Le prix Allen pour les mathématiques est décerné à l'étudiant qui a montré sa supériorité dans la connaissance de l'arithmétique, de l'algèbre, de la géométrie plane et dans l'espace, et de la trigonométrie.

Les étudiants peuvent travailler à la ferme, au jardin d'horticulture, dans les ateliers ou même dans les bureaux de l'administration. Ils reçoivent alors une subvention appropriée à leurs services. On ne confie de travail à un élève qu'un trimestre au moins après son entrée à l'Université, temps pendant lequel on a pu apprécier son habileté.

Services religieux. — Les étudiants doivent assister chaque jour de la semaine aux services religieux de la chapelle et aux services du dimanche dans une église désignée par eux ou par leurs parents.

Fondée par un Gouvernement qui n'établit aucune différence entre les différentes confessions, l'Université ne protège ni n'exclut aucun culte.

L'Association chrétienne des jeunes gens de l'Université est une association volontaire de professeurs, d'élèves et d'étudiants. Elle entretient une bibliothèque, un gymnase, des salons de conversation et différents jeux.

L'Association donne de fréquentes réceptions et des fêtes. Elle constitue le quartier général de la vie religieuse, sociale et athlétique de l'Université. L'Association est administrée par un Comité.

L'Association chrétienne des jeunes filles joue le même rôle vis-à-vis des étudiantes. Elle tient ses réunions dans le quartier des femmes.

Entraînement physique. — Les étudiants reçoivent l'instruction militaire conformément à l'act du Congrès qui a créé les Land grants Colleges.

Tous les étudiants masculins de la première et de la seconde année, à l'exception de quelques élèves, suivent des leçons d'art militaire et se livrent à des exercices pratiques. Les étudiants doivent se procurer l'uniforme de l'Université. L'expérience a montré que les exercices militaires constituaient le meilleur entraînement physique.

Le gymnase, parfaitement équipé avec les appareils les plus perfectionnés, des salles de bains, de douches, etc., est placé sous la direction d'un professeur de gymnastique. Chaque étudiant est soigneusement examiné à son entrée, pesé et mesuré.

A des intervalles réglés, il est soumis à de nouveaux examens et à des exercices appropriés à l'harmonie de son développement physique. Le gymnase est d'ailleurs ouvert à certaines heures aux étudiants déjà exercés. Les exercices athlétiques sont placés sous la direction de l'Association athlétique et sous la surveillance d'un Comité de la Faculté.

Les étudiantes sont elles-mêmes entraînées aux exercices physiques.

Logement et nourriture. — Les étudiants occupent des chambres dans les bâtiments de l'Université ou vivent dans des familles qui ont l'agrément du doyen. Les dortoirs sont chauffés à la vapeur, éclairés à l'électricité. Les étudiants apportent généralement leurs couvertures et le linge. La nourriture est donnée à raison de 2 dollars par semaine.

Les étudiantes sont logées dans le bâtiment des femmes. Elles occupent des chambres meublées, chauffées et éclairées, à raison de 15 dollars par terme scolaire. La table leur est donnée pour 2 dollars par semaine. Le bâtiment est placé sous la direction du doyen du département des femmes.

On a édifié un nouveau bâtiment sur la ferme du collège chauffé à la vapeur, éclairé à l'électricité, avec chambres de bains, à l'usage des étudiants hommes réunis en club. Chaque membre de club peut y loger et y être nourri, blanchi, chauffé et éclairé pour 10 dollars seulement

Fig. 109. — Collège d'agriculture de Tennessee.
(Serre.)

ment par mois. C'est un membre du club qui organise et gouverne cet utile établissement. Les étudiants qui travaillent à la ferme reçoivent un salaire déterminé pour chaque heure de travail.

Frais de scolarité. — Taxe d'immatriculation à l'entrée, 5 dollars (les boursiers sont exemptés).

1° Chaque terme (trois dans l'année), 20 dollars chacun (boursiers exemptés). Taxe supplémentaire payée par tous les étudiants : 7 dollars pour les premier et second termes ; 6 dollars pour le troisième.

La taxe à payer pour le Laboratoire de chimie est de 8 dollars par terme.

En outre les étudiants payent les produits et le matériel qu'ils emploient. Ils fournissent la verrerie, la porcelaine et le platine pour les laboratoires de physique, botanique ou de zoologie et pour les classes du génie civil : la taxe est de 2 dollars par terme ; pour le département de la mécanique, de 5 dollars par terme.

La taxe pour le diplôme est de 6 dollars et demi.

Ces différentes sommes doivent être payées à l'Université chaque terme et avant la fin de la première semaine. Les étudiants gradués payent les mêmes taxes que les autres. Les étudiants sont responsables des dégâts qn'ils peuvent commettre pendant leur séjour.

SOCIÉTÉS DIVERSES ORGANISÉES PAR LES ÉTUDIANTS. — Les étudiants ont organisé trois sociétés littéraires : une pour les femmes, et deux pour les hommes.

Ces sociétés sont très appréciées aussi bien par la Faculté que par les étudiants. Elles ne constituent pas l'un des moindres avantages offerts par l'Université. Elles possèdent de beaux locaux et tiennent chaque semaine des meetings. On compte encore une société des ingénieurs, un magazine rédigé par les étudiants, un club, une société de musique, une association athlétique avec de nombreux clubs pour les jeux de tennis, de base-ball, de foot-ball, etc.

Programme de l'enseignement. — AGRICULTURE. — L'enseignement est donné au moyen de livres et de leçons. Il est illustré à l'aide du stéréoscope. La méthode consiste à discuter en classe la théorie et les principes rationnels sur lesquels repose la pratique, puis à les expliquer au laboratoire ou aux champs.

1° *Zootechnie spéciale.* — Leçons sur l'origine, l'utilité, les caractères, la conformation des diverses races d'animaux. Une bonne partie du temps est employée à apprécier des chevaux, des porcs, des moutons, du gros bétail. A cet effet, on conduit les élèves dans les fermes avoisinant Knoxville qui contiennent de beaux spécimens d'animaux. — Cours de première année, hiver : 5 heures, puis 1 heure par semaine.

Fig. 110. --- Collège d'agriculture de Tennessee. (Salle de classe.)

2° *Zootechnie générale.* — Principes de l'élevage, sélection, atavisme, variations, hérédité, croisement, etc. Deuxième année, hiver : 4 heures par semaine.

3° *Laiterie.* — Leçons sur la théorie et la pratique de la laiterie, alimentation des bêtes laitières, préparation du beurre pour le marché, comptabilité, étude des bactéries qui interviennent en laiterie, leur influence dans la fabrication du beurre et dans celle du fromage; leur origine, leurs caractères. Les travaux pratiques consistent dans la manipulation des pasteurisateurs, écrémeuses, etc. Troisième année, automne : 4 heures, puis 2 heures par semaine.

4° *Physique du sol et génie rural.* — La *physique du sol* embrasse l'origine, la formation et la composition des sols, le mouvement de l'eau dans les sols, l'influence de l'eau sur la production des récoltes, la conservation de l'humidité des sols, le développement des racines des plantes.

Le génie rural comprend les constructions rurales, la construction des routes, le drainage, les irrigations. Troisième année, hiver : 4 heures, puis 2 heures par semaine.

5° *Cultures*. — Origine, histoire, caractéristique et utilité des diverses cultures du Tennessee et des États voisins. Céréales, fourrages, soins des prairies et des pâturages, sélection des semences et des plantes. Troisième année, printemps : 4 heures, puis 2 heures par semaine.

6° *Aménagement de la ferme*. — Étude des assolements, récoltes, soins à leur donner pour en assurer la bonne conservation, machinerie agricole, maintien de la fertilité, application d'engrais, examens critiques des divers systèmes de culture en usage. Quatrième année, automne : 5 heures, puis 3 heures par semaine.

7° *Alimentation des animaux*. — Anatomie et physiologie des animaux domestiques, en attachant une importance particulière aux organes de la digestion, rations alimentaires, hygiène. Quatrième année, hiver : 5 heures, puis 3 heures par semaine.

8° *Études à la station expérimentale et préparation d'une thèse*. — Histoire, développement et relation de la station expérimentale avec l'agriculture, méthodes employées par la station expérimentale, leur valeur économique. Ces travaux sont exigés de tous les étudiants de quatrième année ; par conséquent ceux-ci sont obligés de préparer une thèse qui renferme quelques recherches originales. Quatrième année, printemps : 5 heures et 3 heures par semaine.

BOTANIQUE. — 1° *Biologie générale*. — Étude des représentants des grands groupes du monde végétal. Deux séances de laboratoire par semaine et une leçon. Première année : automne : mardi, jeudi, de 2 heures à 4 heures ; samedi, à 9 heures.

2° *Morphologie*. — Ce cours a pour but de développer chez les étudiants la connaisance des formes variées de la vie des végétaux. Les étudiants font au printemps

Fig. 111. — Collège d'agriculture de Tennessee.
(Étudiants faisant l'exercice militaire.)

de nombreuses herborisations. La flore riche et variée des environs de Knoxville leur offre sous ce rapport beaucoup de facilités. Les étudiants doivent attacher une importance particulière à l'étude des champignons parasites. Deuxième année, leçons mercredi et samedi ; 6 heures de laboratoire par semaine.

3° *Histologie*. — Les leçons consistent en très nombreux exercices pratiques qui sont organisés suivant le Manuel de botanique pratique de Strasburger. Les méthodes micrographiques sont étudiées à fond.

Automne, hiver, printemps : 6 heures par semaine.

4° *Physiologie expérimentale*. — Troisième année : 6 heures par semaine. — Certains étudiants et les étudiants gradés peuvent poursuivre dans les laboratoires de botanique des recherches originales.

L'école de botanique possède un grand nombre de microscopes, des appareils de physiologie, etc., et un grand herbier contenant des phanérogames et des cryptogames.

Horticulture et sylviculture. — 1° *Propagation des plantes.* — L'enseignement de l'horticulture commence avec l'étude de la propagation des plantes. Première année, printemps : 5 heures, 2 heures et 1 heure par semaine.

2° *Jardinage.* — Théorie et pratique. Deuxième année, automne : 4 heures, 2 fois par semaine.

3° et 4° *Arboriculture, production des fruits.* — Conditions de sol et de climat les mieux adaptées à la production des divers fruits, établissement de vergers, de vignes, culture et fertilisation, irrigation, taille, récolte, empaquetage, transport, vente, classification des variétés, leurs mérites. Deuxième année, automne et hiver : 2 heures par semaine.

5° *Sylviculture.* — Leçons sur les principes généraux de la sylviculture, identification des arbres forestiers et leur caractérisation au point de vue commercial. Deuxième année, printemps : 4 heures et 2 heures par semaine.

6° *Sylviculture.* — Estimation des forêts, du produit des coupes, aménagement des forêts. Quatrième année, hiver : 5 heures et 3 heures par semaine.

7° *Théorie de l'horticulture.* — Usage de l'ouvrage de Lindley comme base de l'enseignement, variation et amélioration des plantes. Quatrième année, printemps : 5 heures et 3 heures par semaine.

Géologie. — 1° *Géologie du Tennessee.* — Étude des couches caractéristiques du sol, rapport de la géologie de la contrée avec son agriculture et son industrie. Les éléments de géologie du Tennessee par Safford et Killebrest représentent cet enseignement. Hiver et printemps : 3 heures par semaine.

2° *Minéralogie et géologie.* — Géologie dynamique et historique. Géologie stratigraphique. L'enseignement est donné par des leçons et dans des livres. Il est accompagné de travaux de laboratoire et de fréquentes excursions dans le voisinage ainsi que d'exercices variés, dessins de coupes, etc. Automne, hiver et printemps : 3 heures par semaine.

Fig. 112. — Collège d'agriculture de Tennessee. (Arrangement des boxes pour les animaux.)

Météorologie. — L'enseignement de la météorologie comprend deux cours qui s'étendent chacun sur l'année entière. L'un d'eux est destiné aux étudiants de l'Université, l'autre intéresse spécialement les agriculteurs et les ingénieurs. Enfin le *cours réduit* d'agriculture (*short course*) comprend aussi un cours de météorologie borné à l'étude de sujets pratiques.

Le Bureau météorologique des États-Unis entretient à l'Université une station parfaitement agencée, munie des derniers appareils enregistreurs. Les étudiants y ont libre accès sans être tenus de payer aucune taxe.

1° *Météorologie élémentaire.* — Principes de la physique, sources de la chaleur :

distribution de la chaleur solaire sur la terre, courbes de température; livre suivi : Éléments de météorologie de Davis; travaux de laboratoire. Automne : 3 heures par semaine.

2° *Météorologie générale* (Université). — Thermomètre, température, lignes isothermes, mesure et distribution de la pression atmosphérique, cyclones, vents, orages locaux; travaux de laboratoire. Hiver : 3 heures par semaine.

3° *Météorologie générale* (Agriculteurs et Ingénieurs). — Thermomètre, température du sol, météorologie dynamique, baromètre, lois des orages, rosée, pluie, gelée, protection contre la gelée, travaux de laboratoire. Hiver : 3 heures par semaine

4° *Météorologie générale* (suite) [Université]. — Vapeur d'eau atmosphérique et formes diverses de sa précipitation, causes de la pluie, sa distribution, prévision du temps, électricité atmosphérique, climatologie, climat et santé, relations entre la météorologie et les arts et manufactures, travaux de laboratoire. Printemps : 3 heures par semaine.

5° *Météorologie générale* (suite) [Agriculteurs et Ingénieurs]. — Climatologie, relations entre les climats et la distribution des plantes, relations entre les climats et la structure mécanique des plantes, cours des rivières, jaugeage, usage des moulins

Fig. 113. — Collège d'agriculture de Tennessee.
(Étudiants examinant les bestiaux.)

à vent, climats, relations entre les climats, la laiterie, l'élevage, les prairies, etc., leçons et travaux de laboratoire. Printemps : 3 heures.

Bâtiments et matériel du Département de l'agriculture. — Les bâtiments de la section agricole sont établis à Morrill-Hall. Ils occupent l'angle sud-est de l'Université et dominent la rivière de Tennessee. Ces bâtiments, qui comprennent deux étages, contiennent des laboratoires et des salles d'études pour l'agriculture, la physique du sol, la botanique, la chimie, l'horticulture et l'entomologie; une bibliothèque et les différents services de la station expérimentale. La bibliothèque contient les meilleurs ouvrages sur l'agronomie. Elle est ouverte tous les jours. L'édifice est éclairé à la lumière électrique et chauffé à la vapeur.

Le «Farm home» contient un bureau, une salle à manger, une cuisine, des dortoirs et un logement pour la personne chargée de la direction. Il est chauffé à la vapeur et équipé avec tout le confort moderne. L'une des parties des bâtiments sert de station météorologique.

La ferme. — La ferme du Collège contient 105 ares. Elle est située près de l'Université, sur les confins de Knoxville. Ses bâtiments sont remarquablement construits et aménagés. Le plus grand renferme une vacherie, une grange pour les grains;

des silos, des magasins, une étable pour les veaux, un hangar pour les machines et les instruments agricoles.

La vacherie peut contenir 30 vaches; à côté se trouvent des boxes d'expérience, une salle pour la préparation des aliments et une chambre disposée pour recevoir le lait. Comme annexes, des boxes pour les veaux et les taureaux.

Le même bâtiment renferme trois silos installés avec les derniers perfectionnements. Enfin, de vastes espaces y ont été ménagés pour l'emmagasinage des fourrages et des grains. La grange n° 2 renferme la bouverie et l'écurie, la salle des engrais, un grenier à fourrage.

Fig. 114. — Collège d'agriculture de Tennessee.
(Étudiants examinant un cheval.)

La laiterie contient toutes les machines et tous les appareils les plus perfectionnés pour la manipulation du lait et la préparation du beurre et du fromage. La ferme fait du reste de la laiterie une opération commerciale.

La Station expérimentale poursuit des expériences sur la ferme au grand profit de l'enseignement. Les étudiants peuvent suivre en effet ces expériences et y trouvent de précieuses leçons. La Station expérimentale est unie à l'école d'agriculture par des liens intimes. Aussi, tous les travaux de la ferme affectent-ils un caractère d'études et d'originalité.

Laboratoires, serres, etc. — Le laboratoire de chimie agricole possède trois salles dans le hall Morill. Il est parfaitement équipé de manière à satisfaire à toutes les recherches sur les sols, les engrais et les aliments.

Le laboratoire de physique végétale possède deux salles dans le même bâtiment.

L'école botanique y a aussi ses laboratoires.

A l'école d'horticulture est adjointe une belle serre, contenant une collection de plantes décoratives, une salle de greffage et un jardin fruitier.

Le département de la météorologie occupe le deuxième étage du vieux collège. Il est muni des appareils les plus perfectionnés. Sa bibliothèque contient de très bons livres de météorologie et tous les rapports qui intéressent cette science.

Des bâtiments nouvellement édifiés donnent asile à la laiterie et à un laboratoire de semences. La laiterie est équipée de manière à poursuivre des expériences théoriques sur le lait et à faire en même temps une bonne fabrication de beurre et de fromage. Le laboratoire de semences est aménagé pour le contrôle et l'essai des graines.

Les étudiants en agriculture se réunissent dans un club deux fois par mois. Là, ils discutent les sujets qui intéressent l'agriculture et l'horticulture. De temps en temps ont lieu des conférences et des excursions aux fermes de Biltmore, qui appartiennent à M. Vanderbilt.

Cours normal d'agriculture. — Ce cours dure quatre ans. Il est destiné à satisfaire aux besoins immédiats des fermiers du Sud. Il est organisé de manière à combiner la pratique avec la théorie et à donner aux élèves de fortes connaissances scientifiques en partant des principes élémentaires.

PREMIÈRE ANNÉE.

Mathémathiques............	5 heures par semaine.
Anglais.................	3 heures par semaine.
Dessin...................	6 heures en 3 séances par semaine.
Travail du bois, forge.......	6 heures en 3 séances par semaine.
Botanique................	5 heures en 2 fois et 1 heure par semaine.
Agriculture..............	5 heures en 2 fois et 1 heure par semaine.
Horticulture..............	5 heures en 2 fois et 1 heure par semaine.
Physique................	3 heures par semaine.
Art militaire, exercices physiques................	5 heures par semaine.

DEUXIÈME ANNÉE.

Arpentage et nivellement.......	2 heures par semaine.
Anglais.................	3 heures par semaine.
Français ou allemand........	3 heures par semaine.
Chimie..................	6 heures en 3 fois par semaine.
Horticulture..............	4 heures en 2 fois par semaine.
Agriculture..............	4 heures en 2 fois par semaine.
Entomologie..............	6 heures en 2 fois et 2 heures en 1 fois par semaine.
Botanique................	6 heures en 2 fois et 2 heures en 1 fois par semaine.
Exercices militaires et physiques................	5 heures par semaine.

TROISIÈME ANNÉE.

Botanique................	6 heures par semaine.
Agriculture..............	6 heures par semaine.
Horticulture..............	6 heures par semaine.
Météorologie.............	3 heures par semaine.
Analyse chimique (quantitative).	6 heures par semaine.
Chimie agricole...........	6 heures par semaine.
Classe littéraire : au choix, français, allemand, espagnol, histoire ou économie politique..	3 heures par semaine.

Cours réduit d'agriculture. — Le cours réduit d'agriculture a commencé en 1901 dans le courant de janvier et a duré douze semaines. Aucun examen d'admission n'est exigé pour suivre ce cours. Les étudiants payent une contribution de 7 dollars. Toutes leurs dépenses, y compris le logement et la nourriture pendant les douze semaines, atteignent de 35 à 50 dollars.

Le but de ce cours est de montrer d'une manière pratique les résultats des applications de la science à l'agriculture, l'horticulture, la laiterie, l'élevage, etc., de donner les connaissances qui leur sont nécessaires aux agriculteurs, éleveurs, etc.; de mettre les fermiers en contact avec le département agricole de l'Université et avec la Station expérimentale, d'inculquer à tous les auditeurs des habitudes d'étude, d'observation et de recherche. Le cours réduit a été inauguré en 1900. Son succès a dépassé de beaucoup les espérances de ses promoteurs.

Il utilise les collections et le matériel de la section agricole de l'Université ainsi que ceux de la Station expérimentale. Ses méthodes d'enseignement consistent en leçons, démonstrations pratiques, travaux de laboratoire et d'atelier, excursions et observations. En règle générale, trois leçons ont lieu chaque matin. Elles sont accompagnées de projections au stéréoscope. Les après-midi sont occupées par des démonstrations

Fig. 115. — Collège d'agriculture de Tennessee.
(Expériences d'engrais avec du maïs.)

pratiques à la ferme, à la laiterie, dans les jardins. Une bibliothèque spéciale et une riche collection de journaux sont à la disposition des étudiants.

Programme d'enseignement du cours réduit. — Les leçons sont d'une heure. Les exercices pratiques durent deux heures.

Dix-huit leçons sur le bétail : origine, histoire, entretien.

Dix-huit leçons sur l'élevage du bétail.

Dix-huit leçons sur l'alimentation du bétail (digestibilité des aliments, nutrition animale, composition des aliments).

Vingt exercices sur l'appréciation pratique du bétail; calcul des rations, visite aux fermes et aux laiteries du voisinage.

Vingt-quatre leçons de laiterie; soin et manipulation du lait, appréciation du lait, fabrication du beurre. .

Dix-huit exercices sur le même sujet.

Vingt-quatre leçons de chimie agricole : sol, engrais marnage, compost, fabrication des engrais.

Douze leçons sur la météorologie : pluie, gelée, climat et récoltes; humidité atmosphérique, humidité du sol; emploi des principaux instruments de météorologie.

Trente-six leçons sur la physiologie des plantes : méthodes de reproduction, maladies des plantes, leurs remèdes.

Dix exercices sur la nutrition des plantes; diagnostic et traitement des plantes malades.

Vingt-quatre leçons sur l'horticulture.

Douze leçons sur les insectes nuisibles aux plantes et les moyens de défense.

Vingt exercices sur le greffage et la taille.

Six exercices pour la préparation et l'usage des insecticides.

Douze leçons sur la physique du sol; entretien de l'humidité dans le sol, préparation et culture du sol, drainage, etc.

Six exercices sur le même sujet.

Douze leçons de comptabilité agricole.

Écoles accréditées. — Toutes les écoles secondaires approuvées qui fonctionnent dans l'État de Tennesse sont accréditées auprès de l'Université. Ces écoles ont été établies par un act de 25 mars 1891 :

« Dans chaque école secondaire sont enseignées les matières ci-après désignées : orthographe, lecture, écriture, arithmétique, grammaire, géographie, histoire du Tennessee, histoire des États-Unis, constitution des États-Unis, géologie élémentaire du Tennessee, principes élémentaires d'agriculture, éléments d'algèbre, éléments de géométrie plane, éléments de philosophie naturelle, tenue des livres, physiologie et hygiène, éléments de rhétorique... »

L'enseignement des écoles secondaires comprend huit *grades;* les cinq premiers correspondent avec ceux des écoles primaires.

Toute autre école supérieure, académie ou institution dont l'enseignement correspond aux connaissances qui sont exigées pour être admis à suivre les cours de première année dans une université peut être

Fig. 116. — Collège d'agriculture de Tennessee.
(Sélection des graines.)

accréditée. Elle est soumise à l'inspection de l'un des fonctionnaires supérieurs de l'Université et à l'approbation de la Faculté. Au lieu des sciences, les écoles secondaires peuvent enseigner le latin et le grec.

Une liste des écoles accréditées près l'Université est publiée avec les adresses de leurs directeurs.

Les gradués de ces écoles sont reçus à l'Université sans examen. Les candidats à une classe supérieure doivent justifier qu'ils possèdent toutes les connaissances requises pour suivre avec profit l'enseignement qui est donné dans cette classe.

Collège agricole de Massachusetts à Amherst.

Ce collège est le seul des États-Unis qui soit uniquement consacré à l'étude de l'agriculture. Ses congénères sont tous voués à l'enseignemnt de l'agriculture et des arts mécaniques. Il a été fondé comme les autres par Justin S. Morill. Les capitaux qui provenaient de la vente des terres nationales attribuées à l'État de Massachusetts furent en partie consacrés à cette institution et à un Institut séparé de technologie. L'agriculture et l'industrie ont donc chacune leur école spéciale.

Le programme, qui nous sert à établir cette notice, relate que pendant ses trente dernières années 1,096 élèves ont fréquenté le collège : sur ce nombre, 510 ont obtenu le diplôme.

Voici l'énumération des situations occupées par ces élèves, défalcation faite des 87 qui sont décédés.

Fermiers	186	Chimistes dans les stations agronomiques	19
Régisseurs	23	Chimistes dans les fabriques d'engrais	12
Horticulteurs	46	Professeurs dans les collèges agricoles	22
Vétérinaires	16	Total	348
Directeurs de laiteries	6		
Éleveurs de volailles	10		
Entomologistes	8		

En tout 348 anciens élèves qui s'occupent d'agriculture. Le reste de l'effectif se répartit comme il suit :

Chimistes	9	Étudiants se préparant aux grades supérieurs	39
Ingénieurs civils et architectes	43	Employés des postes	7
Électriciens	10	Médecins	40
Mécaniciens	40	Journalistes et publicistes	18
Employés de chemins de fer	15	Armée et marine	5
Dentistes	6	Juges	20
Droguistes	7	Commerce et banque	270
Professeurs	34		
Clergymen	8		

Il convient de remarquer que la séparation des professions n'existe pas aux États-Unis comme dans les États européens : un commerçant américain ou un banquier s'occupe fréquemment d'agriculture. Malgré cela, on peut s'étonner de la petite proportion d'élèves se livrant exclusivement à l'agriculture. Cette proportion est beaucoup plus grande dans les écoles d'agriculture françaises.

Le collège est entouré d'une grande étendue de terres cultivées : 450 acres. La ferme proprement dite s'étend sur 150 acres. Elle nourrit 100 têtes de bétail et elle est pourvue d'un matériel perfectionné.

On y trouve encore 100 acres consacrées à l'horticulture et des serres. Le champ d'expériences comprend 80 acres, avec des laboratoires et des serres. On y étudie toutes les questions qui intéressent les engrais, l'alimentation des animaux, la destruction des animaux nuisibles, etc. La bibliothèque possède 18,000 volumes.

Le corps enseignant comprend 18 professeurs et assistants. Voici quelles sont les principales divisions de l'enseignement : chimie, botanique, agriculture, horticulture, zoologie, science vétérinaire, sciences morales et politiques, anglais, latin, langues modernes, mathématiques, art de l'ingénieur, législation, science militaire et tactique.

Pendant trois années, les élèves doivent suivre un emploi du temps uniforme; mais, pendant la quatrième année, ils peuvent se spécialiser suivant leur convenance.

Première année. — Agriculture, botanique, chimie, algèbre, géométrie, tenue des livres, anglais, français, dessin, tactique militaire.

Deuxième année. — Agriculture, horticulture, botanique, chimie, anatomie et physiologie, trigonométrie, anglais, arpentage et dessin de machines.

Troisième année. — Agriculture, horticulture, chimie, zoologie, entomologie, physique, anglais (rhétorique et littérature).

Quatrième année. — Matières obligatoires : anglais et sciences militaires.

Trois spécialités au choix parmi celles-ci : agriculture, botanique, chimie, entomologie, science vétérinaire, génie civil, géométrie analytique, calcul, anglais, allemand, latin, économie politique, histoire et droit rural.

Enfin, il y a encore 11 cours d'hiver. Ils sont essentiellement élémentaires et pratiques.

Les femmes peuvent suivre des cours de botanique, d'entomologie, de floriculture, etc.

Après avoir accompli la quatrième année et avoir satisfait à certaines épreuves, les étudiants reçoivent le titre de bachelier ès sciences. Le diplôme est signé par

Fig. 117. — Collège d'agriculture de Tennessee.
(Laboratoire des semences.)

le Gouverneur de l'État de Massachusetts, président de la corporation. Le collège est affilié à l'Université de Boston, et les étudiants peuvent obtenir les diplômes de cette institution après avoir rempli certaines formalités.

Pour être admis au collège agricole de Massachusetts, les candidats doivent être âgés d'au moins 16 ans.

Ils subissent un examen qui porte sur la grammaire anglaise, la géographie, l'histoire des États-Unis, la physiologie, la géographie physique, l'arithmétique, le système métrique, l'algèbre, deux livres de géométrie, les éléments du droit civil.

Les élèves couchent au collège. Ils prennent leurs repas dans des clubs ou dans des familles. Ceux d'entre eux qui ne peuvent faire les frais de leur pension trouvent facilement à s'employer, soit à la ferme, soit ailleurs, et gagnent de quoi se suffire.

Le collège est dirigé par 14 administrateurs.

Les collèges des États-Unis se distinguent par le grand nombre de sociétés d'étudiants qui s'y sont développées : associations religieuses, de sport, de musique, associations scientifiques, associations secrètes.

Il ne faut évidemment pas donner à ces dernières la même signification que nous sommes habitués à leur donner en Europe. Il s'agit d'associations qui n'ont qu'un but d'aide mutuelle.

On compte au collège de Massachusetts :

L'association chrétienne de jeunes gens ; .

Un club de musiciens, qui fait des tournées artistiques deux ou trois fois chaque saison ;

Une association pour le jeu de foot-ball ;

Une association pour le jeu de base ball ;

Une association de lecture pour l'entretien d'une salle de lecture où l'on trouve des journaux et des livres ;

Une association athlétique ;

Une association de jeu de polo :

Une association de jeu de tennis ;

Un club de chimistes ou K. K. K. (*Kollep-Kemical Klub*) ;

Enfin, quatre sociétés secrètes désignées par les lettres : B. G. K., Q. T. V., $\Phi \Sigma$ L, et le club de Shakespeare.

Collège de Maryland.

Le collège de Maryland est situé dans le comté du Prince George, sur la ligne de chemin de fer Baltimore et Ohio, à 8 milles de Washington et à 32 milles de Baltimore. La station télégraphique est à Hyattsville; elle est réunie au collège par un fil téléphonique. Ce collège comprend plusieurs sections, dont une d'agriculture.

Au collège est adjointe une ferme de 300 acres. Le bâtiment principal du collège, construit en briques, comprend cinq étages. Il contient les logements des élèves, la salle à manger, la chapelle, les salles de lecture et les bureaux. Les dortoirs sont vastes, bien ventilés, accompagnés de salles de bains. Tous les bâtiments sont éclairés au gaz et chauffés à la vapeur.

La section des ingénieurs mécaniciens occupe un nouveau bâtiment en briques achevé en 1896 et maintenant complètement équipé. Ce bâtiment renferme des ateliers de charpente, de forge, des machines-outils, etc., une bibliothèque et les bureaux de l'administration.

La chimie occupe un bâtiment qui a été achevé en 1897 et qui est maintenant complètement terminé. Signalons encore la bibliothèque, les collections et une salle de gymnastique remarquablement bien aménagée.

Section agricole.. — Le Collège offre six genres d'enseignement aux étudiants en agriculture :

1° Un cours régulier de quatre ans ;

2° Un cours spécial d'un ou de deux ans ;

3° Un cours réduit de douze semaines ;

4° Un cours de laiterie de six semaines ;

5° Un cours privé de laiterie de six semaines ;

6° Un cours extérieur par correspondance (*home reading*).

Les cours réduits (*short courses*) ont été organisés pour les étudiants qui, pour une raison ou pour une autre, ne peuvent suivre les cours complets. Ils sont surtout destinés aux agriculteurs praticiens qui ont besoin de se fixer de bonne heure aux champs.

Le Collège est, du reste, admirablement approprié à l'étude de l'agriculture pratique avec sa ferme de 300 acres, ses bâtiments et ses machines. La proximité de la station expérimentale et celle d'une laiterie perfectionnée sont autant d'avantages précieux pour l'enseignement.

Les étudiants qui ont suivi les quatre années de cours reçoivent le diplôme de bachelier ès sciences.

Autres sections. — Le Collège comprend encore les sections suivantes :

Section de mécanique, section des mathématiques, section de langue anglaise et de droit, section de chimie, section de botanique et géologie, section de physique, section d'horticulture, section d'entomologie, section de botanique et de pathologie, section de science vétérinaire, section de photographie et d'électro-métallurgie, section de langues étrangères, section d'art militaire, section préparatoire, section de culture physique.

La bibliothèque est largement ouverte aux étudiants. Elle contient des livres choisis sur les différentes parties de l'enseignement donné au Collège.

Fig. 118. — Collège d'agriculture de Tennessee. (Laboratoire de laiterie.)

Organisation de l'enseignement. — A leur entrée au Collège, les élèves doivent choisir l'une des quatre spécialités suivantes dont chacune constitue une branche spéciale agriculteur, ingénieur-mécanicien, sciences, lettres.

A partir de la troisième année, ils se spécialisent de plus en plus étroitement.

C'est ainsi que, pendant la troisième année, ils se répartissent entre trois sections :

1° Section de chimie;

2° Section de biologie;

3° Section de physique.

Et pendant la quatrième année, en huit sections : chimie; biologie; pathologie; entomologie; science vétérinaire; physique; génie civil; science politique.

Les études de quatre années sont sanctionnées par le diplôme de bachelier ès sciences.

Dans toutes les sections, quelles qu'elles soient, existe un cours de tactique militaire ; on sait d'ailleurs que cette mesure est générale dans les écoles des États-Unis.

Les cours qui ressortissent à la première branche, l'agriculture, ont pour but de mettre à même les jeunes gens d'exploiter plus tard le sol d'une manière rationnelle. Ils conduisent au diplôme de bachelier ès sciences.

Les cours d'hiver, ou cours réduits, sont destinés à ceux qui n'ont pas assez de temps disponible pour suivre l'enseignement complet qui dure quatre ans. En fait, ils sont fréquentés par les personnes qui sont déjà engagées dans l'agriculture et qui peuvent disposer, chaque hiver, de six ou huit semaines. Ces cours réduits embrassent les sujets suivants : principales plantes cultivées, drainage, élevage, alimentation des animaux, engrais, tabac, laiterie, horticulture, entomologie, construction des bâtiments, char-pente, forge, science vétérinaire, principes de droit et d'économie politique. La dé-pense totale qui incombe à l'étudiant, y compris le logement et la nourriture, ne dépasse pas 5o dollars. Les leçons ont lieu en janvier et février.

Fig. 119. — Collège d'agriculture de Tennessee.
(Vue des celliers.)

La branche de l'*Ingénieur-mécanicien* comprend beaucoup d'exercices pratiques. Les étudiants sont familiarisés avec le ma-niement du fer et du bois. On ne néglige aucun moyen de développer leur initiative et leur ingéniosité. Les cours comprennent des leçons de mathématiques, de mécanique, de chimie, de physique, de dessin, d'éco-nomie politique, d'anglais, d'allemand et de français.

Ils durent quatre ans et ils sont sanctionnés par un diplôme d'ingénieur méca-nicien.

La branche dite *classique* (*Classical Course*), ou des lettres, comprend des leçons de latin, d'anglais, de français, d'allemand, d'histoire, les éléments des mathématiques et des sciences naturelles, la psychologie et l'économie politique. Les cours durent quatre ans et sont sanctionnés par le diplôme de bachelier ès arts.

La branche dite *scientifique* (*Scientific Science*) est destinée aux jeunes gens qui, tout en voulant bénéficier des avantages d'un enseignement général, désirent aussi se spécialiser dans la science : chimie, biologie, pathologie, entomologie, science vétéri-naire, physique, science de l'ingénieur et science économique.

Les bases de ces études sont constituées par une connaissance complète des mathé-matiques, de l'anglais et de l'économie politique.

Pendant les deux premières années d'études (*freshman et Sophomore year*), les élèves suivent des cours de mathématiques, d'anglais, d'allemand, de physique, d'horticulture, de géologie, d'histoire, de physiologie, de botanique, de chimie, de science vétérinaire et de dessin.

EMPLOI DU TEMPS DES ÉTUDIANTS EN AGRICULTURE.

MATIÈRES ENSEIGNÉES.	NOMBRE D'HEURES PAR SEMAINE.	OBSERVATIONS.
PREMIÈRE ANNÉE. (*Premier semestre.*)		
Mathématiques	5	Leçons.
Anglais	5	Leçons.
Art militaire	1	Leçons.
Agriculture	3	Leçons.
	4	Travaux pratiques.
Horticulture	4	Travaux pratiques.
Physique	3	Leçons.
Géologie	3	Leçons.
Deuxième semestre.		
Mathématiques	5	Leçons.
Anglais	5	Leçons.
Art militaire	1	Leçons.
Agriculture	3	Leçons.
	4	Travaux pratiques.
Horticulture	4	Travaux pratiques.
Allemand	3	Leçons.
DEUXIÈME ANNÉE. (*Premier semestre.*)		
Mathématiques	4	Leçons.
Art militaire	1	Leçons.
Agriculture	3	Leçons.
	6	Travaux pratiques.
Anglais	4	Leçons.
Science vétérinaire	2	Leçons.
	4	Travaux pratiques.
Allemand	3	Leçons.
TROISIÈME ANNÉE. (*Premier semestre.*)		
Agriculture	2	Leçons.
	6	Travaux pratiques.
Chimie	4	Leçons.
	4	Travaux pratiques.
Art militaire	2	Leçons.
Civisme	3	Leçons.
Botanique	2	Leçons.
	2	Travaux pratiques.
Français	3	Leçons.
Deuxième semestre.		
Agriculture	2	Leçons.
	6	Travaux pratiques.
Chimie	4	Leçons.
	4	Travaux pratiques.

MATIÈRES ENSEIGNÉES.	NOMBRE D'HEURES PAR SEMAINE.	OBSERVATIONS.
TROISIÈME ANNÉE. *Deuxième semestre.* (Suite.)		
Art militaire	2	Leçons.
Anglais	3	Leçons.
Entomologie	2	Leçons.
	2	Travaux pratiques.
Français	3	Leçons.
QUATRIÈME ANNÉE. (*Premier semestre.*)		
Agriculture	2	Leçons.
	8	Travaux pratiques.
Chimie	2	Leçons.
	6	Travaux pratiques.
Pathologie	2	Leçons.
	2	Travaux pratiques.
Art militaire	2	Leçons.
Français	3	Leçons.
Deuxième semestre.		
Agriculture	2	Leçons.
	8	Travaux pratiques.
Chimie	2	Leçons.
	6	Travaux pratiques.
Science économique	4	Leçons.
Art militaire	2	Leçons.
Allemand	3	Leçons.

Conditions d'admission. — Les étudiants ne sont admis au Collège, en première année, qu'à la suite d'un examen d'admission. Cet examen a lieu au Collège les 16, 17 et 18 septembre. Le candidat doit subir, d'une manière satisfaisante, des examens sur les matières ci-après désignées : grammaire anglaise, composition anglaise et analyse, histoire des États-Unis, arithmétique, algèbre jusqu'aux équations du second degré, géographie physique et politique.

Pour être admis, il faut avoir obtenu 70 p. 100 du nombre total des points. Les épreuves qui donnent entrée à la section préparatoire portent seulement sur la grammaire anglaise, l'arithmétique (jusqu'aux proportions), l'histoire des États-Unis et la géographie politique.

Les élèves doivent avoir la caution d'une personne qualifiée (pasteur, professeur), en ce qui concerne leur moralité et pour le payement de la rétribution scolaire. Cette garantie est indispensable.

Les jeunes gens qui désirent entrer dans une année supérieure à la première doivent subir un examen identique à celui que subissent les élèves du Collège pour être promus à une classe plus élevée, ou bien ils doivent fournir un certificat émanant d'une école urbaine ou de comté attestant qu'ils possèdent déjà l'instruction qui est donnée au Collège dans la classe qu'ils demandent à ne pas suivre.

Les élèves sont admis d'une classe dans la classe supérieure à la suite d'un examen annuel. Les fraudes qui peuvent se produire dans les épreuves sont punies par l'exclusion rigoureuse de l'élève des examens.

Frais de scolarité. — La ville de Baltimore a fondé trois bourses, et chaque comté de l'État en a fondé une aussi. Ces bourses sont données à la suite de concours qui sont organisés soit par le surintendant de l'Instruction publique de la ville de Baltimore, soit par les examinateurs des comtés, en ce qui concerne les bourses des comtés.

Discipline. — Au Collège, la discipline revêt un caractère militaire. Les étudiants sont placés sous le contrôle d'officiers qui font un rapport journalier au commandant de l'École des Cadets. Toutefois l'autorité supérieure appartient au président du Collège.

Les élèves doivent se conduire *en gentlemen*. A son entrée, chacun d'eux doit donner sa parole qu'il se comportera suivant les règlements de l'Institution. On lui remet, d'ailleurs, copie des règlements. Les élèves ont le rang d'élèves-officiers et en assument, avec les honneurs, les charges et les responsabilités. Les fautes légères sont punies de consigne ou de corvée militaire. Les fautes graves peuvent être punies par la suspension ou le renvoi, suivant la décision de la Faculté et du président.

Il est recommandé aux parents d'exercer leur autorité sur les jeunes gens, afin qu'ils ne s'absentent pas du Collège. Les absences sont d'un très mauvais effet sur les études, en rompant la continuité du travail et en distrayant l'esprit de l'élève de ses devoirs scolaires. Tous les quatre mois, les parents reçoivent des notes sur les progrès de leurs enfants et leur conduite, etc. Ils reçoivent un rapport général à la fin de l'année.

Associations des élèves. — Les autorités encouragent les *clubs* comme un moyen de développer *l'esprit de corps* chez les étudiants. La discipline y trouve son avantage et le niveau moral des élèves y gagne. Parmi les associations qui ont réussi, citons : la *Mercer Literary Society*, la *A. C. Athletic Association*, le *Glee Club*, l'*Annuaire des Cadets*.

DÉPENSES DES ÉTUDIANTS.

Élèves réguliers :

Logement, chauffage, éclairage, nourriture et livres...............	750 francs.
Frais de laboratoire...................................	30
Frais de médecin....................................	20
Frais pour détériorations..............................	25
Total.....................	825

Élèves boursiers :

Logement, nourriture, éclairage, chauffage, livres...............	350 francs.
Frais de laboratoire...................................	30
Frais de médecin....................................	20
Frais pour détériorations..............................	25
Total.....................	425

CHAPITRE V.

MINISTÈRE DE L'AGRICULTURE. — STATIONS EXPÉRIMENTALES.

La section américaine de l'enseignement agricole à l'Exposition de Paris a obtenu un grand prix pour l'exposition collective des écoles d'agronomie et des stations expérimentales.

Nous avons donné dans les chapitres qui précèdent des indications sur le développement des écoles agricoles organisées par les divers États, et il nous reste à parler des stations expérimentales. Ces stations se rattachent étroitement au Ministère de l'agriculture dont le siège est à Washington, et il nous est nécessaire, afin de faire comprendre les relations établies entre ces deux organismes, de donner un aperçu de l'organisation de ce Département ministériel, qui ne répond nullement pour certaines parties à l'organisation du Ministère de l'agriculture de France.

Ministère de l'agriculture. — Pour donner une puissante impulsion aux progrès de la science agricole, le Gouvernement a organisé des bureaux spéciaux ou des divisions, du service technique pour les principales branches de l'agriculture. Ces organes ont pour mission d'exercer la haute direction technique de l'agriculture, de faire des recherches en se plaçant au point de vue de la pratique et de vulgariser la science agronomique par de nombreuses publications.

Voici l'énumération des diverses sections dont se compose cet important service qui contribue aux immenses progrès réalisés par l'agriculture aux États-Unis :

Fig. 120. — Collège d'agriculture de Tennessee.
(Laboratoire de chimie.)

Le bureau météorologique, le bureau de zootechnie, le bureau de statistique, le service des stations expérimentales, la division de chimie, la division d'entomologie, la division de géographie botanique et zoologique, la division de sylviculture, la division de botanique, la division de physiologie et de pathologie végétales, la division d'agrologie, la division de pomologie, la division de géologie, le service des plantes (fibres) textiles, le service de la voirie, la division de l'horticulture, la division des semences, le service des publications, la division de la comptabilité.

La division de zootechnie comprend 2 bureaux de renseignements, 152 stations techniques pour l'inspection des viandes, 3 laboratoires chargés d'étudier et de rechercher les causes des épizooties. Un laboratoire de microscopie est installé au Ministère. Le personnel de ce service comprenait, en 1896 : 77 inspecteurs et inspecteurs adjoints, 287 experts, 17 employés, 4 bactériologistes, 183 assistants pour le service bactériologique et 11 ouvriers, soit un total de 579 fonctionnaires. Ce bureau a pour mission de combattre les épizooties et de favoriser l'exportation du bétail.

Le bureau d'entomologie possède, comme les divisions de chimie, de zoologie et de pathologie végétale, des collections et des installations complètes pour les recherches qui lui incombent.

La division de physiologie et de pathologie végétale étudie les conditions de vie des plantes saines et malades; elle tâche de trouver aux diverses maladies des plantes des remèdes préventifs et curatifs. Comme la division d'entomologie, elle possède des agents dans les divers États pour lui signaler l'apparition des maladies et la renseigner sur les points où elle doit porter son activité [1].

Le développement rapide des cultures fruitières a amené la création de la division pomologique. Cette division s'occupe de la propagation des meilleures variétés de fruits. Elle en a importé de toutes les parties du monde, car le climat et la nature du sol varient tellement aux États-Unis que les espèces des pays chauds et des pays froids peuvent y réussir.

La division des semences a distribué gratuitement, pour la campagne 1896-1897, plus de 10 millions de paquets de semences.

La division des publications s'occupe de toutes les publications du département de l'Agriculture. Elle dispose de plusieurs artistes chargés d'illustrer les publications et elle distribue tous les ouvrages gratuitement. Elle fournit à la presse agricole les renseignements utiles et un résumé des publications de l'Administration de l'agriculture.

Les cultivateurs américains, entreprenants et perspicaces, attendent, chaque année, avec impatience la publication du rapport général fait par les divisions du Ministère.

Aux États-Unis, l'Administration ne redoute pas d'entrer dans des détails pratiques et d'indiquer aux cultivateurs les

Fig. 121. — Collège d'agriculture de Tennessee.
(Appareil à pasteuriser le lait.)

moyens et les procédés les plus avantageux pour transformer les produits de la culture, de l'élevage, afin de réaliser des bénéfices. Certains produits inutilisés ailleurs, comme les déchets de l'industrie laitière, sont ainsi devenus l'objet d'un commerce important. À ce point de vue, l'exposition, dans le Palais de l'Agriculture, des produits obtenus avec les différentes parties du maïs, grains, tiges et feuilles, était très intéressante.

L'une des divisions les plus importantes du Ministère de l'agriculture est celle des stations expérimentales. Le bureau des stations a pour mission de coordonner leurs travaux, de leur indiquer les recherches à faire, de compulser leurs résultats et de

[1] Rapport de M. de Vuyst, inspecteur général de l'agriculture en Belgique, sur l'agriculture aux États-Unis.

les publier dans sa revue mensuelle *Experiment station Record*. Le bureau des stations expérimentales a publié un index des travaux faits par les stations expérimentales, travail complété par les résultats des recherches et expériences effectuées en Europe.

Tous les ans, chaque station publie un rapport sur ses recherches et l'adresse au Ministère de l'agriculture de Washington, aux autres stations et à ses correspondants. L'office des stations au Ministère fait connaître les résultats obtenus aux cultivateurs par l'envoi de *tracts* spéciaux, *Farmer's bulletins*. Les cultivateurs n'ont qu'à se faire inscrire au bureau du Ministère pour les recevoir. Si l'Administration de l'agriculture veut provoquer un progrès, des expériences de la part des fermiers en coopération avec les stations, si elle veut vulgariser un bon procédé, c'est au Farmer's bulletin qu'elle a recours.

Stations expérimentales. — La première station agronomique aux États-Unis fut fondée en 1875, à Middletown; on en créa ensuite plusieurs autres sur le modèle des stations allemandes.

Le 2 mars 1887, le Congrès vota le *Hatch act,* qui stipulait : « qu'on érigerait dans les États et territoires des stations expérimentales agricoles, sous la direction et la surveillance des écoles d'agriculture; que ces stations auraient pour but de propager les connaissances utiles et pratiques sur les sujets concernant l'agriculture et de faire des recherches scientifiques trouvant leur application dans cette industrie ».

Le nombre des stations expérimentales s'élevait déjà, en 1897, à 54. Faire des recherches et en vulgariser les résultats par des publications, tel est le but des stations expérimentales. La station du Nord-Dakota avait exposé un appareil très simple pour l'étude du développement des racines des diverses plantes dans le sol : blés, maïs, etc. On remplit de terre un grand casier, composé de fils de fer et coupé à différentes hauteurs par un treillage en fil de fer également, puis on sème à la partie supérieure les plantes dont on veut étudier le développement. Il suffit, à la fin de la période d'essai, de tremper le casier dans l'eau pour délayer la terre et mettre à nu les racines, qui restent, retenues par les fils de fer, dans la position qu'elles occupaient.

Les cultivateurs américains visitent souvent les établissements de leurs États respectifs, pour se rendre compte des résultats des expériences, pour apprendre à connaître les nouvelles plantes fourragères, l'application des engrais chimiques. Les relations des stations agronomiques américaines avec les cultivateurs leur permettent de connaître les besoins immédiats de l'agriculture.

Les stations expérimentales reçoivent chacune du Gouvernement une subvention de 75,000 dollars, et la plupart des États leur fournissent, en outre, des allocations parfois élevées. Chaque station est organisée sur le même plan que le département technique du Ministère de l'agriculture. Une seule station américaine possède parfois une organisation plus complète que la direction de l'Agriculture dans certains pays d'Europe.

Voici la liste des spécialistes de la station expérimentale de Lincoln, dans le Nebraska : un chimiste et deux adjoints, un agronome et un agronome adjoint, un botaniste, un physicien et un adjoint, un vétérinaire, un entomologiste, un horticulteur et un directeur de ferme.

Les stations publient de nombreux rapports sur leurs travaux, rapports reproduits dans le bulletin mensuel du bureau des stations expérimentales, *Experiment station Record*.

Les stations expérimentales sont, en général, placées sous la surveillance des collèges d'agriculture qui dépendent du Gouvernement de leur État respectif. Mais elles sont en relation avec le service spécial du département de l'Agriculture, dans le but d'unifier les méthodes employées pour les recherches et d'en coordonner les résultats. Cette division exerce ainsi, par voie de conseils, une direction effective sur les travaux des stations, pour les maintenir dans leur cadre et leur faire produire des résultats pratiques.

IX

GRANDE-BRETAGNE.

CHAPITRE PREMIER.

EXPOSITION.

La section de l'enseignement de la Grande-Bretagne se trouvait au premier étage du Palais de l'éducation et de l'enseignement, du côté de l'avenue de Suffren, entre la section de l'enseignement de la Norvège et celle des instruments de précision de l'Allemagne. La participation de cette section à l'exposition de l'enseignement technique agricole était peu importante, et les objets de cette classe s'y trouvaient perdus dans l'ensemble de l'exposition scolaire anglaise. Sous la rubrique générale d'exposition collective des établissements d'enseignement agricole du pays de Galles, on trouvait cependant quelques tableaux muraux et divers documents. Nous y avons relevé : des travaux d'élèves, cahiers et résumés de cours, monographies, analyses; le plan du collège agricole de Kent et des vues du collège d'agriculture de Cirencester, ainsi que plusieurs photographies de ces deux établissements et de leurs dépendances, des programmes de l'enseignement, des notes et des brochures, une carte de l'Écosse agricole, un plan du Collège Aberystwith et des photographies.

Dans la grande serre du Cours-la-Reine, on pouvait voir un plan du Jardin royal botanique de Kew et des photographies des serres et de toutes les parties de l'établissement. Aux Groupes VII et X, agriculture et alimentation, on trouvait quelques tableaux provenant des champs d'expériences de Rothamsted.

L'ensemble de cette exhibition ne donnait qu'une idée imparfaite de l'état de l'instruction agricole dans la Grande-Bretagne.

Récompenses. — 3 médailles d'or : École spéciale d'agriculture de Guelph (voir Canada); Établissements d'enseignement agricole d'Angleterre (Exposition collective des); Établissements d'enseignement agricole du pays de Galles.

CHAPITRE II.

HISTORIQUE ET ORGANISATION DE L'ENSEIGNEMENT AGRICOLE.

L'organisation de l'enseignement agricole en Angleterre est de date récente, mais l'agriculture et l'élevage ont toujours été en honneur dans la Grande-Bretagne et, contrairement à ce qui a eu lieu en France, l'aristocratie anglaise a toujours résidé dans ses terres et surveillé, directement ou indirectement, l'exploitation des grands domaines et des meilleures fermes du pays.

Milton avait eu la pensée de fonder, vers le milieu du xviie siècle, un institut agricole et littéraire où les élèves auraient puisé dans la lecture des auteurs latins, Caton, Varron, Columelle, le goût de la vie rurale et le désir d'étudier la science agronomique. A la même époque, lord Cowley proposait d'annexer une station agricole à chaque université.

Le Collège royal d'agriculture de Cirencester, fondé en 1845, sous le patronage du prince Albert, a été, pendant longtemps, le seul établissement d'enseignement agricole, abstraction faite des Collèges vétérinaires de Londres, d'Édimbourg et de Glascow, et du cours d'agriculture et d'économie rurale de l'Université d'Édimbourg.

C'est en 1790 que fut créée la chaire d'agriculture d'Édimbourg, occupée successivement par des professeurs éminents : Coventry, David Low, Henry Stephens, Wilson, Robert Wallace.

Les fils de fermiers, à la sortie de l'École du comté ou de l'université, allaient s'instruire pratiquement dans les meilleures fermes du pays, ou passer quelques années dans les écoles d'agriculture de l'étranger. De 1840 à 1845, des tentatives furent faites en Irlande et en Angleterre, notamment par Lady Byron, veuve du poète, pour attacher une petite exploitation de 2 à 3 hectares ou un champ de démonstration à chaque école de village.

Les instituteurs devaient faire travailler les enfants trois heures par jour. Les élèves-maîtres de l'École normale de Dublin suivaient les travaux agricoles dans des fermes voisines. Mais on ne tarda pas à limiter cet enseignement à des notions d'horticulture.

Ce ne fut que lorsque la crise agricole se fit sentir que le Gouvernement, sous la pression de l'opinion publique, confia au Département des sciences et des arts, à South-Kensington, le soin d'organiser l'enseignement agricole. Pour l'enseignement supérieur, on créa une section agricole à l'École normale des sciences de South-Kensington et une chaire d'agriculture à l'Université de Cambridge. Comme écoles spécialement agricoles, on créa le collège d'agriculture de Downton, analogue au collège de Cirencester. Ces deux établissements ressemblent, au point de vue du niveau des études, à notre École nationale de Grignon. Quelques écoles de comté (écoles primaires supérieures) firent, dans leurs programmes, une place à l'enseignement de l'agriculture. En 1889, l'Angleterre créa un Ministère de l'agriculture analogue au nôtre. C'est de cette époque que date, à proprement parler, le développement officiel de l'enseignement agricole. Aucune règle générale ne fut admise, les établissements d'instruction agricole restèrent libres, mais soumis à une inspection spéciale.

Ce sont les inspecteurs qui assurent le bon emploi des subventions accordées par l'État.

Avant 1889, les subventions pour l'avancement de l'instruction technique agricole étaient distribuées par le comité du Conseil d'agriculture.

Dans l'année scolaire 1889-1890, le Ministère de l'agriculture distribua, comme subventions, 4,585 livres sterling.

Le tableau ci-dessous, indiquant les institutions auxquelles fut distribuée cette somme, montre quels étaient les établissements qui s'occupaient, à cette époque, de l'enseignement agricole.

RÉPARTITION DES SUBVENTIONS ACCORDÉES AUX ÉCOLES D'AGRICULTURE, D'INDUSTRIE LAITIÈRE ET À DIVERSES INSTITUTIONS AGRICOLES EN 1889-1890.

INSTITUTIONS OU ÉCOLES.	INSTRUCTION LAITIÈRE.	ENSEIGNEMENT AGRICOLE GÉNÉRAL.	EXPÉRIENCES.	SYLVICULTURE.	TOTAL.
ANGLETERRE ET PAYS DE GALLES.					
Société de Bath et de l'ouest de l'Angleterre et Association des comtés méridionaux (*Bath and West of England Society and Southern counties Association*) [École de laiterie et expériences]..	£ 300	£ "	£ 150	£ "	£ 450
Agricultural College d'Aspatria (enseignement agricole général et industrie laitière)...........	150	250	"	"	400
University College du pays de la Galles du Nord, de Bangor (enseignement agricole général et industrie laitière)......................	105	275	20	"	400
Commission d'enseignement du Leicestershire (conférences de laiterie)......................	250	"	"	"	250
Institut de laiterie des comtés Est.............	250	"	"	"	250
Institut de laiterie du comté de Cheshire.......	200	"	"	"	200
Institut des producteurs de lait britannique d'Aylesbury.................................	200	"	"	"	200
Chambre d'agriculture du Norfolk (expériences)..	"	"	150	"	150
Association du Sussex pour l'avancement de l'agriculture (expériences)......................	"	"	150	"	150
École de laiterie de Gloucester..............	75	"	"	"	75
Société royale de Manchester, Liverpool et du Lancashire Nord (expériences).............	"	"	35	"	35
Conférences de laiterie de Hereford...........	25	"	"	"	25
Collège technique et agricole de Swanley (conférences sur la pomoculture et autres sujets)....	"	25	"	"	25
ÉCOSSE.					
Université d'Édimbourg (cours pour les instituteurs et conférences de sylviculture).........	"	400	"	100	500
Collège technique pour Glasgow et pour l'Ouest de l'Écosse (enseignement agricole général)...	"	350	"	"	350
Institut écossais de laiterie (fabrication du fromage et industrie laitière en général).............	250	"	"	"	250
Université d'Aberdeen (enseignement agricole général)................................	"	200	"	"	200
Collège d'Édimbourg (enseignement agricole général).................................	"	150	"	"	150
Association d'agriculture d'Aberdeen (expériences).	"	"	150	"	150
Institution des instituteurs écossais d'agriculture.	"	100	"	"	100
Association laitière de Wigtown..............	100	"	"	"	100
Associations laitières de Stewartry, de Angus et Mearn, de Dumfries...................	150	"	"	"	150
Écoles des sciences agronomiques.............	"	"	25	"	25

Ce tableau nous indique que, en 1889, 25 institutions différentes de la Grande-Bretagne s'occupant, sous une forme quelconque, d'enseignement agricole (enseignement général, y compris la préparation agricole des instituteurs, enseignement de l'industrie laitière), recevaient des subventions de l'État.

Les méthodes de laiterie, la fabrication du beurre et du fromage ont été enseignées par 14 institutions différentes parmi lesquelles l'École de Kilmarnock, dans l'Ayrshire, les écoles fixes annexées au Collège d'agriculture d'Aspatria (Cumberland), l'École du comté de Cheshire, à Worleston; l'Institut de laiterie des comtés de l'est, à Suffolk; l'Institut des producteurs de lait, près d'Aylesbury; et les Écoles instituées dans plusieurs comtés gallois, sous le contrôle pédagogique général du Collège de l'Université de la Galles du nord, à Bangor. Nous ne parlons pas des écoles et conférences ambulantes de laiterie créées par la société de Bath, de l'ouest de l'Angleterre et des comtés du sud. Nous pouvons encore citer l'Institut de laiterie des comtés Est avec son École fixe d'Akenham, près Ipswich.

Huit institutions différentes se sont occupées de l'enseignement agricole général. Parmi les plus importantes, se trouvent les Universités d'Édimbourg et d'Aberdeen, le Collège de l'Université à Bangor, le Collège d'agriculture d'Aspatria, et le Collège technique de Glascow.

Il est à remarquer que, dès 1889, certaines universités s'occupaient de la préparation agricole des instituteurs ruraux, de manière à leur permettre de donner l'instruction pratique dans les classes dépendant du «département des sciences et des arts» ou dans les écoles ordinaires dépendant du *Scotch Code*[1]. Certains instituteurs recevaient même des indemnités pour des cours et conférences sur des sujets agricoles.

De 1889 à 1900, le Ministère de l'agriculture s'efforça surtout de développer l'enseignement supérieur. Il créa des centres collégiaux d'enseignement agricole en Angleterre et dans le pays de Galles. Ces centres, au nombre de huit, ont tous été institués pendant ces dix dernières années, en vue de fournir l'instruction agricole supérieure. Ils fonctionnent actuellement de concert avec 37 comtés administratifs plus ou moins rattachés aux Collèges par leur œuvre d'enseignement agricole.

Les Collèges fondés sont les suivants :

Collège agricole du sud-est, à Wye (Université de Londres), créé en 1894;

Collège de la Galles du nord, à Bangor;

Collège de la Galles du Durham, à Newcastle-sur-Tyle;

Collège de Galles d'Aberystwith;

Collège de Reading;

Collège de Leeds (section agricole fondée en 1891);

Section agricole de l'Université de Cambridge;

Collège de Nottingham[2].

[1] L'Université d'Édimbourg reçut en 1889, pour la préparation des instituteurs, une indemnité annuelle de 400 livres sterling.

[2] La section agricole du Collège de Nottingham a été transférée à l'Institut agricole et laitier de Kingston.

Ces collèges servent à la fois d'établissements d'instruction et de vulgarisation. Leur personnel, en dehors des cours aux élèves, renseigne les cultivateurs, leur donne des conférences, contrôle les champs de démonstration et d'expériences.

Dans quelques cas, les collèges sont chargés de contrôler ou diriger des fermes louées directement par les autorités collégiales, comme à Bangor ou à Wye, ou acquises par les autorités locales pour l'enseignement pratique. Des fermes sont louées parfois pour la poursuite d'expériences déterminées, comme la ferme fournie par le Conseil de comté de Northumberland, de concert avec le Centre collégial de Newcastle, et celle plus récemment installée par les comtés est et ouest du Yorkshire, de concert avec le collège de Leeds.

Un diplôme, diplôme national, a été créé récemment par les soins de la Société royale d'agriculture d'Angleterre et la Société d'agriculture d'Écosse (Highland and Agricultural Society of Scotland).

Angleterre et Écosse. — L'enseignement agricole en Angleterre et en Écosse est ainsi réparti :

1° Enseignement supérieur et secondaire :

Une section agricole à l'École normale des sciences à South-Kensington dépendant du département des sciences et des arts;

Le Collège agricole de Cirencester, fondé en 1845; le Collège agricole de Downton, fondé en 1880; le Collège agricole du sud-est, à Wye (Université de Londres);

Le Collège et Institut de laiterie de Reading;

La section d'agriculture au Collège universitaire du Pays de Galles (Bangor);

Collège de l'Université du Pays de Galles, d'Aberystwyth;

Collège de l'Université de Cambridge;

Le Collège de Leeds (section agricole);

Le Collège de Durham (section agricole et forestière);

Collège de l'Université de Bangor;

Le Collège colonial, Hollesley Bay, dans le Suffolk;

Le Collège agricole d'Aspatria, dans le Cumberland;

L'École d'agriculture de Dountsey, à West Lavington, dans le Wiltshire;

La « Harris Institution », à Preston, Lanceshire;

L'École d'agriculture de Holmes Chapel, Cheshire;

L'École d'agriculture de Uckfield, Susse;

Le Collège agricole de Harper-Adams, à Newport, Shropshire;

Le département agricole de l'Université, à Aberdeen;

L'École d'agriculture d'Édimbourg;

Le Collège d'agriculture de l'Ouest de l'Écosse.

2° Enseignement primaire : Nous ne trouvons pas d'écoles pratiques d'agriculture comme en possèdent la France et beaucoup de pays étrangers.

Les écoles de comté (écoles primaires supérieures) et les écoles primaires dépendant du Département des sciences et des arts font une certaine place, dans leurs programmes, à l'enseignement de l'agriculture. Des subsides sont accordés, comme récompenses, aux instituteurs qui ont donné le meilleur enseignement agricole.

3° L'enseignement agricole aux adultes, aux agriculteurs (enseignement nomade), est donné par les Centres collégiaux, et appuyé par des champs d'expériences et de démonstration.

Irlande. — En Irlande, nous ne relevons pas d'écoles pour l'enseignement supérieur de l'agriculture. L'enseignement agricole était donné, jadis, dans environ vingt fermes modèles provinciales; de celles-ci, deux seulement existent encore, ce sont : *Albert Institution* de *Glasnevin*, près de Dublin (Glasnevin Model Farm), et *Munster Institution Cork*. Ce sont, en quelque sorte, des écoles pratiques destinées aux fils de cultivateurs et aux instituteurs. L'École de Munster sert d'école de laiterie pour les jeunes filles, pendant la période des vacances.

Depuis quelques années, l'enseignement des écoles rurales irlandaises est dirigé dans un sens agricole. Le bureau national d'éducation récompense par des primes les instituteurs qui enseignent l'agriculture et distribue, comme le fait le département des sciences et des arts en Angleterre, une sorte de catéchisme agricole dans les écoles primaires.

CHAPITRE III.
MONOGRAPHIES D'ÉTABLISSEMENTS D'ENSEIGNEMENT AGRICOLE.

Pour donner une idée de la manière dont on comprend l'enseignement agricole en Angleterre, nous décrirons l'organisation de quelques-uns des collèges cités plus haut.

Collège royal d'agriculture et ferme de Cirencester.

Le Collège et la ferme de Cirencester ont été établis en 1845, sur l'initiative du Club des fermiers de Cirencester, sur un domaine appartenant à lord Bathurst.

Le Collège a pour but de donner à ses élèves une instruction à la fois scientifique et pratique. Il forme, soit pour la métropole, soit pour les Indes et les colonies : des propriétaires, des géomètres, des agents territoriaux, etc.; des fermiers, des administrateurs, des professeurs d'agriculture, des agriculteurs pour les colonies. Le collège de Cirencester est placé sous le patronage du roi Édouard VII. Dans le Comité d'administration siègent les personnages les plus marquants de l'aristocratie anglaise. Bien qu'une charte royale soit intervenue à son origine, cet établissement est une institution privée.

I. Le *Collège* est situé à 1 mille de la ville et de la station de Cirencester, à 150 kilomètres de Londres, sur un plateau assez élevé qui fait partie des collines de Cotswold.

Chaque élève a soit une chambre où il couche et où il travaille, soit une partie séparée du dortoir et une étude où il travaille avec un camarade. Le Collège est muni de salles de lecture, d'une bibliothèque, d'un musée qui renferme des collections d'agriculture, de produits chimiques, de minéralogie, d'histoire naturelle, d'anatomie et de pathologie du bétail, d'instruments employés dans l'art vétérinaire; d'un jardin botanique, d'amphithéâtres pour les cours, de laboratoires de chimie, de biologie et de bactériologie.

Au Collège sont encore annexés : un hôpital vétérinaire, une station météorologique, des ateliers, etc.

Fig. 122. — Collège de Cirencester. (Vue générale.)

II. La *ferme* est située sur les flancs méridionaux des collines des Cotteswold. Elle s'étend sur 200 hectares, dont 120 de terres arables et le reste de prairies. Ce territoire comprend des terres fortes et des terres légères, et cette variation dans sa composition entraîne des façons culturales et des récoltes différentes les unes des autres, circonstances qui rendent d'autant plus intéressantes les leçons pratiques.

La ferme élève un bétail nombreux qui est réputé : des chevaux de premier choix de Clydesdale, environ 500 moutons Cotteswolds, des animaux à l'engrais et un choix de vaches laitières de première qualité.

Le Collège de Cirencester est à proximité du beau domaine de lord Bathurst. Lord Bathurst permet aux élèves de visiter sa ferme. Des excursions sont, d'ailleurs, dirigées dans les exploitations voisines.

Champs d'expériences. — Un champ d'expériences de 12 hectares est réservé aux professeurs d'agriculture et de chimie.

Instruction pratique. — Chaque jour, pendant quatre ou cinq heures, ont lieu des démonstrations pratiques sur le terrain; elles portent sur toutes les opérations de la ferme, sur la machinerie, le bétail, etc.

Les élèves ont accès, en tout temps, sur toutes les parties de la ferme, avec des facilités particulières pour participer directement au travail des ouvriers.

III. La *laiterie* a été établie près le collège en 1885-1886; elle comprend trois salles principales :

1° Pour le refroidissement du lait et la montée de la crème;

2° Pour la séparation de la crème à l'aide des centrifuges et la préparation du beurre;

3° La fabrication des diverses sortes de fromages, à pâte molle et à pâte dure.

ENSEIGNEMENT. — Le Collège reçoit des élèves internes et des élèves externes. Il y a, en moyenne, de cinquante à soixante des premiers et vingt-cinq des seconds. Il n'y a pas d'examen d'entrée. Les internes doivent être âgés de dix-sept ans au moins, et les externes d'au moins vingt ans.

Durée des cours. — Le cours ordinaire dure deux ans; le cours préparatoire au diplôme dure deux ans et quatre mois.

Sessions et vacances. — L'année est divisée en trois termes : printemps, été et hiver.

Fig. 123. — Collège de Cirencester.
(Salle à manger.)

Chaque session dure environ onze semaines, et commence respectivement les 30 janvier, 20 mai et 10 octobre. Il y a de même trois périodes de vacances d'environ cinq, huit et cinq semaines respectivement.

Frais de scolarité. — Internes : 1,125 francs par terme (logement et nourriture); chambre particulière, 260 francs par terme de supplément. Le prix de la pension annuelle est donc fort élevé puisqu'il dépasse 4,000 francs pour les élèves qui ont une chambre particulière.

Externes : 625 francs par terme.

Le Collège dispose d'un certain nombre de bourses. Il distribue des prix, des médailles d'or, d'argent, des certificats et des diplômes.

L'enseignement est à la fois théorique et pratique. Il est adapté à la fois aux besoins des jeunes gens qui se destinent à la profession agricole en Angleterre et aux colonies.

Il comprend des cours théoriques, des leçons pratiques à la ferme et à la laiterie, au jardin botanique, au laboratoire, des expériences, des excursions, des démonstrations pratiques sur le bétail, etc.

Le programme est divisé en trois sections :

1° Le cours complet pour le diplôme. Il comprend deux parties distinctes, l'une pour les jeunes gens qui se destinent à la carrière de géomètre; l'autre pour les agriculteurs en Angleterre et aux colonies;

2° Le cours ordinaire de deux ans destiné aux jeunes gens qui ne sont pas qualifiés pour le diplôme;

3° Le cours spécial d'un an réservé uniquement aux élèves externes.

Le cours de deux ans embrasse les sujets suivants :

Agriculture pratique, laiterie, etc.;
Chimie, analyse pratique dans ses rapports avec l'agriculture ;
Bactériologie;
Physique et mécanique;
Géologie, botanique, entomologie ;
Tenue des livres;
Arpentage et nivellement;
Médecine vétérinaire;
Administration des propriétés et sylviculture;
Législation rurale;
Constructions rurales;
Dessins de machines et d'architecture.

Des ouvriers habiles enseignent aux élèves la menuiserie, la charpente, la maréchalerie, la sellerie, etc.

Collège d'agriculture de Downton, près Salisbury.

Le Collège d'agriculture de Downton, fondé en 1880, donne à ses élèves l'instruction théorique et pratique nécessaire pour exploiter le sol. Il forme des propriétaires-agriculteurs, des régisseurs, des fermiers, des géomètres et des exploitants pour les colonies.

Fig. 124. — Collège de Cirencester.
(Jardin botanique.)

Le collège se trouve à 1 kilomètre du village de Downton, près de la ville de Salisbury, sur le bord de la rivière d'Avon.

La caractéristique du collège est de posséder une grande ferme. Grâce à celle-ci, les élèves acquièrent la pratique complète de l'agriculture. Les élèves doivent suivre tous les travaux pratiques de la ferme et de la laiterie, se tenir au courant de toutes les transactions commerciales et assister, en octobre, à l'inventaire annuel. Le collège offre à ses élèves l'avantage d'un stage sur une ferme, combiné avec le plus haut enseignement des sciences sur lesquelles repose l'agriculture. Il est à noter que c'est le Collège de Downton qui fut le premier établissement anglais qui organisa un enseignement régulier d'agriculture et de laiterie.

Ferme. — La ferme comprend 300 hectares environ. Elle est appropriée aux besoins de l'enseignement grâce à la variété des terres et à celle des récoltes. Elle est bordée au sud-est par l'Avon, qui est employé à l'irrigation d'une vingtaine d'hectares de prairies. Il y a en outre 48 hectares environ de prairies non irriguées et de marais. Le tout sert à l'alimentation de vingt vaches laitières. Les prairies entretiennent en outre un troupeau de moutons au printemps et fournissent une grande quantité de foin pour l'hiver.

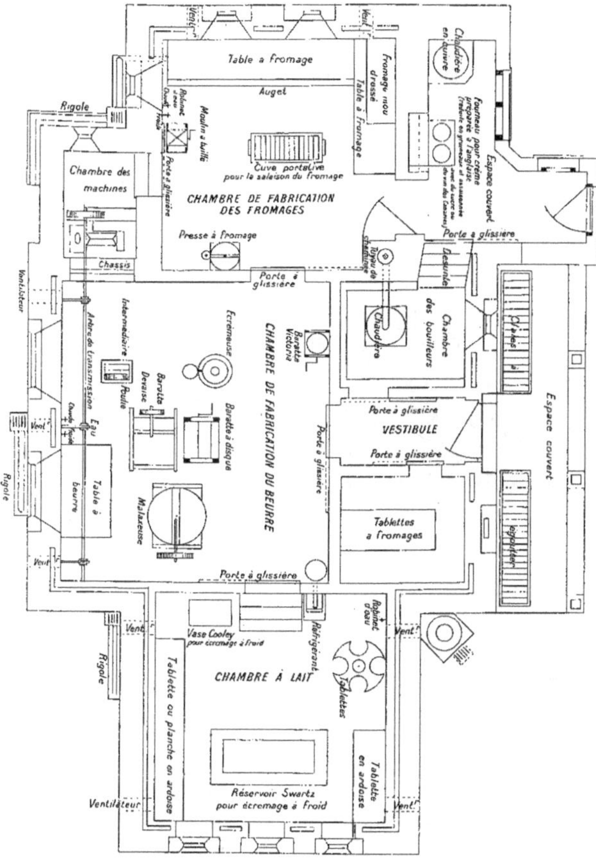

Fig. 125. — Collège de Cirencester. (Laiterie : plan de l'intérieur.)

Le domaine comprend une grande étendue de plaines formées de terres d'alluvions, lesquelles se continuent par une série de plateaux qui atteignent graduellement les dunes.

La ferme possède comme machines : 1 machine à vapeur, 2 semoirs à chevaux, des machines à faucher, à moissonner et à lier, des coupe-racines, des hache-pailles, etc.

Le système de culture est organisé en vue de maintenir sur la ferme un fort troupeau de moutons et de produire environ 100 hectolitres de blé. Les moutons appartiennent à la race des dunes du Hampshire. Il comprend plus de 700 brebis. Le
nombre des moutons atteint 1,400 en juillet. Les agneaux naissent en janvier, février
et mars, et un grand nombre sont vendus comme béliers aux éleveurs du pays et de
l'étranger. Les agneaux mâles atteignent un prix élevé. Le troupeau est réputé comme
l'un des plus remarquables; durant ces dernières années il a obtenu des premiers prix
aux expositions de la Société royale d'agriculture des comtés du Sud, de la Société
d'agriculture de Highland, de la Société d'agriculture du Wiltshire, etc. L'une des
parties les plus remarquables de la ferme est la laiterie. Elle renferme les machines et
les appareils les plus perfectionnés. Le lait de chaque vache est mesuré deux fois par
jour et enregistré. Un troupeau de courtes-cornes laitières est entretenu sur la ferme.

L'inventaire général de la ferme est fait chaque année, à l'automne, immédiatement après la rentrée des élèves. Son évaluation doit être nécessairement faite avant
la Saint-Michel.

Les élèves doivent assister à cette importante opération.

Fig. 126. — Collège de Cirencester.
(Bâtiment de la laiterie.)

Collège. — Le collège a été entièrement reconstruit en 1891. Il est au sud du
comté de Hants, près de Downton, dans le Wiltshire, station de l'embranchement de
Salisbury et de Dorchester (London and South Western Railway). Il est situé au milieu
de jardins fruitiers et d'agrément, environ à un quart de mille de la rivière d'Avon, en
vue des confins d'une forêt. Les bâtiments spacieux comprennent : les appartements du
directeur, des professeurs, un local suffisant pour loger 30 élèves internes, des salles
de lecture, bibliothèque, dortoir, réfectoire, salle de billard, etc.

Le laboratoire de chimie est vaste, aéré, muni des perfectionnements les plus récents.

Les élèves y étudient la chimie agricole et l'analyse sous la direction du Dr Munro
et de ses assistants. On y poursuit aussi des recherches d'un intérêt général au point de
vue de l'agriculture. On y procède à des analyses de sols, d'aliments, d'engrais, d'eaux,
de minéraux, etc.

Le musée renferme des collections de laines, de textiles, de semences, de plantes,
de bois, de roches, de minéraux, de fossiles, de sols, d'engrais, d'insectes, d'oiseaux,
d'œufs et de nids, des collections ostéologiques, de médecine vétérinaire, des modèles, des dessins, des préparations microscopiques, etc.

Le jardin botanique contient une grande quantité d'espèces de plantes fourragères
et des spécimens de toutes les plantes d'un intérêt agricole.

Organisation. — Les candidats aux places d'élèves doivent avoir accompli leur dix-septième année, prouver leurs bons antécédents et satisfaire aux conditions prescrites par le principal du collège.

Les jeunes gens qui ont plus de vingt ans peuvent être reçus comme externes. Ils peuvent se loger dans de bonnes conditions dans le village même de Downton. Le président du collège fournit à ceux qui le demandent la liste des personnes qui offrent de prendre des élèves en pension et de louer des chambres.

Le conseil du collège se compose du président du collège et des professeurs. Il se réunit à des époques déterminées et chaque fois que le président le convoque. Les fonctions du conseil consistent :

1° A décerner les prix, bourses, diplômes et certificats;

2° A organiser des expériences et des recherches;

3° A choisir les examinateurs étrangers au personnel;

4° A donner ses conseils sur les moyens à employer pour développer l'influence et l'action du collège;

5° A donner son avis sur les modifications à apporter aux règlements;

6° A maintenir la discipline.

L'année scolaire comprend trois termes séparés par des vacances. Le terme du printemps commence le 21 janvier et se termine vers le 12 avril. Celui d'été commence à peu près le 20 mai et se termine aux environs du 10 août. Le terme d'automne commence le 6 octobre pour se terminer le 20 décembre. La plupart des leçons et des exercices qui peuvent avoir lieu sans inconvénient à l'intérieur se poursuivent pendant

les termes d'automne et de printemps qui constituent la session d'hiver; les exercices d'agriculture ont lieu principalement pendant le terme d'été qui constitue la session d'été.

Fig. 127. — Collège de Cirencester.
(Laiterie : vue d'une salle.)

Le prix de la pension pour l'année entière est de 3,225 francs environ pour les internes et de 1,800 francs pour les externes.

Chaque étudiant a sa chambre. Le collège tout entier est chauffé. Le prix de pension ne comprend pas le blanchissage qui se paye, en sus, 37 fr. 50 par terme; ni les frais de laboratoire qui se montent à 25 francs par terme. Les élèves qui désirent avoir du feu dans leur chambre payent 50 francs par terme de supplément. Une chambre supplémentaire se paye 125 francs par terme.

Enseignement. — L'enseignement comprend des leçons dans l'intérieur du collège et des démonstrations pratiques à la ferme. Les étudiants sont soumis à des examens chaque semaine. Ils doivent tenir un journal des opérations exécutées à la ferme. Ce journal est inspecté de temps à autre. D'octobre à avril, des classes ont lieu, le soir, pour les élèves les plus avancés.

L'*Enseignement de l'agriculture* est divisé en deux parties : agriculture théorique et agriculture pratique. La première comprend toutes les leçons qui sont faites à l'amphithéâtre suivant le programme indiqué plus loin.

La seconde comprend toutes les leçons qui ont lieu sur la ferme : organisation du travail des ouvriers, culture du sol, prix de revient de ces travaux; récolte des foins, des céréales; entretien des troupeaux de moutons, des brebis, des agneaux et des béliers, tonte, préparation des animaux en vue des concours, labours, traite des vaches, fabrication du beurre, démonstrations pratiques sur les machines, moyens de combattre les insectes.

Les examens pour les deux sections ont lieu séparément et les élèves sont obligés de subir des épreuves sur la théorie et la pratique de l'agriculture.

Les leçons ont lieu chaque jour, de 9 heures à 1 heure. Les après-midi sont consacrées aux travaux pratiques. Les jeudis après-midi sont libres. Les élèves sont libres aussi le samedi après les examens hebdomadaires qui ont lieu de 9 à 11 heures du matin.

Classes du soir. — Durant l'automne et l'hiver, les lundi, mardi et mercredi, de 5 h. 30 à 7 heures du soir, ont lieu des leçons spéciales pour les élèves qui en ont besoin, soit pour obtenir le diplôme du collège, soit pour se présenter aux examens de géomètres ou aux examens en vue d'obtenir les diplômes de la Société royale d'agriculture d'Angleterre. Ces leçons sont d'ailleurs ouvertes à tous les élèves. Elles sont d'autant plus utiles que les sujets y sont traités d'une manière plus élevée que dans les autres leçons. Il n'est pas réclamé de taxe supplémentaire aux élèves qui les suivent. Des arrangements spéciaux peuvent d'ailleurs être conclus avec les professeurs qui sont en résidence dans le pays pour donner aux jeunes gens qui en ont besoin des répétitions sur des sujets spéciaux.

Les études sont organisées de telle sorte qu'au bout des deux années d'études les élèves soient capables de passer les examens de l'Institution des géomètres (Surveyor's institution) et de la Société royale d'agriculture (Royal Agricultural Society Highland and Agricultural Society).

Les élèves qui ont achevé leurs études peuvent, moyennant arrangement spécial, passer une année supplémentaire au collège (trois ans en tout) pour acquérir des connaissances pratiques plus complètes.

Un certain nombre de bourses et de prix sont accordés aux élèves d'après leur mérite.

A la fin de chaque session, les élèves subissent des examens sur les matières qui leur ont été enseignées. Les points qu'ils obtiennent sont additionnés avec ceux qu'ils ont obtenus chaque samedi aux examens hebdomadaires, et le nombre total de ces points décide de l'obtention des prix.

En outre, des prix sont accordés : au meilleur rapport sur l'inventaire annuel d'automne, à la meilleure collection des plantes et pour l'exécution de travaux pratiques tels que labourage, fabrication du beurre, attelage des chevaux, conduite des voitures agricoles, connaissance du bétail, etc.

Le diplôme est décerné par le conseil du collège, à la fin des deux années d'études, aux élèves qui ont subi d'une manière satisfaisante les examens préliminaires et qui ont prouvé aux examinateurs leur connaissance de la théorie et de la pratique de l'agriculture. Les examinateurs comprennent le directeur et les professeurs du collège, assistés d'agriculteurs du pays. Le diplôme est signé par tous les examinateurs. Il n'est accordé qu'aux élèves qui ont satisfait à tous les examens. Les examens ont lieu à la fin des sessions d'hiver et d'été.

Les possesseurs du diplôme obtiennent de bonnes situations. La plupart des élèves diplômés occupent des positions de géomètres, de régisseurs de propriétés, de professeurs, etc.

Les jeunes gens qui ne peuvent obtenir le diplôme, mais qui ont passé deux ans au collège et qui font preuve d'une bonne instruction théorique et pratique, reçoivent un certificat. Ils doivent passer un examen au bout des deux années d'études.

Les élèves qui montrent les aptitudes nécessaires sont préparés au diplôme de la Société royale d'agriculture d'Angleterre et à celui de la Société d'agriculture des Highland et d'Écosse, ainsi qu'à celui de l'Institution des géomètres.

Travaux pratiques, expériences, recherches. — Les élèves doivent prendre part aux opérations culturales et, le cas échéant, contribuer aux soins à donner au bétail. Ceux qui désirent participer directement à certains travaux, assister le berger, le mécanicien, le chef de la laiterie, ou contribuer comme assistants à la direction de certaines expériences, peuvent le faire, mais à la condition formelle de ne pas négliger la charge qu'ils ont assumée. Les élèves sont d'ailleurs invités à suivre toutes les expériences qui se poursuivent au collège sur les engrais, sur les aliments et, d'une manière générale, à suivre toutes les recherches qu'on y entreprend.

Les élèves sont exercés aux travaux pratiques qui sont donnés dans les ateliers de maréchalerie, de forge, de sellerie, de charpente et de menuiserie.

Programme des cours. — Le programme des cours comprend dans ses plus grandes lignes les matières indiquées ci-après :

Agriculture : sols, engrais, appareils et machines, récoltes;
Bétail : chevaux, moutons, bovidés, porcs, travail des animaux;
Laiterie : entretien des vaches laitières, fabrication du fromage et du beurre, basse-cour;
Cadastre : estimation des terres, taxes;
Sylviculture;
Construction des bâtiments et dessin;
Arpentage et nivellement;
Tenue des livres;
Physique et mécanique, machines agricoles;
Chimie générale, chimie agricole;
Travaux de laboratoire;
Histoire naturelle : géologie agricole, physiologie végétale et botanique, travaux pratiques, entomologie;
Médecine et chirurgie vétérinaires : anatomie et physiologie, hygiène du bétail, maladies contagieuses.

Collège agricole du Sud-Est, à Wye (Kent).

Le Collège agricole du Sud-Est est situé dans le village de Wye (Kent). Il dépend de l'Université de Londres. Il a été ouvert aux étudiants en 1894. C'est aux Conseils des comtés de Kent et de Surrey qu'est due la fondation du collège. Ils lui assurent

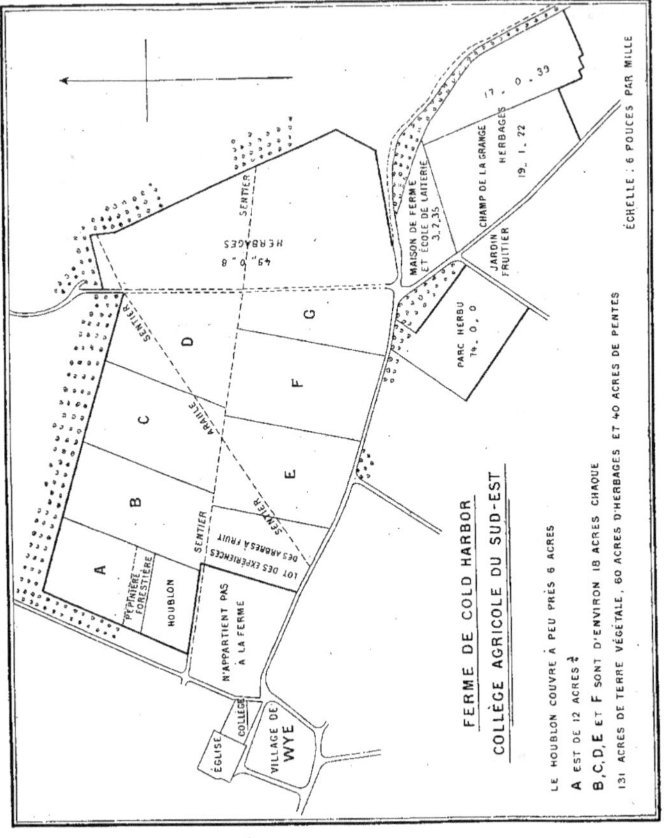

Fig. 128. — Collège agricole du Sud-Est, à Wye. (Plan général de l'exploitation.)

une contribution annuelle de 75,000 francs. Le Ministère de l'agriculture lui alloue de son côté 25,000 francs par an.

Le Collège d'agriculture du Sud-Est pourvoit à l'enseignement supérieur de l'agriculture et à celui des sciences appliquées à l'agriculture. Il s'adresse aux futurs propriétaires et exploitants du sol, aux professeurs d'agriculture et aux futurs ingénieurs attachés aux industries agricoles. En outre, il sert de station d'essais pour les comtés de Kent et de Surrey. Il fait des analyses de sols, d'engrais, d'aliments. Il contrôle

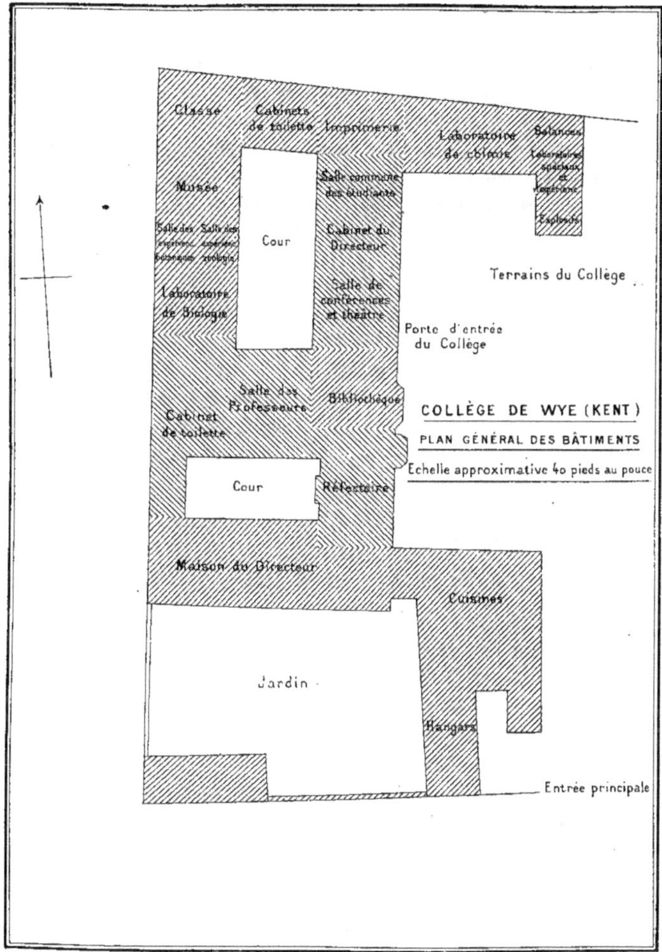

Fig. 129. — Collège de Wye (Kent). Plan général des bâtiments.

les semences, détermine les maladies des plantes, les insectes nuisibles, examine les moyens de combattre les uns et les autres. D'une manière générale, il prête son assistance aux agriculteurs de la région.

L'enseignement dure deux ou trois ans. Il comprend l'agriculture, la chimie générale et agricole, la botanique, la géologie, la zoologie, la médecine vétérinaire, la tenue des livres, l'arpentage et le nivellement, les constructions rurales, le génie rural.

Des cours spéciaux traitent de l'aménagement des propriétés, des lois rurales, de la sylviculture, de l'entomologie, de la production des fruits et du houblon, de l'élevage de la volaille et de la laiterie.

Le collège décerne un diplôme aux élèves qui ont au moins suivi les cours pendant deux ans et qui ont subi avec succès l'examen réglementaire. L'Université de Londres accorde à ses élèves diplômés un degré en agriculture.

Il y a quatre heures de leçons, le matin, et une ou deux, plus tard, dans la journée.

Les leçons et les démonstrations pratiques ont lieu dans l'après-midi.

Le collège se charge de conférences agricoles qui ont lieu dans les comtés de Kent et de Surrey sur divers sujets agricoles et de leçons pratiques sur des sujets spéciaux tels que la maréchalerie et l'élevage de la volaille.

De temps en temps, il organise des cours temporaires (short courses) à l'usage des professeurs dans les écoles élémentaires publiques. Enfin, le collège dirige des champs d'expériences qui sont établis pour l'instruction des agriculteurs. De temps à autre, il distribue dans la contrée des rapports qui relatent les résultats des essais.

Le régime du collège est l'internat; mais un certain nombre d'élèves, cependant, sont externes. Ils logent dans le village de Wye ou aux environs.

Les élèves doivent être âgés de 16 ans au moins à leur entrée. L'âge moyen est plutôt supérieur à 18 ans.

Le collège a actuellement 40 élèves internes et 13 externes.

Les bâtiments où est installé le collège dépendaient d'un ancien domaine. On y a fait des additions en 1894 et en 1900. Ils comprennent le laboratoire de chimie pour les élèves et le laboratoire de recherches, le laboratoire de biologie, les laboratoires de bactériologie et d'entomologie; des amphithéâtres, des salles de dessin, le musée et la bibliothèque.

Au collège est annexée une ferme de 100 hectares environ. Cette ferme est principalement aménagée comme ferme à lait et à moutons. Elle est destinée à l'enseignement des élèves. On y trouve un jardin fruitier, une houblonnière, une laiterie, des établissements d'aviculture et d'apiculture et de nombreux champs d'expériences.

L'année scolaire commence en octobre. Elle est partagée en trois termes de douze semaines chacun.

Les frais de scolarité sont établis comme il suit :

1° Pour les fils de résidents dans les comtés de Kent et de Surrey, 1,500 francs par an. — On réserve aux jeunes gens qui justifient de leur manque de fortune un nombre limité de places à 1,000 francs par an.

2° Pour les fils de résidents en dehors des comtés de Kent et de Surrey, 2,000 francs l'an.

Les élèves qui résident chez leurs parents ou chez des personnes accréditées près des gouverneurs sont admis en payant, par an, 200 francs.

Les externes, qui vivent à leurs frais dans le district avec l'agrément du principal, payent annuellement, s'ils sont fils de résidents dans les comtés de Kent et de Surrey, 375 francs; s'ils sont fils de résidents des autres comtés, 625 francs.

Des conditions spéciales sont faites aux personnes qui suivent des cours particuliers ou qui travaillent dans les laboratoires.

Les Gouverneurs et les Conseils des comtés de Kent et de Surrey accordent un certain nombre de bourses entières et de demi-bourses.

Les examens pour l'obtention du diplôme comprennent trois parties.

Diplôme. — Les examens relatifs aux première et deuxième parties ont lieu chaque année en août, ceux qui sont relatifs à la troisième ont lieu à Pâques. Pour obtenir le diplôme, il faut avoir passé les examens des première et deuxième parties; pour *les honneurs*, il faut encore passer un examen dans l'une des divisions de la troisième partie et résider au collège une période de temps additionnelle de deux termes (vingt-quatre semaines).

Les première et deuxième parties peuvent être subies à la fin de la seconde année. Mais on recommande aux élèves de ne passer à la fin de la deuxième année que la première partie de l'examen et de retourner au collège pour la deuxième partie de l'examen après avoir acquis de l'expérience dans la pratique.

Les élèves qui ne passent pas l'examen à la fin de la deuxième année peuvent passer l'examen l'année suivante, sans être tenus à une nouvelle résidence au collège.

PREMIÈRE PARTIE.

1. SCIENCES GÉNÉRALES :

 1° Botanique... 75 points.
 2° Géologie et zoologie............................... 75
 3° Chimie élémentaire................................. 75
 4° Physique... 75

2. GÉNIE RURAL :

 1° Génie rural proprement dit......................... 100
 2° Arpentage et nivellement.......................... 100
 3° Dessin et construction............................ 100

3. CHIMIE AGRICOLE...................................... 300

4. BOTANIQUE AGRICOLE................................... 300

DEUXIÈME PARTIE.

1. AGRICULTURE... 400

 (Les questions ont un caractère pratique. L'examen a lieu en partie sur une ferme.)

2. TENUE DES LIVRES................................... 100

Pour donner une idée de l'orientation donnée à l'enseignement supérieur du collège du Sud-Est, nous croyons devoir indiquer quelques-unes des questions posées dans les examens pour le diplôme, Été 1899 :

BOTANIQUE.
(2 heures.)

1° Quelle est la structure d'un bourgeon?

2° Comparer et différencier le fraisier, le groseillier, le framboisier et le mûrier.

3° Comment augurez-vous d'un semis de blé pendant la première quinzaine qui suit les semailles?

4° Quelle est la partie de la plante dont on se sert pour propager les pommes de terre, le blé, l'orge, etc.?

5° Comparer les organes grimpants de la clématite, de la vigne, des divers pois et des cucurbitacés.

6° Décrivez la carotte, le radis et la betterave. Expliquez l'apparence de la section transversale de l'une de ces racines.

ZOOLOGIE ET GÉOLOGIE.
(2 heures.)

1° Donner les caractères des mollusques;

2° Comparer le squelette de l'avant-jambe du cheval avec celui du bras de l'homme;

3° Donner une idée générale des larves des divers ordres d'insectes;

4° Expliquer le terme de «générations alternées»; faites l'histoire de la douve du foie.

1° Montrer par un croquis, reproduisant la coupe du bassin de Londres, les eaux que l'on trouve près de la surface du sol et celles qui existent à de grandes profondeurs;

2° Expliquer les termes d'«affleurement», «sous-sol»;

3° Discuter l'origine de la craie et décrire les formes de la vie qui ont survécu de la période crétacée à nos jours;

4° Quels sont les matériaux ayant de l'importance au point de vue industriel que l'on trouve dans les roches secondaires?

CHIMIE ÉLÉMENTAIRE.
(3 heures.)

1° Bases de la classification des éléments en métaux et métalloïdes. Donner les propriétés générales des métaux et de leurs oxydes;

2° Comment l'azote des citrates peut-il être transformé en ammoniac et réciproquement?

3° Décrire les phénomènes chimiques qui ont lieu pendant la fabrication de l'acide sulfurique. Donner une idée de l'importance commerciale de cet acide;

4° Comment préparez-vous l'acide phosphorique à l'aide de cendres d'os?

5° Décrire la fabrication industrielle de l'un des corps suivants : sulfate d'ammoniaque, sulfate de cuivre, précipité blanc d'arsenic;

6° Action du chlore sur la chaux en présence de l'eau, à froid et à chaud;

7° Décrire les phases de la conversion du sucre en alcool et de celui-ci en acide acétique. Comment se prépare l'aldéhyde?

8° Déterminer la présence et la quantité d'azote dans une substance organique.

PHYSIQUE.
(2 heures.)

1° Donner des exemples pratiques des trois genres de levier. De quel genre est l'avant-bras? E pourquoi?

2° Distinguer la vitesse de l'accélération.

3° Distinguer entre la réflexion et la réfraction de la lumière;

4° Décrire la construction et le fonctionnement soit du baromètre anéroïde, soit du baromètre à mercure;

5° Établissez le théorème du parallélogramme des forces. Deux forces, l'une de 3 kilogrammes, l'autre de 5 kilogrammes et demi, agissent suivant un angle de 113 degrés : trouver, à l'aide de vos instruments, la grandeur et la direction de la force qui maintiendra le système en équilibre;

6° Un ballon à demi rempli d'eau est porté à l'ébullition. Il est bouché et renversé : expliquez pourquoi l'eau entre de nouveau en ébullition quand on exprime l'eau d'une éponge sur le ballon.

GÉNIE RURAL.
(2 heures.)

1° Faire un joint à une chaudière;

2° Décrire les principes de la construction d'un semoir à cheval;

3° Comment est indiquée la force en chevaux-vapeur d'un moteur et quel usage fait-on dans la pratique de cette indication?

4° Une chute de 3 pieds est utilisée au moyen d'une petite roue qui élève l'eau à 80 pieds au-dessus de son niveau. Montrer à l'aide de croquis, donnant des plans et des sections, la maçonnerie et la machinerie;

5° Comment reconnaissez-vous si là chaudière d'une locomobile a été brûlée?

6° Quelles sont les considérations d'ordre général qui vous guident pour l'emploi de la fonte, du fer et de l'acier et pour l'appréciation de leurs qualités respectives dans la construction?

ARPENTAGE ET NIVELLEMENT.
(3 heures.)

1° Quelle superficie un champ qui est représenté par 408 pouces carrés sur une carte construite à l'échelle de 25,344 pouces au mille représenterait sur une carte établie à l'échelle de 6 pouces au mille?

2° Le terrain tracé ci-après est tracé à l'échelle de 25,344 pouces au mille; trouver sa superficie;

3° Trouver le rayon d'une pièce de terre circulaire de 60 ares;

4° Trouver la surface d'un triangle dont les côtés ont été mesurés à la chaîne;

5° Trouver le cube de terre à extraire d'une excavation de forme déterminée et dont les éléments sont donnés numériquement. Prix du travail;

6° Confection et vérification d'une feuille de carnet d'arpenteur;

7° Reporter le profil indiqué sur cette feuille à une échelle déterminée.

DESSIN ET CONSTRUCTION.
(3 heures et plus.)

Une rivière de 9 mètres de large borde une cour de ferme et il s'agit de construire un mur qui sépare la rivière de la cour. La section du sol montre 0 m. 60 d'argile, 0 m. 30 de sable et de gravier et au-dessous du calcaire. Le fond de la rivière est à environ 1 m. 50 au-dessous du sol.

Indiquer de la manière suivante les travaux à effectuer :

1° Section du mur en élévation;

2° Pont sur la rivière;

3° Grille à deux battants s'ouvrant du mur sur le pont.

CHIMIE AGRICOLE.
(3 heures.)

1° Donner une description de la formation et de la transformation des hydrates de carbone dans les plantes;

2° Qu'est-ce que l'osmose? Son importance dans la nutrition des animaux et des végétaux;

3° Quel rapport existe-t-il entre la maturation de l'orge et les engrais qu'on lui a donnés? Comment diffèrent, au point de vue chimique, un bon et un mauvais échantillon d'orge?

4° Utilité du calcaire dans le sol. Donner une méthode pour le déterminer;

5° Un engrais payé 175 francs la tonne contient de phosphate soluble 18 p. 100, insoluble 6 p. 100, azote 3.5 p. 100. Cet engrais est-il avantageux à acheter au point de vue économique et au point de vue de son action fertilisante?

Le superphosphate (26 p. 100) soluble coûte 56 fr. 25 la tonne.

Le nitrate de soude (15.5 p. 100 d'azote) coûte 200 francs la tonne.

6° Pertes et gains en azote et en carbone pendant l'année d'un sol qui porte du trèfle et des céréales;

7° Dans quelles conditions le maïs constitue-t-il un aliment convenable pour les chevaux, les porcs et les bœufs? Donnez les raisons;

8° Comparer la composition du lait frais, du lait écrémé et du lait après la préparation du beurre. Comparer leur valeur alimentaire pour les veaux.

BOTANIQUE AGRICOLE.
(3 heures.)

1° Culture des céleris, pommes, betteraves, artichauts, choux-fleurs;

2° Comment expliquez-vous la présence dans les plantes de composés calcaires, d'asparagine, d'alcaloïdes, de tannin?

3° Mesures de préservation contre le charbon, la rouille, le mildew;

4° Donner une description générale des plantes de prairies;

5° Expliquer par des exemples les termes suivants : Hétéracisme – Pléomorphisme – Hétérogamie – Holophyte – Anlophyte – Symbiose – Caryopse;

6° Utilité du micro-organisme pour les plantes.

I. AGRICULTURE.
(3 heures.)

1° Faites un inventaire détaillé avec les prix, au 29 septembre, du matériel et des animaux qui sont nécessaires pour exploiter une ferme de 160 hectares comprenant 80 hectares de bonnes prairies et 80 hectares de terre arable argileuse;

2° Donner la liste des semences à employer sur cette ferme : quantité et prix;

3° Montrer ce que l'on peut produire sur cette ferme durant une année.

4° Culture de la betterave;

5° Décrire la meilleure machine moissonneuse-lieuse; prix de revient de la moisson et du liage de 12 hectares de blé;

6° Préparer l'ordre de service pour le travail de la ferme du Collège pour la semaine se terminant le 8 juillet;

7° Rapport sur les cultures de houblon dans le jardin du Collège.

II. AGRICULTURE.
(2 heures.)

1° Entretien d'un troupeau de brebis du Kent;

2° Montrer les avantages que peuvent retirer les fermiers en élevant les chevaux du comté. Quelles sont les maladies héréditaires du cheval?

3° Système de production de la viande;

4° Décrivez un bon incubateur;

5° Comparer les profits que l'on peut réaliser en fabriquant du beurre et du fromage de Cheddar; décrivez la fabrication du dernier;

6° Donner les raisons d'avoir : un étalon du comté; un verrat du Berkshire; une brebis du Kent.

(2 heures.)

1° Décrire les livres qu'emploie une servante de laiterie.

2° Qu'est-ce qu'un billet sous seing privé?

3° Reporter jour par jour les opérations du grand livre; établir le compte en profit et perte et la balance.

Institut agricole et laitier du Middland.

Cet Institut est situé en bordure des comtés de Nottingham, de Derby et de Leicester. Il donne l'enseignement de l'agriculture au moyen de cours qui durent dix, vingt et trente semaines et l'enseignement laitier comprend des cours d'une durée de six, vingt-quatre et trente-six semaines. Les subventions qui soutiennent l'Institut proviennent :

1° Des comtés de Derby, de Leicester, de Nottingham et de Lincoln ;

2° Du Ministère de l'agriculture ;

3° Du produit des frais de scolarité payés par les élèves.

En dehors de l'enseignement régulier, l'Institut exerce son activité de la manière suivante :

1° Par des conférences dans les comtés intéressés, sur l'agriculture, la science vétérinaire, l'horticulture, l'élevage des volailles, la laiterie;

2° Par des cours de laiterie au moyen d'une laiterie ambulante qui se déplace et séjourne quelque temps en des points choisis des comtés intéressés ;

3° Par des analyses d'engrais et d'aliments pour les cultivateurs qui habitent dans les comtés intéressés ;

4° Par des essais et des expériences agricoles, poursuivis à l'Institut et dans les comtés . intéressés.

Les bâtiments comprennent une salle de lecture, des salles d'histoire naturelle et de bactériologie, des laboratoires de chimie, des ateliers de serrurerie, de forge et de menuiserie, des locaux très bien aménagés pour la fabrication du beurre et des fromages de toute espèce.

A l'Institut est annexée une ferme de 68 hectares qui est surtout organisée en exploitation laitière. Sur ces 68 hectares, 44 sont occupés par des prairies; le reste, par des terres arables.

Des diplômes et des certificats sanctionnent les études. Les frais de scolarité que payent les étudiants varient suivant que les élèves résident ou non dans les comtés intéressés. Ils sont de 12 fr. 50 ou de 25 francs par semaine pour l'enseignement dans l'un ou l'autre cas.

L'Institut reçoit des élèves hommes et des élèves femmes. Les premiers payent 12 fr. 50 par semaine pour la nourriture et le logement, les secondes 17 fr. 50. Les élèves de l'un et de l'autre sexe sont logés dans des bâtiments séparés, mais ils prennent leurs repas ensemble et travaillent dans des salles communes.

Les comtés qui coopèrent au fonctionnement de l'Institut y entretiennent un certain nombre de boursiers. L'Institut a été ouvert en septembre 1895 et, depuis cette date, il a reçu environ 1,000 étudiants.

Durant l'année qui s'est achevée le 31 mars 1900, l'enseignement laitier a été donné à 92 élèves.

La laiterie ambulante a visité le comté de Derby et celui de Nottingham.

Budget. — Le total des dépenses s'est monté à 50,402 francs.

Les recettes se sont établies comme il suit :

Frais de scolarité.	13,700 francs,
Subvention du Ministère de l'agriculture	7,778
Subventions des quatre comtés.	35,000
Total	56,478

Le Yorkshire College Leeds.

Le *Yorkshire College*, de Leeds, l'*Owen's College*, de Manchester, et l'*University College*, de Liverpool, constituent l'*Université Victoria*, fondée par charte royale en 1880.

Le *Yorkshire College* prépare ses étudiants pour les grades universitaires en lettres, en sciences et en médecine.

Le nombre d'étudiants pendant le jour s'est élevé pour la dernière année à 746 ; durant la même période il y a eu 391 étudiants dans les classes du soir. Le rendement des droits universitaires a été de 12,335 livres sterling ; le personnel enseignant était au nombre de 85 ; et le Collège avait des propriétés (constructions, dotations, etc.) de la valeur de 245,325 livres sterling.

Le Département d'agriculture du Collège est établi depuis 1891. Il donne des cours d'agriculture et de sciences analogues à tous ceux qui désirent devenir fermiers ou s'adonner à des occupations agricoles quelconques.

L'enseignement est organisé de façon à permettre aux étudiants de suivre à la fois les cours de sciences du collège et les cours et démonstrations à la ferme d'instruction à Garforth, à 7 milles de Leeds.

Cours. — Les cours d'agriculture du *Yorkshire College* sont au nombre de trois :

1° Cours général ne préparant à aucun examen ;

2° Cours pour le diplôme général ;

3° Cours pour le grade universitaire de bachelier ès sciences agricoles.

I-II. Cours général et cours pour le diplôme. — *Session d'hiver.* — Les étudiants peuvent suivre un cours complet pendant l'hiver, et consacrer les mois du printemps et de l'été au travail pratique de la ferme. L'enseignement est organisé de façon à pourvoir aux besoins de jeunes gens qui se préparent à être fermiers, régisseurs ou professeurs de science agricole.

Le cours complet est de trois hivers, mais un étudiant peut suivre un cours d'un ou de deux hivers.

Le cours complet prépare les étudiants pour l'examen du diplôme national en agriculture, décerné conjointement par la Société royale d'agriculture d'Angleterre et par la *Highland Society* d'Écosse. On prépare aussi les étudiants pour l'examen du *Surveyor's Institution*.

Le *Yorskhire College* est une des institutions professionnelles approuvées par le *Surveyor's Institution*. Il résulte de cette approbation que les étudiants du collège qui ont suivi le cours de deux ans en agriculture sont admissibles aux examens de l'Institut, subdivision nº 1, sans avoir fait de période d'apprentissage chez un régisseur ou un agent voyer.

On a ajouté au département un laboratoire à l'usage exclusif des étudiants d'agriculture; il sera accessible, à des conditions spéciales, à ceux qui désirent consacrer tout leur temps à l'analyse chimique.

On donne l'instruction pratique en agriculture à la ferme d'instruction de Garforth. Les étudiants doivent suivre, outre les cours du collège, les classes régulières à la ferme où on a construit des chambres et des laboratoires. Tout étudiant du cours complet doit suivre le travail de la ferme, l'arpentage, l'entretien du bétail et le progrès des expériences.

Un préparateur surveille les études des étudiants de première année. On a créé des classes pour subvenir à leurs besoins.

Session d'été. — On a créé un cours particulier pour les étudiants qui peuvent consacrer à l'étude les mois d'été aussi bien que les mois d'hiver. Ce cours va du 23 avril au 28 juin.

Les sujets traités sont : l'analyse chimique, la sylviculture, l'horticulture, l'élevage de la volaille, la bactériologie agricole, les mathématiques, l'arpentage et le nivellement, l'agriculture pratique.

On recommande aux étudiants qui se préparent pour l'examen du diplôme national de suivre, au moins pendant leur première année, les cours d'été.

Emploi du temps. — *Cours d'hiver de première année.*

JOURS.	MATIN.			SOIR. (DE 2 À 5 HEURES.)
	9 HEURES 30.	10 HEURES 30.	11 HEURES 30.	
Lundi............	Agriculture.	Physique et chimie.	"	Laboratoire de chimie.
Mardi............	Histoire naturelle.		Répétition.	Classe à la ferme de Garforth.
Mercredi..........	Agriculture.	Physique et chimie.	Histoire naturelle.	Laboratoire de chimie. Classe à la ferme.
Jeudi............	Histoire naturelle.		Répétition.	Laboratoire de chimie
Vendredi..........	Agriculture.	Physique et chimie.	*Idem.*	Classe à la ferme de Garforth.

Cours d'hiver n° A de seconde année.

(Étudiants se préparant pour le diplôme national.)

JOURS.	MATIN.			SOIR.		
	9 heures 30.	10 heures 30.	11 heures 30.	2 heures.	3 heures.	4 heures.
Lundi..........	Chimie.	*"*	Géologie.	Botanique agricole.		Arpentage.
Mardi..........	*Idem.*	Laboratoire de chimie.		Laboratoire de géologie.		*Idem.*
Mercredi	Mesurage.	Laboratoire de géologie.		Botanique agricole.		*"*
Jeudi..........	Chimie.	Laboratoire d'entomologie économique.		Laboratoire de chimie.		Arpentage.
Vendredi	Entomologie économique.		Géologie.	Botanique agricole.	*"*	*"*
Samedi..........	Laboratoire de chimie.			*"*	*"*	*"*

Cours d'hiver n° B de seconde année.

(Pour étudiants suivant le cours général.)

JOURS.	MATIN.			SOIR.		
	9 heures 30.	10 heures 30.	11 heures 30.	2 heures.	3 heures.	4 heures.
Lundi..........	Comptabilité.	Agriculture.	Science vétérinaire.	Botanique agricole.		*"*
Mardi..........	*"*	*Idem.*	*Idem.*	Classe à la ferme de Garforth.		
Mercredi	Mathématiques.	*Idem.*	Chimie agricole.	Botanique agricole.		*"*
Jeudi..........	*"*	*Idem.*	*Idem.*	Laboratoire de chimie.		
Vendredi	*"*	*Idem.*	*Idem.*	Classe à la ferme de Garforth.		
Samedi..........	Laboratoire de chimie.			*"*	*"*	*"*

Cours d'hiver de troisième année.

JOURS.	MATIN.			SOIR.		
	9 heures 30.	10 heures 30.	11 heures 30.	2 heures.	3 heures.	4 heures.
Lundi..........	Comptabilité.	Agriculture.	Science vétérinaire.	Département des ingénieurs.	Science vétérinaire.	*"*
Mardi..........	Science vétérinaire.	*Idem.*	*Idem.*	Classe à la ferme de Garforth.		
Mercredi	*"*	*Idem.*	Chimie agricole.	Département des ingénieurs.	*"*	*"*
Jeudi..........	*"*	*Idem.*	*Idem.*	*Idem.*	*"*	*"*
Vendredi	Comptabilité.	*Idem.*	*Idem.*	Classe à la ferme de Garforth.		
Samedi..........	Laboratoire de chimie.			*"*	*"*	*"*

III. Cours pour le grade universitaire. — Les étudiants qui se préparent au grade universitaire ne font partie du département d'agriculture qu'à partir du moment où ils commencent à travailler pour l'examen final. Les inscriptions et les heures de cours pour l'examen préliminaire et pour l'examen intermédiaire sont les mêmes pour tous les étudiants en science.

Pour obtenir le grade de bachelier ès sciences agricoles, un étudiant doit être reçu à trois examens.

Un étudiant qui n'aura pas été reçu à l'examen préliminaire avant d'entrer au collège aura d'habitude quatre ans d'études. On recommande aux étudiants de passer l'examen préliminaire avant d'entrer au collège, car ils peuvent alors finir leur cours en trois ans, c'est-à-dire un an avant l'examen intermédiaire et deux ans avant l'examen final.

Le tableau suivant donne le nombre des étudiants du département d'agriculture pour l'année 1900 :

Étudiants suivant les cours	de 1re année	28
	de 2e année, n° A	7
	de 3e année n° B	5
	spécial	3
	pour le grade	4
	Total	47

Ferme de Garforth. — Cette ferme a été louée par le Conseil d'agriculture des *East and West Ridings*, dans l'intérêt de l'enseignement et pour fournir les moyens d'étudier les problèmes d'agriculture. On fait des expériences sur les céréales, sur l'emploi des engrais pour les céréales et les pâturages, sur l'alimentation du bétail, etc., sur le croisement des races de moutons.

On a construit de nouveaux bâtiments qui comprennent une salle de conférences et des laboratoires de chimie, de botanique et de bactériologie pour des recherches scientifiques ; ils sont utilisés pour des cours de laiterie.

On exige des étudiants qu'ils restent à la ferme durant la période où ils suivent les cours du collège ; après la fin de ces cours, on offre des facilités aux étudiants qui désirent prendre part aux expériences faites à la ferme. Il n'y a pas de logement dans la ferme pour eux, mais ils peuvent trouver des chambres dans le village. On exige de ces étudiants qu'ils prennent part aux travaux de la ferme.

On a tracé des jardins tout près des nouveaux bâtiments pour des recherches spéciales en horticulture. On organisera ensuite des cours pour les professeurs qui donnent des cours d'horticulture dans les classes du soir dans tout le comté. Il y a quelques années que le *Yorkshire College* a établi des jardins d'instruction dans différents centres ; ces jardins ont pour but d'enseigner aux jeunes gens la culture du sol pour les légumes, et d'instruire ceux qui ont ce qu'on appelle des *jardins divisés par lots (Allotment Gardens)*. Le nombre de ces jardins est de vingt-deux.

La ferme a une superficie de 295 acres, dont 150 en herbe et 145 de terre de labour.

Cours et expériences dans le Comté. — Les membres du personnel enseignant donnent, outre les cours qui se font au collège, une série de conférences dans les trois *Ridings* du Yorkshire pendant l'hiver. Du mois d'octobre 1900 jusqu'au 23 mars 1901, on a donné :

166 conférences sur l'agriculture ;

 60 conférences sur la science vétérinaire ;

190 conférences sur l'horticulture ;

101 conférences sur l'élevage de la volaille.

Ces conférences se font dans les campagnes ; les fermiers et les garçons de ferme y assistent, ainsi que tous ceux qui s'occupent de travaux agricoles.

Pour mieux faire comprendre les cours, on a organisé des expériences dans différents centres du comté. Le fermier s'engage à employer une partie de son terrain aux expériences, et les membres du personnel du collège sont responsables du tracé des terrains, de l'emploi des engrais, du pesage. Ces expériences sont des répétitions faites à la ferme d'instruction ; elles ont été d'un grand avantage pratique.

Le *Yorskhire College* est soutenu par les fonds publics comme le montre le tableau suivant pour l'exercice 1899-1900 :

	LIVRES STERLING.	SOLS.	DENIERS.
Ministère de l'agriculture	800	0	0
Concile d'agriculture pour les *East and West Ridings* du Yorkshire	2,463	16	8
Concile du comté du *North Riding*	855	3	9
Souscriptions	241	6	0

Collège de l'Université de Galles à Aberystwyth.

Ce collège comprend dans sa circonscription d'enseignement agricole les comtés de Cardigan, de Caermarthen, de Brecon, de Pembroke, de Merioneth et de Montgomery (une partie).

Il prépare les élèves au diplôme de bachelier ès sciences agricoles de l'Université du pays de Galles. Il donne aussi un diplôme d'agriculture, qui sanctionne deux années de cours.

Les deux catégories d'élèves qui ont suivi le cours de trois ans ou celui de deux ans et qui ont obtenu les titres correspondants peuvent faire une troisième année spéciale, surtout théorique, de chimie agricole. Les agriculteurs peuvent suivre deux cours réduits d'hiver, l'un de sept, l'autre de seize semaines. Ces cours sont destinés à donner l'instruction technique à ceux qui connaissent déjà la pratique agricole.

Le cours de trois ans, sanctionné par le diplôme de bachelier ès sciences en agriculture, comprend les sujets qui suivent :

1re ANNÉE.

	LEÇONS.	TRAVAUX PRATIQUES. heures.
Chimie	80	150
Biologie	80	160
L'un des deux cours qui suivent :		
Physique	100	80
Mathématiques	120	//
Logique	30	//

2e ET 3e ANNÉES.

	LEÇONS.	TRAVAUX PRATIQUES.
I. Soit :		
1° Chimie organique et inorganique	140	600
2° Ou deux des cours suivants :		
Chimie organique	80	360
Botanique	100	300
Zoologie	100	300
3° Ou botanique	//	//
Chimie organique	50	180
Géologie	50	120
II. Agriculture	150	200
Chimie agricole	90	180
Trois des cours suivants :		
1° Entomologie	25	//
2° Hygiène vétérinaire	30	//
3° Bactériologie	20	50
4° Arpentage et nivellement	20	50
5° Législation rurale	30	//
6° Économie rurale	30	//

Pour le *diplôme d'agriculture*, l'enseignement comporte deux années d'études sur les matières indiquées ci-après :

1re ANNÉE.		TEMPS ATTRIBUÉ à CHAQUE MATIÈRE. heures.	2e ANNÉE.		TEMPS ATTRIBUÉ à CHAQUE MATIÈRE. heures.
Agriculture.	Théorie	90	Agriculture..	Théorie	60
	Pratique	120		Pratique	120
Chimie.	Théorie	90	Tenue des livres		30
	Pratique	180	Génie rural		30
Botanique, théorie et pratique		80	Arpentage et nivellement.	Théorie	20
Physique		20		Pratique	60
Mathématiques		90	Dessin		60
Zootechnie élémentaire et science vétérinaire		60	Chimie agricole.	Théorie	90
Dessin		//		Pratique	180
			Géologie		30
			Mécanique et hydraulique		60
			Mathématiques		60
			Science vétérinaire		30
			Entomologie		25

Fréquentation pour l'année qui s'est terminée le 31 mars 1900. — Cours supérieur : élève de 4ᵉ année, 1 ; élève de 3ᵉ année, 1 ; élève de 1ʳᵉ année, 1. Cours pour le diplôme : élève de 2ᵉ année, 1 ; élèves de 1ʳᵉ année, 4. Cours spécial : élèves, 3. Cours réduit supérieur : élèves, 3. Cours élémentaires : élèves, 49. Cours pour la laiterie : élèves, 56.

Laiterie. — Le Collège a organisé des écoles pratiques ambulantes qui ont fonctionné dans les centres indiqués ci-après :

Comté de Cardigan, deux centres (fabrication du fromage), 16 élèves ;

Comté de Caermarthen, deux centres, 50 élèves dont 33 ont suivi le cours entier ;

Comté de Brecon, trois centres (fabrication du beurre), 24 élèves ;

Comté de Merioneth, trois centres (fabrication du beurre), 30 élèves.

Champs de démonstrations. — Ils ont été organisés dans plusieurs centres des comtés de Cardigan, de Caermarthen, de Merioneth, de Pembroke et de Montgomery. La plupart ont eu trait à l'amélioration de la culture des pommes de terre et à celle des prairies.

Conférences. — Le collège a organisé aussi des séries de conférences dans les différents centres. Ces conférences ont porté sur l'agriculture générale et sur l'horticulture.

Les premières ont réuni de 57 à 98 auditeurs. Les conférences sur l'horticulture qui ont eu lieu pour la première fois ont présenté un intérêt considérable. Elles sont organisées d'une manière toute spéciale.

Le conférencier reste dix jours dans chacun des centres où ont lieu les conférences.

Pendant la journée, il donne des démonstrations pratiques dans les jardins du voisinage.

Chaque soir, il fait une conférence. Ces cours théoriques et pratiques ont réuni de 80 à 200 auditeurs.

Budget. — Pendant l'année scolaire 1898-1899, la situation financière du Collège agricole du pays de Galles s'établit comme il suit :

Dépenses..	64,350 francs.
Recettes y compris les subventions des comtés..........	35,800
Diverses..	4,075
Subvention du Ministère de l'agriculture..............	20,000

Université de Cambridge.

Cette Université comprend dans sa circonscription d'enseignement agricole les comtés de Bedford, de Cambridge, d'Essex, de Hertford, de Huntingdon, de l'Île d'Ely, de Norfolk, de Northampton, de Suffolk est et ouest. L'enseignement a une durée normale de deux ans. Les élèves travaillent dans les laboratoires de l'Université, et ils peuvent obtenir un diplôme de sciences agricoles après avoir subi des examens spéciaux. Les élèves peuvent passer une troisième année à l'école pour se livrer à des travaux plus avancés dans les sciences qui ont trait à l'agriculture.

PREMIÈRE ANNÉE.

Chimie élémentaire...	48 leçons.
Travaux pratiques de chimie.	48 séances de démonstration, suivies chacune de 2 heures de manipulation.
Analyse quantitative..	24 séances de démonstration suivies chacune de 2 heures de manipulation.
Botanique élémentaire.	72 leçons.
Travaux pratiques de botanique.	72 démonstrations suivies chacune de 1 h. 1/2 de manipulation.
Géologie	48 leçons, avec travail pratique au musée et excursions.
Physique et mécanique.	24 leçons et démonstration.

DEUXIÈME ANNÉE.

Agriculture........	72 leçons et excursions dans les fermes les mieux dirigées des environs, etc.
Chimie agricole.....	72 leçons suivies chacune d'une manipulation de 2 heures.
Sylviculture........	24 leçons.
Botanique	24 leçons suivies chacune par des travaux pratiques de 1 h. 12.
Physiologie et hygiène.	24 leçons avec travail pratique dans le Laboratoire.
Entomologie........	24 leçons et travail pratique après chaque leçon.
Génie rural........	24 leçons avec démonstration.
Arpentage et nivellement.	24 leçons avec application sur le terrain.
Tenue des livres.....	24 leçons.

Fréquentation pendant l'année qui s'est terminée le 31 mars 1900. — Cours pour le diplôme : élèves dans leur deuxième année, 7; élèves dans leur première année, 8. Cours spéciaux : élèves, 15.

Champs de démonstrations. — Ils ont été organisés dans sept centres différents et se sont étendus sur plus de 40 hectares. Ils ont eu pour but dans le comté de Cambridge : l'action des engrais sur les arbres fruitiers, l'action du sulfate de cuivre comme moyen de destruction des sanves; dans le comté de Hertford, ils ont été principalement consacrés aux assolements; dans le comté de Huntingdon, à l'effet des engrais sur les prairies; dans l'Île d'Ely, à celui des engrais sur les pommes de terre; dans le comté de Norfolk, à l'orge; dans le comté de Northampton, à la fumure des prairies; dans le comté de Suffolk ouest, aux plantes fourragères et à l'orge. En outre, la station expérimentale de Suffolk poursuit de son côté des essais.

Préparation de maîtres pour les écoles élémentaires. — Il existe à Norwich (Norfolk) une

                    GRANDE-BRETAGNE.

classe qui se réunit deux heures chaque fois pendant douze samedis consécutifs pour enseigner aux maîtres des écoles élémentaires les éléments de la chimie agricole.

A Cambridge même fonctionne une école du même genre pendant trois semaines de l'été.

BUDGET.

Dépenses de l'année financière écoulée...................... 49,725 francs.
Recettes : subvention du Ministère de l'agriculture...... 20,000
Autres recettes............................. 17,725

Total....... 37,725

Collège de Durham-Newcastle-upon-Tyne.

(*SECTION AGRICOLE ET FORESTIÈRE*.)

Ce Collège comprend dans sa circonscription d'enseignement agricole les comtés de Northumberland, de Durham et de Cumberland.

La durée des études complètes est de trois ans. Elles sont sanctionnées par le diplôme de bachelier ès sciences en agriculture.

PREMIÈRE ANNÉE.	NOMBRE D'HEURES.	DEUXIÈME ANNÉE.	NOMBRE D'HEURES.	TROISIÈME ANNÉE.	NOMBRE D'HEURES.
Mathématiques..........	200	Agriculture.............	140	Agriculture.............	30
Physique	200	Chimie agricole.........	240	Sylviculture	30
Chimie.................	200	Génie rural............	80	Entomologie............	30
Géologie...............	200	Botanique agricole.......	160	Administration..........	30
Histoire naturelle........	160	Anatomie, physiologie, pathologie des animaux de la ferme.............	130	Botanique.............	180
		Tenue des livres.........	40	Chimie organique et agricole................	300
		Arpentage et nivellement..	33	Anatomie, physiologie, pathologie et hygiène rurale.	130
		Géologie agricole........	22	Génie rural............	60
				Géologie.............	60
				Constructions rurales.....	60
Les travaux pratiques occupent à peu près la moitié du temps attribué à chaque sujet.		En dehors des 12 excursions de 6 heures chacune, les travaux pratiques occupent à peu près la moitié du temps attribué à chaque sujet.		En dehors des 12 excursions de 6 heures chacune, les travaux pratiques occupent à peu près la moitié du temps attribué à chaque sujet.	

Le titre *d'associé* du Collège s'obtient à la suite d'un examen qui porte sur le cours des deux premières années.

Le *certificat d'agriculture* sanctionne un cours de deux ans qui embrasse les matières suivantes :

PREMIÈRE ANNÉE.	TEMPS ATTRIBUÉ à CHAQUE MATIÈRE.	DEUXIÈME ANNÉE.	TEMPS ATTRIBUÉ à CHAQUE MATIÈRE.
	heures.		heures.
Agriculture..................	70	Agriculture................	70
Chimie.....................	200	Chimie agricole............	200
Physique	130	Génie rural...............	80
Mathématiques.............	150	Botanique.................	160
Biologie...................	90	Pathologie des animaux domes-	
Anatomie et physiologie des ani-		tiques.................	65
maux...................	65	Tenue des livres	40
Les travaux pratiques occupent		Arpentage et nivellement......	33
environ la moitié du temps		Géologie agricole...........	22
des études.			

Fréquentation à la fin de l'année se terminant le 31 mars 1900. — Cours supérieur pour le diplôme : élèves dans leur première année, 2 ; élèves dans leur deuxième année, 2 ; élèves dans leur troisième année, 2. Cours pour le certificat : élève dans sa deuxième année, 1 ; élève dans sa première année, 1. Cours réduit (6 semaines) : élèves, 25. Cours spécial : élèves, 5. Classes du samedi : élèves, 104. Cours de laiterie : 6 semaines : élèves, 34.

Champs de démonstration. — Les expériences ont lieu dans trois centres du comté de Northumberland, dans vingt-cinq du comté de Durham, dans douze de celui de Cumberland.

Des conférences sur la culture des plantes et sur la production du bétail ont eu lieu dans huit centres du comté de Durham. Ces conférences ont lieu par séries de six. Un cours de six conférences a aussi été organisé dans un autre centre sur l'hygiène des animaux de la ferme. Nombre des auditeurs qui ont profité de ces conférences : 20.

BUDGET.

Total des dépenses durant l'année dernière................... 54,425 francs.
Recettes :
Prix de la pension et subventions des comtés.......... 28,750
Subvention du Ministère de l'agriculture............. 20,000
Recettes diverses............................ 5,525
Total............... 54,275

Ferme du comté. — La ferme du comté est établie à Cockle Park. On y poursuit des expériences sur la culture des plantes et sur l'alimentation des animaux. Les fermiers du voisinage prennent le plus grand intérêt à ces essais. Le Ministère alloue à la ferme une indemnité de 5,000 francs par an.

Collège de l'Université à Nottingham [1].

Les cours s'étendent sur deux années. Ils embrassent les matières indiquées ci-après :

PREMIÈRE ANNÉE.	TEMPS ATTRIBUÉ à CHAQUE MATIÈRE.	DEUXIÈME ANNÉE.	TEMPS ATTRIBUÉ à CHAQUE MATIÈRE.
	heures.		heures.
Agriculture	132	Agriculture	132
Comptabilité	66	Comptabilité	132
Chimie.. { générale	66	Chimie.. { générale	99
au laboratoire	198	agricole	66
agricole	66	au laboratoire	165
Médecine vétérinaire	66	Médecine vétérinaire	33
Constructions rurales	99	Constructions rurales	99
Génie rural	33	Arpentage et nivellement	33
Mécanique appliquée	33	Mécanique appliquée	66
Entomologie agricole	33	Génie rural	66
Mathématiques	99	Botanique	66
Arpentage	33	Entomologie agricole	33
Botanique	66	Pratique de l'atelier	99
Pratique de l'atelier	99		

Un cours d'une durée de dix semaines porte sur les matières suivantes :

	HEURES.		HEURES.
Agriculture	70	Généralité	30
Chimie agricole	30	Comptabilité	40
Chimie générale	30	Travail à l'atelier	20
Comptabilité	40	Génie rural	10
Médecine vétérinaire et maréchalerie	30		

Fréquentation pendant l'année qui s'est terminée le 31 mars 1900. — Cours pour le certificat : élèves dans leur deuxième année, 7 ; élèves dans leur première année, 2 ; élève restant pour une troisième année, 1. Cours spécial : élève, 1. Cours réduit (10 semaines) : élèves, 17.

Champs de démonstration. — Dans le comté de Nottingham il y a cinq terres d'expérience, y compris la ferme de l'Institut laitier du Midland. On y a poursuivi des expériences sur la production des fourrages, sur celle des pommes de terre et sur les améliorations dont les terres sablonneuses sont susceptibles. Le collège organise encore des champs de démonstration dans le Derbyshire et dans le Lincolnshire (pommes de terre, orge, amélioration de pâturage).

Conférences. — Dans le comté de Nottingham, des conférences par séries de deux

[1] La division agricole du collège de Nottingham a été transférée en 1900 à l'Institut agricole et laitier de Kingston.

ou de trois sur différents sujets ont eu lieu dans quatre centres. Le nombre des assistants a été de 37 en moyenne. Il y a eu dans le même comté des conférences sur l'aviculture, pour six comtés, sur l'horticulture dans quinze centres; enfin des démonstrations pratiques horticoles, en plein air, dans onze centres.

Neuf centres du comté de Derby ont bénéficié de conférences sur l'agriculture avec un nombre moyen d'auditeurs de 21 ; quatorze centres, avec 44 auditeurs, ont eu des conférences d'aviculture.

Le Leicestershire a eu des conférences d'aviculture dans sept centres pour 31 auditeurs; des conférences d'horticulture dans trois autres pour 19 auditeurs et des conférences sur l'art vétérinaire dans trois centres pour 21 auditeurs.

Dans le Lincolnshire on a compté 20 auditeurs pour les douze centres de conférences agricoles; 24 auditeurs pour les sept centres de conférences sur l'horticulture; 20 auditeurs pour six conférences sur l'hygiène du bétail.

BUDGET.

Dépenses . . . . 51,000 francs.

Recettes.
- Subventions du Ministère de l'agriculture   20,000
- Subvention du Conseil du comité, frais de scolarité et autres recettes   41,675

TOTAL   61,675

Collège universitaire du pays de Galles septentrional à Bangor.

(SECTION D'AGRICULTURE.)

Ce Collège comprend dans sa circonscription d'enseignement agricole les comtés d'Anglesey, de Carnavon, de Flent, de Denbigh et de Montgomery.

La section d'agriculture annexée au Collège universitaire du pays de Galles septentrional fut établie en 1889, mais des conférences au dehors et des expériences agricoles pratiques avaient été organisées dans quelques centres avant cette date.

Au début, la section fut soutenue par des souscriptions privées augmentée d'un don du Bureau de l'Agriculture.

Au bout de cinq ans, une grande partie de ces souscriptions firent défaut, mais quelques-uns des Conseils du pays de Galles septentrional firent des dons à la section. Aujourd'hui, la section d'agriculture a un budget d'environ 60,000 francs.

Le Collège prépare les élèves au grade de bachelier ès sciences agricoles de l'Université. Le grade est accordé après un séjour de trois ans au collège.

Le collège décerne un diplôme aux élèves qui ont poursuivi leurs études pendant deux ans et qui ont obtenu des certificats satisfaisants.

Un diplôme additionnel de chimie agricole est accordé aux étudiants qui, après avoir

18.

obtenu le diplôme précédent, poursuivent leurs études dans des conditions déterminées. Un cours réduit d'un *an* est à la disposition des élèves qui ne peuvent pas consacrer deux années à leurs études.

Un cours d'automne, réduit à *dix semaines,* permet aux jeunes gens qui ne peuvent passer l'été au Collège d'acquérir les notions élémentaires agricoles.

Enfin les élèves qui ont obtenu le *certificat de laiterie* peuvent compléter leurs connaissances scientifiques grâce à un cours qui dure trois mois.

L'enseignement complet de trois ans est établi suivant le programme suivant :

PREMIÈRE ANNÉE. COURS PRÉPARATOIRE.	NOMBRE de LEÇONS.	DEUXIÈME ET TROISIÈME ANNÉES.	NOMBRE de LEÇONS.
Mathématiques..............	120	Agriculture et cours techniques...	
Physique...................	120	Agriculture, arpentage, architecture et constructions rurales; législation, entomologie, hygiène vétérinaire, chimie agricole et laboratoire....................	400 à 500 heures.
Chimie....................	100		
Biologie..................	90		
Travaux pratiques.	heures.	Botanique....................	180 leçons.
Physique..................	120	Chimie inorganique...........	90
Chimie....................	150	Chimie organique.............	90
Biologie..................	180	Zoologie.....................	180
		Travaux pratiques.	heures.
		Botanique....................	360
		Chimie inorganique...........	130
		Chimie organique.............	130
		Zoologie.....................	360

Le cours de deux ans embrasse les questions suivantes :

PREMIÈRE ANNÉE.	NOMBRE de LEÇONS.	DEUXIÈME ANNÉE.	NOMBRE de LEÇONS.
Agriculture................	80	Agriculture.................	50
Mathématiques..............	120	Chimie agricole.............	40
Chimie....................	170	Biologie générale...........	40
Mécanique.................	90	Botanique...................	30
Arpentage.................	40	Botanique (exercices)........	30
Tenue des livres...........	20	Zoologie et entomologie........	70
Laiterie (séjour dans une école de laiterie, 3 semaines pour la fabrication du fromage et 3 semaines pour la fabrication du beurre)..		Hygiène vétérinaire...........	40
		Dessin d'architecture et constructions....................	40
		Laiterie (comme la première année).	
Travaux pratiques.	heures.	*Travaux pratiques.*	heures.
Chimie....................	120	Chimie agricole.............	180
		Biologie générale...........	80

Les élèves qui ont accompli les deux années d'études agricoles peuvent faire une troisième année pour se spécialiser en chimie agricole et obtenir le diplôme de chimiste. Leurs études se divisent ainsi :

Chimie organique..	80 leçons.
Chimie agricole..	40
Laboratoire (18 heures par semaine pendant la session).............	540 heures.

Le cours d'un an est constitué par une sélection des leçons des cours de deux ans.

Le cours réduit à dix semaines comprend les sujets suivants :

Agriculture : travaux à la ferme; chimie; arpentage; tenue des livres.

Le cours par les professeurs de laiterie ne comprend qu'un terme d'études; il comprend les sujets suivants :

Laiterie, chimie, travaux pratiques, physiologie, tenue des livres.

Fréquentation pendant l'année se terminant le 31 mars 1900. — Cours supérieur (degré Course) : élèves dans leur troisième année, 3; élèves dans leur deuxième année, 2. Cours pour le diplôme : élèves dans leur deuxième année, 2; élève dans sa première année, 1. Cours spéciaux : élèves dans leur deuxième année, 5; élève dans sa première année, 1. Cours réduit (10 semaines) : élèves, 16.

Ces derniers avaient tous des bourses émanant du conseil du Comté.

Conjointement avec les comtés de Denbigh et de Flint, le collège entretient une école de laiterie près de Denbigh. Le nombre des étudiants qui l'ont fréquentée s'est élevé à 83.

L'enseignement de la laiterie, à l'aide d'écoles de laiteries ambulantes, s'est poursuivi dans les mêmes comtés que l'an dernier.

Dans le comté d'Anglesey, il y a eu, par les soins du Collège, des cours de dix jours chacun dans trois centres.

Les cours ont été faits dans trois centres du comté de Flent et dans quatre centres du comté de Denbigh avec 21 et 47 élèves respectivement.

Champs de démonstration. — Ils ont été organisés dans les comtés indiqués ci-après: quatre dans le comté d'Anglesey, treize dans le comté de Carnavon, deux dans le comté de Denbigh, quatre dans le comté de Flint, deux dans le comté de Montgomery.

Conférences. — Le Collège a organisé des conférences dans plusieurs localités des comtés d'Anglesey, de Carnavon, de Denbigh, de Flint et de Montgomery. Ces conférences faites à la suite les unes des autres ont constitué en quelque sorte pour les fermiers de petits cours d'enseignement agricole.

BUDGET.

Dépenses pendant l'année précédente........................		62,000 francs.
Contributions du comté et frais de scolarité...........	28,900	
Souscriptions et donations.......................	5,700	
Recettes diverses............................	6,650	
Subvention du Ministère de l'agriculture.............	20,000	

Ferme du Collège. — Le Collège possède une ferme de 358 ares de superficie pour l'enseignement des élèves et pour les recherches des professeurs. Le Ministère lui accorde une subvention de 5,000 francs.

Quelques étudiants résident dans le voisinage immédiat de la ferme et tous les étudiants de la section d'agriculture la visitent de temps à autre. On y montre les différences entre les diverses races du bétail anglais. Les cultures sont plus particulièrement limitées aux céréales.

Des expériences sont faites sur la reproduction, l'élevage et l'alimentation des différentes espèces de bestiaux, la fumure des céréales, l'établissement des pâturages et la culture de nouvelles variétés de céréales.

Collège de Reading et Institut britannique de laiterie.

Le Collège et l'Institut occupent deux emplacements contigus, près des stations de Reading où passent les chemins de fer du Great-Western, du South-Western et du South-Eastern. Les deux institutions sont placées sous le contrôle du Ministère de l'agriculture qui les subventionne toutes deux.

Le Collège de Reading a été fondé en juin 1892. Son conseil renferme des représentants du conseil de la ville de Reading et des conseils des comtés de Berks, de Buckingham, de Hants et d'Oxford. Un comité spécial, constitué de représentants de l'Université d'Oxford, du Collège et de la Société royale d'agriculture, contrôle l'enseignement agricole, procède aux examens et délivre des diplômes et des certificats.

Les Conseils des comtés de Berk, de Buckingham, de Dorset, de Hants, contribuent aux dépenses de la section d'Agriculture et en retour jouissent de privilèges particuliers.

Les sections adjointes à l'agriculture sont celles des lettres et des sciences, de la musique et des beaux-arts. Elles instruisent environ 1,000 étudiants, tant aux classes du jour qu'à celles du soir.

Le Collège possède des laboratoires de chimie et de physique, des salles d'études pour les beaux-arts, une bibliothèque.

Le Collège est affilié à l'Université d'Oxford et reconnu par le Ministère de l'instruction publique et par le Collège royal des médecins et des chirurgiens comme établissement d'enseignement des sciences naturelles.

Le Collège procède à des conférences agricoles dans les centres ruraux des comtés qu'il intéresse. Il donne son avis sur les insectes et les maladies qui attaquent les récoltes et sur l'emploi des engrais.

L'année scolaire comprend trois termes : automne, hiver et printemps, de dix semaines chacun. Elle est déterminée comme il suit pour 1900-1901 :

Automne : du jeudi 4 octobre au mercredi 12 décembre.

Hiver : du jeudi 17 janvier au mercredi 27 mars.

Printemps : du jeudi 25 avril au mercredi 3 juillet.

L'*Institut britannique de laiterie* fut établi à Aylesbury en 1811 par l'Association britannique des fermiers producteurs de lait. Il a instruit plusieurs centaines d'étudiants. Les jeunes gens y trouvent le moyen de compléter leur instruction scientifique tout en se mettant au courant de la pratique de la laiterie. En 1896, l'établissement fut transporté d'Aylesbury à Reading et placé sous la direction d'un Comité représentant l'Association britannique des fermiers producteurs de lait et le Collège de Reading.

Fig. 130. — Collège et Institut britannique de laiterie de Reading. (Vue générale.)

L'Institut possède de grandes pièces pour la réception du lait, son contrôle et la fabrication du beurre, quatre salles pour la préparation des fromages pressés et à pâte molle, et sept salles pour la maturation des diverses variétés de fromage. Il est muni des appareils les plus perfectionnés dans l'industrie laitière.

L'enseignement et les expositions qui ont lieu au Collège et à l'Institut sont surveillés par les Conseils des comtés de Berks, de Buckingham, de Cornouailles, de Dorset, d'Essex, de Clamorgan, de Hants, de Northampton, d'Oxford...

Collège. — Les principaux cours se rapportent aux diplômes et aux certificats qui sont décernés par les Comités de l'Université d'Oxford et de Reading.

Ce sont :

A. *Le diplôme d'agriculture* décerné à la fin d'un enseignement de trois ans (deux ans passés au collège, un an passé sur une ferme déterminée) d'agriculture scientifique et pratique. Il est destiné aux jeunes gens qui se proposent de devenir propriétaires, fermiers ou professeurs d'agriculture.

B. *Le certificat d'agriculture* décerné à la fin d'un enseignement de six mois (octobre-mars) strictement agricole. Il est destiné aux jeunes gens qui, déjà familiarisés avec la pratique de l'agriculture, se proposent de devenir fermiers.

C. *Le certificat supérieur de laiterie* décerné à la fin d'un enseignement scientifique et pratique de deux ans. Il est destiné aux candidats qui se destinent à devenir exploitants et régisseurs de fermes laitières ou professeurs de laiterie.

D. *Le certificat d'aviculture.* (Les conditions de son obtention ne sont pas encore déterminées.)

E. *Le certificat d'horticulture* décerné à la fin d'un enseignement horticole et pratique de deux ans. Il est destiné à ceux qui doivent être plus tard professeurs d'horticulture, horticulteurs, etc.

Diplôme d'agriculture. — Ce diplôme est décerné aux candidats qui, après avoir justifié de la connaissance des éléments des sciences, passent deux ans au collège à étudier la théorie de l'agriculture, une année sur une ferme désignée par le Comité de direction et qui subissent à la fin de chaque année les examens prescrits.

Le collège pourvoit à l'instruction des élèves qui ne possèdent pas à leur entrée les notions scientifiques nécessaires pour suivre les cours. A cet effet, il organise des leçons de mathématiques, de mécanique, physique, chimie, botanique et zoologie.

L'enseignement agricole et technique du collège comprend les cours suivants : agriculture; chimie agricole; botanique agricole; entomologie; anatomie et physiologie des animaux de la ferme; hygiène des animaux de la ferme; géologie agricole et météorologie; arpentage et nivellement; machines agricoles et constructions rurales; tenue des livres.

Les candidats sont examinés sur les divers sujets à la fin de la 1re et à la fin de la 2° année.

Durant leur séjour à la ferme les élèves doivent envoyer tous les quatre mois, au directeur, un rapport sur les travaux agricoles de la saison. De leur côté, les fermiers qui les reçoivent doivent adresser au collège, tous les six mois, un rapport sur les travaux du stagiaire. Les épreuves pour l'obtention du diplôme se terminent par un examen pratique d'agriculture.

Les candidats qui fournissent la preuve évidente qu'ils connaissent la pratique sont admis à subir l'examen pratique sans avoir séjourné dans une exploitation.

Les élèves ne sont autorisés à séjourner sur les fermes de leurs parents que dans des conditions et avec des garanties spéciales.

Certificat en agriculture. — Ce certificat est accordé aux candidats qui, après avoir justifié de leurs connaissances dans la pratique agricole, séjournent six mois au collège pour étudier l'agriculture et les sujets d'utilité pratique aux fermiers et qui subissent à la fin de cette période les examens réglementaires.

Les cours ont lieu d'octobre à mars afin de permettre aux candidats de rester chez eux pendant les mois de printemps et d'été.

Fig. 131. — Collège de Reading. (Laboratoire de chimie.)

Le programme de l'enseignement est le suivant : agriculture ; hygiène des animaux ; insectes nuisibles ; maladies des plantes ; tenue des livres ; arpentage.

Le certificat s'obtient à la suite d'un examen d'un caractère simple et pratique qui porte sur l'agriculture.

Les candidats doivent être âgés de 19 ans. Durant leur séjour au collège, les élèves ont l'occasion d'entendre des leçons de vulgarisation scientifique appliquée à l'agriculture.

Chaque semaine ont lieu des excursions dans les fermes bien tenues des environs afin de suivre des démonstrations.

Les candidats peuvent rester au collège pendant le trimestre du printemps afin de profiter des dix semaines d'enseignement de laiterie ou d'aviculture. Leur certificat, s'ils passent de nouveaux examens, est modifié en conséquence.

Certificat supérieur de laiterie. — Ce certificat est accordé aux candidats qui après avoir prouvé leurs connaissances dans les sciences élémentaires, passent : (*a*) un an au collège à étudier la laiterie; (*b*) six mois dans un institut laitier approuvé par la direction; (*c*) six mois dans une ferme laitière également approuvée.

Le collège pourvoit à l'instruction des jeunes gens qui ne possèdent pas, avant d'entrer, les notions scientifiques requises, savoir : physique, chimie, botanique et zoologie.

Le programme des études qui se poursuivent pendant un an comprend : laiterie et exploitation laitière; chimie du lait; botanique agricole; anatomie et physiologie des animaux de la ferme; tenue des livres.

Les candidats doivent passer un examen sur ces divers objets et subir aussi une épreuve pratique pour obtenir le diplôme. Il faut qu'ils soient âgés de 19 ans.

Certificat d'aviculture. — (Conditions d'obtention non encore connues.)

Certificat d'horticulture. — Ce certificat est accordé aux jeunes gens qui, après avoir subi avec succès au collège l'examen élémentaire d'anglais et d'arithmétique, passent un an au collège pour y étudier l'horticulture et un an dans un jardin approuvé par la direction.

Le programme du cours d'horticulture est le suivant : horticulture; botanique; chimie élémentaire; sols et engrais; entomologie; apiculture; tenue des livres; météorologie. Les candidats subissent un examen sur ces matières et une épreuve pratique. Ils doivent avoir 19 ans.

La résidence d'une année dans un établissement d'horticulture est soumise à la même réglementation que le séjour dans la ferme pour les agriculteurs.

Institut britannique de laiterie. — L'enseignement y est à la fois théorique et pratique. Il est destiné à ceux qui, tout en possédant les éléments de l'industrie laitière, veulent s'y perfectionner.

L'enseignement comprend les matières qui suivent :

Traitement du lait soit pour la vente directe, la fabrication du beurre ou celle du fromage. Filtration, aération, réfrigération du lait. Examen de la qualité et de l'acidité du lait. Pasteurisation, stérilisation.

Crème : différents moyens de la produire; différents types de bassins d'écrémage; usage des divers centrifuges. Préparation de la crème pour la vente ou pour la fabrication du beurre.

Maturation de la crème ; fabrication du beurre ; usage des divers appareils ; empaquetage, préservation et vente du beurre.

Fabrication des fromages ; fabrication des principales variétés de fromages anglais : Cheddar, Chester, simple et double, Derby, etc. Fabrication des variétés étrangères, Camembert, Coulommiers, Gervais, Pont-l'Évêque et autres. Usage et entretien des instruments et appareils employés dans la fabrication de ces fromages. Maturation et magasinage de ces fromages.

Leur traitement avant la vente.

Utilisation des produits accessoires de la laiterie ; lait écrémé ; petit lait.

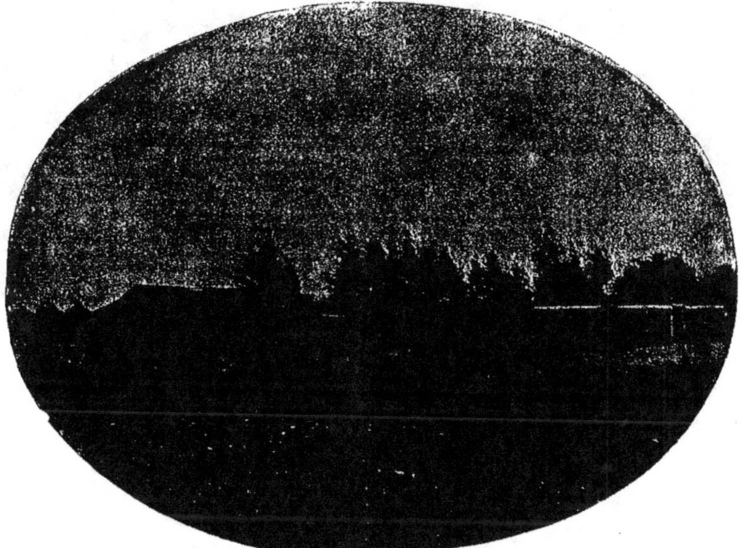

Fig. 132. — Institut de laiterie. (Enclos démontables.)

Choix et entretien des instruments et appareils de laiterie.

Principes scientifiques sur lesquels repose l'industrie laitière.

Aménagement général d'une ferme à lait ; sols, engrais, récoltes ; prairies et plantes fourragères ; aménagement des pâturages.

Bétail, races. Soins à donner aux vaches, aux animaux, aux pâturages, au jeune bétail pendant l'été et l'hiver ; emploi des aliments produits à la ferme et de ceux achetés au dehors ; composition et préparation des diverses espèces d'aliments ; rations alimentaires ; Production et élevage des veaux ; Aménagement d'une ferme à lait ; alimentation en eau ; hygiène des animaux ; bâtiments.

Cours réduits (short courses). — **A. *Cours de laiterie de dix semaines.*** — Du 25 avril au 3 juillet. Ce cours est principalement destiné à ceux qui ont déjà passé deux termes au collège, pour les préparer au certificat supérieur de laiterie ou au certificat d'agriculture, mais il est ouvert aux autres candidats.

Il donne lieu aussi à un certificat.

B. *Cours d'aviculture de dix semaines.* — Mêmes dispositions que pour le précédent.

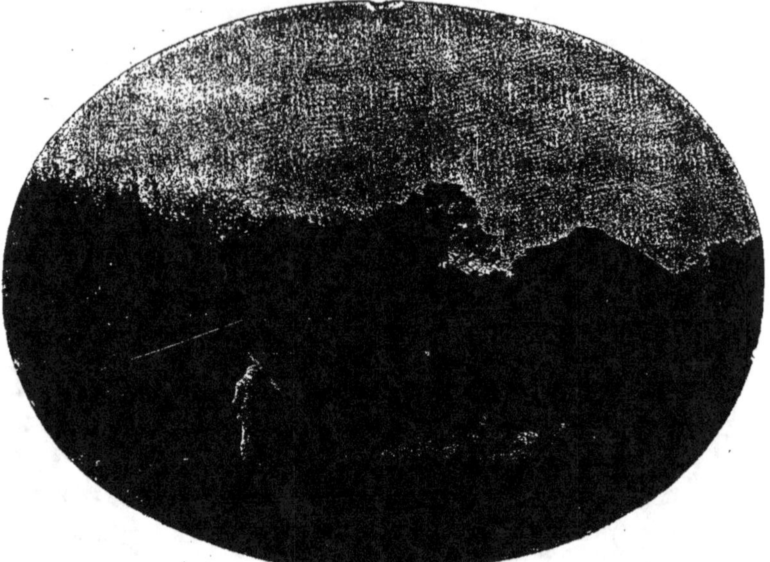

Fig. 133. — Institut de laiterie. (Poulailler de la ferme.)

C. *Cours de laiterie de cinq semaines.* — Il a eu lieu au collège pendant l'année 1900-1901 aux dates qui suivent : 4 octobre au 10 novembre 1900 ; 31 janvier au 6 mars 1901 ; 4 juillet au 7 août 1901 ; 3 octobre au 10 novembre 1901.

Ces cours sont destinés à compléter l'enseignement pratique de la laiterie. Les élèves suivent des leçons et travaillent dans les laboratoires du collège.

Chaque cours comprend la fabrication du beurre et celle du fromage.

Chaque semaine les élèves portent spécialement leur attention sur l'un ou l'autre objet.

Ils reçoivent aussi un enseignement agricole approprié à l'exploitation laitière : races de bétail, alimentation et traite des vaches ; aménagement des pâturages, etc.

Ils ont encore des leçons sur les éléments des sciences, sur la composition et la valeur nutritive du beurre, des fromages et des autres produits laitiers ; on leur donne des notions élémentaires de physiologie et de bactériologie, des idées simples sur la chaleur.

Fig. 154. — Institut de laiterie. (Fromagerie.)

D. *Cours de cinq semaines en aviculture.* — Il a lieu au collège et à la ferme à volailles du collège. Les leçons sont accompagnées de démonstrations pratiques sur les meilleures méthodes modernes, artificielles ou naturelles, d'incubation, d'éclosion, d'alimentation et d'engraissement des oiseaux. Les élèves sont aussi exercés à tuer, à trousser et à présenter les volailles.

Des dispositions sont prises afin que les élèves puissent suivre les pratiques d'un établissement d'aviculture avant ou après leur séjour au collège. Tous les exercices pratiques sont exécutés à Theale, où se trouve la ferme à volailles du collège.

Les élèves reçoivent des leçons sur les sujets qui suivent : anatomie de l'oiseau; embryologie du poulet; chimie des aliments ; sols ; plantes de prairies.

Le cours est limité à 20 élèves. Chaque jour, trois heures sont consacrées aux exercices pratiques.

Frais de scolarité : 75 francs payables d'avance.

Des dispositions peuvent être prises par le collège pour loger et nourrir les élèves à Theale.

Le prix de la pension est alors de 20 à 30 francs par semaine. A la fin des cours, les élèves subissent un examen et reçoivent s'il y a lieu un certificat.

E. *Cours de six semaines en horticulture.* — Les élèves reçoivent les leçons des professeurs d'horticulture du collège. Leur travail est limité à la culture de 2 ou 3 espèces de plantes, car il est évident qu'on ne saurait entreprendre plus en un si court laps de temps.

Les principaux objets de l'enseignement se répartissent comme il suit :

Deuxième cours. — Culture des champignons, des chrysanthèmes. — Arbres fruitiers de plein vent.

Troisième cours. — Arbres fruitiers. — Forçage des fraisiers et des pêchers. — Floriculture.

Quatrième cours. — Tomates ; Concombres. — Plantation de fraisiers et de vignes.

Le cours est jusqu'ici limité aux femmes. — Prix de la scolarité : 150 francs payables d'avance.

Ferme d'application et démonstrations pratiques. — M. Benyon a mis sa ferme de Chalk Pit à la disposition du collège pour les démonstrations pratiques à faire devant les élèves. Les élèves se rendent à la ferme une fois tous les 15 jours, et ils doivent être familiarisés avec tous ses travaux. La ferme s'étend sur 200 hectares. Elle présente de bons exemples des différentes espèces de cultures et d'espèces d'animaux.

MM. Sutton et fils, les grands marchands grainiers de l'Angleterre, ont mis aussi à la disposition du collège leurs champs de culture, probablement les plus importants du Royaume-Uni. Ils contiennent des spécimens de toutes les plantes et de leurs variétés.

En outre, les élèves font des excursions aux fermes les mieux organisées du voisinage. Les démonstrations pratiques ont lieu les vendredis après-midi, durant l'hiver et l'automne, et, pendant toute la journée du vendredi, en été.

Enseignement pratique de la laiterie. — Des arrangements spéciaux permettent aux élèves de suivre les leçons de l'Institut de laiterie une après-midi par semaine. — Ils payent à cet effet un supplément de 50 francs. Dans le cas où ces élèves se destinent aux examens que sanctionne le certificat de laiterie, ils suivent les exercices deux jours par semaine.

Enseignement pratique de l'aviculture. — Les étudiants reçoivent cet enseignement à la ferme spéciale de Theale qui est située à 5 milles de Reading. Les élèves doivent suivre tous les travaux de cette ferme où sont élevés de nombreux spécimens des diverses variétés d'animaux de basse-cour. On les exerce à tous les travaux, à toutes les manipulations qui intéressent un établissement d'aviculture. L'enseignement ne doit pas durer moins de trois mois. Prix pour trois mois, 260 francs environ.

Examens. — Les examens pour le diplôme et le certificat délivrés par les comités d'Oxford et de Reading ont lieu chaque année au mois de juin.

Les examens pour le diplôme et le certificat délivrés par l'Association britannique laitière des fermiers ont lieu à l'Institut deux fois par an, en mai et en septembre.

Les examens pour le diplôme national de laiterie délivré par la Société d'agriculture d'Angleterre ont lieu en septembre et en octobre.

Prix de la scolarité. — *Reading College :*

Diplôme d'agriculture	450 francs.
Certificat supérieur de laiterie	400
Certificat d'horticulture	350
Certificat d'agriculture	250

La dépense incombant aux élèves qui séjournent dans les fermes désignées par la Direction atteint environ 1,250 francs par an.

Cours réduit de laiterie	5 semaines	125 francs.
	10 semaines	250
Aviculture	5 semaines	125
	10 semaines	250

Quand un élève ou ses parents, antérieurement à l'admission, ont résidé pendant un an dans la juridiction administrative des comtés de Becks, de Buckingham, de Dorset, de Hants ou d'Oxford, l'élève bénéficie des réductions suivantes :

Pour le diplôme	110 francs.
Pour le certificat supérieur de laiterie	100
Pour le certificat d'horticulture	85

Les élèves peuvent loger dans des maisons de Reading accréditées auprès du Collège. Le prix de la pension ne doit pas dépasser 875 francs pour la session. Les élèves qui ne restent pas une session entière ne payent que 18 à 30 francs.

L'hôtel de lady Warwick, fondation de la comtesse de Warwick, est ouvert aux femmes. Le prix de la pension est de 1,250 francs pour un séjour de 30 semaines, durée de la session. Les élèves-femmes peuvent d'ailleurs aussi habiter dans des maisons accréditées près le Collège à Reading.

CHAPITRE IV.
CONSIDÉRATIONS GÉNÉRALES.

D'une manière générale, l'organisation de l'enseignement agricole en Angleterre ressemble à celle des États-Unis; elle comprend plusieurs écoles d'enseignement supérieur, mais pas, à proprement parler, d'écoles spéciales du degré inférieur comme les écoles pratiques d'agriculture françaises.

Dans la Grande-Bretagne, l'enseignement agricole dépend de deux départements ministériels et des autorités locales, c'est-à-dire des conseils de comté. A. Le *Board of Education*, Bureau de l'instruction (Whitehall) s'occupe de l'enseignement primaire. La même Administration (South Kensington) dirige l'enseignement secondaire et l'enseignement professionnel en partie. B. Le *Board of Agriculture*, Bureau de l'agriculture, s'occupe de l'enseignement supérieur agricole. C. Les conseils de comté s'occupent des autres établissements d'enseignement agricole.

L'Angleterre n'a pas suivi l'exemple donné par les autres nations qui ont fait de grands sacrifices pour l'organisation de leur enseignement agricole. Depuis quelques années, elle accorde cependant un crédit à l'enseignement agricole, mais bien inférieur à celui attribué par les gouvernements des autres pays.

C'est la *Taxation locale* de 1890 qui a permis de développer l'enseignement professionnel en mettant des fonds à la disposition des autorités locales en vue de favoriser l'enseignement technique, y compris l'enseignement agricole. On s'est rendu compte que l'instruction donnée dans les écoles primaires de garçons avait pour effet d'orienter ceux-ci vers les professions exercées dans les villes aux dépens de l'agriculture, et c'est cette constatation qui a inspiré la législation actuelle.

L'enseignement spécial donné antérieurement dans quelques établissements, notamment à Édimbourg et à Aberdeen, s'adressait surtout à une minorité de jeunes gens des classes aisées se destinant à la vie coloniale.

Mais si l'Angleterre s'est contentée pendant longtemps de quelques écoles d'agriculture, Cirencester et Downton, elle possède aujourd'hui d'autres établissements où l'on donne un enseignement agricole complet. Les collèges de Cirencester et de Downton sont des établissements d'enseignement indépendants en ce sens qu'ils ne reçoivent pas de subventions de l'État. Les autres sont des institutions publiques tirant leurs ressources de l'État, des conseils de comté et des pensions des élèves. Le nouveau collège Harper-Adams est pourvu d'une dotation particulière due à un don privé.

Le Collège de Wye a été fondé par les conseils de comté exclusivement, ainsi que l'Institut agricole et laitier de Kingston, le collège de Holmes Chapel et celui d'Uckfield dans le Sussex. Ces établissements donnent un enseignement purement technique, professionnel.

Les collèges de Bangor, de Aberystwith, de Leeds, de Reading, etc., rattachés aux Universités, ne sont, pour la plupart, que des sections agricoles de grands collèges.

Ainsi, par exemple, le collège de Reading, connu en Angleterre sous le nom de « University College », comprend plusieurs divisions : les sciences naturelles, les lettres et les classiques, l'agriculture, les beaux-arts et la musique.

Le « Yorkshire College » prépare ses étudiants pour les grades universitaires en lettres, sciences, médecine et agriculture. Au collège de Durham, il existe une section agricole et forestière; au collège universitaire du pays de Galles à Bangor, une section agricole.

Ces sections cependant fonctionnent comme de véritables écoles d'agriculture comparables à celles du continent. Toutes les branches de l'enseignement étant réunies, il est incontestable que l'on peut mettre à la tête de chaque section des hommes doués d'une instruction plus générale que si les sections constituaient des écoles différentes ayant leur autonomie complète.

Les étudiants de toutes les sections vivent ensemble, et ce contact journalier donne de bons résultats. D'ailleurs, dans ces collèges, c'est un peu à la vie universitaire, si particulière à l'Angleterre, que les étudiants sont soumis. Cette vie universitaire, qui oblige le jeune homme à faire à la fois l'apprentissage de la liberté et de la discipline, se modèle sur la vie réelle et s'efforce d'établir un juste équilibre entre toutes les facultés, de donner à toutes les énergies un développement normal. Ici, on ne sacrifie pas le corps à l'esprit : les jeux athlétiques tiennent une place importante au milieu des études.

Les étudiants ont une certaine liberté, mais une liberté ordonnée, organisée. Dans la plupart des collèges, ils ont une chambre particulière où ils peuvent travailler seuls. Tous les élèves doivent tenir un journal des travaux exécutés chaque jour sur la ferme et un livre des cultures. Ces cahiers sont examinés périodiquement et notés par les professeurs.

Tous les établissements que nous avons cités ont une installation confortable. Malheureusement, ils ne sont pas à la portée de toutes les fortunes. Ainsi à Downton, le prix de pension pour l'année entière est de 3,225 francs, non compris les frais de laboratoire, qui se montent à 187 fr. 50, etc. Les élèves ont à leur disposition une chambre; mais s'ils veulent avoir du feu il faut payer un supplément de 50 francs par terme de trois mois. Les externes payent 1,800 francs.

A Cirencester, la pension est de 3,375 francs. Dans le prospectus du Collège agricole de Wye, on peut lire : « Un nombre limité de places à 1,000 francs par an est réservé aux jeunes gens qui justifient de leur manque de fortune. » La pension ordinaire est de 2,000 francs.

Quelques bourses gratuites sont distribuées; mais il n'en est pas moins vrai que les collèges anglais s'adressent à une minorité de jeunes gens appartenant aux classes aisées.

La plupart des grandes écoles d'agriculture anglaises sont placées au milieu d'un grand domaine, dans une situation bien choisie, sur des collines, près de la mer ou d'une rivière, ou en bordure de grands bois.

Si l'on examine l'organisation de l'enseignement, on est frappé de la diversité des cours, de leur application à toutes les intelligences et à toutes les spécialisations, caractère que l'on retrouve aussi aux États-Unis. C'est d'abord le cours général ordinaire (*long courses*), représentant les études complètes dont la durée est variable (deux à trois ans généralement). Puis les cours réduits ou *short courses* pour les jeunes gens qui n'ont ni le temps ni les moyens de rester deux ou trois ans au collège; ils ont lieu le plus souvent en hiver. Ainsi à Reading, par exemple, on trouve un cours de laiterie de dix semaines et un autre de cinq semaines; des cours d'aviculture et des cours d'horticulture de dix et de cinq semaines.

Malheureusement encore, les frais scolaires pour ces cours réduits sont très élevés : à Reading, pour cinq semaines, il faut payer 75 francs de scolarité et 20 à 30 francs de pension par semaine; dans cette somme ne sont pas compris les exercices pratiques à la ferme (pour l'enseignement pratique de l'aviculture, par exemple, on paye un supplément de 260 francs pour trois mois), ni le prix du certificat délivré (100 francs pour le certificat supérieur de laiterie, 85 francs pour celui d'horticulture, etc.).

Tous les cours sont suivis d'exercices pratiques ou d'expériences dans les laboratoires et à la ferme.

La plupart des collèges ont des fermes modèles où les élèves peuvent suivre tous les travaux pratiques sans y prendre une part active, à moins qu'ils ne le désirent. Les études sont donc à la fois théoriques et pratiques, et ces dernières sont limitées aux travaux qu'un chef d'exploitation est obligé de connaître. Les élèves peuvent, après l'achèvement de leurs études, faire un stage d'un an à la ferme de l'école pour se perfectionner dans la pratique agricole.

Tous les collèges anglais possèdent des ateliers de maréchalerie, de forge, de sellerie, de charpente et de menuiserie, pour tous les travaux ordinaires et faciles; ils se suffisent à eux-mêmes, absolument comme cela doit avoir lieu dans une ferme ordinaire bien tenue.

Les programmes, sans être très chargés, sont aussi étendus que dans la plupart des écoles continentales similaires. Il ne faudrait pas croire que les étudiants ne font que des études théoriques, peu étendues et coupées le plus possible par des distractions ou des jeux comme cela peut se pratiquer à Oxford, quand on n'a aucune préoccupation de profit immédiat.

Les professeurs titulaires, ou du moins la plupart d'entre eux, logent à l'école d'agriculture. Ils vivent ainsi plus intimement avec leurs élèves, système qui vaut mieux que celui où le professeur s'empresse, son cours terminé, de quitter l'école, s'intéressant peu à ses élèves, qu'il connaît à peine.

La plupart des professeurs anglais font ou ont fait de la pratique agricole, ce qui leur permet de joindre leur expérience personnelle à leur science.

Un des caractères les plus saillants des collèges britanniques est leur rôle de vulgarisateur et de guide dans la marche en avant du progrès agricole local. Les professeurs font des tournées dans les comtés voisins; ils donnent des conférences et établissent des démonstrations pratiques dans tout le pays. Tous les ans, on publie un rapport sur les travaux et expériences entrepris dans le courant de la session. En un mot, les professeurs ne sont pas seulement professeurs, ce sont aussi des conférenciers, des contrôleurs compétents des champs de démonstration, des conseillers pour les agriculteurs; ils jouent à la fois le rôle des maîtres de nos écoles françaises et de nos professeurs départementaux.

Les établissements agricoles britanniques justifient donc bien le nom qu'ils possèdent de *centres collégiaux*.

Il est à remarquer que, dans quelques-uns, les centres subventionnés ont été chargés du contrôle de fermes complètes, soit louées directement par les autorités collégiales, comme à Bangor ou à Wye, soit acquises par les autorités locales dans un but d'enseignement ou pour la poursuite d'expériences, comme la ferme fournie par le conseil de comté du Northumberland de concert avec le centre de Newcastle et celle plus récemment installée par les comtés Est et Ouest du Yorkshire, de concert avec le collège de Leeds.

Quelques-uns des collèges s'occupent même de la préparation agricole des instituteurs, lesquels dépendent du Département des sciences et des arts.

La réussite de l'œuvre des centres collégiaux est due souvent à la coopération de plusieurs corps constitués très différents. C'est ainsi que, pour le Collège de Reading, ces corps constitués comprennent l'Université d'Oxford, la municipalité de Reading, les conseils généraux des comtés limitrophes, les ministères de l'agriculture et de l'instruction publique.

Nous venons d'examiner longuement l'organisation de l'enseignement des écoles d'ordre supérieur; nous serons plus brefs pour celle de l'enseignement de degré moyen et inférieur. C'est qu'en Angleterre on ne trouve pas d'écoles pratiques d'agriculture comme en France et dans la plupart des pays d'Europe. Les collèges britanniques tiennent lieu de tout. Le collège est Institut agronomique par son cours général (*long courses*); il est aussi école secondaire et école inférieure par ses cours réduits (*short courses*); il est même école pratique par les cours pratiques donnés à la ferme modèle. Nous pourrions ajouter qu'il est encore *école ambulante* par ses conférences théoriques et pratiques données dans les comtés voisins, ses professeurs remplaçant nos professeurs départementaux et spéciaux.

Le collège n'est donc pas une unité d'enseignement, c'est un centre collégial, comme nous l'avons dit plus haut, c'est un organisme à plusieurs fonctions dont toutes les forces sont concentrées au même point.

Sans doute, il existe bien des écoles primaires rurales, ainsi que des écoles primaires supérieures où les instituteurs donnent un enseignement agricole. Mais cet enseignement n'occupe qu'une place très modeste dans les programmes et les établissements qui l'ont adopté ne sont pas des écoles d'agriculture.

A différentes reprises, on a tenté de créer des écoles pratiques dans le genre des nôtres. En Irlande, il y avait autrefois 20 fermes-modèles provinciales; il n'en reste plus que deux, *The Albert Institution de Glasnevin* près de Dublin, et *The Munter Institution* de Cork.

L'enseignement agricole britannique n'a pas une organisation complète et ordonnée comme dans la plupart des pays d'Europe. Ce défaut est-il attribuable à la création tardive du Ministère de l'agriculture ou à ce que l'État, en matière d'instruction, laisse presque tout à l'initiative privée? Les deux causes entrent probablement en ligne de compte.

X

HONGRIE.

CHAPITRE PREMIER.

EXPOSITION.

L'exposition de l'enseignement agricole avait été installée dans le Pavillon hongrois élevé à l'intérieur du Palais de l'agriculture et des aliments.

Ce pavillon avait un cachet très artistique avec sa décoration de pampres et de grappes de raisin en relief.

L'aspect de ce pavillon était, dans un autre genre, tout aussi pittoresque que celui de la Section hongroise de l'enseignement général, au Palais des arts libéraux.

Dans l'exposition spéciale de l'enseignement agricole hongrois, tout était clair, facile à examiner et merveilleusement encadré par des objets disposés avec ingéniosité et avec goût.

La partie rétrospective de l'exposition de l'académie royale d'agriculture de Magyar-Ovar comprenait un album des anciennes machines et des instruments agricoles employés pour la moisson depuis le commencement du xix° siècle. Un magnifique album du professeur Miller, de l'institut de Debreczen, reproduisait 179 polypores de Hongrie. D'autres professeurs de Debreczen avaient présenté, sous la forme graphique, les résultats de leurs recherches.

L'institut agronomique de Keszthely avait exposé des collections de modèles anatomiques, de petits modèles d'anciennes machines agricoles, un tableau indiquant la composition chimique du maïs aux différentes périodes de sa germination, une belle aquarelle de l'institut. Kolozs-Monostor présentait des plantes des prairies salées et des modèles de moutons de la race Cigaya.

Les autres instituts et les écoles pratiques d'agriculture étaient représentés par des plans, des dessins, des vues photographiques, des échantillons de plantes et de graines, des graphiques sur la production du lait et sur les cultures.

Le Ministère royal hongrois de l'agriculture avait publié, à l'occasion de l'Exposition, une remarquable série de brochures, parmi lesquelles nous citerons la notice sur le service des stations agronomiques hongroises.

L'exposition forestière hongroise qui se trouvait au Pavillon des forêts, de la chasse et de la pêche, en aval du pont d'Iéna, n'était pas moins séduisante que celle de l'agriculture par sa belle disposition et par sa décoration originale en bois non dépouillés de leur écorce et en bois atteints de maladies causées par les parasites.

Dans ce cadre rustique, l'académie forestière de Selmeczbavya avait exposé de jolis dessins à la plume et de fines aquarelles, ainsi que des ouvrages intéressants des professeurs de l'académie forestière. Les écoles de gardes forestiers avaient exposé des plans, des cartes, des dessins, des photographies, des travaux des élèves et un curieux modèle de hutte forestière pour la conservation des glands.

Récompenses. — 2 grands prix, 5 médailles d'or, 4 médailles d'argent, 2 médailles de bronze. Collaborateurs : 11 médailles d'or, 22 médailles d'argent, 8 médailles de bronze, 7 mentions honorables.

CHAPITRE II.
HISTORIQUE DE L'ENSEIGNEMENT AGRICOLE.

Les institutions d'enseignement agricole de la Hongrie remontent au xviiie siècle. La création de ces établissements d'enseignement à une époque où la France, l'Allemagne, l'Angleterre ne possédaient pas encore d'institutions analogues, s'explique par le caractère essentiellement agricole du pays. A l'Université de Nagyszombat, en 1630, on trouve déjà quelques notions d'enseignement agricole, ainsi qu'à l'école supérieure protestante de Sarospatak où les sciences naturelles étaient enseignées d'une façon expérimentale. Dans certaines écoles militaires nobles (*scolæ equestres*), on enseignait avec l'art hippique un peu d'agronomie. Samuel Tessedik fonda, en 1779, l'école d'économie rurale de Szarvas. En 1786, le comte Christophe Nako fonda, à Nagy-Szent-Miklos, une petite école d'agriculture pour les enfants de ses serfs.

L'Université des sciences transférée de Nagyszombat à Bude eut, jusqu'en 1814, une chaire d'agronomie avec un jardin d'essais et une chaire d'enseignement vétérinaire à partir de 1787.

Le « Georgicon » de Keszthely, fondé en 1797 par le comte Georges Festetics, fut le premier établissement d'enseignement complet agricole. On y trouvait les huit sections suivantes : école d'agronomie, section de droit rural, école forestière et cynégétique, école d'horticulture, école de génie rural, école des maîtres de haras et des écuyers, école des laboureurs, école des ménagères. Des professeurs instruits pour l'époque, un matériel des plus complets, un domaine princier se trouvaient à la disposition des élèves. Le Georgicon de Keszthely peut être considéré comme le berceau de la science agronomique en Hongrie. De 1797 à 1848, 1,444 élèves y ont acquis une instruction technique qui leur a permis de propager dans le pays les meilleurs procédés de culture.

En 1818, le prince Albert Casimir de Saxe-Teschen fonda l'institut agronomique de Magyar-Ovar, dans le but d'y former des régisseurs pour ses domaines, mais il le rendit accessible aux autres jeunes gens qui se destinaient à l'agriculture en créant un internat et des bourses. Cet institut, de fondation privée, poursuivit sa tâche bienfaisante, de concert avec celui de Keszthely, jusqu'en 1848, et pendant les trente années de son fonctionnement, il fut fréquenté par 782 élèves. Au début, la langue parlée à Magyar-Ovar fut le latin, ensuite l'allemand; ce qui permit à de nombreux étrangers d'y venir suivre les cours.

Les familles comtales Karolyi et Batthiany créèrent à Rohoncz, en 1839, un institut supérieur agronomique, destiné également à former le personnel d'employés néces-

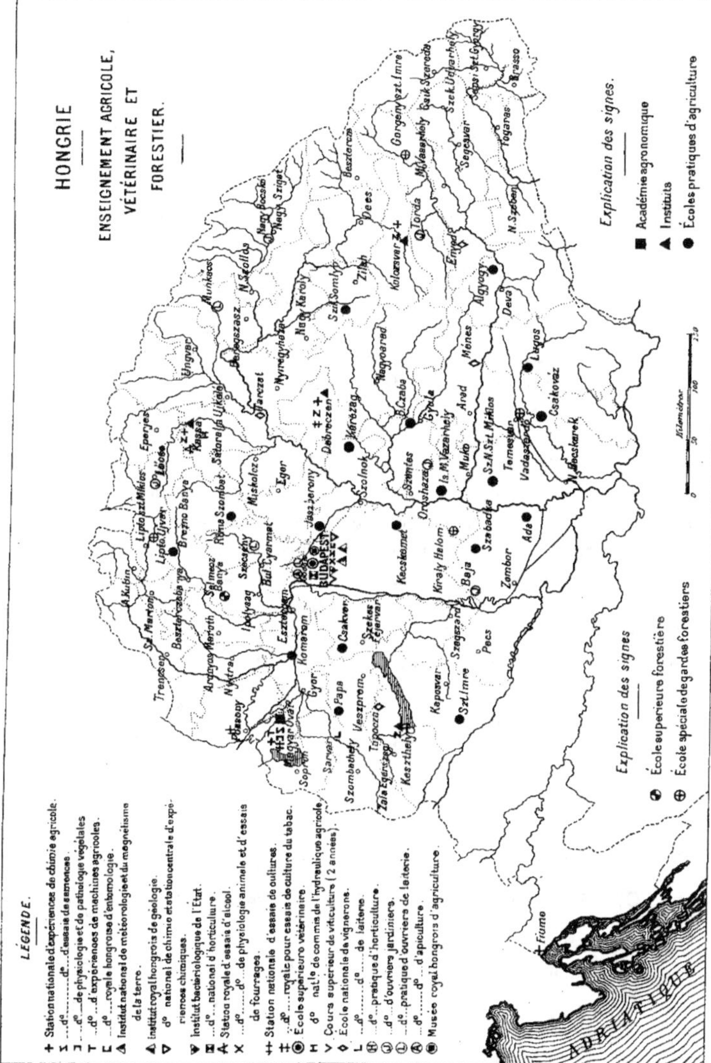

Fig. 135. — Carte de l'enseignement agricole, vétérinaire et forestier, en Hongrie.

saire à leurs domaines. Nagy-Kœros, Zelemer, Szœkehalom eurent, de 1840 à 1848, des instituts ou des écoles d'agriculture. A l'exception des chaires universitaires, ces diverses fondations furent l'œuvre de riches particuliers, de grands propriétaires fonciers.

Comme on le voit, jusqu'en 1848, l'enseignement agricole en Hongrie se développa régulièrement. C'est alors que survint la Révolution française de février, qui proclama les principes de liberté et d'égalité. La noblesse hongroise, dans un élan enthousiaste, renonça spontanément à ses privilèges. Le serf fut émancipé, la terre fut affranchie et exempte de la corvée.

Mais dans la guerre de l'Indépendance qui s'ensuivit, la nation hongroise, malgré son héroïsme, succomba sous le nombre, vit abolir ses institutions et réduire son territoire. Le Georgicon de Keszthely, Magyar-Ovar, les instituts de Nagy-Kœros, de Zelemer, de Szœkehalom, de Rohonez, toutes ces écoles d'agriculture dont l'influence se faisait déjà sentir, cessèrent de fonctionner et disparurent avec les libertés de la Hongrie.

Après la révolution de 1849, vers 1850, l'institut de Magyar-Ovar put renaître. Par suite d'un accord conclu entre le Gouvernement autrichien et l'archiduc Albrecht, l'institut reçut un caractère officiel et le titre de «Institut impérial et royal d'enseignement supérieur». Il reprit le cours de ses travaux, continués depuis sous diverses autorités et sous divers titres : de 1850 à 1869, comme institut supérieur de langue allemande; en 1869, ayant passé sous l'autorité du Gouvernement hongrois, comme Institut supérieur royal hongrois. En 1874, il fut élevé au rang d'Académie et, depuis 1884, l'allemand ayant été abandonné comme langue d'enseignement, il est devenu un établissement exclusivement hongrois et représente aujourd'hui le degré supérieur de l'enseignement agronomique. L'Institut de Keszthely fut reconstitué aussi en 1865 sous le nom d'Institut national supérieur d'agronomie et de sylviculture.

Avec le rétablissement de la Constitution en 1867, événement qui détermina la prospérité matérielle aussi bien que l'essor intellectuel de la Hongrie, le Gouvernement national étendit son activité à la réorganisation de l'enseignement agricole, procéda à la création d'instituts en nombre suffisant, à l'organisation des différentes écoles et à leur répartition dans les diverses régions du pays.

Actuellement, la cause de l'enseignement agricole en Hongrie est servie par des institutions de premier ordre.

CHAPITRE III.

ORGANISATION DE L'ENSEIGNEMENT SECONDAIRE.

—

ÉTABLISSEMENTS ET INSTITUTIONS D'ENSEIGNEMENT AGRICOLE.

Aperçu général. — 1° L'enseignement supérieur est donné à l'Académie royale de Magyar-Ovar;

2° L'enseignement moyen ou secondaire est donné dans quatre écoles royales d'agriculture ou instituts royaux d'agronomie : à Keszthely, école fondée en 1797 sous le nom de Georgicon et réorganisée en 1865 et 1874; à Debreczen, école fondée en 1868; à Kolozs-Monostor, fondée en 1869; à Kassa, fondée en 1874.

Ces quatre instituts royaux d'agronomie ou écoles d'agriculture représentent le degré moyen, mais fournissent pourtant une instruction supérieure;

3° L'enseignement primaire est donné par vingt écoles pratiques pouvant être réparties de la manière suivante :

a. *Écoles pratiques créées par l'État.* — Elles sont au nombre de quatorze : Karczag, Rimaszombat, Ada, Csakovar, Szent-Imre, Szerb-Nagy-Szent-Miklos, Algyogy, Papa, Kecskemet, Lugos, Jaszbereny, Hodmezovasarhely, Komaron, Breznobanya.

b. *Écoles pratiques privées subventionnées par l'État.* — Elles sont au nombre de quatre : Besztercze, Foldvar, Medgyes, Szeben.

c. *Écoles pratiques appartenant à des comitats et subventionnées par l'État.* — Elles sont au nombre de deux : écoles pratiques de Békès-Gaba et de Szabadka.

d. *École pratique d'agriculture privée non subventionnée par l'État.* — École de Csakvar.

À côté de ces écoles à enseignement agricole général on peut citer huit écoles de viticulture.

L'enseignement agricole est donné aussi à l'école primaire élémentaire, à l'école primaire complémentaire, à l'école primaire proprement dite, à l'école primaire supérieure et à l'école normale.

Les connaissances utiles à l'agriculture sont encore répandues dans le pays par les soins du Ministère de l'agriculture, au moyen de conférences et de cours d'hiver.

I. — *ENSEIGNEMENT SUPÉRIEUR.*

Académie royale d'agriculture de Magyar-Ovar.

(Médaille d'or.)

L'académie de Magyar-Ovar est un établissement d'enseignement supérieur de l'agriculture, qui a pour but de former des agronomes et des agriculteurs possédant les connaissances nécessaires pour l'exploitation rationnelle du sol, des professeurs spéciaux pour l'enseignement agricole, des directeurs de stations agronomiques, des ingénieurs agronomes et des régisseurs de grands domaines. Pour l'admission, les candidats doivent avoir passé l'examen de maturité (baccalauréat de l'enseignement secondaire) et justifier, par un certificat, d'un stage antérieur d'une année dans une exploitation agricole.

La durée des études est de deux ans, mais il est question de prolonger d'une année la durée du séjour à l'académie d'agriculture. L'académie reçoit des élèves et des auditeurs libres.

À la fin de leurs études, les élèves reçoivent un diplôme; les auditeurs libres, un certificat d'études. La durée des cours est de deux ans. L'année scolaire commence dans les premiers jours d'octobre et se termine à la fin de juillet.

Le programme des études comprend les cours suivants :

PROGRAMME.

PREMIÈRE ANNÉE.

NOMBRE DE LEÇONS
PAR SEMAINE.

I Semestre. Chimie générale (1re partie)..............	4
Zoologie agricole...................	8
Anatomie et physiologie animales..........	4
Zootechnie générale..................	4
Anatomie et physiologie végétales.........	4
Minéralogie et géologie...............	2
Mécanique........................	3
Climatologie......................	2
Explications sur la pratique agricole........	1
II Semestre. Chimie générale (2e partie) et chimie agricole.......	4
Étude du sol......................	2
Agriculture générale.................	4
Botanique agricole..................	4
Pathologie végétale..................	1
Zootechnie des bovidés................	2
Laiterie.........................	1
Machines agricoles..................	3
Leçons sur l'agriculture pratique..........	1

DEUXIÈME ANNÉE.

I Semestre. Économie politique (1re partie)...........	2
Économie rurale....................	4
Comptabilité agricole................	3
Agriculture spéciale.................	5
Culture des prairies.................	1
Sylviculture (1re partie)...............	3
Zootechnie du cheval.................	2
Technologie agricole (1re partie)...........	3
Constructions rurales................	4
Apiculture. — Aviculture. — Pisciculture et Sériciculture....	2
II Semestre. Économie politique (2e partie). — Statistique..........	3
Droit rural.......................	2
Économie rurale. — Estimation des propriétés et commerce agricole.....................	3
Viticulture et horticulture.............	3
Sylviculture (2e partie)...............	3
Hygiène des animaux, commerce du bétail........	3
Production des moutons et de la laine.........	2
Production des porcs.................	1
Technologie agricole (2e partie)...........	3
Géodésie........................	4

Chaque leçon est accompagnée de démonstrations pratiques qui sont obligatoires.

Le personnel enseignant de Magyar-Ovar se compose de douze professeurs titulaires ou adjoints, d'un régisseur du domaine, d'un régisseur adjoint, d'un jardinier chef, etc.

Les élèves payent par semestre 40 florins. Mais il y a un certain nombre de bourses qui exonèrent de tout ou partie des frais de scolarité. Le régime de l'académie d'agriculture est l'externat.

Le nombre des élèves qui ont suivi les cours de l'académie a varié, pendant ces dernières années, de 103 (1896-1897) à 154 (1892-1893). Dans ce nombre, on ne compte que 3 à 11 auditeurs libres.

Fig. 136. — École supérieure d'agriculture à Magyar-Ovar.

Depuis sa fondation (1818) jusqu'à la fin de 1896-1897, l'établissement a été fréquenté par 4,755 élèves ou auditeurs libres.

Depuis 1884-1885 l'enseignement est exclusivement donné en langue hongroise.

L'Académie possède des collections, des laboratoires et une bibliothèque qui renferme plus de 6,000 volumes.

L'Académie d'agriculture de Magyar-Ovar peut disposer pour l'enseignement expérimental d'un domaine de 221 hectares. De cette superficie, 151 hectares appartiennent à l'État, le reste est loué. Les terres labourées s'étendent sur 211 hectares. Le système de culture est tel que la moitié de l'exploitation est consacrée à la production des plantes fourragères. Les bovidés et particulièrement les vaches laitières jouent un rôle important dans l'économie de l'exploitation. Le troupeau se monte à 100 têtes. Il n'y a pas de moutons. Les chevaux sont uniquement employés au trait. L'enseignement est cependant plutôt théorique, scientifique.

Le domaine comprend trois métairies dont l'une est spécialement consacrée au service des recherches. Les champs d'expériences, les jardins y occupent une place importante. Les diverses stations annexées à l'académie permettent d'instruire les jeunes gens par de nombreuses démonstrations et par des expériences pratiques. Ces stations sont les suivantes :

1° Une station de recherches pour les applications de la chimie à l'agriculture;

2° Une station d'essais pour les machines et les instruments agricoles;

3° Une station de contrôle des semences :

4° Une station vétérinaire ou clinique ambulante;

5° Une station météorologique;

6° Une station de culture des plantes agricoles.

La station de chimie, créée en 1872 par le Ministre de l'agriculture, est rattachée au laboratoire de l'école supérieure d'agriculture. Elle commença à fonctionner dès l'année 1873 comme première station agro-chimique d'État en Hongrie. La station procède à des examens agricoles et de contrôle, sous la direction du chef de station assisté de trois aides. Désignation des analyses : aliments et épices, vins, bières, alcools, fourrages, engrais, plantes, produits de l'industrie agricole (sucre, amidon, dextrine, levures); analyses d'eaux au point de vue hygiénique, etc.

La station d'essais de machines agricoles à Magyar-Ovar fut créée en 1869. Considérant que la meilleure machine ne peut être essayée et bien jugée qu'à la condition de fonctionner en présence d'ingénieurs agronomes, de techniciens, on a estimé que la meilleure installation pour cette station était l'école supérieure d'agriculture de cette ville. La station d'essais de machines agricoles est rattachée à la chaire de technologie.

Comme la Hongrie ne possède qu'une seule école supérieure d'agriculture, les cultivateurs s'adressaient au professeur de botanique de Magyar-Ovar pour avoir des renseignements relatifs à la physiologie et à la pathologie végétales. Le Ministre de l'agriculsure, M. Ignace Daranyi, décida, en 1897, de créer à l'école une station de physiologie et de pathologie végétales, et il chargea le professeur de botanique de l'école supérieure, déjà chef de la station d'examen des semences, d'organiser et de diriger cette station.

La station d'expériences agricoles, qui faisait autrefois partie intégrante de l'académie d'agriculture, en fut, par contre, séparée en 1895, pour élargir sa sphère d'action, et elle reçut le titre de Station royale hongroise d'expériences agricoles.

Les professeurs de Magyar-Ovar peuvent donc entreprendre des recherches scientifiques intéressantes, chacun dans leur sphère. Il en résulte une élévation du niveau de l'enseignement et la facilité pour les professeurs et les élèves de spécialiser leurs travaux et leurs études. A côté de ces stations fonctionne un comité de consultation agricole qui donne aux cultivateurs des renseignements et des conseils gratuits. Ce comité est composé de tous les membres du corps enseignant.

Les élèves de l'Académie ont constitué les sociétés suivantes :

1° Une société de secours pour les étudiants pauvres. Elle a été fondée en 1892 et possède un capital de 15,000 florins;

2° La société de lecture dite de Kazingy, fondée en 1859, qui possède une bibliothèque de 1,735 ouvrages;

3° Une société destinée à l'enseignement mutuel des élèves par des conférences et des discussions sur les questions agricoles à l'ordre du jour.

Les travaux techniques des professeurs de Magyar-Ovar, le développement des cours, les plans, les photographies, présentés à la Classe 5, donnaient une idée exacte de la valeur des études et de la haute instruction départie à l'académie royale d'agriculture hongroise.

Objets et travaux exposés. — Tableau graphique des élèves depuis quatre-vingts ans; cartes du domaine et du champ d'essais de culture; photographies des laboratoires et des collections.

M. Kosutany, directeur de l'académie et professeur de chimie, a présenté des microphotographies des matières premières de la distillerie et de la brasserie, des préparations pour expliquer la fermentation du vin, des études sur le tabac, les haricots et la vigne, et des observations météorologiques qui lui ont valu de la part du Jury une médaille d'or.

Tableaux muraux des maladies des plantes et album de figures botaniques par M. le professeur Linhart, chef de la station de physiologie et de pathologie végétales; ouvrages sur les champignons de Hongrie « Fungi hungarici », médaille d'or.

M. le professeur Thallmayer, chef de la station d'essais agricoles, a également obtenu une médaille d'or pour ses dessins coloriés : développement mécanique des moissonneuses. Une médaille d'argent a été attribuée à M. le professeur Hensch, pour un tableau synoptique des assolements en Hongrie; une médaille d'argent également à M. le professeur Krolepp pour son exposition et une médaille de bronze à M. le professeur Cselko, pour des analyses de lait.

II. — *ENSEIGNEMENT MOYEN OU SECONDAIRE.*

Les instituts royaux d'agronomie ou écoles royales d'agriculture de degré moyen, correspondant aux écoles nationales françaises d'agriculture, furent créés à Debreczen en 1868, à Kolozs-Monostor en 1869, à Kassa en 1874 et à Keszthely en 1874-1875. Keszthely existait depuis 1865 sous le nom d'Institut national supérieur d'agronomie et de sylviculture. Il fut réorganisé sur le modèle des trois écoles précédentes, de sorte que ces quatre établissements ont une organisation homogène. Les études y durent trois années, dont la première est exclusivement consacrée à apprendre la pratique agricole à l'élève qui est admis à l'institut au sortir de la sixième année de l'ensei-

gnement secondaire. A ces instituts sont annexés de vastes domaines pourvus d'un outillage complet, embrassant la plupart des branches de la culture et de l'élevage. Les
instituts de Debreczen, Kassa et Kolozs-Monostor ont des internats pour 40 élèves chacun. Le prix de la pension est de 440 francs pour les internes, de 80 francs pour les
externes. Dans les quatre instituts d'agriculture, le nombre des élèves varie, pour chaque
école, de 70 à 90. Les élèves diplômés ne sont astreints qu'à un an de service militaire.

Les quatre instituts royaux d'agronomie ayant une organisation analogue, nous
prendrons comme type de ces écoles l'institut de Kolozs-Monostor.

Institut royal agronomique de Kolozs-Monostor.

(Médaille d'argent.)

L'Institut agronomique de Kolozs-Monostor doit sa création à Étienne Gorove, Ministre
de l'agriculture, qui le fonda, en 1869, sur une propriété de 435 hectares située sur les
territoires de la commune de Kolozs-Monostor, près de Kolozsvar. M. Ignace de Daranyi, Ministre de l'agriculture, fit l'acquisition, en 1899, de 128 arpents cadastraux
du domaine formant l'institut et ses dépendances, de sorte que celui-ci possède à présent une terre lui appartenant en toute propriété. La plus grande partie du domaine
s'étend dans la vallée du Szamos, près de la ville libre de Kolozsvar.

Apprendre à ses élèves les connaissances pratiques de toutes les branches de l'agriculture, leur enseigner les moyens techniques indispensables pour l'exercice de leur
métier, et les rendre, par un enseignement professionnel scientifique, aptes à bien ad-
ministrer leurs propriétés, à prendre en fermage de grands domaines, tel est le but
que se propose l'institut. Il a également pour objet de développer et de vulgariser les
connaissances professionnelles en agriculture.

L'Institut est placé sous la surveillance du Ministère de l'agriculture. Le directeur,
chef immédiat de l'école, est président d'office de tous les conseils du corps enseignant.

Sont admis comme élèves internes tous ceux qui ont fait au moins six classes dans
un gymnase, une école réale, une école supérieure de commerce, ou qui ont terminé
les six classes de l'école primaire supérieure et obtenu la note «bien», comme classement
général. Les élèves qui ont passé leur examen de maturité dans un gymnase ou dans
une école supérieure de commerce peuvent être dispensés par le Ministre de l'agriculture de suivre la première année de cours à l'Institut de Kolozs-Monostor, mais à la
condition d'avoir accompli antérieurement un stage pratique d'un an dans une propriété agricole dont l'exploitation et la gestion étaient conformes aux exigences modernes.

La première année de l'enseignement est consacrée aux exercices pratiques de culture. Conformément à cette disposition, chaque élève s'engage, lors de son admission
à l'Institut, à se soumettre à toutes les règles relatives à l'accomplissement des travaux
d'agriculture et des exercices pratiques. En procédant ainsi et en habituant les jeunes

gens à l'agriculture rationnelle, l'Institut crée une base solide pour leur instruction technique et les prépare à concevoir et à comprendre l'application des connaissances théoriques. Chaque élève inscrit sur un carnet de travail les différents travaux auxquels il a pris part. Le directeur de l'enseignement des élèves de première année examine de temps en temps ce carnet de travail. Il y porte son opinion sur la façon dont il est tenu. Il y consigne ses observations. En outre, les élèves tiennent un livre de comptabilité dans lequel ils inscrivent la succession des travaux et leurs résultats. Chaque mois, l'agronome-directeur de la première année examine aussi ce livre et le note. A tour de rôle, chaque élève est commandé pour un service différent : agricole, horticole, viticole.

Ce service comporte, entre autres obligations, de se lever en été à 3 h. 1/2 du matin; en hiver, à 5 h. 1/2, et d'aller se présenter chez l'administrateur afin d'y recevoir des ordres pour le service de la journée; de consigner sur un registre trois fois par jour — le matin, à midi et le soir — tous les phénomènes atmosphériques importants qui se produisent dans la journée.

Un autre élève est également chargé, chaque jour, de la surveillance des animaux. Un élève par semaine remplit les fonctions de garde-magasin, qui consistent dans la garde des outils, leur distribution, la surveillance des greniers et des dépôts, etc.

Un élève, chaque semaine, est attaché au service de l'horticulture et il est tenu de se mettre à la disposition du jardinier en chef.

En résumé, l'enseignement théorique qui est donné aux élèves de première année consiste surtout dans les observations qui leur sont faites au sujet des travaux pratiques qu'ils accomplissent.

Une fois par semaine, l'administrateur et le jardinier principal réunissent autour d'eux les élèves des trois années. Ils leur font un cours, accompagné d'éclaircissements et d'explications détaillés sur tous les travaux exécutés dans le courant de la semaine, résument les résultats obtenus et communiquent le plan d'exécution des travaux projetés pour la semaine suivante. Les deuxième et troisième années d'enseignement sont surtout consacrées à l'enseignement théorique; mais cet enseignement est donné en partie d'après les observations faites lors de la revision des cahiers de travail, c'est-à-dire qu'il porte particulièrement sur les travaux journaliers de culture.

EMPLOI DU TEMPS.

1re ANNÉE.

SEMESTRE D'HIVER.	HEURES PAR SEMAINE.	SEMESTRE D'ÉTÉ.	HEURES PAR SEMAINE.
Mathématiques	3	Chimie générale	3
Physique	2	Climatologie	2
Minéralogie et géologie	2	Comptabilité	2
Chimie générale	3	Zoologie	3

2ᵉ ANNÉE.

SEMESTRE D'HIVER.		SEMESTRE D'ÉTÉ.	
Agriculture générale	5	Agriculture spéciale	5
Anatomie et physiologie zoologiques	5	Culture des prairies et drainage	1
Anatomie et physiologie botaniques	2	Élevage	3
Géométrie théorique	2	Botanique agricole	4
Mécanique	3	Pathologie végétale	2
Horticulture (1ʳᵉ partie)	2	Chimie agricole	3
Pisciculture et aviculture	2	Arpentage et topographie	4
		Mécanique agricole	4
		Apiculture	1
		Horticulture et viticulture	3

3ᵉ ANNÉE.

SEMESTRE D'HIVER.		SEMESTRE D'ÉTÉ.	
Économie agricole nationale	4	Économie rurale. Estimation agricole	4
Gestion agricole	4	Comptabilité agricole	4
Statistique agricole	2	Élevage des chevaux et moutons	4
Élevage des bestiaux	4	Technologie agricole et viticulture	3
Technologie agricole et viticulture	3	Droit rural	2
Sylviculture	3	Épizooties	2
Architecture agricole, constructions rurales	3	Sylviculture	4
Dessin	3	Hygiène des animaux	2

Le domaine de l'école a une étendue de 435 hectares. Ces 435 hectares sont ainsi divisés : terres labourables 175 hectares, pâturages 179 hectares, prairies 52 hectares, jardins et plantations 10 hect. 8, vignes 1 hect. 2, emplacement 10 hectares, etc. Le maïs est surtout cultivé à Kolozs-Monostor. Une partie de la récolte est employée pour engraisser le bétail. Le cheptel du domaine comprend 32 bœufs de race hongroise, achetés en Transylvanie, 20 vaches et 1 taureau de la race dite de Puizgau, 4 chevaux seulement; un troupeau de 330 têtes appartenant à la race blanche dite « Czurkau » (Raczka) de Transylvanie, 28 truies et verrats de la race mangalicza blonde. Les pépinières renferment une collection très complète de tous les arbres fruitiers de la zone tempérée. Dans le vignoble, on trouve les variétés suivantes : raisin de moine, oporto, tramini rouge, rizling du Rhin, cépages de Bourgogne. Artificiellement installé et alimenté par un canal d'arrosage des prés, le vivier a une étendue de 1 hectare; les élèves y étudient la pisciculture et spécialement l'élevage des cyprins, communs dans la Szamos.

Depuis la création de l'institut, le nombre des étudiants inscrits s'est élevé au total de 2,482.

Les cours d'arboriculture, d'horticulture et de viticulture ont été suivis par 177 instituteurs d'écoles primaires et propriétaires fonciers; les cours d'agriculture organisés pour les professeurs d'écoles normales, par 16 professeurs et instituteurs;

le cours de mécanique agricole et de technique, par 164 élèves; le cours de vannerie, par 40 instituteurs d'écoles primaires.

Cours de mécaniciens. — Le professeur de mécanique de l'école fait des cours spéciaux aux élèves pendant 12 semaines à la fin desquelles les élèves passent un examen devant une commission qui leur délivre un certificat d'aptitude pour la conduite des machines à vapeur.

L'institut possède aussi un hôpital vétérinaire afin d'apprendre aux élèves qui suivent les cours de zootechnie le traitement auquel sont soumis les animaux malades.

Institutions fonctionnant à côté de l'Institut de Kolozs-Monostor. — Une station publique pour l'examen des grains destinés à la semence a été créée en 1884. Ces examens ont pour but d'éliminer du commerce les semences falsifiées, incapables de germer ou contenant de mauvaises herbes. Les graines de luzerne et de trèfle sont, après un examen préalable, livrées au commerce en sacs plombés et accompagnés de certificats constatant qu'ils ne renferment aucune graine de cuscute.

Commission de consultations agricoles. — Cette commission, fondée en 1892, a pour but de donner aux agriculteurs dans certaines questions agricoles importantes des conseils gratuits. La commission de consultations agricoles se compose de tous les professeurs de l'école.

Instruction professionnelle agricole des élèves de l'école normale. — Depuis 1876, les élèves de l'École normale de Kolozsvar assistent, chaque semaine, à un cours agricole de deux heures, afin d'être plus tard aptes à répandre, comme instituteurs, les notions essentielles de l'agriculture moderne. Ils étudient surtout les questions agricoles relatives à la petite propriété rurale, l'élevage, la botanique, l'apiculture et la sériciculture. Comme sanction de ces études, les résultats de l'examen passé par eux, à la fin de chaque année, sont consignés dans le certificat que leur délivre l'école normale.

Cours d'horticulture pour les instituteurs. — Afin de répandre dans les campagnes les connaissances relatives à l'horticulture, à l'arboriculture et à la viticulture, le Ministre de l'agriculture a fait ouvrir à l'Institut un cours spécial de 2 semaines, au mois d'avril, pour les instituteurs. Ce cours est fréquenté en moyenne par 25 instituteurs, jouissant d'une bourse de 60 francs payée par l'État. A la fin des cours, ils passent un examen en présence du délégué ministériel et reçoivent un certificat dans lequel sont consignés les résultats de l'examen.

Cours de professeurs d'écoles normales. — En vertu d'un arrêté ministériel de 1897, l'Institut agricole a encore ouvert un cours spécial d'un mois par an pour ceux des professeurs d'écoles normales qui, tout en enseignant l'agriculture, n'avaient pas reçu une instruction agricole les rendant aptes à remplir leur tâche avec la compétence voulue. L'État leur alloue à cet effet une bourse de 200 francs. Leurs études terminées, ils passent un examen et reçoivent un diplôme.

Cours de vannerie. — Le cours de vannerie, qui a une durée de 4 semaines, est destiné aux instituteurs de l'enseignement primaire auxquels l'État accorde pour suivre ce cours une allocation de 80 francs. Depuis trois ans, le cours a été suivi par 40 instituteurs.

Cours d'aspirants jardiniers. — Le Ministre de l'agriculture désigne chaque année 6 à 8 jeunes gens ayant fait au moins quatre classes d'école primaire supérieure, et les envoie à Kolozs-Monostor où ils suivent, pendant deux ans, les cours d'horticulture. Ils continuent ensuite leurs études à l'institut d'horticulture de Budapest.

Objets et travaux exposés. — La flore des environs de Kolozsvar, par M. le professeur Pater. — Carte du jardin principal de l'institut, par M. Ritter, jardinier en chef de l'école. — Laine de mouton « czigaya », microphotographies et photographies d'animaux, par le directeur de l'Institut, docteur Szentkiralyi (médailles d'argent).

Médaille de bronze : M. le professeur Baintner : tableau graphique d'analyses de lait de brebis et de lait de buffle.

Mentions honorables : M. le professeur Szecsey, pour sa monographie de l'institut de Kolozsvar; M. le professeur Reti, pour des tableaux graphiques de la température du sol et des tableaux météorologiques.

Indépendamment des objets présentés par les professeurs, la direction de l'école avait envoyé une vue du bâtiment et un tableau graphique des élèves de l'école et des instituteurs ayant suivi le cours d'horticulture.

*
* *

L'organisation de l'enseignement étant la même dans les autres instituts agronomiques de Debreczen, de Kassa et de Keszthely, nous nous bornerons à indiquer la part prise par ces établissements à l'Exposition, ainsi que les travaux et objets exposés par les professeurs.

Institut royal agronomique de Debreczen.

(Médaille d'or.)

Le personnel enseignant comprend avec le directeur : 5 professeurs ordinaires, 3 professeurs adjoints.

Pendant les six dernières années la fréquentation de l'école a varié entre 87 (1892-1893) et 105 élèves (1893-1894). Depuis sa création jusqu'en 1895, l'établissement a reçu un total de 1,003 élèves. Les élèves de 1re année sont logés et nourris à la ferme de l'école moyennant 20 florins par mois. Les élèves de 2e et de 3e année habitent la ville de Debreczen.

Le domaine de l'école appartient à cette dernière, il a une étendue de 205 hectares. Le champ d'expériences et les jardins occupent 4 hectares. Le champ d'expériences est surtout consacré à des recherches sur les plantes propres aux terres sablonneuses.

Sont adjointes à l'école : une station d'essais de semences fondée en 1883, une station agronomique (1894), une station pomologique (fondée en 1869).

Tous les professeurs de l'école donnent des conférences publiques qui sont très suivies par les agriculteurs.

Fig. 137. — Institut royal agronomique de Debreczen.

Objets et travaux exposés. — Vues des bâtiments et de la ferme. Brochure illustrée sur l'établissement.

M. le professeur Muller a obtenu une médaille d'or pour un herbier de la flore des digues et des terrains rocheux et pour des spécimens de champignons.

Médailles d'argent : M. Kerpely, directeur suppléant de l'institut, pour une étude sur la croissance, l'anatomie, la composition du piment rose (paprika) de Szeged ; M. le professeur Sporzon : Travail d'une faucheuse mécanique, photographies, modèles, diagrammes.

Institut royal agronomique de Kassa.

(Médaille d'argent.)

Le corps enseignant comprend avec le directeur : 6 professeurs ordinaires, 1 professeur adjoint, 1 régisseur pour l'exploitation agricole, 1 jardinier chef.

Pendant les six dernières années qui ont précédé 1895, la fréquentation a varié de 95 élèves (1890-1891) à 117 (1894-1895).

Jusqu'en 1895, le nombre total des élèves qui ont fréquenté l'école s'est élevé à 637.

Comme à l'École de Debreczen, les élèves de 1re année sont logés et nourris dans l'établissement moyennant 20 florins par mois.

Le domaine de l'école a une étendue de 573 arpents. En dehors du champ d'expériences qui s'étend sur plus de 3 arpents, l'école possède un jardin botanique, un jardin fruitier, une pépinière de vignes américaines et un parc. L'Institut agronomique de Kassa est entouré de forêts exploitées suivant différents modes et servant à l'enseignement des élèves.

Fig. 138. — Institut royal agronomique de Kassa. (Édifice principal.)

Depuis 1884, l'établissement possède une distillerie. Cette dernière sert à utiliser les produits de l'exploitation et à enseigner aux élèves une industrie qui joue un rôle très important dans l'économie rurale de la Haute Hongrie.

Fig. 139. — Institut de Kassa. (Musée de zoologie et de zootechnie.)

Trois stations sont adjointes à l'école : une station d'essais de semences, une station météorologique et une station agronomique.

A côté de l'enseignement agricole général, on a institué à Kassa un certain nombre de cours spéciaux à courte durée : un cours de deux mois pour les distillateurs, un cours pour les propriétaires de distilleries et les employés agricoles pendant le mois de décembre, un cours d'arboriculture.

Objets et travaux exposés. — Carte de l'exploitation rurale; statistique des élèves, produits de la ferme de l'école; cartes de la forêt, de la pépinière, du verger et du jardin potager de l'école.

M. le professeur Budahazy (médaille d'argent) : flore de la contrée; préparations microscopiques végétales, préparations de pathologie végétale. M. le professeur Gerloczy (médaille d'argent) : modèle d'établissement pour l'apprêt du lin; étude sur la culture de la chicorée; tableaux graphiques sur la culture de l'orge dans la Haute Hongrie.

Mention honorable à M. le professeur Zalka : plan de la distillerie agricole de l'Institut agronomique de Kassa; spécimens d'alcools; rapport sur le fonctionnement de la distillerie. La distillerie de Kassa produit de l'alcool de pommes de terre, de maïs, d'orge, de topinambours.

Institut royal agronomique de Keszthely.

(Médaille d'argent.)

Le corps enseignant comprend avec le directeur : 5 professeurs ordinaires, 1 professeur suppléant, 1 directeur pour l'exploitation avec 1 adjoint chargé de l'instruction pratique des élèves pendant la 1re année, 1 jardinier-chef.

Fig. 140. — Institut agronomique de Keszthely. (Édifice principal.)

La fréquentation des élèves a varié ces dernières années entre 93 (1890-1891) et 127 (1893-1894). L'établissement a reçu 1,389 élèves pendant ses trente années d'existence (1865-1895).

Les élèves doivent se nourrir et se loger eux-mêmes.

Le domaine de l'école a une étendue de 315 arpents.

L'Institut agronomique de Keszthely possède : une station d'essais de semences (fondée en 1884), une station de chimie agricole (depuis 1890) et une station météorologique (depuis 1867).

Objets et travaux exposés. — Statistiques sur le « Georgicon » de Keszthely (1807-1848) et l'institut (1868 à 1899). Tubes de verre contenant des insectes nuisibles; photographies des collections du laboratoire de chimie, du musée botanique, de la station d'essais de graines.

Médailles d'argent : M. le professeur Kiss : objets pour l'enseignement de la zootechnie; M. le professeur Schadl : modèles de machines anciennes et nouvelles.

Médailles de bronze : M. Lovassy, professeur d'histoire naturelle : détails biologiques sur les insectes nuisibles; M. Nyiredy, professeur de chimie : études sur le maïs; les ennemis du maïs; utilisation du maïs. A M. Faber fut attribuée une mention honorable.

III. — ENSEIGNEMENT PRIMAIRE.

ÉCOLES PRATIQUES OU ÉCOLES PRIMAIRES D'AGRICULTURE.

Exposition collective. (Médaille d'or.)

La plupart des écoles pratiques ou primaires d'agriculture ont été créées par l'État; mais il en existe cependant un certain nombre qui ont été fondées par l'initiative privée et organisées suivant les idées personnelles des fondateurs. Les écoles pratiques d'agriculture se divisent donc en deux catégories : écoles royales entretenues par l'État et écoles soutenues par des associations ou des particuliers. Ces différentes écoles ont pour but de donner une bonne instruction primaire aux fils des petits propriétaires ruraux et de les rendre aptes à la direction, à la surveillance d'une exploitation rurale, à l'élevage ou à la garde des troupeaux.

Fig. 141. — École pratique d'Ada.
(Partie de la métairie.)

Fig. 142. — École Szent-Imre.
(Entrée principale.)

Le régime de la propriété en Hongrie facilite le placement des élèves à leur sortie; ils trouvent presque toujours un emploi dans les grandes propriétés qui ont besoin d'un personnel instruit et discipliné.

Dans les écoles de l'État, il existe des différences qui permettent de grouper les écoles d'agriculture en deux classes : 1° les unes ont pour but principal la pratique du métier agricole : Ada, Szent-Imre, etc.; 2° les autres donnent un enseignement à la fois théorique et pratique : Debreczen transférée à Karczag, Rimaszombat, Nagy-Szent-Miklos, Csakovar et Papa.

La durée des études dans les écoles pratiques de Hongrie est de deux années; mais les meilleurs élèves peuvent passer à l'école une troisième année de perfectionnement. Les élèves doivent être âgés de 17 ans au moins, doués d'une bonne constitution et munis d'un certificat établissant qu'ils savent lire, écrire et compter. Les cours élémentaires faits dans ces écoles se rapportent à l'enseignement primaire, aux diverses branches de l'agriculture, à l'élevage, à l'horticulture.

Programme de l'enseignement : orthographe et grammaire hongroise, arithmétique, histoire naturelle, géographie, agriculture, zoologie et zootechnie, administration d'une petite exploitation rurale, comptabilité, horticulture et viticulture, constructions rurales.

Fig. 143. — École pratique de Nagy-Szent-Miklos.
(Intérieur de la métairie.)

Fig. 144. — École pratique d'Algyogy.
(Cour de la ferme.)

Les élèves exécutent tous les travaux de la ferme sous la conduite des chefs de pratique. Ils sont divisés par groupes et participent successivement aux différents travaux. Leurs aptitudes spéciales pour une branche quelconque (horticulture, labourage, soins et conduite des animaux domestiques) sont relevées avec soin dans leurs notes. A la fin de chaque semestre, les élèves passent un examen restreint, et, à la fin des cours, un examen public sur toutes les matières de l'enseignement théorique et pratique. A la fin de leurs études, ils reçoivent un brevet de capacité.

Chaque école peut recevoir en moyenne 30 élèves internes, dont la pension coûte environ 300 francs par an; mais l'élève peut réduire le prix de la pension au moyen de son travail, lequel peut être important étant donné l'âge avancé de la plupart des jeunes gens qui fréquentent les écoles pratiques.

Pour les élèves pauvres, il existe quelques bourses. D'ailleurs, un certain nombre de places gratuites ont été fondées par les propriétaires des environs. Ces propriétaires peuvent en faire profiter les jeunes gens désignés par eux.

Les écoles d'agriculture, abstraction faite de leur enseignement, rendent encore de grands services aux cultivateurs hongrois en propageant les meilleures variétés de graines et de plantes et en fournissant aux éleveurs des reproducteurs de race pure.

L'exposition collective des écoles royales d'agriculture de Hongrie, qui ont obtenu une médaille d'or, était une des plus intéressantes avec les figurines représentant les anciens élèves, les dessins, photographies, le matériel scolaire et les modèles relatifs à l'enseignement.

1° Écoles pratiques d'agriculture de l'État.

École de Debreczen (ouverte en 1867). — Elle est située à 6 kilomètres de la ville de Debreczen sur le domaine royal de Pallay. Elle est placée sous la surveillance de l'école royale d'agriculture de Debreczen. Elle peut recevoir 40 élèves. Le nombre des candidats est tel que 20 à 30 sont éliminés chaque année. Depuis sa fondation jusqu'en 1897 l'école a reçu 659 élèves.

Fig. 145. — École pratique de Papa.
(Entrée principale.)

Fig. 146. — École pratique de Kecskemet.
(Édifice principal.)

École de Rimaszombat (fondée en 1884). — Elle peut recevoir 30 élèves. L'exploitation rurale qu'elle possède a une étendue de 898 arpents dont les deux tiers sont occupés par des bois. La propriété appartient à la ville de Rimaszombat qui l'a cédée en location à l'école.

École d'Ada. — Le nombre de places dont elle dispose n'est que de 28. De 1884 à 1897 elle a reçu 217 élèves dont 80 p. 100 appartiennent à des familles de paysans.

Plus de la moitié de ces jeunes gens avant leur entrée à Ada avaient accompli leur service militaire; beaucoup même étaient mariés.

Le domaine de l'école s'étend sur 100 arpents. La propriété appartient à la commune d'Ada.

École Szent-Imre (fondée en 1886). — Elle peut recevoir 30 élèves. Depuis son origine, elle a reçu 135 élèves, la plupart fils de paysans. Le domaine a une étendue de 572 arpents.

École de Nagy-Szent-Miklos. — Cette école existait déjà en 1800 comme établissement privé. Elle est devenue établissement d'État en 1887. Depuis, elle a reçu la même organisation que les autres écoles pratiques. Elle peut recevoir 30 élèves. Ceux-ci appartiennent aux nationalités magyar, allemande, serbe et roumaine. De 1887 à 1897, elle a reçu 134 jeunes gens. L'étendue du domaine est de 124 arpents.

École de Algyogy (fondée en 1892). — Elle peut recevoir 40 élèves. La propriété s'étend sur 1,718 arpents dont 15 sont occupés par des vignobles.

École de Papa (fondée en 1893). — Elle peut recevoir aussi 30 élèves. Le domaine qu'elle possède a une étendue de 165 arpents

École de Kecskemet (fondée en 1895), dont le domaine a une étendue de 197 arpents. L'école appartient à la ville de Kecskemet qui y envoie chaque année 4 élèves boursiers.

École de Lugos (fondée en 1895), dont le domaine s'étend sur 491 arpents. Depuis 1892 l'école possède une grande pépinière d'arbres fruitiers pour l'enseignement de l'arboriculture.

École de Jaszberemy (ouverte en 1896). — Elle peut recevoir 30 élèves qui grâce à des dons divers sont tous exemptés des frais de scolarité. L'étendue du domaine est de 212 arpents sur lesquels 50 sont utilisés comme vignobles et jardins fruitiers.

Trois autres écoles royales d'agriculture pratique ont été ouvertes à l'automne de 1897 à Hodmezovasarhely, Szabadka, Békés-Gabra.

2° Écoles pratiques d'agriculture privées subventionnées par l'État.

L'enseignement pratique de l'agriculture est donné en Hongrie dans cinq écoles privées subventionnées par l'État. Nous donnons des indications sur quatre d'entre elles.

Trois de ces écoles ont été fondées par l'Université nationale sous les conditions qui suivent : 1° chaque école reçoit une subvention annuelle de 2,000 florins de l'Université; 2° l'organisation intérieure de l'école et le lieu de son emplacement sont laissés à la décision des districts intéressés; 3° l'enseignement technique est donné par des spécialistes et chaque école a une exploitation de 20 arpents au moins; 4° les écoles ont leur organisation propre et ne

Fig. 147. — École pratique de Rimaszombat.

sont pas annexées à d'autres établissements d'enseignement; 5° l'Université nationale a la surveillance des élèves et le droit de retirer la subvention. Le but de ces écoles est de donner aux fils des petits propriétaires l'instruction pratique nécessaire pour cultiver rationnellement leurs domaines. La durée de l'enseignement est de deux ans.

École de Besztercze (fondée en 1870). — Sa fréquentation était réduite à quelques élèves. Aussi fut-elle en 1884-1885 transformée en *école d'hiver*. Depuis lors le nombre des élèves a un peu augmenté. Le corps enseignant comprend le directeur et 4 professeurs.

Les cours durent 2 semestres d'hiver. Ils commencent le 1ᵉʳ octobre et se terminent le 31 mars. Chaque semaine, 27 heures sont consacrées à la théorie et 4 heures à la pratique.

Les élèves doivent avoir au moins 15 ans et avoir terminé leurs études primaires. Ils sont logés et nourris à l'établissement.

Le domaine de l'école a une étendue de 31 arpents dont deux sont occupés par la vigne et un jardin.

École de Foldvar (fondée en 1871). — La durée des études est de deux ans; elles commencent le 15 novembre. Pendant l'hiver, il y a par semaine 36 heures de leçons théoriques, 24 heures de pratique; pendant l'été, 31 heures de théorie et 42 heures de pratique.

Le personnel enseignant comprend : 1 directeur, 2 professeurs, 1 jardidinier et 1 surveillant.

Le nombre des élèves qui fréquentent l'école varie de 15 à 22.

L'étendue de l'exploitation est de 31 arpents.

École de Medgyes (fondée en 1871). — Elle poursuit le même but que les autres écoles. Mais, en outre, elle a organisé un cours d'une durée d'un an pour les candidats à l'emploi d'instituteur et des cours réduits (Kürzen Curse) pour les instituteurs eux-mêmes.

Fig. 146. — École pratique de Lugos.

Les candidats qui désirent entrer à Medgyes doivent avoir au moins 15 ans et avoir suivi jusqu'à 14 ans l'école primaire. Sont admis de préférence les candidats qui ont fréquenté un gymnase ou une école réale. L'enseignement a une durée de trois ans. Les deux premières années sont consacrées à l'étude des connaissances théoriques préliminaires et des connaissances techniques générales. Pendant la 3e année, on s'occupe spécialement de la viticulture, de l'œnologie, de l'arboriculture, d'apiculture.

Le corps enseignant se compose du directeur, de 3 maîtres, de 1 adjoint, de 1 chef de culture pour la ferme et les jardins, de 1 maître de gymnastique et de 1 maître vannier.

Le nombre des élèves a été de 24 en 1895-1896. Pendant les dix années qui ont précédé 1896, la fréquentation n'a jamais été inférieure à 20.

Ferme-école du comité de Nagy-Szeben. — Organisée en 1888, elle a pour but de former des travailleurs instruits et en même temps de mettre sous les yeux des cultivateurs du voisinage l'exemple des bénéfices qu'on peut retirer d'une bonne culture. Les études ne durent qu'un an. Les leçons théoriques occupent 20 heures par semaine pendant les 5 mois d'hiver. En été, les élèves sont exclusivement occupés aux travaux des champs.

Ces derniers donnent lieu à des explications sur le terrain.

Les élèves ne payent pas de pension; ils reçoivent, au contraire, une indemnité de 36 à 54 florins par an; mais ils sont obligés d'exécuter tous les travaux du domaine. La ferme-école ne peut recevoir plus de 7 élèves. C'est le directeur qui donne l'enseignement. Il peut se faire aider par un maître.

Un maître-valet lui sert de surveillant. Chaque année, en plus des cours ordinaires, a lieu un cours d'arboriculture.

3° Écoles de comitat subventionnées par l'État.

Ce sont les écoles de Békés-Gaba et de Szabadka de fondation très récente (1897), sur lesquelles nous n'avons pas de renseignements précis.

4° École pratique d'agriculture privée non subventionnée par l'État.

École de Csakvar. — Elle a été fondée en 1891 par le comte Nicolas-Maurice Eszterhazy sur son domaine de Csakvar. Le comte Eszterhazy l'entretient à ses frais. Cette école est destinée à répandre les connaissances agricoles parmi les petits cultivateurs. Les élèves ne payent pas de pension; ils sont logés et nourris à l'école. En outre ils reçoivent une indemnité de 35 florins par an pour s'habiller et une certaine somme variable suivant leur zèle pour le travail. Les études durent deux ans.

Pour être admis à Csakvar, les candidats doivent avoir 17 ans, avoir terminé leurs études à l'école primaire et subi un examen d'entrée. La préférence est donnée aux jeunes gens, fils de paysans, qui ont terminé leur année de service militaire.

Fig. 149. — École pratique de Csakvar.

La propriété sur laquelle est située l'école a une étendue de 1,977 arpents.

IV. — *ENSEIGNEMENT NOMADE ET COURS SPÉCIAUX.*

Des professeurs d'agriculture et des professeurs spéciaux d'arboriculture, de viticulture et de sériciculture, font des cours dans les séminaires ou collèges et des conférences populaires. Ils se maintiennent en relations avec les cultivateurs et les sociétés agricoles, encouragent la formation des associations agricoles et des syndicats et visitent les établissements qui reçoivent une subvention de l'État. Des cours pour les ouvriers vignerons, des cours temporaires de greffage et de taille propagent les connaissances nécessaires pour la culture de la vigne. Un cours spécial de distillerie agricole est fait, à Kassa, pour les distillateurs. L'enseignement nomade est surtout destiné à l'enseignement de certaines cultures, telles que la culture du lin, du chanvre, du houblon, du tabac. En 1899, le nombre des conférences populaires faites par les professeurs dans 281 communes s'élevait à 894; le nombre des auditeurs était de 48,815.

Dans les écoles pratiques d'agriculture, on a organisé un enseignement d'hiver pour les fils des petits propriétaires ruraux ou des cultivateurs de la région. Les cours, d'une durée de 2 mois environ, commencent le 1er novembre et finissent le 20 décembre, puis le 5 janvier pour se terminer le 25 février. A ces cours gratuits, on admet seulement les jeunes gens âgés de plus de 18 ans, qui savent lire, écrire et compter. Avec l'agriculture proprement dite, on y enseigne la zootechnie, l'horticulture, l'aviculture, l'apiculture, la comptabilité agricole, quelquefois la fabrication ou la confection de menus ouvrages en bois, la vannerie... Les jeunes gens qui ont suivi les cours d'hiver reçoivent un certificat.

Le Ministère de l'agriculture encourage, d'autre part, la publication des ouvrages de vulgarisation agricole et subventionne les auteurs ou les sociétés qui se chargent d'éditer ces ouvrages.

V. — *L'ENSEIGNEMENT AGRICOLE À L'ÉCOLE PRIMAIRE.*
ÉCOLES COMPLÉMENTAIRES AGRICOLES.

En 1898, il existait en Hongrie 12,962 écoles primaires auxquelles étaient annexés des cours complémentaires dans les communes où la population s'occupe d'agriculture, d'horticulture, de viticulture. Des pépinières, des jardins, des champs d'expériences, parfois une ferme modèle sont annexés à ces écoles. On leur donne souvent le nom d'écoles complémentaires agricoles. Les frais d'entretien de ces établissements sont couverts par les amendes payées pour les contraventions à la loi de police rurale, par une partie de l'impôt scolaire additionnel, par les subventions de l'État. Le cours ordinaire agricole complémentaire a une durée de trois ans. L'année scolaire commence le 1er novembre et finit le 1er avril. Les enfants ayant 12 ans révolus, et en général tous ceux qui, ayant fait leurs classes primaires, ne continuent pas leurs études dans une école supérieure, ou dans une école professionnelle d'apprentis d'industrie ou de commerce, sont tenus de se faire inscrire dans une école agricole complémentaire qu'ils doivent fréquenter pendant trois ans. Les sujets d'enseignement sont : 1° l'économie rurale avec les travaux du jardinage; 2° la lecture et le style; 3° l'arithmétique et la géométrie. Dans la seconde année, l'enseignement porte sur l'agriculture, la viticulture, l'élevage et l'apiculture; pendant la troisième année, on apprend aux élèves à diriger de petites exploitations rurales. On apprend aux jeunes filles l'économie domestique et ménagère.

Le Ministre des cultes et de l'instruction publique, de concert avec le Ministre de l'agriculture, a publié un livre de lecture pour les élèves et un guide manuel pour les instituteurs des écoles agricoles complémentaires.

L'organisation de ces écoles a été complétée par M. Wlassics, Ministre de l'instruction publique, il y a un peu plus de trois ans. Depuis ce moment, leur nombre s'élève à environ 1,000 écoles complémentaires.

Pour donner aux maîtres les aptitudes nécessaires à cet enseignement, le Gouvernement hongrois a adopté une excellente mesure : le Ministère de l'instruction publique confie pendant un certain temps ses instituteurs au Ministère de l'agriculture afin de les préparer à remplir leur mission. Chaque année, un grand nombre d'instituteurs, de 400 à 500, suivent les cours d'agriculture ou passent deux vacances près des écoles spéciales d'agriculture. Le Ministère de l'agriculture donne des ouvrages d'agriculture aux instituteurs et leur fournit une partie de l'outillage scolaire nécessaire pour les démonstrations, ainsi que les modèles des principales plantes, destinés à l'enseignement, fabriqués par Mlles Kalazdy, de Budapest, qui ont obtenu une médaille d'or, à la Classe 5.

VI. — *STATIONS AGRONOMIQUES ET STATIONS D'ESSAIS.*

Le Gouvernement hongrois ayant reconnu l'importance des stations expérimentales agricoles a fondé, il y a trente ans, la première de ces institutions dont le nombre s'élève actuellement à 24, toutes administrées et entretenues par l'État. Ces stations agronomiques ont pour but de procéder à des expériences et à des recherches intéressant la production agricole et de faire connaître aux intéressés le résultat de leurs travaux. Elles sont également chargées d'éclairer par leurs conseils et leurs indications les agriculteurs qui ont recours à elles dans des questions techniques qui nécessitent l'examen de personnes compétentes. De plus, les stations d'essais de semences et les stations agro-chimiques s'occupent de l'analyse des produits récoltés. Enfin, elles font aussi des expertises pour le compte des autorités chargées du contrôle de certains produits, et leurs rapports d'expertise constituent toujours la base de toute procédure engagée par les autorités contre les particuliers accusés de fraude ou de falsification.

Les stations agronomiques qui fonctionnent actuellement en Hongrie se répartissent d'après le genre des travaux qui leur sont confiés, dans les huit catégories suivantes :

Stations agro-chimiques, d'essais de semences, d'essais de machines agricoles, d'expériences agricoles, d'expériences de culture du tabac, stations œnologiques, de physiologie et de pathologie végétales, biologiques et d'alimentation animale.

Depuis leur création, ces stations ont rendu de réels services à l'agriculture hongroise. Les agriculteurs ont pris l'habitude d'avoir recours à elles chaque fois qu'une difficulté se présente dans l'exploitation de produits dont la culture n'est pas encore acclimatée dans le pays.

La direction administrative des stations agronomiques est confiée à une division du Ministère de l'agriculture; de plus une commission centrale est instituée pour créer un

lien commun reliant entre elles les diverses stations et leur permettre ainsi de concentrer
leurs efforts vers un seul et même but.

La Commission centrale du service des stations agronomiques a pour tâche de faciliter
le fonctionnement des diverses stations, de diriger leur activité conformément au but
tracé, de proposer des expériences jugées d'utilité publique, de modifier les programmes
de travail des stations et de veiller à leur observation exacte, de publier et faire connaître
les résultats atteints, d'émettre son avis sur des questions professionnelles, de faire des
propositions relatives à la création et à l'organisation de nouvelles stations agronomiques
et à l'extension de celles qui sont déjà en cours d'exercice.

Chaque branche d'expériences agricoles a son représentant au sein de la Commission.
Lors de la discussion des questions professionnelles, la Commission est autorisée à
inviter à ses séances et à consulter d'autres fonctionnaires du ministère et, au besoin,
des spécialistes ne faisant pas partie de l'administration.

Fig. 150. — Station expérimentale d'agriculture à Magyar-Ovar.

La station d'expériences agro-chimiques de Budapest a effectué, depuis dix ans,
10,784 analyses sur des matières alimentaires, 12,122 sur des produits de l'industrie
rurale, et a donné son avis dans 4,737 cas. Les stations d'essais de semences ont
examiné 32,487 échantillons.

La station d'essais de machines agricoles a éprouvé 1,740 machines et instruments.

La station d'expériences agricoles a fait 2,091 essais de culture sur le blé, l'orge,
l'avoine, le maïs et les pommes de terre.

Les stations d'expériences de culture du tabac, bien que de création récente, ont
expérimenté la culture de 209 espèces.

Une nouvelle station agro-chimique vient de s'ouvrir à Fiume et une station d'essais
des alcools à Kassa. On projette la création à Maygar-Ovar d'une station d'expériences
du lait et, sur un point que l'on n'a pas encore déterminé, une station d'expériences
viticoles et vinicoles. De plus une station d'expériences forestières fonctionne déjà depuis
plusieurs années, à Selmeczbanya. Séparées les unes des autres, quelques-unes de ces

stations fonctionnent comme institutions indépendantes. Toutes les autres, créées et entretenues par l'État, fonctionnent gratuitement.

La station centrale d'expériences chimiques à Budapest relève directement du Ministère de l'agriculture. La station agro-chimique de Kassa dépend de l'institut agronomique de la même ville; celle de Magyar-Ovar est rattachée à l'académie royale d'agriculture.

Les stations royales hongroises d'essais de semences de Kassa, Debreczen, Keszthely et Kolozsvar furent organisées au sein des instituts agronomiques de ces villes; il en est de même de la station d'essais de machines agricoles de Magyar-Ovar, de la station d'expériences de culture du tabac à Debreczen. La station de physiologie et de pathologie végétales est annexée à l'académie d'agriculture, enfin, la direction de la station biologique et alimentaire animale est confiée au professeur de physiologie à l'école supérieure vétérinaire de Budapest. Cette dernière station s'occupe de l'étude rationnelle des animaux domestiques, en tenant compte dans ses essais des circonstances locales de l'élevage, des différentes variétés des races et de la valeur alimentaire des fourrages.

Stations apicoles. — Le Ministre de l'agriculture a créé dans le domaine de la couronne, à Gœdœllo, une station d'apiculture qui couvre une superficie de 25 hectares. Cet établissement est une véritable école dont le but est de former des ouvriers apiculteurs; d'organiser des cours spéciaux où les instituteurs, curés, etc., puissent acquérir des notions sur l'apiculture afin de les propager; d'enseigner la confection des ruches; de faire connaître les diverses manières de mise en valeur des produits; de faire des expériences scientifiques et pratiques.

L'établissement se compose d'un bâtiment principal habité par le chef de la station et dans lequel se trouve une salle de cours et une chambre pour les collections. Un autre bâtiment contient le dortoir des élèves et des auditeurs, l'atelier de menuiserie et deux logements pour le personnel auxiliaire. L'enseignement comprend une série de cours : 1° cours de deux ans destinés aux apiculteurs qui peuvent acquérir pendant cette période toutes les connaissances utiles; 2° cours de quatre semaines donnant les notions principales d'apiculture aux instituteurs, curés, etc.; 3° cours de deux mois destinés aux cultivateurs, jardiniers, gardes forestiers et autres, pour en faire des ouvriers apiculteurs.

De concert avec le Ministre de l'instruction publique, le Ministre de l'agriculture a institué un enseignement ambulant de l'apiculture. Six instituteurs font des conférences et des cours d'apiculture sous la direction d'un inspecteur. Le Ministère de l'agriculture alloue à la Société hongroise d'apiculture une subvention de 1,000 florins.

Stations séricicoles. — La sériciculture et le travail de la soie brute ont été, en Hongrie, l'objet d'un monopole de la part du Gouvernement jusqu'en 1788, monopole qui exigeait un nombre considérable d'employés. Les éleveurs ne recevant qu'une rémunération insuffisante, l'élevage des vers à soie ne prit une certaine importance que lorsque l'État se décida à concéder le droit de racheter les cocons à des fermiers, à la charge d'établir, dans chaque comitat où il existerait au moins 3,360 kilogrammes de cocons, une fabrique à filer. En 1889, la Hongrie produisait 813,947 kilogrammes de cocons.

L'État a créé en 1880 des stations de grainage dans les endroits qui produisaient les meilleurs cocons et fondé à Szegzard un établissement, d'après le système Pasteur, où 150 microscopes sont employés à faire en moyenne 7 millions d'examens par an. Un inspecteur de la sériciculture surveille l'élevage dans chaque commune. Depuis longtemps, on apprécie les qualités de la grège de Hongrie, sa couleur, son brillant, son élasticité et sa ténacité. L'État a créé 130 stations pour les achats des cocons, où les éducateurs les apportent au moment de la récolte. L'État les envoie dans ses coconnières où ils sont soignés, et les expédie ensuite à Marseille, Milan ou Udine, pour la vente, après en avoir réservé une partie pour les filatures hongroises.

VII. — *ENSEIGNEMENT FORESTIER.*

(Médaille d'or.)

En 1735, l'académie de Selmeczbanya n'était qu'une simple école de mineurs, fondée pour l'instruction de quelques élèves, qui suivaient des cours pratiques faits par des ingénieurs des mines ou des fonderies. Dans le but de fonder une école supérieure des mines, on y créa, sous le règne de Marie-Thérèse, en 1765, des chaires de chimie et de mathématiques. Puis la reine chargea la Commission minière de la cour d'élaborer un statut organique.

Marie-Thérèse sanctionna le projet qui lui fut soumis, le 2 avril 1770, en y ajoutant la décision suivante : « Il y a lieu d'apporter une grande sollicitude à l'enseignement de la sylviculture, enseignement absolument indispensable à l'industrie minière ».

Mais on créa seulement un cours d'économie forestière en troisième année. La question de l'enseignement forestier professionnel ne changea pas davantage lorsque l'empereur François Ier donna à l'école supérieure, en 1795, le caractère d'un « Institut d'enseignement public ».

François Vizner, inspecteur des forêts domaniales de Hradek, créa en 1796, avec l'assistance de quelques amis, une première école professionnelle pour les enfants des gardes forestiers, auxquels il enseigna les connaissances élémentaires de l'économie forestière à l'aide d'un manuel sylvicole, publié par lui. Plus tard, l'école fut subventionnée par l'État et s'occupa de préparer à l'exercice de leur profession les agents stagiaires des forêts domaniales et des domaines privés. Mais les cercles de la cour de Vienne obtinrent, malgré l'opposition royale, la suppression de l'école indépendante de Hardek.

En 1806, on créa à l'école agronomique de Keszthely une chaire d'économie forestière.

Un décret de cabinet, en date du 5 janvier 1808, attribua la chaire nouvellement créée des sciences forestières à l'école supérieure des mines au professeur et conseiller Wilckens. L'enseignement forestier fut fixé à une durée de deux années. Par la création de cet enseignement, on donna aux élèves ayant des aptitudes spéciales la faculté de compléter leurs études en économie forestière, et il fut décidé « que les élèves forestiers pourraient suivre l'enseignement spécial de la sylviculture tous les jours de la semaine, au lieu de deux jours seulement comme les élèves des mines ». Wilckens avait tracé le programme suivant pour son enseignement : 1° Économie forestière générale (science forestière, histoire naturelle, technologie forestière); 2° Économie forestière spéciale (sylviculture, exploitation forestière, science cynégétique, estimation des bois); 3° Jurisprudence forestière.

Actuellement, l'école forestière supérieure de Selmeczbanya n'est pas un institut forestier absolument autonome, puisqu'elle est intimement liée à l'école supérieure des mines, avec laquelle elle a une direction commune. En 1872, quand l'institut fut complètement « magyarisé », son organisation fut de nouveau modifiée, mais il ne dispose cependant que de quatre chaires. Les élèves se partagent en deux divisions : l'école spéciale forestière et l'école spéciale des ingénieurs forestiers. On admet à l'école, comme élèves ordinaires, les jeunes gens qui ont obtenu un certificat de baccalauréat dans un gymnase ou dans une école primaire supérieure, et ceux qui, ne répondant pas aux conditions ci-dessus exigées pour les élèves ordinaires, justifient par l'examen d'admission qu'ils possèdent les connaissances nécessaires. L'école supérieure forestière admet aussi des auditeurs libres. Les élèves sont tenus de fréquenter avec assiduité les cours choisis et d'assister à tous les exercices se rattachant à ces cours. Les examens oraux et publics se passent à la fin de chaque semestre, et les examens oraux complémentaires au commencement de chaque année scolaire.

L'école des ingénieurs forestiers diffère seulement de la division forestière par l'année supplémentaire passée à l'école, soit quatre ans de présence, pour acquérir les connaissances pratiques de la sylviculture.

Les élèves qui ont obtenu leur diplôme à l'école supérieure de Selmeczbanya sont admis, après un stage de deux ans au moins, à l'examen forestier officiel de l'État. De 1881 à 1898, 1,306 candidats se sont présentés à cet examen, et 1,031 ont obtenu leur brevet.

Depuis la fondation de l'école de Selmeczbanya, le nombre des élèves a été de 5,549 à la section des mines, et de 3,117 à l'école des forêts.

En 1897-1898, il y avait 124 élèves à l'école des mines et 93 à celle des forêts.

Presque tous les agents forestiers diplômés de l'État ont fait leurs études à l'école forestière de Selmeczbanya.

Écoles spéciales de gardes forestiers. — Dans les quatre écoles spéciales de gardes forestiers de Hongrie, les cours durent deux ans. L'enseignement porte, en dehors des connaissances théoriques nécessaires, surtout sur la pratique des travaux de sylviculture.

Les élèves de ces écoles, ainsi que les gardes qui ont acquis leur instruction professionnelle dans le service pratique des forêts, ne peuvent être employés comme gardes forestiers qu'après avoir passé l'*examen spécial des gardes forestiers*. Ces examens ont lieu au mois d'octobre de chaque année, dans quinze villes différentes du pays.

Ces quatre écoles sont situées : à Gorgény-Szent-Imre, comitat de Maros-Torda ; à Kiraly-Halma, comitat de Bacs-Bodrog ; à Vadaszerdo, par Temesvar, comitat de Temes ; à Lypto-Ujvar, comitat de Lypto.

Travaux et objets exposés. — Toutes ces écoles ont participé à l'Exposition et obtenu une médaille d'or dans la classe spéciale de l'enseignement forestier. Leur exposition était remarquable non seulement par les travaux et documents présentés, mais aussi par le goût artistique des arrangements. Nous citerons :

École supérieure de Selmeczbanya. — Dessins de différents genres. Modèle d'une scierie hydraulique à turbine. Modèle d'une hutte, système Tornesanyi, pour la conservation de glands pendant l'hiver. Sècherie système Jony. Modèle du façonnage du bois de chêne en Slavonie. Modèle de porte éclusière. Cartes. Collections. OEuvres des professeurs de l'école. Objets d'enseignement, etc.

École de Gorgény-Szent-Imre. — Photographie de l'école. Plan de l'école et de son jardin botanique.

École de Kiraly-Halma. — Plans. Dessins graphiques. Carte de gestion de la forêt. Collections de plantes de terrains sablonneux.

École de Vadaszerdo. — Vue photographique de l'école. Plants et cartes graphiques.

VIII. — *ENSEIGNEMENT VÉTÉRINAIRE.*

Le bétail constituant une des principales richesses de la Hongrie, le service vétérinaire devait y prendre une grande extension.

L'efficacité du service qui a pour but notamment de prévenir et de supprimer les épizooties dépend de la valeur et de l'activité du personnel. En Hongrie, chaque municipalité a son agent vétérinaire de l'État qui, indépendant des autorités municipales et relevant directement du Ministère, exerce la police vétérinaire. Il en résulte que certaines maladies, comme la fièvre aphteuse qui a causé des pertes énormes à l'élevage français, ont presque complètement disparu en Hongrie, grâce à la promptitude et à l'énergie avec lesquelles les vétérinaires hongrois ont appliqué les mesures de police sanitaire propres à en arrêter la propagation.

Les haras de l'État de Mezohegyes, Babolna, Kisber, Fogaras, les nombreuses stations d'étalons, les haras particuliers, tous les éleveurs hongrois réclamaient, depuis le commencement du siècle, le développement de l'instruction vétérinaire, si importante à tous les points de vue, dans un pays qui possède près de deux millions de chevaux, 5,829,018 bêtes à cornes, 7,500,000 moutons environ et 7,330,343 porcs.

Le Ministère de l'agriculture a affecté, sur son budget, une somme de 1,530,000 couronnes, destinée à favoriser l'élevage du bétail (élevage des chevaux non compris), et a fait vendre, en 1899, par l'entremise des inspections régionales, à des prix réduits, payables par annuités, 2,000 taureaux destinés à l'élevage.

Les grands propriétaires hongrois qui possèdent souvent des troupeaux de moutons de plus de 10,000 têtes favorisent l'élevage des mérinos à laine fine et nerveuse pour la fabrication du drap. La laine fine à carde de Hongrie doit surtout sa renommée au type électoral-negretti.

Le développement de l'élevage porcin a été puissamment secondé par l'activité déployée par les domaines et par le Gouvernement. Dans les instituts royaux agronomiques, on fait des essais d'élevage et de croisement, et une station d'essais physiologiques et d'affouragement a été constituée à l'école supérieure vétérinaire de Budapest. La section technique de l'élevage fournit aux cultivateurs des verrats de race bien déterminée sortant des meilleurs élevages. Les inspecteurs de l'État achètent des reproducteurs pour le compte de l'État. La somme affectée aux achats en 1899 s'élevait à 200,000 couronnes.

La Hongrie possède une institution intéresssante qui lui a permis d'avoir un corps d'inspecteurs vétérinaires très compétent. Elle a établi des internats à Gödöllö, domaine de la couronne, et dans les haras royaux de l'État, afin de faciliter aux vétérinaires le moyen d'acquérir les connaissances pratiques nécessaires à leur service. Le Ministre de l'agriculture donne chaque année des bourses aux jeunes gens vétérinaires diplômés qui vont dans les internats compléter leur instruction pratique; c'est parmi eux que sont choisis les vétérinaires d'État.

L'enseignement vétérinaire en Hongrie a un passé plus que centenaire et ses débuts remontent à l'époque de la création des premières écoles vétérinaires de France, mais ce n'est que dans la seconde moitié du dernier siècle qu'il s'est élevé au niveau scientifique actuel.

École supérieure vétérinaire royale hongroise de Budapest.

(Grand prix.)

Les bases de l'école vétérinaire ont été posées par l'Empereur Joseph II qui, par son ordonnance du 14 septembre 1782, décrétait qu'un «Institut vétérinaire» devait être adjoint à la faculté de médecine de l'Université de Pest. Conformément à l'ordonnance, un poste de professeur extraordinaire fut créé à l'Université, et Alexandre Tolnay, qui y fut nommé, commença son cours de médecine vétérinaire en 1787-1788. L'enseignement pratique débuta en 1790. Le cours de médecine vétérinaire était obligatoire pour les étudiants du cours de médecine de quatre années, de même que pour ceux du cours de chirurgie de deux années. Il fut même rendu rétroactivement obligatoire pour les chirurgiens déjà en activité qui avaient obtenu leur brevet avant 1770.

Cependant, le besoin de la création d'une école vétérinaire spéciale, telle que la visait l'ordonnance impériale, se faisait de plus en plus sentir.

L'école spéciale vétérinaire fut créée en 1799; le cours fut établi, avec une durée de huit mois, pour ceux qui désiraient pratiquer la médecine vétérinaire. Plus tard, sa durée fut fixée à une année et resta semblable jusqu'en 1857. Les conditions d'admission à ce cours étaient bien peu rigoureuses : les ouvriers maréchaux étaient admis si, par leur livret d'ouvrier, ils pouvaient justifier de trois ans de compagnonnage. L'enseignement se bornait à des notions d'anatomie, de biologie et de pathologie élémentaires; on y apprenait surtout les modes de traitement et la pratique manuelle.

En 1851, l'école fut séparée de l'Université et le plan d'études fut complètement modifié. La durée des cours fut portée d'une année à trois, et on demanda aux candidats, pour leur admission, d'avoir suivi au moins les quatre classes inférieures d'un lycée ou d'une école réale. Le programme de l'enseignement fut de nouveau modifié en 1875. La durée des études fut fixée à trois ans; l'admission fut soumise à l'achèvement de six classes secondaires, mais l'aptitude pouvait être prouvée par un concours passé lors de l'inscription. L'obtention du brevet de vétérinaire exigeait deux examens subis avec succès.

En 1890, l'Institut prit le titre d'Académie vétérinaire; les conditions d'admission furent maintenues, mais la durée des études fut portée à quatre années, ce qui permit d'élargir le champ de l'enseignement, surtout dans l'application. Le système des examens subit une modification : les examens semestriels furent supprimés, et le brevet soumis à un examen préparatoire et à trois examens de diplôme.

La dernière réorganisation a eu lieu en 1899; l'Académie est devenue une École vétérinaire supérieure, et l'admission a pour condition l'achèvement complet des études secondaires, soit le certificat de maturité.

L'École supérieure vétérinaire de Budapest forme non seulement des médecins vétérinaires, mais aussi des spécialistes pour la police sanitaire des campagnes et pour l'élevage des animaux. Elle est renommée pour son caractère de haute pratique scientifique.

D'après le rapport de 1898 du docteur Hutyra, directeur de l'école vétérinaire, 647 maréchaux avaient suivi les cours de l'école de ferrure ou de maréchalerie. Sur ce nombre, 413 étaient des civils et 204 des militaires.

Au sens du règlement d'organisation actuel, l'école, sous la haute surveillance du Ministre royal hongrois de l'agriculture, est dirigée par un recteur nommé, de même que les professeurs, par l'empereur sur la proposition du Ministre de l'agriculture, après avis du corps professoral. Le recteur et les professeurs ont le même rang que les professeurs de l'Université.

Les études durent huit semestres et le programme attache une grande importance à l'enseignement appliqué et approfondi des matières. Après avoir passé avec succès le troisième examen, l'élève obtient un diplôme de vétérinaire sur lequel est mentionné son degré de capacité, désigné par le résultat des notes obtenues dans tous les examens.

L'École vétérinaire supérieure, à Budapest, occupe un terrain carré de 25,000 mètres carrés. Les bâtiments, construits selon le système des pavillons, datent en majeure partie de 1880; toutefois, le rapide accroissement du nombre des élèves nécessita à maintes reprises la construction de nouveaux bâtiments et l'agrandissement de ceux qui existaient; en 1898, on acheta un terrain de 14,000 mètres carrés où a été construit le nouvel Institut de bactériologie.

Fig. 131. — École supérieure vétérinaire de Budapest. (Vue générale ; photographie tirée de la maquette exposée.)

Les laboratoires et les étables sont placés dans 10 pavillons, séparés par des jardins.

Actuellement, chaque chaire dispose d'un bâtiment ou d'une partie d'un bâtiment qui lui est affectée. Les chaires sont au nombre de onze : 1° chimie; 2° anatomie; 3° physiologie et histologie (accessoire : physique); 4° pharmacologie (accessoire : botanique); 5° bactériologie; 6° anatomie et histologie pathologiques; 7° médecine interne; 8° chirurgie; 9° épizooties (accessoires : police vétérinaire et inspection des viandes); 10° zootechnie; 11° maréchalerie.

Le personnel enseignant est formé de : 8 professeurs publics ordinaires, 2 professeurs publics extraordinaires, 1 professeur auxiliaire, 1 rapporteur, 1 maître, 2 vétérinaires officiels, 13 assistants, 4 stagiaires, 1 maître de maréchalerie.

En 1899-1900, les élèves étaient au nombre de 497.

Fig. 152. — École vétérinaire de Budapest.
(Laboratoire d'histologie.)

Fig. 153. — École vétérinaire de Budapest.
(Musée de zootechnie.)

L'organisation actuelle de l'école assure le haut degré de l'enseignement et présente toutes les conditions requises pour les recherches scientifiques. L'école forme dès à présent des spécialistes et des praticiens remarquables, capables de faire face aux exigences multiples du service vétérinaire.

Objets et travaux exposés. — A l'exposition, une vue à vol d'oiseau et le plan de l'école, des tableaux graphiques, des objets choisis dans les collections des différentes chaires donnaient un aperçu sur la situation topographique de l'école vétérinaire, sur le nombre des élèves et sur les travaux scientifiques. Une monographie de l'école fournissait des détails sur son organisation et sur son enseignement.

L'exposition de l'école avait été organisée d'une façon parfaite sous la haute et habile direction de M. Bela de Tormay, conseiller ministériel, membre de l'Académie des sciences, conseiller sanitaire de Hongrie.

L'école supérieure vétérinaire royale hongroise a obtenu la plus haute récompense, un grand prix.

Médailles d'or : M. le professeur Hutyra, directeur de l'école : Effets de l'électricité sur les nerfs et les muscles; limites de l'excitabilité galvanique; préparations microscopiques (histologie pathologique de la dourine); histologie pathologique de la sanguinité hémoglobine; sphygmogrammes. — M. de Nadaskay, professeur d'anatomie : Préparations de divers organes, des veines du cœur et des intestins d'un veau; crânes d'animaux; préparations musculaires; peintures anatomiques. — M. de Ratz, professeur d'anatomie pathologique : Préparations d'anatomie pathologique ayant trait à la peste bovine; les parasites des animaux domestiques et des poissons.

Médailles d'argent : M. le professeur de zootechnie Monostori. : Instruments de parturition; crânes d'animaux. — M. Tangl, directeur de la station de physiologie animale : Préparations des tissus du corps des animaux (travaux d'élèves); courbes graphiques représentant les fonctions biologiques. — M. de Kossa : Dessins et aquarelles pour expliquer l'action des remèdes. — M. Plosz, professeur de chirurgie : Préparations d'yeux; résultats d'opérations. — M. Schwensky, maître de maréchalerie : Sabots de chevaux; batterie électrique pour expliquer la dilatation des sabots; pieds atteints de diverses maladies; collections de fers; talons de fers et modèles de clous.

CHAPITRE IV.

MINISTÈRE ROYAL HONGROIS DE L'AGRICULTURE.
(Grand prix.)

L'Administration de l'agriculture faisait partie autrefois du Ministère du commerce et de l'industrie. C'est seulement en 1889 qu'elle en fut détachée pour former un département ministériel. Le Ministère comprend quatre divisions :

1° Les forêts; 2° les haras; 3° la police : police rurale, police sanitaire; phylloxéra, statistique; 4° agriculture; enseignement, encouragements, élevage, régime des eaux.

En 1891, le budget comportait 27,500,000 francs de dépenses : administration centrale, 600,000 francs; encouragements à l'agriculture, 937,000 francs; sériciculture, 1,375,000 francs; *enseignement agricole, 875,000 francs;* forêts, 9 millions; haras, 7,500,000 francs; établissements vétérinaires, 237,000 francs; police sanitaire, 325,000 francs; bureau de statistique, 375,000 francs. Comme on le voit, le chapitre le mieux doté est celui des forêts. Les agents de l'État ont, en effet, sous leur surveillance plus d'un million d'hectares de forêts. En vue du reboisement, 10 millions de plants sont distribués gratuitement, chaque année, aux communes et aux particuliers.

Nous devons signaler le fonctionnement du service de l'hydraulique agricole auquel est rattachée une école spéciale. A ce service est réservé le soin de venir en aide aux propriétaires pour les travaux d'irrigation, de drainage, de rectification de cours d'eau, etc. La loi XXIII de 1885, autrement dit *le Code des eaux*, fit compléter l'organisation de ce service, et on assigna au Bureau de l'hydraulique les fonctions suivantes :

1° Servir d'organe consultatif pour les affaires qui, en vertu du Code des eaux et des règlements sur la pêche, devaient être décidées par le Ministre de l'agriculture;

2° Prendre des dispositions dans les affaires d'amélioration du sol et de pêche; dresser et exécuter des plans de nivellement, de drainage, d'irrigation;

3° Exercer la surveillance sur les bureaux régionaux de l'hydraulique agricole.

Une double sphère d'action est donc assignée au service de l'hydraulique agricole en Hongrie : 1° travaux techniques; 2° améliorations agricoles.

En raison de l'extension croissante des affaires, le nombre des bureaux fut porté, de 1892 à 1900, de 8 à 17; celui des ingénieurs réguliers à 72, et celui des conducteurs à 92, sans compter 30 conducteurs au service des sociétés ou des grands propriétaires.

Une école de commis de l'hydraulique a été fondée à Kana. Dans cette école, les auditeurs (en grande partie des sous-officiers du génie) suivent un cours de trois hivers pour apprendre la technique appliquée aux travaux d'hydraulique. Cette école forme aussi des directeurs expérimentés pour les établissements de pisciculture.

Le service de l'hydraulique agricole s'occupe encore du repeuplement des cours d'eau, autrefois très poissonneux en Hongrie. Le Gouvernement fournit gratuitement aux pisciculteurs des œufs et alevins de truite, de brochet, de saumon.

Le Ministère de l'agriculture hongrois s'occupe de tous les enseignements agricoles, vétérinaire, forestier, hydraulique; son action s'étend même sur l'enseignement agricole dans les écoles primaires. Il a su donner un grand développement à toutes les écoles qui sont placées sous sa dépendance et le Jury lui a réservé un grand prix.

CHAPITRE V.

CROATIE-SLAVONIE.

Aux xvi° et xvii° siècles, dans le Croatie-Slavonie, les ordres ecclésiastiques, les jésuites se partageaient l'enseignement donné aux jeunes gens de famille noble ou riche, comme en Hongrie. Le premier lycée de Croatie-Slavonie fut fondé en 1607, à Zagreb, par les jésuites. Après la suppression de leur ordre, la direction de leur école passa aux autres ordres, franciscains, etc., et à des professeurs laïques.

Le développement de l'enseignement a suivi à peu près la même marche qu'en Hongrie, avec des arrêts brusques, de longues périodes d'inaction. Son historique serait, pour les faits principaux, la répétition de ce qui s'est passé en Hongrie.

L'enseignement agricole en Croatie-Slavonie est représenté par les écoles suivantes, qui paraissent douées d'une grande vitalité :

L'École royale d'agronomie de Krizevac, pour 30 ou 40 élèves. On y admet les jeunes gens qui ont suivi les six classes de lycée ou de l'école réale supérieure. La durée des études est de trois ans.

L'École royale d'agriculture, à Krizevac, reçoit les jeunes gens de 16 à 20 ans qui ont fréquenté l'école primaire. Les cours durent quatre semestres. L'enseignement est surtout pratique, mais, en hiver, on y enseigne les principales connaissances théoriques nécessaires à l'agriculture.

L'École d'agriculture de Pozega a le même programme que la précédente.

A l'École royale de viticulture et d'arboriculture de Petrinja, on enseigne la viticulture et la pomologie. Les études ont la même durée qu'à Krizevac.

École royale de pomologie et viticulture à Ilok (20 élèves); même programme que pour la précédente.

L'école forestière supérieure de Zagreb, fondée en 1897, est rattachée à l'Université royale de Zagreb. L'école est située dans le domaine de Božjakovina. La durée des cours est de trois ans.

École royale de maréchalerie, à Zagreb (20 à 25 élèves). On y admet les apprentis maréchaux, s'ils ont déjà deux années d'apprentissage; cours de six mois.

Cours de culture de prairies, à Zagreb (15 élèves). On admet les anciens sous-officiers et soldats des régiments de génie; cours : trois semestres d'enseignement théorique et six mois d'enseignement pratique.

Cours de laiterie, près le domaine de Božjakovina (12 élèves); durée deux années.

Il y a, en outre, des cours libres pour la vannerie, la laiterie, l'apiculture, la sériciculture et la comptabilité agricole.

Objets et travaux exposés. — La Croatie-Slavonie avait installé une exposition à côté de la Hongrie. Cette exposition était bien présentée, avec beaucoup de goût, et son ensemble artistique frappait le visiteur. Elle avait été ornée avec les objets préparés par les élèves des écoles spéciales. Une grille en fer forgé formait le fond de cette partie de l'exposition; au-dessous de cette grille, sur une table qui méritait elle-même l'attention, s'étalaient les collections et les divers documents envoyés par les écoles,

Le Jury de la Classe 5 a accordé une médaille d'or aux écoles royales de la Croatie-Slavonie pour les objets exposés : travaux des élèves, collections, plans, dessins, etc. Médailles d'argent : M. Kuralt et Lenarcic pour un traité d'économie rurale. Mention honorable : M. Draganic, pour ses travaux sur la tenue des livres.

CHAPITRE VI.
CONSIDÉRATIONS GÉNÉRALES.

Dans la Hongrie, appelée autrefois le Chanaan de l'Autriche, l'agriculture et l'enseignement agricole ne pouvaient que prospérer et se développer rapidement. C'est ce que nous a montré la magnifique exposition hongroise que l'on peut classer sans conteste parmi les plus brillantes. Il nous a été possible d'étudier les détails du fonctionnement des diverses écoles d'agriculture, grâce à l'extrême obligeance du vice-président de la Classe 5, M. Bela de Tormay, qui nous a fourni les documents les plus complets.

Nous dirons quelques mots de l'enseignement forestier et de l'enseignement vétérinaire avant d'étudier les écoles d'agriculture.

Le premier acte qui organisa l'administration forestière dans toute la Hongrie fut l'application de la loi XXXI de 1879. Avant l'existence de cette loi, chaque comitat avait ses règlements spéciaux et la gestion des forêts était, en général, laissée au soin de leurs propriétaires (communes ou particuliers) sans aucune obligation de leur part. Il s'opérait un véritable gaspillage de bois et de grandes étendues furent dévastées sans précaution pour l'avenir.

La Société nationale d'agriculture poussa le premier cri d'alarme en 1845 et élabora un projet de loi sur les eaux et forêts. Ce projet n'aboutit pas.

En 1851, la *Société forestière hongroise* intervenait dans le même sens; puis, quand elle fut dissoute, la *Société forestière nationale* qui lui succéda s'occupa activement de la question et le résultat de son action fut la loi XXXI de 1879 sur les forêts.

Ainsi que nous l'avons dit, cette loi organisa l'administration forestière. Le recensement et l'immatriculation des forêts eurent lieu entre 1881 et 1885. Ces opérations ne furent pas seulement accomplies au point de vue des données statistiques relatives aux territoires boisés, mais pour classer les forêts dans les catégories que la loi créa en se basant, d'une part, sur la qualité du sol, d'autre part, sur la qualité en droit des possesseurs. Avant la promulgation de la loi de 1879, quelques domaines seuls — non compris les forêts domaniales — géraient leurs forêts sur la base d'un plan d'aménagement systématique.

La loi de 1879 fut complétée par *la loi XXI de 1898*, promulguée le 1er juillet 1899.

L'enseignement forestier existait en partie depuis longtemps en Hongrie, puisqu'un cours d'économie forestière fut ouvert en 1770 à l'Académie de Selmeczbanya, mais il ne prit réellement d'extension qu'après la mise en vigueur des deux lois précitées. A la fin de l'année 1898, sur 17,582 gardes forestiers assermentés, il y en eut 4,147 qui avaient acquis les aptitudes exigées.

Actuellement, la Hongrie possède une école forestière supérieure établie à Selmeczbanya et quatre écoles spéciales de gardes forestiers qui assurent largement le recrutement nécessaire à l'entretien du domaine forestier.

La Hongrie, pays d'élevage, a toujours eu besoin d'un service vétérinaire bien organisé. Aussi l'enseignement vétérinaire hongrois, qui est actuellement arrivé à un haut degré de perfectionnement scientifique, y est très ancien : sa création remonte à plus d'un siècle.

L'École supérieure vétérinaire de la Hongrie est établie à Budapest; elle fut créée en 1799.

L'enseignement élémentaire au début s'éleva par degrés successifs et le plan d'études fut plusieurs fois modifié. Le dernier règlement de l'école date de 1899, époque à laquelle l'« Académie vétérinaire » prit le titre d'« école supérieure vétérinaire ».

Avec cette nouvelle organisation, les progrès de l'enseignement vétérinaire pendant ces vingt dernières années ont reçu leur consécration et l'école supérieure vétérinaire de Budapest s'est placée au premier rang des établissements d'enseignement supérieur similaires.

Le but de l'école est, d'une part, de donner à ceux qui se préparent à la carrière vétérinaire ou qui désirent acquérir des connaissances dans quelqu'une des branches de cette science l'instruction voulue pour l'emploi de vétérinaire et pour les sciences mé-

dicales comparatives; d'autre part, de conférer à ceux qui, en vertu d'études préparatoires suffisantes, ont achevé le cours de médecine vétérinaire réglementaire, le droit
de pratiquer la médecine vétérinaire; de plus, de contribuer au progrès de la science
vétérinaire par des expériences et des observations, de connaître en dernier ressort
des cas d'hygiène vétérinaire ou s'y rattachant, et de figurer comme arbitre, sur invi-
tation des autorités administratives ou judiciaires, dans les cas relevant de la science
vétérinaire.

Il existe en Hongrie une Société nationale d'agriculture qui joue un rôle considérable
dans le développement agricole du pays.

Dès 1830, elle fonctionna sous le nom de *Société d'élevage*. Elle prit, quelques années
après, le titre de «Société nationale».

La Société avait établi une vigne modèle et un verger national à Bude, où l'on se
livrait à des études et à des essais, et où l'on cultivait des essences supérieures. En 1860,
cette vigne modèle fut transformée en une école de viticulture et d'horticulture, avec
trois classes, dont deux supérieures.

Nous avons dit que l'action de cette Société se manifestait dans toutes les branches
de l'agriculture.

C'est ainsi qu'en 1871 elle lutta pour que l'enseignement agronomique ne fût pas
confié au Ministère de l'instruction publique, mais relevât du Département de l'agriculture.

Elle aida aussi à la création de coopératives et de syndicats. En 1896, la Société
s'entendit avec tous les comices agricoles pour constituer l'Union nationale de sociétés
d'agriculture. Elle en devint le représentant officiel.

L'Union s'identifie donc avec la Société nationale; mais comme elle constitue le
groupement de toutes les sociétés agricoles du pays, son action est plus efficace. Nous
aurons fait comprendre toute l'importance de cette Association quand nous aurons dit
que pas une loi touchant à l'agriculture n'a été créée par le Corps législatif sans avoir
été proposée ou élaborée par la Société nationale.

L'enseignement agricole à tous les degrés était représenté par un groupe d'écoles dont
la valeur ne le cède en rien à celle des établissements similaires que l'on rencontre
dans les autres pays de l'Europe. Comme en Autriche et en Allemagne, l'enseignement
supérieur est largement ouvert à tous les jeunes gens qui peuvent le suivre : on ne demande au candidat que le certificat de maturité d'un gymnase, d'une école réale ou
d'une académie commerciale.

Nous avons déjà fait remarquer, à propos de l'enseignement agricole en Allemagne,
que cette condition d'admission ne donne pas le moyen de sélectionner les candidats
et qu'elle ne peut être adoptée que si les élèves ne suivent pas tous les cours. Cependant, à Magyar-Ovar, contrairement à ce qui se passe à l'institut de Vienne, les élèves
ordinaires suivent tous les cours, participent à tous les exercices pratiques et doivent
subir, sans exception, toutes les épreuves semestrielles. C'est à cette condition seulement qu'ils reçoivent le diplôme à la fin de leurs études.

A Magyar-Ovar, l'enseignement n'est pas, comme à Vienne, divisé en trois sections, agriculture, sylviculture, génie rural. Tandis que l'institut de Vienne se rapproche, par la spécialisation de son enseignement, de l'Institut de Berlin, Magyar-Ovar se rapproche au contraire de l'Institut agronomique de Paris.

En Hongrie, l'enseignement supérieur s'occupe aussi des agriculteurs comme en Allemagne, mais d'une autre manière : ce ne sont plus des conférences ou des cours temporaires sur les nouvelles découvertes ou les actualités que l'école donne, ce sont des conseils gratuits fournis par le *Comité des consultations agricoles,* lequel est formé par les professeurs de l'établissement.

Les écoles agricoles de la Hongrie semblent aussi se différencier de celles de l'Autriche par l'enseignement de la pratique. A l'Institut de Vienne, d'après M. Zimmerauer, l'inscription est obtenue simplement sur la présentation du diplôme de bachelier acquis à un gymnase ou encore sur la présentation d'un certificat d'études délivré par une école spéciale de rang universitaire. A Magyar-Ovar, on demande la possession du certificat de maturité dont nous avons parlé plus haut et, en plus, l'accomplissement d'un stage pratique d'une année dans un domaine de l'État ou d'un particulier.

Cette année de pratique avant le commencement des études théoriques est une caractéristique de l'enseignement agricole hongrois. Elle n'est pas seulement exigée des étudiants qui désirent recevoir l'enseignement supérieur, mais aussi des jeunes gens qui fréquentent les écoles secondaires. Seulement, dans ces dernières, cette pratique est faite à l'école même; pendant la première année, les élèves prennent une part effective à tous les travaux de la ferme. Une exception cependant est faite : les étudiants, porteurs du certificat de maturité et qui ont accompli un stage d'une année dans une propriété agricole renommée, peuvent obtenir l'exemption de la première année d'études.

Ainsi donc, en Hongrie comme dans tous les autres pays, on admet que l'enseignement supérieur doit être surtout théorique, qu'on ne peut dans la même école enseigner à la fois la théorie et la pratique. Mais la pratique, au lieu d'être faite à la sortie de l'école, comme cela a lieu par exemple en Danemark, est faite au contraire avant les cours théoriques, à l'entrée des classes. Cette idée de faire précéder les études théoriques d'études pratiques est un caractère que nous ne retrouvons nulle part dans les écoles secondaires des autres pays où l'enseignement reste complètement théorique, ou à la fois théorique et pratique pendant toute la durée des cours.

Nous avons fait déjà remarquer que l'enseignement général en Autriche n'avait pas, comme en Allemagne, une importance aussi grande par rapport à l'enseignement spécialement agricole. Ce caractère se retrouve en Hongrie, peut-être encore plus prononcé.

Les écoles d'enseignement supérieur et d'enseignement secondaire s'efforcent en Hongrie d'être utiles aux agriculteurs et aux jeunes gens qui ne peuvent suivre les cours réguliers. A Kolozs-Monostor, par exemple, on fait des cours d'horticulture, des cours de vannerie, des cours d'horticulture pour les jeunes gens qui ont suivi au moins quatre classes d'écoles primaires supérieures. Depuis l'école la plus élémentaire jusqu'à l'école la plus haute, l'enseignement agricole hongrois semble avoir eu pour principe de faire servir l'école à deux fins : à l'instruction des élèves réguliers et à celle des agriculteurs, grâce à l'établissement de cours spéciaux de courte durée.

Quelques points particuliers sont à signaler au sujet des écoles pratiques d'agriculture. Elles ont un enseignement à la fois théorique et pratique; mais la théorie est faite en hiver, alors qu'en été les élèves sont presque exclusivement employés aux travaux des champs. Elles n'appliquent donc pas le système du demi-temps (la moitié de la journée au champ et l'autre moitié en classe) qui est en honneur dans nos écoles pratiques d'agriculture françaises et qui évite à l'élève tout surmenage physique ou intellectuel. La manière de procéder suivie en Hongrie présenterait peut-être des inconvénients si l'âge des élèves n'était pas aussi avancé. La plupart des jeunes gens qui fréquentent les écoles pratiques ont, en effet, accompli leur service militaire. Ce ne sont plus des enfants, ce sont des hommes capables de fournir un travail sérieux et soutenu. C'est pour cette raison, sans doute, que les élèves, dans bon nombre d'écoles, ne payent pas de pension; bien mieux, on les paye, on leur donne une indemnité variable avec leur travail.

Est-ce la suppression des frais de pension et l'indemnité de travail donnée qui facilitent si bien le recrutement des écoles pratiques de la Hongrie? Certes, on comprend que cette perspective d'apprendre sans débourser incite les jeunes gens de famille peu aisée à acquérir une instruction spécialement agricole. Cependant, nous pensons qu'il y a un autre facteur qui entre en jeu dans cette question de fréquentation. Ce facteur important est la facilité des débouchés pour les jeunes gens sortant des écoles d'agriculture. Il ne faut pas oublier qu'en Hongrie c'est la grande propriété qui domine. Or la grande propriété réclame un personnel nombreux dirigé par un cadre d'auxiliaires intelligents et instruits. Ce cadre est précisément rempli par les élèves de l'enseignement primaire agricole.

Cette nécessité d'avoir dans les grandes propriétés d'excellents contremaîtres, surveillants, gardiens de troupeaux, etc., explique pourquoi les premières écoles pratiques ont été créées par les grands propriétaires en faveur des fils des paysans établis sur leurs domaines.

Un certain nombre de contremaîtres et de bons agriculteurs ne suffit pas pour marcher en avant dans la voie du progrès, si la grande masse des agriculteurs ne peut les suivre. Il faut nécessairement que tous les cultivateurs aient une instruction suffisante pour comprendre les améliorations à apporter dans leurs opérations culturales et abandonner les pratiques routinières. C'est bien ce que la Hongrie a compris. Les sages mesures qu'elle a prises concernant son enseignement primaire ne peuvent que produire de bons effets; nous ne saurions les passer sous silence :

« La préparation à la vie, telle est aujourd'hui, a dit M. Gréard, la formule commune à la définition de l'enseignement primaire dans tous les pays. » L'école ne doit pas se borner à faire de l'enfant un homme dans le sens général de ce mot, elle doit de plus avoir pour but de le préparer à l'apprentissage intelligent de sa future profession.

Il est incontestable que la première et la meilleure sauvegarde de l'œuvre de l'école, de la moralité de l'homme qu'on prépare, s'il doit être un ouvrier, c'est le goût et l'amour du métier qui le fera vivre.

Mais on n'aime bien que ce que l'on connaît bien. Ce goût et cet amour du métier d'agriculteur, métier le plus répandu en Hongrie, ne peut se développer chez l'enfant que si l'école primaire donne à ce dernier les notions agricoles les plus élémentaires. Aussi le Gouvernement hongrois a-t-il nettement orienté l'enseignement primaire vers l'agriculture.

Dans le programme des écoles primaires des campagnes, nous relevons des notions de physique et d'histoire naturelle avec applications agricoles; les notions d'agriculture et d'horticulture y tiennent une place importante.

D'après la loi du 5 décembre 1868, les enfants sont tenus de fréquenter, de 6 à 12 ans, les écoles primaires quotidiennes dont les classes sont ouvertes 20 heures par semaine et, de 12 à 15 ans, les écoles primaires complémentaires dont les classes sont ouvertes 5 heures par semaine en hiver et 2 heures par semaine en été. Ces dernières écoles, dans les campagnes, ont un enseignement tellement orienté vers l'agriculture qu'on les appelle écoles complémentaires agricoles. Ce sont en quelque sorte de véritables petits établissements d'agriculture, puisqu'elles possèdent des champs d'expériences, des pépinières et même quelquefois une ferme modèle.

Les parents, comme les patrons chez lesquels l'enfant est employé, sont obligés d'assurer une fréquentation scolaire régulière à l'école complémentaire agricole sous peine d'amendes pouvant s'élever jusqu'à 8 couronnes (10 francs).

A côté de ces écoles complémentaires agricoles existent des écoles primaires supérieures relevant aussi du Ministère de l'instruction publique et auxquelles on a voulu donner un caractère professionnel. Là où les circonstances le permettaient, on a créé des cours pratiques d'agriculture. Ces essais furent commencés en 1880; ils n'ont pas réussi. De sorte que les écoles primaires supérieures n'ont pu remplir, au point de vue agricole, le rôle qu'elles jouent si bien en Danemark.

Quoi qu'il en soit, la participation de l'enseignement primaire à la diffusion des connaissances agricoles dans toute la Hongrie est considérable, plus considérable que dans n'importe quel autre pays. Ce sont des instituteurs qui dirigent les cours d'hiver; ce sont des instituteurs qui, pour la plupart, donnent l'enseignement nomade aux agriculteurs.

Pour donner à ces maîtres les aptitudes nécessaires, le Gouvernement hongrois a adopté une mesure qui nous paraît excellente : le Ministère de l'instruction publique confie pendant un certain temps ses instituteurs au Ministère de l'agriculture afin de les préparer à remplir leur délicate mission.

Chaque année, 400 instituteurs pour l'agriculture, 80 pour l'horticulture, 20 pour l'industrie laitière passent leurs vacances dans les écoles spéciales d'agriculture (instituts royaux d'agronomie ou écoles pratiques) et reçoivent une indemnité pour leurs frais de déplacement. Les professeurs d'école normale eux-mêmes (ceux qui enseignent l'agriculture) reçoivent des bourses de 200 francs et suivent des cours d'un mois par an qui les rendent plus aptes à remplir leur tâche.

Cette heureuse collaboration du Ministère de l'instruction publique et du Ministère de l'agriculture vers un même idéal, pour atteindre un même but, l'instruction intégrale de la population agricole de la Hongrie, ne peut que produire de bons résultats avec une nation d'une intelligence aussi fine et aussi déliée.

XI
ITALIE.

CHAPITRE PREMIER.
EXPOSITION.

L'Exposition de l'enseignement agricole de l'Italie avait été installée dans les galeries du premier étage du palais italien, à l'entrée de la rue des Nations. Au-dessus des bas-côtés de la nef la galerie formant premier étage conduisait à cette exposition placée dans l'angle voisin du boulevard de Latour-Maubourg.

La Direction générale de l'agriculture, à laquelle le Jury de la Classe 5 a attribué un grand prix, avait présenté de nombreux documents sur les travaux effectués par les écoles dont elle a la gestion. Elle avait formé une sorte d'exposition d'ensemble en réunissant dans un même groupe tous les envois de ses écoles. Dans l'angle de la galerie les murs étaient couverts par de nombreux tableaux représentant les divers établissements d'enseignement et une grande table supportait une série d'albums de photographies, de livres, de cartes et de travaux présentés par les professeurs et les élèves. Les écoles vétérinaires avaient groupé leur exposition dans le centre de la galerie, auprès des travaux présentés par le Ministère de l'instruction publique.

L'exposition de l'École supérieure d'agriculture de Portici, dirigée par M. Giglioli, membre du Jury international de l'enseignement agricole, attirait l'attention par l'intérêt des documents présentés; leur choix et leur classification indiquaient un organisateur émérite. L'École supérieure d'agriculture de Pise était représentée par un album de vues photographiques, des rapports sur l'enseignement et des programmes. L'École royale vétérinaire de Naples avait présenté des ouvrages scientifiques publiés par le directeur de l'école et par des professeurs; l'école vétérinaire de Milan avait exposé des tableaux avec de nombreuses photographies des cabinets scientifiques de l'École et des appareils pour les opérations chirurgicales. De riches collections forestières, des dessins de la forêt de Vallombrosa par les élèves de l'école forestière apportaient de la variété dans l'exhibition générale de l'enseignement agricole; cette exposition forestière à cause de son importance avait été groupée à part et formait un tout complet dans l'ensemble. Le Ministère de l'agriculture avait également exposé des cartes, des albums et des rapports sur les travaux de reboisement effectués dans la province de Florence.

Répondant à l'appel du comité organisateur de l'Exposition, les écoles spéciales italiennes étaient venues encadrer les expositions des écoles supérieures avec des plans, des albums, des vues photographiques, des collections ampélographiques, des publications intéressantes des professeurs et des spécimens des travaux des élèves, qui mettaient en évidence la perfection des méthodes pédagogiques d'enseignement. Les écoles pratiques

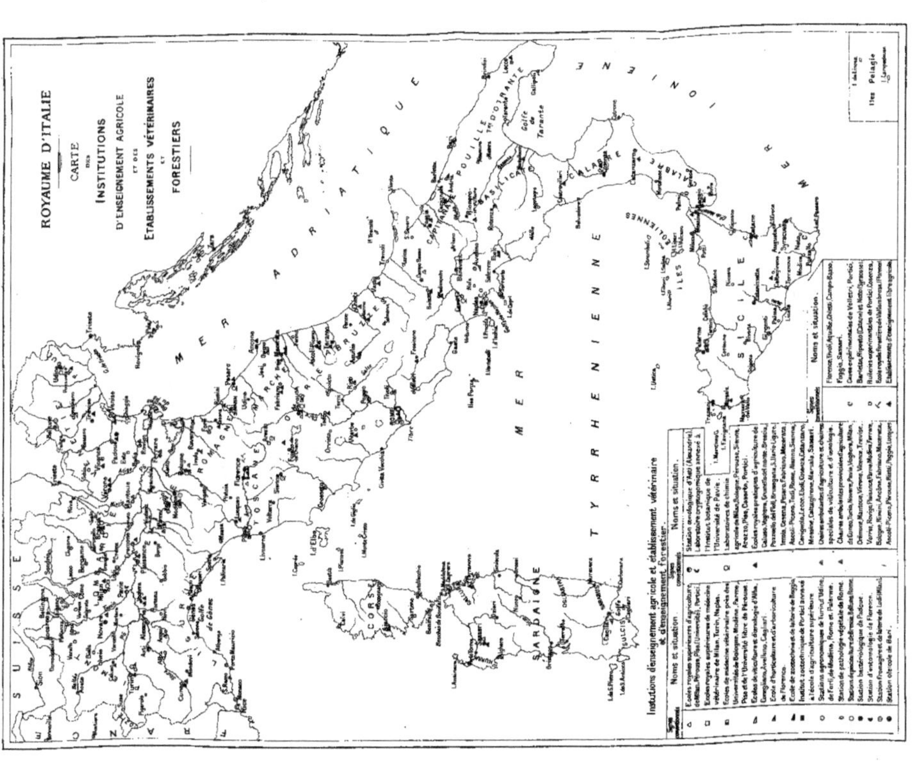

Fig. 154.—Carte des institutions d'enseignement agricole et des établissements vétérinaires et forestiers.

d'agriculture étaient représentées par des documents généraux, spécialement par des plans et des photographies, ainsi que par des travaux des professeurs et des élèves.

Récompenses. — 3 grands prix, 7 médailles d'or, 8 médailles d'argent, 12 médailles de bronze. Collaborateurs : 5 médailles d'or, 1 médaille d'argent.

CHAPITRE II.
HISTORIQUE DE L'ENSEIGNEMENT AGRICOLE.

Les œuvres de Varron, de Columelle, de Pline l'Ancien et le poème de Virgile sur les travaux des champs indiquaient un état avancé de l'agriculture romaine bien avant notre ère. La construction des aqueducs et les travaux d'irrigation entrepris par les Romains montrent qu'ils étaient passés maîtres dans l'art hydraulique. Les laboureurs du Latium suppléaient au défaut d'engrais par l'enfouissement des plantes vertes, et ils semaient aussi de la luzerne, du seigle, de l'orge, des pois, des lupins, pour les faire consommer en vert. Dans la dernière période de la République, une grande partie de la campagne romaine fut transformée en potagers et en vergers. A côté de l'olivier, la vigne occupait une grande place.

La décadence de Rome a commencé lorsque les Romains confièrent l'exploitation de leurs terres à des esclaves ou bien les affermèrent à des affranchis. Le nord-est de l'Afrique devint alors le grenier de Rome. Sous les empereurs romains, le trésor s'épuisait en achats de grains. Puis la chute de l'empire et l'invasion des barbares amenèrent l'abandon des anciennes méthodes perfectionnées de culture. La domination étrangère, les guerres intestines achevèrent de ruiner l'agriculture.

Si les Latins descendaient de cultivateurs, il n'en était pas, d'ailleurs, de même des Vénitiens et des Génois. L'Italien du moyen âge était apte à étudier les beaux-arts ou le négoce plutôt que l'agriculture. L'enseignement des sciences naturelles et spécialement l'enseignement agricole n'existaient ni dans les établissements religieux, où prédominait la méthode scolastique, ni dans les universités comme celle de Bologne, qui comptait plusieurs milliers d'étudiants.

Les plaines de la Lombardie, les vallées du Nord de l'Italie et la Vénétie conservèrent à l'Italie, à travers les âges, sa réputation de pays agricole, plutôt que l'industrie de ses cultivateurs fréquemment ruinés par les guerres.

Dans la première moitié du xıx^e siècle, quelques tentatives furent faites pour la création d'écoles agricoles; mais ces fondations, dues à des bienfaiteurs particuliers, avaient un caractère principalement philanthropique. De 1820 à 1840, les progrès agricoles réalisés en France, en Allemagne et en Autriche déterminèrent les princes de quelques États à essayer d'organiser un enseignement agricole. Le marquis Rudolfi en fut chargé, à l'Université de Pise, par notification du grand-duc de Toscane. En 1840, il organisa, à l'Université de Pise, un enseignement dont le cadre embrassait l'instruction agricole et pastorale. Pour l'application de cet enseignement, un institut agricole, une section vétérinaire et une fabrique d'instruments aratoires furent annexés à l'Université.

Les cours duraient trois ans. La première année, on enseignait la géométrie, l'algèbre, la physique et la botanique ; la deuxième année, la géométrie descriptive, la géodésie, la chimie, l'agronomie ; la troisième année, la géologie, la physique appliquée, l'architecture rurale, l'agronomie et l'agriculture pastorale, c'est-à-dire l'élève et l'entretien du bétail. Ce dernier cours était fait par un professeur spécial attaché à l'Institut agricole, les autres cours étaient professés par des professeurs de l'Université de Pise.

Pour donner une idée plus complète de l'Institut de Pise, voici quelques-unes des principales dispositions de son règlement.

Les élèves de seconde et de troisième année assistaient aux travaux pratiques à l'institut agricole et pouvaient, en outre, en dehors des heures de présence obligatoire, assister à tous les travaux agricoles dans les champs qui dépendaient de l'école aux environs de la ville, s'exercer au maniement des instruments aratoires et visiter l'atelier où ils étaient fabriqués. A la fin de la troisième année, les jeunes gens étaient soumis à l'examen final de *licence ès sciences agricoles,* examen portant sur la physique, la chimie, la botanique, et sur l'agronomie théorique ét pratique.

Des agriculteurs, non inscrits parmi les étudiants, étaient admis, pour trois mois au moins et un an au plus, aux travaux pratiques de l'Institut agricole. A leur sortie de l'établissement, ceux qui en étaient reconnus dignes recevaient un certificat d'études.

Les troubles de 1848, qui interrompirent les cours d'agriculture de l'Université et de l'Institut agricole de Pise, arrêtèrent le développement de l'enseignement agricole en Italie et ne permirent pas d'apprécier les résultats obtenus.

Le Gouvernement piémontais avait, vers la même époque, créé dans ses domaines quelques fermes modèles destinées à servir d'exemple aux agriculteurs et à propager les bonnes méthodes de culture. Les essais d'organisation d'un enseignement agricole à Naples, par le gouvernement des Deux-Siciles, ne donnèrent pas de résultats appréciables. Mais ces tentatives montrent que les hommes d'État et les économistes italiens se rendaient compte de la nécessité d'organiser un enseignement technique de l'agriculture. L'état du pays, les circonstances ne leur permettaient guère d'aller au delà, de compléter leur œuvre.

Le pape Pie IX fonda aussi plusieurs orphelinats agricoles, dont un à Rome, à la *Vigna Pia,* sous la direction des frères de Sainte-Croix du Mans.

La renaissance de l'agriculture italienne et l'organisation de l'enseignement agricole ne datent que du jour où l'Italie, libre, constitua un royaume indépendant. Ce fut en 1860, après la création du Ministère de l'agriculture, que le Gouvernement s'occupa d'organiser l'enseignement agricole et industriel en créant des sections pour les géomètres-arpenteurs et pour les ingénieurs agronomes. Bientôt, pour élever le niveau de l'enseignement et pour déterminer l'orientation à lui donner, on créa des instituts supérieurs : en 1863, l'Institut technique supérieur de Milan ; en 1867, l'Institut forestier de Vallombrosa ; en 1870, l'École supérieure d'agriculture de Milan, et, en 1872, l'École supérieure d'agriculture de Portici.

Après la suppression du Ministère de l'agriculture, en 1877, la direction de l'enseignement technique passa au Ministère de l'instruction publique. Mais celui-ci ne garda ensuite sous sa dépendance que les seuls instituts techniques. Les Écoles supérieures de Portici et de Milan furent rendues par le décret du 4 avril 1886 au Ministère de l'agriculture qui avait été reconstitué en 1878. L'Institut supérieur d'agriculture de Pise, fondé en 1840 par le grand-duc de Toscane, après avoir passé, en 1861, sous la direction du Ministère de l'agriculture et du commerce, fut rendu, en 1865, au Ministère de l'instruction publique et incorporé à l'Université.

Le Gouvernement italien créa ensuite successivement les écoles pratiques d'agriculture, les stations expérimentales et les chaires ambulantes d'agriculture. Une grande part des progrès agricoles de l'Italie peut être attribuée au développement de l'enseignement agricole depuis trente ans.

Les écoles d'agriculture et les stations agronomiques ont contribué à l'amélioration des semences et des produits agricoles de toute nature : maïs, riz, chanvre. Les écoles de viticulture et d'œnologie et les écoles destinées à apprendre la fabrication des huiles ont augmenté, par la qualité des produits obtenus par une bonne fabrication, l'exportation de ces produits, notamment aux États-Unis. La sériciculture italienne est également en voie de progrès ainsi qu'on en pouvait juger par l'exposition de soies grèges et de cocons.

L'enseignement agricole, largement dispensé dans le royaume, a contribué à ramener à la profession agricole un grand nombre de fils de propriétaires ruraux.

CHAPITRE III.

ORGANISATION DE L'ENSEIGNEMENT AGRICOLE.

ÉTABLISSEMENTS ET INSTITUTIONS D'ENSEIGNEMENT AGRICOLE.

Les principaux établissements d'enseignement agricole en Italie sont :

1° Les Écoles supérieures d'agriculture de Milan, Portici et Pérouse ;

L'Institut supérieur d'agriculture de Pise ;

L'Institut forestier de Vallombrosa ;

Les écoles vétérinaires.

2° Les écoles spéciales ou techniques d'agriculture, de viticulture et d'œnologie, de culture de l'olivier, d'horticulture et d'arboriculture, de zootechnie et de laiterie ; les écoles pratiques d'agriculture ; les écoles libres d'agriculture.

3° Les stations et les laboratoires spéciaux pour toutes les branches de l'agriculture.

4° L'enseignement nomade ou ambulant de l'agriculture qui est représenté par trois catégories de chaires : 1° les chaires dépendant du Gouvernement (chaires de viticulture et d'œnologie, de zootechnie et d'industrie laitière); 2° les chaires provinciales d'agriculture subventionnées; 3° les chaires provinciales d'agriculture non subventionnées.

I. — *ENSEIGNEMENT SUPÉRIEUR.*

École royale supérieure d'agriculture de Milan.

L'École supérieure d'agriculture de Milan a été fondée par la Commission provinciale de Milan, avec le concours de la Ville et de l'État. Les motifs et le but de cette création étaient indiqués dans le rapport du Ministre de l'agriculture d'Italie joint au décret royal du 10 avril 1870 :

« . . . . . L'instruction agricole ne pourra atteindre, en Italie, le but visé sans les écoles supérieures d'agriculture, qui doivent donner un enseignement scientifique agricole, élever le niveau des études et préparer des professeurs pour l'enseignement secondaire de l'agriculture.

« L'enseignement agricole secondaire n'est pas un enseignement de sciences purement théoriques ; il renferme une partie d'application et une direction pratique. Les professeurs ne doivent pas seulement être instruits dans les sciences qu'ils professent, mais ils doivent en connaître aussi les méthodes pratiques et expérimentales.

« A chaque groupe de sciences spéciales compris dans une section de l'enseignement secondaire doit correspondre une école supérieure ou de perfectionnement, pour déterminer le plan et la direction des études dans les degrés inférieurs, élever le niveau des études et les rendre plus fécondes. . . »

L'École supérieure d'agriculture de Milan a pour but de développer et de perfectionner l'enseignement secondaire agronomique donné dans les instituts techniques et dans les écoles spéciales ; de former des professeurs d'agriculture ; de procurer aux jeunes gens qui se destinent à l'agriculture les connaissances pratiques de la culture et des industries agricoles ; de favoriser le progrès au moyen de recherches expérimentales. Pour atteindre ce dernier but, le décret imposait l'adjonction à l'école supérieure d'agriculture d'une station expérimentale.

Le décret royal du 2 juin 1889, actuellement en vigueur, n'a pas modifié sensiblement le programme tracé lors de la fondation de l'école : 1° procurer aux étudiants en agriculture les connaissances scientifiques et pratiques de l'agronomie et des industries agricoles qui correspondent à l'état actuel de la science ; 2° instruire de façon spéciale ceux qui désirent devenir professeurs d'agriculture ; 3° favoriser le progrès de l'agriculture au moyen de recherches expérimentales.

Enseignement. — Les matières de l'enseignement sont divisées en deux groupes :

Sciences pures — Chimie générale inorganique et organique. – Morphologie et physiologie végétales. – Botanique systématique. – Dessin. – Compléments de physique et de mécanique. – Météorologie.

Sciences appliquées. — Géométrie pratique. – Chimie agricole. – Technologie agricole. – Botanique. – Pathologie végétale. – Zoologie. – Zootechnie avec notions de l'hygiène du bétail. – Comptabilité agricole. – Traité des cultures. – Économie rurale. – Cultures spé-

ciales (viticulture, horticulture, arboriculture, sylviculture). – Sériciculture et apiculture.
– Mécanique agricole. – Hydraulique agricole et drainage. – Législation rurale.

D'après le décret royal du 18 novembre 1893, la durée des études est de quatre années ;
la dernière année est destinée aux exercices pratiques.

LABORATOIRES ET MOYENS DE DÉMONSTRATION. —— Laboratoire de chimie agricole. – Cabinet
et laboratoire de zootechnie. – Laboratoire anatomique. – Champ d'expériences et de démonstration aux environs de Monza. – Galerie de machines et d'instruments aratoires
avec une annexe, dépôt du gouvernement. – Laboratoire chimique. – Laboratoire anatomique. – Cabinet de zoologie appliquée. – Laboratoire de chimie organique. – Laboratoire de recherches et laboratoire pour les opérations de chimie légale. – Musées de
collections agraires, de collections pomologiques et forestières. – Bibliothèque.

Le laboratoire de chimie agricole fonctionne comme station agronomique et exécute
les analyses demandées par des particuliers.

ADMISSION, DIPLÔMES. —— Pour être admis à l'école de Milan comme élève régulier, il
faut posséder la licence du lycée ou de l'institut technique (section d'agronomie, arpentage
ou physique et mathématiques) ou la licence du cours supérieur des écoles supérieures
de viticulture et d'œnologie.

On accepte comme auditeurs inscrits tous ceux qui désirent assister à un ou plusieurs
cours sans avoir à subir aucun examen. Ils peuvent toutefois demander à être soumis à
un examen particulier sur les cours auxquels ils ont été inscrits et obtenir un certificat
spécial pour chaque examen. A la fin de l'année scolaire, les auditeurs peuvent obtenir
aussi un certificat d'assistance au cours.

Le nombre des élèves diplômés, depuis 1873 jusqu'à 1899, est de 215 : sur ce
nombre, 78 sont des propriétaires agriculteurs, 6 dirigent des exploitations agricoles
comme régisseurs, 75 suivent la carrière de l'enseignement ou sont occupés dans des
instituts scientifiques agricoles ; 5 sont à la direction générale de l'agriculture, 4 à la
culture des tabacs, 37 exercent d'autres professions.

Les élèves réguliers qui suivent les cours ordinaires obtiennent à la fin des études le
titre de docteur ès sciences agronomiques.

COURS DE PROFESSORAT. —— En outre du cours ordinaire auquel assistent tous les élèves
il existe un cours qui dure deux années et qui est spécialement réservé à ceux qui se
destinent au professorat dans les écoles d'agriculture (Corso di Magistero).

Le décret du 2 juin 1889 définit en ces termes le cours de professorat : «Le cours a
pour but de préparer des professeurs pour les écoles pratiques et spéciales d'agriculture.
Ce but est obtenu au moyen de conférences, d'exercices pratiques et d'exercices didactiques sur la matière pour laquelle on veut obtenir l'habilitation à l'enseignement.

«Les élèves assistent aux leçons du professeur, ils l'aident dans les démonstrations et
dans les expériences ; ils fréquentent assidûment les laboratoires, la ferme, l'étable, etc.
Durant au moins cinq mois, la seconde année, ils s'exercent à enseigner les matières
auxquelles ils se destinent dans une des écoles d'agriculture dépendant du Ministère.

« Parmi les thèmes des expériences, il y a des discussions sur les méthodes didactiques à suivre dans l'enseignement.

« Pour être admis au cours de professorat, il faut avoir obtenu 8/10 des notes sur toutes les matières d'examen dans le cours suivi pour obtenir le diplôme.

« Le cours biennal terminé, après un examen devant le directeur et le conseil des professeurs, l'élève obtient un diplôme de capacité pour l'enseignement. »

Bourses d'études. — Pour le cours ordinaire, on a institué quatre bourses d'études de 800 francs à répartir à raison d'une par cours. Outre ces bourses données par le Ministère, il existe une fondation privée de 1,000 francs affectée à l'entretien annuel des élèves de la Lombardie et la Toscane.

Institution agronomique André Ponti. — L'institution, annexée à l'École de Milan, a été fondée par le docteur E. Ponti. Elle est dotée d'un patrimoine de 100,000 fr. dont la rente est destinée à favoriser par des expériences agronomiques ou des études spéciales d'économie ou d'hygiène rurales les progrès de l'agriculture et l'amélioration graduelle des conditions d'existence de la population rurale de la Lombardie.

BUDGET DE L'ÉCOLE.

Ministère de l'agriculture	75,000ᶠ 00ᶜ
Province de Milan	30,666 67
Commune de Milan	15,333 33
Total	121,000 00
Taxes scolaires prévues	5,000 00
Total	126,000 00

École royale supérieure d'agriculture de Portici.

(Grand prix.)

L'École de Portici fut fondée en 1872, par la province de Naples, avec le concours du Ministère de l'agriculture qui consacra 50,000 francs à sa fondation et 60,000 francs à l'achat du matériel scientifique.

Le Ministère de l'agriculture fit constituer, au profit de l'école de Portici, une subvention annuelle de 27,000 francs par l'État, et une de 60,000 francs par la province de Naples qui concédait aussi les locaux pour l'école. Un conseil directorial fut désigné pour l'administration.

L'école possédait des chaires de chimie générale, de chimie agricole, de botanique, d'agronomie, d'arpentage, d'estimation et de comptabilité, d'économie et de statistique, de mécanique, de zootechnie et de dessin.

On invitait les professeurs de l'Université de Naples à donner 20 ou 25 leçons de minéralogie et de géologie, de météorologie et d'entomologie, d'économie rurale et d'œnologie.

En 1889, l'école devint un établissement de l'État et la contribution provinciale de 60,000 francs fut supprimée. On institua alors les chaires de minéralogie, de physique et de météorologie, de zootechnie et d'entomologie, le laboratoire de l'industrie des huiles et la chaire expérimentale pour les leçons sur l'huile et sur le vin.

Récemment, on a transformé la chaire de technologie chimique agricole en institut des industries agricoles.

Le but de l'école est le même que celui de l'école de Milan. On s'occupe toutefois spécialement à Portici de former des ingénieurs agronomes, des vétérinaires et des naturalistes. L'école de Portici est organisée sur les mêmes bases que celle de Milan, avec les mêmes moyens d'enseignement, les mêmes programmes, les mêmes sanctions d'études.

Fig. 155. — École supérieure d'agriculture de Portici.
(Plan général de l'établissement.)

L'école possède des cabinets et laboratoires pourvus du matériel scientifique nécessaire à l'enseignement. Les locaux sont vastes et peuvent recevoir une nombreuse assistance. La bibliothèque possède 11,470 volumes et reçoit 87 publications périodiques. Un observatoire météorologique est annexé à l'école.

Les élèves réguliers et les auditeurs sont soumis aux mêmes conditions que ceux de l'école de Milan.

L'école de Portici possède également deux sections : doctorat ès sciences agronomiques et professorat pour les écoles secondaires agricoles.

L'année scolaire dure neuf mois et demi, du 15 octobre au 30 juillet.

L'examen pour l'obtention du diplôme, auquel sont admis les étudiants qui ont subi tous les examens de promotion du quatrième cours, consiste en une discussion de la durée de quarante minutes au moins, une dissertation écrite sur un thème choisi librement par le candidat sur un sujet agricole, la culture des prairies ou l'arboriculture ou l'économie rurale, la zootechnie, la chimie agricole et les industries agricoles. Le professeur de la matière choisie fait le compte rendu de la thèse du candidat; celui-ci doit subir, en outre, une épreuve pratique choisie par la commission, et enfin, un examen oral de la durée d'une heure au moins, sur deux thèses choisies par lui.

Les frais d'entretien de l'école sont exclusivement à la charge de l'État, et ils atteignent un total de 117,000 francs auquel il faut ajouter 5,000 francs de taxes scolaires prévues.

Fig. 156. — École supérieure d'agriculture de Portici. (Bâtiment principal.)

Le nombre total des élèves de Portici, diplômés depuis 1874 jusqu'à 1899, s'élève à 246.

Répartition des anciens élèves. — 70 propriétaires agriculteurs, 8 régisseurs ou gérants d'exploitations agricoles, 79 professeurs d'agriculture, 9 employés à la Direction générale de l'agriculture et 10 à la culture des tabacs; autres professions, 49; soldats, 2; émigrés en Amérique, 6; décédés, 5.

Pendant la période 1874-1899, les cours ont été suivis par 551 élèves et 205 auditeurs, parmi lesquels 246 ont obtenu le diplôme de docteur ès sciences agronomiques. Parmi les diplômés, on compte : 4 professeurs d'écoles supérieures, 1 directeur de station agronomique, les directeurs des écoles spéciales de Avellino, Florence et Conegliano, plusieurs professeurs dans les écoles spéciales, dans les lycées, dans les instituts techniques, des employés au Ministère de l'agriculture, plusieurs directeurs et professeurs d'écoles pratiques d'agriculture, de chaires ambulantes, de stations expérimentales, et plusieurs préparateurs dans les écoles supérieures d'agriculture, stations agronomiques et écoles spéciales.

L'école de Portici publie de nombreux bulletins de renseignements pour les agriculteurs.

Le laboratoire de chimie agricole fonctionne comme station agronomique, et, durant les trois dernières années, on y a fait de nombreuses analyses chimiques de vins, sols, engrais, huiles, etc. Il a comme annexe un champ d'expérimentation à Suessola, près de Naples.

Le laboratoire d'entomologie agricole rend aussi des services à l'agriculture du pays par ses publications scientifiques et ses bulletins de renseignements.

Le professeur Comes, directeur du laboratoire de botanique, s'est livré à des travaux intéressants sur le tabac.

La chaire expérimentale est en relation avec les propriétaires de la région, pour le compte desquels elle a manipulé, depuis sa création, 7,000 hectolitres de vin.

Le laboratoire de l'industrie des huiles analyse les olives et les huiles des particuliers qui en font la demande.

L'institut zootechnique, très bien installé, s'occupe de l'amélioration du bétail pour le compte des particuliers.

L'école de Portici, qui a obtenu un grand prix à la Classe 5, avait exposé un magnifique album de photographies et un annuaire de l'école, complété par un rapport du directeur sur l'enseignement donné à Portici.

Institut royal agronomique expérimental de Pérouse.

L'Institut agronomique de Pérouse fut inauguré le 25 novembre 1875. D'après la convention intervenue entre le Ministère de l'agriculture et l'Université libre de Pérouse, des professeurs de l'Université y font des cours supplémentaires.

Par décret royal du 19 juillet 1899, on lui donna la faculté de délivrer le diplôme ès sciences agricoles qui ne donne pas accès aux emplois dans l'administration ni à l'enseignement de l'agriculture.

L'institut a pour but de préparer les enfants des propriétaires ruraux et des cultivateurs à l'exploitation rationnelle du sol en leur fournissant une instruction technique complète.

Les études durent quatre années et sont divisées en trois périodes :

1° *Cours préparatoire.* — Sciences juridiques et morales : droit civil et économie politique. — Sciences expérimentales : chimie générale, physique expérimentale et météorologie. — Sciences naturelles : minéralogie et géologie, botanique et zoologie.

2° *Classes supérieures ou cours d'application.* — (2ᵉ et 3ᵉ année.) — Enseignement complémentaire de la pathologie végétale et de l'entomologie. — Enseignement des sciences appliquées. — Génie rural, mécanique, constructions, topographie, hydraulique. — Culture des plantes avec cours spéciaux de sylviculture, culture de l'olivier, viticulture, culture fruitière, horticulture. — Étude et élevage du bétail avec cours spéciaux d'élevage des animaux de basse-cour. — Sériciculture, apiculture, pisciculture. — Industries agricoles et spécialement œnologie, huilerie, industries forestières, industrie laitière. — Chimie agricole et technologie. — Économie rurale, avec notions d'estimation et de comptabilité.

Cours supplémentaires : Hygiène rurale. — Notions de médecine vétérinaire. — Droit commercial.

3° *Exercices et applications de l'enseignement.* — (4° année.) — Ces exercices pratiques, qui correspondent à l'enseignement théorique de la première période et de la deuxième année, sont dirigés par des professeurs demeurant à Pérouse. Les matières spéciales de science appliquée (sylviculture, technologie forestière, culture de l'olivier et industrie des huiles, viticulture et œnologie, culture fruitière, horticulture et jardinage industriel, aquiculture, etc.) sont développées par des spécialistes appelés à donner des leçons selon un ordre établi à l'avance. Chaque élève est appelé successivement à un des services de la ferme, où il travaille d'après les ordres du directeur, mais sous sa propre responsabilité. L'enseignement est donné d'une manière individuelle. Les élèves de quatrième année sont fréquemment appelés à des conférences, expériences et discussions, sous la direction des professeurs.

L'institut est largement pourvu de tous les moyens matériels (terres, jardins, laboratoires et musées) qui sont nécessaires pour les démonstrations et pour l'enseignement pratique.

1° Laboratoires et musée de botanique et pathologie végétale, de zoologie et entomologie, de minéralogie et géologie, d'agriculture et de cultures spéciales, de zootechnie, avec, comme annexe, une étable d'expérimentation ;

2° Jardin botanique avec distribution des plantes par groupes biologiques, pourvu de serres chaudes et de serre spéciale pour les expériences de physiologie ;

3° Jardin potager, avec toutes les plantes cultivées ou utilisées en Italie, réparties en grandes classes et distribuées selon la classification botanique ;

4° Ferme expérimentale avec une collection des variétés cultivées de la vigne et des principaux arbres fruitiers, des champs d'expériences et d'essais pour les élèves ;

5° Le domaine de Casalina, d'une étendue de 70 hectares, est annexé à l'institut, pour exercer à la pratique les élèves de quatrième année.

Les élèves font aussi de nombreuses excursions dans la province et un voyage d'instruction, chaque année, en dehors de la région.

Pour être inscrit comme élève régulier, il faut posséder la licence du lycée ou de l'institut technique, ou celle des cours supérieurs de viticulture et d'œnologie.

Les auditeurs « permanents » doivent avoir une instruction suffisante pour suivre l'enseignement et être âgés de 17 ans. Les auditeurs « temporaires » sont admis à suivre certains cours pendant une période déterminée. A la fin de chaque année, les professeurs jugent des progrès des élèves sans qu'il y ait d'examen.

Les élèves réguliers reçoivent le diplôme et le titre de docteur, à la fin de la quatrième année d'études, après un examen.

Les auditeurs, suivant tous les cours, qui se trouvent dans les mêmes conditions, obtiennent un certificat de licence.

Les élèves provenant des différentes régions de l'Italie, l'école a pu conserver un caractère national. Non seulement on donne aux élèves le moyen de faire beaucoup d'exercices pratiques, pour développer en eux le sentiment de la responsabilité individuelle et de l'initiative, mais on leur confie, par groupes de trois étudiants, dans la deuxième période du cours, un champ d'expériences avec divers exemples de rotation des cultures fourragères et des cultures de la vigne et de l'olivier.

BUDGET DE L'INSTITUT.

Subsides de fondation	40,000 francs.
Subvention de l'État	25,000
Subvention de l'Université de Pérouse	300
Taxes scolaires	5,700
Total	71,000

Institut agronomique de l'Université de Pise.

(Médaille d'or.)

L'institut agronomique de l'université de Pise fonctionne comme les instituts des universités allemandes. Les cours de sciences générales sont suivis à l'université, mais les cours d'agriculture et les applications ont lieu à l'institut agronomique.

Fig. 157. — Institut agronomique de l'Université de Pise.

Le programme des cours spéciaux est conforme à celui des écoles supérieures d'agriculture de Portici et de Milan.

Objets et travaux exposés. — Études et recherches du laboratoire de chimie agricole de l'université de Pise; modèles de machines électromagnétiques, par M. le professeur Parcinotti.

Institut royal forestier de Vallombrosa.
(Médaille d'or.)

L'Institut forestier de Vallombrosa a commencé par être un simple cours de sylviculture.

En présence des excellents résultats obtenus et de la nécessité de créer une école forestière en Italie, le Gouvernement et les provinces, à l'exception de la Lombardie et de la Sardaigne, s'unirent pour fonder à la place de ce cours l'école forestière de Vallombrosa.

L'ouverture de l'institut forestier eut lieu le 15 août 1869. Mais on ne put organiser définitivement l'école forestière de Vallombrosa, créer les différentes chaires destinées à l'enseignement, élaborer un programme, qu'en 1871.

Cours professés. — Économie forestière et sylviculture (1re, 2e, 3e années).

Mathématiques pures et appliquées, mécanique, architecture et hydraulique (1re, 2e, 3e années).

Dessin topographique (1re, 2e, 3e années).

Histoire naturelle (1re, 2e années).

Chimie, météorologie et minéralogie (1re, 2e années).

Jurisprudence forestière (3e année).

Économie politique (3e année).

Littérature italienne (1re, 2e années).

Langue allemande (1re, 2e, 3e années).

Langue française (1re, 2e années).

Agriculture (2e année).

Jusqu'en 1888 ce programme était développé en trois années, mais, en 1889, on a ajouté une 4e année de cours et modifié le programme de la façon suivante :

Langue et littérature italiennes; langues française et allemande; algèbre; géométrie; trigonométrie; géométrie analytique; topographie; dessin; chimie et géologie; physique et météorologie; agriculture et agronomie; botanique; zoologie, y compris la pisciculture; mécanique et constructions rurales; économie forestière, droit et législation forestière.

Les leçons théoriques ont lieu pendant la matinée; on réserve l'après-midi pour les exercices pratiques dans les laboratoires et en forêt.

Pour les applications des cours et l'enseignement pratique, l'école possède un vaste champ d'expérimentation, avec pépinières forestières, jardin botanique et une vaste forêt d'une superficie de 1,446 hectares.

Dans la pépinière forestière (1 hectare 1/2), on cultive des essences forestières indigènes et exotiques, à l'exception de celles de la zone tropicale.

Tous les ans, le Ministère distribue gratuitement des plants pour le reboisement des montagnes; ce qui permet aux élèves de connaître non seulement les espèces ligneuses, mais d'apprendre aussi toutes les opérations relatives à leur transplantation.

L'étude pratique des plantes est facilitée par de grandes collections de plantes vivantes dans les pépinières de l'institut, qui ont environ 7 hectares de superficie et dans lesquelles on compte 3,500 espèces et variétés de plantes ligneuses.

La forêt est située entre 400 et 1,450 mètres d'altitude, sur un terrain très accidenté. Cette variété de terrain, jointe à la position de la forêt, dans le centre de l'Italie, et à la grande variété de l'exposition, bien que la nature géologique du terrain soit à peu près la même, facilite la végétation d'un grand nombre de plantes ligneuses.

Dans la forêt de Vallombrosa, on trouve presque toutes les plantes ligneuses des climats tempérés et des climats froids, depuis l'olivier et les différentes variétés de pins, jusqu'au châtaignier, au chêne et au hêtre. D'autres plantes ont été introduites, à titre d'expériences.

L'école forestière reçoit deux catégories d'élèves : les premiers, dits *élèves ordinaires*, sont ceux qui se destinent à un emploi dans l'Administration des forêts; les seconds suivent les cours de l'institut pour y apprendre la sylviculture. Pour être admis comme

Fig. 158. — Vallombrosa
(d'après une gravure du xviiie siècle).

élèves ordinaires, les jeunes gens doivent posséder la licence du lycée ou de l'institut technique, ou subir un examen à Rome, sur les matières suivantes : langue italienne; éléments de français, de géométrie, d'algèbre, jusqu'aux équations du deuxième degré; de géographie, d'histoire naturelle, de physique, de chimie inorganique et organique. Le Ministère peut admettre aussi à l'examen les brigadiers et les surveillants forestiers célibataires.

Le régime est l'internat. Les cours durent quatre années. Toutes les places de sous-inspecteur adjoint dans l'Administration forestière sont réservées aux élèves réguliers qui ont obtenu la licence finale. Faute de places, ils sont nommés élèves forestiers, avec les appointements de brigadier. L'élève qui obtient le maximum des points à l'examen final peut faire un stage aux frais du Gouvernement, dans une école supérieure à l'étranger.

Les élèves ordinaires peuvent être envoyés en mission par le Ministre.

Le nombre des licenciés, depuis 1869 jusqu'en 1899, a été de 249.

Budget. — A la charge de l'État.

Traitements du personnel enseignant	27,479^f 17^c
Entretien de l'école	42,800 00
Pension des élèves	21,800 00
Total	92,079 17

Objets et travaux exposés. — L'école forestière de Vallombrosa, à laquelle le Jury a attribué une médaille d'or, était représentée au palais italien par de riches collections forestières, des albums de photographies et des croquis dessinés par les élèves dans la forêt de Vallombrosa.

ÉCOLES VÉTÉRINAIRES.

Parmi les écoles vétérinaires d'Italie, les unes sont autonomes, mais rattachées aux universités correspondantes pour l'enseignement des matières fondamentales, telles que

Fig. 159. — École vétérinaire de Milan.
(Clinique de chirurgie.)

Fig. 160. — École vétérinaire de Milan.
(Salle des opérations.)

la zoologie, l'anatomie comparée, la botanique, la physique, la chimie; les autres dépendent des facultés de médecine, des facultés des sciences, ou forment des écoles spéciales à côté des facultés universitaires.

Fig. 161. — École vétérinaire de Milan.
(Lit d'opération avec un cheval.)

Fig. 162. — École vétérinaire de Milan.
(Lit d'opération mobile.)

Les trois grandes écoles vétérinaires de *Turin, Milan* et *Naples*, où l'enseignement des matières générales fondamentales se fait en commun avec les étudiants en médecine, sont des écoles autonomes.

A Turin, pour la zoologie, l'anatomie comparée, la botanique, la physique, la chimie et la physiologie générale, l'enseignement est essentiellement universitaire. A l'école vétérinaire, on enseigne l'anatomie, l'histologie et la physiologie spéciale ; l'hygiène et la zootechnie ; la pathologie générale et l'anatomie pathologique ; la police sanitaire et la législation, la pathologie médicale et chirurgicale.

A Milan, comme il n'y a pas d'Université, l'école vétérinaire est rattachée à l'École d'agriculture et à l'Institut polytechnique.

A Naples, l'enseignement de la chimie se fait comme matière spéciale à l'école même.

Fig. 163. — École vétérinaire de Milan.
(Grande cour de la clinique de chirurgie.)

Fig. 164. — École vétérinaire de Naples.
(Intérieur du musée d'anatomie.)

A *Parme,* l'école vétérinaire fait partie de la Faculté de médecine, de même à *Modène ;* à *Bologne* et à *Pise,* ce sont des écoles annexées à l'université.

Dans l'Université libre de *Pérouse,* l'école vétérinaire fait aussi partie de la Faculté de médecine.

Fig. 165. — École vétérinaire de Naples.
(Jardin pour la culture des plantes médicinales.)

Fig. 166. — École vétérinaire de Naples.
(Cour de clinique.)

Pour être admis aux écoles vétérinaires, il faut avoir la promotion du troisième au quatrième cours de l'institut technique ou avoir terminé la deuxième ou la troisième classe d'un lycée. L'enseignement vétérinaire se fait dans les écoles en quatre ans. Les étudiants inscrits obtiennent à la fin de leurs études un diplôme avec le titre de docteur en zooïatrie ou de médecin vétérinaire.

Les professeurs appartiennent aux catégories suivantes :

1° Professeurs libres payés avec le produit des droits d'inscription des étudiants qui suivent les cours, en proportion des heures de leçons qu'ils ont par semaine ;

2° Professeurs assistants qui reçoivent des émoluments de 1,250 francs et de 700 à 800 francs pour la direction de la clinique et du laboratoire ;

3° Professeurs extraordinaires à 3,000 ou 3,500 francs par an, plus 700 ou 800 francs pour la direction du laboratoire ou de la clinique ;

4° Professeurs ordinaires à 5,000 francs par an, plus la direction de la clinique (800 francs) ou du laboratoire (700 francs) et l'augmentation d'un dixième des appointements, tous les cinq ans, jusqu'à 8,000 francs.

Le directeur de l'école est élu par les professeurs ordinaires et extraordinaires et reste en charge trois ans.

A l'École de médecine vétérinaire de *Turin* le personnel enseignant comprend :

Un professeur de zoologie et d'anatomie comparée, à l'université ;

Un professeur de physique, à l'université ;

Un professeur de chimie, à l'université ;

Un professeur de botanique, à l'université ;

Un professeur de physiologie, à l'université ;

Un professeur d'anatomie et de physiologie des animaux domestiques à l'école vétérinaire, qui enseigne aussi l'anatomie, l'histologie et la conformation extérieure des animaux ;

Un professeur de pathologie générale et d'anatomie pathologique, à l'école vétérinaire ;

Un professeur d'hygiène et de zootechnie qui enseigne aussi la jurisprudence ;

Un professeur de pathologie et de clinique médicale ;

Un professeur chargé de la police sanitaire et de l'inspection des viandes de boucherie.

Les élèves peuvent suivre des cours libres qui ont lieu à l'Université pour la bactériologie, et à l'école vétérinaire pour les maladies épizootiques et l'hygiène.

Objets et travaux exposés. — Les Écoles royales vétérinaires de Milan et de Naples avaient exposé des tableaux de photographies des cabinets scientifiques, des appareils pour les opérations chirurgicales, des ouvrages scientifiques par les professeurs.

L'École vétérinaire de Milan a obtenu un grand prix à l'Exposition et celle de Naples une médaille d'or.

II. — *ENSEIGNEMENT MOYEN ET ÉLÉMENTAIRE.*

A. ÉCOLES PRATIQUES D'AGRICULTURE ET ÉCOLES SPÉCIALES.

Les écoles pratiques d'agriculture et presque toutes les écoles libres d'agriculture fondées par l'initiative des provinces, des communes, des académies, des sociétés agricoles et des particuliers, laissaient beaucoup à désirer au point de vue de l'organisation, de l'enseignement, du recrutement des élèves, lorsque le Ministère de l'agriculture se décida à présenter, en 1878, un projet de loi relatif à l'organisation et au fonctionnement de ces écoles.

D'après ce projet, on devait établir, dans chaque province, une école pratique d'agriculture et des écoles spéciales ayant un caractère régional.

Les écoles spéciales étaient ainsi réparties : 1 école d'horticulture et de pomologie en Toscane; 6 écoles de viticulture et d'œnologie : 2 dans l'Italie septentrionale et 1 pour chacune des grandes régions (centrale, méridionale, Sicile et Sardaigne); 2 écoles pour la culture de l'olivier et la fabrication de l'huile dans l'Italie méridionale; 2 écoles pastorales et d'industrie laitière. Dans les provinces où existaient déjà des écoles, on devait les transformer selon le nouveau programme.

Écoles pratiques d'agriculture. — Dans les écoles pratiques on se proposait de former des agriculteurs instruits, des praticiens connaissant les progrès agricoles et aptes à répandre autour d'eux, à vulgariser les bonnes méthodes de culture, les élèves étant destinés à retourner dans leur pays à la fin de leurs études.

L'internat y était réglé de façon à répondre à la condition familiale des enfants, à les mettre à même plus tard de diriger la culture de leurs terres, comme propriétaires, ou la propriété d'autrui comme gérants, fermiers ou métayers, selon les coutumes et les formes des baux en usage dans leur province.

Dans ces écoles, l'enseignement a une durée de trois ans et comprend l'instruction théorique et la pratique. L'instruction théorique doit se borner à ce qui est nécessaire à une intelligente application de la pratique.

Elle comprend : la langue italienne, l'arithmétique, des éléments d'histoire, de géographie, de comptabilité, de dessin, et plus spécialement des notions élémentaires d'économie et de législation rurales, de botanique, de zoologie, de géologie, de météorologie, de chimie, de physique, de topographie, de constructions rurales.

Cet enseignement doit être en harmonie, le plus possible, avec l'enseignement pratique. Le maître doit donc chercher l'occasion d'alterner et de compléter les leçons données dans la classe par des exercices et des démonstrations dans l'étable pour la zoologie, au laboratoire pour la chimie, sur le terrain pour la géologie.

Comme on doit avoir soin de ne pas pousser cet enseignement au delà des notions élémentaires qui peuvent être utiles dans l'agriculture pratique pour bien comprendre et bien appliquer les bonnes pratiques agricoles, il n'est pas nécessaire d'avoir un cabinet de physique, ni un laboratoire de chimie, mais il suffit pour ces enseignements d'appareils d'un usage commun et de quelques réactifs pour les démonstrations les plus simples.

L'instruction pratique est donnée au moyen du travail direct. Les élèves doivent exécuter tous les travaux de culture de la ferme et toutes les opérations habituelles dans une ferme modèle.

Afin que l'école puisse répondre complètement à sa destination, qui est de favoriser le progrès agricole local, l'enseignement est spécialisé selon les conditions particulières des différentes contrées, en évitant toutefois que l'école pratique ne soit transformée en école spéciale de laiterie, ou de viticulture, ou d'industrie des huiles. La ferme doit être exploitée de façon à donner le plus grand développement aux industries agricoles qui ont le plus d'importance dans la région.

Ce règlement fut soumis au Conseil d'agriculture et approuvé dans les assemblées de 1879 et 1880.

On transforma immédiatement les écoles d'agriculture de Lecce pour la province d'Otrante et de la colonie agricole de Pesaro pour la province de Pesaro et d'Urbino, d'Alanne pour la province de Terano, de Catanzaro pour cette province, de Cosenza pour la Calabre, de Caltagirone pour la province de Catania (Sicile), de Macerata pour cette province, de Lodi pour l'Ombrie, de Santa Eufemia pour la province de Brescia, de Brusegana pour la province de Padoue, de Portici annexée à l'école supérieure de Portici.

En même temps, on fondait les nouvelles écoles pratiques d'agriculture de Sant'Ilario Ligure pour la province de Gênes; de Pozzuolo del Friuli pour la province d'Udine; de Borgonovo pour la province de Piacenza; de Imola pour la province de Bologne; de Fabriano, province d'Ancône, et de Ascoli Piceno dans la même province; de Eboli, province de Salerne.

La loi du 6 juin 1885 établit de la façon suivante le règlement des écoles pratiques :

« L'administration (province, commune, etc.) doit fournir à ses frais les bâtiments et les champs qui doivent avoir une étendue d'au moins 20 hectares. Les premières dépenses d'installation, pour l'achat des meubles, du matériel scientifique et du matériel technique (environ 27,000 francs) sont à la charge de l'État pour les trois cinquièmes et des administrations locales pour les deux cinquièmes.

« Les dépenses annuelles d'entretien, qui peuvent s'élever à environ 20,000 francs, sont supportées dans la même proportion. »

Personnel enseignant. — Un professeur d'agriculture et d'industries agricoles, de géométrie pratique et de comptabilité, directeur.

Un professeur de sciences physiques et naturelles et de dessin.

Un censeur, maître d'italien, d'histoire, de géographie, d'arithmétique et de calligraphie.

Dans plusieurs écoles, il y a un professeur spécial de zootechnie. Dans toutes les écoles, on trouve pour les travaux pratiques, un chef et un sous-chef de cultures et un maître vacher. Chaque institution a son règlement organique et disciplinaire. Un comité formé par les représentants du Gouvernement et des administrations locales contribue à son maintien pour une somme de 1,000 francs au moins.

Le cours dure trois années, avec la faculté dans certains cas pour les élèves de passer à l'école une quatrième année, afin de se perfectionner dans la direction d'une exploitation agricole, d'apprendre la tenue des livres, etc.

Les examens que les élèves passent à la fin de chaque année consistent dans des épreuves écrites sur les éléments de l'agriculture, de la comptabilité, et des épreuves orales sur les mêmes matières, sur l'arpentage et la chimie agricoles, enfin, dans des exercices pratiques.

Les élèves peuvent être internes ou externes. Pour l'admission, ils doivent être âgés de 14 à 17 ans et avoir obtenu le certificat de 3ᵉ élémentaire.

Les élèves payent une pension qui varie de 150 à 400 francs suivant les écoles.

Les programmes d'enseignement sont les mêmes pour toutes les écoles, mais en tenant compte des conditions spéciales de la région où l'école se trouve et où elle doit exercer une action directe et immédiate. Les leçons théoriques prennent dix-huit heures par semaine; les travaux pratiques, cinq à huit heures par jour selon la saison et les besoins de la ferme.

Budget des écoles pratiques. — Dans le budget du Ministère de l'agriculture on a établi pour les 27 écoles pratiques un total de 717,624 francs dont 276,890 francs à la charge du Gouvernement et 208,024 à la charge des administrations locales. Le reste de la somme, soit 232,710 francs, représente les pensions des élèves et d'autres ressources éventuelles.

Écoles spéciales. — Les écoles spéciales forment un complément utile des écoles pratiques, visant à une instruction professionnelle plus complète. Les écoles spéciales d'agriculture sont actuellement au nombre de 8 : 5 écoles de viticulture et d'œnologie établies à Alba (Cuneo), Conegliano (Trévise), Avellino Catania (Sicile), Cagliari (Sardaigne); 1 pour la culture de l'olivier et la fabrication de l'huile à Bari; 1 d'horticulture et d'arboriculture à Florence; 1 de zootechnie et d'industrie laitière à Reggio Emilia.

Dans les écoles de viticulture et d'œnologie, le cours se divise en deux périodes : le cours inférieur et le cours supérieur. Le premier dure deux ou trois ans, le second, quatre ans. Le cours inférieur vise à former des maîtres vignerons et des maîtres de chai ; le cours supérieur sert à préparer des directeurs d'établissements vinicoles et œnologiques.

Sont admis au cours supérieur : les diplômés des écoles techniques et des classes inférieures du gymnase, mais ceux-ci doivent subir un examen de dessin à main libre ; les diplômés des écoles de viticulture et d'œnologie dont le cours dure trois années; les licenciés des écoles normales.

Les élèves des cours supérieurs sont externes. Au cours inférieur des écoles de viticulture et d'œnologie est annexé un internat.

Pour être admis au cours inférieur, les élèves doivent avoir 14 ans et avoir la licence élémentaire ou subir un examen équivalent.

L'école pour la culture de l'olivier et l'industrie des huiles forme d'habiles cultivateurs d'oliviers et des chefs ouvriers pour les fabriques d'huile. Le cours dure trois années. Le personnel enseignant est le suivant :

1° Un professeur de physique et de chimie appliquée à l'industrie des huiles, de dessin appliqué, de minéralogie et géologie, directeur;

2° Un professeur d'agriculture, de botanique, zoologie, comptabilité, oliviculture, géométrie pratique et dessin topographique, sous-directeur;

3° Un maître censeur, professeur d'italien, d'histoire, de géographie, d'arithmétique, de géométrie, de dessin géométrique et de calligraphie.

Pour être admis, il faut être âgé de 14 à 17 ans et avoir suivi les trois premières classes élémentaires.

L'école d'horticulture et de pomologie de Florence enseigne les travaux pratiques dans différents jardins : fruitier, potager et d'agrément. Des leçons théoriques complètent l'enseignement pratique. Le cours dure trois années.

L'école de zootechnie et d'industrie laitière de Reggio Emilia forme, par un enseignement théorique et pratique, d'habiles éleveurs de bestiaux et des chefs fromagers.

Le cours dure deux années. Âge d'admission : 15 à 20 ans. Trois classes élémentaires.

Frais d'entretien des écoles spéciales. — Budget : 337,201 fr. 17 dont 152,520 francs à la charge du Gouvernement, 103,680 fr. 67 à la charge des administrations locales; 78,000 francs représentant les pensions des élèves et d'autres revenus.

*
* *

Bourses et demi-bourses dans les écoles pratiques et spéciales d'agriculture. — Elle sont données chaque année, par le Ministère, à raison d'une dizaine, aux enfants des agriculteurs pauvres ou des petits propriétaires ruraux.

Ces places étaient antérieurement mises à la disposition des comices agricoles qui s'occupaient du choix des jeunes gens ; mais depuis l'arrêté du 11 septembre 1889 les places et les bourses d'études sont obtenues à la suite d'un concours ouvert par les écoles.

Pour perfectionner l'instruction technique des élèves diplômés, on leur réserve chaque année une bourse dans une école spéciale d'agriculture. Cette bourse est donnée à l'élève qui a obtenu le plus de points, mais ce nombre ne doit pas être inférieur à huit dixièmes.

Conseil de perfectionnement de l'enseignement agricole. — En exécution de la loi du 6 juin 1885, sur la création des écoles pratiques et spéciales d'agriculture, on institua par décret du 24 juillet 1885 le « Conseil de l'enseignement agricole », dont les attributions furent ensuite modifiées par le décret du 28 avril 1887.

Le Conseil est présidé par le Ministre de l'agriculture. Il est consulté sur toute proposition de création ou de règlement d'écoles ou de stations agronomiques; et, en ce qui concerne les écoles spéciales et pratiques, sur les programmes d'enseignement et sur les livres d'études. Il donne son avis sur l'attribution des places de perfectionnement, soit à l'intérieur du pays, soit à l'étranger, sur l'autorisation à l'enseignement pour ceux qui ont donné des preuves de capacité, sur le règlement et la suppression des écoles supérieures, spéciales et pratiques d'agriculture et sur les stations d'essais.

Le Comité, en général, donne son avis sur l'application des lois et des règlements dans des cas particuliers qui ne sont pas réservés au grand Conseil.

Dons et legs aux écoles d'agriculture. — Les legs et dons des particuliers en faveur de l'enseignement agricole représentent un capital de 1,144,000 francs et une rente de 20,200 francs.

Prêts aux écoles. — La loi du 6 juin 1885 a étendu aux écoles pratiques d'agriculture et aux écoles spéciales les dispositions relatives aux prêts de faveur pour la construction des édifices scolaires. En vertu de cette loi, les autorités locales ont contracté des emprunts s'élevant à plus de 2 millions. Le Ministère de l'agriculture contribue à l'amortissement de ces emprunts par le payement d'une annuité de 34,698 francs.

1° Écoles pratiques d'agriculture.

Caluso (Turin). — Le domaine de Caluso a une étendue de 30 hectares. On y fait des expériences sur les engrais les mieux appropriés à la culture du blé, sur la taille de la vigne, sur la sélection des semences, sur la culture de la pomme de terre à grand rendement, sur l'alimentation artificielle des veaux avec emploi de farineux. Les résultats sont publiés dans des brochures distribuées aux agriculteurs.

Les travaux de vulgarisation agricole sont complétés par des cours pratiques temporaires aux vignerons sur le greffage et la culture de la vigne. Les professeurs font des conférences aux instituteurs et aux propriétaires de la région; ils donnent des conseils aux agriculteurs et font des analyses chimiques.

L'école a un budget total de 26,000 francs.

Voghera (Pavie). [Médaille de bronze.] — L'école de Voghera fut ouverte le 16 janvier 1895 après la suppression de l'école de Borgonovo dont elle possède le matériel.

Fig. 167. — École pratique de Voghera. (Entrée principale.)

Elle comprend deux sections : section inférieure pour les enfants pauvres, dont elle s'occupe en vertu d'un legs, et supérieure pour les enfants des propriétaires, régisseurs, etc.

Dans la période 1896-1899, 128 élèves furent inscrits à la section supérieure, et 52 à la section inférieure. Pendant l'année scolaire 1897-1898, 12 élèves ont obtenu le diplôme de fin d'études.

L'école fait des conférences dans les communes de Pavie et d'Alexandrie, des cours théoriques et pratiques sur le greffage, sur la taille de la vigne et des arbres fruitiers, ainsi que des conférences aux instituteurs.

Cette école a un budget total de 31,000 francs.

Travaux et objets exposés. — Brochure sur l'école. Plan des locaux. Cartes de la ferme. Plusieurs photographies représentant les bâtiments, laboratoire, collections agricoles.

Grumello del Monte (Bergame). [Médaille de bronze.] — L'école pratique, fondée le 13 décembre 1874, a été transformée par décret du 10 juillet 1887. Pendant ses vingt-cinq années d'exercice, 413 élèves ont suivi les cours ordinaires de l'école et 756 les cours extraordinaires. La majorité des élèves appartiennent à des familles de propriétaires ruraux. Le nombre des diplômés s'est élevé à 234, dont 10 seulement exercent des professions étrangères à l'agriculture.

La ferme, qui a une superficie de 21 hectares, comprend un champ de démonstration et une collection de vignes américaines et européennes; l'école possède une collection des principales variétés de pommes et de poires.

Dès sa fondation, l'école de Grumello a compris qu'un des buts principaux de son existence était de favoriser le progrès agricole de la région. Beaucoup d'études et d'expériences ont été faites sur les vers à soie et leurs maladies, sur les engrais les mieux appropriés aux céréales, à la vigne, aux arbres fruitiers, sur plusieurs plantes fourragères, sur la vinification, sur l'élevage artificiel des veaux.

L'école a pris une part active à la reconstitution des vignobles détruits par le phylloxéra, au moyen de conférences et de la distribution de plants américains.

Budget total de l'école : 32,150 francs.

Travaux et objets exposés. — Nombreux tableaux représentant les bâtiments de l'école et de la ferme. Une carte agronomique de la commune de Grumello del Monte. Photographies de groupes d'élèves. Plusieurs albums de photographies pour aider à l'enseignement des élèves.

Brescia. — Fondée en 1876 par l'initiative d'agriculteurs, l'école de Brescia devint, en 1880, un institut provincial et fut classée, en 1885, parmi les écoles pratiques.

En 1885, le chevalier Joseph Pastori laissa son patrimoine pour que l'on fondât dans la province de Brescia une école publique d'agriculture devant porter son nom, sur le modèle des meilleures écoles de ce genre de la France et de l'Allemagne.

Mais les rentes (20,000 francs) ne suffisant pas à l'entretien de l'école, après entente entre la province, le Gouvernement et les administrateurs du legs Pastori, on la réunit à l'école de Grumello. On améliora le domaine, d'une étendue de 200 hectares; on créa un cours théorique et pratique d'industrie laitière. Les élèves de l'école, pour obtenir le diplôme, après avoir terminé leurs trois années de cours, doivent fréquenter, pendant six mois, un cours de pratique administrative dans la section pratique d'Orzinvecchi. Actuellement l'école a un budget total de 49,000 francs.

Pozzuolo del Friuli (Udine). [Médaille de bronze.] — L'école doit son origine à un legs, fait par la comtesse Cécile Gradenigo. En 1879, on réunit à ce legs les sommes augmentées des subventions du Gouvernement et des administrations locales, et l'on institua par décret royal du 2 janvier 1881 l'école pratique de Pozzuolo del Friuli, qui fut ouverte au mois de mai de la même année. Dès sa fondation, l'école eut un terrain d'application et d'expérience de 30 hectares pour les élèves. On résolut ensuite de faire servir le domaine Sabbatini, d'une superficie de 236 hectares, à l'instruction pratique des élèves. Dans le domaine se trouvent représentées toutes les cultures de la région auxquelles sont appliqués les moyens perfectionnés de l'agriculture moderne. L'école se tient en relation avec les propriétaires et les agriculteurs de la province. Elle fut la première à introduire les cours d'hiver pour l'instruction agricole populaire. Ces cours durent quatre-vingts jours et sont fréquentés par des colons et des propriétaires ruraux. Les professeurs font aussi des cours le dimanche aux instituteurs et aux soldats.

Budget total de l'école : 22,250 francs.

Travaux et objets exposés. — Collection de dessins représentant les bâtiments, diverses scènes de la vie agricole. Graphiques, etc.

Brusegana (Padoue). [Médaille de bronze.] — Le Conseil de la province de Padoue fonda, en 1874, à Brusegana, un institut agricole, qui fut transformé en école pratique d'agriculture par décret du 20 mars 1883. La plupart des élèves appartiennent à des familles de propriétaires ou régisseurs.

Les terres qui entourent les bâtiments de l'école sont d'une étendue de 33 hectares. Sur cette ferme, outre d'importants travaux de nivellement, pour régler l'écoulement des eaux, on a fait des plantations assez considérables de mûriers et de vignes. On a construit des bâtiments pour l'œnotechnie et pour la sériciculture.

L'école de Brusegana jouit d'une renommée méritée dans la province de Padoue.

Les exemples donnés sur la ferme, les nombreux diplômés qui exercent l'agriculture, les conférences faites non seulement à l'école mais aussi dans les communes de la province, les cours théoriques et pratiques aux agriculteurs, les conférences aux instituteurs, les publications, les conseils donnés aux agriculteurs ont fait de l'école de Brusegana le centre du progrès agricole de la province de Padoue.

Budget total de l'école : 41,500 francs.

Travaux et objets exposés. — Photographies des bâtiments de l'école, de groupes d'élèves au travail, etc.

Sant'Ilario Ligure (Gênes). [Médaille d'argent.] — Dès l'année 1859, M. Marsano conçut le dessein de doter Sant'Ilario de Nervi, sa ville natale, d'une école d'agriculture, mais ce ne fut que vingt ans plus tard que, retiré des affaires, il put mettre son projet à exécution. De 1895 à 1899, l'école fut fréquentée par 139 élèves.

L'établissement agricole est composé de plusieurs terrains et de fermes dont les plus importantes servent spécialement aux exercices pratiques des élèves. Pour mettre cet établissement agricole dans des conditions favorables, on a été obligé d'y faire d'importants travaux pour l'arrosage des jardins et des potagers et d'élever des bâtiments d'exploitation, écuries, étables, poulaillers, caves, huilerie, fromagerie.

L'école a repris son enseignement en 1893 après avoir été, pour divers motifs, fermée pendant quelques années. Elle ne compte donc guère que six années de fonctionnement. Elle s'est fait beaucoup apprécier dans la province et a obtenu des médailles dans plusieurs expositions. Les professeurs font des cours temporaires pour les agriculteurs.

Budget total de l'école : 22,264 francs.

Travaux et objets exposés. — Plans des bâtiments de l'école et des terrains, accompagnés de photographies. Statistiques. Collection importante de photographies des jardins, des serres, etc.

Imola (Bologne). — Instituée par décret du 22 mars 1883, l'école commença ses cours la même année. De 1895 à 1899, le nombre des élèves internes s'est élevé à 186, celui des externes, à 27. 30 élèves diplômés exercent la profession agricole. On fait dans le terrain dépendant de l'école des expériences pratiques. A la culture alternée du chanvre et du froment, on a substitué celle du trèfle et de la luzerne. Pour tous les travaux, on emploie les outils les plus perfectionnés.

L'établissement a favorisé l'emploi des machines agricoles perfectionnées et des outils de fabrication italienne. Le corps professoral fait des cours publics dans les campagnes et des conférences théoriques et pratiques aux propriétaires, aux fermiers et aux instituteurs.

Cette école a un budget total de 31,750 francs.

Cesena (Forli). [Médaille de bronze.] — La première tentative pour la fondation d'une école libre d'agriculture à Cesena est due à la municipalité de cette ville qui avait, dès l'année 1868, ouvert, avec ses seules ressources, une école fermée peu de temps après. La nouvelle école ne fut inaugurée qu'en 1882.

L'école comprend deux terrains d'une contenance de 30 hectares, l'un près des bâtiments, l'autre sur une colline voisine.

L'école de Cesena a donné à la province de Forli 88 élèves diplômés, capables d'être d'excellents cultivateurs.

Le personnel de l'école, continuellement en contact avec les agriculteurs, a pris une part active aux concours agricoles, aux congrès d'agriculteurs de l'Émilie et aux expositions des races bovine et porcine.

Le personnel enseignant a organisé, chaque année, des cours temporaires pour les fermiers et institué des conférences pour les propriétaires dans plusieurs communes de la province. Enfin il a institué des cours et des conférences pour les maîtres d'école et pour les soldats de la garnison.

Budget total de l'école : 26,000 francs.

Travaux et objets exposés. — Nombreuses photographies donnant des vues des deux fermes de Campo Torre et Colombara. Quelques cartes bien faites, avec plans, profils, etc.

Pesaro. — Dans le but de former de bons agriculteurs, l'académie agricole de Pesaro résolut d'instituer dans cette ville une colonie agricole qui fut inaugurée en décembre 1876.

De 1895 à 1899, 152 élèves ont été inscrits, provenant pour la plupart de familles de cultivateurs et de propriétaires ruraux.

La ferme a une contenance de 20 hectares. Quand ce terrain a été concédé à l'école, il ne différait en rien des autres de la province, soit par le mode de culture, soit par le peu de revenu qu'on en tirait. Les changements apportés dans les assolements ont permis d'élever un plus grand nombre de bestiaux, et les améliorations introduites graduellement dans le mode de culture par la sélection des semences, la préparation rationnelle des fumiers et enfin par la plantation de 2 hectares de vigne ont doublé le revenu du domaine.

Ces bons résultats ont exercé une heureuse influence sur les agriculteurs de la région et leur ont indiqué ce qu'ils avaient à faire. Les professeurs ont fait des conférences dans plusieurs communes et ont ouvert un cours pratique pour les fermiers de la province; lorsque ces derniers venaient d'une région éloignée, le directeur pourvoyait à leur logement et à leur nourriture.

Le directeur de l'école a apporté un utile concours à la vulgarisation des bonnes méthodes de culture par ses travaux personnels.

L'école de Pesaro a un budget total de 23,000 francs.

Fabriano (Ancône). [Médaille de bronze.] — Sur la demande du marquis Serafini, président du comice agricole de Fabriano, un décret royal a institué, le 5 mai 1882, à Fabriano, l'école royale pratique d'agriculture pour la province d'Ancône.

De 1895 à 1899, 231 élèves ont été inscrits, dont 10 externes provenant, pour la plupart, de familles rurales. De 1885 à 1898, c'est-à-dire en quatorze années, 143 élèves furent licenciés.

La ferme, d'une contenance de 15 hectares, possède des machines et des ustensiles perfectionnés et des locaux pour l'œnologie, l'élevage des vers à soie, une fromagerie, et c'est grâce à son intelligente installation que l'on a pu donner d'utiles exemples aux agriculteurs sur la façon rationnelle de cultiver le froment, le maïs, la betterave. Une pépinière d'arbres fruitiers a été installée et les sujets greffés avec les meilleures variétés sont vendus à bas prix à tous les propriétaires qui en font la demande.

Nombreuses conférences faites par les professeurs; cours pratiques temporaires faits aux agriculteurs.

Budget total de l'école : 24,500 francs.

Travaux et objets exposés. — Dessins à la plume donnant les plans de l'édifice scolaire, de la ferme, etc. Collection de photographies.

Macerata. (Médaille d'argent.) — Cette école fut fondée par le Conseil de la province, en 1872, et prit d'abord le nom de colonie agricole. Deux ans plus tard, elle fut transformée en école royale d'agriculture pratique pour la province de Macerata. Depuis son ouverture jusqu'en 1900, 177 élèves ont obtenu leur diplôme de fin d'études.

L'établissement comprend quatre fermes d'une contenance de 76 hectares. Les collines ont été en grande partie réduites en terrasses. On y a planté des vignes et des oliviers. A l'établissement sont annexés une station de zootechnie et un dépôt de machines agricoles. La ferme a donné, en 1898, un bénéfice de près de 7,000 francs.

L'école a fait des expériences sur les engrais chimiques, sur les semences et sur les maladies des plantes. Des conférences agricoles ont été données le dimanche et les nouvelles méthodes y ont été préconisées ainsi que les instruments perfectionnés à employer. A l'aide d'une publication faite sous forme de feuilles volantes, les professeurs ont fait connaître les règles de la vinification et de la fabrication de l'huile.

Le directeur prête son concours à la Société antiphylloxérique des Marches, en qualité de président de la commission de l'arrondissement de Macerata, ainsi qu'à la société agricole de cette ville.

L'école a un budget total de 25,000 francs.

Travaux et objets exposés. — Album de belles aquarelles et de vues, de bâtiments scolaires, de jardins, de champs de culture. Photographies de groupes d'élèves, etc.

Ascoli Piceno. (Médaille de bronze.) — L'école fut fondée par décret royal du 19 janvier 1882, et fonctionna, dès l'année suivante, avec 33 élèves; dans la période de 1882-1883 jusqu'en 1897-1898, elle a eu 89 élèves diplômés. L'établissement agricole comprend une ferme de 34 hectares et trois petits champs de 2 hectares.

Tous les moyens dont pouvait disposer l'école ont été mis en pratique pour améliorer l'agriculture de la province. Elle y a réussi par l'exemple, la ferme ayant donné d'excellents résultats, par les conférences faites aux propriétaires, aux maîtres d'écoles, par la concession temporaire de machines agricoles.

Budget total de l'école : 23,860 francs.

Travaux et objets exposés. — Tableaux des bâtiments de l'école et de la ferme. Grand tableau de la ferme modèle. Graphique statistique des élèves. Graphique de la production moyenne de la ferme-école.

Todi (Pérouse). — L'école de Todi a été fondée par décret royal du 3 mai 1883. La moyenne des élèves inscrits dans les dernières années a été de 40; le nombre des diplômés, de 8. L'établissement agricole est composé de deux fermes, soumises à une culture intensive, et d'une métairie.

Le budget de cette école s'élève à 23,000 francs.

Rome. (Médaille de bronze.) — Cette école doit son origine à la ferme-école qui, par l'initiative du comice agricole de Rome, fut ouverte à Valmontone durant l'automne de l'année 1872.

En 1875, elle fut tranférée à Rome et, par décret royal du 18 septembre 1882, transformée en école royale d'agriculture pratique pour la province de Lazio.

De 1895 à 1899 ont été inscrits 217 élèves; de 1896 à 1898, 19 ont été diplômés.

Outre la ferme annexée à l'école, l'établissement dispose encore pour les exercices pratiques de ses élèves du champ d'expériences de Sant' Alessio, d'une étendue de 80 hectares. 10 hectares sont particulièrement affectés aux expériences de culture. L'autre partie du domaine est aménagée dans le but de démontrer l'avantage économique que l'on retirerait d'une culture rationnelle des terres de la campagne romaine. 20 hectares sont en métairie et 50 hectares sont cultivés à compte direct. Partout on emploie les engrais appropriés aux différentes cultures et, autant que possible, les appareils les plus perfectionnés pour tous les travaux de culture. Cette école n'a pas limité son champ d'action à l'enseignement réglementaire, mais elle a déployé son activité de toutes les façons pour se faire apprécier par les agriculteurs.

Aux nombreuses conférences et expériences publiques faites avec les machines et les outils les plus perfectionnés dans les locaux de l'école, il faut ajouter les conférences sur l'agriculture en général, la zootechnie, faites dans diverses communes du Lazio; les cours temporaires pratiques aux cultivateurs, les consultations, les distributions gratuites de semences, de plantes et de légumes, de plants d'arbres fruitiers, boutures, plants américains, etc.

Le budget total de l'école s'élève à 32,000 francs.

Travaux et objets exposés. — Album de photographies de l'école. Graphique des élèves. Plan de la ferme. Grande carte de la ferme (année 1900) avec légende des cultures. Aquarelles donnant l'aspect des champs d'expérimentation Salesia et Vigno Murata, etc.

Alano (Teramo). [Médaille de bronze.] — Avec les fonds dont disposait la congrégation de la Charité et sous les auspices du professeur Ruggieri, on fonda, en 1872, à Alano, une école agricole pour les enfants des agriculteurs pauvres de la commune.

De 1895 à 1899, le nombre des élèves inscrits a été de 174; 36 élèves ont été diplômés.

La ferme a une étendue de 20 hectares.

La congrégation de la Charité avait l'habitude de louer les terres aux enchères et en retirait à peine 650 à 700 francs de rente. Aujourd'hui, cette rente est triplée et augmentera au fur et à mesure que les plantations d'oliviers, de vignes et d'arbres fruitiers arriveront en plein rapport.

La plus-value est due en grande partie aux travaux d'irrigation et d'assainissement entrepris sur la propriété.

L'école possède un moulin à olives mû par la vapeur, muni de broyeurs de différents systèmes ainsi que de plusieurs presses hydrauliques à leviers multiples. Dans ce moulin à olives, on travaille annuellement de 3,000 à 4,000 hectolitres d'olives.

L'école possède un dépôt de machines agricoles; elle a fait de nombreuses conférences dans ses locaux ou au dehors aux agriculteurs et aux maîtres d'école; elle a organisé, dans la ferme, des expositions de produits agricoles et d'animaux.

Budget total de l'école : 23,000 francs.

Travaux et objets exposés. — Dessins et photographies (ferme, dépôt de machines agricoles, etc.). Rapport sur les rotations.

Scerni (Chieti). — L'école pratique d'agriculture de Scerni (Chieti) fut instituée par décret royal du 23 novembre 1879 et commença ses cours l'année suivante.

On a compté, dans la période 1895-1899, 152 élèves inscrits; et, de 1896 à 1898, 11 diplômés.

La ferme est située sur une colline qui se trouve vis-à-vis de Scerni dont elle est séparée par un étroit vallon. Le terrain a une étendue de 28 hectares. A la ferme sont annexés : 1° une fromagerie dont les produits sont estimés; 2° une station de zootechnie possédant d'excellents reproducteurs; 3° un dépôt de machines agricoles; 4° une pépinière spécialement destinée aux reboisements qui se font annuellement dans la province; 5° une cave modèle.

Budget total de l'école : 21,600 francs.

Cerignola (Foggia). — L'école a été fondée par décret du 29 août 1889. Mais les règlements et programmes de l'école ont été modifiés en 1896 de façon à les rendre plus conformes aux besoins de la région. Par suite de ces modifications, l'école a vu, tout en conservant son caractère primitif, augmenter son programme d'instruction.

Le budget total de l'école s'élève à 26,500 francs.

Lecce. (Médaille de bronze.) — Au mois de mai 1870, on avait créé à Lecce une sorte de colonie agricole pour les orphelins dans le but d'en faire des agriculteurs. Cet établissement dura jusqu'en 1878, mais, étant donnés les résultats peu satisfaisants que l'on y avait obtenus, le Conseil provincial modifia l'organisation de l'école en changeant son nom en celui de ferme-école, laquelle fut à son tour transformée par décret du 23 novembre 1879 en école pratique d'agriculture pour la province d'Otrante. Elle commença à fonctionner au mois d'août 1881.

De 1895 à 1899, l'école a été fréquentée par 152 élèves; dans les années scolaires 1896-1897 et 1897-1898, on a compté 15 diplômés.

A la ferme, d'une contenance de 30 hectares, sont annexés : 1° une cave modèle où l'on produit différents types d'un excellent vin; 2° un dépôt de machines et outils agricoles qui a puissamment contribué au développement de la mécanique agricole dans la province; 3° une station de zootechnie qui a procuré une grande amélioration dans l'industrie du bétail.

Nombreuses conférences et cours temporaires faits par les professeurs aux cultivateurs de la région.

Cette école a un budget total de 27,000 francs.

Travaux et objets exposés. — Plan de la ferme (avant et après les améliorations). Photographies représentant les bâtiments de l'école, les chais. Tableau des élèves ayant fréquenté l'école, etc.

Piedimonte d'Alife (Caserte). — Cette école, instituée en 1889, fut ouverte l'année suivante. Les ressources financières sont ainsi constituées :

Gouvernement	12,000 francs.
Province de Caserte	8,000
Pensions des élèves	4,500
TOTAL	24,500

De 1890 à 1898, il y eut 182 élèves inscrits dont 31 ont été diplômés.

L'école comprend 19 hectares.

Des cours pratiques de dix jours ont été institués; on y a convié les agriculteurs de la région, qui ont été nourris et logés à l'école.

Eboli (Salerne) — Cette école a été fondée par décret royal du 4 septembre 1882 et commença ses cours le 2 juillet 1883. Dans les cinq dernières années, la moyenne des diplômés a été de 6. L'école d'Eboli a cherché, comme les précédentes écoles, à se rendre utile au pays, soit par les exemples donnés dans la culture de la vigne, des oliviers, des orangers et citronniers, soit par les cours temporaires faits aux agriculteurs, spécialement sur l'industrie laitière.

Budget total de l'école : 24,500 francs.

Cosenza. — Cette école a été instituée par le décret royal du 2 janvier 1881. La moyenne annuelle des élèves inscrits a été, pour les cinq dernières années, de 23; le nombre moyen des diplômés dans la même période a été de 4. L'école de Cosenza a un dépôt de machines agricoles, une station d'animaux reproducteurs. Les professeurs font des conférences dans les centres agricoles les plus importants de la province.

Budget total de l'école : 24,250 francs.

Catanzaro. (Médaille de bronze.) — Dès l'année 1845, le lycée de Catanzaro possédait une chaire d'agriculture. En 1860, grâce à la somme léguée par MM. Ferrari, on eut l'idée d'instituer un orphelinat pour les garçons, dans le but d'en faire de bons agriculteurs, mais l'idée resta à l'état de projet. Ce ne fut que le 3 janvier 1876 que, sur l'initiative du Conseil provincial, de la municipalité, de la Chambre de commerce, on inaugura une école d'agriculture et d'industrie pastorale qui prospéra jusqu'en 1880, époque à laquelle elle fut transformée en école pratique d'agriculture.

Ce ne fut qu'en 1893 que l'école de Catanzaro put acquérir un terrain de 42 hectares. C'est donc de cette époque que datent les importants travaux d'amélioration introduits dans ce petit domaine.

Dans la période 1895-1899, 105 élèves furent inscrits; 19 élèves ont été diplômés.

Les propriétaires trouvent dans le dépôt des machines et outils agricoles le moyen de se procurer les machines dont ils peuvent avoir besoin.

Les animaux reproducteurs de la section de zootechnie contribuent à l'amélioration du bétail dans la province.

Nombreuses conférences agricoles aux agriculteurs. Visite des vignobles par les professeurs et conseils donnés aux viticulteurs sur place en vue de combattre le phylloxéra. Distribution gratuite de boutures de vignes américaines.

Le budget total de cette école s'élève à 23,000 francs.

Travaux et objets exposés. — Plan des bâtiments scolaires, des locaux : chais, laiterie, étable, etc. Plan topographique de la ferme *S. Leonardo,* avec indication des améliorations faites. Grande carte de la ferme.

Caltagirone (Catane). [Médaille de bronze.] — Cette école eut une humble origine. Elle commença par être un asile pour les enfants des deux sexes que les épidémies des années 1867 et 1868 avaient rendus orphelins et qui furent recueillis par la charité publique dans l'ancien couvent des Capucins. L'épidémie terminée, on pensa à donner aux enfants restés dans le vieux couvent, avec les premiers rudiments d'instruction primaire, quelques notions d'agriculture en leur faisant cultiver le champ attenant à l'établissement qui prit le nom d'asile agricole jusqu'en 1877. A cette époque, le champ d'exploitation ayant été augmenté d'une ferme de 9 hectares, l'asile fut transformé en colonie agricole, puis en école pratique d'agriculture. Durant les dix dernières années, l'école eut 303 élèves, provenant pour la plupart de familles de cultivateurs. De 1896 à 1898, 24 élèves furent diplômés.

La ferme comprend 45 hectares.

L'école de Caltagirone participe, d'une façon efficace, à l'amélioration agricole de la province de Catane par des conférences et des cours temporaires. Elle a pris surtout une part importante à la reconstitution du vignoble. A cet effet, elle est pourvue d'une grande pépinière.

On peut évaluer à 2,500 les consultations que l'on donne annuellement aux cultivateurs et aux propriétaires, soit verbalement, soit par écrit.

L'école de Caltagirone a un budget total de 25,250 francs.

Travaux et objets exposés. — Importante collection de photographies des bâtiments scolaires, étables, etc., accompagnées de plans. Programmes des élèves. Publications des professeurs. Vue de la pépinière américaine annexée à l'école, etc.

Marsala (Trapani). [Médaille de bronze.] — Cette école a été ouverte en 1896-1897, mais elle n'a commencé à fonctionner qu'au mois de novembre 1898.

$$\text{Budget.} \begin{cases} \text{Province de Trapani} \dots\dots\dots\dots\dots\dots & \text{20,000 francs.} \\ \text{Pensions des élèves} \dots\dots\dots\dots\dots\dots & \text{5,000} \end{cases}$$

$$\text{TOTAL} \dots\dots\dots\dots\dots\dots \quad \text{25,000}$$

Pour l'année scolaire 1898-1899, 24 élèves ont été inscrits. L'école de Marsala a déjà commencé à rendre des services à l'agriculture locale. Elle possède une fromagerie ; elle a installé un bureau de consultations et d'analyses pour les agriculteurs, une chaire ambulante et une école de greffage pour la vigne.

Travaux et objets exposés. — Album de photographies (école, annexes, etc.). Remarquable collection de photographies représentant des variétés de raisins.

Sassari. (Médaille d'argent.) — Cette école pratique d'agriculture, qui fut ouverte après la suppression de celle de Nulvi, a commencé ses cours au mois d'octobre 1894. Le nombre total des élèves qui la fréquentèrent de 1894 à 1898 a été de 125. Les premiers examens ont eu lieu l'année scolaire 1896-1897 et, jusqu'en 1899, 18 élèves ont été diplômés.

La ferme a une étendue de 27 hectares. Les principales cultures de la province y sont représentées : vignes, oliviers, plantes fourragères et céréales, plantes potagères et arbres fruitiers. L'école a un cheptel assez important : bœufs de travail, vaches laitières, chèvres, moutons, porcs.

L'école a fait d'importantes ventes d'animaux reproducteurs et a donné de nombreuses consultations aux agriculteurs. Des conférences fréquentes ont été organisées.

Le budget de l'école de Sassari s'élève à 24,000 francs.

Travaux et objets exposés. — Album de photographies de l'école et de la ferme (bâtiments, rucher, pépinière américaine, potager, etc.). Quelques ouvrages, parmi lesquels le Bulletin bi-mensuel de l'école, des notes d'économie rurale et d'agronomie. Brochures sur l'industrie laitière, l'industrie du ver à soie, etc.

2° Écoles spéciales.

École de viticulture et d'œnologie d'Alba (Cuneo). — L'école spéciale de viticulture et d'œnologie d'Alba (Cuneo) a été fondée par décret du 2 janvier 1881. Actuellement, elle possède deux cours, inférieur et supérieur, et de nombreux élèves. Dans l'année scolaire 1898-1899, elle reçut 47 inscriptions dont 12 au cours supérieur et 35 au cours inférieur ; dans l'année courante, 24 au premier et 24 au second.

La plupart des élèves diplomés exercent la profession agricole ou une industrie annexe. Beaucoup d'entre eux se trouvent dans des établissements œnologiques et dans l'Amérique méridionale.

Le domaine sur lequel se trouve l'institut a une superficie de 8 hectares environ ; il se trouve près de la ville, et est situé partie en plaine, partie en colline.

On a bâti récemment une grande école à la place de celle qui était installée dans des locaux provisoires et sur des terrains loués. La culture du mûrier et des plantes potagères ainsi que les cultures expérimentales fourragères, du maïs et du blé, y sont bien représentées.

A la petite ferme sont annexés une étable, des locaux pour la sériciculture, pour les machines à distiller et pour les machines agricoles du dépôt du Gouvernement.

L'école a exercé une action efficace sur les progrès de la viticulture et de l'œnologie de la région, grâce à ses nombreux élèves qui ont répandu les perfectionnements appris à l'école et aussi à l'aide de conférences fréquentes faites par les professeurs dans les communes de l'arrondissement d'Alba sur le phylloxéra, l'arboriculture, l'œnologie.

L'école a pris une part active aux réunions de la commission ampélographique et de la commission de viticulture qui se sont tenues dans plusieurs villes de la région.

L'école d'Alba a un budget total de 46,000 francs.

École de viticulture et d'œnologie de Conegliano (Tréviso). [Médaille d'or.] — La première école de viticulture et d'œnologie a été instituée par le décret royal du 9 juillet 1876. Les congrès de Turin de 1875 et de Vérone en 1876 ainsi que la presse agricole réclamaient la création, en Italie, d'une école capable de préparer des directeurs d'établissements œnologiques et des viticulteurs instruits.

Fig. 168. — École de Conegliano. (Vue des bâtiments du cours pratique.)

L'école était très fréquentée dans les premières années, lorsque l'industrie œnologique réclamait un personnel instruit pour l'aider dans ses travaux. Aujourd'hui, quelques changements ont eu lieu. Les places de spécialiste en œnologie sont presque toutes occupées et quatre autres écoles concourent avec celle de Conegliano à préparer ces spécialistes.

De 1895 à 1898, il y a eu 355 élèves inscrits, dont 226 élèves réguliers et auditeurs pour le cours supérieur et 129 pour le cours inférieur. La plupart sont des fils de propriétaires ruraux et de vignerons. De 1896 à 1898, 10 élèves du cours supérieur et 18 du cours inférieur ont obtenu le diplôme de sortie. Parmi ceux-ci, 1 est directeur d'administration vinicole; 8 administrent leurs propriétés; 4 sont gérants; 4 continuent leurs études; 2 s'occupent d'industries agricoles et 9 exercent des professions inconnues.

L'école de Conegliano possède un domaine de 30 hectares, comprenant un vignoble européen en coteau et en plaine, des vignes américaines, une collection ampélographique de 300 variétés de vigne, de vastes pépinières de vignes américaines et européennes; un jardin fruitier avec pépinières; un chai industriel avec les locaux nécessaires à la fabrication de 200 hecto-

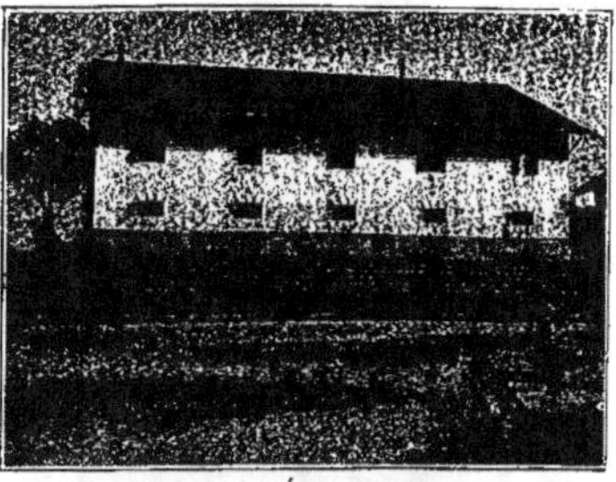

Fig. 169. — École de Conegliano.
(Serre pour les vignes.)

litres de vin de différents types; un chai expérimental pour l'essai des perfectionnements œnologiques; une serre pour la culture forcée de la vigne; une distillerie avec des appareils à vapeur et à feu direct; une magnanerie; une étable pour plus de 40 animaux; un dépôt de machines agricoles : instruments et appareils pour la viticulture, l'œnologie, la distillation et la fabrication des produits secondaires des industries agricoles; un laboratoire de chimie avec le matériel nécessaire pour l'étude de l'œnologie, un laboratoire de botanique et de pathologie végétale, avec le matériel nécessaire pour faire des recherches scientifiques; des cabinets de viticulture, d'œnologie et de sciences naturelles, de physique, de topographie et constructions rurales; un observatoire météorologique et une bibliothèque de 10,000 ouvrages avec plusieurs périodiques étrangers et nationaux.

L'école a contribué au progrès agricole par les moyens suivants :

Conférences à l'école ou dans les centres agricoles de la province, aux propriétaires, agriculteurs ou aux instituteurs; cours pratiques temporaires sur la viticulture, l'arboriculture, le greffage et sur les moyens de combattre les maladies des plantes; expériences de machines et instruments aratoires perfectionnés; expositions et concours à l'école, spécialement d'appareils à distiller et de machines œnologiques; publications des professeurs; expériences et recherches exécutées par les professeurs sur les maladies des plantes, sur les ferments, la vinification, sur les engrais les plus favorables à la végétation des plantes.

La dotation annuelle s'élève à 61,617 francs.

Travaux et objets exposés. — Photographies des bâtiments; photographies d'animaux;

projets de constructions œnologiques et rurales, par les élèves; série de dessins; collection ampélographique de 300 variétés de vignoble. M. Bassi (Ferdinand) a obtenu une médaille d'argent à titre de collaborateur.

École de viticulture et d'œnologie de Avellino. (Médaille d'or.) — L'école a été instituée par décret royal du 27 octobre 1879; elle fut ouverte l'année suivante. Dans la période 1882-1899, 655 élèves suivirent le cours inférieur et 503 le cours supérieur.

Fig. 170. — École d'Avellino. (Vue des bâtiments.)

L'école est pourvue d'un domaine de 10 hectares, où l'on cultive la vigne, les plantes les plus communes (blé, maïs, pommes de terre, betteraves, fourrages, etc.) Au verger est annexée une pépinière qui produit 5,000 à 10,000 plantes greffées que l'on

Fig. 171. — École d'Avellino.
(Cabinet d'histoire naturelle et de pathologie végétale.)

Fig. 172. — École d'Avellino.
(Vigne de Sirah.)

vend, chaque année, aux particuliers. L'école possède un dépôt de machines agricoles et une étable pour les vaches laitières qui utilisent les produits secondaires de la ferme. Il y a aussi une pépinière de vignes américaines pour la distribution des plants aux propriétaires et pour l'étude de l'affinité entre les cépages américains et les cépages indigènes. Un chai capable de travailler de 800 à 1,300 hectolitres de vin chaque année et un chai d'essai servent à la pratique et aux études œnologiques. Des laboratoires sont également mis à la disposition des élèves pour les études chimiques.

La distillation a pris une certaine importance, non seulement celle des résidus de la vinification, dont on extrait la crème de tartre, mais aussi celle du vin, pour la fabrication de l'eau-de-vie.

Le personnel technique, indépendamment des conférences faites à l'institut et au dehors, s'est occupé des problèmes qui intéressent l'économie rurale. Il étudie les améliorations à réaliser, les défauts à éliminer, les industries nouvelles que l'on peut introduire. Il aide de ses conseils les propriétaires pour qu'ils puissent effectuer graduellement les innovations utiles.

Cette école réunissant un certain nombre de spécialistes est devenue un centre d'enseignement auquel les propriétaires s'adressent pour obtenir des conseils et une aide efficace dans les questions qui se rapportent à l'amélioration de leurs terres.

L'école d'Avellino a un budget total de 54,166 fr. 67.

Travaux et objets exposés. — Un album de photographies; une carte; 2 tableaux donnant l'aspect de l'école; 7 volumes du *Giornale di viticultura è d'enologia;* 4 volumes des publications des professeurs.

École de viticulture et d'œnologie de Catane (Sicile). [Médaille d'argent.] — Instituée par décret du 21 novembre 1881, l'école de Catane a reçu, depuis cinq ans, 204 élèves dont 31 sont diplômés.

Fig. 173. — École de Catane. (Bâtiment principal.)

Le domaine est situé à 1 kilomètre de la ville sur une colline d'origine volcanique. Sur ce terrain, autrefois dénué de toute culture, on a dû exécuter des travaux remarquables d'amélioration, de terrassement.

La collection ampélographique, commencée en 1886, compte 700 variétés de vignes choisies parmi les meilleurs cépages de l'Italie, de l'Espagne, de la France, du Portugal, etc. L'école est largement pourvue de laboratoires scientifiques. On y trouve aussi un dépôt de machines agricoles et œnologiques. Si on apporte, à présent, en Sicile plus de soin dans le choix des vignes, dans la confection et la conservation du vin, si on applique les principes et les procédés de l'œnotechnie rationnelle, si de nombreux établissements d'industrie œnologique se sont installés et si le pays compte un plus grand nombre de jeunes gens qui se destinent à la viticulture, on le doit à l'école de Catane.

Fig. 174. — Ecole de Catane. (Cabinet de viticulture et d'œnologie.)

L'école a un budget total de 44,667 francs.

Travaux et objets exposés. — Album de photographies de l'école; photographies des vignobles américains en Sicile; collection de tableaux intéressants.

École de viticulture et d'œnologie de Cagliari. (Médaille d'argent.) — Fondée en 1884, l'école ne commença à fonctionner qu'en 1889. Elle reçut, de 1890 à 1900,

Fig. 175. — Ecole de Cagliari. (Bâtiment principal.)

442 élèves, dont une grande partie obtinrent le diplôme de fin d'études. La majeure partie des anciens élèves s'occupent de la culture de leurs terres; d'autres sont employés

dans des administrations, chez des particuliers, dans l'île et dans la Péninsule, quelques-uns sont à l'étranger. La ferme a une superficie de 16 hectares; l'école possède un dépôt de machines, des chais et des laboratoires de physique, de chimie et d'histoire naturelle.

C'est à l'école de Cagliari que l'on doit le réveil agricole de la Sardaigne. La confiance qu'elle inspire est telle, qu'on ne fait aucune entreprise industrielle œnologique ou agricole en Sardaigne sans avoir consulté les professeurs de Cagliari.

Fig. 176. — École de Cagliari.
(Champ d'expériences pour la culture du blé.)

Fig. 177. — École de Cagliari.
(Une préparation agricole.)

Le personnel enseignant fait chaque année quatre cours temporaires sur la vinification, la distillation, le greffage et la taille des arbres fruitiers et des vignes américaines. Il donne aussi de nombreux conseils aux viticulteurs, exécute des analyses de vins, de terres, d'engrais, etc.

Durant la période 1890-1899, les professeurs de Cagliari ont fait 295 conférences agricoles, suivies par 8,692 auditeurs. Ils ont procédé à de nombreuses recherches de laboratoire.

L'école a un budget total de 40,250 francs.

Travaux et objets exposés. — Une très belle collection de cartes topographiques; publications émanant de l'école; brochures publiées par les professeurs; collection de photographies (bâtiments, groupes d'élèves, etc.).

École de zootechnie et d'industrie laitière de Reggio Emilia. (Médaille d'argent.) — Il existait à Reggio Emilia, dès 1874, un établissement zootechnique expérimental qui fonctionna jusqu'en 1880. En 1879, on a institué l'école de zootechnie et des industries laitières qui constitue aujourd'hui une annexe de l'ancien établissement qui existe toujours.

Pendant la période 1895-1899, il y eut 184 élèves inscrits, dont 38 externes, fils pour la plupart de propriétaires et de gérants de propriétés rurales. Les élèves diplômés trouvent de bonnes places, spécialement dans les régions où les industries laitières et zootechniques sont plus développées.

La laiterie est pourvue du matériel nécessaire pour le travail perfectionné du lait; elle est munie d'appareils et de machines perfectionnés. On fabrique à Reggio des fromages et du beurre pendant toute l'année.

Le domaine, annexé à l'école, peut être irrigué, ce qui permet de donner un grand développement à la production de l'herbe. Les deux tiers du domaine sont en prairies permanentes; l'autre tiers est réservé à la culture. L'école fait des cours annuels et temporaires à l'institut, et de fréquentes conférences dans les communes de la province à la façon des chaires ambulantes. Elle donne des consultations écrites et verbales, fait des expériences culturales avec emploi de machines, des analyses chimiques pour les particuliers.

On s'occupe, en outre, à l'institut, de la généralisation des meilleures opérations de contrôle du lait, de la diffusion des nouvelles méthodes de l'industrie laitière, de la fabrication du beurre fin.

L'école a encore rendu des services par ses études et ses expériences sur l'action de l'arsenic et du phosphore dans l'alimentation des animaux domestiques, sur la composition et l'assimilation des aliments qui ne figurent pas dans les traités spéciaux, sur la saveur et la valeur alimentaire des viandes de porc.

L'école de Reggio Emilia produit d'habiles éleveurs de bestiaux, au courant des progrès de l'industrie zootechnique et de l'industrie laitière. Elle s'efforce de satisfaire aux demandes des agriculteurs par ses études sur les sciences appliquées aux besoins de la région.

L'école a un budget total de 40,500 francs.

Travaux et objets exposés. — Tableau des bâtiments et de l'ensemble de l'établissement; cartes agronomiques de la province; tableau du champ d'expérimentation Paradisa, ainsi que de la ferme et de ses annexes.

École d'horticulture et d'arboriculture de Florence. (Médaille d'or.) — Depuis la fondation de l'école, le 5 février 1882, le nombre des élèves ayant suivi les cours s'élève à 265 sans compter un certain nombre d'auditeurs et d'apprentis jardiniers. Sur les 124 anciens élèves diplômés, 86 sont employés comme jardiniers, horticulteurs, gérants, 20 cultivent leurs terres, 7 exercent d'autres professions.

DIVISION DU DOMAINE.

	HECTARES.
Serres	0,30
Jardin	0,80
Pépinières de plantes ornementales	2,50
Potager	5,63
Pépinières de plantes fruitières	1,22
Bâtiments, places, etc.	3,01
Verger	8,41
TOTAL	21,87

A l'institut sont annexés : un dépôt de machines agricoles pour la région toscane, des cabinets, des laboratoires et une bibliothèque de 2,000 volumes.

Travaux de l'école d'horticulture de Florence. — Conférences aux propriétaires, horticulteurs, régisseurs; exercices pratiques pour vulgariser les connaissances sur le greffage et sur les divers systèmes de la taille; publications de catalogues spéciaux des arbres à fruit, avec des notions sur la façon de les cultiver; distribution gratuite des graines sélectionnées de plantes ornementales; conseils et renseignements aux visiteurs de l'établissement qui viennent y étudier les systèmes de culture, de taille et de greffage.

L'école a un budget total de 30,000 francs.

Travaux et objets exposés. — Belle collection de photographies représentant les bâtiments de l'école et les annexes; photographies de fleurs, fruits, etc.; catalogue général illustré des collections existantes dans l'établissement.

École de culture de l'olivier et de fabrication de l'huile à Bari. (Médaille d'argent.) — L'école de Bari ne reçoit que 8 à 10 élèves par an, dont deux ou trois licenciés. La propriété a une étendue de 6 hectares. Outre l'olivier, qui est la culture principale, on cultive aussi un peu la vigne, les arbres fruitiers, les orangers.

Une huilerie est annexée au domaine pour travailler les olives, pour les études et les recherches.

Le budget total de l'école s'élève à 20,000 francs.

Institut technique «Pietro Cupari» de Jesi. — Cet institut avait participé à l'exposition de l'enseignement agricole par l'envoi de tableaux, de photographies, de cahiers d'élèves renfermant des exercices de chimie, d'ouvrages des professeurs de l'institut sur la culture de la betterave, du blé, etc. Cet institut, qui a obtenu une médaille d'argent, ne figurant pas dans le rapport publié, à l'occasion de l'Exposition, par la Direction générale de l'agriculture italienne, nous ne pouvons fournir des renseignements sur son organisation.

B. — ÉCOLES LIBRES D'AGRICULTURE.

Indépendamment des écoles de l'État, l'Italie possède un certain nombre d'écoles libres d'agriculture assez importantes.

Institut agricole de Cavalcanti in Castelleti, près de Signa (Florence). — Cette institution fut créée par M. Cattaui Cavalcanti qui y consacra son patrimoine et y dépensa son intelligente activité dans le but de former une pépinière d'agriculteurs capables de diriger des exploitations rurales importantes.

Le directeur propriétaire est aujourd'hui le marquis Ricardo Manuelli Ricardi. Les élèves inscrits dans la période 1882-1899 donnent le nombre de 1,040, dont 172 ont obtenu un diplôme.

Institut agricole de Scandicci, près de Florence. — Le but de cette institution est de former de bons agriculteurs capables de bien diriger une ferme. Elle fut fondée, en 1884, par les soins et aux frais du comte Napoleone Passerini dans sa villa Scandicci.

L'institution ne fut fréquentée, la première année, que par un nombre fort restreint d'élèves externes. Les leçons étaient donnés par l'unique professeur, qui était le directeur, avec un matériel d'enseignement insuffisant. En 1887, l'école fut transférée dans une construction mitoyenne de la villa du directeur et l'on y ajouta un petit local destiné aux élèves. L'année suivante, le nombre des demandes d'inscription s'étant considérablement augmenté, le petit établissement fut agrandi. Le matériel d'enseignement fut augmenté et un laboratoire pour toutes les recherches et les analyses chimiques fut installé. Le nombre des élèves inscrits de 1884 à 1889 fut de 483 et de 52 élèves diplômés.

Outre le champ d'expérimentation, l'école dispose d'une superficie d'environ 100 hectares tant en plaine qu'en coteau. Cette école, soit par ses travaux d'agriculture, soit par les importantes publications de son directeur, peut être considérée comme une heureuse imitation de l'institut agricole de Meleto, fondé par le marquis Cosino Ridolfi.

Institut agricole Vegni à Cortona et Montepulciano (Sienne). — En 1883, le comte Angelo Vegni établissait par son testament la fondation de cet institut. Le nombre des élèves inscrits de 1886 à 1900 a été de 567, dont 79 furent diplômés. Le domaine de la Cappezzine est composé de trente-cinq fermes ou métairies dont l'étendue totale s'élève à 1,000 hectares. La ferme, affectée spécialement à l'école d'agriculture et réservée aux expériences et aux travaux des élèves, est d'environ 23 hectares.

Institut agricole Castelnuovo, près de Palerme. — Cette école fut fondée le 16 novembre 1847. Elle doit son existence à la générosité du prince de Castelnuovo qui, par testament, destina une partie de sa fortune à la fondation de cette école. Le Gouvernement lui a en outre accordé une subvention de 1,000 francs par an. Le nombre des élèves inscrits de 1847 à 1896 s'élève à 230, dont 180 furent diplômés.

*
* *

Colonie agricole Bonafous (près de Turin). — Elle donne gratuitement asile à des enfants pauvres et abandonnés auxquels on enseigne les notions d'agriculture et d'arts et métiers.

École théorique et pratique d'agriculture, à Rivoli Torinèse.

·*Colonie agricole de Monteleone Calabria.* — C'est une colonie pénitentiaire pour les enfants mineurs. L'État lui accorde une subvention annuelle de 500 francs.

École élémentaire d'agriculture de l'hospice de la Charité, à Aoste, subventionnée par l'État.

École d'agriculture à Albissola Superiore (Gênes); subvention : 2,000 francs.

École d'horticulture pour la culture des arbres fruitiers, près du jardin expérimental de Venise, fondée par la Société agricole provinciale.

École pour la culture des arbres à fruits à Varese, subventionnée par l'État (1,000 francs).

École d'horticulture, maison paternelle, pour les enfants pauvres de Venise, subventionnée par l'État (500 francs).

École de jardinage à l'hospice des pauvres à Naples (subvention : 500 francs).

Colonie pénitentiaire de Saint-Martin de la Scala, près de Palerme.

École élémentaire d'agriculture, annexée au gymnase de Saluzzo.

École d'agriculture annexée à l'hospice de l'Immaculée-Conception et de Saint-Vincent-de-Paul, à Sassari.

III. — *ENSEIGNEMENT NOMADE.*

Chaires ambulantes d'agriculture.

Il existe en Italie trois sortes de chaires d'enseignement agricole nomade :

1° Les chaires qui dépendent du Gouvernement seul sont au nombre de six. Cinq s'occupent exclusivement de viticulture et d'œnologie; la dernière, de zootechnie et d'industrie laitière. Ces différentes chaires ont leur siège à Acqui (Alexandrie), Osimo (Ancône), Bojano (Campobasso), Rionero in Vulture (Potenza), Castrovillari (Cosenza), Montalbano Jonico (Potenza) ;

2° Les chaires provinciales ambulantes d'agriculture.

Ces chaires dépendent de l'administration provinciale, mais elles reçoivent une subvention de l'État. La somme allouée par l'État ne s'élève annuellement qu'à 50,000 francs, mais ce chiffre doit être élevé prochainement.

Les fonctions des titulaires des chaires provinciales sont à peu près analogues à celles de nos professeurs départementaux, mais leur traitement est en majeure partie fourni par les fonds provinciaux. Le service de ces professeurs comprend des conférences, l'établissement de champs d'expériences, des consultations aux agriculteurs, le développement des associations agricoles, des caisses de crédit agricole et des laiteries coopératives.

On compte actuellement vingt-cinq chaires ambulantes d'agriculture dans les provinces suivantes : Ancône, Aquila, Campobasso, Chieti, Crémone, Florence, Fabriano, Foggia, Lucques, Mantoue, Milan, Modène, Parme, Pavie, Piacenza, Poggio Mirteto, Rimini, Rovigo, Sassari, Turin, Trévise, Venise, Vérone, Vicense, Voghera;

3° Les chaires provinciales d'agriculture non subventionnées au nombre de huit. Elles sont ainsi réparties : Ascoli, Piceno, Bologne, Cuneo, Ferrare, Macerata, Novare, Penisola Sorrentina, Pérouse.

Le titulaire de la chaire ambulante d'agriculture de Ferrare avait envoyé à l'Exposition un rapport sur ses travaux, des photographies de champs d'expériences, des tableaux sur les maladies des plantes et des photographies sur la taille des arbres fruitiers. Pour ces différents travaux, le Jury lui a accordé une médaille d'argent.

IV. — *INSTITUTIONS ET ÉTABLISSEMENTS DIVERS.*

1° Stations expérimentales agricoles.

Les stations expérimentales ont été créées par le Ministère de l'agriculture. Leur organisation a été copiée sur les institutions similaires d'Allemagne. Avant leur création, des savants avaient déjà entrepris des études et des recherches; mais l'Italie manquait d'instituts spéciaux dans lesquels les problèmes agronomiqes fussent étudiés et traités méthodiquement par les moyens scientifiques.

Le but que le Ministère s'était proposé d'atteindre en créant les stations expérimentales a été indiqué dans le rapport qui précéda le décret du 30 juin 1870, par lequel fut fondée la station agricole d'Udine : «Il ne peut y avoir de progrès agricole ayant une base solide sans la coopération de la science. La méthode empirique se meut dans des limites trop étroites. La science seule peut ouvrir une voie plus large, vaincre les obstacles et les difficultés qui se présentent à chaque pas. Mais elle ne doit pas se séparer de la pratique agricole. Et, c'est peut-être parce que cette union n'a pas toujours été respectée que les principes proclamés du haut de la chaire ont souvent été infirmés par la pratique.

« Les stations expérimentales répondent à la nécessité de concilier les principes scientifiques avec la pratique. Les immenses progrès qui ont été faits dans la physique et dans la chimie générale sont dus à la méthode expérimentale. Or c'est précisément cette méthode que l'on pratique dans les stations pour la recherche des lois naturelles qui président à la production végétale.

« La méthode expérimentale ouvre à l'agriculture la voie du progrès. L'avenir de l'agriculture est précisément dans cette méthode, et les résultats obtenus en Allemagne l'ont prouvé. Le champ d'observation des stations est bien différent de celui des écoles. On enseigne dans celles-ci les principes scientifiques; dans celles-là ces mêmes principes s'appliquent à chaque cas spécial de la pratique agricole, de telle sorte que dans le domaine scientifique elles ne sont que les auxiliaires de la pratique. »

C'est dans le but de donner une solution pratique à ces idées que le Ministère, en tenant compte des besoins de l'agriculture et des industries rurales, a successivement créé dans les différentes provinces de l'Italie les stations expérimentales agricoles suivantes: Modène, Turin, Rome, Palerme, Udine, Forli, et les stations spéciales de Padoue (sériciculture), de Lodi (industrie laitière), d'Asti (œnologie), de Rome (pathologie végétale), de Firenze (entomologie) et de Pavie (cryptogames).

Le laboratoire de chimie agricole fonctionnant comme station expérimentale d'agriculture, qui fait partie de l'École supérieure d'agriculture de Portici, a été institué en 1890 et était dirigé en 1900 par le professeur Italo Giglioli.

Un autre laboratoire de chimie agricole fonctionnant comme station expérimentale dépend de l'École supérieure d'agriculture de Milan.

Les frais d'entretien des stations sont supportés par le Gouvernement, par la province, par la commune et, dans certaines localités, par la chambre de commerce.

L'administration de chaque station est dirigée par un conseil composé des délégués du Gouvernement et de ceux des associations qui participent aux frais d'entretien.

Les stations agricoles admettent des élèves stagiaires.

Chaque année, chacune des stations établit le programme des travaux qu'elle doit entreprendre de sa propre initiative ou qui lui sont indiqués par le Ministère.

En outre, les stations s'occupent des travaux qui peuvent leur être demandés par les particuliers et dont la rémunération est fixée par des tarifs généralement très modérés.

Les sommes encaissées par les stations et les laboratoires pour les analyses faites pour le compte des particuliers, qui arrivaient à peine durant les deux premières années de leur installation à 5,000 francs, montèrent à 32,750 francs pour 1891-1892 et atteignirent le chiffre de 120,000 francs pour 1898-1899.

Les frais communs à l'État, aux provinces, communes et autres associations, pour l'entretien des stations et des laboratoires, peuvent s'évaluer en chiffres ronds à 170,000 francs par an.

Le but que se proposent d'atteindre les stations peut se résumer ainsi :

1° Examen chimique des terrains aptes à la culture;

2° Examen chimique des diverses substances fertilisantes et détermination expérimentale de leur valeur relative;

3° Recherches expérimentales relatives à la viticulture et à l'œnologie;

4° Diffusion des résultats obtenus dans ces expériences, soit par des publications, soit par des conférences.

Les stations d'Udine, de Turin et de Forli s'occupent particulièrement de l'examen microscopique et des essais sur les graines de vers à soie.

La station agricole de Milan est également chargée de ces études. Celles de Florence et de Caserte, qui n'existent plus aujourd'hui, devaient s'occuper spécialement des recherches expérimentales concernant la culture de l'olivier et de tous les produits industriels s'y rapportant.

La station de Palerme doit s'occuper spécialement des recherches expérimentales relatives à la culture du sumac et aussi des recherches expérimentales sur la valeur nutritive des fourrages destinés à l'élevage du bétail.

La station expérimentale de Modène pourrait presque être considérée comme une station spéciale d'essais et de sélection de semences eu égard au programme qui lui est attribué, mais, par les services qu'elle rend au public, analyses d'engrais, de terres, etc., qui absorbent une grande partie de son activité, elle reste dans la catégorie des stations expérimentales générales.

Les stations expérimentales spéciales sont répandues à peu près sur tout le territoire. En voici l'énumération :

Laboratoire cryptogamique près l'Institut botanique de l'Université de Pavie. — Le laboratoire est installé dans les locaux dépendant de l'Institut botanique et de l'Université dont il fait partie.

Station expérimentale pour l'industrie laitière à Lodi.

Stations d'observation de fromageries (Osservatorii di caseifico). — Ces stations, qui ont été établies en 1883, ont pour but de suivre la marche de la campagne fromagère et de servir de centres d'enseignement pour la diffusion des méthodes relatives à cette industrie; douze de ces stations sont actuellement en fonctions; les unes sont rattachées à des laiteries particulières, d'autres à des écoles pratiques. A la station de Caltagirone, un cours théorique et pratique pour la fabrication des fromages a lieu au mois de mai chaque année; ce cours est plus spécialement destiné aux fromagers et aux directeurs de laiterie. Les élèves qui le suivent peuvent obtenir un certificat de fréquentation.

Station œnologique expérimentale d'Asti. — Cette station fut fondée en 1872 dans le but spécial de concourir aux progrès de la viticulture et de l'industrie vinicole; elle est subventionnée par le Gouvernement et par la commune d'Asti qui fournit les bâtiments nécessaires ainsi qu'un jardin d'expérimentation.

Station séricicole expérimentale de Padoue. — Elle a pour but principal de faire des recherches et des études sur l'élevage, la nutrition et les maladies des vers à soie. Instituée par un décret royal du 8 avril 1871, elle est subventionnée par le Gouvernement, par la province, par la commune et par la chambre de commerce.

Stations d'observation de sériciculture. — Ces stations, instituées par décret du 24 février 1872, ont pour but de contribuer au perfectionnement de la sériciculture par des conseils, de faire des examens microscopiques des graines pour le compte des éleveurs, d'expérimenter de nouvelles espèces, de vulgariser par des conférences les meilleures méthodes. Dans les écoles, l'enseignement de la sériciculture est divisé en deux cours, l'un pour les garçons, l'autre pour les filles. Ces cours durent quatre mois. De 1871 à 1899, 785 élèves ont été diplômés, dont 446 sont devenus sériciculteurs. Les directeurs des stations séricicoles se mettent en relation avec les sériciculteurs de la région; ils les informent de tous les progrès faits dans la sériciculture et spécialement de ceux dus aux examens pratiqués au moyen du microscope sur la reproduction des races (système cellulaire); ils visitent fréquemment les magnaneries du pays, profitant de cette occasion pour combattre les préjugés qu'ils peuvent rencontrer. Les examens microscopiques se font sur les graines, sur les cocons piqués et sur les larves isolées, selon le système cellulaire, pour la reproduction. Le Ministère donne à chaque station de sériciculture tous les instruments nécessaires pour les recherches. Le nombre de stations d'observation créées dans toute l'Italie depuis 1892 s'élève à près de 60.

Station entomologique de Florence. — Cette station est spécialement chargée de surveiller l'apparition d'insectes peu connus ainsi que la propagation de ceux qui sont nuisibles à l'agriculture, d'empêcher le développement des maladies qui affectent les plantes ou les animaux élevés par l'homme en s'efforçant d'étudier et d'arriver à connaître les causes probables de ces maladies et les moyens les plus propres à les combattre.

Station de pathologie végétale de Rome. — Elle est située près du musée agricole de Rome et a été instituée en 1887. Elle s'occupe de l'étude des maladies cryptogamiques des plantes cultivées et des remèdes appropriés.

Depuis trois ans, le directeur *fait un cours public de pathologie* où sont admis les étudiants de la faculté des sciences de l'Université de Rome.

La station dépend directement du Ministère de l'agriculture qui charge le directeur de faire toutes les études et toutes les recherches scientifiques qu'il croit devoir lui confier sur les maladies cryptogamiques et sur les remèdes proposés pour les combattre.

Le Ministère fait étudier spécialement les maladies cryptogamiques de la vigne, soit au point de vue scientifique, soit en faisant faire des expériences pratiques sur les remèdes les plus efficaces pour les combattre.

La station s'occupe aussi d'étudier la fermentation des vins. Elle fonctionne encore comme laboratoire de contrôle pour les semences et, dans ce but, elle est pourvue d'une riche collection d'échantillons de semences.

Les comices agricoles, les écoles, les professeurs d'agriculture et les agriculteurs eux-mêmes peuvent, sans aucune rémunération, envoyer à la station des échantillons de plantes malades et demander des renseignements sur la nature de la maladie et sur les remèdes aptes à la prévenir et à la combattre.

Le directeur de la station répond à toutes les demandes de renseignements, et quand il se présente quelque cas d'une maladie inconnue ou dangereuse, il en avertit aussitôt le Ministère qui prescrit les mesures à prendre.

2° Laboratoires de chimie agricole et laboratoires spéciaux.

Laboratoires de chimie agricole. — Le Ministère a créé des laboratoires de chimie agricole, annexés aux laboratoires de chimie des universités et des instituts techniques, destinés à faire toutes les analyses sur les engrais, les terrains, les eaux, les vins et les autres produits agricoles, ainsi qu'à donner tous les renseignements et tous les conseils nécessaires sur tout ce qui regarde l'agriculture et les industries annexes.

Ces laboratoires fonctionnent à Bologne, Pesaro, Arezzo, Pérouse, Pise et Caserte.

Laboratoires spéciaux. — Le *Laboratoire d'entomologie agricole* de Portici fonctionne comme station entomologique annexée à l'école supérieure d'agriculture. Son activité se manifeste par la publication de travaux et de bulletins contenant les instructions pratiques pour combattre les insectes nuisibles. Le laboratoire d'entomologie de Portici publie la *Revue de pathologie végétale* et le *Bulletin d'entomologie agricole*.

Laboratoires de chimie appliquée à l'œnologie. — Ces laboratoires sont annexés aux écoles de viticulture et d'œnologie de Cagliari, Catane, Avellino, Albe, Conegliano.

Les laboratoires de chimie dirigent spécialement leurs travaux sur les études et recherches œnologiques, sur l'analyse du vin et de ses dérivés, sur les substances utiles à l'industrie œnologique, sur la culture de la vigne, spécialement en ce qui concerne le traitement à suivre pour la protéger contre les parasites.

3° Stations de pisciculture.

Le Ministère de l'agriculture, de l'industrie et du commerce, convaincu de la nécessité de pourvoir au repeuplement des cours d'eau, chargea, en 1884, la Commission consultative de la pêche de présenter un projet général de repeuplement des fleuves, canaux et cours d'eau domaniaux.

Le projet proposait l'établissement de deux stations de pisciculture mises sous la surveillance de l'État, l'une pour l'Italie septentrionale et l'autre pour l'Italie centrale et méridionale. Ce projet fut accepté par le Ministère qui entreprit les démarches nécessaires pour l'institution de ces deux stations.

Les directeurs des stations de pisciculture doivent pourvoir au repeuplement des cours d'eau dans leur région respective, *faire périodiquement des conférences* de pisciculture pour répandre les connaissances relatives à cette industrie et démontrer la nécessité qu'il y a d'observer les règlements sur la pêche si l'on veut repeupler les cours d'eau.

STATION PISCICOLE DE BRESCIA. — La station de Brescia ne commença à fonctionner qu'en 1891. Elle occupe une superficie totale de 9,000 mètres carrés environ, et se compose d'un édifice comprenant : la salle d'incubation, la salle pour les collections et autres locaux destinés à la bibliothèque, aux laboratoires. La salle d'incubation possède deux grandes armoires frigorifiques pour retarder l'éclosion des œufs, deux bassins pour le séjour provisoire des reproducteurs, 8 appareils incubateurs et des auges. Les collections consistent en un choix de poissons d'eau douce et principalement de poissons de la région. A côté, on trouve les modèles des différents engins employés dans l'art de la pêche dans l'Italie supérieure. Dans un terrain voisin, on a construit quatre bassins en ciment et deux canaux de 12 mètres de longueur également en ciment qui servent à l'élevage des jeunes truites. Ils peuvent également servir comme frayères. Il y a, en outre, 8 étangs, tous munis de leur prise d'eau et d'un appareil d'écoulement. Plusieurs succursales dépendent de la station de Brescia; la principale est celle de Peschiera. Les autres succursales se trouvent sur le lac de Côme, sur le lac Majeur, et à Cernavasso, province de Novare.

STATION PISCICOLE DE ROME. — Le choix de la localité pour l'établissement d'une station de pisciculture pour l'Italie centrale et méridionale fut longtemps indécis. En attendant, les élevages destinés au repeuplement des cours d'eau de ces régions, qui avaient été commencés à l'aquarium de Rome, se continuèrent au musée agricole de Rome jusqu'à ce que, par décret du 4 août 1895, la station de pisciculture de Rome, ayant les mêmes attributions que celle de Brescia, fût définitivement incorporée à cet établissement. La station de pisciculture de Rome occupe un vaste local, au rez-de-chaussée du musée agricole. L'eau employée pour l'incubation a une température constante de 11 degrés centigrades, et, avant d'arriver aux appareils d'incubation, elle passe sur un filtre de gravier et de charbon, contigu à la salle d'incubation. Les appareils existants peuvent servir à l'incubation d'environ 500,000 œufs de truite.

STATION DE PISCICULTURE DE BELLUNE. — Au mois d'août 1888, la province de Bellune, décidait l'établissement d'une station de pisciculture pour la production des truites, des écrevisses et pour le repeuplement des cours d'eau de la province. Cette station est située sur la rive gauche du torrent Ardo dans la localité dite Fisterre, éloignée de Bellune d'environ 1 kilomètre. Durant les premières années de son fonctionnement, le Ministère de l'agriculture subventionna en partie cette station, mais, par la suite, la subvention que lui avait accordée l'administration provinciale de Bellune ayant été supprimée, le Ministère dut la prendre entièrement à sa charge.

4° Instituts de zootechnie.

INSTITUT DE ZOOTECHNIE DE REGGIO EMILIA. — Cet institut, qui fonctionnait dès l'année 1871 comme établissement de zootechnie expérimentale, *fut en 1880 annexé à l'École royale de zootechnie et d'industrie laitière de Reggio Emilia.*

Son but est de :

1° Mettre le professeur de zootechnie à même d'ajouter à l'instruction théorique des élèves une éducation pratique pour tout ce qui a rapport à l'élevage des bestiaux ;

2° Entreprendre les études et les expériences qui peuvent servir à la confirmation de faits déjà notoires, ou bien contribuer aux progrès de la science et de la pratique de la zootechnie ;

3° Démontrer la possibilité de l'amélioration des races indigènes et les méthodes les plus pratiques pour y arriver ;

4° Faire connaître et propager les races perfectionnées dans toutes les localités où les conditions économiques peuvent être reconnues convenables à une telle introduction.

La connaissance et la propagation des races bovines durham et hollandaise et, plus spécialement, des races suisses schwitz et simmenthal sont dues en grande partie à l'activité de l'Institut de Regio Emilia.

INSTITUT DE ZOOTECHNIE DE PORTICI (NAPLES). — L'institut de Portici, qui est annexé à l'École supérieure d'agriculture, est composé d'un dépôt d'animaux pour l'amélioration des races, d'un musée et d'un cabinet de zootechnie.

Créé en 1883, il a pour but :

1° De mettre le professeur de zootechnie à même de compléter l'instruction théorique des élèves par l'éducation pratique ;

2° D'entreprendre les études et les expériences qui peuvent contribuer au progrès de la science et de la pratique en zootechnie ;

3° De démontrer la possibilité de l'amélioration des races indigènes et les méthodes les plus pratiques pour y arriver ;

4° De faire connaître et de propager les races perfectionnées dans tous les endroits où les conditions économiques seront reconnues convenables à une telle introduction.

Le directeur de l'institut donne gratuitement des consultations aux éleveurs sur toutes les questions concernant l'élevage et l'amélioration du bétail. L'institut vend aux éleveurs un certain nombre d'animaux reproducteurs, mâles et femelles, des meilleures races bovine, ovine et porcine, et prête aux éleveurs pour la monte un certain nombre de béliers mérinos de la race de Rambouillet.

L'entretien de cet institut coûte 25,000 francs, mais il produit annuellement environ 15,000 francs.

Fig. 178. — Institut de zootechnie de Palerme. (Vue des bâtiments.)

Institut de zootechnie de Palerme. (Médaille d'or.) — Le but de l'Institut de zootechnie de Palerme est le même que celui des précédents instituts de zootechnie et peut se résumer ainsi :

1° Contribuer à l'amélioration des races d'animaux domestiques de la Sicile par le choix des reproducteurs;

2° Aider à l'acclimatation d'animaux importés d'autres pays et favoriser l'accroissement des races indigènes: fournir aux éleveurs des animaux reproducteurs;

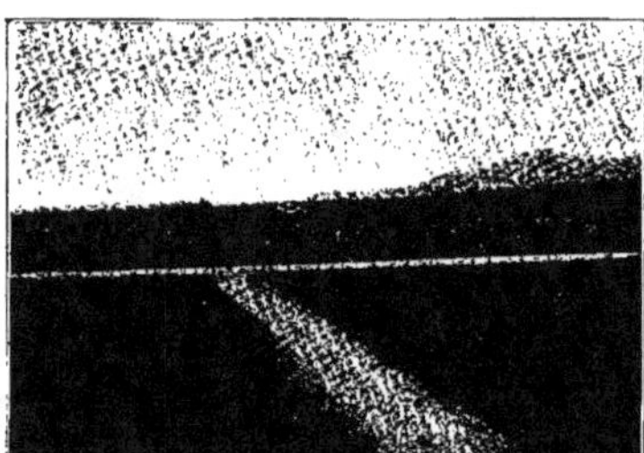

Fig. 179. — Institut de zootechnie de Palerme. (Vue de l'exploitation.)

3° Favoriser l'amélioration des races indigènes par la sélection;

4° Servir comme station de monte pour les animaux domestiques;

5° Encourager l'augmentation du bétail dans l'île et divulguer par des publications et par des conférences, et par l'admission d'élèves dans l'institut, les pratiques rationnelles de zootechnie. Durant la période 1893-1898, le nombre des élèves internes du cours de zootechnie a été de 73 et celui des élèves externes de 40 environ.

Le Gouvernement contribue à l'entretien de cet institut pour une somme de 4,200 fr.; la province et la commune de Palerme pour 1,400 francs chacune.

L'Institut zootechnique de Palerme avait exposé de beaux albums de photographies des différentes races de bestiaux, des plans et vues de l'institut.

5° Stations œnologiques.

L'enseignement œnologique est très développé en Italie. Le but des stations œnologiques est tout indiqué et leur fonctionnement facile à comprendre : Étudier les diverses influences qui agissent sur la fermentation du moût de raisin, les nouveaux procédés de vinification, les soins à donner au vin pour le conserver, les maladies du vin, ce qui peut se résumer ainsi : recherches œnologiques.

En rapports avec le public viticole, les stations donnent des conseils, émettent des avis, fournissent des renseignements aux viticulteurs qui s'adressent à elles. Elles font connaître leurs recherches par des publications ou par des conférences dans les congrès de viticulture et d'œnologie.

Quatre de ces stations sont autonomes. Ce sont celles de Barletta, Riposto, Noto et Velletri, qui se trouvent situées dans les provinces de Bari, Catane, Syracuse et Rome.

Il existe une station œnologique dépendant de l'École supérieure d'agriculture de Portici.

Station œnologique de Barletta. — La station œnologique de Barletta est située au milieu d'une vaste région de vignobles où le commerce des vins a augmenté progressivement ses opérations. On dut, en 1889, y annexer un cabinet de dégustation et d'analyse des vins qui délivre le certificat nécessaire pour l'entrée à la frontière allemande; ce que procurent d'ailleurs les certificats de l'Institut œnologique de l'État, depuis le traité italo-allemand du 6 décembre 1891.

La station analyse les raisins des Pouilles et étudie leur vinification, ainsi que les causes de la mauvaise fermentation des moûts dans les pays chauds et les moyens d'y remédier. La station s'occupe aussi de l'action de certains agents sur les moûts et sur les vins, de la concentration des moûts et de leur vinification, de la fabrication des vins à types spéciaux et de la distillation des vins et des marcs.

Station œnologique de Noto (Syracuse). — Cette station, instituée au mois d'août 1889, commença à fonctionner avec la vendange de 1890. Elle s'occupe de la fabrication des vins rouges et blancs de table et des coupages, de la seconde fermentation des vins aigres, de la préparation et de la vinification des moûts concentrés dans le vide, de la conservation rationnelle des marcs, de la fabrication des eaux-de-vie genre cognac, de l'abaissement de la température dans les moûts en fermentation.

Elle a fait une série d'expériences sur les plants américains et sur leur acclimatation dans la région, sur les moyens de soigner la chlorose.

Station œnologique de Riposto (Catane). — La station commença à fonctionner en 1889. Son travail, d'abord limité, prit ensuite une certaine importance. En 1896, les caves de Riposto commencèrent la publication du *Bulletin hebdomadaire sur le commerce des vins en Sicile.*

Station œnologique de Velletri (Rome). — Le directeur a fait de nombreuses expériences et des recherches sur les procédés employés pour régler la fermentation, le traitement des vins et la distillation.

L'établissement possède un dépôt de machines et autres appareils concernant l'œnologie, à la disposition du public.

Station œnologique annexée à l'École supérieure d'agriculture de Portici (Naples). — Cette station a été fondée au mois d'octobre 1890; elle est dirigée par le professeur Rossi. Ce professeur étudie le moyen d'obtenir des vins fins du type français; il a obtenu d'importants résultats pour des vins blancs pouvant rivaliser avec le sauterne et le chablis.

Les instructions demandées par les propriétaires de vignobles au directeur se rapportent spécialement aux maladies des vins, à leur clarification, aux moyens de régler la fermentation, à l'emploi des filtres, à la correction des moûts, aux analyses des vins.

La cave se charge également de la vinification pour le compte des particuliers et remet à chacun d'eux une note sur les qualités ou les défauts des vins obtenus.

Le tableau suivant donne une idée de la quantité de raisins travaillés dans cette cave :

```
1896................................................... 377 quintaux
1897...................................................   298
1898...................................................   183
```

Dans son enseignement, le directeur a suivi un système essentiellement pratique.

Avec la connaissance et le maniement des ustensiles nécessaires à la vinification, le directeur montre aux élèves l'utilité de l'assainissement du cellier et des tonneaux; il leur explique le transvasement des vins au moyen de la pompe, la filtration par le filtre Richette, la clarification des vins par l'emploi d'appareils perfectionnés.

Stations œnotechniques à l'étranger. — Pour donner un plus grand développement au commerce des vins italiens à l'étranger et pour se rendre compte des usages commerciaux des principaux centres et marchés vinicoles des différents pays, le Gouvernement italien a créé des stations œnotechniques à l'étranger, chargées de réunir tous les éléments nécessaires pour bien discerner quels pouvaient être les types de vins italiens les mieux appropriés au pays, ceux qui présentaient la probabilité d'un plus large commerce.

Les agents italiens doivent, en outre, recueillir une série de documents sur la production et le commerce des vins dans les localités où ils séjournent, s'informer des obstacles qui s'opposent à une exportation plus importante des vins nationaux, en indiquant la voie à suivre aussi bien par le Gouvernement que par les particuliers pour augmenter et régulariser l'exportation, puis adresser des rapports au Ministère de l'agriculture.

Ils doivent en outre répondre à toutes les demandes et donner toutes les informations utiles.

L'origine des stations œnotechniques à l'étranger date de 1884, et la première fut celle de Lucerne. En 1886, on en établit une seconde à Munich, qui se trouve actuellement sous la surveillance de celle de Berlin, créée en 1888. La même année, on en établit une à Londres. Celle de Buenos-Ayres fut établie en 1889, celle de Vienne en décembre 1892, celle de Budapesth en 1893 et enfin celle de New-York en 1895.

En parcourant les rapports envoyés par les directeurs des diverses stations, publiés dans le *Bulletin de l'agriculture*, on s'aperçoit des bons résultats produits par ce service. Pour offrir des garanties aux consommateurs de l'étranger, les stations de New-York, Zurich, Trieste et Buenos-Ayres, ont fait rédiger un règlement spécial pour les analyses des vins et l'établissement d'un certificat conforme. Si les vins ont été reconnus purs, le directeur de la station se charge de faire appliquer sur les fûts ou sur les caisses une marque attestant leurs qualités.

Une copie de ce règlement a été remise aux commissions de viticulture et d'œnologie du royaume, aux comices agricoles, aux chambres de commerce et à toutes les associations qui s'intéressent au développement et au progrès de l'industrie vinicole italienne. Ces agents italiens à l'étranger suivent en outre avec la plus grande attention le mouvement économique agricole des différents pays et étudient les principales questions agronomiques qui occupent les parlements, les sociétés d'agriculture, les congrès et la presse.

Les variations dans la production et dans les prix, le développement des échanges commerciaux, les mesures prises en faveur de l'agriculture et celles que l'on applique, tout cela est de la compétence des agents italiens, qui doivent en référer au Ministère par des rapports spéciaux insérés dans le *Bulletin de l'agriculture*.

Dépôts de vins italiens. — Peu après l'installation des stations œnotechniques, on institua des dépôts de vins en franchise pourvus de caves ou celliers nécessaires, à Lucerne, Munich, Berlin et Hambourg.

Les viticulteurs italiens, qui ont l'intention de faire connaître leurs produits, peuvent se servir du dépôt établi à l'étranger, d'une façon temporaire, en vue d'établir des relations directes entre les consommateurs étrangers et les producteurs italiens.

6° Huileries expérimentales.

Le but des huileries expérimentales est de faire des études et des recherches sur l'application des meilleures méthodes pour la préparation, la purification et la conservation des huiles d'olive. Le directeur procède à l'analyse des olives, des huiles, des marcs d'olives écrasées, donne des instructions sur les meilleures machines à employer et indique les moyens les plus propres à conserver les huiles. Il fait des conférences sur la culture de l'olivier et sur la préparation des huiles.

Trois établissements de cette nature existent actuellement en Italie : à Palmi (Calabre), à Portici et à Cosenza.

7° Sections agricoles dans les écoles et instituts techniques.

La loi du 13 novembre 1859, qui organisa l'instruction technique en Italie, divisa cet enseignement en deux degrés qui comprenaient :

1ᵉʳ degré, les écoles techniques ;

2ᵉ degré, les instituts techniques.

Dans les écoles techniques, les élèves ont trois années d'études, pendant lesquelles on leur enseigne les matières suivantes : langue italienne, histoire, géographie, mathématiques, notions générales de sciences naturelles (chimie, physique, botanique, zoologie, géologie et minéralogie), langue française, comptabilité, calligraphie.

Ces écoles poursuivent un double but : 1° préparer les élèves aux cours de l'institut technique, 2° donner à ceux qui ne poursuivent pas leurs études une instruction suffisante pour s'employer dans le commerce ou l'industrie. Afin de mieux atteindre ce second but, le décret du 25 octobre 1898 a introduit quelques modifications pour spécialiser davantage les études de ceux qui n'entendent pas fréquenter les instituts techniques : ils peuvent se préparer plus particulièrement au commerce, aux industries mécaniques ou à *l'agriculture*.

Dans les instituts techniques on continue l'étude des matières enseignées dans les écoles techniques en y ajoutant celles particulières à chaque section telles que : l'agriculture, les constructions, l'architecture, la topographie, la mécanique, la chimie et la physique, le dessin, la langue anglaise et la langue allemande.

Cet enseignement a un caractère pratique ; il est complété par des exercices pratiques et par des visites aux ateliers d'établissements industriels ainsi qu'à des travaux en cours d'exécution.

La durée des études, qui était à l'origine de deux et trois ans, est aujourd'hui de quatre et cinq ans.

Elle est de quatre ans pour les sections générales et communes aux différents instituts : section de physique-mathématiques ; d'arpentage ou d'agriculture ; commerce-comptabilité.

Les sections industrielles sont organisées en tenant compte des exigences locales et elles existent avec des programmes tout à fait spéciaux dans les Instituts de Bergame, Côme, Livourne, Naples, Rome, Terni, Turin et Venise.

Des sections d'agriculture ou d'arpentage organisées elles aussi avec des programmes spéciaux sont à signaler aux Instituts de Arrezo, Jesi, Teramo et Udine.

En résumé, les différentes sections de chaque institut constituent autant d'écoles spéciales, ayant pour certaines matières des cours fréquentés par les élèves des différentes sections.

Les sections des instituts techniques préparent aux écoles supérieures de commerce et d'agriculture.

Il y a en Italie 189 écoles techniques de l'État et 98 écoles techniques privées; 54 instituts techniques de l'État et 18 instituts techniques privés. Ces établissements sont fréquentés : les écoles, par 38,874 élèves; les instituts, par 12,946 élèves.

8° Musée royal d'agriculture de Rome.

L'idée de fonder un musée d'agriculture comme ceux de Saint-Pétersbourg, de Londres et de Berlin, s'est manifestée au moment où le Gouvernement s'occupa de l'organisation de la section italienne à l'Exposition universelle de Paris en 1878, et fit préparer une collection complète des produits agricoles italiens.

A cette collection vinrent se joindre des produits achetés à Paris aux exposants étrangers. Ce fut le noyau du futur musée et de la petite exposition que l'on put organiser, dès 1879, dans un des locaux du palais du Ministère des finances.

Mais la création avait un caractère trop provisoire, et le Ministère, pour pouvoir placer toutes les collections, dut faire construire un édifice spécial qui fut inauguré en 1885.

A cette époque, le nombre des objets collectionnés s'élevait à 15,000, comprenant les produits du règne végétal et animal, la mécanique, l'architecture et l'hydraulique agricole.

La station expérimentale de chimie agricole existait déjà comme une annexe du musée, on y ajouta la station de pathologie végétale et celle de pisciculture.

D'après le catalogue publié en 1889 et les deux suppléments qui ont paru depuis, les collections existant au musée sont composées ainsi qu'il suit :

1° Échantillons de céréales indigènes et exotiques rationnellement classés : épis, feuilles, pailles, etc.;

2° Échantillons de semences de légumineuses servant à l'alimentation de l'homme ou des animaux domestiques;

3° Échantillons de semences de plantes potagères, fourragères;

4° Échantillons de fruits secs, de racines, fécules, algues comestibles, sucres, cafés, thés et leurs succédanés;

5° Graines et matières oléagineuses, cires et graisses végétales, huiles essentielles;

6° Drogueries et matières aromatiques, tabacs, etc.;

7° Gommes, résines;

8° Substances pour la teinture et la tannerie;

9° Matières textiles;

10° Feuilles, fleurs, fruits médicinaux;

11° Graines d'arbres et arbustes;

12° Échantillons de bois indigènes et exotiques;

13° Articles provenant de l'industrie forestière, herbiers de plantes forestières, potagères, etc. Reproductions en cire des diverses maladies des plantes et des animaux,
photographies d'animaux, de plantes, etc.

En 1896, on a annexé au musée une section pour le contrôle et l'analyse des semences destinées à l'agriculture. Elle s'occupe également de l'analyse des substances
alimentaires. En 1899, on a commencé une importante collection de modèles d'instruments et de machines agricoles.

CHAPITRE IV.

CONSIDÉRATIONS GÉNÉRALES.

Il y a près de deux mille ans, Columelle s'étonnait que l'on n'enseignât pas l'agriculture,
et il disait à ce propos :

« Je vois partout des écoles ouvertes aux rhéteurs, aux danseurs, aux musiciens ; les
cuisiniers et les barbiers sont en vogue, tandis que, pour l'art qui fertilise la terre, il n'y
a rien, ni maîtres, ni élèves. . .

« Et pourtant, quand même nous viendrions à perdre ceux qui professent toutes ces
choses, la République pourrait encore avoir de beaux jours, car nos ancêtres, qui ne
connaissaient point ces études et n'avaient même pas d'avocats, n'en furent pas plus
malheureux, tandis que la société humaine ne saurait se passer d'agriculture.

« Souhaitez-vous tirer parti de votre héritage, améliorer vos procédés, vous ne ren-
contrerez ni guides, ni gens qui vous comprennent. »

Il faut croire que les contemporains de Columelle et leurs descendants ont eu de la
peine à admettre ces vérités, car ce n'est que bien des siècles après que les nations civilisées songèrent à créer un enseignement agricole.

En Italie, les débuts de cet enseignement ne remontent guère au delà de la moitié du
XIXᵉ siècle ; mais les progrès ont été rapides depuis que l'Italie constitue un royaume
indépendant.

Les institutions d'enseignement agricole forment maintenant un ensemble presque
complet.

Le degré supérieur est représenté par les instituts de Milan, de Portici, de Pérouse et
de Pise.

M. Giglioli, professeur à l'École supérieure de Portici et membre du Jury de la
Classe 5, dans un de ses ouvrages, assimile les écoles supérieures d'agriculture italiennes
à nos écoles nationales françaises ; il fait remarquer que l'Italie ne possède pas un établissement analogue à l'Institut agronomique de Paris pour l'ensemble des études, ni à ceux
de Berlin et de Bonn-Poppelsdorf, en ce qui concerne les études de génie rural. On
doit cependant constater que les programmes des écoles supérieures italiennes se rapprochent, pour certaines parties, de celui de notre Institut. Le but, à l'École de Milan
comme à l'Institut de Paris, est de donner aux élèves une culture scientifique agricole
élevée, un enseignement d'ordre supérieur.

Nous avons vu que l'Allemagne créa tout d'abord des écoles supérieures, indépendantes et installées à la campagne. Sous l'influence de Liebig, elle réunit son enseignement agricole aux universités, puis elle revint enfin aux écoles indépendantes rattachées cependant encore aux universités.

L'Italie semble bien avoir fait les mêmes expériences : les écoles de Milan et de Portici sont des établissements indépendants; l'institut royal de Pérouse ressemble à l'institut agronomique de Berlin, il est indépendant, mais rattaché en quelque sorte à l'Université. Quant à l'institut de Pise, il fonctionne à la façon des académies agricoles des universités allemandes : il donne des cours agricoles spéciaux, et les leçons de sciences générales sont faites à l'Université.

L'enseignement supérieur en Italie est surtout théorique; mais on réserve à l'étude de la pratique la quatrième année. Les cours pour le doctorat ont une durée de trois ans, et ils sont suivis d'une année de pratique dans une ferme appartenant à l'école. C'est ainsi qu'à l'institut de Pérouse, la ferme de Casalina (1,500 hectares) occupe les jeunes gens durant leur quatrième année d'études.

Les exercices sont fort nombreux. On cherche à développer chez les élèves le sentiment de la responsabilité individuelle et l'initiative. C'est dans ce but que l'on confie aux étudiants, dans la deuxième période des cours, un champ d'expérience avec divers exemples des cultures de la vigne et de l'olivier.

En dehors des cours ordinaires donnés en vue de l'obtention du diplôme de docteur ès sciences agronomiques, il existe dans les écoles supérieures de Milan, de Pise et de Portici un cours spécial qui mérite d'attirer l'attention parce qu'on ne relève rien d'analogue dans les autres pays : c'est le *Cours de professorat* destiné à préparer les professeurs pour les écoles pratiques d'agriculture.

En Italie, on a compris que savoir et savoir enseigner sont deux choses bien différentes, que la préparation pédagogique des maîtres est de toute utilité si l'on veut obtenir un enseignement méthodique. Aussi, après avoir obtenu le diplôme de docteur, les candidats professeurs peuvent-ils suivre pendant deux ans les cours de professorat.

En réalité, à Portici, à Pise et à Milan, il n'y a pas de cours spécial avec leçons particulières : chaque candidat se perfectionne dans la branche qu'il veut enseigner; il assiste aux leçons des professeurs de l'École supérieure, il travaille dans les laboratoires, aide les préparateurs dans leurs expériences, étudie les différentes méthodes d'enseignement et durant au moins cinq mois, à la fin de la deuxième année du cours de « magister », il s'exerce à enseigner les matières auxquelles il se destine dans une des écoles d'agriculture dépendant du Ministère.

Ce cours de professorat est terminé par un examen comprenant deux parties : 1° une épreuve écrite sur une question choisie par la Commission d'examen; 2° une épreuve orale qui consiste en une leçon à faire sur un thème tiré des cours fréquentés. La réussite à cet examen donne droit au « diplôme de professeur » ou certificat d'aptitude à l'enseignement.

Il est à remarquer que l'obtention d'un poste de professeur dans n'importe quelle école est ordinairement subordonnée à un concours. Pour être admis à ce dernier, il faut avoir le diplôme indispensable de docteur. Le certificat d'aptitude à l'enseignement ne représente que l'un des titres que chaque candidat peut présenter en plus. On peut lui préférer certains travaux ou publications démontrant davantage le degré de culture et l'aptitude à l'enseignement dans les écoles pratiques d'agriculture.

L'enseignement forestier est donné dans une école importante, à Vallombrosa, très bien organisée et qui suffit amplement aux besoins du pays.

Les écoles vétérinaires sont nombreuses en Italie; quelques-unes, les meilleures, sont autonomes, les autres sont annexées aux facultés de médecine. L'École de Milan, dont l'enseignement est renommé, avait organisé une très belle exposition et le Jury l'a récompensée par un grand prix.

Avant la loi de 1878, les écoles spéciales et presque toutes les écoles libres d'agriculture laissaient beaucoup à désirer au point de vue de l'organisation, de l'enseignement et du recrutement. On comprend, en effet, que des établissements libres même soumis à l'inspection officielle manquent d'unité dans la direction et dans les programmes, toutes choses qui nuisent à l'enseignement et au recrutement.

C'est bien pour cette raison que le Ministère de l'agriculture italien a adopté le principe de la création des écoles agricoles par l'État, mesure nécessitant beaucoup plus de dépenses sans doute, mais donnant de meilleurs résultats.

Les écoles spéciales ont, comme l'indique leur nom, une tendance plus marquée qu'en France à la spécialisation des études suivant les cultures dominantes dans la région et les besoins locaux.

Les écoles pratiques d'agriculture ont la même organisation et les même programmes en ce qui concerne les matières générales, leur enseignement se spécialisant selon les conditions particulières des différentes contrées pour favoriser le progrès agricole local. On est peut-être allé un peu loin dans cette voie; mais on a obtenu ainsi un contact plus intime entre les établissements d'enseignement agricole et les populations rurales.

Dans presque toutes les écoles pratiques, il existe un dépôt de machines agricoles; les instruments sont souvent prêtés aux agriculteurs à titre d'essai; lorsque ces derniers ont jugé par eux-mêmes de l'avantage des machines perfectionnées, ils se les procurent l'année suivante. Il y a là un moyen excellent pour répandre les bons instruments parmi les agriculteurs.

La durée des études est généralement de trois ans; il n'y a pas en Italie d'écoles dont la durée des études soit de deux ans. Bien plus, dans certains établissements, il existe une quatrième année facultative consacrée à la pratique administrative du domaine. Cette excellente création permet au futur agriculteur d'acquérir la pratique des organismes compliqués de l'exploitation rurale.

Aux leçons théoriques sont consacrées environ dix-huit heures par semaine, ou trois heures par jour, tandis que les travaux des champs constituant la pratique occupent les élèves de cinq à huit heures par jour selon la saison. L'enseignement est donc plutôt pratique que théorique.

Les résultats obtenus dans les écoles pratiques doivent être excellents si l'on en juge par le tableau suivant qui indique le recrutement :

	ÉCOLES PRATIQUES.	ÉLÈVES AYANT FRÉQUENTÉ les écoles.
1891-1892	27	631
1892-1893	27	660
1893-1894	27	732
1894-1895	27	753
1895-1896	27	855
1896-1897	27	896
1897-1898	27	951
1898-1899	27	1,085
1899-1900	27	1,213

Ce tableau nous montre que la fréquentation de ces établissements, durant les neuf dernières années, est allée constamment en croissant, contrairement à ce qui se passe dans quelques autres pays.

A quoi attribuer ce succès? Peut-être à ce que les agriculteurs italiens comprennent mieux que partout ailleurs la nécessité d'un enseignement spécial, mais certainement aussi à la préparation pédagogique des maîtres, aux programmes pondérés qui sont appliqués, à l'activité des professeurs en dehors de leurs fonctions purement scolaires.

Les professeurs ne se bornent pas à faire des cours aux élèves; ils s'occupent aussi des agriculteurs de la région, des instituteurs et même des soldats : l'école de Voghera fait des conférences dans les communes de Pavie et d'Alexandrie; l'école de Caluso (Turin) donne des cours pratiques temporaires aux vignerons sur le greffage et la culture de la vigne; l'école de Pozzuolo del Friuli (Udine) s'occupe de cours d'hiver, etc. Les conférences données non seulement à l'école, mais aussi dans les communes de la province, les cours théoriques et pratiques aux agriculteurs, les leçons aux instituteurs, etc., ont fait de l'école de Brusegana le centre du progrès agricole de la province de Padoue. Des cours sont faits dans beaucoup de villes de garnisons aux soldats par les professeurs des écoles pratiques et par les officiers.

Les professeurs et directeurs étant constamment en relation avec les agriculteurs, les aidant, les conseillant, les dirigeant, on comprend que le recrutement des écoles pratiques soit singulièrement facilité.

Cette manière de procéder ne diminue pas l'importance du rôle des professeurs d'agriculture titulaires de chaires ambulantes et ne les empêche nullement d'exercer une action parallèle et complémentaire. L'union de tous les professeurs, quels qu'ils soient, pour diriger le mouvement agricole dans la région, ne peut qu'être profitable à tous et utile au pays. Les chaires provinciales sont analogues à nos chaires départementales, mais leur champ est plus étendu; c'est là un inconvénient, pensent les Italiens, et ils cherchent à restreindre la zone d'action de chaque professeur.

Rien de bien particulier à dire sur ces chaires ambulantes; constatons simplement que quelques-unes sont spécialisées : cinq s'occupent exclusivement de viticulture ou d'œnologie, une s'occupe de zootechnie et de fromagerie.

L'Italie possède un grand nombre de stations expérimentales. Elles ne correspondent pas tout à fait à nos stations agronomiques françaises; ce sont plutôt des stations de recherches, ainsi que l'indique leur titre, les analyses de sol et d'engrais étant au second plan. Les laboratoires agricoles paraissent être destinés surtout aux analyses. Les expériences sont faites dans les stations sur l'initiative des directeurs, mais aussi d'après les indications qui sont données par le Ministère de l'agriculture. Ce dernier exerce une action sur ces établissements pour leur indiquer la voie qu'ils doivent suivre. Il peut en résulter une unité de vue très profitable à l'ensemble des recherches. La plupart des stations expérimentales sont très spéciales : telles sont celles s'occupant de laiterie, de fromagerie, d'œnologie, de pisciculture, d'apiculture, d'entomologie, etc. Toutes présentent les deux caractères suivants :

1° Elles unissent la science à la pratique agricole; c'est ainsi que les stations de fromagerie et de laiterie sont de véritables petites fabriques de beurre et de fromages, que les stations d'huilerie fabriquent de l'huile, etc.;

2° Elles sont en même temps que des établissements de recherches de réelles écoles recevant un certain nombre d'élèves. Ainsi à Caltagirone on fait, en mai, un cours théorique et pratique pour les fromagers et directeurs de laiterie.

L'Italie ne s'est pas contentée d'installer de nombreuses stations œnologiques sur tous les points de son territoire, elle a eu l'idée de créer à l'étranger des stations œnotechniques qui lui permettent de se rendre compte des besoins vinicoles des différents pays et de déterminer les meilleurs moyens pour faciliter l'exportation de ses vins. Partout où l'Italie peut écouler ses vins, on constate l'existence de ce genre de station : à Lucerne, à Munich, à Berlin, à Londres, à Buenos-Ayres, à Vienne, à Budapesth, à New-York, à Zurich, à Trieste.

Ces stations sont presque toujours complétées par un dépôt comprenant une cave et un cellier.

Les agents de ces stations ne s'occupent pas seulement de l'industrie vinicole, mais aussi du mouvement économique et de toutes les questions économiques agitées par les parlements étrangers, les sociétés, les congrès et la presse. En réalité, comme on le voit, les stations œnotechniques sont de véritables *Offices de renseignements agricoles* permettant à l'Italie de voir ce qui se passe d'intéressant à l'étranger au point de vue agricole.

On comprend dès lors pourquoi l'Italie a pu arriver à obtenir d'excellents résultats : elle a adopté chez elle ce qu'il y a de mieux dans chaque nation, elle a évité les défauts constatés et créé ce qui manquait ailleurs. Son expérience, faite de celle d'autrui, l'a amenée à bien faire, nous pourrions dire à faire mieux.

Une création intéressante et qu'il convient de signaler est celle des écoles et instituts techniques dont nous donnons l'organisation dans l'énumération des diverses institutions agricoles.

Les écoles préparent des élèves aux cours de l'Institut ou donnent à ceux qui ne poursuivent pas leurs études une instruction utilitaire pour leur permettre de s'occuper d'agriculture, de commerce ou d'industrie.

Dans les instituts, on continue l'étude des matières enseignées dans les écoles en y ajoutant celles particulières à chaque section.

Le but que l'on a cherché à atteindre — et il semble que l'on y soit parvenu — est que les élèves puissent se spécialiser dans une section tout en suivant certains cours des autres sections.

Les instituts techniques préparent aux écoles supérieures de commerce et d'agriculture.

D'après des renseignements qui nous ont été fournis, les écoles techniques de l'État et privées atteindraient le chiffre de 287 et seraient fréquentées par 38,874 élèves; les instituts techniques de l'État et privés seraient au nombre de 72, avec 12,946 élèves.

Ces chiffres tendraient à montrer avec quel empressement est suivi l'enseignement technique qui, né depuis peu, dépasse déjà, par le nombre de ses élèves, l'enseignement classique donné dans les gymnases et lycées (les gymnases ont 31,289 élèves et les lycées 12,900).

Les instituts techniques sont sous la dépendance du Ministère de l'instruction publique. C'est en 1879 qu'ils furent détachés du Ministère du commerce et de l'agriculture sans qu'on s'explique bien les raisons de ce changement puisque le Ministère du commerce et de l'agriculture conservait la direction des écoles d'arts et métiers et de toutes les écoles professionnelles.

Indépendamment de cet enseignement technique, il existe des cours d'agriculture dans quelques écoles primaires; dans les écoles d'application pour les ingénieurs civils on donne un cours d'économie rurale et dans les 32 écoles normales pour les hommes on donne des notions élémentaires d'agriculture.

L'énumération que nous avons donnée des grands établissements d'enseignement spécial, des nombreuses écoles pratiques d'agriculture et des écoles spéciales, des stations expérimentales s'occupant de toutes les branches de l'agriculture et répandues sur tout le territoire italien, des instituts zootechniques et séricicoles, des stations œnologiques et des laboratoires, l'organisation des stations œnotechniques, dont nous avons fait ressortir l'utilité, font voir l'œuvre importante qu'a entreprise et réalisée la Direction de l'agriculture du Ministère de l'agriculture et du commerce d'Italie.

Le Jury de la Classe 5 a estimé qu'il convenait de récompenser l'effort considérable de cette Administration en lui accordant un grand prix et en attribuant 5 médailles d'or, à titre de collaborateurs, à MM. Siemoni (Charles), Stringher (Victor), Ricca-Rosellini, Pasqui (Tito), Pieruccetti (Victor), de la Direction générale de l'agriculture.

XII

JAPON.

CHAPITRE PREMIER.

EXPOSITION.

Le Ministère de l'instruction publique du Japon dont relèvent les établissements d'enseignement agricole avait installé au Champ-de-Mars, palais de l'Enseignement, dans les Classes 2 et 3 du Groupe de l'Éducation et de l'Enseignement, les collections scientifiques de l'université de Tokio, les publications de la station météorologique et de nombreux documents relatifs à l'enseignement supérieur. Au centre de cette exposition, dans une grande vitrine, avait été placée l'exposition de l'enseignement spécial agricole; elle ne contenait qu'un nombre assez restreint d'objets, des photographies des animaux et des oiseaux du Japon, présentées par l'institut agronomique de Tokio, avec la reproduction anatomique des organes du cheval japonais, veines, artères, nerfs, muscles, etc. Un ouvrage sur l'école de Sapporo donnait des renseignements détaillés sur les méthodes d'enseignement et les programmes suivis.

Récompense. — 1 médaille d'or à l'Institut agronomique de Sapporo.

CHAPITRE II.

HISTORIQUE DE L'ENSEIGNEMENT AGRICOLE.

L'intelligence des Japonais et la mobilité de leur esprit jointes à une étonnante faculté d'assimilation ont permis à ce peuple d'Extrême-Orient de mettre, dans une courte période de temps, son enseignement agricole au niveau de celui des nations civilisées de l'Occident. La sélection opérée par le Japon dans les programmes et les méthodes d'enseignement aboutit même parfois à des résultats plus pratiques.

Les étudiants en agronomie envoyés par le Gouvernement japonais dans les universités allemandes, à Leipzig, Gœttingen, Munich, à l'université de Fribourg, et dans les écoles d'agriculture des États-Unis, à l'école d'agriculture du Michigan et au « Columbia college », sont devenus de remarquables professeurs doués d'un grand sens pratique, quelques-uns des savants d'une grande érudition. La plupart des professeurs chargés, à l'origine, des cours supérieurs d'agriculture à l'institut agronomique de Sapporo, venaient des États-Unis, et l'enseignement y était donné exclusivement en anglais.

Après la Restauration, en 1868, lorsque le Japon fut ouvert à la civilisation, on s'occupa immédiatement de la création d'une école d'agriculture. Un institut agronomique fut créé en 1876, à Sapporo, capitale du Hokkaido; l'organisation en fut confiée au Dr William Smith Clark, précédemment directeur de l'Institut agronomique d'Amherst (Massachusetts). Sako-Shinyen et Ngasaki-Yeijo, considérés comme les promoteurs des méthodes rationnelles en agriculture, avaient déjà eu l'idée, dès 1868, de créer une école agricole; mais ce ne fut qu'après la guerre civile que le Ministre de l'intérieur, M. Okubo Toshimitsu, fonda l'école ou collège d'agriculture de Komaba, en agrandissant l'école annexée à la section d'agriculture du Ministère de l'intérieur.

Le Japon entra ensuite de plain-pied dans la voie qui devait le mener, sans arrêt, au développement complet de son système d'enseignement.

L'école d'agriculture de Komaba qui ouvrit ses cours en 1877, un an après la création de l'Institut agronomique de Sapporo, est devenue en 1890 la Faculté d'agronomie de l'Université impériale de Tokio. L'école d'agriculture de Komaba fut adjointe à l'Université, dont elle fait partie intégrante, en vertu des ordonnances impériales n°s 92 et 93. Au mois de novembre 1890, les gradués de la Faculté d'agronomie furent autorisés à prendre, suivant leurs études respectives, les titres de «Nogakushi» (agronomes), «Ringakushi» (forestiers), «Juigakushi» (médecins vétérinaires).

La Faculté d'agronomie, qui dépendait du Ministère de l'agriculture, fut rattachée à celui de l'instruction publique pour compléter l'unité de l'enseignement supérieur.

Les articles 1 et 2 de l'ordonnance du 1er mars 1886 sur les universités définissaient ainsi l'objet de leur création : 1° Les universités impériales auront pour but d'enseigner les arts et les sciences dont la connaissance sera jugée utile au bien de l'État et de faire des recherches originales dans les mêmes arts et sciences; 2° Chaque université se composera du «Daigaku-in» (University Hall) et d'un certain nombre de facultés. Le «Daigaku-in» (école des hautes études) aura pour but de favoriser les recherches scientifiques, et les facultés, de donner l'enseignement théorique et pratique.

CHAPITRE III.

ORGANISATION DE L'ENSEIGNEMENT AGRICOLE.

ÉTABLISSEMENTS ET INSTITUTIONS D'ENSEIGNEMENT AGRICOLE.

I. — ENSEIGNEMENT SUPÉRIEUR.

L'Université de Tokio comprend l'école des gradués ou école des hautes études et les six facultés de droit, de médecine, de génie, des lettres, des sciences et d'agronomie.

Les candidats qui ont terminé les études préparatoires aux cours de l'Université dans l'un des lycées supérieurs, ou qui ont fait les mêmes études dans d'autres écoles reconnues par le Ministère de l'instruction publique comme donnant le même enseignement, sont admis à l'Université sans examen; les autres candidats doivent subir un examen.

Les gradués des différentes facultés peuvent être admis sur le rapport favorable du conseil de leur faculté. Les autres candidats ne peuvent être admis qu'après avoir passé un examen devant un comité constitué à cet effet.

Les étudiants de l'École des hautes études doivent être inscrits pendant les deux premières années à l'une des facultés, poursuivre une étude spéciale ou faire des recherches originales pendant cinq années après lesquelles ils reçoivent le titre de Hakushi.

Faculté agronomique de l'Université de Tokio.

La Faculté d'agronomie ou Institut agronomique de Tokio comprend quatre sections : agriculture, chimie agricole, sylviculture, médecine vétérinaire. On y trouve donc réunis les divers enseignements donnés, en France, à l'Institut agronomique, à l'École forestière

Fig. 180. — Faculté agronomique
de l'Université de Tokio.
(Salle d'études.)

de Nancy et aux écoles nationales vétérinaires. Les cours de la Faculté d'agronomie ont une durée de trois ans dans chacune des quatre sections de cette Faculté : agriculture, chimie agricole, sylviculture, médecine vétérinaire. Les étudiants subissent des examens à la fin de chaque année académique. Pour les étudiants en médecine vétérinaire, un examen spécial précède l'obtention du diplôme. Conformément à l'article 3 de l'ordonnance impériale sur la fondation des universités impériales, les étudiants qui ont passé avec succès les examens prescrits par les règlements de la Faculté à laquelle ils appartiennent reçoivent un diplôme. Les gradués de la Faculté d'agronomie reçoivent, selon les cours qu'ils ont suivis, les titres respectifs de : « Nogakushi » (agronomes), « Ringakushi » (forestiers), « Kogakushi » (ingénieurs), « Juigakushi » (médecins vétérinaires).

CHAIRES DE LA FACULTÉ D'AGRICULTURE.

Agriculture	2	
Chimie agricole et chimie,	2	
Conservation des forêts.	3	
Botanique	1	
Zoologie, entomologie et sériciculture.	2	
Architecture des jardins	1	
Élevage	1	

Géologie et minéralogie	1
Physique agricole et forestière, météorologie	1
Lois agraires et économie politique	1
Anatomie des animaux domestiques	1
Biologie des animaux domestiques	1
Médecine et chirurgie vétérinaires	3

COURS.

AGRICULTURE.

Première année. Géologie ; terrains ; météorologie ; physiologie végétale ; pathologie végétale ; physiologie animale ; entomologie ; engrais ; physique agricole ; économie politique ; travaux pratiques de botanique ; travaux pratiques de zoologie ; travaux pratiques à la ferme. — *Deuxième année.* Culture; amendement des terres; horticulture; zootechnie; alimentation du bétail; sériciculture; notions générales de droit; tenue des fermes; travaux pratiques de botanique; travaux pratiques de zoologie; travaux pratiques d'agriculture. — *Troisième année.* Culture; technologie agricole; tenue des fermes; science vétérinaire (notions générales); sylviculture (notions générales); pisciculture; législation rurale; physiologie des insectes; travaux pratiques d'agriculture; thèse.

CHIMIE AGRICOLE.

Première année. Chimie organique; géologie; terres; météorologie; physiologie végétale et animale; engrais; physique agricole; économie politique; manipulations de chimie agricole. — *Deuxième année.* Culture; amendement des terres; chimie physiologique; fermentation; alimentation du bétail; sériciculture; tenue des fermes; manipulations de chimie agricole. — *Troisième année.* Chimie théorique; culture; technologie agricole; éléments et stimulants; tenue des fermes; législation rurale; manipulations de chimie; thèse.

SYLVICULTURE

Première année. Mathématiques; géologie et terrains; météorologie; physique forestière; botanique forestière; physiologie végétale; zoologie forestière; encyclopédie forestière; arpentage des forêts; sylviculture; économie politique; travaux pratiques de botanique; travaux pratiques de zoologie; pratique de l'arpentage; pratique de la sylviculture; excursions forestières. — *Deuxième année.* Mathématiques; maladies des arbres; chimie forestière; exploitation des forêts; construction des routes dans les forêts; sylviculture; protection des forêts; économie forestière; administration des forêts; notions générales de droit; droit forestier; police forestière; finances; pisciculture; notions d'agriculture; chimie

Fig. 181. — Faculté agronomique
de l'Université de Tokio.
(Musée agricole.)

forestière (pratique); sylviculture pratique; construction des routes dans les forêts (pratique). — *Troisième année.* Exploitation des forêts; sylviculture; économie forestière; droit forestier; statistique forestière; chasse; excursions forestières; thèse.

MÉDECINE VÉTÉRINAIRE.

Première année. Anatomie; physiologie; histologie; pathologie générale; chirurgie; maréchalerie; anatomie (pratique); histologie (pratique); maréchalerie (pratique). — *Deuxième année.* Anatomie; physiologie; alimentation du bétail; pathologie générale; pharmacologie; chirurgie; pathologie spéciale; anatomie pathologique; pathologie du sabot; hygiène vétérinaire; anatomie (pratique); chirurgie (pratique), maréchalerie

(pratique); travail à l'hôpital et à la clinique, au dehors de l'école. — *Troisième année.*
Zootechnie; anatomie pathologique; dermato-pathologie; pathologie du sabot; hippologie; maladies contagieuses des animaux; obstétrique; ophtalmologie; hygiène vétérinaire; embryologie; police vétérinaire; jurisprudence vétérinaire; examen du lait et
des viandes; anatomie pathologique (pratique); histologie et bactériologie pathologique
(pratique); examen du lait et des viandes (pratique); travail à l'hôpital et à la clinique,
au dehors de l'école.

Indépendamment des cours réguliers ci-dessus mentionnés, les professeurs de la
faculté d'agronomie font encore des cours subsidiaires d'agriculture, de science forestière
et de médecine vétérinaire. Les étudiants subissent des examens à la fin de chaque
année académique; en outre, pour les étudiants des cours de médecine vétérinaire, un
examen spécial précède l'obtention du diplôme.

Fig. 182. — Faculté agronomique de l'Université de Tokio.
(Partie d'une des forêts dépendant de la Faculté.)

La Faculté d'agronomie de Tokio possède : 1° une ferme, une pépinière, un jardin
botanique, des vergers; 2° des forêts; 3° des laboratoires et des musées; 4° un hôpital
vétérinaire.

Ferme, pépinière, jardin botanique, bétail. — La Faculté d'agronomie possède une
ferme dont la superficie est de 28 hectares. 15 hectares sont cultivés comme dans
une ferme ordinaire, dans le but d'offrir un modèle de culture aux étudiants et aussi
de fournir aux élèves des classes d'agriculture l'occasion de se livrer à des travaux
pratiques; 3 hectares environ sont réservés pour les professeurs et les étudiants qui font
des expériences ou des recherches. Dans plusieurs jardins, on cultive des légumes, des
plantes fourragères, des arbres fruitiers.

La ferme possède une serre spécialement aménagée pour la culture irriguée des
plantes. Le jardin-pépinière des arbres forestiers a une superficie de 1 hectare. On

y élève des arbres que l'on trans-
plante ensuite dans la forêt de
Kyosumi, forêt qui comprend les
principales essences forestières, indigènes et étrangères.

Le jardin botanique, d'une
étendue de 1 hectare, est divisé en
deux parties, dont l'une est consacrée à la culture méthodique et
l'autre à celle des plantes utiles.
Pour la culture méthodique, on a
adopté la classification Bentham et
Hooker. Deux serres contiennent
les plantes tropicales.

Un certain nombre d'animaux
domestiques de différentes races
servent pour l'instruction pratique
des étudiants.

Dans les vergers de Rokugo et
de Daishigawara, dans la préfec-
ture de Kanagawa, on cultive un
grand nombre d'arbres fruitiers
comm espécimens.

Forêts. — Les forêts de la pré-
fecture de Tiba, qui couvrent une
superficie de plus de 2,000 hectares, dépendent de la faculté d'a-
gronomie.

La forêt Kyosumi occupe le côté
sud du mont Myoken, dans la province d'Awa. Elle est cultivée et
exploitée d'une manière méthodique et scientifique. La forêt Oku-
zan, contiguë à celle de Kyosumi,
se trouve dans la province de
Kazusa; elle a une étendue de
1,836 hectares, et renferme principalement des arbres toujours verts
à feuilles larges et des conifères.

Fig. 183. — Université de Tokio. (Faculté de génie, Faculté des sciences; géologie et zoologie.)

Une troisième forêt, d'une immense étendue (23,796 hectares), située dans le Hok-
kaïdo, est devenue récemment la propriété de la Faculté d'agronomie.

Laboratoires, musées. — Les étudiants trouvent au laboratoire de chimie agricole tous les instruments et appareils nécessaires pour les diverses analyses, pour l'analyse des denrées alimentaires, du thé, du vin, de la bière, du lait, pour la culture des levures et des champignons, pour la fabrication et la transformation des produits agricoles, pour l'estimation des coefficients de digestion et des qualités nutritives des plantes.

Le laboratoire de science forestière est pourvu d'appareils pour la distillation des bois, du camphre, etc.

Le musée d'agriculture renferme de nombreux échantillons de plantes et de produits agricoles, des spécimens conservés dans l'alcool, des échantillons de soie; des modèles de machines agricoles et instruments aratoires.

Au laboratoire de zoologie, les étudiants peuvent suivre des cours pratiques de zoologie et d'entomologie à l'aide de nombreuses collections. Le laboratoire de botanique renferme des herbiers de toutes les plantes.

La section vétérinaire possède plusieurs laboratoires pourvus de tous les instruments et appareils modernes. Il en est de même de l'institut pathologique qui possède des milliers de spécimens et tous les instruments et ustensiles nécessaires à l'étude de la bactériologie.

Hôpital vétérinaire. — Situé sur le terrain de la faculté d'agronomie, l'hôpital reçoit toutes les espèces d'animaux malades. Il se compose de trois bâtiments : le premier contient une écurie, une étable, une bergerie et une porcherie; le second bâtiment sert de clinique pour les petits animaux; le troisième bâtiment reçoit les animaux atteints de maladies contagieuses.

Institut agronomique de Sapporo.

(Médaille d'or.)

Après la guerre de la Restauration, le Gouvernement impérial s'occupa de la colonisation des îles qui se trouvent au nord du Japon, près du détroit de La Pérouse. Un décret impérial de 1869 leur donna le nom de Hokkaido (chemin de la mer du Nord) et nomma gouverneur de cette colonie le général Kiyotaka Kuroda. Pour développer et assurer la prospérité du Hokkaido, le général Kuroda décida d'y créer une école d'agriculture organisée comme les meilleures écoles américaines.

En 1876, l'Institut agronomique fut ouvert à Sapporo, capitale du Hokkaido. L'organisation en fut confiée au docteur William Smith Clark, précédemment directeur de l'Institut agronomique d'Amherst (Massachusetts). Accompagné de plusieurs collègues, il arriva à Sapporo pendant l'été 1876, se mit aussitôt à l'œuvre, posa les fondements du nouvel institut et l'établit sur le modèle de celui qu'il avait dirigé dans son pays. Tels furent les commencements du premier institut agronomique de l'empire japonais.

Les années de 1876 à 1882 furent principalement pour l'institut une période d'organisation. Durant ce laps de temps, les professeurs qui eurent la charge des cours supérieurs furent pour la plupart américains, et l'enseignement fut entièrement donné en anglais. On pourvut l'institut de champs et d'étables d'expériences, d'un laboratoire de chimie, de salles de classe, d'une salle de gymnastique, d'un musée, d'un observatoire et de divers autres bâtiments pourvus de tout le matériel nécessaire qu'on augmenta peu à peu selon les besoins de l'école. La durée des études fut fixée à quatre ans. L'enseignement comprit toutes les branches de l'instruction jugée nécessaire à la formation d'administrateurs instruits et capables, d'agriculteurs pourvus des connaissances scientifiques requises pour la meilleure exploitation du sol et pour la direction des travaux coloniaux.

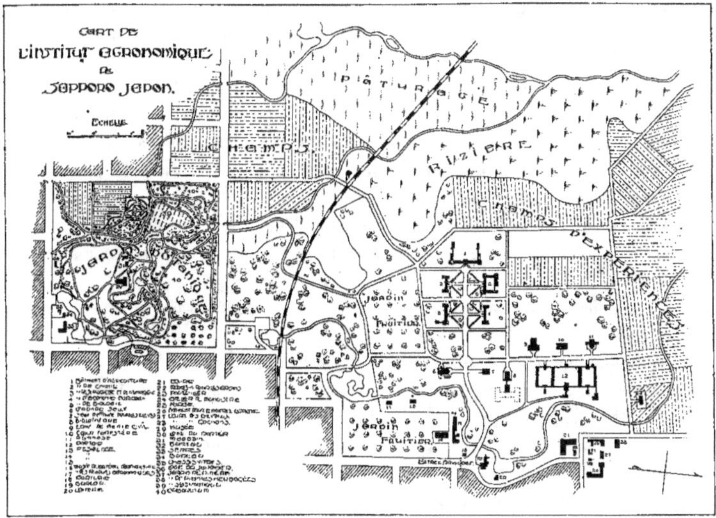

Fig. 184. — Plan de l'Institut agronomique de Sapporo.

En 1882, le « Kaitakouchi », gouvernement colonial du Hokkaido, fut aboli et remplacé par trois préfectures. Le Hokkaido se trouva ainsi partagé en départements comme le reste de l'empire. Cette forme d'administration dura de 1882 à 1886. Sous ce régime, les principaux établissements agricoles et industriels du Hokkaido, y compris l'institut agronomique, ressortirent au Ministère de l'agriculture et du commerce.

En 1886, l'Institut agronomique de Sapporo fut replacé sous la direction immédiate du gouvernement du Hokkaido. Pour asseoir l'institut sur des bases solides, le gouvernement lui donna d'excellentes terres, dont les revenus devaient à la longue couvrir les dépenses ordinaires de l'établissement. On envoya à l'étranger un certain nombre d'élèves diplômés pour perfectionner leurs connaissances et les préparer soit à remplacer les professeurs américains, soit à remplir d'autres fonctions importantes. A mesure que le niveau des études s'élevait et que le programme s'élargissait, une plus grande facilité s'offrait pour les études spéciales. On fonda en outre des écoles de génie civil, d'agriculture pratique et une école militaire, qu'on rattacha à l'institut. Dans l'école de génie civil fut donné un enseignement supérieur, équivalent à celui de l'école d'agriculture.

En 1894, l'institut agronomique de Sapporo fut rattaché au Ministère de l'instruction publique. Aux dotations du Hokkaido énumérées ci-dessus, on ajouta 3,000 hectares de terres, ce qui assura la prospérité de l'établissement. On fonda ensuite à Sapporo une école de génie civil et on adjoignit à l'institut une école forestière.

Actuellement, le Gouvernement japonais se propose d'élever encore le niveau de l'instruction donnée à l'institut agronomique de Sapporo et de le transformer en université.

L'Institut agronomique de Sapporo ressortit au Ministère de l'instruction publique. Il donne un enseignement supérieur au point de vue agricole et colonial. La durée des études est de quatre ans pour l'institut proprement dit et de deux ans pour l'école préparatoire. Les étudiants qui ont fini les cours et passé les examens prescrits par le règlement reçoivent le diplôme de *Nogakushi*.

A l'institut sont rattachées trois écoles secondaires : école pratique d'agriculture, école de génie civil, école forestière. La durée des études dans chacune d'elles est de trois ans.

Les étudiants sont admis au début de chaque année scolaire, qui commence le 11 septembre et finit le 10 juillet.

Les jeunes gens qui veulent entrer à l'institut proprement dit doivent : 1° subir un examen dont sont dispensés les élèves sortant de l'école préparatoire; 2° être âgés de 18 ans et doués d'une bonne constitution.

Les candidats à l'école préparatoire, âgés de 17 ans, doivent produire pour l'admission un certificat d'études d'enseignement secondaire ou subir un examen. Les lauréats des lycées, après un examen spécial, ont le privilège d'entrer en deuxième année.

La rétribution scolaire est fixée à 15 yen pour l'institut et 9 yen pour l'école préparatoire, payables par trimestre et d'avance. (Le yen vaut environ 2 fr. 65.)

Les élèves qui se sont distingués par leur succès et leur bonne conduite peuvent devenir élèves d'honneur. Il y en a de deux sortes : les *Kohi-sei* (élèves boursiers primés) et les *Tokutai-sei* (élèves boursiers).

Les premiers sont exonérés de la rétribution scolaire, et reçoivent en plus une prime de 84 yen. Seuls les élèves de l'institut proprement dit peuvent devenir *Kohi-sei*. Leur nombre est limité à 12. Après l'obtention de leur diplôme, ces élèves doivent pour ce qui concerne leur emploi suivre pendant cinq ans les instructions du directeur de l'école. Tout élève qui quitte l'école de son propre chef est tenu de rembourser la totalité de la somme déjà reçue; dans le cas cependant où il serait renvoyé pour raison de santé, il pourrait être autorisé à ne pas faire ce remboursement.

Les *Tokutai-sei* (élèves boursiers) jouissent de l'exemption de la rétribution scolaire. Leur nombre est de 15 pour l'institut et 10 pour l'école préparatoire.

Il y a deux sortes d'examens : ordinaires, faits au gré du professeur, et trimestriels. A la fin de la troisième année d'études, les élèves présentent au directeur le sujet de leur thèse qui doit être écrite en japonais ou en langue étrangère. Cette thèse, qui précède l'obtention du diplôme, a pour but de faire connaître le résultat des recherches personnelles des élèves.

Les élèves diplômés peuvent faire des études complémentaires pendant deux ans, avec l'autorisation du directeur qui désigne un professeur pour diriger et surveiller leurs travaux.

A la fin de chaque trimestre, ils doivent présenter un compte rendu de leurs travaux. Ces élèves ne payent aucune rétribution scolaire.

Cours d'application. — Les élèves qui ont fini leur deuxième année à l'institut sont tenus de choisir un des cours suivants d'application : agriculture, zootechnie, économie agricole et politique, agraire, chimie agricole, zoologie agricole, pathologie végétale.

Les cours d'application ont lieu dans l'après-midi ou à des heures qui ne sont pas prises par les autres leçons.

Tous les travaux d'application se font dans les laboratoires et les fermes, à l'exception de ceux d'économie rurale et d'économie politique pour lesquels on suit le système allemand.

Le cours d'agriculture comprend les sujets suivants : exercices pratiques de la ferme, technologie agricole, horticulture, cultures spéciales, administration de la ferme . . . ;

Zootechnie : zootechnologie, étables d'expériences, anatomie, physiologie du bétail, hygiène du bétail, maréchalerie, aperçu de pathologie, exercices pratiques de la ferme, etc.;

Économie rurale et politique : économie appliquée, histoire de l'agriculture japonaise, droit administratif, législation rurale, statistiques agricoles, évaluation agricole, colonisation;

Chimie agricole : analyse quantitative, recherches expérimentales sur les corps simples, engrais, sols, matières alimentaires du bétail;

Zoologie agricole : entomologie, sériciculture;

Pathologie végétale : travaux de laboratoire et d'expériences dans les champs sur les maladies des plantes causées par les champignons parasites.

Écolᴇ ᴘʀᴀᴛɪQᴜᴇ ᴅ'ᴀɢʀɪᴄᴜʟᴛᴜʀᴇ, Écolᴇ ᴅᴇ ɢÉɴɪᴇ ᴄɪᴠɪʟ ᴇᴛ Écolᴇ ꜰoʀᴇsᴛɪÈʀᴇ. — Trois écoles spéciales d'un degré inférieur sont affiliées à l'institut pour former des élèves destinés à coloniser le Hokkaido. Ce sont : 1° l'école pratique d'agriculture; 2° l'école de génie civil; 3° l'école forestière.

Dans chacune d'elles la durée des études est de trois ans. Les candidats pour l'école pratique d'agriculture sont : les élèves diplômés de l'école primaire supérieure ou encore les élèves qui ont fini les études de deuxième année du lycée ordinaire.

Les candidats pour l'école du génie civil et l'école forestière doivent avoir terminé leur troisième année de lycée, ou bien subir un examen d'entrée équivalent.

Des *cours d'hiver* ont lieu à Sapporo pour les cultivateurs du Hokkaido ou pour les émigrants qui ont l'intention de se livrer au défrichement, pourvu qu'ils soient âgés de 15 ans au moins et qu'ils puissent lire le sinico-japonais.

PROGRAMME DES COURS DE 1re, 2e, 3e ET 4e ANNÉE À L'INSTITUT AGRONOMIQUE.

PREMIÈRE ANNÉE.	HEURES PAR SEMAINE.		
	1er TRIMESTRE.	2e TRIMESTRE.	3e TRIMESTRE.
Introduction à l'agriculture	2	//	//
Chimie analytique	6	//	//
Nutrition des plantes	4	4	//
Sols	//	//	5
Machines et matériel agricole	//	3	3
Histologie végétale	3	//	//
Botanique (cryptogamie)	//	5	5
Botanique (travaux de laboratoire)	4	4	4
Anatomie comparée des animaux	3	3	3
Zoologie (travaux de laboratoire)	4	4	4
Physique agricole	//	2	2
Anglais (facultatif)	3	3	3
Allemand (facultatif)	3	3	3
Exercices pratiques d'agriculture	(L'après-midi.)		
Total	32	31	32

DEUXIÈME ANNÉE.			
Engrais	3	3	//
Amélioration du sol	3	3	//
Cultures ordinaires	//	4	5
Physiologie végétale	6	//	//
Pathologie végétale	//	4	5
Physiologie animale	//	3	3
Embryologie animale	3	//	//
Zoologie (travaux de laboratoire)	4	//	//
Entomologie	//	2	4
Génie agricole	4	//	//
Histoire de l'agriculture	//	2	2
Économie politique	3	3	3
Allemand (facultatif)	2	2	2
Exercices pratiques d'agriculture	(L'après-midi.)		
Total	28	26	24

TROISIÈME ANNÉE.

	HEURES PAR SEMAINE.		
	1ᵉʳ TRIMESTRE.	2ᵉ TRIMESTRE.	3ᵉ TRIMESTRE.
Cultures spéciales	3	3	3
Horticulture	5	3	3
Zootechnie	//	3	5
Physiologie et hygiène du bétail	3	3	//
Alimentation du bétail	//	3	3
Sériciculture	//	3	3
Économie agricole	4	3	4
Colonisation	3	//	//
Éléments de science forestière (facultatif)	//	3	3
Éléments de pisciculture (facultatif)	3	//	//
Bactériologie (facultatif)	3	//	//
Agriculture (travaux de laboratoire)	(Cours d'application.)		
Économie agricole	(Cours d'application.)		
Chimie agricole (travaux de laboratoire)	(Cours d'application.)		
Zoologie agricole (travaux de laboratoire)	(Cours d'application.)		
Pathologie végétale (travaux de laboratoire)	(Cours d'application.)		
TOTAL	24	24	24

QUATRIÈME ANNÉE.

	1ᵉʳ TRIMESTRE.	2ᵉ TRIMESTRE.	3ᵉ TRIMESTRE.
Zootechnie	5	5	5
Éléments de médecine vétérinaire	3	3	3
Technologie agricole	3	3	//
Économie politique	3	3	3
Agriculture (travaux de laboratoire)	(Cours d'application.)		
Économie agricole	(Cours d'application.)		
Chimie agricole (travaux de laboratoire)	(Cours d'application.)		
Zoologie agricole (travaux de laboratoire)	(Cours d'application.)		
Pathologie végétale (travaux de laboratoire)	(Cours d'application.)		
TOTAL	14	14	11

PROGRAMME DES COURS À L'ÉCOLE PRÉPARATOIRE.

PREMIÈRE ANNÉE.

	HEURES PAR SEMAINE.
Éthique	1
Japonais et chinois	5
Anglais	8
Histoire (moderne)	2
Mathématiques (algèbre et trigonométrie)	4
Physique (mécanique, acoustique, chaleur)	3
Chimie (inorganique)	3
Dessin (à main levée et linéaire)	4
Exercices militaires	3
TOTAL	33

DEUXIÈME ANNÉE.

	HEURES PAR SEMAINE.
Éthique.	1
Japonais et chinois.	3
Anglais.	6
Allemand	4
Mathématiques (géométrie analytique et calcul).	4
Arpentage.	3
Zoologie (générale).	2
Botanique (morphologie et classification des phanérogames).	2
Minéralogie et géologie.	2
Physique (optique, magnétisme et électricité).	2
Chimie organique.	3
Exercices militaires	3
TOTAL	35

PROGRAMME DES COURS À L'ÉCOLE PRATIQUE D'AGRICULTURE.

	HEURES PAR SEMAINE.		
	1re ANNÉE.	2e ANNÉE.	3e ANNÉE.
Éthique.	1	1	1
Japonais et chinois.	2	2	2
Anglais (facultatif).	3	2	2
Mathématiques et arpentage.	2	2	2
Physique.	3	//	//
Chimie.	2	1	//
Météorologie.	//	//	1
Sciences naturelles.	5	2	//
Économie politique et économie rurale.	//	//	3
Droit rural (facultatif).	//	//	1
Comptabilité.	//	//	1
Sol et amélioration du sol.	//	3	//
Machines et matériel agricoles.	1	//	//
Engrais.	//	3	//
Cultures.	3	2	//
Horticulture.	//	1	2
Technologie agricole.	//	//	2
Zootechnie.	//	2	2
Sériciculture.	2	2	//
Maladies des plantes, insectes nuisibles.	//	2	2
Médecine vétérinaire.	//	//	1
Exercices militaires.	2	1	1
Exercices pratiques.	//	//	//
TOTAL	26	26	23

Dans le programme des exercices pratiques, à l'école pratique d'agriculture, figurent : le teillage du lin et du chanvre; la fabrication des fromages; du lait condensé en poudre; la préparation des jambons, des viandes salées; la préparation des fruits et légumes secs; la fabrication des fécules, de la farine, du pain; la fabrication du *miso*, du *shoyou* et du vinaigre; la fabrication du sucre d'érable, etc.

PROGRAMME DES COURS DE 2ᵉ ET 3ᵉ ANNÉE
À L'ÉCOLE DU GÉNIE CIVIL

DEUXIÈME ANNÉE.

HEURES PAR SEMAINE.

	1ᵉʳ TRIMESTRE.	2ᵉ TRIMESTRE.	3ᵉ TRIMESTRE.
Trigonométrie	4	//	//
Calcul	4	3	//
Mécanique	5	5	5
Matériaux de construction	3	3	//
Arpentage	4	4	3
Exercices pratiques d'arpentage	6	//	6
Construction des routes	//	3	3
Ponts	//	4	3
Chemins de fer	//	//	2
Maçonnerie	//	//	3
Dessin	4	3	//
Anglais	4	4	3
Total	34	29	28

TROISIÈME ANNÉE.

	1ᵉʳ TRIMESTRE.	2ᵉ TRIMESTRE.	3ᵉ TRIMESTRE.
Ponts	4	3	//
Chemins de fer	4	4	4
Maçonnerie	4	4	//
Construction des maisons	4	//	//
Hydraulique	3	3	4
Génie agricole	3	3	3
Mécanique appliquée	//	3	4
Hygiène publique	//	3	4
Droit administratif concernant les travaux publics	//	4	4
Plans	4	6	6
Total	26	33	29

PROGRAMME DES COURS DE 2ᵉ ET 3ᵉ ANNÉE À L'ÉCOLE FORESTIÈRE.

DEUXIÈME ANNÉE.	HEURES PAR SEMAINE.		
	1ᵉʳ TRIMESTRE.	2ᵉ TRIMESTRE.	3ᵉ TRIMESTRE.
Arpentage des forêts	3	3	//
Mathématiques appliquées aux forêts	2	2	2
Sylviculture	3	3	3
Utilisation des forêts	//	//	3
Technologie forestière	3	3	//
Aménagement des forêts	//	//	3
Protection des forêts	3	3	//
Administration des forêts	2	2	2
Économie politique	2	2	2
Traité général des lois, et lois relatives aux forêts	2	2	2
Gestion des forêts	//	//	2
Notions générales d'agriculture	2	2	//
Exercices pratiques d'arpentage des forêts	6	6	6
Exercices pratiques de sylviculture	5	//	5
Exercices pratiques de technologie forestière	3	9	//
TOTAL	36	37	30

TROISIÈME ANNÉE.

	1ᵉʳ TRIMESTRE.	2ᵉ TRIMESTRE.	3ᵉ TRIMESTRE.
Sylviculture	3	3	//
Utilisation des forêts	3	3	//
Aménagement des forêts	3	3	//
Finances	3	3	//
Administration des forêts	3	3	//
Chasse	2	2	//
Exercices pratiques de sylviculture	5	5	//
Exercices pratiques d'aménagement des forêts	5	5	//
TOTAL	27	27	//

Matières enseignées et méthode d'enseignement à l'Institut agronomique. — L'instruction à l'Institut agronomique est donnée principalement par des leçons orales et des exercices pratiques dans les champs et les laboratoires. On attache une grande importance à ces exercices pratiques et l'institut fait tous ses efforts pour compléter le matériel de ses divers laboratoires et de ses fermes. L'emploi de manuels est restreint à un petit nombre de cours.

Introduction à l'agriculture. — Cet enseignement est donné à la classe de première année et occupe 25 heures environ. Le but de cette étude est de donner aux élèves une idée générale de l'utilité et de l'importance de l'agriculture. Les points traités sont : dé-

finition de l'agriculture, but de la science agricole, application des sciences à l'agriculture, divisions de l'agriculture, l'agriculture dans ses rapports avec la santé publique,
l'agriculture dans ses rapports avec l'alimentation et la population, l'agriculture dans
ses relations avec la morale et la religion, la population agricole dans ses rapports avec
la politique, l'agriculture dans ses rapports avec les phénomènes physiques, importance
de l'agriculture.

Fig. 185. — Institut de Sapporo.
(Plates-bandes pour les expériences de la culture du riz.)

Agriculture. — Les études sur les instruments agricoles ont lieu pendant la première
année et comprennent environ soixante leçons; le cours sur les améliorations du sol est
donné en deuxième année, à raison de 4 heures par semaine; le cours de culture est
dans la deuxième et troisième année. Les cultures spéciales occupent les deuxième et
troisième trimestres de la classe de troisième année, avec 4 heures par semaine; ce qui
fait au total environ 8o heures d'enseignement. Ce cours se fait dans l'ordre suivant :
plantes textiles, plantes tinctoriales, sucres, farines, huiles, plantes médicinales, et
enfin les autres plantes pouvant servir à différents usages : le coton, le chanvre, le
mûrier à papier, le jonc à natte, la canne à sucre, le thé, le tabac, l'arbre à laque,
le mûrier, le colza. Le *polygonum tinctorium* et la menthe poivrée sont l'objet d'études
spéciales, de même que le lin, la betterave à sucre, dont la culture promet de
prendre dans l'avenir de grands développements. Dans ces leçons, les explications
sont complétées au moyen de nombreux spécimens extraits de l'herbier, d'échantillons
de matières brutes et de produits manufacturés, de tableaux et de figures variés.

L'enseignement spécial de l'agriculture comprend deux divisions : la première est
destinée aux élèves qui choisissent l'agriculture proprement dite; la deuxième comprend
les élèves qui ont choisi le cours de zootechnie, en général, ou une partie spéciale de
ce cours, comme, par exemple, la bactériologie du lait.

Horticulture. — L'enseignement de l'horticulture occupe la troisième année tout entière, et comprend 3 heures par semaine; ce qui fait un total de 100 heures. Pour le moment, on se borne à l'étude de ce qui concerne la culture du jardin fruitier et celle du jardin potager; le jardin à fleurs et le jardin paysager n'ont pas encore leur place dans ces leçons. Cette étude comprend deux parties : une partie générale et une partie spéciale. Dans la première, on traite les sujets suivants : nature du sol, climat, situation du verger, greffage, taille et dressage des arbres fruitiers, disposition du verger, son entretien, conservation des fruits. Dans la seconde partie, le cours porte sur la culture et les diverses espèces de fruits à pépin, de fruits à noyau des régions tempérées. On étudie aussi quelques-uns des principaux fruits des pays tropicaux. De nombreux spécimens, frais ou conservés, et des tableaux facilitent les explications; de plus le greffage, la taille, le dressage sont enseignés avec soin dans les champs d'expériences. En ce qui concerne la culture du jardin potager, on traite d'abord de la construction des couches à châssis, des cultures forcées, du jardinage; on étudie ensuite les plantes cultivées pour leurs racines, pour les tiges et feuilles, et celles cultivées pour les fleurs et fruits. On se sert de tableaux et de spécimens provenant de collection, mais on apprend surtout sur le champ d'expériences.

Fig. 186. — Institut de Sapporo. (Intérieur d'une ferme.)

Zootechnie. — La zootechnie est surtout enseignée à la classe de quatrième année en 170 leçons environ.

Médecine vétérinaire. — Elle est enseignée pendant la quatrième année et prend une centaine d'heures. On étudie d'abord les grandes lignes de l'anatomie, de la physiologie et de l'hygiène des animaux. On aborde ensuite la médecine, et finalement on s'occupe des maladies internes et externes, des maladies obstétricales et de leurs principaux remèdes. On donne aussi des leçons de maréchalerie. L'hygiène des animaux surtout est très longuement développée. Pour faciliter l'étude des matières on a soin de fournir des instruments, remèdes, spécimens, dessins et modèles. Les dissections anatomiques opérées sur les chevaux suppléent aussi à l'occasion aux leçons d'anatomie.

Exercices pratiques d'agriculture. — Les élèves de première et deuxième année sont tenus de faire des exercices pratiques d'agriculture, afin de pouvoir plus facilement comprendre les leçons qui s'y rapportent. En outre, comme les élèves des classes supérieures emploient leur après-midi aux études spéciales, on a été obligé de placer les exercices pratiques des champs dans le programme des deux premières années. Ces leçons pratiques sont réparties comme il suit : *Cours de première année.* — *1ᵉʳ trimestre.* Conduite des chevaux et des bœufs, labour à la bêche et à la charrue, défrichements; travaux de drainage. — *2ᵉ trimestre.* Fabrication et réparation des instruments et machines de ferme et des harnais. — *3ᵉ trimestre.* Labour, hersage et roulage, cultures, fenaison, entretien des jardins potagers et des jardins fruitiers. *Cours de deuxième année.* — *1ᵉʳ trimestre.* Entretien des cultures et rentrée des récoltes, travaux de laiterie, conserves alimentaires de fruits et de légumes, exercices pratiques relatifs aux plantes industrielles, soins à donner au jardin potager et au jardin fruitier, fumure, traitement des engrais. — *2ᵉ trimestre.* Élevage, alimentation et soins à donner aux animaux domestiques, travaux de basse-cour, travaux de laiterie, récolte et conservation des fruits. — *3ᵉ trimestre.* Soins à donner aux couches à châssis, propagation des cultures sous châssis, cultures forcées.

Fig. 187. — Institut de Sapporo. (Une serre du jardin botanique.)

On consacre à ces exercices pratiques de 6 à 10 heures par semaine.

Sériciculture. — Le cours de sériciculture comprend 65 leçons environ, avec des exercices pratiques sur la magnanerie. Il est fait aux élèves de troisième année. On s'occupe d'abord de la classification des insectes produisant la soie; on étudie ensuite le ver à soie ordinaire aux divers points de vue suivants : variétés, anatomie, physiologie, maladies, ennemis naturels des plantes dont il se nourrit, incubation. On donne aussi quelques notions sur les vers à soie de l'*Antherœa Yamamai*, de l'*Antherœa Phayi*, de l'*Attacus cynthia* et du *Caligula japonica.*

Forêts. — Le cours pour les forêts est donné à la classe de 3ᵉ année; il comprend environ 60 leçons. Il est facultatif et divisé en 6 parties, savoir : 1° importance des forêts, les différentes espèces de forêts ; 2° culture des forêts ; 3° protection des forêts ; 4° exploitation ; 5° direction ; 6° administration des forêts.

Cours d'application d'économie rurale. — Ce cours a été établi en faveur des élèves des classes supérieures, qui font une étude spéciale de l'économie agricole et de l'administration rurale, durant les deux dernières années. Les élèves sont réunis plusieurs fois la semaine, et étudient les sujets suivants :

1° Économie agricole : Crédit agricole, assurances agricoles, estimation agricole, projets agricoles, finances agricoles, etc. ;

2° Administration rurale : Législation et police rurale, histoire de l'agriculture, statistique agricole, etc.

Fig. 188. — Institut de Sapporo. (Jardin systématique; partie du jardin botanique.)

Cours divers. — La chimie générale organique et inorganique est étudiée dans l'école préparatoire. La chimie agricole fait l'objet de cours complets à l'Institut agronomique. La physique agricole fait l'objet de cours ; elle comprend la météorologie, la climatologie et la nature physique du sol ; un petit observatoire météorologique existe à l'école. Le génie agricole, auquel on consacre 50 leçons dans la deuxième année, a rapport à l'arpentage, au drainage, à l'irrigation, à la construction des routes et des ponts. Le drainage est étudié en détail, mais l'irrigation n'est examinée qu'au point de vue des rizières. La botanique, la zoologie, l'entomologie se donnent sous forme de leçons. La pêche et la pisciculture sont étudiées dans la 3ᵉ année ; on y consacre trois heures par semaine ; le cours est facultatif. L'économie agricole, l'économie politique, la politique agraire, la colonisation, l'histoire de l'agriculture, font également l'objet de leçons distinctes.

Jardin botanique de l'institut. — Le jardin botanique est situé au nord-ouest de Sapporo, et couvre une étendue d'environ 14 hectares. Le terrain convient parfaitement à sa destination grâce à ses ondulations et aux petits cours d'eau qui ont leur source dans l'enclos. Les restes de l'antique forêt qui couvrait autrefois toute la plaine de l'Ishikari restent intacts et lui servent d'ornement.

Le jardin a une riche collection de plantes, spécialement des arbres et des arbustes des différentes parties du Hokkaido. Les plantes exotiques se multiplient rapidement d'année en année, par des échanges de graines avec les jardins botaniques des diverses parties du monde.

Le jardin comprend 4 parties : le jardin botanique proprement dit, ou jardin de botanique systématique dans lequel les plantes sont groupées autant que possible d'après leur caractère de famille et leurs habitats, le jardin des fleurs annexé aux serres, la pépinière et le champ d'expériences, l'arboretum qui renferme les arbres et les arbustes.

Sur le terrain du jardin botanique se trouve le Musée, placé dans un bâtiment spécial et qui comprend les sections de zoologie, de botanique, de géologie, d'ethnographie.

Fermes. — La superficie des fermes et des métairies s'élève à 6,056 hectares. Il y en a de huit sortes : la première comprend des terres arables : elle est spécialement destinée aux travaux pratiques des élèves ainsi qu'aux divers essais de culture; la seconde comprend les terres arables d'une étendue de 159 hectares environ destinées à la culture et à l'élevage des troupeaux à la manière européenne et américaine : on y fait des essais de grande culture pour être appliqués dans le Hokkaido; c'est une ferme modèle. Les six autres fermes sont toutes destinées à la petite culture; elles sont réparties entre 270 cultivateurs qui reçoivent des terres de 4 à 5 hectares et au-dessus, mais sans pouvoir dépasser 10 hectares.

Objets et travaux exposés. — La direction de l'Institut agronomique de Sapporo avait présenté à l'Exposition un volume intéressant sur l'école d'agriculture et ses dépendances. Le Jury de la Classe 5 lui a attribué une médaille d'or.

II. — *ENSEIGNEMENT AGRICOLE MOYEN.*

L'enseignement agricole secondaire dépendait autrefois du Ministère de l'agriculture et du commerce; il a été transféré au Ministère de l'instruction publique, sauf les écoles de sériciculture de Tokio et de Kyoto.

Le premier règlement concernant les écoles d'agriculture fut publié en 1883; la mise en pratique de ses dispositions n'ayant pu donner de résultats satisfaisants, il fut abrogé et remplacé en 1894 par un nouveau règlement sur les écoles élémentaires agricoles. Lors de la promulgation de la loi sur les écoles complémentaires professionnelles, le ministre fixa le règlement des écoles d'agriculture. En outre, le Gouvernement déclara en 1883 que les terrains servant aux cours pratiques des écoles publiques d'agriculture seraient exemptés des impôts et contributions départementales.

Dispositions principales du règlement des écoles d'agriculture (Ordonnance ministérielle de 1899) :

« Les écoles d'agriculture sont classées en deux degrés : premier et second.

« Suivant les conditions locales, on pourra établir des écoles supérieures à celles du premier degré.

« La durée des études dans les écoles du premier degré sera de trois années, cependant elle pourra être augmentée d'une année au plus.

« Le nombre des heures de cours dans les écoles de premier degré sera de 3o au plus par semaine, non compris les exercices pratiques. Le nombre d'heures consacrées à ceux-ci variera suivant l'activité des travaux agricoles.

« Le programme des études dans les écoles de premier degré comprend : morale, lecture expliquée, correspondance, arithmétique, physique, chimie, histoire naturelle, économie politique, gymnastique, matières relevant de la théorie et de la pratique professionnelle. On pourra y ajouter : géographie, histoire, langue étrangère, législation, comptabilité, dessin, etc., dans une proportion raisonnable.

« Les études pratiques devront se rapporter aux sujets suivants : terres, engrais, cultures usuelles, jardinage, produits agricoles, pâturages, vers à soie, insectes nuisibles, climatologie, forêts, notions de médecine vétérinaire, produits aquatiques.

« Les candidats devront être âgés de 14 ans au moins, avoir une instruction égale à celle des élèves ayant fait quatre ans d'études dans les écoles primaires supérieures. On pourra demander une langue étrangère.

« La durée des études dans les écoles du second degré sera de trois ans au plus.

« Le nombre des heures de cours sera, dans les écoles de second degré, de 27 au plus par semaine, non compris les cours pratiques. Le nombre d'heures de ces derniers cours sera réglé par le plus ou moins d'activité des travaux des champs.

« Le programme des écoles du 2e degré comprendra : morale, lecture expliquée, écriture, correspondance, arithmétique, sciences, gymnastique, matières se rapportant au travail professionnel et exercices pratiques ; géographie, histoire, économie politique, dessin.

« Les candidats aux écoles de 2e degré doivent avoir au moins 12 ans accomplis.

« Des cours préparatoires de deux ans au plus pourront être établis dans les écoles du 1er degré. Les candidats doivent avoir 12 ans accomplis.

« Le programme des cours préparatoires comprendra : morale, lecture expliquée, écriture, correspondance, arithmétique, géographie, histoire, sciences, dessin, gymnastique.

« Dans les écoles agricoles, il pourra être institué des cours spéciaux élémentaires de la durée de deux ans. »

Les écoles pour l'enseignement agricole ordinaire sont au nombre de trente-six, entretenues par *Fu* et *Ken* ou par des sociétés agricoles. On y enseigne l'agriculture théorique et pratique. Il existe deux écoles de *sériciculture,* l'une à Tokio, l'autre à Kyoto. Ces écoles enseignent tout ce qui a rapport à l'élevage des vers à soie. Les deux écoles ont les mêmes programmes et poursuivent le même but : l'amélioration et le développement de la sériciculture, très importante au Japon. Le Ministre de l'agriculture a fixé le programme suivant : 1° enseignement de la sériciculture ; 2° essais et expériences; 3° conférences à la campagne; 4° distribution gratuite des graines de vers à soie; 5° questions diverses.

Les conditions d'admission au cours principal et au cours accessoire sont les suivantes : âge : 21 ans pour le cours principal et 25 ans pour le cours accessoire; avoir travaillé trois ans à l'industrie séricicole; être de la force d'un élève qui sort de la classe de troisième pour le cours principal, et de la force d'un élève sortant de l'école primaire supérieure, pour le cours accessoire.

Les administrations indépendantes, surtout les *Fu* et *Ken,* font tous leurs efforts pour établir, à leurs frais, des écoles de sériciculture et des cours publics; dans ces établissements les cours sont de deux mois ordinairement.

III. — *ENSEIGNEMENT AGRICOLE ÉLÉMENTAIRE.*

Noji Koshinjo ou Écoles locales des «Fu» et «Ken». — Les écoles locales ont été fondées pour mettre la science agricole à la portée des jeunes gens et des paysans : elles enseignent l'agriculture théorique et pratique. Elles dépendent du préfet, sous la haute surveillance du Ministre de l'agriculture et du commerce. La durée et le genre des études varient suivant les besoins, pour chaque localité.

Durant l'exercice 1899, on a dépensé 10,189 yen[1] pour les six écoles locales, y compris celle de Nagasaki, soit en moyenne 1,455 yen par école. A partir de 1900 ces écoles ont été subventionnées par l'État, comme les champs d'expériences.

Écoles rurales complémentaires. — L'organisation générale des écoles complémentaires professionnelles avait été déjà indiquée dans la loi sur l'enseignement primaire et dans le rescrit impérial. Bien que la seule condition imposée fût l'autorisation ministérielle, il ne s'était pas fondé d'écoles spécialement affectées aux études complémentaires professionnelles, en dehors des cours complémentaires faits sur quelques sujets pratiques dans les écoles primaires ordinaires ou supérieures. En 1893, le Ministère, sentant qu'il était nécessaire de développer cet enseignement, élabora un règlement destiné à servir de modèle pour ces écoles et à en encourager la fondation. Depuis, un certain nombre de ces écoles ont été établies; elles sont soumises aux dispositions du rescrit impérial de 1899 sur les écoles professionnelles.

Ces écoles prennent, à la sortie de l'école primaire, les jeunes gens qui se destinent à l'agriculture ou à l'industrie, complètent leur instruction et leur assurent un moyen d'existence en leur apprenant leur métier. Les professeurs de ces écoles rurales donnent des leçons dans les écoles primaires et dans quelques établissements particuliers, avec l'approbation du Ministre de l'instruction publique. On compte actuellement trente-neuf écoles rurales dont chacune reçoit environ 600 yen de subvention par an.

---

[1] Le *yen* vaut 2 fr. 65 environ.

IV. — ENSEIGNEMENT AGRICOLE DIVERS.

Professeurs conférenciers. — Les départements ou les arrondissements nomment, avec l'approbation du Ministre, des professeurs qui font des conférences dans les campagnes.

Ces conférenciers sont chargés, outre les tournées de conférences, de diriger les expériences, de répondre aux questions posées, de faire les essais payés par les budgets locaux, enfin ils font partie du jury des concours et des expositions agricoles.

Champs d'expériences. — Les champs d'expériences agricoles dépendent du Ministère de l'agriculture et du commerce. Le champ central est établi à Nishigahara.

Les neuf autres sont répartis dans tout l'empire, divisé en dix régions agricoles ayant chacune son champ d'expériences où se font les travaux suivants :

1° Expériences et essais sur l'amélioration et l'augmentation de la production agricole; 2° conférences; réponses aux questionnaires; 3° analyses des terres, engrais, produits agricoles et industriels.

Indépendamment de ces champs d'expériences, on a créé à Tokio deux laboratoires, l'un pour étudier la préparation du thé, l'autre pour étudier les recherches et les mesures à prendre contre les épizooties.

Un certain nombre de *Fu* et de *Ken* ont des champs d'expériences comme ceux du Gouvernement.

En présence des résultats remarquables déjà obtenus, le Gouvernement a décidé d'accorder une subvention pour les champs d'expériences, en 1900. Le Trésor leur payera chaque année une somme qui ne devra pas dépasser 150,000 yen. Organisés par des hommes au courant des questions agricoles, ces champs d'expériences ont rendu de grands services en faisant connaître les résultats obtenus, par des publications et des conférences.

Stations agronomiques. — Il existe au Japon dix stations agronomiques, une station principale et neuf stations régionales qui sont placées toutes sous *le contrôle direct* du Ministère de l'agriculture. Le programme de ces stations est le suivant : Choix des espèces alimentaires et fourragères, triage des semences, culture, plantation, engrais, amendements, récoltes et conservation, préparation des produits agricoles, instruments aratoires, maladies des plantes et insectes nuisibles, élevage et engraissement du bétail et de la volaille, *tournées de conférences,* distribution de semences et de plantes, analyse et expertise des terres, des engrais, des semences et des fourrages. D'après les renseignements qui nous ont été donnés, les expériences auraient porté, en 1898, sur 11,089 articles; les résultats ont été recueillis en 24 fascicules tirés à 22,960 exemplaires et distribués aux diverses administrations, aux associations agricoles et aux particuliers; 200 tournées ont été faites par les professeurs.

CHAPITRE V.

CONSIDÉRATIONS GÉNÉRALES.

L'organisation de l'enseignement agricole au Japon devait nécessairement se ressentir des études faites par les Japonais sur l'enseignement agricole des nations civilisées. Comme dans tous les pays européens, on y distingue trois degrés :

Le *degré supérieur* représenté par la faculté agronomique de Tokio et l'institut agronomique de Sapporo ;

Le *degré moyen* comprenant 36 écoles théoriques et pratiques ;

Le *degré inférieur* comprenant 6 écoles locales théoriques et pratiques, et 39 écoles rurales complémentaires.

L'Institut agronomique de Tokio comme les établissements supérieurs de l'Allemagne est rattaché à l'Université; son enseignement est divisé en quatre sections : agriculture, chimie agricole, sylviculture, médecine vétérinaire. Nous comptons ici une section spéciale pour la chimie agricole.

A l'Institut de Tokio, on trouve donc réunis les divers enseignements donnés en France à l'Institut agronomique, à l'École forestière de Nancy et aux écoles nationales vétérinaires.

L'Institut agronomique de Sapporo ne dépend d'aucune université, c'est un établissement indépendant installé en pleine campagne où les élèves peuvent se livrer à des études pratiques analogues à celles que l'on fait dans nos Écoles nationales d'agriculture. Les Japonais n'admettent pas d'ailleurs, contrairement à ce qui a lieu en Allemagne, que l'enseignement agricole soit surtout théorique. Leur enseignement, même supérieur, est à la fois théorique et pratique.

La durée des études supérieures est assez longue : trois ans à Tokio et quatre ans à Sapporo. En réalité, à Sapporo, l'enseignement dure six ans puisque la plupart des élèves sont pris dans une école préparatoire où ils ont déjà passé deux ans. Nous reconnaissons que ce système d'école préparatoire, que nous retrouvons en Hollande, ne peut que faciliter la sélection raisonnée et sûre des candidats aux hautes études.

La particularité la plus remarquable de l'enseignement agricole supérieur au Japon est le développement de l'initiative personnelle des élèves. Ces derniers, vers la fin de leurs études, se livrent à des travaux personnels dirigés et surveillés par leurs professeurs; ils peuvent même faire des études complémentaires pendant deux ans et entreprendre des travaux de recherches.

Les écoles de degré moyen, au nombre de trente-six, sont des établissements à enseignement théorique et pratique. Elles ressemblent à nos écoles pratiques d'agriculture. Quelques-unes (école pratique d'agriculture, école de génie rural et école forestière inférieure) sont groupées autour de l'Institut agronomique de Sapporo, comme à Hohenheim en Allemagne. Beaucoup de ces écoles sont très spécialisées.

Quant aux écoles rurales complémentaires qui occupent le degré inférieur, elles sont analogues aux écoles agricoles complémentaires de la Hongrie, elles sont le prolongement des écoles primaires dont elles complètent l'enseignement général en lui donnant un caractère agricole nettement utilitaire.

En raison de l'importance de la sériciculture au Japon, il y existe plusieurs écoles spéciales séricicoles et les administrations locales encouragent et entretiennent de nombreuses petites stations séricicoles.

Les stations agronomiques sont plutôt des stations expérimentales; elles ressemblent à celles d'Italie. L'analyse des terres et des engrais vient à la fin du programme. Ces stations s'occupent surtout des recherches qui sont guidées et suivies directement par le Ministère de l'agriculture. Il y a ainsi une unité de vues qui doit donner d'excellents résultats. Les professeurs des stations font des tournées et des conférences pour conseiller les agriculteurs sur les nouvelles méthodes à employer.

Il est à remarquer que les écoles d'agriculture au Japon, après avoir appartenu au Ministère de l'agriculture, ont été mises sous la direction du Ministère de l'instruction publique. Les Japonais prétendent que cette mesure donne plus d'unité à l'enseignement tout entier. Cette idée, très discutable, n'est pas admise, en général, dans les pays d'Europe.

L'Institut de Tokio avait déjà participé à l'Exposition universelle de 1889 où il avait obtenu une médaille d'or. En 1900, l'effort des Japonais avait porté sur l'Institut agronomique de Sapporo; aussi c'est à cette dernière école que le Jury a attribué la récompense que méritait l'enseignement agricole du Japon.

XIII
NORVÈGE.

CHAPITRE PREMIER.
EXPOSITION.

Les écoles de la Norvège, représentées surtout par les écoles élémentaires de Christiania, occupaient un salon rectangulaire, décoré avec la sobriété et le bon goût des peuples du Nord, dans la galerie du premier étage du Palais de l'éducation et de l'enseignement, près de l'avenue de Suffren, à côté de la section anglaise.

Un plan de l'école d'agriculture d'hiver de Christiania et deux tableaux relatifs à l'industrie laitière étaient placés sur le panneau du fond, en face de l'entrée principale. Un pupitre placé au-dessous renfermait des cahiers de cours et des dessins exécutés par les élèves de la section théorique et quelques travaux d'apprentis. L'école d'agriculture Sem, à Asker, y avait joint des livres d'enseignement agricole pratique et des cahiers de cours indiquant, par la netteté du travail, des esprits déjà réfléchis.

Récompenses. — 2 médailles d'or, 2 médailles d'argent.

CHAPITRE II.
HISTORIQUE ET ORGANISATION DE L'ENSEIGNEMENT AGRICOLE.

Le mouvement en faveur du développement de l'enseignement agricole a été plus lent et plus tardif en Norvège que dans la Suède. Bien que l'État dépense à présent 130,000 couronnes pour le service vétérinaire, la Norvège n'a pas encore d'école vétérinaire supérieure. L'agriculture ne figure au budget que pour une somme de 800,000 couronnes.

École supérieure d'agriculture. — Depuis sa fondation, en 1858, l'École supérieure d'agriculture de la Norvège est installée dans un grand domaine situé à Aas, à 30 kilomètres de Christiania. Simple établissement d'enseignement agronomique au début, l'école ne formait que des agriculteurs. Depuis 1897, l'école supérieure d'Aas forme aussi des forestiers, des spécialistes pour l'industrie laitière, des géomètres et des horticulteurs.

D'après sa nouvelle organisation, basée sur la loi du 21 mai 1897, elle comprend des divisions séparées pour l'agriculture, la sylviculture, l'horticulture, le service du cadastre et la laiterie. Pour être admis à cette école, il faut avoir subi l'examen de sortie soit d'une des écoles spéciales inférieures, avec épreuves additionnelles sur les matières générales, soit d'un gymnase professionnel ou d'une école technique. La durée de l'enseignement est de deux ans, sauf dans la division de sylviculture, où elle est de trois ans. La part contributive de l'État est d'environ 130,000 couronnes. Pendant les dernières années on a fait à Aas des installations nouvelles pour près de 600,000 couronnes.

Écoles d'agriculture. — La Norvège a actuellement 19 écoles d'agriculture, qui sont généralement du type dit théorique et pratique. La durée de l'enseignement varie de sept mois à deux ans. La plupart ont cependant un cours d'études durant un an et demi, dont les deux tiers environ sont consacrés à la théorie et un tiers à la pratique. Mais il n'y a là rien de constant, les autorités locales (conseils préfectoraux) exerçant beaucoup d'influence sur l'organisation scolaire. Outre ces écoles d'agriculture proprement dites, il y a encore 4 écoles plus élémentaires pour l'horticulture, 4 écoles élémentaires de sylviculture et 10 écoles pour la laiterie et la fromagerie.

École d'agriculture d'hiver de Christiania.

(Médaille d'or.)

L'école d'agriculture d'hiver de Christiania comprend deux divisions : théorique et pratique.

Fig. 189. — Ecole supérieure d'agriculture à Aas, près Christiania.
(Cour intérieure.)

La division pratique est organisée de telle sorte que les futurs agriculteurs sont envoyés auprès de cultivateurs d'une capacité reconnue, chez lesquels ils prennent part à tous les travaux de l'exploitation. Ils sont généralement traités comme des membres de la famille; dans tous les cas, ils prennent avec celle-ci leurs repas des dimanches. Afin qu'ils tirent de leur séjour le plus grand bénéfice possible, on leur fait remplir un certain nombre de cahiers d'observations. La durée de l'apprentissage pratique est d'un an et demi (deux ans et demi pour les candidats n'ayant encore aucune expérience), avant que l'école puisse délivrer un certificat d'aptitude pratique. En général les apprentis sont attachés à deux propriétés différentes.

L'enseignement de la division théorique comprend deux hivers, environ treize mois.

Le premier hiver est surtout consacré aux connaissances générales, comme le norvégien, les mathématiques, l'histoire naturelle, la physique et la comptabilité. Cependant, on fait simultanément quelques cours appliqués.

Le second hiver est consacré surtout aux matières spéciales : agronomie, zootechnie, sylviculture, horticulture, etc.; mais on continue aussi l'enseignement de quelques matières élémentaires et de certains exercices pratiques.

Un certain nombre d'élèves viennent de l'école populaire, mais la plupart sont fournis par les écoles préfectorales, les écoles populaires supérieures ou celles dites de continuation.

Il en vient aussi, chaque année, quelques-uns qui ont passé l'examen de l'école moyenne ou même leur baccalauréat.

Rétribution scolaire. — Dans la division pratique, l'apprenti paye 3o couronnes en entrant à l'école. Cette rétribution est la même pour tous. Dans la division théorique, on paye 18o couronnes pour les deux hivers.

Contribution de l'État. Bourses d'études et de voyage. — En 1892, l'État subventionna pour la première fois l'école de Christiania en lui attribuant 1,000 couronnes.

En 1893, cette somme fut portée à 1,600 couronnes, à 2,5oo en 1894, à 5,000 en 1895 et à 6,000 en 1896.

Dans la dernière année budgétaire, on lui a voté 8,5oo couronnes. Sur cette

Fig. 190. — École d'agriculture à Aas, près Christiania. (Vue des bâtiments annexes.)

somme, l'école doit employer 1,000 couronnes en subventions à des élèves indigents, et accorder vingt places gratuites dans la division théorique.

Ces bourses sont accordées de préférence à des élèves qui suivent en même temps les cours de la division pratique et qui présentent des comptabilités d'apprentis bien tenues.

Certificats d'aptitude. — Des certificats séparés sont délivrés pour les deux divisions.

Beaucoup d'élèves n'entrent que dans la division théorique, beaucoup aussi restent deux hivers dans la division théorique et un été dans la division pratique (ce sont toujours des élèves payant pleine pension). Les élèves entrés jeunes passent par l'ensemble des deux divisions.

Dans la division théorique, on peut aussi admettre des élèves extraordinaires, pouvant passer un examen au bout d'un hiver. Ceux qui usent de cette faculté sont des élèves ayant déjà suivi les cours d'une école d'agriculture, ou mieux préparés, comme ceux ayant passé leur baccalauréat. Dans la division pratique, le certificat n'est délivré qu'après un an et demi au minimum. La durée totale de l'enseignement pour les deux divisions est de deux ans et demi.

PROGRAMME DE L'ENSEIGNEMENT.

MATIÈRES ÉLÉMENTAIRES.	*MATIÈRES SPÉCIALES.*	*EXERCICES PRATIQUES.*
Arithmétique.	Agronomie.	Arpentage et nivellement.
Géométrie et arpentage.	Chimie agricole et des engrais.	Levé des plans, dessin des constructions et instruments agricoles.
Mathématiques.	Constructions rurales, drainage.	
Norvégien.	Zootechnie.	Examen des graines.
Chimie { inorganique. organique.	Anatomie et alimentation.	Manipulations chimiques.
Physique et météorologie.	Sylviculture.	
Minéralogie et géologie.	Horticulture.	
Botanique.	Comptabilité.	
	Économie rurale.	

OBJETS ET TRAVAUX EXPOSÉS. — *L'École d'agriculture d'hiver de Christiania* avait présenté des travaux des élèves (section théorique) et des travaux d'apprentis (section pratique), avec des objets appartenant au matériel scolaire. MM. Prestud (Ole) et Senstad (Olaf) ont obtenu chacun une médaille d'argent.

École d'agriculture Sem.

(Médaille d'or.)

L'*École d'agriculture Sem,* à Asker, dont l'organisation se rapproche de celle de Christiania, avait exposé des travaux d'élèves, le plan de l'école et des vues photographiques. Le Jury lui a accordé une médaille d'or.

CHAPITRE III.

CONSIDÉRATIONS GÉNÉRALES.

Si l'on remarque que la Norvège est un pays de rochers de haute altitude, de nature sauvage et de surface dénudée, on conçoit aisément que l'agriculture ne puisse y jouer un rôle en proportion avec la surface du pays.

Les terres cultivées ou cultivables se trouvent comme de simples lisières dans des vallées étroites et profondes autour de fjords et de lacs. Nulle part, il n'existe de surface de quelque étendue consacrée à la grande culture. Il n'y a en champs et prairies que 3 p. 100 et, en champs cultivés, 0.7 p. 100 de la surface totale.

Cette étendue de pays consacrée à l'agriculture constitue cependant la principale source de revenus du pays, non seulement parce qu'elle occupe un personnel plus nombreux que toute autre branche d'industrie, mais aussi parce que son produit total annuel représente une valeur à peu près égale à la somme des trois autres sources principales de recettes, la navigation, la pêche et le commerce des bois.

La Norvège avait donc le plus grand intérêt à instituer et à vulgariser un enseignement agricole méthodique. Voilà pourquoi elle a créé un nombre relativement important d'écoles d'agriculture :

Une école supérieure d'agriculture ; 19 écoles pratiques ; 4 écoles d'horticulture ; 4 écoles de sylviculture, et 10 écoles de laiterie et de fromagerie.

Nous regrettons de n'avoir pu obtenir que des renseignements peu étendus et peu précis sur tous ces établissements dont quelques-uns nous ont paru très intéressants.

Comme la Hollande, la Norvège a cru devoir réunir dans la même école supérieure l'enseignement de l'agriculture, de la sylviculture, de l'horticulture, de la laiterie, et le service du cadastre, sous forme de cinq sections séparées.

Au-dessous de l'école supérieure d'Aas, près de Christiania, représentant le degré supérieur, viennent immédiatement les écoles pratiques représentant le degré inférieur. L'enseignement moyen ou secondaire n'existe pas en Norvège.

Les écoles pratiques, parmi lesquelles on range les écoles d'hiver, ressemblent un peu à celles de France. La durée des études est cependant moindre, sept mois à deux ans ; de plus, l'enseignement théorique y domine : les deux tiers du temps sont consacrés à la théorie et un tiers à la pratique.

Dans certaines écoles, par exemple dans l'école d'hiver de Christiania, l'enseignement théorique et l'enseignement pratique forment deux divisions complètement indépen-dantes, de sorte que les élèves peuvent ne faire que de la théorie, s'ils le désirent, ou que de la pratique, ou mieux encore les deux à la fois, toute liberté étant laissée aux parents dans leur choix.

L'école, pour la pratique, ne garde pas les élèves ; elle les envoie exécuter les différents travaux de la ferme auprès de cultivateurs d'une capacité reconnue et les oblige à tenir un journal spécial des opérations culturales effectuées. Les apprentis habiles peuvent, pendant la durée de l'ap-

Fig. 191. — École d'agriculture à Aas,
près Christiania.
(La laiterie construite en 1900.)

prentissage, gagner environ 200 couronnes. Ce qui fait que certains élèves, les plus jeunes surtout, peuvent suivre la division pratique et la division théorique, c'est que l'enseignement théorique est exclusivement donné pendant l'hiver.

La plupart des élèves fréquentant les écoles pratiques viennent non pas directement de l'école primaire mais des cours complémentaires, des écoles préfectorales et surtout des écoles supérieures populaires, sorte d'institutions qui n'en sont que la continuation.

Les écoles populaires supérieures n'ont pour but de préparer les élèves ni à une position spéciale dans la vie, ni à des examens. On veut que, tout en complétant leur instruction générale, les jeunes gens qui les fréquentent conservent les goûts simples et les habitudes de travail qui conviennent à leur future profession. Quelques-unes de ces écoles populaires ont un caractère plus spécialement agricole, mais elles ne semblent pas fusionner avec les écoles d'agriculture.

XIV
PAYS-BAS.

CHAPITRE PREMIER.
EXPOSITION.

L'exposition de l'enseignement en Hollande se trouvait dans l'aile droite du Champ-de-Mars, au rez-de-chaussée du Palais de l'Éducation et de l'Enseignement. Elle occupait un carré dont chaque côté mesurait une vingtaine de mètres. Un goût parfait avait présidé à l'organisation de cette section, et la couleur claire des tentures et des cloisons faisait ressortir les objets exposés. La disposition générale, partout élégante, permettait d'apprécier la collection de travaux et d'objets relatifs à l'enseignement agricole réunie dans un petit salon carré. Sur la paroi du fond, en face de la porte d'entrée, deux cartes des Pays-Bas renseignaient les visiteurs sur l'ensemble des cours d'agriculture et d'horticulture d'hiver professés en Hollande et sur l'emplacement des diverses écoles agricoles, horticoles et forestières, subventionnées par l'État.

L'école de Wageningen, qui compte trente-cinq professeurs dans ses différentes sections d'enseignement et qui synthétise l'organisation de l'enseignement agricole aux Pays-Bas, présentait de nombreux et intéressants travaux et des objets groupés avec art par M. Giltay, professeur de botanique à l'école supérieure de Wageningen. Le cours de botanique, très développé à Wageningen, était représenté par des appareils employés pour les démonstrations et par des tableaux indiquant les résultats obtenus par M. Giltay dans ses recherches sur la création d'une variété de seigle. Le développement des tiges de seigle pendant une période de quatorze jours était soigneusement noté, avec l'indication des influences météorologiques : température, radiation solaire, humidité.

D'autres tableaux contenaient des vues photographiques des six écoles de l'État et un plan de l'école horticole d'hiver à Dalsmeer.

Dans une bibliothèque tournante, se trouvaient des ouvrages sur l'agriculture et l'horticulture publiés par des professeurs de Wageningen, et les rapports officiels publiés, chaque année, par l'État sur l'enseignement agricole.

Récompenses. — 1 médaille d'or, 1 médaille d'argent. Collaborateur : 1 médaille d'argent.

CHAPITRE II.
HISTORIQUE DE L'ENSEIGNEMENT AGRICOLE.

En 1816, le Gouvernement hollandais nomma aux universités de Leyde, d'Utrecht et de Groningue des professeurs spéciaux chargés d'enseigner l'économie rurale. Les cours destinés aux étudiants des diverses facultés, aux pasteurs protestants, puis au public, en vertu d'un arrêté royal de 1840, furent peu suivis : le nombre des inscriptions resta insignifiant aux universités de Leyde et d'Utrecht. A Groningue, une société privée fonda vers 1842 l'École d'économie agricole de Groningue. Le programme de cette école comprenait un cours d'hiver et un cours d'été : l'enseignement théorique était donné à Groningue, du 15 octobre au 1er avril, et l'enseignement pratique dans un village voisin de Haren où un internat fut établi. La ferme expérimentale, qui ne comprenait au début que 17 hectares, fut agrandie à l'aide des subventions du gouvernement provincial et du roi Guillaume III; mais l'État n'ayant pas pris, comme on l'espérait, la direction de l'école de Groningue, elle fut fermée en 1870.

A l'exception des provinces fertiles de Groningue et de Frise où l'agriculture occupe une grande place, les exploitations moyennes avec l'élevage du bétail, l'horticulture et la petite culture dominent dans le Brabant, en Gueldre, dans le Limbourg, dans la Hollande septentrionale et méridionale. Les cultivateurs pour lesquels la culture était alors rémunératrice n'éprouvaient pas le besoin d'étendre le cercle de leurs connaissances et affichaient un certain mépris pour l'agriculture scientifique ou simplement progressive. Le prix des terres augmentait continuellement, et il ne venait à l'esprit de personne que cette ère de prospérité pût avoir un terme. La crise agricole dissipa, aux Pays-Bas comme ailleurs, ces illusions, et, lorsqu'on s'aperçut que le prix des produits agricoles comme le lin s'abaissait d'une façon continue, les propriétaires ruraux commencèrent à réfléchir aux moyens de parer à la situation.

Le Gouvernement, que l'article 19 de la loi de 1863 sur l'enseignement secondaire aux Pays-Bas chargeait de l'organisation d'une école d'agriculture, prit alors l'affaire en mains et fonda l'école d'agriculture de Wageningen.

Primitivement, le programme de l'enseignement était exclusivement tracé en vue des besoins de l'agriculture néerlandaise, et l'école de Wageningen ne comprenait que trois sections : une section préparatoire, une section primaire et une section secondaire. Dès l'ouverture, elle fut fréquentée par un assez grand nombre d'élèves, dont une fraction importante se destinait à la culture coloniale dans les Indes néerlandaises. Pour tenir compte de l'importance de l'agriculture tropicale, on réorganisa l'école d'agriculture de l'État en 1896.

Le Gouvernement a eu à s'occuper de l'enseignement horticole en même temps que de l'enseignement agricole, car l'horticulture a toujours été très en faveur en Hollande.

Les jardiniers, les pépiniéristes et les maraîchers hollandais jouissent depuis plusieurs siècles d'une grande réputation en Europe. En 1518, le roi de Danemark, Christian III, faisait venir des horticulteurs néerlandais afin d'apprendre leurs procédés de culture des légumes et des fleurs. Vers le milieu du siècle suivant, le prince électeur Frédéric le Grand en demandait pour la Prusse. En 1672, le Gouvernement hollandais avait envoyé dans l'Afrique méridionale, à Ceylan et aux Indes, un botaniste de l'université de Leyde, chargé de réunir une collection complète de plantes de ces régions. Un caféier, venu de Batavia en 1706, fut planté dans le jardin botanique d'Amsterdam. D'après la légende, un des plants provenant de ce caféier, offert à Louis XIV, fut le point de départ de la culture du café à la Guyane française où l'on expédia des plants obtenus au Jardin des Plantes de Paris.

Linné était venu s'établir à Harderwijk, de 1733 à 1735, pour y compléter ses études botaniques.

L'étendue des relations commerciales maritimes de la Hollande lui permettait d'importer autrefois une grande quantité de végétaux exotiques. Les autres États ne pouvaient tirer ces plantes de leurs possessions, et c'est ainsi que s'accrut graduellement aux Pays-Bas le nombre des jardins botaniques où l'importation et la culture des plantes tropicales occupent une si grande place.

Les différents sols de la Hollande, argileux, tourbeux, sablonneux, sont éminemment propres à la culture de toutes sortes de légumes, et le pays est sillonné, d'autre part, par de nombreux canaux et des rivières qui facilitent l'irrigation.

L'horticulture hollandaise comprend la culture des légumes, l'arboriculture, la culture des plantes bulbeuses et la floriculture.

L'origine de la culture des plantes bulbeuses ou des oignons à fleurs remonte à la fin du xvi° siècle, époque de l'introduction des jacinthes et des tulipes sauvages de l'Orient.

Dès le commencement du xvii° siècle, il y avait dans les Pays-Bas des amateurs de tulipes. La culture en grand des tulipes remonte à 1633-1637. Les espèces cultivées se bornaient alors aux tulipes, aux anémones, aux renoncules et aux jacinthes qui prirent la première place au milieu du xviii° siècle. Les terrains sablonneux des dunes intérieures de la Hollande fournissent la terre idéale pour la culture des plantes bulbeuses. En présence de ce mouvement considérable vers l'horticulture on comprend que le Gouvernement, lors de la réorganisation, en 1896, de l'École d'agriculture nationale de Wageningen, ait réservé une place importante à l'enseignement horticole; une section spéciale lui fut consacrée avec une division pour les études supérieures d'horticulture.

CHAPITRE III.

ORGANISATION DE L'ENSEIGNEMENT AGRICOLE.

ÉTABLISSEMENTS ET INSTITUTIONS D'ENSEIGNEMENT AGRICOLE.

L'enseignement agricole en Hollande est représenté actuellement par les établissements suivants :

1° Pour le degré supérieur : l'Institut supérieur d'agriculture et de sylviculture de Wageningen (*4° section de l'École d'agriculture de l'État de Wageningen*);

2° Pour le degré moyen : École d'agriculture de l'État à Wageningen; École d'horticulture de l'État à Wageningen (1re, 2e et 3e *sections de l'École d'agriculture de l'État de Wageningen*);

3° Pour le degré inférieur : 6 écoles nationales agricoles d'hiver (Groningue, Leeuwarden, Sittard, Dordrecht, Schagen, Goes); 4 écoles nationales horticoles d'hiver; 115 cours agricoles d'hiver; 8 cours horticoles d'hiver.

Dans le degré inférieur, nous pouvons ranger les établissements libres subsidiés par l'État de la manière suivante : 1° l'école forestière de Frederiksoord pour les gardes forestiers; 2° l'école d'horticulture de Frederiksoord pour les jardiniers; 3° l'école laitière de Bolsward; 4° l'école d'hiver de Willemsoord.

Pour l'enseignement nomade, la Hollande dispose de 11 agronomes de l'État (un par province); 5 horticulteurs de l'État; 11 conseillers de laiterie.

I. — École d'agriculture de l'État de Wageningen.

(Médaille d'or.)

L'École de Wageningen comprend quatre *écoles* ou *sections* distinctes, ayant chacune son directeur. Un de ces directeurs a le titre de directeur en chef et préside, en cette qualité, les réunions et le conseil d'administration.

Fig. 192. — Vue de la ferme de l'École d'agriculture de Wageningen.

L'établissement comprend :

1° Une école secondaire d'agriculture;

2° Une école d'horticulture.

A chacune de ces deux écoles ou sections est jointe une classe pour les cultures coloniales;

3° Une école préparatoire à l'école supérieure;

4° Une école supérieure d'agriculture et de sylviculture, divisée en cinq sections :

section de l'agriculture néerlandaise, section de l'agriculture coloniale, section de la sylviculture néerlandaise et de la sylviculture coloniale, section de l'horticulture.

Pendant l'année scolaire 1899-1900, l'école fut fréquentée par 303 élèves, dont 88 suivaient les cours de l'école secondaire d'agriculture et 32 ceux de l'école secondaire d'horticulture; la section néerlandaise de l'école supérieure d'agriculture avait 12 élèves, et la section coloniale 49; 7 élèves suivaient les cours de sylviculture, 2 élèves les cours d'horticulture; 115 élèves appartenaient à l'école préparatoire à l'école supérieure.

M. Löbnis, inspecteur de l'enseignement agricole en Hollande, indique les subdivisions suivantes pour l'école d'agriculture de l'État de Wageningen :

1re section. — *École d'agriculture.* — Cette école secondaire est destinée à apporter aux futurs cultivateurs les connaissances indispensables à une bonne pratique. La durée des cours est de deux ans.

Fig. 193. — Jardin de l'École d'horticulture de Wageningen.

A cette section se rattachent :

a. Une classe préparatoire d'un an, faisant suite à l'école primaire, qui sert en même temps d'introduction à la section d'horticulture;

b. Une classe d'un an pour l'agriculture coloniale, au profit de ceux qui, sans grande instruction préalable, désirent se vouer aux cultures coloniales. Cette classe, en ce qui concerne le programme, se rattache aux sections : école d'agriculture et école d'horticulture.

2e section. — *École d'horticulture (cours de deux ans).* — C'est une école secondaire destinée à l'instruction des futurs horticulteurs qui veulent avoir un aperçu général de leur branche en même temps qu'un enseignement pratique.

A cette section se rapporte aussi un cours de deux ans, où un enseignement horticole plus scientifique est donné.

3e section. — *École moyenne ou préparatoire* qui comporte quatre années d'études.

4ᵉ SECTION. — *École supérieure agricole et forestière*, qui comprend un cours de deux ans pour l'agriculture hollandaise et un autre cours de la même durée pour l'agriculture coloniale aux Indes néerlandaises. Les cours de sylviculture ont été créés en 1899.

L'École de Wageningen a un terrain de 10 hectares pour les expériences de culture, une ferme expérimentale et un jardin botanique. L'école d'horticulture dispose d'un jardin d'une étendue de 5 hectares.

Aux quatre sections de l'école d'agriculture sont attachés 37 professeurs. Quelques-uns enseignent dans plusieurs sections; les autres sont des spécialistes.

Wageningen représente le centre scientifique où se forment les agronomes néerlandais et les colons des Indes néerlandaises et où se recrutent les maîtres de l'enseignement agricole.

École d'agriculture de Wageningen (*1ʳᵉ section de l'École d'agriculture de l'État de Wageningen*). — L'enseignement dans la première section de l'École d'agriculture de Wageningen est divisé en trois parties.

Fig. 194. — Serre appartenant à l'Ecole d'horticulture de Wageningen.

La première partie comprend des cours *préparatoires*. Elle sert, pour ainsi dire, d'introduction à l'école agricole proprement dite.

Les élèves doivent être âgés de 16 ans et, pour être admis à suivre les cours, avoir quelques connaissances de la langue française.

La seconde partie de l'enseignement comprend, à côté des matières concernant l'agriculture, les premières notions des mathématiques et de la physique, les langues hollandaise, allemande et française ou anglaise, la géographie, des notions élémentaires sur les institutions de l'État, l'économie politique, l'arpentage et le nivellement, le dessin et la gymnastique. Il dure deux années, appelées 1ʳᵉ et 2ᵉ divisions.

La première division se rattacherait plutôt à l'enseignement primaire supérieur car il est fait une large part aux connaissances générales; il n'est réservé aux matières agricoles que 13 heures sur 33 par semaine.

Dans la seconde division il est réservé une plus grande place aux sciences agricoles, 21 heures sur 33 par semaine.

La troisième partie de l'école comprend la division ou cours colonial. Au cours colonial on admet les élèves qui ont suivi les cours de la première et de la seconde division de la section dite école d'agriculture ou de la section dénommée école d'horticulture.

Fig. 195. — École moyenne et supérieure d'horticulture de Wageningen.

L'enseignement dans cette division comprend la géologie, l'ethnologie et les institutions politiques des Indes néerlandaises, la langue parlée javanaise et malaise, les cultures coloniales, la botanique, la zoologie, la physique et la météorologie, la chimie, la correspondance commerciale anglaise ou allemande, l'arpentage et le nivellement, la culture d'arbres fruitiers et de légumes.

Les élèves exécutent des travaux pratiques à la ferme de l'école (Duivendaal).

Par le tableau que nous donnons à la page 433 on pourra se rendre compte de l'ensemble de cet enseignement.

École d'horticulture de l'État de Wageningen (*2ᵉ section de l'École d'agriculture de l'État de Wageningen*). — Les cours de l'école d'horticulture, à Wageningen, ont une durée de deux ans. L'enseignement diffère complètement pendant les semestres

ÉCOLE D'AGRICULTURE DE L'ÉTAT DE WAGENINGEN (1ʳᵉ section).

PROGRAMME DES ÉTUDES ET HORAIRE POUR LES DIFFÉRENTES DIVISIONS.

DIVISION PRÉPARATOIRE.

MATIÈRES.	NOMBRE D'HEURES par semaine.
Mathématiques	6
Histoire naturelle	2
Géographie	3
Histoire	2
Hollandais	4
Allemand	4
Français	4
Dessin	4
Calligraphie	1
Gymnastique	2
En outre, 2 heures par semaine pour les devoirs écrits sous la surveillance du professeur	2
TOTAL	34

PREMIÈRE ET SECONDE DIVISIONS.

MATIÈRES.	NOMBRE D'HEURES PAR SEMAINE.		
	PREMIÈRE CLASSE.	DEUXIÈME CLASSE. Jusqu'à Pâques.	DEUXIÈME CLASSE. Après Pâques.
Mathématiques	4	2	2
Physique et météorologie	2	2	2
Chimie	2	2	2
Botanique et zoologie	3	2	2
Anatomie et physiologie des animaux domestiques	„	2	2
Économie politique	„	2	2
Géographie	2	„	„
Hollandais	3	2	2
Français	2	2	2
Allemand	3	1	1
Anglais	3	2	2
Dessin	2	2	2
Gymnastique	2	„	„
Préparation des terres	4	5	5
Élevage du bétail et laiterie	3	3	3
Théorie de l'exploitation et comptabilité	1	2	2
Maladies et traitement des animaux domestiques	„	2	2
Culture des arbres fruitiers	1	„	2
Sylviculture	„	1	1
Arpentage et nivellement	„	1	2 pr.
TOTAUX	33 ou 34	33 ou 34	32 + 2 pr.

DIVISION COLONIALE.

MATIÈRES.	NOMBRE D'HEURES PAR SEMAINE.	
	Jusqu'à Pâques.	Après Pâques.
Mathématiques	2	„
Physique et météorologie	1	1
Mécanique et connaissance des machines	1	1
Chimie	1 + 3 pr.	1 + 3 pr.
Histoire naturelle	3	3
Tenue des livres en partie double	1	1
Anglais ou allemand	1	1
Géologie et ethnologie. (Institutions de l'État aux Indes néerlandaises.)	3	3
Langue parlée javanaise et malaise	4	2
Dessin	3	3
Arpentage et nivellement	3	„ 6 pr.
Cultures coloniales	7	7
Cultures des arbres fruitiers et cultures potagères	1	„ 2 pr.
TOTAUX	31 + 3 pr.	23 + 11 pr.

d'hiver et d'été. Cette section est destinée à donner le fonds de connaissances scientifiques nécessaire pour l'exercice de leur métier aux horticulteurs, fleuristes, pépiniéristes et cultivateurs de légumes.

Cette section est une excellente préparation pour ceux qui veulent se consacrer plus tard aux cultures dans les colonies, car l'on tient rigoureusement à ce que les travaux sur les terres de l'école soient exécutés par les élèves, afin qu'ils apprennent à travailler et à faire eux-mêmes les besognes les plus simples. Il n'y a aucun travail, aucun ouvrage manuel du ressort de l'horticulture auquel ils ne soient initiés.

Les travaux pratiques sont exécutés dans les champs de l'école (environ 5 hectares) sous la direction des professeurs désignés pour les différentes branches de l'horticulture, aidés des chefs de culture. On enseigne encore à l'école d'horticulture de l'État les mathématiques, la physique et les langues étrangères.

A la fin du cours, l'élève peut obtenir, après avoir subi un examen de sortie, un certificat d'études constatant qu'il a suivi les leçons avec fruit.

Les élèves qui possèdent au moment de leur admission à l'école un brevet de sortie de l'école moyenne de trois années d'études sont dispensés de l'examen d'admission à l'école d'horticulture de l'État, ainsi que les élèves qui possèdent un certificat d'études complètes du cours préparatoire de la section, dite école d'agriculture.

PROGRAMME DE L'ENSEIGNEMENT.

TEMPS ASSIGNÉ À CHAQUE MATIÈRE PAR SEMAINE.

MATIÈRES.	SEMESTRE D'HIVER DE SEPTEMBRE à mars.	SECOND SEMESTRE.		SEMESTRE D'HIVER.	SECOND SEMESTRE.	
		DE FÉVRIER au 15 MAI.	DU 15 MAI JUSQU'À LA FIN des cours.		(A).	(B).
	heures.	heures.	heures.	heures.	heures.	heures.
Botanique....................	2	2	3	2	2	3
Géographie botanique..........	//	//	//	1	1	1
Floriculture.................	3	4	5	3	4	5
Arboriculture générale (dendrologie).	1	1	1	1	1	1
Arboriculture fruitière..........	1	2	3	2	3	3
Culture maraîchère............	2	3	4	2	3	4
Dessin......................	4	4	8	4	4	8
Français....................	2	2	//	2	2	//
Allemand....................	2	2	//	2	2	//
Anglais.....................	3	3	//	3	3	//
Latin et terminologie..........	1	1	//	//	//	//
Chimie.....................	2	2	//	2 [1]	2 [1]	//
Physique....................	1	1	//	2	1	//
Mathématiques...............	1	1	//	1	1	//
Connaissance des insectes utiles et nuisibles et pathologie végétale..	1	1	//	1	1	//
Comptabilité et exploitation......	1	1	//	1	1	//
Exercices pratiques............	14	14	20 ou 24	14	14	20 ou 24
TOTAUX............	41	44	44 ou 48	42	45	45 ou 49

[1] Et 2 heures d'exercices pratiques.

Division supérieure de l'École d'horticulture de l'État à Wageningen. — La division dite *École supérieure d'horticulture* comprend deux années d'études et fait suite à l'école d'horticulture de l'État.

En général, cette division — se rattachant à l'enseignement de l'école d'horticulture de l'État — est destinée à donner aux élèves des connaissances plus approfondies et plus scientifiques de la botanique, de la floriculture, de la dendrologie, de l'arboriculture fruitière et de la culture maraîchère, de même que les principes physiques et chimiques de l'horticulture et de ses différentes branches de la science indispensables à l'horticulteur qui exerce son métier sérieusement.

Après deux années d'études les élèves obtiennent le brevet d'horticulteurs.

L'enseignement pratique est organisé de manière que les élèves puissent exécuter tous les travaux de l'horticulture.

TEMPS ASSIGNÉ PAR SEMAINE À CHAQUE MATIÈRE DE L'ENSEIGNEMENT.

MATIÈRES.	PREMIÈRE CLASSE.	DEUXIÈME CLASSE.	OBSERVATIONS.
	heures.	heures.	
Botanique	2	2	En plus du temps indiqué il y a 4 ou 6 heures d'exercices pratiques.
Géographie botanique	1	1	
Floriculture	2	2	
Arboriculture	2	2	
Culture maraîchère	2	2	
Dessin à main libre	2	2	
Architecture des jardins	2	2	
Géologie et géognosie	1	1	
Chimie	5	5	Les exercices pratiques sont compris.
Amendements	"	1	
Climatologie	"	1	
Physique	2	2	
Pathologie des plantes	2	2	
Totaux	23	25	

École moyenne de l'École de l'État de Wageningen (*3ᵉ section de l'École d'agriculture de l'État à Wageningen*). — L'enseignement à l'école moyenne de Wageningen est divisé en quatre classes.

Dans la 1ʳᵉ classe on enseigne les mathématiques, la botanique et la zoologie, la géographie, l'histoire, le hollandais, le français, l'allemand, le dessin.

Dans la 2ᵉ classe, on continue l'étude des matières de la 1ʳᵉ classe en consacrant en plus une heure par semaine à la physique et quatre à l'anglais.

Dans la 3ᵉ classe, huit heures sont consacrées à la mécanique, quatre à la physique, trois à la chimie.

Dans la 4ᵉ classe, l'étude de la mécanique a encore un peu plus d'importance, neuf heures par semaine; il est réservé à la physique et à la chimie cinq et trois heures.

Le tableau ci-dessous donne le détail du temps consacré à chaque matière.

PROGRAMME DE L'ENSEIGNEMENT DANS LA SECTION «ÉCOLE MOYENNE», À WAGENINGEN.

TEMPS ASSIGNÉ PAR SEMAINE À CHAQUE MATIÈRE.

MATIÈRES.	PREMIÈRE CLASSE.	DEUXIÈME CLASSE.	TROISIÈME CLASSE.	QUATRIÈME CLASSE.
	heures.	heures.	heures.	heures.
Mathématiques	6	6	8	9
Mécanique	"	"		
Physique et cosmographie	"	1	4	5
Chimie	"	"	3	3 + 2 pr.
Botanique et zoologie	2	2	2	2
Minéralogie et géologie	"	"	"	1
Institutions de l'État	"	"	"	2
Comptabilité	"	"	"	1
Histoire	3	2	2	1
Géographie	3	2	1	"
Hollandais	4	3	3	"
Français	4	3	2	2
Allemand	4	4	2	2
Anglais	"	4	3	2
Dessin	4	4	2	2
Gymnastique	2	2	2	"
TOTAUX	32	33	34	34

École supérieure d'agriculture et de sylviculture de Wageningen (*4ᵉ section de l'École de l'État de Wageningen*). — A cette section sont admis ceux qui ont suivi avec fruit l'enseignement de l'école moyenne à cours de cinq ans; de même ceux qui ont suivi avec un résultat satisfaisant la section : «école moyenne de l'Institution agricole de l'État».

Elle est destinée aux agronomes qui désirent recevoir une instruction plus scientifique, ainsi qu'aux futurs administrateurs des propriétés aux Pays-Bas et aux Indes néerlandaises.

L'enseignement comprend, à côté des branches d'agriculture, les sciences naturelles, l'économie politique, le dessin, l'arpentage et le nivellement. Ceux qui ont suivi les cours de cette section sont en état de passer un examen devant une commission spéciale nommée par l'État, pour obtenir le titre d'agronome. Le diplôme d'agronome leur donne le droit de continuer leurs études à une des institutions destinées à la formation des fonctionnaires pour les Indes; après, ils peuvent être admis (arrêté royal du 20 juillet 1893) à l'examen supérieur des fonctionnaires.

Ceux qui possèdent le diplôme d'agronome peuvent être nommés adjoints de garde forestier au service du Département des eaux et forêts, à Java et Madura. Cependant les diplômés de la section hollandaise n'entrent en ligne que lorsqu'il n'y a plus de candidats disponibles de la division coloniale.

Ceux qui ont suivi l'enseignement de la division coloniale de l'école supérieure d'agriculture et de sylviculture peuvent passer un examen pour l'admission au cours destiné à la formation d'ingénieurs agronomes pour la sylviculture aux Indes néerlandaises. Les exercices pratiques de botanique, de microscopie et de chimie agricole sont fréquents et variés à l'école supérieure.

M. Giltay, professeur de botanique à Wageningen, avait exposé sa méthode de l'enseignement botanique, à l'école supérieure agricole et forestière, dans des brochures auxquelles étaient jointes de nombreuses photographies accompagnées de notices explicatives.

PROGRAMME DE L'ENSEIGNEMENT À L'ÉCOLE SUPÉRIEURE D'AGRICULTURE ET DE SYLVICULTURE.

TEMPS ASSIGNÉ PAR SEMAINE À CHAQUE MATIÈRE.

(Division néerlandaise.)

MATIÈRES.	PREMIÈRE DIVISION.		DEUXIÈME DIVISION.	
	JUSQU'À PÂQUES.	APRÈS PÂQUES.	JUSQU'À PÂQUES.	APRÈS PÂQUES.
	heures.	heures.	heures.	heures.
Physique	1	1	1	1
Météorologie	1	1		1
Chimie	2 + 4 pr.	2 + 4 pr.	1	1
Botanique	3	3	2 + 2 pr.	2 + 2 pr.
Anatomie et physiologie des animaux domestiques	2	2	2	2
Animaux utiles et nuisibles	1	1	1	1
Minéralogie et géologie	1	1	"	"
Économie politique	2	2	2	2
Dessin	2	2	2	2
Horticulture	2	2	2	2
Connaissance de la terre arable de la Hollande	"	"	1	"
Manipulation du sol	"	"	1	1
Amélioration du sol	1	"	2	2
Arpentage	2	" 3 pr.	1	" 3 pr.
Machines agricoles	2	2	2	2
Chimie agricole	3	3	1 + 2 pr.	1 + 2 pr.
Technologie	1	1	"	"
Élevage du bétail	2	2	2	2
Laiterie	1	1	1	1
Pathologie et médecine thérapeutique des animaux domestiques	"	"	2	2
Comptabilité	1	1	2	2
Théorie de l'exploitation	1	1	2	2
Culture fruitière et culture maraîchère	1	"	"	" 2 pr.
Sylviculture	"	1	1	"
TOTAUX	32 + 4 pr.	29 + 7 pr.	31 + 4 pr.	28 + 9 pr.

TEMPS ASSIGNÉ PAR SEMAINE À CHAQUE MATIÈRE.

(Division coloniale.)

MATIÈRES.	PREMIÈRE CLASSE.	DEUXIÈME CLASSE.	OBSERVATIONS.
	heures.	heures.	
Physique	1	1	En commun avec la division pour l'agriculture néerlandaise.
Météorologie	1		
Chimie	2 + 4 pr.	//	En commun.
Botanique	3	4	En commun en partie.
Anatomie et physiologie	1	//	Séparément.
Animaux utiles et nuisibles	1	1	"
Minéralogie et géologie	1	1	"
Économie politique	2	2	En commun.
Jurisprudence commerciale	//	2	Séparément, jusqu'à Pâques.
Institutions de l'État des Indes néerlandaises	1	1	Séparément.
Géologie et ethnologie	1	1	"
Langue parlée javanaise et malaise	1	2	"
Dessin	2	2	En commun.
Horticulture	2	//	"
Manipulation du sol	//	1	"
Amélioration du sol	//	2	"
Arpentage et nivellement	2	2	Séparément, jusqu'à Pâques.
Machines agricoles	2	1	Séparément.
Culture des plateaux	1	1	"
Arboriculture	1	1	"
Culture des plaines	2	3	"
Chimie agricole	3	1 + 2 pr.	En commun.
Technologie	//	1	Séparément.
Élevage du bétail	1	//	"
Pathologie et médecine thérapeutique des animaux domestiques	//	1	"
Comptabilité	//	1	"

Objets et travaux exposés par l'École d'agriculture de l'État de Wageningen. — L'École de Wageningen, qui a obtenu une médaille d'or, avait envoyé de nombreux échantillons de différentes variétés de céréales, des rapports et des notices sur l'enseignement agricole et des vues photographiques de l'école.

Nous devons citer les appareils de M. Giltay, ainsi que ses travaux, pour lesquels le Jury lui a accordé une médaille d'argent.

Nous donnons également une mention spéciale aux travaux présentés, parmi ceux de l'école d'agriculture de Wageningen, par M. Löhnis, inspecteur de l'enseignement agricole, pour lesquels le Jury a accordé une médaille d'argent. Nous signalerons spécialement son rapport sur l'organisation de l'enseignement dans les Pays-Bas, qui nous a servi de guide pour notre étude.

II. — Écoles nationales agricoles d'hiver.

Les 6 écoles nationales agricoles d'hiver sont établies à Groningue, à Goes (Zélande), à Sittard (Limbourg), Schagen (Hollande septentrionale), Dordrecht (Hollande méridionale), Leeuwarden (Frise).

A la tête de chacune des écoles agricoles nationales d'hiver est placé l'agronome de l'État de la région; il lui est adjoint un instituteur primaire breveté, pour l'enseignement agricole, et un vétérinaire. Quant à l'enseignement de la physique et de la chimie, il est confié à des professeurs habitant la localité.

Les frais occasionnés par le fonctionnement des écoles sont entièrement supportés par l'État qui se borne à imposer à la commune l'obligation de fournir des locaux convenables. Encore est-elle déchargée en partie de ce soin par la province, qui prend souvent à son compte une partie des frais.

Fig. 196. — École moyenne d'agriculture de Wageningen.

Les élèves doivent être âgés d'au moins 16 ans et pouvoir prouver que la pratique de l'agriculture leur est plus ou moins familière. L'enseignement se donne pendant les six mois d'hiver et fait suite à celui qui est professé dans les écoles primaires élémentaires. La rétribution scolaire pour l'école d'hiver d'agriculture est de 10 florins par saison. Le nombre des leçons s'élève à environ 25 par semaine. Un grand nombre d'élèves prennent un logement dans la ville où l'école est située. L'enseignement est principalement théorique, mais, autant que possible, appuyé de démonstrations et d'expériences. Les écoles ont à leur disposition un ample matériel; les élèves font des excursions, vont visiter les marchés, les manufactures et les fermes, aussi bien pendant les mois d'hiver que pendant les mois d'été. Hormis le hollandais et l'arithmétique, le programme comprend exclusivement les branches ayant trait à l'agriculture et à l'élevage des bestiaux. A la fin de la première année ont lieu les examens de passage. Un examen final couronne les cours. Ces examens ont lieu en présence de la commission de surveillance des cours d'hiver.

NOMBRE DES ÉLÈVES AUX ÉCOLES D'HIVER D'AGRICULTURE EN 1899-1900.

Groningue	46	Dordrecht	22
Leeuwarden	32	Schagen	16
Sittard	21	Goes	19

L'enseignement a dans ces écoles un caractère essentiellement professionnel. On tient surtout compte des besoins de la province dans laquelle l'école est située. La durée de l'enseignement est de deux semestres. Les études commencent au mois d'octobre et prennent fin au mois de mars ou avril.

HORAIRE DES COURS.

	HEURES PAR SEMAINE.			HEURES PAR SEMAINE.	
	1re cl.	2e cl.		1re cl.	2e cl.
Connaissance du sol	//	//	Économie rurale	//	2
Labourage	2	2	Comptabilité agricole	//	1
Amélioration des terres	//	//	Chimie	3	2
Théorie de l'amendement	2	2	Physique	2	1
La culture des plantes	2	2	Botanique	2	1
La zootechnie et la connaissance des races	3	2	Zoologie	2	2
			Langue néerlandaise	2	//
Élevage du bétail	//	2	Arithmétique	2	1
Alimentation du bétail	2	1			
Hygiène	//	2	Totaux	25	25
Laiterie	1	2			

III. — Écoles nationales horticoles d'hiver.

Les 4 écoles horticoles d'hiver sont situées à Naaldwijk (Westland), à Fiel (Gueldre), à Boskoop (Hollande méridionale), à Aalsmeer (Hollande septentrionale).

Les écoles nationales horticoles d'hiver sont essentiellement organisées sur les mêmes principes que les écoles d'agriculture correspondantes. Toutefois, afin de simplifier l'enseignement, on n'y admet, pendant les premières années, de nouveaux élèves que tous les deux ans, de manière à n'avoir chaque année qu'une seule classe, alternativement une première et une seconde. Mais, maintenant que les cultivateurs portent tant d'intérêt à ces écoles d'hiver, le Gouvernement ne tardera pas à admettre tous les ans de nouveaux élèves et à modifier l'organisation de l'école en conséquence. Ces écoles d'horticulture d'hiver sont, autant que possible, établies dans des centres horticoles, de manière à pouvoir être aisément fréquentées par les fils des cultivateurs.

L'enseignement est réglé de manière que les élèves aient assez de temps de libre pour vaquer journellement aux principaux travaux horticoles. D'ailleurs, dans chacune de ces écoles, l'enseignement est entièrement adapté à la pratique régionale. C'est ainsi que le programme de l'école d'hiver de Fiel, où l'on s'adonne surtout à la culture des fruits, diffère notablement de celui de Naaldwijk où l'on cultive surtout les légumes, et de celui de Boskoop et d'Aalsmeer où la culture des espèces végétales destinées au commerce occupe la première place.

C'est ainsi encore qu'à Boskoop on enseigne le français, l'allemand et l'anglais ainsi que la correspondance commerciale, vu les importantes relations commerciales de cette localité avec l'étranger. Aux autres écoles on enseigne seulement une langue

Fig. 197. — Ecole horticole de Fiel.
(Jardin pomologique.)

étrangère. Quoique l'enseignement donné dans les écoles horticoles d'hiver soit essentiellement théorique, à chacune d'elles est annexé un jardin d'essai.

Boskoop est un des centres principaux de l'horticulture néerlandaise. Le nombre des patrons jardiniers-fleuristes s'élève à 540, parmi lesquels une vingtaine font le commerce en gros avec l'étranger. On exporte de Boskoop des fleurs pour la valeur de 1 million de florins, chaque année : rosiers, rhododendrons, azalées, clématites, magnolias, pivoines, plantes vertes, plantes bulbeuses.

HORAIRE DES COURS À L'ÉCOLE D'HIVER D'HORTICULTURE DE BOSKOOP.

	NOMBRE D'HEURES PAR SEMAINE.	
MATIÈRES.	Cl. I.	Cl. II.
a. Culture potagère	1	1
b. Culture fruitière	1	//
c. Arboriculture	//	1
d. Floriculture et cultures spéciales	3	3
e. Chimie et engrais	2	2
f. Physique	2	1
g. Botanique	2	2
h. Nomenclature	1	1
i. Zoologie	1	//
j. Zoologie et maladies des plantes	//	2
k. Dessin	2	1 1/2
l. Correspondance commerciale en français, allemand et anglais.	3	//
m. Correspondance commerciale, comptabilité et géographie commerciale	//	3
n. Questions générales d'intérêt pour l'horticulteur	//	0 1/2
TOTAUX	18	18

IV. — Cours agricoles et horticoles d'hiver.

Les cours agricoles et horticoles d'hiver sont organisés sur un plan encore plus simple que les écoles d'hiver. La fondation en est laissée à l'initiative privée; mais l'État fournit une subvention suffisante pour couvrir tous les frais des cours. A la tête de chaque cours, est placé un instituteur primaire en possession d'un brevet pour l'agriculture ou l'horticulture, assisté quelquefois par une personne compétente de la localité, par exemple un vétérinaire ou un cultivateur.

Les intéressés sont tenus de fournir gratuitement un local convenablement chauffé et éclairé, généralement l'école du village. Le cours dure pendant deux semestres d'hiver et se donne le soir de 7 à 10 heures. Le plus souvent on n'admet de nouveaux élèves que tous les deux ans, de manière qu'il y ait alternativement chaque année une première et une seconde classe. Le programme des cours doit être revêtu de l'approbation du Ministre de l'intérieur.

Dans les communes où l'élevage des bestiaux est la spéculation principale, on insiste surtout sur l'élevage et l'industrie laitière; dans les régions agricoles, la culture des plantes et la théorie des engrais occupent le premier rang; dans celles où prime l'horticulture, c'est à la connaissance de cette branche que tend l'enseignement. C'est en 1892 que furent donnés les premiers cours d'hiver subventionnés, dont le nombre s'est accru graduellement.

COURS D'HIVER AGRICOLES ET HORTICOLES SUBVENTIONNÉS PAR L'ÉTAT.

	COURS	
	AGRICOLES.	HORTICOLES.
1893-1894	23	//
1894-1895	33	//
1895-1896	49	//
1896-1897	47	//
1897-1898	69	2
1898-1899	58	6
1899-1900	115	8

La surveillance de ces cours est confiée à une commission locale spéciale, ainsi qu'au professeur national d'agriculture ou d'horticulture de la région. Ces cours jouissent d'une grande faveur tant de la part des agriculteurs que des horticulteurs. Chacun d'eux a de 10 à 30 élèves, qui doivent être âgés d'au moins 15 ans.

V. — Professeurs d'agriculture et d'horticulture ou agronomes de l'État.

Il existe en Hollande, depuis 1894, un corps d'agronomes analogue à celui de nos professeurs départementaux. Ils font dans leurs circonscriptions respectives des conférences agricoles, principalement sur l'industrie laitière, les questions de mutualité, d'élevage, etc.

Officiellement, les agronomes de l'État sont chargés :

De l'inspection et de l'administration des champs d'expériences et de démonstration ;

De faire des conférences ;

De faire des cours aux instituteurs qui se préparent pour obtenir le brevet d'enseignement primaire d'agriculture ;

De l'inspection des cours d'hiver d'agriculture subventionnés par l'État.

Dans les provinces où existent des écoles d'hiver d'agriculture de l'État, les agronomes sont à la tête de ces institutions.

La tâche des professeurs d'horticulture de l'État est analogue à celle des professeurs d'agriculture de l'État. On compte maintenant cinq de ces fonctionnaires, qui sont établis en Gueldre, dans la Hollande méridionale, dans la Hollande septentrionale, au Limbourg et en Frise.

VI. — Experts ou conseillers de laiterie.

Depuis deux ans, la Hollande a des professeurs de laiterie appelés experts ou conseillers de laiterie. Les experts en laiterie ne sont pas nommés par le Gouvernement, mais par les sociétés d'agriculture. Une grande partie des frais est néanmoins supportée par l'État. Dans chacune des onze provinces se trouve actuellement un expert. Ils sont chargés de faire des conférences ; de faire des cours sur l'analyse du lait, sur la préparation du beurre et du fromage ; de procéder à l'analyse du lait à la ferme et de surveiller la fabrication du beurre dans les petites fabriques coopératives ; de plus ils donnent des renseignements sur la laiterie et l'élevage.

VII. — Écoles subsidiées et cours spéciaux.

Écoles subsidiées. — Outre l'École d'agriculture de l'État à Wageningen, les écoles d'hiver d'agriculture et d'horticulture de l'État et les cours d'hiver subsidiés par le Gouvernement, il y a encore quatre écoles professionnelles d'agriculture et d'horticulture subsidiées par le Gouvernement :

1° L'École laitière à Bolsward. Cette école est destinée à la formation du personnel des laiteries. Elle possède une laiterie. Tous les travaux sont exécutés par les élèves. Le cours est de six mois. On n'admet que les élèves qui ont déjà quelques notions de la pratique de l'industrie laitière.

2° L'École d'horticulture à Frederiksoord, portant le nom de van Swieten.

Cet établissement est situé sur les terrains de la Société de bienfaisance et jouit d'un subside considérable de l'État. L'enseignement vise à la formation de jardiniers expérimentés. Le cours est de trois ans. L'école dispose de grandes ressources et possède des champs d'expériences (environ 6 hectares) très bien installés.

3° L'École forestière, également située à Frederiksoord, portant le nom de van Swieten également.

L'enseignement a pour objet de former des gardes forestiers. Le cours est de deux ans.

L'école possède de larges ressources, une pépinière et environ 3o hectares pour le défrichement, tandis que les forêts de la Société de bienfaisance sont mises à la disposition des professeurs pour l'enseignement intuitif.

4° L'École d'hiver d'agriculture située à Willemsoord dans les colonies de la Société de bienfaisance.

Le cours dure deux hivers. Les élèves reçoivent un enseignement en partie théorique, en partie pratique ; pour ce dernier enseignement ils s'exercent dans les fermes de la Société. A l'institution est rattaché un cours pour l'instruction du personnel des laiteries.

Cours spéciaux. — Le Gouvernement hollandais subventionne encore des cours d'horticulture, d'hippologie, de ferrure, de zootechnie, d'apiculture, etc.

Fig. 198. — École forestière à Frederiksoord.

Diplôme pour l'enseignement moyen de l'agriculture, de l'horticulture et de la sylviculture. — Chaque année, le Gouvernement fournit l'occasion d'acquérir ces diplômes, par des examens passés à l'école d'agriculture de l'État à Wageningen. Le brevet permet de donner l'enseignement aux écoles d'hiver et à l'école supérieure d'agriculture et forestière à Wageningen.

Brevet de capacité pour enseigner l'agriculture et l'horticulture. — Les instituteurs des écoles primaires peuvent subir un examen d'agriculture ou d'horticulture. Ce diplôme autorise à établir des cours d'hiver d'agriculture et d'horticulture.

A l'école normale de Haarlem, les futurs instituteurs apprennent les travaux usuels du jardinage.

Cours destinés aux instituteurs qui veulent subir l'examen d'agriculture ou d'horticulture. — Dans toutes les provinces, les instituteurs ont l'occasion de recevoir gratuitement l'enseignement agricole. Dans quelques provinces, cet enseignement gratuit existe aussi pour l'horticulture.

Les leçons sont données par les professeurs d'agriculture de l'État, par les professeurs d'horticulture de l'État, par des experts en laiterie, par les directeurs des stations agronomiques, ainsi que par le personnel enseignant des écoles d'hiver.

VIII. — Stations agronomiques de l'État.

La première station agronomique de l'État aux Pays-Bas fut établie en 1877, comme annexe à l'école d'agriculture de l'État à Wageningen.

A la suite de l'extension des travaux, le Gouvernement résolut en 1888, sur la proposition de la Commission d'agriculture, d'établir encore trois nouvelles stations agronomiques à Groningue, à Hoorn et à Bréda. Cette dernière station fut transférée plus tard (1893) à Goes, tandis qu'en 1897 une nouvelle station fut créée à Maestricht.

La sphère d'activité des stations agronomiques s'est peu à peu étendue, on a dû augmenter le personnel. Au début, l'analyse des semences se faisait dans toutes les stations agronomiques, mais il parut préférable de créer une station spéciale. Elle fut établie à Wageningen en 1898. La station agronomique de Hoorn, située dans une contrée où la laiterie est prépondérante, comprend une section bactériologique.

On compte actuellement sept stations agronomiques en Hollande et quatre à Java.

A la tête de chaque station agronomique se trouve un directeur aidé d'un chef de travaux, de chimistes, de botanistes, d'assistants permanents ou temporaires. Toutes les stations agronomiques dépendent de l'État. Les directeurs sont nommés par le Ministre de l'intérieur. Actuellement les stations agronomiques ont pour mission : 1° l'analyse pour les agriculteurs des engrais, des fourrages et des semences ; 2° les recherches scientifiques. On n'y fait pas l'analyse des aliments, sauf toutefois celle du beurre, quand elle est nécessaire aux enquêtes judiciaires.

CHAPITRE IV.

CONSIDÉRATIONS GÉNÉRALES.

Nous avons expliqué à propos de la création de l'Institut de Wageningen les motifs qui ont poussé pendant longtemps les agriculteurs hollandais à ne pas faire donner une instruction spécialement agricole à leurs enfants. D'après M. Löhnis, inspecteur de l'enseignement à la Haye, le paysan hollandais n'éprouvait même que du mépris pour l'agriculture scientifique. Ce n'est qu'au moment de la crise agricole, lorsque les pertes d'argent ont été assez sensibles, qu'on s'est aperçu que le règne de la routine était passé. Le Gouvernement qui ne s'était guère occupé de l'agriculture dans sa période de prospérité, un peu parce que les agriculteurs ne désiraient pas son appui, un peu aussi

parce qu'il ne se trouvait peut-être pas un membre du parlement qui fût au courant de
la question agricole, dut enfin céder à l'impulsion générale et abandonner vers 1890
l'attitude passive dans laquelle il s'était maintenu jusqu'alors[1].

C'est de cette époque que date la création des principaux établissements d'agriculture
hollandais. L'organisation de l'enseignement agricole en Hollande ne remonte, en effet,
qu'à ces dernières années : l'institut de Wageningen seul a été créé en 1876 et réorganisé définitivement en 1896 ; les écoles d'hiver n'ont été créées qu'en 1892. Quant
aux écoles nationales d'agriculture et d'horticulture d'hiver, elles n'ont commencé à
fonctionner qu'en 1894.

Fig. 199. — École moyenne de l'École d'agriculture à Wageningen.

L'enseignement supérieur et l'enseignement moyen ou secondaire sont donnés exclusivement à l'Institut de Wageningen. Cet établissement comprend quatre sections ou
même quatre écoles ayant leurs bâtiments scolaires distincts et un directeur, pour chacune. Les quatre directeurs forment un collège présidé par le directeur de l'institut
supérieur. Ce système de centralisation, qui permet aux mêmes professeurs d'enseigner
dans plusieurs écoles, a l'avantage d'être très économique.

Les quatre sections, d'après M. Löhnis, inspecteur de l'enseignement en Hollande,
sont les suivantes :

1re section. — *École d'agriculture.*

[1] Rapport de M. Löhnis.

2ᵉ section. — *École d'horticulture (cours de 2 ans).*
3ᵉ section. — *École moyenne ou préparatoire.*
4ᵉ section. — *École supérieure agricole et forestière.*

La section supérieure ou·école supérieure d'agriculture et de sylviculture donne un enseignement surtout théorique; elle se subdivise en deux : la première prépare des agronomes pour la métropole, la deuxième pour les colonies.

Fig. 200. — Ecole horticole de Boskoop. (Vue du bâtiment principal.)

Il est à remarquer que l'institut supérieur recrute ses élèves surtout à l'école moyenne préparatoire appelée encore école secondaire quadriennale. Cette mesure permet peut-être une sélection plus sûre des candidats. L'enseignement secondaire ou moyen, dans toute la Hollande, est exclusivement représenté par la section agricole de Wageningen ou école d'agriculture et par la section horticole ou école d'horticulture. A l'école d'agriculture secondaire, comme dans les « Landwirtschaftsschulen » de l'Allemagne, l'enseignement général a une place prépondérante, puisqu'on lui consacre vingt heures en 1ʳᵉ année et treize en 2ᵉ année, alors que l'on n'accorde soit aux connaissances agricoles, soit aux sciences fondamentales de l'agriculture que treize heures en 1ʳᵉ année et vingt heures en 2ᵉ année. L'école d'agriculture semble donc continuer le lycée. Pour son recrutement, même système de classe préparatoire qu'à l'institut supérieur, mais ici la préparation n'est que d'un an.

L'école d'horticulture (section inférieure) correspond à l'école d'agriculture, avec cette différence que les cours professionnels y occupent une plus large place : vingt-huit à trente-six heures par semaine sur un total de quarante à quarante-quatre heures en 1re année et trente à trente-sept heures sur quarante à quarante-cinq heures en 2e année. La section supérieure de cette école est la division dite *école supérieure d'horticulture;* elle est ouverte aux élèves sortis de la section inférieure. Son enseignement est plus scientifique et, de plus, exclusivement horticole. L'importance de l'horticulture en Hollande, que nous avons signalée dans notre historique de l'enseignement agricole, explique la grande place réservée à l'horticulture dans l'école de Wageningen.

En dehors de Wageningen avec ses quatres écoles, la Hollande ne possède plus que ses dix écoles nationales d'hiver et ses nombreux cours d'hiver constituant l'enseignement de degré inférieur. Elle n'a pas d'établissements analogues à nos écoles pratiques ou à nos fermes-écoles.

Les dix écoles nationales dont six d'agriculture (à Groningue, à Goes, à Sittard, à Schagen, à Dordrecht et à Leeuwarden) et quatre d'horticulture (à Naaldwijk, à Aalsmeer, à Tiel et à Boskoop) ne donnent leurs cours que pendant l'hiver. L'enseignement est surtout théorique et dure deux semestres. C'est peu sans doute, mais il faut remarquer que les élèves qui fréquentent ces établissements ont déjà 16 ans et possèdent des connaissances pratiques en matière d'agriculture et d'horticulture assez étendues.

D'ailleurs, pendant le semestre d'été, les élèves ne restent pas inactifs, ils travaillent dans une ferme de leur choix, ainsi que le montre l'article 25 du règlement des écoles d'hiver (arrêté royal du 21 octobre 1896).

D'après cet article : «Le directeur délibère avec les parents et les tuteurs, sur l'endroit où les élèves passeront avec le plus de profit le semestre d'été. Le directeur les visite et correspond avec eux. Pendant le semestre d'été, les élèves prennent des notes sur leurs expériences et, de retour à l'école, ils présentent un rapport détaillé. »

En somme, les élèves reçoivent l'enseignement théorique à l'école pendant l'hiver et font de la pratique en été dans une ferme.

L'enseignement théorique d'hiver est néanmoins appuyé de démonstrations. A chaque école d'horticulture, par exemple, est annexé un jardin d'essai, l'expérience ayant démontré que l'enseignement de l'horticulture ne pouvait se passer de cette ressource, même si les établissements des cultivateurs demeurant aux environs peuvent satisfaire en partie à ce besoin.

Remarquons aussi qu'aux écoles nationales d'horticulture, pendant l'hiver, l'enseignement est adapté à la pratique régionale et réglé de manière que les élèves aient assez de temps pour vaquer journellement aux principaux travaux horticoles. Les jeunes gens qui demeurent dans le voisinage se rendent à l'école par chemin de fer, tramway ou bicyclette, et reviennent chez leurs parents exécuter certains travaux qui leur servent en quelque sorte d'applications.

Il ne faut pas confondre les écoles nationales d'hiver avec les cours d'hiver de même durée (deux semestres), mais dont l'organisation est bien plus simple. Ces derniers se font seulement le soir, de 7 à 10 heures, aux jeunes gens de la localité âgés d'au moins 15 ans; les parents y assistent même souvent. Ces cours, dont la réussite est très grande en Hollande, diffèrent de ceux que l'on trouve dans les autres pays en ce qu'ils se donnent le soir. Ce sont de véritables cours d'adultes, comme nous les appelons en France.

Le personnel des écoles nationales d'hiver se compose d'un directeur, de deux ou trois professeurs et d'un vétérinaire, alors que les cours d'hiver sont simplement dirigés par un instituteur muni d'un brevet pour l'agriculture ou l'horticulture et assisté ou non par une personne compétente de la localité, un vétérinaire ou un cultivateur par exemple. Quant au local, c'est l'école du village, toujours libre le soir. On comptait, en 1899-1900, 123 cours d'hiver, généralement dirigés par des instituteurs.

Comme on le voit, l'instituteur en Hollande joue un rôle considérable dans l'enseignement de l'agriculture, mais il n'en a pas toujours été ainsi. Au début, le brevet d'agriculture ou d'horticulture était bien peu recherché. Ce diplôme n'avait pas de valeur parce que les cours d'hiver étaient peu nombreux, peu fréquentés, et que les agriculteurs avaient une aversion marquée pour toutes les applications des sciences à leur profession. Ce n'est qu'en 1892, lorsqu'on porta plus d'intérêt à l'agriculture scientifique et que le Gouvernement résolut de favoriser financièrement les cours d'hiver, que les instituteurs des campagnes cherchèrent à l'obtenir. Mais alors, le nombre des candidats devenant de plus en plus grand, les exigences des épreuves devinrent aussi de plus en plus grandes et constituèrent un obstacle à son obtention. C'est pour aplanir cet obstacle que l'État fait donner des cours spéciaux aux instituteurs candidats, sous la direction des professeurs nationaux d'agriculture et d'horticulture. La durée de ces cours est de trois ans. Les leçons se donnent une fois par semaine ou une fois tous les quinze jours. Pendant la première année, on enseigne principalement la physique et la chimie, et, pendant les deux dernières années, l'agriculture et l'horticulture. Les examens ont lieu tous les ans à l'école supérieure de Wageningen.

Grâce à cette organisation, dit M. Löhnis, la position des instituteurs ruraux s'est notablement améliorée. «Naguère encore, le paysan hollandais aurait trouvé ridicule qu'un instituteur pût lui apprendre quelque chose de son métier. Il en est autrement aujourd'hui. Sur les questions ayant trait aux engrais artificiels, à la nourriture du bétail, à l'expertise du lait, ils savent maintenant par expérience qu'il y a tout intérêt pour eux à s'adresser à des hommes qui ont fait des études théoriques. Les instituteurs en possession d'un brevet agricole ou horticole sont souvent consultés par les agriculteurs.

«Bon nombre d'instituteurs, dont plusieurs sont issus de la classe agricole, sont aujourd'hui membres du conseil d'administration de sociétés coopératives, d'autres sont chargés, sous la direction d'un professeur national d'agriculture ou d'horticulture, d'exécuter des essais de toutgenre et font des conférences agronomiques. Les leçons que, grâce à leurs études, ils sont à même de donner aux cours d'hiver ne leur valent pas seulement des avantages pécuniaires, mais encore de la considération et une certaine importance.»

L'enseignement primaire a considérablement gagné à ce mouvement, bien que l'agriculture ne soit pas enseignée aux élèves des écoles primaires. On convient généralement en Hollande que l'enseignement agricole et horticole proprement dit ne doit pas figurer au programme des écoles primaires : « Le temps consacré dans les écoles primaires aux branches nouvelles de l'enseignement, dit M. Löhnis, est trop bien rempli pour que l'on puisse en distraire une partie et l'employer à l'instruction professionnelle.

« D'ailleurs l'expérience a suffisamment appris que, si l'on veut que l'enseignement agricole et horticole porte des fruits, il ne doit pas être donné à des élèves trop jeunes qui ne sont pas encore au courant de la pratique. Voilà pourquoi on ne peut être admis aux écoles d'hiver avant l'âge de 16 ans et avant 15 ans aux cours d'hiver.

« Mais, s'il est interdit à l'instituteur de donner une instruction professionnelle proprement dite à l'école primaire, il n'en est pas moins du plus haut intérêt pour les enfants des communes rurales que l'instituteur soit familiarisé avec l'enseignement agricole et horticole et qu'il s'y intéresse. C'est à l'instituteur qu'incombe la tache de développer chez ses élèves l'amour de la nature. Il leur apprendra à observer et, ce faisant, il les préparera indirectement à l'enseignement professionnel qu'ils auront à recevoir plus tard. »

Comme conclusions, M. Löhnis a formulé au Congrès international de l'enseignement agricole les deux propositions suivantes :

« 1° Il n'est pas désirable de faire commencer l'étude de l'agriculture et de l'horticulture dès l'école primaire. Par contre, on estime que l'instituteur rural doit être au courant de l'agriculture et de l'horticulture, car par là il pourra inspirer à ses élèves le goût des recherches de la nature.

« 2° Quant aux fils d'agriculteurs et d'horticulteurs, il convient de leur recommander l'instruction professionnelle qui se donne pendant les mois d'hiver. Ceux qui désireront la préparation la plus large fréquenteront les écoles nationales d'hiver, ceux qui peuvent se contenter de connaissances plus élémentaires se rendront aux cours d'hiver. Les élèves ne seront pas admis de trop bonne heure. On exigera d'eux quelques connaissances pratiques. »

Ces deux propositions nous paraissent un peu intransigeantes. Qu'en Hollande on puisse à la rigueur se dispenser de commencer l'enseignement de l'agriculture à l'école primaire, cela peut se comprendre puisqu'on possède des cours d'hiver très fréquentés. Il ne saurait en être de même dans tous les pays.

D'ailleurs, les premières notions élémentaires d'agriculture peuvent très bien être données à l'école primaire. Certes, ce n'est pas à l'apprentissage agricole lui-même que l'on doit viser, mais plutôt à la préparation de cet apprentissage « en donnant expérimentalement à l'enfant, comme le fait remarquer M. René Leblanc, les connaissances scientifiques indispensables, en suscitant son aptitude à l'observation des faits, en éveillant dans son jeune esprit le désir de se rendre compte des principaux phénomènes de la vie journalière de l'homme des champs ».

Pour traduire notre pensée, nous ne saurions mieux faire que de citer l'instruction ministérielle du 4 janvier 1897 qui précise nettement et avec autorité le rôle de l'école rurale en France, au point de vue agricole.

« L'enseignement des notions d'agriculture que peut comporter le programme de l'école élémentaire doit s'adresser beaucoup moins à la mémoire des enfants qu'à leur intelligence ; il doit s'appuyer sur l'observation des faits journaliers de la vie agricole et sur une expérimentation simple, appropriée aux ressources matérielles dont dispose l'école, et destinée à mettre en évidence les notions scientifiques fondamentales des opérations culturales les plus importantes. Ce qu'il faut surtout apprendre aux enfants, à l'école rurale, c'est le pourquoi de ces opérations avec l'explication des phénomènes qui les accompagnent, et non le détail des procédés d'exécution, encore moins un résumé de préceptes, de définitions ou de recettes agricoles.

« Connaître les conditions essentielles du développement des végétaux cultivés, comprendre la raison d'être des travaux habituels de la culture ordinaire et celle des règles d'hygiène de l'homme et des animaux domestiques, voilà ce qu'il faudrait apprendre d'abord à tout agriculteur, et l'on n'y peut parvenir que par la méthode expérimentale.

« C'est dire qu'un maître ferait fausse route, dont l'enseignement agricole consisterait uniquement dans l'étude et la récitation, par l'élève, d'un manuel d'agriculture, si bien conçu que fût ce manuel ; il faut nécessairement recourir à des expériences très simples et surtout à l'observation.

« En effet, c'est seulement en mettant le phénomène à observer sous les yeux des enfants qu'on pourra leur apprendre à observer, qu'on pourra établir dans leur esprit les idées fondamentales sur lesquelles repose la science agricole moderne, idées que l'écolier rural ne peut acquérir qu'à l'école où il ne sera jamais nécessaire de lui enseigner ce que son père sait mieux que l'instituteur, et qu'il apprendra sûrement par sa propre expérience pratique.

« L'école doit se borner à préparer l'enfant à l'apprentissage intelligent du métier qui le fera vivre et à lui donner le goût de sa future profession ; à cet égard, le maître ne devra jamais oublier que le meilleur moyen de faire aimer à un ouvrier son ouvrage, c'est de le lui faire comprendre.

« Le but à atteindre pour l'enseignement agricole primaire, c'est donc d'initier le plus grand nombre des enfants de nos campagnes aux connaissances élémentaires indispensables pour lire avec fruit un livre d'agriculture moderne, pour mieux suivre avec profit une conférence agricole, c'est de leur inspirer l'amour de la vie des champs et le désir de ne point la changer pour celle de la ville ou de l'usine ; c'est de les pénétrer de cette vérité que le métier d'agriculteur, le plus indépendant de tous, est plus rémunérateur que beaucoup d'autres pour tout praticien laborieux, intelligent et instruit. »

L'instruction ministérielle indique ensuite clairement les moyens d'atteindre le but qu'elle vient de définir, notamment en ce qui concerne les démonstrations. Ces moyens sont de trois sortes : 1° les leçons de choses expérimentales sur les notions de sciences physiques et naturelles servant de base à l'agriculture, et les leçons d'agriculture proprement dite, sous forme de lectures ou de causeries ; 2° les cultures démonstratives en pots et dans les carrés du jardin avec exercices sur la taille, le greffage, etc.; 3° les visites ou excursions au champ de démonstration, aux fermes, aux exploitations du voisinage.

Comme on le voit, l'enseignement agricole, en France, a sa place dans les programmes des écoles primaires. On lui accorde avec raison une importance plus grande que ne le propose M. Löhnis.

XV

PORTUGAL.

CHAPITRE PREMIER.

EXPOSITION.

Le Portugal avait groupé dans le Palais de l'agriculture et des aliments sa section agricole et celle de l'enseignement de l'agriculture.

L'Institut agronomique et vétérinaire de Lisbonne avait seul participé à l'exposition internationale de l'enseignement agricole. Il avait présenté une belle collection de photographies et des plans qui montraient l'importance de cet établissement d'enseignement supérieur. Le magnifique ouvrage sur l'enseignement supérieur de l'agriculture au Portugal de MM. Cincinnato da Costa et Luiz de Castro, de l'Institut agronomique de Lisbonne, directeurs de la Société royale d'agriculture du Portugal, mettait en évidence les grands progrès réalisés par l'institut depuis sa fondation et sa participation aux progrès de l'agriculture portugaise. — *Récompense* : 1 médaille d'argent.

CHAPITRE II.

APERÇU HISTORIQUE SUR L'ORGANISATION DE L'ENSEIGNEMENT AGRICOLE.

Par ordonnance royale du 24 janvier 1791, une chaire de botanique et d'agriculture générale fut adjointe à la Faculté de philosophie de Coïmbre. L'enseignement comprenait, avec l'étude des plantes et des conditions favorables à leur développement, les moyens pratiques d'utiliser leurs produits. Le botaniste portugais F. de Avellar Brotero fut chargé de l'enseignement, un peu abstrait, donné à la Faculté de philosophie de Coïmbre. Au point de vue pratique, on reprochait à ses leçons de ne pas être suivies d'applications susceptibles de faire profiter l'agriculture de cet enseignement. Aussi ce premier essai resta isolé, sans résultats appréciables.

Au commencement du xixe siècle, des agronomes publièrent quelques ouvrages d'agriculture, et le Gouvernement portugais organisa des conférences ou des cours libres destinés surtout à mettre en évidence les avantages d'une culture plus rationnelle du sol et à en vulgariser les procédés. Les mémoires de l'Académie royale des sciences constituent un recueil scientifique où l'on trouve encore des documents intéressants sur la culture des terres. Le comité d'administration de la Compagnie des vignes du Haut-Douro fonda une chaire d'agriculture à l'Académie de marine et de commerce de la ville de Porto. Agostinho Albano da Silveira Pinto fut chargé de ce cours en 1815 ; puis la chaire fut occupée, trois ans après, par le docteur Navarro de Andrade.

Mais l'enseignement agricole n'existe en Portugal, à l'état d'institution définitive, que depuis une cinquantaine d'années. Il fut créé par le décret du 16 décembre 1852, sous le règne de la reine Maria II.

L'impulsion donnée en France à l'enseignement agricole au cours de l'année 1848 amena le Gouvernement portugais à étudier la question et à préparer la loi fondamentale de l'enseignement technique de l'agriculture. C'est au ministre Fontès, chargé du portefeuille des travaux publics, que revient l'honneur de cette création utile au pays.

Telle est la genèse de la loi de 1852 qui établissait trois degrés dans l'enseignement :

1° L'enseignement pratique, pour les cultivateurs, travailleurs ou journaliers agricoles :

2° L'enseignement secondaire ou professionnel, déjà plus élevé, à la fois théorique et pratique, destiné aux gérants et régisseurs de fermes et aux chefs de culture;

3° L'enseignement supérieur ou scientifique ayant pour objet de former des ingénieurs agronomes qui, par une préparation plus complète et un ensemble de connaissances plus étendues, devenaient aptes à diriger de grandes exploitations rurales.

L'instruction élémentaire ou l'enseignement pratique se donnait dans des propriétés particulières ou dans les fermes-écoles, ainsi que cela se faisait en France, et avec le concours des agriculteurs qui acceptaient cette mission en vertu d'une convention passée avec l'État. Les écoles pratiques devaient être égales en nombre aux provinces du royaume. Les cultivateurs s'engageaient à fournir aux apprentis une éducation technique convenable, sous le contrôle de l'Administration. Le Gouvernement accordait aux maîtres des exploitations particulières qui se chargeaient de cet enseignement pratique une subvention annuelle de 400,000 reis (2,200 francs).

L'enseignement secondaire agricole rentrait dans les attributions des écoles régionales d'agriculture, au nombre de trois : l'une à Vizen, l'autre à Evora et la troisième à Lisbonne. L'instruction, dans ces établissements, devait être distribuée conformément au programme suivant : éléments des sciences naturelles; éléments de physique, de chimie et de géologie; agriculture générale et spéciale; économie rurale, administration et comptabilité agricoles; zootechnie et principes de l'art vétérinaire; législation et génie rural.

Ces cours étaient répartis entre quatre chaires, dans l'ordre suivant :

1re *chaire*. — Éléments des sciences naturelles, parmi lesquelles l'étude de la physiologie végétale était particulièrement développée; éléments de physique, de chimie et de géologie.

2e *chaire*. — Agriculture générale et cultures spéciales.

3e *chaire*. — Zootechnie et médecine vétérinaire.

4e *chaire*. — Économie, administration et comptabilité rurales; industries rurales; législation et génie rural.

Les cours de l'enseignement supérieur agricole professés à l'institut agricole de Lisbonne embrassaient le plan d'études suivant :

1re *chaire*. — Éléments des sciences naturelles, éléments de physique, de chimie et de géologie.

2ᵉ chaire. — Zoologie, anatomie et physiologie comparées.

3ᵉ chaire. — Botanique et physiologie végétale.

4ᵉ chaire. — Agriculture.

5ᵉ chaire. — Cultures spéciales.

6ᵉ chaire. — Zootechnie et principes de l'art vétérinaire.

7ᵉ chaire. — Économie rurale, administration et comptabilité rurales, industries rurales, législation et génie rural.

Cette dernière chaire se subdivisa plus tard et une huitième chaire fut greffée sur la précédente, sous ce titre : Industries rurales et génie rural.

L'homme d'État qui avait eu l'honneur d'entreprendre cette œuvre d'organisation de l'enseignement agricole et de s'y dévouer avec une singulière énergie de volonté ne parvint à réaliser qu'une partie de ce qu'il avait rêvé. Des difficultés s'élevèrent bientôt pour la réalisation de son plan d'enseignement, difficultés motivées par l'apathie et l'incrédulité du pays au sujet de l'efficacité de l'enseignement agricole. Les agriculteurs qui s'étaient chargés, conformément à la loi et moyennant une subvention du Gouvernement, de fournir l'instruction pratique demandèrent la résiliation de leur contrat, et la loi de 1852 fut réduite en fait à la création de l'institut agronomique de Lisbonne, c'est-à-dire à l'organisation de l'enseignement supérieur.

L'institut agricole de Lisbonne fut installé dans une propriété qui avait servi de palais à l'infante D. Anna de Jesus Maria. On y annexa ensuite la ferme de Bemposta, située à 1 kilomètre de distance, pour y réaliser les démonstrations pratiques et y procéder à un certain nombre d'expériences que réclamaient les cours.

Malgré l'indifférence manifestée pour l'institut agricole par les hommes qui succédèrent au pouvoir au ministre Fontès, cet établissement d'enseignement supérieur parvint à s'imposer à l'attention, grâce au travail et à l'intelligence de son premier directeur, le docteur José Maria Grande, ainsi qu'au savoir et au zèle de ses professeurs.

Les professeurs étaient au nombre de trois : le premier, pour les régisseurs; le second, pour les cultivateurs, et le troisième, pour les agronomes.

Le premier de ces cours se composait de deux parties distinctes : l'une pratique, l'autre doctrinale ou théorique. On entendait par pratique l'exécution des travaux ruraux sous la direction des chefs de culture des différents services de la ferme-modèle; la partie théorique consistait dans l'explication des notions d'agriculture et d'économie rurale commentées par le professeur.

Le cours professionnel pour les cultivateurs était en quelque sorte une réduction de celui des agronomes; il comprenait les matières énumérées au programme des première, quatrième, cinquième, sixième et septième chaires, dont il a été question plus haut.

Pour les agronomes, le cours était plus scientifique. Il embrassait tout le programme de l'enseignement actuellement professé à l'Institut; mais les élèves étaient tenus, en outre, de fréquenter les cours de physique et de chimie de l'École polytechnique de Lisbonne.

Après 1852, l'enseignement agricole en Portugal passa par des phases diverses, tantôt soutenu par la protection et par les mesures prises par le Gouvernement, tantôt complètement abandonné à lui-même. Obligé de chercher sa voie par une série de tâtonnements, il a réussi néanmoins à se faire accréditer dans le pays comme un des facteurs indispensables à la prospérité publique.

En 1855, trois ans après la promulgation de la loi du ministre Fontès, l'institut agricole de Lisbonne fut remanié et fonctionna sous une forme mixte. On lui annexa l'enseignement de l'art vétérinaire, qui, jusqu'alors, avait été professé dans une école spéciale dont la fondation remontait à 1830.

Deux écoles distinctes soumises à la même administration se trouvaient ainsi réunies dans le même établissement scientifique.

Dans ce remaniement, l'enseignement agricole de l'institut, tant élémentaire que supérieur, était conservé, mais on écartait l'enseignement secondaire. L'école supérieure, qui prenait le nom d'Institut général de l'agriculture, préparait des aspirants aux quatre carrières suivantes · agriculteurs, sylviculteurs, ingénieurs-agronomes, vétérinaires. A cette organisation se rattachaient les missions d'études, dirigées par les professeurs de l'institut qui devaient recueillir tous les éléments propres à déterminer la flore agricole et forestière et la faune du pays.

En 1869, le personnel enseignant subit des réductions considérables dans les écoles régionales d'agriculture et l'enseignement donné à l'institut fut renfermé dans des proportions plus étroites. A la fin de la même année, le 2 décembre, un décret créa des chaires d'agriculture dans les lycées du royaume. Mais, en réalité, les deux chaires créées ne tardèrent pas à disparaître faute d'élèves. Les stations agronomiques fondées par le même décret du 2 décembre 1869 et dirigées, à défaut d'agronomes officiels, par les inspecteurs des services vétérinaires n'eurent pas plus de succès et ne tardèrent pas à disparaître.

Un nouveau décret du 2 décembre 1886 vint réorganiser l'enseignement officiel de l'agriculture sur les bases de la loi de 1852. L'enseignement supérieur fut perfectionné. Les cours professés à l'institut, qui prit le nom d'Institut agronomique et vétérinaire, duraient cinq ans et préparaient les élèves aspirants aux diplômes d'agronome, de sylviculteur et de médecin-vétérinaire. Dans l'application de cette réforme, plusieurs chaires furent dédoublées, et on s'efforça de développer le côté pratique de l'enseignement. Le plan des cours de l'institut comprenait vingt classes. Parallèlement aux leçons théoriques données dans les cours, des excursions furent organisées dans les fabriques et dans les exploitations rurales pour l'éducation technique des élèves.

L'enseignement secondaire, destiné à former des chefs de culture, des régisseurs, était professé dans une école spéciale située à Coïmbre. L'école disposait de ressources indispensables pour l'instruction théorique des élèves et des terrains suffisants pour les expériences et les travaux pratiques. Quant à l'enseignement primaire ou élémentaire agricole, il était donné dans des écoles pratiques élémentaires créées d'après le modèle des premières écoles d'agriculture de 1852.

L'organisation de l'enseignement agricole fut encore modifiée en 1893 et en 1897.

La loi du 4 novembre 1897, actuellement en vigueur, a élargi l'enseignement supérieur agronomique de l'institut de Lisbonne.

Le tableau synoptique (voir page 458) des établissements d'enseignement agricole au Portugal en 1886, 1891 et 1900 fera mieux ressortir qu'une ébauche historique les différentes phases par lesquelles l'enseignement agricole a passé depuis quinze ans.

CHAPITRE III.
ORGANISATION DE L'ENSEIGNEMENT AGRICOLE.

ÉTABLISSEMENTS ET INSTITUTIONS D'ENSEIGNEMENT AGRICOLE.

I. — Enseignement supérieur.

Institut agronomique et vétérinaire de Lisbonne. (Médaille d'argent.) — L'Institut agronomique et vétérinaire de Lisbonne est la seule école d'enseignement supérieur de l'agriculture au Portugal. La fondation de cette école, sous le nom qui lui fut alors attribué d'Institut agricole de Lisbonne, remonte, comme nous l'avons précédemment exposé, à l'année 1852; puis, l'économie générale de l'institut ayant été successivement l'objet de réformes, en 1864, 1886, 1891, 1893 et 1897, l'école reçut, au fur et à mesure de ses transformations, les dénominations nouvelles d'Institut général de l'agriculture et d'Institut agronomique et vétérinaire.

L'école a pour objet de donner l'enseignement supérieur agricole aux jeunes gens qui se destinent aux hautes fonctions de l'État ou qui aspirent à diriger de grandes exploitations rurales, soit pour leur compte, soit pour le compte des particuliers.

L'installation de l'Institut agronomique et vétérinaire n'a pas varié. Il occupe toujours l'ancien édifice, à Cruz de Taboado, où il fut établi en 1852. D'importantes réparations et des aménagements intérieurs ont permis à l'ancien palais de l'infante Anna de Jesus Maria de répondre à sa nouvelle destination.

L'organisation de l'Institut agronomique et vétérinaire a été définie par le décret du 4 novembre 1897. L'enseignement supérieur à l'Institut agronomique se divise en trois classes : agronomie, sylviculture, médecine vétérinaire.

Le nombre des chaires s'élève à 17. Ces chaires sont les suivantes : 1re, botanique. 2e, mécanique générale et ses applications aux machines agricoles; topographie. 3e, hydraulique agricole; constructions rurales. 4e, physique agricole. 5e, chimie agricole et analyse. 6e, agriculture générale; cultures potagères, fourragères et industrielles; horticulture. 7e, culture des plantes ligneuses : 1re partie, arboriculture et viticulture; 8e, nosologie végétale. 9e technologie agricole et forestière. 10e, zootechnie, extérieur et hygiène des animaux.

TABLEAU SYNOPTIQUE

DES ÉTABLISSEMENTS D'ENSEIGNEMENT ET DE RECHERCHES AGRICOLES EN PORTUGAL.

EN 1886.	EN 1891.	EN 1900.
ENSEIGNEMENT SUPÉRIEUR AGRONOMIQUE.		
Institut agronomique et vétérinaire : 1 directeur; 21 professeurs; 6 maîtres suppléants; 3 préparateurs.	Institut agronomique et vétérinaire : 1 directeur; 17 profeseurs; 2 préparateurs.	Institut agronomique et vétérinaire (Lisbonne) : 1 directeur; 17 professeurs; 8 répétiteurs; 5 préparateurs; 1 chimiste.
ENSEIGNEMENT SECONDAIRE DE L'AGRICULTURE.		
École pratique centrale d'agriculture (Coïmbre) : 1 directeur; 5 professeurs; 5 professeurs auxiliaires; 2 régisseurs agricoles; 1 régisseur forestier; 1 moniteur.	École pratique centrale d'agriculture (Coïmbre) : 1 directeur; 2 professeurs; 1 professeur auxiliaire; 1 régisseur agricole;	École nationale d'agriculture (Coïmbre) : 1 directeur; 8 professeurs; 1 auxiliaire géomètre chargé des travaux topographiqu''. École de régisseurs agricoles *Moraes Soares* (Santarem) : 1 directeur; 3 professeurs; 1 auxiliaire pour les travaux de géométrie rurale.
ENSEIGNEMENT ÉLÉMENTAIRE OU ÉCOLES D'APPRENTISSAGE AGRICOLE.		
École pratique d'agriculture de Mirandella. École pratique de laiterie de Castelo de Païva. École pratique d'agriculture de Vizeu. *Fructuria*, école pratique de laiterie de la 5ᵉ région agronomique. École pratique de viticulture et de pomologie de Bairrada. École pratique de viticulture de Torres Vedras. École pratique élémentaire d'agriculture de Santarem. École pratique d'agriculture de Portalegre. École pratique d'agriculture de Faro.	École élémentaire d'agriculture pratique de Vizeu. École d'agriculture pratique de Santarem. École d'agriculture pratique de Faro. École d'agriculture pratique de Portalegre. École élémentaire de viticulture de Bairrada. École élémentaire de viticulture pratique de Torres Vedras.	Cours d'instruction primaire agricole à Vizeu, à Bairrada, à Torres Vedras, à Faro, à Porto. Enseignement de la pratique manuelle pour les ouvriers agricoles à Torres Vedras, à Bairrada, à Regua.
ÉTABLISSEMENTS D'EXPÉRIENCES ET DE RECHERCHES AGRONOMIQUES.		
12 stations de chimie agricole.	3 stations de chimie agricole. 1 station de sériciculture.	2 stations de chimie agricole à Lisbonne et à Porto. 1 station d'encouragement agricole transmontaine à Mirandella. 1 laboratoire de pathologie végétale.

11ᵉ *chaire.* — Économie rurale, législation, administration et comptabilité rurales et forestières.

12ᵉ *chaire.* — Anatomie descriptive; embryologie; tératologie.

13ᵉ *chaire.* — Histologie et physiologie comparée des animaux.

14ᵉ *chaire.* — Matière médicale; chimie médicale; pharmacie.

15ᵉ *chaire.* — Pathologie et thérapeutique générales; pathologie interne; clinique médicale.

16ᵉ *chaire.* — Pathologie externe; médecine opératoire; obstétrique; clinique chirurgicale.

17ᵉ *chaire.* — Pathologie et clinique des maladies contagieuses; droit vétérinaire.

Indépendamment de ces chaires, il y a les cours auxiliaires suivants : 1° mathématiques et dessin; 2° chimie générale; 3° zoologie; 4° microscopie.

EMPLOI DU TEMPS À L'INSTITUT AGRONOMIQUE ET VÉTÉRINAIRE DE LISBONNE.

COURS.	LUNDIS.	MARDIS.	MERCREDIS.	JEUDIS.	VENDREDIS.	SAMEDIS.
COURS D'AGRONOMIE.						
1re année.						
Botanique	9 à 10 1/2		9 à 10 1/2		9 à 10 1/4	
Pratique					10 1/2 à 12 1/2	
Physique agricole		9 à 10 1/2		9 à 10 1/2		9 à 10 1/2
Pratique		12 à 2				
Cours auxiliaires. — Chimie générale.		10 1/2 à 12		10 1/2 à 12		10 1/2 à 12
Pratique				12 à 2		
Microscopie				2 à 3 1/2		
Pratique	2 à 4		2 à 4		2 à 4	
Mathématiques et dessin			10 1/2 à 12	10 1/2 à 11		10 1/2 à 12
Pratique				12 à 2		12 à 2
2e année.						
Mécanique et ses applications aux machines agricoles. Topographie.		12 1/2 à 2		12 1/2 à 2		12 1/2 à 2
Pratique				9 à 11		
Hydraulique agricole. Construtions rurales.		11 à 12 1/2		11 à 12 1/2		11 à 12 1/2
Pratique						2 1/2 à 4 1/2
Chimie agricole et analyse	11 1/2 à 1		11 1/2 à 1		11 1/2 à 1	
Pratique	2 1/2 à 4 1/2			2 à 4		
Cours auxiliaires. — Zoologie	8 à 9 1/2		8 à 9 1/2		8 à 9 1/2	
Pratique		2 1/2 à 4 1/2				
3e année.						
Agriculture. Cultures herbacées. Horticulture.		1 à 2 1/2		1 à 2 1/2		1 à 2 1/2
Pratique					2 1/2 à 4 1/2	
Culture des plantes ligneuses	9 1/2 à 11		9 1/2 à 11		9 1/2 à 11	
Pratique					2 1/2 à 4 1/2	
Zootechnie. Extérieur. Hygiène du bétail		9 1/2 à 11		9 1/2 à 11		9 1/2 à 11
Pratique			2 1/2 à 4 1/2			
Cours auxiliaires. — Zoologie		8 à 9 1/2		8 à 9 1/2		8 à 9 1/2
Pratique				2 1/2 à 4 1/2		

COURS.	LUNDIS.	MARDIS.	MERCREDIS.	JEUDIS.	VENDREDIS.	SAMEDIS.
COURS D'AGRONOMIE. (Suite.)						
4ᵉ année.						
Nosologie végétale	11 à 12 1/2	»	11 à 12 1/2	»	11 à 12 1/2	»
Pratique	»	»	»	12 à 2	»	12 à 2
Culture des plantes ligneuses	9 1/2 à 11	»	9 1/2 à 11	»	9 1/2 à 11	»
Pratique	»	»	»	»	2 1/2 à 4 1/2	»
Technologie agricole et forestière	12 1/2 à 2	»	12 1/2 à 2	»	12 1/2 à 2	»
Pratique	»	11 à 1	»	»	»	10 à 12
Économie, administration, législation et comptabilité rurales et forestières	»	2 à 3 1/2	»	2 à 3 1/2	»	2 à 3 1/2
Pratique	»	»	»	10 à 12	»	»
COURS DE MÉDECINE VÉTÉRINAIRE.						
1ʳᵉ année.						
Botanique	9 à 10 1/2	»	9 à 10 1/2	»	9 à 10 1/2	»
Pratique	»	»	•	»	10 1/2 à 12 1/2	»
Physique agricole	»	9 à 10 1/2	»	9 à 10 1/2	»	9 à 10 1/2
Pratique	»	12 à 2	»	»	»	»
Anatomie descriptive. Embryologie. Tératologie	1 à 2 1/2	»	1 à 2 1/2	»	1 à 2 1/2	»
Pratique	»	»	2 1/2 à 4 1/2	»	»	12 à 2
Cours auxiliaires. { Chimie générale	»	10 1/2 à 12	»	10 1/2 à 12	»	10 1/2 à 12
Pratique	»	»	»	12 à 2	»	»
Microscopie	»	»	»	2 à 3 1/2	»	»
Pratique	2 à 4	»	2 à 4	»	2 à 4	»
2ᵉ année.						
Anatomie descriptive. Embryologie. Tératologie	1 à 2 1/2	»	1 à 2 1/2	»	1 à 2 1/2	»
Pratique	»	»	2 1/2 à 4 1/2	»	»	12 à 2
Matière médicale. Chimie médicale. Pharmacologie et pharmacie	»	9 1/2 à 11	»	9 1/2 à 11	»	9 1/2 à 11
Pratique	9 1/2 à 11 1/2	»	»	»	»	»
Chimie agricole et analyse	11 1/2 à 1	»	11 1/2 à 1	»	11 1/2 à 1	»
Pratique	2 1/2 à 4 1/2	»	»	2 à 4	»	»
Cours auxiliaires. { Zoologie	8 à 9 1/2	»	8 à 9 1/2	»	8 à 9 1/2	»
Pratique	»	2 1/2 à 4 1/2	»	»	»	»
3ᵉ année.						
Histologie et physiologie comparées des animaux	»	9 1/2 à 11	»	9 1/2 à 11	»	9 1/2 à 11
Pratique	8 à 10	»	»	»	»	»
Pathologie et thérapeutique générales. Pathologie interne. Clinique médicale	10 à 11 1/2	»	10 à 11 1/2	»	10 à 11 1/2	»
Pratique	»	•	8 à 10	»	»	»
Agriculture générale. Cultures herbacées. Horticulture	»	1 à 2 1/2	»	1 à 2 1/2	»	1 à 2 1/2
Pratique	»	»	»	»	2 1/2 à 4 1/2	»
Cliniques { médicale	»	11 à 1	»	11 à 1	»	11 à 1
chirurgicale	»	9 1/2 à 9 1/2	»	7 1/2 à 9 1/2	»	7 1/2 à 9 1/2
maladies contagieuses	»	2 1/2 à 4 1/2	»	2 1/2 à 4 1/2	»	2 1/2 à 4 1/2

COURS.	LUNDIS.	MARDIS.	MERCREDIS.	JEUDIS.	VENDREDIS.	SAMEDIS.
COURS DE MÉDECINE VÉTÉRINAIRE. (Suite.)						
4ᵉ année.						
Pathologie externe. Médecine opératoire. Obstétrique. Clinique chirurgicale..............	8 à 9 1/2	"	8 à 9 1/2	"	8 à 9 1/2	"
Pratique.............	2 1/2 à 4 1/2	"	"	"	"	"
Zootechnie. Extérieur. Hygiène du bétail..............	"	9 1/2 à 11	"	9 1/2 à 11	"	9 1/2 à 11
Pratique.............	"	"	2 1/2 à 4 1/2	"	"	"
Cliniques { médicale......	"	11 à 1	"	11 à 1	"	11 à 1
Cliniques { chirurgicale....	"	7 1/2 à 9 1/2	"	7 1/2 à 9 1/2	"	7 1/2 à 9 1/2
Cliniques { maladies contagieuses.....	"	2 1/2 à 4 1/2	"	2 1/2 à 4 1/2	"	2 1/2 à 4 1/2
5ᵉ année.						
Pathologie et clinique des maladies contagieuses. Droit vétérinaire..	12 1/2 à 2	"	12 1/2 à 2	"	12 1/2 à 2	"
Pratique.............	2 1/3 à 4 1/2	"	"	"	2 1/2 à 4 1/2	"
Cliniques { médicale......	"	11 à 1	"	11 à 1	"	11 à 1
Cliniques { chirurgicale....	"	7 1/2 à 9 1/2	"	7 1/2 à 9 1/2	"	7 1/2 à 9 1/2
Cliniques { maladies contagieuses.....	"	2 1/2 à 4 1/2	"	2 1/2 à 4 1/2	"	2 1/2 à 4 1/2

Les cours d'agronomie ont une durée de cinq années; les quatre premières à l'institut de Lisbonne et la cinquième, pour la pratique, à l'école Moraes Soraes.

Les cours de sylviculture durent également cinq ans. Les élèves passent la dernière année dans la forêt de Leiria. Cette cinquième année est consacrée à l'apprentissage pratique. Durant cet apprentissage, les élèves devront assister à tous les services et prendre part à tous les travaux qui leur seront indiqués par les directeurs.

Chaque élève doit tenir un journal quotidien de ses travaux; ce journal est signé, après avoir été vu, par le chef sous la direction duquel l'élève a travaillé. Ces manuscrits sont, par la suite, transmis au directeur de l'Institut.

Les travaux des élèves agronomes se rapportent aux principales matières suivantes : topographie, constructions rurales, hydraulique agricole, machines agricoles, travail des ouvriers et des animaux, zootechnie et hygiène des animaux domestiques, météorologie, botanique, cultures, etc.

Pour les élèves sylviculteurs, tous les travaux déjà cités pour les élèves agronomes, qui peuvent être appliqués à la sylviculture et, en plus : des exercices de dendrométrique, récolte des produits forestiers, fixation de dunes, boisement des montagnes, projets d'aménagement, technologie forestière.

Leur apprentissage pratique terminé, les élèves sont soumis à un examen de sortie, qui a lieu devant un jury composé de deux professeurs de l'Institut et du directeur de l'école Moraes Soares ou du sylviculteur, chef de la forêt de Leiria, selon qu'il s'agit d'élèves du cours agronomique ou du cours forestier.

Les cours de médecine vétérinaire ont une durée de cinq années à l'institut. Les leçons de pratique sont données en même temps que l'enseignement théorique pendant les trois dernières années passées par les étudiants à l'institut.

Pour l'admission à la première année de l'un des cours professés à l'institut agronomique et vétérinaire, on exige les certificats de toutes les études qui constituent l'enseignement complet des lycées royaux.

Avant d'obtenir leur diplôme, les étudiants doivent soutenir une thèse sur un sujet professé à l'institut.

Fig. 201. — Institut agronomique et vétérinaire de Lisbonne. (Entrée principale.)

Le nombre des professeurs est égal à celui des chaires. Le personnel auxiliaire comprend des chefs de service, des préparateurs et un pharmacien. Les chefs de service sont au nombre de 8 : 3 agronomes ou sylviculteurs, 4 vétérinaires et 1 ingénieur des travaux publics.

L'enseignement de chaque chaire ou cours auxiliaire comprend des leçons orales accompagnées de démonstrations expérimentales et des exercices pratiques. Dans ces exercices pratiques, les élèves sont accompagnés par les chefs de service, chargés de guider les élèves dans tous les travaux indiqués par le professeur.

L'année scolaire commence le 1er octobre et se termine le 30 juin. A la fin de chaque année, les élèves passent des examens divisés en deux parties, l'une théorique et l'autre pratique. De plus, ils sont tenus de soutenir une thèse ou dissertation sur l'une des matières enseignées. Le sujet en est d'abord soumis au Conseil scolaire, puis ensuite, les dissertations, tirées à dix exemplaires, sont déposées au bureau de l'Institut.

Dix jours après ce dépôt, la thèse est soutenue en séance publique devant un jury nommé à cet effet.

Les notes obtenues par cette dissertation sont ajoutées à la moyenne de celles obtenues dans la classification des différentes chaires, en y comprenant, pour les agronomes et les sylviculteurs, celles de l'apprentissage pratique.

Chacune des trois cliniques dure trois années et son examen final a lieu à la fin de la dernière année, indépendamment des examens théoriques et pratiques des chaires dont les cliniques font partie.

Fig. 202. — Institut agronomique et vétérinaire de Lisbonne.
(Pavillons de physiologie végétale.)

L'Institut agronomique et vétérinaire possède un laboratoire de chimie, un laboratoire de fermentation et de technologie, un laboratoire de bactériologie, une laiterie expérimentale, un atelier vinicole et un atelier oléicole, une distillerie, un musée des machines et de construction rurale, une bibliothèque, un hôpital vétérinaire, un champ d'expériences et de démonstration.

L'hôpital vétérinaire a plusieurs infirmeries pour les différentes espèces d'animaux domestiques et pour les maladies contagieuses.

Les différentes chaires possèdent des cabinets spéciaux, parfois des pavillons, comme celui de physiologie végétale.

Une grande propriété rurale, la ferme de Montalegre, est à la disposition de l'institut pour permettre aux élèves de s'y livrer aux travaux agricoles pratiques et spécialement à la viticulture. Une partie du vignoble est plantée avec des cépages américains greffés de variétés portugaises, telles que : gallezo, dourado, arintho, tinta miuda, et de quelques variétés françaises. Les cépages portugais qui dominent dans les régions vinicoles les plus renommées y sont représentés, notamment ceux qui donnent le fameux vin de Porto et les raisins acides dont la vinification produit les vins verts, *vinhos verdes*. Une collection ampélographique, nécessaire pour l'étude des cépages, permet aux élèves de l'institut de compléter leur instruction.

A Montalegre, on cultive aussi l'olivier, et la fabrication de l'huile y est perfectionnée. Pour les travaux de labourage et pour la moisson, on y emploie des instruments aratoires et des machines modernes : charrues de Howard, Dombasle, Grignon, les moissonneuses Osborne, les batteuses à vapeur de Ransomes et Proctor.

II. — Enseignement moyen ou secondaire.

D'après le projet de loi de 1852, on devait créer trois écoles secondaires d'agriculture régionales : l'une à Vizeu, l'autre à Evora et la troisième à Lisbonne. Ces établissements disparurent avant leur complète organisation.

L'enseignement secondaire fut réduit pendant de longues années à une seule école située aux environs de Cintra (district de Lisbonne), puis transférée à Coïmbre. Par décret du 17 octobre 1899, l'école de Coïmbre a été transformée complètement et a pris le nom d'École nationale d'agriculture ou *Lycée agricole*. Les nouveaux programmes donneront une assez large place à l'enseignement général (langue française, latin, histoire, littérature).

III. — Enseignement inférieur ou primaire.

Le même décret range dans l'enseignement secondaire la nouvelle école des régisseurs agricoles, *Moraes Soares*, située dans l'un des faubourgs de Santarem.

Nous ne parlerons pas de cet établissement, dont l'installation n'est pas encore terminée.

La loi de 1852 créait aussi l'enseignement primaire agricole. Les fermes-écoles projetées n'ont jamais pu être organisées complètement; on les supprima en 1864. En 1886, on créa 9 écoles pratiques d'agriculture, lesquelles furent réduites à 6 en 1891.

Le décret du 17 octobre 1899 vient de remanier l'enseignement primaire; il en est résulté la création de cours d'instruction primaire à la Bairrada, à Torres Vedras, Vizeu, Porto et Faro.

Les deux derniers établissements ne sont pas encore installés.

Les écoles de la Bairrada, de Torres Vedras et l'ancienne station ampélophylloxérique de Regoa cumuleront, avec leur fonction relative à l'enseignement primaire, l'apprentissage des ouvriers ruraux. Cette organisation est trop récente pour que nous puissions en parler et l'apprécier.

CHAPITRE IV.

CONSIDÉRATIONS GÉNÉRALES.

Il y a peu de pays où l'organisation de l'enseignement agricole ait subi autant de vicissitudes qu'en Portugal; l'aperçu historique que nous avons donné plus haut le démontre. L'histoire des transformations successives de cette organisation est trop liée à des questions d'ordre général pour que nous n'en dégagions pas certaines particularités utiles à connaître.

Le projet de loi de 1852 créait trois degrés différents dans l'enseignement agricole :

1° L'enseignement pratique ou du métier pour les cultivateurs; 2° l'enseignement secondaire théorique et pratique pour les gérants, les régisseurs et chefs de culture; 3° l'enseignement supérieur pour former des ingénieurs agronomes.

Ce dernier, comme nous l'avons vu, put réussir, mais les deux premiers subirent un échec complet. D'après MM. Luiz de Castro et Cincinnato da Costa, cet échec serait dû à l'incrédulité générale des agriculteurs au sujet de l'efficacité d'un enseignement spécialement agricole. Les agriculteurs eux-mêmes qui s'étaient chargés de diriger les écoles pratiques, moyennant une indemnité de 400,000 reis (2,220 francs), demandèrent la résiliation du contrat, faute d'élèves.

L'enseignement supérieur, seul né viable, était représenté par l'institut de Lisbonne. Les cours étaient au nombre de trois : le premier, théorique, pour les agronomes; le deuxième, théorique aussi, pour les agriculteurs (ce cours n'était qu'une réduction du cours des agronomes); le troisième, théorique et pratique, pour les régisseurs. Ainsi l'Institut de Lisbonne donnait les enseignements inférieur, moyen et supérieur.

En 1855, cet établissement, ne donnant pas tous les résultats auxquels on s'attendait, fut réorganisé; on eut la singulière idée de réunir intimement l'enseignement de l'art vétérinaire à celui de l'agriculture. On annexa à l'Institut de Lisbonne l'enseignement vétérinaire qui, jusqu'alors, avait été professé dans une école spéciale dont la fondation remontait à 1830 et qui, dans cette période d'un quart de siècle, avait mené une existence toujours précaire.

Par l'établissement de deux sections, l'une relative à l'agriculture proprement dite, l'autre à l'art vétérinaire, on s'efforça d'établir un certain équilibre entre eux, et, comme s'ils devaient être symétriques, on les fondit, pour ainsi dire, dans le même moule. On se persuadait sans doute que, du moment qu'ils appartenaient au même corps, les organes n'avaient plus qu'à fonctionner dans des conditions parfaitement identiques; en cela, on commit une erreur.

Ce ne fut qu'en 1864 qu'on modifia cette organisation. On conserva la réunion des deux écoles (école d'agriculture et école vétérinaire), dont l'utilité pratique et surtout économique était démontrée, mais on ne maintint pas la fusion des deux cours d'agronomie et de médecine vétérinaire.

En 1864 également, les deux degrés d'enseignement (inférieur et moyen), qui n'avaient jamais existé que théoriquement, furent recréés. Le Gouvernement organisa quatre fermes régionales destinées à l'enseignement élémentaire et à la pratique de l'agriculture. Ces fermes-écoles disparurent, faute d'argent, en 1869, au moment de la crise financière, avant leur complète installation.

En réalité, jusqu'en 1870, l'enseignement supérieur seul put se maintenir. Cependant, la nécessité d'un enseignement inférieur à la portée des petits agriculteurs se faisait impérieusement sentir. En 1876, on créa les *agronomes de district* qui devaient organiser des fermes modèles avec l'appui du Gouvernement et les subventions allouées par les caisses de district, mais les agronomes auxquels les conseils généraux fournirent des exploitations agricoles à diriger se trouvèrent dans l'impossibilité de les présenter dans un état de supériorité manifeste vis-à-vis des exploitations ordinaires de la culture professionnelle, et cela pour divers motifs, dont le principal fut la difficulté de concilier les deux objectifs qu'on poursuivait.

« L'un est l'enseignement pur, l'autre est la question des bénéfices de l'exploitation, entre lesquels il y a réellement incompatibilité chaque fois qu'on se laisse aller à donner à l'enseignement plus que ne le comporte l'économie absolument obligatoire quand il s'agit d'une propriété agricole de revenu. C'est le grand défaut des exploitations rurales de l'État dans tous les pays, on a le grand tort de ne pas séparer rigoureusement l'enseignement agricole, sous la forme d'exploitation pratique, de l'enseignement agricole limité aux démonstrations et aux expériences. Dans le premier cas, tout est subordonné au gain à réaliser, tandis que dans le second tout dépend de la solution des problèmes, de l'interprétation des cas, de la manifestation des faits, de la révélation des causes, d'où résulte un progrès de la science pour la meilleure direction future de la pratique agricole. Or il est bien reconnu que c'est cette dernière forme de l'enseignement que l'État peut et doit fournir à l'agriculture avec le plus grand profit et la plus entière compétence [1]. »

Nous avons tenu à reproduire tout au long cette vérité d'ordre général, qui n'est pas admise dans tous les pays et qui traduit bien notre propre pensée.

En 1886, nouvelle réorganisation de l'Institut de Lisbonne : on augmenta le nombre des chaires et l'on réforma l'enseignement de la pratique. Jusqu'à cette date, les élèves ayant terminé leurs trois années d'études théoriques allaient faire une année de pratique à la ferme royale de Cintra. Cet apprentissage de la profession rurale, d'après M. Ferreira Lopa, n'était pas des plus satisfaisants. C'est qu'en effet, si les élèves trouvaient ainsi la manière de se familiariser plus ou moins avec les différentes opérations culturales, sous la forme exclusive d'une exploitation rurale subordonnée à des exigences et à des charges ne rentrant pas exactement dans la catégorie de celles qui sont indiquées par la nature des choses, ils étaient bien loin de pouvoir

---

[1] Extrait d'un discours prononcé à l'ouverture des cours de l'Institut agricole de Lisbonne en 1887, par M. Joao Ignacio Ferreira Lopa, 4° directeur de l'Institut national.

acquérir la connaissance pratique des principales formes de la culture nationale et des systèmes d'administration rurale.

La réforme transforma cet apprentissage sédentaire, contemplatif en quelque sorte, en un apprentissage nomade au milieu duquel les élèves avaient la faculté de voir et d'étudier les divers types de l'agriculture en action, soit dans les établissements de l'État, soit dans les propriétés particulières, prenant part çà et là à certains travaux, afin d'acquérir l'habileté nécessaire en bien des cas. Par l'adoption de cette mesure, on réalisait incontestablement le seul et unique moyen d'initier les élèves à la pratique, en leur donnant l'éducation la mieux faite pour assurer l'identification des agronomes avec la vie rurale du pays, en les plaçant dans un milieu où ils devaient se trouver plus tard.

Ce nouveau système d'apprentissage nomade parut plus conforme aux nécessités d'un haut enseignement agricole. Il ne dispensait pas d'ailleurs les élèves d'assister aux applications des cours théoriques, travaux et services agricoles réglés, ayant pour objet de démontrer pratiquement les leçons des professeurs.

En 1891, une deuxième crise financière du pays obligea à réduire le budget de l'institut par raison d'économie. En 1897, on créa un corps de répétiteurs chargés d'assister les professeurs dans les laboratoires; on réintégra l'hôpital vétérinaire détaché de l'école par la loi de 1891 (cette dernière mesure ne fut pas sans importance pour l'enseignement vétérinaire). La magnifique ferme de Montalegre, offerte par un riche propriétaire, Ferreira dos Anjos, put être utilisée comme champ d'expériences et de démonstrations. L'Institut agronomique de Lisbonne devint alors l'établissement d'enseignement supérieur prospère que nous avons décrit dans la première partie de notre étude sur l'enseignement agricole en Portugal.

L'enseignement moyen ou secondaire n'a pas réussi à s'introduire en Portugal. Il fut réduit pendant de longues années à une seule école aux environs de Cintra, puis transféré en 1886 à Coïmbre. Les autres établissements similaires disparurent rapidement.

Peut-être que le dernier décret du 17 octobre 1899 relatif aux enseignements secondaire et primaire parviendra à combler cette lacune regrettable et que les cours d'instruction primaire à la Bairrada, à Torres Vedras, à Vizeu, réussiront. Peut-être aussi verrons-nous réussir *le lycée agricole* que l'on vient de créer tout dernièrement. C'est un essai dont il faut attendre les résultats pour pouvoir l'apprécier.

XVI
ROUMANIE.

CHAPITRE PREMIER.
EXPOSITION.

La Roumanie avait placé son exposition au quai d'Orsay dans le pavillon qui évoquait les différents types de l'architecture roumaine des xvie et xviie siècles, empruntée à l'art byzantin. Un escalier monumental, à double rampe, conduisait au premier étage où se trouvaient les deux expositions des écoles, fermes et établissements modèles du domaine de la couronne et des écoles de l'État. Un grand salon, décoré à l'orientale, était réservé aux établisssements du domaine de la couronne dont les terres sont exploitées en régie. Tous les villages établis sur le domaine sont pourvus maintenant d'écoles où l'enseignement technique occupe une place prépondérante. Autrefois, la culture extensive était seule pratiquée dans les plaines fertiles de la Roumanie engraissées par le limon du Danube. La fertilité de ces terres était facile à constater par l'examen des échantillons présentés et par la collection de céréales obtenues dans les plaines du Danube.

Une grande panoplie des instruments aratoires en usage en Roumanie attirait les regards, sur le panneau gauche du salon. Sur la table, empruntée au mobilier rural, des albums de photographies représentaient les différents établissements du domaine de la couronne dont on trouvait la description dans les volumes de la *Revue agricole et forestière de Bucarest*.

Les exploitations forestières sont très importantes dans ce pays dont les forêts couvrent encore plus de 2 millions d'hectares et où l'on trouve presque des forêts vierges dans la région des Karpathes où l'exploitation des bois est très difficile. Aussi cette partie de l'exposition était fort complète. On y voyait un curieux modèle de maison forestière, un modèle de chemin de fer pour l'exploitation des bois, des albums reproduisant les différentes phases du reboisement dans certaines régions, des ours et des loups naturalisés.

Dans les écoles du domaine, le Gouvernement se préoccupe du développement de la petite industrie. On voyait à l'exposition de nombreux objets en bois fabriqués dans ces écoles : assiettes, cuillers et autres ustensiles de ménage.

Un salon plus petit renfermait la série des objets présentés par les écoles d'agriculture. On y remarquait des vues, des plans et des travaux des élèves de l'école forestière de Branetsi; une notice intéressante, un plan et des échantillons de céréales présentés par l'école centrale d'agriculture de Herestreu; des plans, des vues et des programmes de l'école supérieure de médecine vétérinaire de Bucarest. M. Carnu-Munteanu, directeur de l'école supérieure d'agriculture de Bucarest, avait présenté des notices fort complètes sur l'exploitation de la ferme de l'École supérieure d'agriculture et sur les observations, utiles à l'agriculture, qui y ont été faites. Les fermes-écoles de Laza et de Studina avaient également exposé des notices, des programmes et des collections de céréales.

Les travaux et les objets exposés par la Roumanie montraient l'attention que le Gouvernement apporte au développement de l'instruction agricole et l'impulsion donnée à cet enseignement par le Ministère de l'agriculture de la Roumanie.

Récompenses. — 1 grand prix, 2 médailles d'or, 2 médailles d'argent, 5 médailles de bronze.

CHAPITRE II.

HISTORIQUE DE L'ENSEIGNEMENT AGRICOLE.

Trajan, qui avait conquis en l'an 107 de notre ère tout le pays qui s'étend de la Theiss à la mer Noire et des Karpathes au Danube, amena dans la Dacie, comme colons, des légionnaires romains. Les Roumains descendent de ces anciens colons. Ils eurent à supporter, pendant neuf siècles, les invasions des barbares, des Goths, des Huns, des Gépides et des Bulgares. Les petits États romains qui se constituèrent dans les différentes parties de la Dacie trajane furent encore démembrés par l'invasion hongroise, puis par les Turcs. Bucarest était devenue au xviie siècle la capitale de la Valachie, et Iassi, en 1565, la capitale de la Moldavie, principautés qui formèrent la Roumanie.

Le traité d'Andrinople, conclu en 1829 entre la Russie et la Turquie, rendit à la Moldavie et à la Valachie leur administration autonome ; mais la Turquie demeurait suzeraine de la Roumanie qui devait lui payer un tribut.

En 1862, l'union des principautés fut reconnue par les puissances signataires du traité de Paris, et le prince Couza transféra à Bucarest la capitale du nouvel État roumain. Ce ne fut cependant que sous le règne du prince Charles de Hohenzollern-Sigmaringen, après la guerre russo-turque de 1877, que la Roumanie proclama son indépendance, reconnue par les puissances, et que les Chambres roumaines établirent la royauté.

La constitution, votée le 6 juin 1866, a été revisée en 1879 et en 1884. Elle assure aux Roumains la liberté de l'enseignement, de la presse et de réunion.

Les Roumains, anciens colons romains, se sont toujours adonnés à l'agriculture, qui est encore aujourd'hui la principale richesse de leur pays, mais sans pouvoir, pendant des siècles, s'occuper d'organiser l'enseignement agricole ou de perfectionner leur agriculture, parce qu'ils étaient continuellement exposés à la guerre et aux invasions.

L'État roumain possédait d'immenses propriétés. En 1864, une loi, promulguée par le prince Couza, déclarait les paysans affranchis de la corvée et stipulait qu'il leur serait accordé des terres sur les propriétés qu'ils avaient cultivées jusqu'alors. Ces terres devaient leur être vendues moyennant une redevance annuelle payée pendant quinze ans. Par application de cette loi, 400,000 paysans devinrent propriétaires de 1,800,000 hectares, dont les deux tiers étaient pris sur des domaines appartenant à des particuliers et un tiers sur les terres de l'État. Depuis cette époque, l'État a vendu, en bloc ou par lots, de nombreuses propriétés rurales représentant une valeur de plus de 210 millions. Malgré ces ventes successives, l'État possède encore 505 domaines d'une étendue de 530,000 hectares. Au lieu d'être affermées, comme les autres propriétés de l'État, les terres du domaine de la couronne sont exploitées en régie. Elles sont devenues de véritables fermes modèles, pourvues de tous les perfectionnements de l'agriculture moderne.

L'administration du domaine de la couronne s'est aussi occupée de l'enseignement des travaux manuels, en l'introduisant dans toutes les écoles rurales et en lui donnant une direction d'utilité pratique : il sert à poser les bases d'un commencement d'industrie locale. On a également créé des écoles et des ateliers pour l'enseignement professionnel des jeunes filles.

Les deux cultures principales de la Roumanie, surtout dans la vallée du Danube, à l'est de Bucarest, sont le blé et le maïs, cultivés chacun sur une étendue de 1,900,000 hectares environ. Le maïs constitue la base de la nourriture des paysans, sous la forme de bouillie épaisse, appelée « manaliga », le reste est distillé en Roumanie ou exporté à l'étranger. Bien que l'usage du pain soit général, au contraire, en Dobrodja, on exporte la plus grande partie de la récolte de blé par Braïla et par les autres ports du Danube. Depuis la fondation des fabriques de sucre, la culture de la betterave a pris une certaine extension dans la Valachie. Avec l'orge et les autres céréales, on cultive encore en Roumanie le colza, le lin, le chanvre, le tabac.

L'organisation de l'enseignement agricole et vétérinaire a été une des principales préoccupations du Ministère de l'agriculture roumaine. M. Nicoleanus, directeur de l'agriculture en Roumanie, qui a bien voulu nous communiquer un rapport intéressant sur cet enseignement, a été un des principaux organisateurs et protagonistes de l'enseignement agricole dans son pays.

L'enseignement agricole en Roumanie est régi par la loi du 7 avril 1893 concernant l'organisation de l'enseignement professionnel.

L'article 18 de cette loi divise les écoles d'agriculture en deux catégories :

a. École d'agriculture supérieure.

b. Écoles pratiques d'agriculture.

Il y a une seule école supérieure d'agriculture dans le pays, l'école de Herestreu, à Bucarest, et trois écoles pratiques d'agriculture : 1° l'école de Pancesti-Dragomiresti dans le district de Roman; 2° l'école de Streharetz dans le district de l'Olt; 3° l'école Jordaké Zossima à Armasesti, dans le district d'Ialomitza.

La loi assimile l'école d'agriculture de Herestreu, en ce qui concerne son rang dans l'enseignement général du pays, aux écoles secondaires, et les écoles pratiques aux écoles primaires.

Pour compléter l'instruction pratique des élèves sortant de toutes les écoles d'agriculture du pays, l'État a créé, en vertu de la même loi, deux grandes fermes-modèles, une à Laza dans le district de Vaslui, l'autre à Studina dans le district de Romanatzi.

Toutes ces écoles sont entretenues aux frais de l'État et l'enseignement s'y donne gratuitement.

CHAPITRE III.

ORGANISATION DE L'ENSEIGNEMENT AGRICOLE.

ÉTABLISSEMENTS ET INSTITUTIONS D'ENSEIGNEMENT AGRICOLE.

I. — École supérieure d'agriculture de Bucarest.

(Médaille d'or.)

Cette école, appelée encore École centrale d'agriculture d'Herestreu, est une continuation de l'ancien Institut national d'agriculture de Saint-Pantéléimon, qui a été la première école d'agriculture en Roumanie; sa création remonte à l'année 1852.

L'institut fut installé sur la terre de Saint-Pantéléimon, qui a une étendue de 450 hectares et qui se trouve environ à 8 kilomètres de Bucarest. Ce domaine, appartenant à l'administration des hôpitaux civils, fut affermé par l'État pour une durée de quinze ans afin d'y installer l'école d'agriculture.

La direction des études fut confiée à C. Slatineanu, et la direction des travaux pratiques à un ancien élève de l'Académie d'agriculture de Hohenheim (Wurtemberg).

Depuis l'année 1857 jusqu'en 1863, la direction de l'école de Herestreu fut confiée à M. Racota et, à partir de 1863 jusqu'en 1885, à M. P.-S. Aurelian, ancien élève de l'école d'agriculture de Grignon, devenu depuis Ministre de l'intérieur et Président du Conseil des ministres.

A M. Aurelian, succédèrent M. Radiano, ingénieur agronome de l'institut agronomique de Paris, puis M. Danielescu, ancien élève de l'école nationale forestière de Nancy. Depuis l'année 1887, l'école centrale d'agriculture de Herestreu est dirigée par M. Carnu-Munteanu, ancien élève de l'école d'agriculture de Herestreu et de l'école forestière de Nancy, licencié ès sciences de la Faculté de Nancy.

De 1852 à 1867, l'école porta le nom d'Institut national agronomique de Saint-Pantéléimon. Par la suite on transféra l'école d'agriculture sur le domaine de Herestreu, d'où son nom d'École centrale d'agriculture de Herestreu.

Le domaine de Herestreu, d'une superficie de 264 hectares, situé près de la ville de Bucarest, fut affecté spécialement au service de l'école d'agriculture, et on y créa une ferme où les élèves pouvaient s'initier à la pratique agricole et à la direction d'une exploitation rurale. Le Gouvernement fit construire à Herestreu tous les bâtiments nécessaires à l'installation de l'école, qui y fut transférée le 1er décembre 1869.

La loi du 12 septembre 1865, relative à l'organisation de l'enseignement agricole, établissait trois catégories d'établissements : 1° les écoles pratiques d'agriculture; 2° les écoles régionales d'agriculture; 3° une école supérieure d'agriculture.

En application de cette loi, on fonda les trois écoles pratiques d'agriculture : de Stréharetz, de Pancesti-Dragomiresti et de Iordaké Zossima à Armasesti.

Pour l'enseignement forestier, la loi de 1885 prévoyait la création d'une école spéciale de sylviculture. Après avoir fonctionné pendant trois ans, cette école fut réunie à l'école d'agriculture de Herestreu.

La loi du 7 avril 1893 a séparé l'enseignement forestier de l'enseignement agricole, et une école spéciale de sylviculture fut créée à Branesti, dans le district d'Ilfov.

Les débuts de l'École centrale d'agriculture de Herestreu furent assez difficiles à tous les points de vue. En 1852, année où l'on créa la première école d'agriculture en Roumanie, l'enseignement était peu répandu dans le pays, et le peuple était incapable de comprendre l'utilité de l'enseignement agricole. Aussi le recrutement de l'école ne se faisait qu'avec difficulté, bien qu'on ne demandât aux élèves comme études préliminaires que d'avoir suivi les quatre classes primaires. Il fallut toute la persévérance et tout le patriotisme d'un homme supérieur comme M. Aurelian, alors directeur de l'école, pour faire comprendre et apprécier l'urgence de cette organisation par le pays. Son active propagande triompha des difficultés et parvint à attirer les jeunes gens à l'école d'agriculture.

Dès 1870, les candidats arrivèrent mieux préparés à l'école : un grand nombre d'entre eux avaient terminé les quatre classes du gymnase; quelques-uns avaient même suivi les études complètes du lycée. A partir de l'année 1883, on exigea des élèves, pour l'admission, l'achèvement des quatre classes supérieures du gymnase et on les astreignit à passer un examen d'entrée.

Actuellement, le recrutement des élèves se fait conformément à la loi du 7 avril 1893.

Organisation actuelle. — On reprochait, au début, aux élèves sortant de l'école d'agriculture, de n'être pas assez familiarisés avec les questions pratiques touchant l'administration générale d'un domaine rural.

En 1893, M. Carp, grand propriétaire, ancien Président du Conseil des ministres de Roumanie, alors Ministre de l'agriculture, dans le but de donner une large part à la pratique agricole, présenta la loi sur l'enseignement professionnel. Cette loi institua les deux grandes fermes modèles de l'État : Laza et Studina, où les élèves doivent faire un stage pour apprendre la culture et la direction d'une exploitation agricole.

L'article 28 de la loi de 1893 définit ainsi le but de l'école centrale d'agriculture : «Le but de cette école est de former le personnel nécessaire à l'enseignement dans les écoles pratiques d'agriculture, le personnel des fermes modèles de l'État, de bons administrateurs pour les domaines des particuliers, ainsi que le personnel spécial nécessaire aux services du Ministère de l'agriculture, du commerce et des domaines.

Conditions pour l'admission des élèves et régime intérieur :

L'article 29 de la loi de 1893 porte : l'admission des élèves a lieu par voie de concours; ils doivent être âgés de plus de 16 ans et avoir suivi les cours des quatre classes du gymnase ou d'autres cours équivalents.

Les élèves qui ont terminé les études du lycée ou qui sont bacheliers sont admis sans concours lorsque le nombre des candidats est inférieur à celui des places vacantes. Il y a des élèves boursiers de l'État, des districts ou des communes, et aussi des élèves payants. Ces derniers payent une taxe annuelle de 5oo francs servant à leur entretien. Le nombre actuel des élèves est de 9 1, dont 5o boursiers.

La durée des études est de quatre ans dont deux ans et demi à l'école centrale d'agriculture et dix-huit mois de stage dans l'une des fermes modèles de l'État. Les élèves qui ne passent pas avec succès les examens de l'école ne sont pas admis dans les fermes modèles. Le diplôme n'est délivré qu'à la suite d'un examen théorique et pratique passé devant une commission composée des professeurs de l'école, d'un délégué du Ministère de l'agriculture et d'un des administrateurs des fermes modèles de l'État.

Le stage de dix-huit mois que les élèves doivent faire à l'une des fermes modèles pour s'habituer à la grande culture fait partie de la période d'études de quatre ans.

Programme de l'enseignement. — Conformément à l'article 3 2 de la même loi, l'enseignement pratique et théorique comprend les matières suivantes :

1° L'agriculture générale et spéciale;

2° L'économie politique, la statistique et l'économie rurale;

3° Les mathématiques;

4° L'anatomie et la physiologie des animaux, la zootechnie et des notions de médecine vétérinaire;

5° Les sciences naturelles : botanique, géologie et minéralogie;

6° La comptabilité agricole;

7° L'horticulture, la viticulture et l'entomologie appliquée;

8° La physique, la chimie générale, la chimie agricole et la technique agricole;

9° Le droit administratif et la législation rurale;

10° L'hygiène.

A chaque cours, les professeurs et les maîtres de conférences sont obligés de faire avec les élèves aux laboratoires, à la ferme de l'école et dans les excursions, toutes les applications que comportent les matières enseignées.

Chaque professeur donne six leçons théoriques et deux pratiques par semaine; les maîtres de conférences proportionnent le nombre de leurs leçons au développement du cours.

Les leçons théoriques occupent la matinée, tandis que les après-midi sont réservées aux applications pratiques des cours, applications qui se font dans la ferme de l'école, et auxquelles tous les élèves sont obligés d'assister.

Moyens d'enseignement. — Pour les applications des cours, l'École centrale d'agriculture possède : un laboratoire de chimie, un cabinet de physique, un magnifique musée de zootechnie, un musée d'agriculture, un musée de sciences naturelles et tous les instruments nécessaires pour l'arpentage et le nivellement.

Un jardin dendrologique, un parc de 7 hectares, un jardin potager et des vignes servent de champs d'expériences et de démonstration.

La culture du domaine de Herestreu, les machines et les instruments de la ferme constituent des moyens précieux d'enseignement pour les élèves.

Le personnel administratif de l'école de Hérestreu se compose du directeur et du sous-directeur de l'école, d'un agent comptable, d'un intendant et d'un répétiteur, remplissant aussi les fonctions de surveillant, d'un médecin et d'un jardinier. Le personnel de la ferme comprend, indépendamment du personnel domestique, un chef de culture, un maître laitier, chef de la vacherie et de la laiterie, un mécanicien et un charron.

Pour la dernière année de l'exercice, les allocations budgétaires de l'école centrale de Herestreu s'élevaient à 98,520 francs : 64,704 francs pour le personnel et 33,816 francs pour le matériel.

De 1862 à la fin de l'année 1900, le nombre des élèves ayant terminé leurs études agronomiques à Herestreu s'élevait à 524, ayant obtenu soit le diplôme d'agronome, soit le certificat d'études.

La majorité des anciens élèves s'occupe d'agriculture en qualité de régisseurs, de fermiers ou de propriétaires cultivateurs. Plusieurs des anciens élèves de Herestreu occupent de hautes fonctions dans les services du Ministère de l'agriculture, dans le service viticole de l'État, dans le service forestier ou dans l'enseignement agricole.

Participation des élèves de l'école d'agriculture aux travaux de la ferme. — Tous les jours, à l'exception du dimanche, les élèves participent aux travaux de la ferme pendant l'après-midi. Afin de se familiariser avec le service intérieur de la ferme, l'entretien du bétail, la conservation du lait et la fabrication du beurre, les élèves font à tour de rôle le service de l'étable et de la laiterie, pendant toute la journée, en participant d'une manière effective à l'exécution de tous les travaux, sans exception. Ils exécutent aussi, indépendamment des applications des cours, les travaux de culture et d'amélioration les plus variés. Après avoir terminé leurs études à l'école de Herestreu, les élèves font encore un stage obligatoire de dix-huit mois à l'une des fermes modèles de l'État, à Laza ou à Studina, après lequel on leur délivre, à la suite d'un examen, le diplôme d'agronome.

Travaux et objets exposés. — L'école centrale d'agriculture de Herestreu ou de Bucarest a obtenu une médaille d'or pour sa participation à l'exposition de l'enseignement agricole.

Notice sur la ferme de l'école, par M. Cornu-Munteanu, directeur de l'école. — Manuels didactiques et cours théoriques. — Échantillons de céréales et de plantes oléagineuses.

II. — Fermes modèles.

Les fermes modèles ont été créées par la loi de 1893, dans le but d'améliorer les procédés de culture et les races d'animaux domestiques.

L'article 3 définit le rôle de ces fermes qui doivent :

1° Servir de modèle pour la culture des grandes exploitations rurales situées dans la région ;

2° Habituer les élèves, qui ont terminé les cours théoriques des écoles pratiques ou de l'école centrale, à la pratique des travaux agricoles et à la bonne gestion d'un domaine rural;

3° Servir à l'amélioration des races de chevaux de culture, des bœufs, des moutons et des porcs.

On décida de créer, à la date du 15 avril 1893, trois fermes modèles : une à Laza (Vaslui), une autre à Studina (Romanatzi) et une troisième à Hotarélé-Isvorélé (Ilfov). Les deux premières ont reçu chacune de l'État, pour leur installation et pour les frais d'exploitation, une somme de 500,000 francs.

Ferme modèle de Laza. (Médaille d'argent.) — Cette ferme dispose d'un terrain de 1,869 hectares. Les labours se font avec des charrues à vapeur et avec des charrues à traction animale. Les premiers atteignent de 25 à 35 centimètres de profondeur; les seconds de 16 à 22 centimètres.

On pratique à Laza le système des quatre soles : légumineuses, blé, jachère, céréales de printemps. L'assolement se fait de la manière suivante :

PREMIÈRE CATÉGORIE.		DEUXIÈME CATÉGORIE.	
Blé......................	Blé.	Blé.....................	Blé.
Avoine	Orge.	Orge..................	Avoine.
Légumineuses..............	Orge.	Orge..................	Légumineuses.

Les constructions ont coûté 276,100 francs, ainsi répartis :

Habitation	de l'administrateur...........................	17,381 francs.
	du sous-administrateur........................	12,156
	pour 10 élèves stagiaires......................	24,684
Maisons paysannes pour les élèves.........................		35,990
Four pour le pain.....................................		7,169
Moulin, atelier de charronnage et de ferronnerie.............		9,559
Porcherie...		5,532
Bergerie..		12,838
Écurie....	pour un étalon et six juments...................	10,180
	pour chevaux..............................	22,685
Étable....	pour vaches...............................	17,184
	pour bœufs................................	45,961
Magasins..	à céréales................................	18,860
	....	15,617
Clôtures...		10,499
Nivellement du sol..................................		3,087
Égouts des écuries et des étables.......................		2,586
Lieux d'aisance.....................................		4,180
TOTAL......................		276,100

Les machines agricoles ont coûté 91,310 francs. La ferme de Laza possède 850 têtes de bétail, dont 102 bœufs, 17 étalons, 18 taureaux et taurillons, 20 béliers. Les appointements et salaires du personnel de la ferme varient de 20,000 à 22,000 francs par an.

Objets et travaux exposés. — La ferme de Laza, qui a obtenu une médaille d'argent, avait présenté le compte rendu de l'exploitation de la ferme en 1898, rédigé par le directeur, et de nombreux échantillons de blé, orge, avoine, maïs et colza.

Ferme modèle de Studina. (Médaille d'argent.) — La ferme de Studina a une étendue plus considérable que celle de Laza, soit 3,400 hectares environ, mais son installation et son fonctionnement sont identiques.

Travaux et objets exposés. — Photographies des écoles d'agriculture et de sylviculture de Roumanie ainsi que de la ferme modèle de Laza. Lois, règlements et programmes de l'enseignement professionnel.

Les résultats obtenus par les fermes modèles, en dehors de l'enseignement pratique, ont été assez encourageants. Leur influence sur l'agriculture régionale s'est manifestée surtout en Moldavie, aux environs de Laza. Institutions encore nouvelles et dans leur période d'organisation, ces fermes modèles sont destinées à devenir des centres importants d'études agronomiques et d'essais agricoles. Leur rôle est surtout important pour l'amélioration des races chevaline, bovine et ovine. La production des semences sélectionnées, la démonstration des avantages de l'usage des prairies artificielles et de l'importance de l'assolement dans les cultures rendront de grands services dans tout le pays.

III. — Écoles pratiques d'agriculture.

Le but et l'organisation des écoles pratiques d'agriculture sont définis dans la loi du 7 avril 1893 sur l'enseignement professionnel :

« Les écoles pratiques ont pour but d'apprendre les notions élémentaires de l'agriculture et d'habituer les élèves, d'une manière pratique, à une culture rationnelle. »

Les écoles pratiques sont installées sur les domaines de l'État ; chacune doit posséder un terrain de 100 hectares au moins. Aucune école ne peut être ouverte avant qu'elle ne soit complètement aménagée et pourvue de tout le matériel nécessaire à son fonctionnement.

On n'y admet que les jeunes gens âgés de 16 ans qui ont terminé les classes primaires. Ils doivent passer un examen d'admission ; on les interroge sur la lecture, l'écriture et l'arithmétique élémentaire, d'après un programme rédigé par le Ministère de l'agriculture. Les élèves peuvent être boursiers de l'État, du district ou de la commune, ou encore payer une pension de 360 francs par an, somme qui sert à leur entretien. La durée de l'enseignement dans ces écoles est de deux ans. Il y a des cours théoriques et pratiques. Les cours théoriques comprennent 240 leçons par année et se font surtout en hiver. Ils comprennent les matières suivantes : notions d'agriculture, d'élevage et d'entretien des bestiaux, comptabilité simple, arithmétique et notions d'arpentage. Le reste du temps est employé aux travaux pratiques. On donne comme prix aux bons élèves : du bétail, des instruments agricoles, des semences.

Après avoir fait leur stage de deux ans dans les écoles pratiques, les élèves sont obligés de.passer dix-huit mois dans une ferme modèle de l'État, afin de compléter leurs études. Ce n'est qu'après ce stage qu'on délivre aux élèves le certificat d'études. Dans les fermes modèles, les élèves sont obligés d'exécuter tous les travaux agricoles; leur travail est rémunéré, et la somme qu'ils obtiennent ainsi leur sert pour acquitter les frais de pension.

Le personnel d'une école pratique se compose :

D'un professeur enseignant l'agriculture, l'élevage et l'entretien du bétail;

D'un professeur d'arithmétique, de géométrie, d'arpentage et de comptabilité simple;

D'un jardinier obligé de faire des conférences sur l'horticulture, la sériciculture et l'apiculture;

D'un agent comptable, d'un médecin et d'un intendant.

L'un des deux professeurs est chargé de la direction de l'école; l'autre remplit les fonctions de chef d'exploitation.

Les deux écoles pratiques d'agriculture de Roumanie sont situées, l'une à Stréharetz (Olt) et l'autre à Paucesti-Dragomiresti dans le district de Roman.

En 1889, on a fondé sur le domaine d'Armasesti (Jalomitza), légué à l'État par Jordaké-Zossima, une école pratique d'agriculture et de métiers, qui porte le nom du donateur.

Les allocations budgétaires annuelles sont, pour l'école de Stréharetz, de 31,723 francs, dont 15,738 francs pour la rétribution du personnel, et 13,955 francs pour les frais de matériel et d'exploitation des 100 hectares de terre qui composent la ferme du domaine. Le nombre des élèves boursiers s'élève à 30.

Toutes les écoles pratiques, en dehors des collections nécessaires à l'enseignement, doivent encore posséder une ferme d'expériences d'une étendue de 100 hectares.

Les élèves des écoles pratiques exécutent tous les travaux de culture, sans distinction, aux champs, à la ferme, dans les jardins.

École pratique de Stréharetz. (Médaille de bronze.) — L'école avait présenté à l'Exposition les objets suivants : Notice sur l'école, rédigée par le directeur. Cours théoriques. Échantillons de divers produits agricoles, de miel, cire et laines.

École pratique d'agriculture de Paucesti-Dragomiresti. (Médaille de bronze.) — Cette école avait exposé des dessins exécutés par les élèves, des collections de papillons, des échantillons de laine, des spécimens de greffe.

École pratique d'agriculture de Jordaké-Zossima-Armasesti (Jalomitza). [Médaille de bronze.] — Cette école a un budget annuel de 58,000 francs, dont

31,000 francs pour le personnel et 27,000 francs pour le matériel et l'exploitation de la ferme. Outre le personnel habituel des écoles pratiques en Roumanie, celle-ci a trois chefs d'atelier pour l'enseignement technique : un forgeron, un charron, un menuisier.

De plus, il y a une section pour l'enseignement pratique des métiers pour les jeunes filles. Le nombre des boursiers est de 50.

Travaux et objets exposés. — Échantillons de grains et de graines. — Objets de boissellerie et de tonnellerie, de serrurerie et de ferronnerie. — Toiles et tissus de soie, laine et coton. — Guipures, dentelles, broderies au crochet, broderies nationales.

IV. — Enseignement horticole.

La Roumanie ne possède pas d'école spéciale d'horticulture; cet enseignement est donné dans les écoles d'agriculture. Dans les anciennes écoles de Pantéléimon, district d'Ilfov, et de Galata, district d'Iassi, qui n'existent plus aujourd'hui, l'horticulture constituait la branche principale de l'enseignement.

Actuellement, on enseigne l'horticulture à l'école centrale d'agriculture de Herestreu, où il y a un conférencier spécial pour l'arboriculture et la culture potagère. Dans les écoles pratiques d'agriculture de Strébaretz, district de l'Olt, de Roman et d'Armasesti (Jalomitza), l'arboriculture est enseignée par le professeur d'agriculture et de sciences naturelles. On enseigne encore les principales notions de l'horticulture dans les écoles normales et dans deux écoles primaires supérieures.

Cet enseignement incomplet ne peut former des spécialistes en horticulture. Le Gouvernement roumain envoie quelques jeunes élèves de l'école de Herestreu étudier l'horticulture en France, en Allemagne et en Autriche.

Dans le but de répandre les meilleures variétés d'arbres fruitiers dans le pays, et aussi pour étudier les meilleures variétés étrangères pouvant s'adapter au climat et à la nature du sol de la Roumanie, le Ministre de l'agriculture a décidé de créer, en 1894, plusieurs pépinières d'arbres fruitiers dans les centres horticoles.

Comme moyen d'enseignement pratique de l'arboriculture, les pépinières sont un des plus efficaces dans un pays encore neuf. Les paysans qui travaillent dans les pépinières de l'État apprennent rapidement tous les travaux de greffage, de plantation et de culture des arbres fruitiers. Dans un pays à climat tempéré et avec des sols assez fertiles comme la Roumanie, on trouve presque toutes les espèces d'arbres fruitiers.

V. — Enseignement forestier.

L'école forestière de Branesti, district d'Ilfov, a obtenu une médaille de bronze pour les travaux exécutés par les élèves, plans et modèles d'installations forestières. Nous ne pouvons pas donner de détails sur l'organisation de cette école, car nous n'avons pas de documents à ce sujet. Nous ne faisons que signaler également l'école spéciale de sylviculture de Bucarest sur laquelle les renseignements nous manquent.

VI. — Enseignement vétérinaire.

École supérieure de médecine vétérinaire de Bucarest. (Médaille d'or.) —
L'École supérieure de médecine vétérinaire a été créée en 1861, sur la demande de
Davilla, fondateur de l'enseignement médical et pharmaceutique en Roumanie. Les cours
de la première année, faute de personnel, ont été organisés d'une manière rudimentaire;
en 1862, on fit un programme plus développé, divisant les études en cinq années,
mais l'absence de spécialistes ne permit pas d'exécuter complètement ce programme.
La loi sur l'instruction publique de 1864 classa les études de la médecine vétérinaire
dans l'enseignement supérieur en prévoyant la création d'une école supérieure de
médecine vétérinaire auprès de la Faculté de médecine.

Lors de la création du Ministère de l'agriculture (1883), l'enseignement de la médecine vétérinaire passa à ce ministère. Jusqu'à cette époque, sauf les cliniques et les
herborisations, les cours n'étaient que théoriques et il n'y avait pas de salle de dissection.
Pour pouvoir présenter des pièces anatomiques, dans le but de mettre en évidence l'importance des dissections dans la médecine vétérinaire, les aspirants au concours de vétérinaire étaient forcés de disséquer et de préparer les pièces pendant l'été, dans la
salle de dissection et d'autopsie de l'hôpital Coltea. La première salle de dissection fut
installée par souscription publique. Depuis, tous les gouvernements ayant contribué
à l'organisation de l'école vétérinaire, elle se trouva définitivement organisée comme
il suit.

L'école reçoit des internes et des externes. Les cours de l'école comprennent quarante-huit matières, enseignées par neuf professeurs et deux conférenciers assistés de huit
chefs de travaux. Le médecin de l'internat fait un cours d'hygiène et le pharmacien de
l'école exerce les étudiants de cinquième année aux manipulations pharmaceutiques.

La durée des études est de cinq années, avec cinq examens. Pour obtenir le diplôme
de médecin vétérinaire, les étudiants subissent cinq examens de diplôme et présentent
une thèse imprimée. Les médecins vétérinaires sont reçus dans l'armée avec le grade
de sous lieutenant vétérinaire. Après un an de service militaire, ils subissent un examen
et passent dans la réserve avec le grade de lieutenant, à moins qu'ils ne restent à
l'armée pour continuer leur service militaire pendant six ans au moins.

Les travaux pratiques ont lieu dans les laboratoires et les salles de l'école : laboratoires d'anatomie, de physiologie, de microbiologie et d'anatomie pathologique, de thérapeutique et de médecine opératoire, de chimie et de physique.

Pour chacun des services vétérinaires, il y a des écuries spéciales, isolées pour les
maladies contagieuses. L'école a aussi une pharmacie, un manège, un atelier de maréchalerie et un petit musée. A l'institut bactériologique, on prépare le vaccin animal
pour l'armée et pour les services des hôpitaux.

Depuis quelques années, on a créé à l'école de Bucarest un institut zootechnique,
comprenant six sections. Les sections chevaline, bovine, ovine et porcine, ont chacune seize ou dix-sept animaux reproducteurs. Les deux autres sections sont la section

d'aviculture et la section canine qui possède comme reproducteurs des chiens de la race de Saint-Germain.

On a constaté, à l'institut zootechnique, que les brebis mérinos précoces et les Rambouillet s'allient bien et donnent d'excellents produits avec la variété Spanca et Tzigaïa blonde, surtout au point de vue de la production d'une laine plus fine. Les croisements du cheval arabe avec le cheval roumain ont également donné de bons résultats.

Depuis sa fondation, l'école supérieure vétérinaire de Budapest a délivré 221 diplômes de médecin vétérinaire.

Objets et travaux exposés. — L'École supérieure de médecine vétérinaire de Budapest avait présenté de nombreux objets et des travaux intéressants à l'Exposition, qui lui ont valu l'attribution d'une médaille d'or : Monographie de l'enseignement vétérinaire; plans et vues de l'école vétérinaire de Budapest. Monographie de l'institut de zootechnic. Album photographique d'animaux de ferme de la Roumanie. Collection de différentes variétés de laines. Études sur le lait et sur les laines de Roumanie. Moulage représentant les pustules du vaccin du buffletin. Objets de maréchalerie.

CHAPITRE IV.

CONSIDÉRATIONS GÉNÉRALES.

La loi du 12 septembre 1865 établissait trois catégories d'établissements d'enseignement agricole : les écoles pratiques d'agriculture, les écoles régionales et une école supérieure. Mais les écoles régionales n'ont pas encore été organisées.

L'école centrale d'agriculture de Herestreu représentant l'enseignement supérieur se différencie assez nettement des établissements analogues des autres pays : alors qu'il est admis presque partout que l'enseignement supérieur ne peut qu'être théorique avec leçons suivies simplement d'exercices et de démonstrations pratiques, la Roumanie admet qu'il doit être à la fois théorique et pratique. C'est ainsi que tous les jours les élèves de Herestreu participent aux travaux de la ferme pendant l'après-midi; à tour de rôle, ils font le service de l'étable et de la laiterie pendant toute la journée, prenant part d'une manière effective à l'exécution de tous les travaux sans exception; ils exécutent aussi, indépendamment des applications des cours, les travaux de culture et d'amélioration les plus variés. C'est plus qu'on ne fait dans nos écoles nationales de France; c'est presque ce qui est admis dans nos écoles pratiques d'agriculture.

Bien mieux, en 1893, M. Carp, Ministre de l'agriculture de Roumanie, décida de donner encore une plus large part à la pratique en instituant deux grandes fermes modèles de l'État à Laza et à Studina, où les élèves doivent faire un stage obligatoire de dix-huit mois pour apprendre la culture et la direction d'une exploitation agricole. Nous avons vu que cette organisation avait été admise parce qu'on reprochait aux élèves sortants de n'être pas assez familiarisés avec les questions pratiques touchant l'administration générale d'un domaine rural.

Immédiatement au-dessous de l'École centrale de Herestreu, avec les fermes modèles que l'on peut classer à part, se trouvent les écoles pratiques au nombre de trois : à Stréharetz, Paucesti-Dragomiresti et Jalomitza. Ces établissements semblent devoir être classés entre nos fermes-écoles et nos écoles pratiques. Ils ne donnent que deux cent quarante leçons par année, pendant l'hiver, la moitié moins que les écoles pratiques françaises; le reste du temps est employé aux travaux de la ferme.

Il est à remarquer que les élèves, comme ceux de l'École centrale de Herestreu, sont obligés, après leurs deux années d'études, de passer dix-huit mois dans une ferme modèle de l'État. Ce nouveau stage de dix-huit mois peut être fait à peu de frais puisque le travail est assez rémunéré pour permettre d'acquitter les frais de pension.

En somme, les études théoriques et pratiques durent quatre ans (de 16 à 20 ans). Dans ces conditions, les résultats obtenus ne peuvent qu'être excellents et le but poursuivi par ces établissements, qui est de former de bons praticiens, doit être certainement atteint.

Les fermes modèles ont été très utiles pour l'enseignement, mais il faut rappeler ce que nous avons indiqué à la fin de notre étude sur les écoles (page 476), c'est qu'elles ont rendu des services à l'agriculture régionale par la propagation des bonnes méthodes de culture; elles sont appelées dans l'avenir à accentuer ce double rôle qui donnera d'excellents résultats.

En dehors des écoles pratiques, la Roumanie ne possède pas d'écoles spéciales soit pour la laiterie, soit pour l'horticulture. Pour former des spécialistes, elle envoie ses jeunes gens en France, en Allemagne ou en Autriche.

L'enseignement nomade de l'agriculture, organisé dans les autres pays d'Europe, n'existe pas en Roumanie.

Il faut remarquer que la Roumanie n'a pas encore terminé l'organisation de son enseignement agricole. Ce qu'elle a fait jusqu'à présent est d'un bon présage pour l'avenir. Tel a été l'avis du Jury de la Classe 5 qui a reconnu par l'attribution d'un grand prix au Ministère de l'agriculture l'excellente organisation, par ce département, de l'enseignement supérieur ou scientifique agricole, des écoles pratiques et des écoles vétérinaires et forestières.

XVII
RUSSIE.

CHAPITRE PREMIER.
EXPOSITION.

Sur l'ordre du tsar, la Russie était représentée dans toutes les classes des Groupes I et III (Enseignement et Arts libéraux). La section de l'enseignement technique russe occupait plusieurs salons au premier étage du Palais de l'Éducation et de l'Enseignement au Champ-de-Mars. Elle s'étendait sur un espace de 40 mètres de longueur et de 8 mètres de largeur. Une commission spéciale avait procédé à l'organisation de l'exposition sous la direction de M. Kovalevsky.

Le premier salon de l'enseignement professionnel russe était occupé par l'enseignement agricole. A gauche, se trouvait l'exposition de l'Institut agronomique de Moscou dont quatre grandes photographies placées sur un panneau donnaient des vues d'ensemble complétées par les albums placés sur une table. A côté de l'Institut de Moscou, l'Institut agronomique et forestier de la Nouvelle-Alexandrie avait présenté un plan de l'ensemble du domaine, des vues de la ferme et du jardin botanique, ainsi que des ouvrages des professeurs, parmi lesquels figurait un volume renfermant des données intéressantes sur la culture des plantes à la ferme d'essais de 1881 à 1898. Après ces deux Instituts agronomiques, l'École d'agriculture et d'horticulture d'Oumagne était représentée par des tableaux figurant les divers modes de greffage et par un tableau de clichés photographiques sur verre: anatomie de l'abeille, structure des ruches. Un volumineux album contenait 100 photographies des différentes parties de l'École d'Oumagne. Des échantillons de légumes et de fruits séchés complétaient l'exhibition, avec des spécimens de plantes atteintes de maladies causées par des parasites. Sur la même ligne, se trouvaient encore les expositions de l'École de Bolchoïe-Selo avec des travaux des élèves, des dessins de machines agricoles, de l'École de Kherson et de celle de Kazan. L'École d'agriculture de Loubny avait présenté un ensemble d'objets: un album de graphiques, un herbier de plantes pharmaceutiques, des échantillons des divers produits de la sériciculture, une collection de graines potagères et forestières.

Bien en évidence, sur le panneau du fond du salon, se détachait la carte des établissements d'enseignement agricole en Russie présentée par le Ministère de l'agriculture et des domaines, puis des tableaux graphiques marquant la progression de l'enseignement agronomique. Une vingtaine de volumes contenant des statistiques et des rapports, placés sur la table, donnaient tous les renseignements utiles sur l'enseignement agricole en Russie[1].

---

[1] M. Paul Meyer, assistant à la Faculté des sciences de Moscou, a bien voulu nous signaler et traduire les passages les plus intéressants de ces publications.

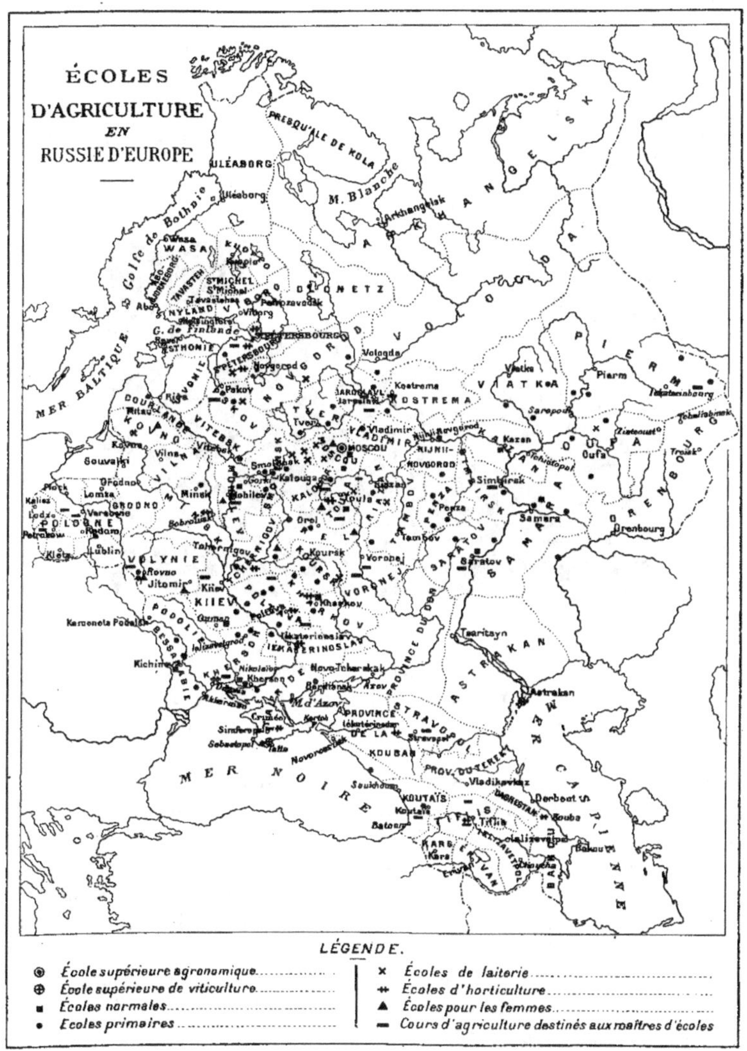

Fig. 203. — Carte des établissements d'enseignement agricole de la Russie d'Europe.

L'École d'agriculture Alexandrovskaïa–Nartasskaïa avait aussi exposé de nombreux cartons de photographies, des plans et des graphiques de l'école, des spécimens des divers ouvrages en fer forgé et en bois exécutés par les élèves dans les ateliers de l'école. Sur le côté droit du salon russe, on voyait des reproductions photographiques de l'école de Bielaïa-Krinitssa. Au milieu du salon, on remarquait un plan en relief de l'école de Loubny. Un certain nombre d'autres écoles avaient exposé des cartes, plans, albums et travaux d'élèves.

Plusieurs photographies de l'exposition russe reproduisaient des scènes vivantes et animées de la vie scolaire.

Fig. 204. — École forestière secondaire du cantonnement de Khrénowé, gouvernement de Voronège.

L'ensemble de cette exposition témoignait de la puissante impulsion donnée en ces dernières années à l'enseignement agricole et forestier dans les écoles publiques et dans les écoles de district par le Ministère de l'agriculture et des domaines, auquel le Jury a attribué deux grands prix : l'un à la Direction ou Département de l'agriculture, l'autre à la Direction ou Département des forêts. L'exposition russe faisait aussi honneur aux organisateurs qui avaient su mettre en relief, dans un espace restreint, les travaux et les objets les plus caractéristiques de l'enseignement russe.

Le grand-duché de Finlande avait installé son exposition de l'enseignement dans le pittoresque et original pavillon de la rue des Nations. La Finlande possède une vingtaine d'écoles élémentaires d'agriculture et l'Institut supérieur agricole de Mustiala qui comprend trois sections d'enseignement ou écoles spéciales d'agriculture, de laiterie et d'élevage. L'administration des écoles de Finlande avait placé dans les vitrines de droite du pavillon et dans la galerie formant premier étage, à l'extrémité du hall, des documents intéressants sur l'agriculture et sur l'enseignement agricole du pays.

Récompenses. — 4 grands prix, 4 médailles d'or, 3 médailles d'argent, 3 médailles de bronze, 3 mentions honorables. Collaborateurs : 2 médailles d'or, 6 médailles d'argent, 1 mention honorable.

CHAPITRE II.

HISTORIQUE DE L'ENSEIGNEMENT AGRICOLE.

Les forêts, les steppes et les marais occupaient autrefois une immense étendue de la Russie d'Europe. Les Russes brûlaient les forêts pour défricher le sol et obtenaient dans ces terres vierges des récoltes assez abondantes. Les paysans menaient une vie nomade au milieu des immenses plaines incultes. A la fin du xvi° siècle, l'asservissement des paysans les attacha à la glèbe. La population rurale étant devenue sédentaire, on commença à pratiquer un système primitif d'assolement, la moitié ou le tiers des terres restant en jachère. Ce mode de culture marque la première phase dans la voie du progrès agricole. Mais l'asservissement des paysans empêcha tout nouveau perfectionnement dans la culture jusqu'à l'époque de la libération des serfs, en 1862.

Fig. 205. — École secondaire de Mariynsk, gouvernement de Kazan.

Sous le règne de Pierre le Grand, une série de mesures furent prises pour l'introduction et la culture de nouvelles plantes et pour l'amélioration du bétail. Pierre le Grand envoya en Silésie des cultivateurs et des bergers du domaine impérial pour y apprendre les meilleures méthodes de culture et l'élevage des moutons. L'arboriculture et la viticulture furent aussi l'objet de mesures de protection, et on créa, sur ses ordres, des jardins et des pépinières dans différentes régions. Mais l'activité de Pierre le Grand ne donna qu'une partie des résultats attendus, tant étaient grandes, à cette époque, la torpeur et l'ignorance des populations rurales, alors placées sous la domination de la noblesse.

Les successeurs immédiats de Pierre le Grand n'apportèrent pas la même attention aux progrès de l'agriculture. Sous le règne d'Élisabeth, on étudia cependant la question de l'organisation d'une Banque agricole de la noblesse. Le règne de Catherine II fut marqué par les progrès réalisés dans l'instruction des classes supérieures qui commencèrent à considérer l'agriculture comme la principale source de la richesse nationale. La création du cadastre date de cette époque. Une autre mesure, tendant à favoriser l'immigration des colons étrangers dans les provinces les moins peuplées de l'empire, favorisa également la propriété rurale. Le même règne fut marqué par l'autorisation de l'exportation libre à l'étranger des produits agricoles, par l'envoi d'instructions relatives à la culture de la pomme de terre et du tabac, par la création d'une Banque de la noblesse destinée à faciliter les améliorations foncières et enfin par la fondation de la première société d'agriculture, appelée Société économique libre. A l'action gouvernementale vint s'adjoindre bientôt le concours de l'initiative privée.

L'œuvre entreprise sous le règne de Catherine II fut poursuivie par le gouvernement de Paul Ier, et le besoin de l'unité dans l'élaboration des mesures propres au relèvement de l'agriculture se faisant sentir, on créa en 1797 une institution spéciale, appelée Expédition de l'économie nationale, dans laquelle furent centralisées toutes les affaires concernant l'extension et l'amélioration de l'industrie agricole. Le meilleur moyen pour vulgariser les connaissances théoriques et pratiques parut être la création d'une école spéciale d'agriculture. Cette première école d'agriculture fut fondée près de Saint-Pétersbourg par ordonnance impériale, en date du 30 avril 1797. On y recevait d'abord des pupilles de l'Université de Moscou, des pupilles des deux sexes des asiles, des enfants de prêtres et de paysans. Le but que se proposait l'école n'ayant pas été immédiatement atteint, on n'accepta plus comme élèves que des enfants de paysans, et on adjoignit une ferme à l'école en 1799. Mais les médiocres résultats obtenus ne correspondant pas au chiffre élevé des dépenses, l'école et la ferme furent supprimées en 1803. Malgré son existence éphémère, cette première institution d'enseignement agricole rendit quelques services.

Au commencement du xixe siècle, la protection du Gouvernement devint plus active, ainsi que cela résulte du rapport du Ministre de l'intérieur en 1804. L'action du Gouvernement se manifesta par les encouragements donnés à l'agriculture et par la création de chaires d'agronomie dans les universités alors existantes. En 1825, on reprit de nouveau l'idée de la création de quelques fermes-écoles, idée qui avait été abandonnée auparavant à la suite d'essais infructueux.

Quelques années après la suppression de la première école d'agriculture, le Gouvernement prêta son concours à la Société d'agriculture de Moscou, pour la création d'une école d'agriculture avec une ferme modèle, et il fonda des écoles de viticulture à Kislar, en 1807, à Akkermann en 1832, ainsi que des écoles d'horticulture à Ekatherinoslav en 1817, à Penza et à Poltava en 1820. La comtesse Stroganov fonda en 1824 une école d'agriculture à Saint-Pétersbourg, à laquelle on ajouta plus tard une section pour l'enseignement de l'arpentage et de la sylviculture; en 1828, Prokopovitsch créa près de Batourine une école d'apiculture. On planta également des pépinières et des vignes pour faire connaître les meilleures espèces d'arbres fruitiers et les meilleurs cépages, plantations entretenues par des horticulteurs et des viticulteurs venus de l'étranger. Le jardin le plus renommé fut celui de Nikitski établi en Crimée en 1811. La Crimée, sillonnée par de nombreuses vallées favorables à la production fruitière, fut appelée le verger de la Russie.

Le Gouvernement trouva un concours très efficace pour l'accomplissement de ses projets auprès des grands propriétaires fonciers qui travaillèrent aux progrès de l'industrie agricole autant dans leur intérêt personnel que pour se rendre utiles à leur pays. Parmi les plus connus on cite l'amiral comte Mordvinov, nommé président de la Société économique libre. Il exprima l'opinion que les mauvaises récoltes et la disette de 1833 ne provenaient pas seulement des mauvaises conditions météorologiques, mais aussi des défectueux systèmes de culture en usage en Russie; en conséquence, il était urgent de former en Russie, comme dans les pays de l'Europe occidentale, une catégorie d'hommes ayant reçu dans des écoles spéciales une instruction agricole scientifique, parmi lesquels se recruteraient des intendants habiles et expérimentés pour les grandes et les moyennes exploitations rurales. L'amiral Mordvinov adressa à l'Empereur un rapport qui fut transmis au Conseil des ministres. Une commission spéciale fut chargée d'étudier ce rapport et de donner son avis sur l'opportunité des réformes et des mesures proposées. Ses délibérations aboutirent à la création d'une école d'agriculture, en 1836, dans le domaine de l'État, à Gorki, gouvernement de Mohilev. La même année, on installa dans une annexe de l'Institut technologique de Saint-Pétersbourg un petit atelier pour la construction des modèles de machines agricoles. Une subvention assez importante fut allouée par le Trésor aux frères Boutenop, fabricants de machines agricoles à Moscou, pour l'agrandissement de leurs ateliers. En 1835, le Ministère des finances donna à la Société d'agriculture de Moscou les subsides nécessaires pour la création et l'entretien d'une école d'agriculture et d'une ferme. En 1837, une subvention temporaire de 10,000 roubles fut accordée à la Société économique libre pour l'entretien d'un certain nombre de boursiers dans des écoles d'agriculture, indépendamment de la subvention permanente de 20,000 roubles accordée, quatre ans auparavant, à la même Société. En 1836, des chaires d'agronomie furent créées dans les universités de Saint-Pétersbourg et de Kiev et dans les lycées d'Odessa et de Jaroslav. En 1834, on institua l'École supérieure d'agriculture Marimontsky près de Varsovie et une École pratique aux environs de Dorpat, actuellement Yuriev.

L'Institut impérial de Gorki, dont nous avons parlé précédemment, ouvert en 1840, avait pour but de former des professeurs d'agriculture, des administrateurs des domaines, des régisseurs, des cultivateurs et des aides agricoles.

Il comprenait plusieurs sections :

1° Une école agricole inférieure pratique, destinée à former de bons travailleurs ruraux. On y recevait des fils de paysans, âgés de 16 à 20 ans, auxquels on enseignait seulement quelques notions théoriques et l'agriculture pratique. L'État payait 50 roubles par élève;

2° Une école secondaire d'agriculture divisée en trois classes. L'instruction théorique comprenait les notions suivantes: religion, grammaire, arithmétique, calligraphie, dessin, arpentage, géographie, agriculture, zootechnie, technologie et sylviculture.

Cette section recevait 15 boursiers (élèves de la Couronne) et un nombre indéterminé de pensionnaires et d'externes. Les frais de pension, y compris l'habillement, ne s'élevaient qu'à 94 roubles et demi par élève. En 1846, le nombre des élèves de cette section était de 35 ;

3° En 1843, on fonda une école supérieure destinée aux jeunes gens appartenant aux classes moyennes de la société russe. Mieux traités sous le rapport du bien-être matériel, ces élèves payaient une pension de 120 roubles. Les boursiers devaient s'engager à servir l'État pendant six ans.

Le programme de l'enseignement était le suivant : *Première année,* semestre d'hiver : encyclopédie des sciences agricoles, botanique, droit public russe, arithmétique, langue allemande, dessin. — Deuxième semestre, été : chimie, botanique, géodésie, levé de plans, zoologie, anatomie et physiologie, droit russe, langue allemande, dessin. *Deuxième année,* premier semestre : physique, chimie appliquée à l'agriculture, architecture rurale, médecine vétérinaire, droit russe, langue allemande, dessin. — Deuxième semestre : culture des plantes, zootechnie, sylviculture, horticulture et arboriculture, médecine vétérinaire, mécanique et architecture, droit allemand, dessin. *Troisième année,* premier semestre : droit administratif, économie rurale, technologie agricole et forestière, comptabilité, devis, droit politique russe, langue allemande, dessin. — Deuxième semestre : estimation pratique et devis, théorie de l'impôt foncier et cadastre, météorologie et climatologie, histoire et statistique, littérature russe, langue allemande, dessin.

A la fin de chaque année, les élèves subissaient un examen avant de passer dans la classe supérieure. En 1846, la section supérieure de l'Institut comptait 85 élèves, dont 15 boursiers. L'Institut possédait de nombreuses collections et une importante bibliothèque. Le domaine agricole avait une étendue de 1,100 déciatines, soit environ 1,200 hectares.

L'organisation de l'enseignement agricole en Russie fut surtout l'œuvre du Ministère de l'agriculture et des domaines de l'État. L'agriculture dépendait auparavant des Ministères des finances et de l'intérieur. Dans l'organisation de l'enseignement agricole par le Ministère de l'agriculture et des domaines, on peut distinguer deux périodes : la première s'étend jusqu'à l'époque de la libération des serfs; la seconde va de 1862 jusqu'à 1900. Pendant la première période, les efforts de l'Administration ont tendu à répandre l'instruction agricole parmi les paysans appartenant à l'État et parmi les propriétaires ruraux par l'instruction spéciale donnée à leurs enfants. Une dizaine de fermes-écoles réparties dans les différentes régions recevaient chacune, en moyenne, une centaine d'élèves internes, âgés de 17 à 20 ans, qui suivaient un cours de quatre années. Chacune de ces fermes exploitait un grand domaine de 550 à 880 hectares. Indépendamment de quelques élèves externes, certains établissements d'enseignement agricole avaient un plus grand nombre de pensionnaires. A l'école d'agriculture des *Apanages,* domaines impériaux, le Gouvernement russe entretenait 240 élèves. L'enseignement débutait par l'instruction primaire supérieure avec leçons d'agriculture et exercices pratiques. Au bout de quatre ans, les élèves passaient, trois par trois, dans de petites exploitations rurales annexées à l'établissement où ils organisaient eux-mêmes la culture; ceux qui faisaient preuve de capacité étaient admis à diriger une des exploitations agricoles des domaines.

L'enseignement agricole avait alors une sorte de caractère obligatoire qui n'a pas survécu à la réforme de 1861. Le nombre des fermes-écoles a rapidement diminué pour aboutir à leur disparition, quelques années après la libération des serfs. Les écoles inférieures d'agriculture actuelles ont un caractère tout différent.

Pendant la deuxième période, les mesures prises par le Ministère de l'agriculture et des domaines de l'État ont une portée plus étendue et s'appliquent à toutes les classes de la population. L'ordre même dans lequel elles furent prises marque le changement complet d'orientation de l'enseignement et la modification du point de vue. L'État s'occupa d'abord d'organiser d'une façon rationnelle et sur des bases solides les écoles supérieures d'enseignement agricole : l'Institut agronomique de Saint-Pétersbourg et l'Académie agricole et forestière de Petrovsky. Ayant formé dans ces établissements supérieurs les cadres de l'enseignement agricole, c'est-à-dire un nombre suffisant de techniciens et de spécialistes pour occuper les places de professeur dans les écoles agricoles moyennes, les organisateurs dirigèrent leur attention vers les modifications à apporter au régime des écoles secondaires, puis ils s'occupèrent de l'organisation de l'enseignement agricole inférieur.

Les établissements d'enseignement supérieur comprenaient à l'origine deux sections, l'une d'agriculture, l'autre de sylviculture. Lorsque le nombre des élèves de l'Académie Petrovsky atteignit le chiffre de trois cents, le Ministère dédoubla l'enseignement de l'Institut de Saint-Pétersbourg en supprimant la section d'agriculture et transforma cette dernière école en un établissement d'enseignement forestier. Puis, lorsque le nombre des élèves forestiers de l'Institut de Saint-Pétersbourg atteignit à son tour le chiffre de trois cents, le Ministère de l'agriculture et des domaines émit l'opinion qu'il était préférable de n'avoir qu'une seule école supérieure de sylviculture. En conséquence, un décret impérial supprima la section de sylviculture de l'Académie Petrovsky qui devint exclusivement une école d'enseignement agronomique. En 1887, cette dernière école fut entièrement transformée; elle porte depuis cette époque le nom d'Institut agronomique de Moscou. Deux écoles moyennes d'agriculture furent fondées en 1864 et 1865, celle de Kazan et celle de Mariinsky. En 1868, l'École d'horticulture d'Oumagne fut transformée en école d'agriculture et d'horticulture; en 1882, l'école inférieure d'agriculture, fondée en 1874 par le Zemstvo de Kherson, fut transformée en école moyenne et placée sous la gestion du Ministère de l'agriculture et des domaines. Les écoles moyennes, réparties dans les différentes régions de la Russie, fournissent des intendants pour les propriétés privées, ainsi que le personnel enseignant des écoles inférieures. Le programme de l'enseignement dans les écoles moyennes ou secondaires s'est graduellement élargi et comprend, outre l'enseignement technique, les matières de l'enseignement général des écoles réales, écoles secondaires de l'enseignement moderne;

ce qui permet aux meilleurs élèves d'être admis dans les écoles supérieures d'agriculture et de sylviculture.

Lorsqu'un certain nombre de spécialistes eurent terminé leurs études dans les écoles moyennes d'agriculture, le Ministère aborda le problème de la création et de l'organisation des écoles inférieures d'agriculture. Le recrutement du personnel ayant été ainsi assuré, le nombre des écoles inférieures ne tarda pas à s'accroître, avec les dons et legs de riches particuliers et des grands propriétaires fonciers.

Depuis 1894, toutes les affaires concernant les établissements d'enseignement agricole sont concentrées dans une section spéciale du département de l'agriculture. Cette centralisation de l'enseignement agricole dans un même service a permis de donner de l'unité dans la direction des divers établissements; elle a, en même temps, concentré les efforts de l'administration et facilité le développement des écoles. Le Jury, désireux de reconnaître les résultats obtenus et qui lui ont été signalés d'une façon si claire par les distingués et compétents fonctionnaires délégués à l'Exposition, MM. Lénine et Kovaleski, a accordé à la Direction ou Département de l'agriculture un *grand prix* pour l'organisation de l'enseignement agronomique et la série de documents présentés à la Classe 5. Indépendamment de cette haute récompense, le Jury a tenu à récompenser les travaux de MM. Khomiakof et Mechtersky, en accordant à chacun d'eux une médaille d'or.

CHAPITRE III.

ORGANISATION DE L'ENSEIGNEMENT AGRICOLE.

ÉTABLISSEMENTS ET INSTITUTIONS D'ENSEIGNEMENT AGRICOLE.

En Russie, les écoles d'agriculture appartiennent aux trois types généraux de l'enseignement agricole : écoles supérieures d'agriculture, écoles secondaires ou moyennes d'agriculture et écoles, dites inférieures, de premier et de deuxième degré.

La plupart de ces établissements d'enseignement agricole relèvent du Ministère de l'agriculture et des domaines de l'État. L'Institut agronomique et forestier de Nouvelle-Alexandrie, la section d'agriculture de l'Institut polytechnique de Riga, ainsi que plusieurs écoles inférieures, comme l'école d'horticulture de Varsovie, dépendent du Ministère de l'instruction publique. L'Institut polytechnique de Kiev, récemment fondé, relève du Ministère des finances.

Au commencement de l'année 1899, 133 écoles de diverses catégories dépendaient du Ministère de l'agriculture. De 1897 à 1899, le nombre des élèves a passé de 5,137 à 5,730 pour 122 écoles ayant fourni des renseignements. Dans les cinq dernières années, le nombre des écoles a presque doublé, et celui des élèves s'est accru de 80 p. 100.

L'augmentation du nombre des élèves est en proportion avec celle du nombre des écoles, le nombre moyen des élèves par école restant invariable. Cela s'explique par les conditions spéciales dans lesquelles se trouvent les écoles d'agriculture, conditions qui n'admettent pas d'accroissement considérable du nombre des élèves par école.

Le nombre indiqué d'élèves (5,730), comprenant 5,557 hommes et 173 femmes, se répartissait de la manière suivante par catégorie d'écoles : Institut agronomique de Moscou, 198 élèves ; écoles moyennes, générales et spéciales, comme l'école de viticulture de Bessarabie et l'école d'arpenteurs-taxateurs de Gorki, 1,499 ; 40 écoles inférieures d'agriculture du premier degré, 1,092 ; 13 écoles inférieures générales du deuxième degré, 448 ; 10 écoles d'agriculture du pays des Steppes, 240 ; 20 écoles d'horticulture, 679 ; 9 écoles de laiterie, 103 ; école professionnelle de Gorki, 72 ; école de bergerie de Gorki, 15 ; 3 écoles de filles, 173 ; 13 écoles diverses et cours pratiques, 211 élèves.

Après l'Institut agronomique de Moscou, ce sont les écoles secondaires d'agriculture qui ont la plus forte population scolaire, soit 150 élèves en moyenne par école ; viennent ensuite les trois écoles de filles avec 57 élèves par école, et les écoles inférieures du premier degré avec 51 élèves par école.

I. — Enseignement supérieur.

Quatre écoles supérieures russes ont exclusivement pour mission de former des agronomes, des forestiers, des ingénieurs agronomes, des viticulteurs et autres spécialistes dans les diverses branches de l'industrie agricole : l'Institut agronomique de Moscou ; l'Institut forestier de Saint-Pétersbourg ; l'Institut agronomique et forestier de Nouvelle-Alexandrie, dans le gouvernement de Lublin ; les cours de viticulture du jardin impérial de Nikitsky, en Crimée. L'Institut agronomique de Moscou et l'Institut forestier de Saint-Pétersbourg dépendent du Ministère de l'agriculture, ainsi que les cours supérieurs de viticulture de Nikitzky en Crimée. L'Institut d'agronomie et de sylviculture de Nouvelle-Alexandrie relève du Ministère de l'instruction publique.

L'Institut polytechnique de Riga et l'Institut polytechnique de Kiev ont chacun une section agronomique ; le premier dépend du Ministère de l'instruction publique, ainsi que les quatre instituts vétérinaires ; le second, du Ministère des finances.

Les écoles supérieures ont pour but de former des agronomes, des forestiers et des ingénieurs agronomes, appelés à remplir des fonctions administratives ou à diriger de grandes exploitations rurales. En dehors des fonctionnaires de l'administration de l'agriculture, des forêts, des apanages impériaux, c'est parmi les anciens élèves de ces écoles que se recrutent les intendants ou régisseurs des grands domaines.

On admet dans les établissements d'enseignement supérieur agricole les jeunes gens munis d'un diplôme de fin d'études des écoles de l'enseignement secondaire, diplôme équivalant à celui du baccalauréat classique ou moderne. Lorsque le nombre des candidats est supérieur à celui des places, celles-ci sont attribuées au concours. Dans la pratique, ces concours sont rares, et, lorsqu'il y en a un, l'écart entre le nombre des places et celui des candidats est relativement faible.

Le programme de ces écoles comporte l'enseignement des sciences naturelles et des sciences agronomiques avec des exercices dans les laboratoires et l'enseignement technique, pratique, à la ferme, au champ d'expériences, etc. Avec la culture scientifique, les élèves sont munis de connaissances pratiques suffisantes pour être, dès leur sortie, aptes à rendre immédiatement des services dans une grande exploitation agricole. Ce but n'est pas atteint sans un grand sacrifice de temps; la durée des études est, en effet, de quatre ans. La plupart des élèves appartenant à des familles peu aisées, le système des bourses est assez largement pratiqué, quant à leur nombre du moins, sinon quant à leur montant.

Aux cours supérieurs de viticulture du jardin impérial de Nikitsky, l'enseignement est gratuit et dure deux ans.

L'Institut polytechnique de Riga, fondé en 1862 et transformé en 1896, comprend six sections : mécanique, chimie, génie, construction, agronomie, commerce. Les cours de la section agronomique durent quatre années; au 1ᵉʳ janvier 1899, cette section comptait 180 étudiants. Le nombre des étudiants pour toutes les sections réunies était de 1,446.

L'Institut polytechnique de Kiew est partagé en quatre sections : chimie, mécanique, génie, agriculture. Les cours dans toutes les sections sont de quatre années. Les étudiants de toute l'école étaient, en 1899, de 598. Les deux instituts n'ont pas fait d'exposition spéciale dans la Classe 5.

L'enseignement vétérinaire est donné dans quatre instituts, ainsi que nous l'indiquons ci-dessus. L'Institut de Kharkov qui a été fondé en 1851 ; celui de Varsovie, fondé en 1840; celui de Kazan, fondé en 1874; celui de Yuriev, fondé en 1848. Le personnel de ces quatre établissements se compose de 113 personnes. Le nombre total des étudiants qui les fréquentent était, en 1898, de 1,098 et, en 1899, il se montait à 1,146. En 1898, pour l'entretien de ces instituts, on relève une dépense de 238,685 roubles. Nous n'avons pu avoir d'autres renseignements sur l'enseignement vétérinaire en Russie, dont les expositions n'ont pas été soumises au Jury de la Classe 5.

Institut agronomique de Moscou. (Grand prix.) — Fondé en 1894, pour remplacer l'Académie Pétrovsky, l'Institut agronomique comptait, en 1899-1900, 200 élèves environ. La durée des études y est de quatre ans.

La création d'une école supérieure d'agriculture au centre de la Russie fut demandée par la Société impériale d'agriculture de Moscou, en 1857. Le Ministre des finances, M. Mouravieff, en favorisa la création en nommant un comité spécial. Le 14 novembre 1860, une ordonnance impériale autorisait l'achat du domaine Petrovskoë-Rasoumovskoë, dans le but d'y établir une académie d'agriculture. L'enseignement devait comprendre l'étude complète des sciences de l'économie rurale ainsi que des sciences générales qui se rattachent à l'agriculture; le cycle était complété par la connaissance des sciences auxiliaires. En 1862, on y ajouta une section forestière, et l'Académie Pétrovsky fut appelée Académie agricole et forestière. L'institution, en y comprenant l'achat de la propriété, revenait au Gouvernement à 1,007,083 roubles.

Les cours avaient une durée de trois ans. Les élèves ayant fait leurs études dans un gymnase ou dans un établissement correspondant pouvaient recevoir, après avoir subi les examens spéciaux, le brevet de bachelier d'agriculture ou de sylviculture, avec le droit de concourir pour la licence ès sciences agricole ou forestière. En 1873, les cours de l'Académie furent prolongés jusqu'à quatre années. On exigeait des étudiants, pour l'admission, l'achèvement complet du cours d'un gymnase ou d'un établissement d'enseignement analogue. Les étudiants non inscrits ou auditeurs libres étaient admis à suivre les cours sans avoir à subir d'examen.

En 1883, l'admission des étudiants dans la section forestière fut supprimée en vue d'une plus grande spécialisation de l'école. A la fin des cours, on organisa des exercices pratiques pendant l'été, dans les propriétés privées bien administrées, pour apprendre aux étudiants la pratique agricole.

Les étudiants qui avaient achevé leurs études avec succès recevaient, après avoir présenté une sorte de thèse, le grade d'agronome de premier rang, et ceux qui n'avaient pas présenté ce travail ou qui n'avaient obtenu que la note «passable» recevaient le grade d'agronome de deuxième rang.

Actuellement, l'Institut agronomique de Moscou comprend deux sections : la section agronomique et la section du génie rural. En 1899, la première avait 176 étudiants inscrits, contre 22 étudiants pour la section des ingénieurs. L'Institut forme de nombreux professeurs d'agriculture, ainsi que la plupart des intendants des domaines de la Couronne.

PROGRAMME DE L'ENSEIGNEMENT. — HORAIRE ET PLAN DES ÉTUDES.

Théologie orthodoxe. — 2 heures par semaine pendant les deux semestres de la première année.

Chimie inorganique ou minérale. — 4 cours par semaine pour les élèves de première année. Travaux pratiques : à partir de janvier, une fois par semaine (3 heures consécutives). — Travaux pratiques d'analyses qualitative et quantitative, pour les élèves de deuxième année, 12 heures par semaine pendant toute l'année.

Chimie organique. — Pour les élèves de deuxième année, 4 cours par semaine, pendant les deux semestres. — Travaux pratiques : une fois par semaine.

Chimie analytique. — Travaux pratiques faits par les élèves de troisième année, tous les jours.

Technologie agricole. — 2 heures par semaine pour les élèves de quatrième année de la section agricole.

Minéralogie. — 2 heures par semaine pour les élèves de première année. — Travaux pratiques : 2 heures par semaine.

Géologie. — Pour les élèves de deuxième année, 2 heures par semaine pendant les deux semestres; 1 heure par semaine pour les élèves de troisième année pendant le premier semestre. — Travaux pratiques exécutés par les élèves de deuxième année : 2 heures par semaine.

Physique et météorologie. — 2 heures par semaine pendant les deux semestres pour les élèves de première année (physique générale et optique). — Chaleur et électricité : 2 heures par semaine pendant l'année aux élèves de première et de deuxième année réunis.

Travaux pratiques : environ 20 manipulations par élève.

Travaux de météorologie, pendant l'été, pour les élèves de deuxième année.

Botanique. — 3 heures par semaine pour les élèves de première année; 2 heures par semaine pour les élèves de deuxième année. — Travaux pratiques d'hiver : 2 heures par semaine. — Travaux pratiques d'été : excursions.

Pathologie des plantes. — Pendant le second semestre, 2 heures par semaine aux élèves de la section agricole.

Physiologie des plantes. — 2 heures par semaine pendant les deux semestres aux élèves de deuxième année de la section agricole.

Zoologie. — 2 heures par semaine à la première et à la deuxième année réunies, pendant une année. — Travaux pratiques : 2 heures par semaine.

Physiologie des animaux. — 2 heures par semaine pendant les deux semestres aux élèves de deuxième année de la section agricole. — Travaux pratiques : 1 heure par semaine.

Entomologie. — 2 heures par semaine aux élèves de troisième année de la section agricole. — Travaux pratiques : 2 heures par semaine.

Zootechnie. — 2 heures par semaine aux élèves de la troisième année.

Médecine vétérinaire. — 2 heures par semaine pendant les deux semestres aux élèves de la quatrième année, section agricole. — Travaux pratiques : autopsie de cadavres d'animaux; visites aux marchés aux chevaux, aux écuries, abattoirs.

Hygiène des animaux. — 1 heure par semaine aux élèves de troisième année des deux sections.

Bactériologie. — 2 heures par semaine aux élèves de troisième année de la section agricole. — Travaux pratiques : par groupes, 3 heures pendant quinze jours.

Géodésie. — 2 heures par semaine aux élèves de première année et 2 heures par semestre aux élèves de deuxième année de la section du génie rural. — Travaux pratiques : levers de plans et travaux de trigonométrie.

Géométrie descriptive. — Aux élèves de première année de la section du génie rural, 1 heure par semaine, pendant les deux semestres.

Mécanique. — 2 heures par semaine pour les élèves de première année de la section du génie rural et 2 heures par semaine pour les élèves de deuxième année.

Constructions. — 2 heures par semaine aux élèves de deuxième année de la section du génie rural. — Travaux pratiques : 1 heure par semaine.

Hydraulique. — 2 heures par semaine, pendant le second semestre, aux élèves de deuxième année de la section du génie rural.

Mécanique pratique. — 2 heures par semaine.

Étude des moteurs. — 3 heures par semaine aux élèves de quatrième année de la section du génie rural.

Art de l'ingénieur et du constructeur. — 2 heures par semaine aux élèves des deuxième, troisième et quatrième années de la section du génie rural. — Travaux pratiques (troisième et quatrième années) : 4 heures par semaine.

Architecture rurale. — 2 heures par semaine aux élèves de la section du génie rural. — Travaux pratiques : 1 heure par semaine.

Génie agricole. — Pour les élèves de la section d'agriculture, 3 heures par semaine pour les élèves de quatrième année.

Étude des machines et des outils agricoles. — 2 heures par semaine, pendant l'année, aux élèves de troisième année. — Travaux pratiques pendant les vacances.

Connaissance du sol et agriculture comparée. — Pour les élèves de troisième année, 6 heures par semaine pendant le premier semestre et 5 heures pendant le second; 1 heure est consacrée à l'étude des amendements et des engrais. — Travaux pratiques : en hiver, de 3 à 8 heures; en été, tous les jours.

Sans horaire. — Étude des prairies pour les élèves de quatrième année, pendant le second semestre, 2 heures par semaine.

Agriculture générale. — Étude du sol et des engrais pour les élèves de troisième année dans les deux semestres. — Travaux pratiques en été.

Agriculture spéciale. — Étude des végétaux et des plantes, 3 heures par semaine aux élèves de la quatrième année des deux sections. — Travaux pratiques d'été.

Économie politique et statistique. — 4 heures par semaine aux élèves de troisième année des deux sections.

Économie rurale. — 3 heures par semaine pendant les deux semestres aux élèves de quatrième année des deux sections; du 1ᵉʳ juin au 15 juillet, les élèves de troisième année étudient l'administration et la comptabilité des exploitations rurales.

Droit rural. — 2 heures par semaine aux élèves de la quatrième année de la section agricole et de la troisième année de la section du génie rural.

Travaux pratiques en été. — Pour les élèves de la deuxième année de la section agricole, expériences sur le terrain.

Sylviculture. — 2 heures par semaine pendant le deuxième semestre aux élèves des troisième et quatrième années. — Travaux d'application : plantations, aménagement des bois, excursions en forêt.

Horticulture et arboriculture pratiques. — 4 heures par semaine, au printemps, pour les élèves de deuxième année. — Travaux pratiques dans les jardins.

Comptabilité rurale et tenue des livres de la ferme. — Travaux d'application, pendant l'été, pour les élèves de deuxième année.

La chaire d'agriculture possède : un cabinet avec laboratoire pour les expériences, une collection complète de machines agricoles et d'instruments aratoires, un champ d'expériences et un jardin botanique.

Le cabinet de zootechnie renferme de nombreuses collections et un laboratoire. Pour l'art vétérinaire, il y a une grande collection de modèles de ferrures.

Le cabinet de technologie a des collections pour toutes les industries annexes : huilerie, distillerie, fabrication du goudron, sucrerie, raffinerie, amidonnerie. Un laboratoire permet d'exécuter tous les travaux techniques et analytiques. Les étudiants y travaillent à l'analyse de la betterave à sucre et de ses produits, à la détermination de l'amidon dans les différentes matières brutes, à des analyses de vin, de bière, etc.

Le cabinet de physique et de météorologie est muni d'une collection importante d'instruments et d'appareils pour toutes les branches de la physique. Les collections dans les sections de l'électricité et de la lumière sont particulièrement complètes.

La station météorologique, fondée en 1879, fonctionne depuis sans interruption. Les dimensions du laboratoire de chimie permettent à 90 étudiants d'y travailler d'une façon simultanée. Outre les travaux obligatoires, les étudiants peuvent y entreprendre des recherches personnelles.

Le cabinet de minéralogie contient presque tous les minéraux, y compris les plus rares.

Avec les collections du cabinet de botanique, les étudiants ont à leur disposition une serre chaude et un jardin botanique.

Les cabinets de sylviculture et de taxation forestière renferment de nombreuses collections de plantes, d'arbres, d'instruments.

Les cabinets de géodésie, de bactériologie, de mécanique agricole, de machines agricoles, de constructions rurales, disposent également de nombreuses collections, de tous les instruments et matériaux nécessaires pour les études pratiques.

La ferme de l'Institut agronomique a une étendue de 194 hectares. Les étudiants s'y rendent surtout pendant les mois d'été où ils prennent part à la plupart des travaux agricoles, à la conduite des machines, au maniement des outils. Un certain nombre d'étudiants de quatrième année séjournent à la ferme en qualité de praticiens pour y étudier la culture dans tous ses détails.

Des pépinières, un verger, un jardin potager, un jardin dendrologique permettent d'étudier l'arboriculture et l'horticulture.

Indépendamment des cours réservés aux étudiants, l'Institut vulgarise l'enseignement de l'aviculture et de l'agriculture par des conférences et par des expositions organisées chaque année dans différentes villes de l'empire.

En 1898-1899, on a inauguré des cours d'économie rurale pour les femmes. L'enseignement, qui comprenait des notions d'agriculture, d'élevage, d'économie rurale, de comptabilité, d'apiculture, de laiterie, d'arboriculture, était théorique et pratique. On avait reçu 50 élèves sur 118 demandes. La plupart des femmes qui ont suivi ces cours, âgées de 17 à 45 ans, appartenaient à la profession agricole ou se destinaient à l'enseignement dans des écoles ménagères. Des excursions dans des propriétés rurales, des exercices pratiques complétaient l'enseignement. Cet essai qui a donné des résultats satisfaisants sera également tenté à Saint-Pétersbourg.

Le Ministère de l'agriculture a accordé un crédit spécial pour cet enseignement ménager.

Moscou, au centre de la Russie d'Europe, a, dans le Musée polytechnique, une section réservée à l'agriculture, à l'horticulture, à la viticulture et à l'élevage du bétail.

Cette exposition permanente d'agriculture a pour but de propager les connaissances agricoles et de fournir aux élèves de l'Institut agronomique des collections précieuses pour l'étude de l'agriculture. A côté des instruments aratoires, on y trouve des échantillons des différents terrains de la Russie, des grains de semence, des fruits, des modèles en cire de produits agricoles dont la conservation en nature est impossible, des cartes statistiques, des dessins, des livres, etc. La collection d'objets se rapportant à l'élevage du bétail, à la zootechnie, contient les principales substances servant de nourriture aux animaux avec l'analyse de leur composition.

Objets et travaux exposés. — L'Institut agronomique de Moscou avait exposé des vues du domaine et des bâtiments de l'Institut. Des albums contenaient de nombreuses photographies des bâtiments, laboratoires, cabinets de travail et musées dont dispose l'école. Le Jury a accordé un grand prix à l'Institut de Moscou pour reconnaître sa bonne organisation, la valeur de ses études et son installation parfaite.

Institut agronomique et forestier de Nouvelle-Alexandrie. (Grand prix.) — L'Institut agronomique et forestier de Nouvelle-Alexandrie, gouvernement de Lublin, créé en 1869, a été organisé sur de nouvelles bases en 1893. Il dépend du Ministère de l'instruction publique. Pour être admis à l'Institut, les candidats doivent avoir achevé leurs études au gymnase classique ou réal ou dans tout autre établissement dont l'enseignement est considéré comme suffisant par le Ministre de l'instruction publique. La durée des cours y est de quatre années : la première année est consacrée à l'instruction générale, et les trois dernières à l'étude des matières spéciales dans deux sections distinctes : la division agronomique et la division forestière. Les travaux pratiques durent pendant deux mois et demi, du 15 mai à l'époque des vacances. Les étudiants de quatrième année, après avoir subi les examens théoriques dans le courant du mois de mars, vont faire un stage de quatre mois dans des exploitations agricoles ou forestières. A la fin de ce stage, le 1er août. ils remettent un rapport, c'est-à-dire le compte rendu des travaux auxquels ils ont participé et le résultat de leurs observations ou de leurs études personnelles. Ces rapports servent de base aux dernières épreuves à subir devant une commission d'examen choisie par le Ministre de l'instruction publique.

L'enseignement, à l'Institut agronomique et forestier, comprend les cours suivants :

Littérature russe, langues modernes (le français et l'allemand), physique et météorologie, chimie, botanique, physiologie végétale et bactériologie, zoologie, zoologie appliquée, minéralogie et géologie, étude des sols, géodésie élémentaire, éléments d'économie politique, statistique agricole et forestière, constructions rurales, législation (droit administratif), agriculture, sylviculture et technologie.

Outre ces cours fondamentaux pour les deux sections, on enseigne, dans la section agricole : agriculture spéciale, chimie appliquée à l'agriculture, zootechnie générale et spéciale, physiologie animale, médecine vétérinaire, économie rurale, machines et instruments agricoles, législation rurale ; dans la section forestière : dendrologie, taxation forestière, sylviculture, technologie forestière, administration et lois forestières. Ces cours sont complétés par des démonstrations et des travaux pratiques obligatoires.

Le corps enseignant comprend : 22 professeurs et 4 maîtres. Le nombre des étudiants au 1er janvier 1899 était de 260.

La somme allouée par l'État à l'Institut s'élève annuellement à 132,970 roubles. L'Institut dispose en plus de fonds spéciaux, se composant des prix de la pension, des revenus du domaine de la ferme. Les étudiants payent 25 roubles par semestre, mais un dixième sont exemptés de cette cotisation. Pour les années 1896-1899, le nombre des étudiants s'élevait environ à 260-270.

Le domaine de l'Institut occupe une superficie de 700 hectares. Le troupeau de bêtes à cornes compte 70 têtes, vaches de la race hollandaise et des races indigènes. La ferme d'expériences occupe une superficie de 180 hectares, dont 77 de terres labourables, 22 hectares de prairies et 29 de pâturages.

Le domaine forestier de Rouda a une superficie de 818 hectares. Une fabrique est installée sur le domaine pour la distillation du bois.

Travaux et objets exposés. — L'installation très complète de l'Institut agronomique et forestier de Nouvelle-Alexandrie, sa bonne organisation ainsi que les travaux des professeurs et les rapports des élèves ont fait attribuer par le Jury la plus haute récompense (grand prix) à cette école. Ces travaux étaient résumés dans dix volumes sur l'Institut agronomique et forestier et dans un recueil des expériences faites à la ferme de 1881 à 1898. Un plan du domaine représentait, avec des vues photographiques, les différentes parties de l'Institut et ses dépendances : section météorologique, cabinet de physique et de botanique, laboratoire de chimie, cabinet de zoologie avec un petit musée, cabinet de minéralogie et de géologie, cabinet de mécanique agricole avec une collection complète de machines et instruments aratoires, cabinet d'architecture, de constructions rurales, d'hydraulique et de géodésie; laboratoire de technologie, cabinets de zootechnie générale et spéciale, établissement vétérinaire, cabinet de sylviculture et de technologie forestière, jardin botanique avec serre, parc, verger et potager, fabrique de gaz, station électrique.

II. — Enseignement forestier.

L'enseignement forestier a une très grande importance en Russie à cause de l'immense étendue de forêts que possède ce pays.

Vers l'extrême Nord, ce sont de vastes forêts de pins, de sapins et de mélèzes; d'autres sont composées de bouleaux mélangés de trembles et de saules. Mais à mesure qu'on descend au Sud, les espèces se multiplient. Dans la région de l'Oural et au Nord du gouvernement de Moscou, les forêts deviennent magnifiques. Les contreforts rocheux et les gorges sauvages du Caucase sont boisés de futaies garnies de clématites, de vignes sauvages et d'autres lianes formant un épais sous-bois. On y trouve aussi des noyers et de grands buis appelés palmiers du Caucase.

Le service de l'administration des forêts domaniales est centralisé à la Direction générale des forêts, dépendant du Ministère de l'agriculture et des domaines. Le personnel de la Direction des forêts comprend : 1 directeur général, 2 sous-directeurs, 8 chefs de division, 17 chefs de bureau et 17 sous-chefs de bureau, etc. Un comité spécial est chargé de l'étude des questions techniques.

L'administration provinciale des forêts domaniales est confiée aux Directions des domaines ou des apanages impériaux. L'inspection locale est exercée directement par les forestiers, qui gèrent chacun une région déterminée, dite cantonnement. L'inspection générale des cantonnements incombe aux inspecteurs des forêts. Des adjoints aux chefs de cantonnements ou des «conducteurs des forêts» servent d'auxiliaires aux forestiers et aux inspecteurs des forêts. L'effectif des inspecteurs des forêts, à la fin de l'année 1899, s'élevait au chiffre de 277 ; celui des adjoints aux forestiers et des conducteurs des forêts était de 1,286. L'aménagement des forêts domaniales est effectué par les agents forestiers locaux et par des inspecteurs, des arpenteurs, des «taxateurs» et autres fonctionnaires.

Pour la conservation des forêts domaniales et la surveillance, le service comprend des brigadiers, des gardes forestiers, des gardes portant différentes dénominations : surveillants des forêts, en Courlande; starosty-guetteurs d'incendie, en Sibérie. L'effectif des agents subalternes des forêts s'élevait, en 1899, à 30,451.

De la Direction générale des forêts dépendent 31 établissements pour l'enseignement de la sylviculture, dont 1 établissement supérieur, l'Institut forestier de Saint-Pétersbourg et 30 écoles forestières de second ordre préparant les jeunes gens aux emplois inférieurs du service forestier. Nous devons signaler aussi la section forestière de l'Institut d'agriculture et de sylviculture de Nouvelle-Alexandrie, qui rentre dans la catégorie de l'enseignement supérieur, mais qui relève du Ministère de l'instruction publique.

Institut forestier de Saint-Pétersbourg. — Cet institut avait, au 1er janvier 1899, 501 élèves. La durée des études est de quatre ans. On y enseigne notamment : la météorologie, la climatologie, la géologie, la botanique, la zoologie, l'économie politique, la législation en matière de police des forêts, l'économie forestière, l'aménagement, la conservation et la régie des forêts, les industries forestières. Les élèves portent le titre d' « auditeurs de l'Institut forestier ». Ceux qui ont suivi avec succès le cours complet de l'Institut reçoivent le titre de sylviculteur de première ou de deuxième classe. On admet à l'Institut les jeunes gens qui ont atteint 17 ans et terminé leurs études classiques dans des gymnases ou dans les autres établissements d'enseignement secondaire. Pour les études pratiques, l'Institut dispose du vaste domaine forestier de Lissinsk, situé à 70 verstes de Saint-Pétersbourg. Le nombre des auditeurs en 1898 a été de 501.

Écoles forestières secondaires. — Les écoles forestières secondaires ont été fondées en 1888, dans des petites villes de province et dans des cantonnements forestiers. L'enseignement dans ces écoles présente un caractère essentiellement pratique. On y admet les jeunes gens âgés de 16 ans qui ont obtenu un certificat d'études primaires dans une école de village à deux classes. Le nombre des élèves ne peut dépasser 20 pour chaque école; la durée des études est de deux ans. L'école est placée sous la direction du chef de cantonnement de la localité, qui a reçu l'instruction forestière supérieure; l'enseignement est confié au chef de cantonnement, directeur de l'école, assisté de deux adjoints. Chaque école reçoit 10 boursiers de l'État, choisis parmi les meilleurs élèves. En 1898, les 30 écoles avaient un effectif de 537 élèves.

Le programme comprend : l'instruction religieuse, la langue russe, l'arithmétique, l'explication des phénomènes naturels, dans la mesure nécessaire pour la connaissance des principes de la sylviculture, l'arpentage, le nivellement et le levé des plans, la sylviculture, l'emploi des bois, notions d'architecture, législation, notions sur la chasse.

Avec l'aménagement, l'exploitation, la surveillance des forêts des apanages impériaux, les forestiers s'occupent de la restauration des terrains en montagne, de la fixation des sables mouvants, de la création de forêts dans les steppes.

Dans les steppes des gouvernements de Samara, Orenbourg, Voronège, Saratov, Stavropol, l'Administration forestière procède au boisement des hauteurs par bandes de 3oo à 4oo mètres de largeur.

La direction des plantations est perpendiculaire à la direction dominante des vents arides.

Le reboisement des steppes, en maintenant une couche plus épaisse de neige dans les parties élevées des steppes et en retardant la fonte des neiges au moment où la terre est encore durcie par la gelée, permet à l'eau de s'écouler plus lentement et d'humecter le sol, au lieu de creuser des ravins et d'élargir les torrents au moment de la débâcle.

Objets et travaux exposés par les écoles forestières. — L'Institut forestier de Saint-Pétersbourg avait exposé de nombreuses photographies représentant les bâtiments de l'école, les laboratoires et musées.

Les professeurs avaient exposé leurs travaux personnels, dont la plupart étaient du plus grand intérêt.

Les écoles secondaires avaient également fait une exposition très complète. On y voyait un diagramme des élèves admis et ayant terminé les cours. Une carte donnait la répartition de ces écoles forestières en Russie. L'École de Souvodsk avait exposé des plans de nivellement et des dessins faits par les élèves, des vues d'usines pour la distillation des bois; l'École de Khrénovoé avait présenté des plans de peuplement, des instruments employés par les forestiers. Des photographies des écoles secondaires de Mariynsk, de Tchernoliess, de Khrénovoé, de Souvodsk, de Novoglouchoff, de Krapivna, de Tcherkass avaient été placées dans l'exposition de l'enseignement forestier; on y trouvait également des herbiers, des échantillons de bois, des collections de semences forestières et de bois, des collections d'insectes, des plans, des manuels et cours élémentaires. L'École de Oust-Kerjenk avait été représentée avec son usine de distillation; on y voyait les alambics destinés à la distillation de l'alcool méthylique; une vitrine contenait le résultat de la distillation des bois.

L'ensemble de l'exposition des écoles forestières (supérieures et secondaires) était remarquable et faisait ressortir l'importance de la science forestière en Russie. On pouvait se rendre compte de l'effort fait par l'Administration pour assurer le bon fonctionnement de ces écoles. Le Jury de la Classe 5 a tenu à reconnaître le mérite de la Direction générale des forêts du Ministère de l'agriculture et des domaines en lui accordant un grand prix.

III. — Écoles moyennes ou secondaires d'agriculture.

Les écoles moyennes ont pour but de former des cultivateurs aptes à diriger l'exploitation des propriétés rurales d'une moyenne étendue, les plus nombreuses en Russie. L'enseignement spécial y porte un caractère régional, approprié aux cultures dominantes dans la région où se trouve l'école.

L'enseignement comporte :

1° Des matières de l'instruction secondaire générale, avec prédominance des sciences naturelles ;

2° Des matières spéciales (géodésie, dessin, agriculture, élevage, art vétérinaire, apiculture, économie rurale, comptabilité, constructions rurales, étude des machines agricoles avec les principes de la mécanique appliquée, droit rural), où les développements pratiques l'emportent sur la théorie ;

3° Des travaux pratiques dans les laboratoires et surtout au champ d'expériences et à la ferme.

La durée des études est de six années, réparties entre six classes. L'admission des élèves n'a lieu que dans les trois premières classes. Les élèves qui se présentent pour entrer dans la première classe (la classe inférieure) doivent avoir de 14 à 16 ans ; on les reçoit sans examen s'ils sont munis du certificat d'études d'une école urbaine, d'une école de district ou d'une école rurale à deux classes, ou s'ils ont fait des études équivalentes dans les classes inférieures d'une école secondaire. Il y a concours lorsque le nombre des élèves est supérieur à celui des vacances. A égalité de notes, on donne la préférence aux jeunes gens qui, par leur condition sociale, ont été à même de se familiariser avec la vie des champs et les travaux agricoles.

Les écoles moyennes d'agriculture comportent un programme d'enseignement général comprenant les matières suivantes : la religion, la lecture, l'écriture, la langue slavonne ecclésiastique, l'arithmétique, la géométrie élémentaire, la géographie et l'histoire (principalement l'histoire de la Russie), les éléments d'histoire naturelle et de physique, le dessin linéaire, le chant, la gymnastique. La durée de ces études générales ne dépasse pas cinq ans.

Ces écoles moyennes d'agriculture comprennent 7 écoles d'agriculture où les études complètes durent six ans, et les 4 écoles suivantes : École de viticulture de Bessarabie ; Classes d'arpenteurs-taxateurs à Gorki ; Section des éleveurs de moutons annexée à l'École d'agriculture de Kharkov ; Cours pédagogiques de l'école de Kharkov pour les professeurs des écoles d'agriculture élémentaire.

Ces écoles et la plupart des écoles inférieures du premier et du deuxième degré dépendent du Ministère de l'agriculture.

A l'école de viticulture de Bessarabie, les études ont une durée de quatre ans. On y admet, sans examen, des jeunes gens ayant suivi les cinq premières classes d'une école réale, classe qui correspond à la troisième classe de l'enseignement moderne en France. Les jeunes gens qui ont suivi les cinq premières classes d'un gymnase ou les quatre premières classes d'un séminaire — ce qui correspond à la troisième classe de l'enseignement classique en France — y sont admis après un examen portant sur les éléments de la physique, de la minéralogie, de la botanique et de la zoologie. Pour ceux qui ne sont pas passés par les écoles mentionnées ci-dessus, un examen d'admission a lieu. La limite d'âge inférieure pour les candidats est de 16 ans ; la limite supérieure d'âge, pour ceux qui ont à faire leur service militaire, est de 20 ans.

Écoles de Gorki. (Médaille d'or.) — L'École moyenne d'agriculture de Gorki a été fondée en 1840 et transformée en 1878 et 1888; elle est située dans le gouvernement de Mohilev, près de la ville de Gorki.

Matières enseignées: religion, éléments de droit rural, langue russe, statistique, industrie agricole, zootechnie et zoologie, économie rurale, comptabilité, botanique, physique, minéralogie, météorologie, physiologie végétale, horticulture et arboriculture, chimie, dessin et architecture, géodésie, géographie, langue allemande.

Au 1er janvier 1899, il y avait 188 élèves à l'école de Gorki. L'enseignement complet a une durée de six ans. Les élèves passent le dernier semestre de leurs études dans des exploitations agricoles. Pour les études pratiques, l'École de Gorki possède un champ d'expériences de 5 hectares, une pépinière de 4 hectares et une ferme d'une étendue de 660 hectares.

L'admission a lieu dans la seconde quinzaine d'août; la sortie dans la seconde quinzaine de janvier. Les certificats sont délivrés, après les études pratiques, en août et septembre. Le prix de la pension est de 400 francs par an. Les externes payent 53 francs par an.

L'École possède les bâtiments, les cabinets, les collections de l'ancien Institut agronomique de Gorki, fermé à l'époque de l'insurrection de la Pologne, en 1863 ; cet Institut avait été le premier établissement d'enseignement agricole supérieur en Russie.

École d'arpenteurs-taxateurs de Gorki. — Cette école est annexée à l'École d'agriculture; les études y ont une durée de deux ans. Pour y être admis, les jeunes gens doivent avoir terminé les études de la cinquième classe du gymnase qui correspond à peu près à la classe de troisième de l'enseignement classique.

École professionnelle de Gorki. — A l'École de métiers attenante à l'École d'agriculture, les études, qui durent cinq ans, sont purement pratiques. On y apprend la serrurerie, la maréchalerie, la menuiserie, le métier de tourneur, la construction mécanique.

Cette École possède des ateliers de mécanique et des forges pour la construction et la réparation des machines agricoles.

Pour y être admis, les élèves doivent savoir lire, écrire et connaître les quatre règles.

Objets et travaux exposés. — L'École d'agriculture de Gorki avait exposé des vues photographiques des bâtiments de l'école et de la ferme.

École moyenne d'agriculture de Kazan. (Mention honorable.) — Fondée en 1864 et transformée en 1868, 1878 et 1888, l'École est située à 8 kilomètres de Kazan.

Programme de l'enseignement : religion, histoire générale et histoire de Russie, mathématiques, langue et littérature russes, géographie, zoologie, minéralogie, technologie, chimie, physique, météorologie, anatomie et physiologie des animaux, botanique, géodésie, dessin, langue allemande, agriculture, génie rural, construction des machines agricoles, notions de droit rural, arboriculture et horticulture, sylviculture, élevage du bétail.

L'École comptait, au 1er janvier 1899, 168 élèves. La durée des études complètes est de six ans, dont les six derniers mois sont consacrés à des travaux pratiques dans des propriétés privées, bien que l'École possède elle-même un domaine de 692 hectares, un champ d'expériences de 9 hectares, des pépinières, un jardin potager, un rucher.

Fig. 206. — École de Kazan. (Maison d'école.)

Le prix annuel de la pension est de 150 roubles (400 fr.) pour les internes et de 20 roubles (53 fr.) pour les externes.

Objets et travaux exposés. — L'École de Kazan avait envoyé à l'Exposition des photographies des travaux pratiques exécutés par les élèves.

École d'agriculture de Marïnsky. (Mention honorable.) — École fondée en 1865 dans le gouvernement de Saratov. Son programme a été modifié, comme celui de Gorki, en 1878 et 1888.

Fig. 207. — École de Marïnsky. (Vue générale.)

Au commencement de l'année 1900, l'École comptait 254 élèves, dont 113 fils de paysans. Depuis la fondation de Marïnsky jusqu'en 1899, 376 élèves y ont terminé leurs études agricoles. Sur ce nombre, 166 s'occupent d'agriculture pratique; 10 continuent leurs études dans les écoles supérieures d'agriculture; 8 font leur service militaire; 20 élèves sont à l'étranger à titre de boursiers; 52 appartiennent à d'autres professions; 17 sont décédés.

Les études théoriques ont lieu du 1er septembre au 18 décembre et du 6 janvier au 5 ou 10 avril. Les études théoriques et pratiques alternent ensuite jusqu'à la fin de juillet.

EXERCICES PRATIQUES OU ÉTUDES D'APPLICATION.

Langue et littérature russe, depuis la première jusqu'à la cinquième classe inclusivement.

Langue allemande, de la première à la cinquième année inclusivement.

Géographie.

Arithmétique.

Dessin.

Géodésie. — 20 heures par an pour la quatrième année; arpentage; en troisième classe, dessins de géodésie, calculs des surfaces par le procédé géométrique et à l'aide du planimètre.

Chimie. — Quatrième classe : analyses des mélanges artificiels, des matières brutes, des sols, 2 heures par semaine, 2 heures et demie par séance au laboratoire. — Pour la cinquième classe : chimie agricole, une séance tous les quinze jours.

Physique. — Troisième classe : poids et mesures, détermination du poids spécifique des solides et des liquides par la méthode du flacon, de la balance hydrostatique et des aréomètres, vérification des thermomètres, lois de l'ébullition, formation des mélanges réfrigérants et détermination de leur température; couplage d'éléments de piles; emploi du galvanomètre; miroirs et lentilles; photométrie.

Botanique. — Études microscopiques de la structure des végétaux.

Mécanique. — Problèmes pratiques de dynamique et d'hydraulique; problèmes sur les moteurs.

Zootechnie. — Détermination du poids des animaux de boucherie; production des vaches laitières; composition du lait; notions d'enseignement vétérinaire; observations bactériologiques; visites au haras de Saratov, aux abattoirs.

Technologie agricole. — Cinquième classe : excursions dans les distilleries, brasseries, beurreries de Saratov.

Économie rurale et comptabilité. — Tenue des livres, administration d'une exploitation rurale, bilan des opérations.

TRAVAUX PRATIQUES.

Hiver. — *Sylviculture.* — Travaux pratiques dans les serres.

Horticulture et arboriculture. — Travaux dans les serres.

Travaux pratiques à la ferme. — Préparation et cuisson des aliments; soins du bétail; fabrication du beurre et des fromages; labours pour les élèves des quatrième, cinquième et sixième classes; rapports sur les travaux exécutés à la ferme.

Été. — *Zoologie.* — Pour la première et la deuxième classe, formation de collections d'insectes nuisibles et classification.

Botanique. — Pour la première et la deuxième année, excursions.

Dessin et géodésie. — Dessins de machines agricoles, lever de plans, dessin de constructions; étude des instruments de géodésie.

Agriculture. — Une partie des élèves travaille au champ d'expériences; une autre à la ferme, en exécutant à tour de rôle les différents travaux agricoles. La troisième classe travaille 70 jours environ.

Horticulture, arboriculture, sylviculture. — Durée des travaux pour les différentes classes, à l'exception de la sixième : 52 jours.

Agriculture. — Quatrième classe, pendant tout l'été.
Sériciculture. — Théorie et pratique en troisième année.
Météorologie. — Travaux pratiques à la station météorologique.

L'École de Marïnsky possède des cabinets de zoologie, botanique, physique, mécanique et géodésie.

Objets et travaux exposés. — L'École avait envoyé à l'exposition des photographies de l'établissement.

École moyenne du zemstvo de Kerson. (Médaille d'argent.) — Le zemstvo de Kerson a créé cette École en 1874. Elle a été transformée en 1883, conformément aux règlements généraux de 1878 sur les écoles moyennes d'agriculture. L'École est située à 4 kilomètres de la ville de Kerson.

Le programme de l'enseignement est le même que celui de Kazan. Au 1er janvier 1899, il y avait à l'École 193 élèves.

La ferme de l'École a une étendue de 183 hectares.

La durée des études est de six années. Une septième année est consacrée à la pratique dans des propriétés privées. Les certificats de fin d'études ne sont délivrés qu'après la présentation d'un rapport concernant les travaux exécutés par l'élève pendant son année de pratique agricole.

Objets et travaux exposés. — L'École avait exposé le plan de son champ d'expériences.

École d'agriculture et d'horticulture d'Oumagne. (Médaille d'or.) — L'École d'Oumagne possède un jardin d'expériences d'une étendue de 16 hectares, un verger de 11 hectares, un jardin potager de 8 hectares, une pépinière de 14 hectares et une ferme de 139 hectares. Le prix de la pension est le même qu'à l'École de Gorki.

Fig. 208. — École d'Oumagne. (Métairie.)

Objets et travaux exposés. — L'École d'Oumagne, gouvernement de Kiev, avait exposé des collections montrant les procédés de greffage et les maladies causées par des parasites végétaux sur des branches de poirier et d'abricotier; deux tableaux et des albums contenant de nombreuses photographies du parc et des serres de l'École d'Oumagne; un tableau contenant des clichés photographiques sur verre reproduisant l'anatomie de l'abeille.

MM. Adamson et Maksintchik, professeurs à l'École d'Oumagne, ont obtenu deux médailles d'argent pour les travaux et objets présentés par eux.

IV. — Écoles inférieures d'agriculture.

Vingt-deux nouvelles écoles inférieures d'agriculture ont été ouvertes pendant l'année 1899 et 15 autres devaient être créées en 1900. Toutes les écoles nouvellement fondées dépendent du Ministère de l'agriculture et des domaines de l'État.

En 1898, il y avait en Russie 111 écoles d'agriculture ou qui pouvaient être ainsi groupées, d'après leurs spécialités : 1° écoles d'agriculture pratique : 68 écoles, avec 2,491 élèves; 2° écoles d'horticulture : 3 écoles de l'État et 16 écoles particulières, avec 611 élèves; 3° 10 écoles de laiterie; 4° 1 école de métiers agricoles; 5° 1 école de bergers; 6° 4 écoles ménagères pour les jeunes filles, avec 148 élèves; 7° 8 écoles pratiques pour les ouvriers agricoles.

La durée des études est en général de quatre ans pour les écoles pratiques d'agriculture. Les fonds fournis par les zemstvos contribuent pour la plus forte part à l'entretien des écoles inférieures des première et deuxième catégories, à l'exception des écoles créées dans des propriétés privées par des particuliers.

Dans les écoles générales d'agriculture à quatre classes, on exige pour l'admission le certificat de l'école primaire, dite populaire, à une classe. L'enseignement dans ces écoles primaires comporte : la religion, la lecture et l'écriture du slavon ecclésiastique, la langue russe, la calligraphie et les éléments d'arithmétique.

Dans les écoles générales et spéciales à trois classes, du premier et du deuxième degré, la durée des études est de trois ans. A leur sortie, les élèves de quelques écoles sont placés dans des propriétés privées, pendant un ou deux ans, pour y acquérir la pratique du métier. Pour obtenir leur certificat de sortie, ils doivent présenter un rapport sur leurs travaux pratiques.

On reçoit dans ces écoles des élèves âgés de 14 ans au moins. Dans les écoles du premier degré, on exige le certificat d'études d'une école rurale à deux classes ou des connaissances équivalentes; dans celles du deuxième degré, les certificats d'études d'une école primaire à une classe ou la même instruction.

Écoles inférieures spéciales de viticulture, d'horticulture. Dans ces écoles, la durée des études varie de quatre à cinq ans. Les conditions d'admission sont les mêmes que pour les écoles précédentes du premier degré.

Toutes ces écoles ont pour but de former des praticiens habiles, soit pour le travail de la terre, soit pour les soins à donner aux bestiaux, de bons jardiniers ou des viticulteurs, des surveillants de travaux agricoles, et, d'une manière générale, des employés subalternes habiles dans la pratique de leur métier.

Ecole inférieure de 1er degré Alexandrovskaïa-Nartasskaïa. (Médaille d'argent.) — Cette École avait exposé une notice en français sur son organisation, ce qui nous permet, en donnant quelques détails sur elle, de mieux indiquer ce que sont les écoles inférieures. '

Organisation. — L'École a été fondée en 1893 par le zemstvo du district d'Our-joume, gouvernement de Viatka; elle est sous la direction du Ministère de l'agriculture et des domaines. Le zemstvo qui s'occupe activement du progrès de l'agriculture verse, chaque année, une somme assez élevée à l'École de Nartasse à laquelle le Ministère de l'agriculture accorde, d'autre part, une subvention annuelle de 12,000 francs. L'École a une bibliothèque et une collection d'objets d'enseignement assez importante. Elle possède des ateliers de serrurerie et de menuiserie qui sont munis de tous les outils nécessaires ainsi qu'une salle de forge qui comprend 11 forges et autant d'enclumes.

La ferme a une étendue de 143 hectares environ et comprend une métairie, le champ expérimental, le parc, le jardin, le verger, le bûcher, etc.

Le personnel enseignant se compose du directeur, qui sort de l'Académie d'agriculture de Petrovsky, de deux professeurs qui sortent des écoles d'agriculture moyennes, d'un autre professeur ayant fait ses études dans une école normale d'instituteurs, d'un prêtre et du médecin de l'hôpital de Nartasse.

Le personnel des ateliers et de la ferme comprend un maître-menuisier, un professeur d'industrie laitière, un meunier, un serrurier-maréchal. Il convient de citer aussi l'économe qui s'occupe de toutes les questions relatives à la nourriture et à l'habillement.

L'enseignement est théorique et pratique; il est divisé en 3 classes, dont une préparatoire.

Les cours théoriques commencent le 14 octobre et finissent le 27 avril, ils comprennent environ 125 jours d'études. Pendant l'été le directeur et les professeurs font à peu près 20 excursions d'histoire naturelle et d'agriculture avec les élèves; pour habituer ceux-ci à l'observation on leur demande de consigner sur un journal les phénomènes qui les frappent.

Les travaux pratiques ont lieu toute l'année. Le printemps et l'été, les travaux sont naturellement plus agricoles; l'hiver est plus spécialement réservé aux travaux des ateliers. Environ 190 jours de 10 heures sont consacrés aux travaux pratiques; 65.8 p. 100 de ce temps est réservé aux travaux des champs; 17.8 p. 100 aux travaux des ateliers; 16.4 p. 100 aux travaux d'intérieur ou de ménage.

Tous les travaux de l'établissement sont faits par les élèves : travaux aux champs, au jardin, au verger, à la pépinière, l'entretien du bétail, la fabrication du fromage, l'apiculture, etc.

Les travaux des ateliers préparent au métier de menuisier ou de serrurier-forgeron.

Les travaux d'entretien ou de ménage comprennent l'arrangement des chambres à coucher, le service des repas, le transport du bois pour l'École.

Indépendamment des élèves, l'École admet les praticiens à étudier une branche quelconque de l'agriculture ou à apprendre un métier. Ils y apprennent, notamment, à cultiver et à préparer le lin avec des instruments perfectionnés. On leur enseigne à fabriquer des instruments aratoires, des outils, des objets en fer et en bois.

Le nombre des élèves, au 1er janvier 1899, s'élevait à 97. Durée des études : quatre ans et une année de stage, à la fin des études, dans une propriété privée.

Les pensionnaires payent 100 roubles (266 francs) par an. Les demi-pensionnaires, dont les familles ne payent pas d'impôt foncier, versent 60 roubles (160 francs) par an, et ceux dont les parents payent l'impôt foncier fournissent 28 pouds de blé (416 kilogrammes) par an.

Objets et travaux exposés. — L'exposition de l'École d'agriculture Alexandrovskaïa-Nartasskaïa, qui comprenait des plans, des diagrammes, des photographies, était surtout remarquable par les spécimens d'ouvrages en fer forgé et par les travaux de menuiserie exécutés par les élèves.

École inférieure de 2e degré de Loubny. (Médaille d'or.) — Indépendamment des plans et des photographies, des travaux avaient été exposés par les professeurs, mais nous n'avons pas trouvé la monographie de l'École pouvant nous permettre de donner des indications de détail sur son organisation; nous nous bornerons à indiquer les objets exposés.

Objets et travaux exposés. — L'École de Loubny avait présenté à la Classe 5 (enseignement agricole) un herbier de plantes pharmaceutiques, des échantillons nombreux de miel et de cire, des graines potagères, oléagineuses et forestières, un album de graphiques et un plan en relief du domaine de Loubny.

Le Jury a attribué des médailles d'argent à trois professeurs de l'École de Loubny, MM. Akhovski, Krat, Potapof, pour leur participation à l'exposition.

École d'agriculture de 1er degré de Mariina-Gora. (Gouvernement de Minsk, district Igoumenski.) [Médaille d'argent.] — L'École a été fondée, le 1er novembre 1880, à l'aide de dons faits par des cultivateurs et le propriétaire du domaine G. Voïnilovitch.

Le nombre des élèves était de 74 en 1899.

Les études durent quatre ans.

Prix de la pension : 160 francs; demi-pension : 80 francs. Les externes ne payent pas; ils sont, pendant les travaux pratiques, nourris gratuitement.

Matières enseignées : religion, mathématiques, langue russe, histoire de la

Fig. 209. — École de Mariina-Gora.
(Vue des bâtiments.)

Russie, géographie, arboriculture et horticulture, agriculture. Une ferme de 150 hectares dépend de l'établissement.

Travaux pratiques. — Les élèves exécutent, sans exception, tous les travaux à l'extérieur et à l'intérieur de l'établissement.

Indépendamment de l'agriculture, ils apprennent la menuiserie, la charpente, la ferronnerie.

Les élèves des classes supérieures exécutent des levés de plans.

Pendant l'été, une seule journée est consacrée à l'enseignement théorique; les autres sont employées aux travaux pratiques. A tour de rôle, un élève est chargé de la direction des travaux.

Dans l'atelier de charpente et de menuiserie, les élèves font des échelles, des portes, des tabourets, des outils agricoles, etc.

Ils reçoivent une gratification pour les travaux exécutés. Au mois de septembre, à la suite d'un concours ouvert entre les élèves de quatrième année, les plus méritants reçoivent des primes.

Objets exposés. — Album de photographies de diverses parties de l'École.

École d'agriculture de 2e degré de Bolchoïé-Sélo. (Gouvernement de Riazan.) [Médaille de bronze.] — Matières enseignées: religion, arithmétique, langue russe, éléments des sciences naturelles, dessin, chant, zootechnie, agriculture, horticulture et arboriculture.

Nombre des élèves : 33 au 1er janvier 1899. Durée des études : quatre ans. L'École possède une ferme, un champ d'expériences, un verger, une pépinière, un jardin potager, un rucher, un atelier de menuiserie et une forge.

Les élèves payent pour leur entretien, pendant les deux premières années, une somme annuelle de 15 à 36 roubles. L'entretien est gratuit pendant les deux années suivantes.

Objets et travaux exposés. — Travaux et dessins d'élèves; reproductions de machines agricoles; cahiers de cours.

École d'agriculture de 2e degré de Bielaïa-Krinitza. (Mention honorable.) — Située dans le district de Kremenetz, gouvernement de Volhynie, cette École a été fondée en 1892 par le Gouvernement dans une immense propriété de 4.460 hectares léguée par A. Voronine.

Durée des études : quatre ans. Nombre des élèves : 70 environ. Prix de l'internat : 60 roubles (160 francs) par an; prix de la demi-pension : 30 roubles (80 francs). L'enseignement est gratuit pour les externes.

Objets et travaux exposés. — Album de photographies des diverses parties de l'établissement.

École d'horticulture de Zizdra. (Médaille d'or.) — Dans l'exposition de l'École nous n'avons pas eu connaissance de la monographie de cet établissement pouvant nous permettre de donner des indications d'ordre général sur son fonctionnement.

Objets et travaux exposés. — Albums de photographies. Travaux d'élèves: plans, herbiers. Deux tableaux de greffes. M. Krutoff, pour sa contribution à l'exposition a reçu du Jury une médaille d'argent.

V. — Écoles de laiterie.

Au-dessous des écoles inférieures, se placent les écoles de laiterie.

L'apprentissage y dure deux ans; une troisième année est entièrement consacrée à la pratique dans les propriétés privées. Pour y être admis, il faut avoir 17 ans au moins et être muni du certificat d'une école primaire à une classe.

École de laiterie et d'élevage de Lotochino. (Médaille de bronze.) — Cette École a été fondée en 1891, par le prince Mestcherski, dans la propriété de Katounino, district de Volokolamsk, gouvernement de Moscou.

L'École possède une ferme avec 741 bovidés, dont 515 vaches laitières, une porcherie, une fromagerie, etc. Une section de fromagerie suisse a été adjointe à l'École en 1897. Les études pratiques y ont une durée d'un an.

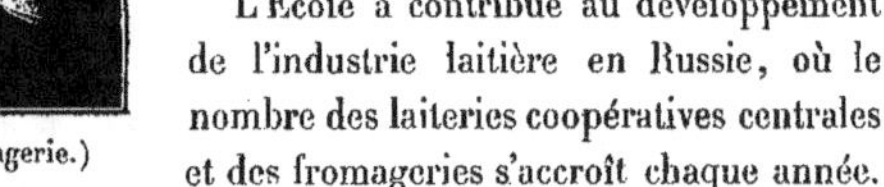

L'enseignement comprend à l'École de Lotochino les matières suivantes : religion, arithmétique, langue russe, chant, élevage, médecine vétérinaire, laiterie. Au 1er janvier 1899, il avait 17 élèves pour les deux sections réunies.

L'École a contribué au développement de l'industrie laitière en Russie, où le nombre des laiteries coopératives centrales et des fromageries s'accroît chaque année.

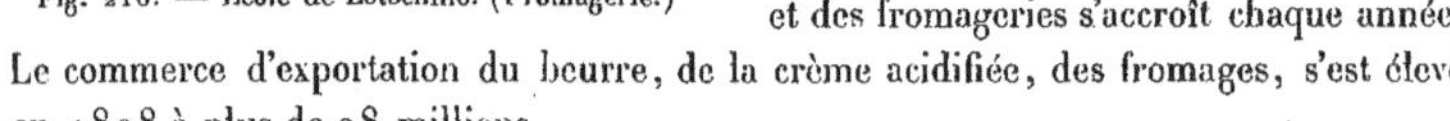

Fig. 210. — École de Lotochino. (Fromagerie.)

Le commerce d'exportation du beurre, de la crème acidifiée, des fromages, s'est élevé en 1898 à plus de 28 millions.

Objets exposés. — Tableaux graphiques et cartogrammes concernant l'organisation des laiteries.

VI. — Écoles de filles.

Il existe actuellement 4 écoles de filles qui dépendent du Ministère de l'agriculture. Zozoulino, Ponémounski et Préobrajenski sont des écoles d'agriculture et d'art ménager; Shodenski est plutôt une école d'horticulture. L'apprentissage est d'une durée de 2 ans dans les deux premières; dans les deux autres l'enseignement dure 3 ans et les élèves ne sont admises qu'à la suite d'un examen portant sur les matières du programme des écoles primaires à une classe ou sur la présentation d'un certificat d'études primaires.

Pour être admises à l'École de Préobrajenski, les jeunes filles doivent présenter un certificat constatant qu'elles ont déjà reçu une bonne éducation primaire. Le niveau de l'éducation professionnelle est plus élevé à Préobrajenski que dans les autres écoles. Le programme comprend : l'étude des sciences, l'hygiène et les notions de médecine, l'entomologie, la botanique, les cultures fruitières et potagères, la fabrication du beurre et des fromages, la cuisine, la confection des vêtements, différents arts d'agrément.

École agricole et ménagère de Zozoulino. (Médaille de bronze.) — L'École agricole et ménagère de Zozoulino a été fondée par la générale Marioutz et sa mère, la

Fig. 211. — École de Zozoulino. (Bâtiment principal.)

générale Tchervonni, dans leur propriété de Zozoulintzi, district de Berditchev, gouvernement de Kiev. Inaugurée en 1888, l'École a été transformée en 1897. Le nombre des élèves était de 51 en 1899.

L'enseignement y est surtout pratique et comprend : l'arithmétique et la comptabilité, la laiterie, l'agriculture, la préparation des conserves, la couture, le ménage, l'art culinaire, les salaisons, l'aviculture, la boulangerie, le blanchissage et le repassage, l'horticulture et l'arboriculture. On y apprend aussi à filer le lin, à tresser des corbeilles, à fabriquer des tapis, à confectionner des vêtements.

La durée des études varie d'un an à six ans, suivant l'âge des élèves et leur destination. Les pensionnaires venant des asiles payent 100 roubles par an (266 francs); les boursières 150 roubles (400 francs); les autres 25 roubles par

Fig. 212. — École de Zozoulino. (Travaux divers.)

mois, soit 66 fr. 50 Celles qui ne passent que les mois d'été à l'École payent un supplément. On admet les élèves aux différentes époques de l'année.

L'École possède un domaine de 1,500 hectares et un rucher de plus de 100 ruches de différentes espèces.

Objets et travaux exposés. — L'École avait exposé un album de photographies et des travaux faits par les élèves.

La directrice de l'École, Mme Mariotitza-Grineva a obtenu une mention pour sa participation à l'exposition de l'enseignement agricole.

VII. — Cours d'horticulture et de viticulture.

En dernier lieu, viennent les *écoles et les cours pratiques,* d'une organisation plus rudimentaire que les écoles inférieures. Ils ont pour but de répondre au besoin croissant d'avoir des ouvriers agricoles habiles dans les différentes branches de l'industrie rurale, comme le jardinage, l'horticulture, la viticulture, etc.

L'organisation de ces cours est assez variée et en rapport avec les conditions et les besoins locaux. L'enseignement y porte un caractère purement pratique; la théorie se ramène aux explications données au cours des travaux et aux entretiens avec les élèves.

Pour être admis à suivre cet enseignement, il suffit de savoir bien écrire et de connaître les quatre règles de l'arithmétique. Cet enseignement dure d'un à quatre ans.

VIII. — Écoles professionnelles de Tchigeoff.

Bien que ces écoles professionnelles n'aient pas exposé à la Classe 5, leur caractère mixte et le programme spécial de leur enseignement, qui diffère du type normal des écoles agricoles ou industrielles, nous paraissent mériter de retenir l'attention. Indépendamment des travaux agricoles, des travaux de serrurerie et de menuiserie, les élèves s'exercent à différents métiers dans de petites usines modèles annexées à l'École : usine pour la préparation du lin, tannerie, huilerie, minoterie.

L'École élémentaire agronomique et technique de Kologrive peut être prise comme type de ces écoles.

Elle a pour but d'apprendre aux élèves, avec l'agriculture proprement dite, la fabrication du beurre et des fromages, la préparation du lin, la tannerie et les autres industries de la région.

Les jeunes gens qui se présentent à l'École de Kologrive doivent posséder un certificat attestant qu'ils ont terminé leurs études primaires, soit dans une des écoles municipales établies d'après les statuts de 1872, soit dans une école de district, soit dans une école rurale à deux classes. L'âge des élèves varie de 13 à 22 ans. Le régime de l'École est l'internat.

Le prix de la pension est de 100 roubles environ par an. L'École distribue un certain nombre de bourses.

En 1899, la cinquième promotion a quitté l'École. Les cinq promotions de sortie donnent un total de 96 jeunes gens ayant achevé leur études à l'École. 10 p. 100 seulement ont des emplois qui n'ont rien de commun avec les études qu'ils ont faites; 20 p. 100 complètent leur instruction dans une école agronomique secondaire.

9 p. 100 font leur service militaire; la majorité des sortants (71 p. 100) se sont placés dans une exploitation rurale ou dans une des industries étudiées à l'École; quelques-uns font valoir leurs propriétés ou sont à la tête d'une usine leur appartenant.

Les travaux pratiques ont lieu pendant la saison d'hiver et pendant la saison d'été. On y consacre, en hiver, 4 heures par jour et en été, 10 heures, pour les classes spéciales, et 8 heures, pour la classe préparatoire.

L'enseignement pratique est donné dans l'exploitation rurale, dans les ateliers et dans les usines de l'École. Ces dernières comprennent une tannerie, un atelier pour la préparation du lin comme matière première, une fabrique d'huile et de beurre et une minoterie.

Les travaux pratiques exécutés à la ferme et dans les ateliers sont obligatoires pour tous les élèves. Les jeunes gens de troisième année choisissent, pour les exercices pratiques dans les usines, la partie dans laquelle ils désirent se spécialiser.

TABLEAU DES HEURES CONSACRÉES, PENDANT LA SEMAINE,
AUX DIFFÉRENTES BRANCHES DE L'ENSEIGNEMENT.

MATIÈRES ENSEIGNÉES.	CLASSES.			TOTAL.
	PREMIÈRE.	DEUXIÈME.	TROISIÈME.	
	heures.	heures.	heures.	heures.
Instruction religieuse	1	1	1	3
Géométrie et arpentage	4	2	//	6
Physique et météorologie	4	2	//	6
Histoire naturelle et conférences d'entomologie	3	2	//	5
Construction de machines et d'instruments agricoles	//	2	3	5
Chimie appliquée à l'agronomie	2	2	//	4
ÉCONOMIE RURALE.				
Agriculture et culture potagère	3	2	2	
Élevage du bétail et traitement de ses maladies	//	2	3	
Aviculture et apiculture	1	//	//	15
Notions de sylviculture	//	//	2	
Constructions rurales (notions)	//	//	3	3
Industries rurales	//	3	2	5
Comptabilité agricole	//	//	1	1
Législation rurale	//	//	1	1
TRAVAUX GRAPHIQUES.				
Dessin linéaire et dessin d'imitation	6	6	6	18
TRAVAUX PRATIQUES.				
Ateliers de mécanique	18	10	6	34
Usines techniques de l'École	//	10	18	28
TOTAUX	42	44	48	134

L'École d'agriculture et des métiers de Tchoukloma a pour but d'apprendre aux élèves à diriger une exploitation agricole, de les initier à la pratique de l'élevage du bétail, de leur apprendre les éléments des métiers de serrurier, menuisier et forgeron, dans les limites de leur utilité pour l'économie rurale.

IX. — Enseignement de la petite industrie.

En Russie, on ne sépare pas radicalement, comme en France, l'enseignement de l'agriculture et celui de l'industrie. Le Ministère de l'agriculture et des domaines soutient la petite industrie rurale, «industrie des Koustars», et a créé des écoles et ateliers d'apprentissage technique, des écoles de filage et de tissage pour former des maîtres-tisserands. Pour perfectionner cette industrie subsidiaire qui joue un rôle important dans l'économie du peuple, le Ministère délègue des ingénieurs, accompagnés de maîtres-tisserands expérimentés, qui organisent des ateliers temporaires dans les campagnes pour initier la population aux progrès techniques du métier. Il en est de même en ce qui concerne la poterie et certains petits métiers qui se rapportent au travail des métaux, du bois, à la reliure, à la cartonnerie, à la cordonnerie, à la sellerie, à la vannerie, à la brosserie, à la fabrication des objets de corne et des jouets.

X. — L'enseignement agricole dans les écoles primaires rurales.

L'enseignement primaire a fait de grands progrès en Russie depuis vingt ans. Le nombre des écoles a triplé. Les zemstvos [1], le Saint-Synode, les grands propriétaires fonciers ont été les principaux agents de la diffusion de l'enseignement primaire et agricole.

En ce qui concerne le budget de l'enseignement agricole proprement dit, la contribution des zemstvos s'élevait, pour l'année 1899, à 14 p. 100; celle de l'État était de 45 p. 100.

Dans le gouvernement de Moscou, pour pouvoir bien juger de la rapidité avec laquelle se répandaient les écoles rurales pendant les trente dernières années, il suffit de mentionner qu'en 1875, dix ans après l'introduction des institutions du zemstvo, on comptait 432 écoles rurales dans le gouvernement; une dizaine d'années plus tard, elles atteignaient le nombre de 600. Dès 1885, grâce à l'intervention active de la direction des écoles du Saint-Synode et du clergé, le nombre des écoles primaires augmenta encore plus considérablement; en 1895 il y avait 876 écoles rurales; en 1898 on en comptait déjà 1,051.

[1] Le zemstvo est un organe d'administration locale. Le zemstvo du district (ouiezd) consiste en une assemblée composée de députés élus par trois collèges d'électeurs et un comité exécutif élu par cette assemblée. Chaque province a une assemblée composée de députés élus par les zemstvos du district et un comité exécutif élu par cette dernière assemblée.

Parmi ces écoles, 670 sont entretenues par les zemstvos, 271 par les paroisses et le Saint-Synode, 61 par des personnes privées, 35 par l'Œuvre des enfants trouvés à Moscou et 14 par le Ministère de l'instruction publique.

Le nombre des élèves des écoles rurales a augmenté encore dans de plus fortes proportions. En 1847, c'est-à-dire avant l'émancipation des paysans et l'organisation des institutions du zemstvo, il n'y avait que 1,387 élèves; le nombre des écoliers des deux sexes s'accroît ensuite dans la progression suivante :

	GARÇONS.	FILLES.	ÉLÈVES.
1875	15,863	4,241	20,104
1885	28,045	9,444	37,489
1895	39,346	15,775	55,121

Enfin, en 1898, les écoles rurales du gouvernement de Moscou contenaient 45,576 garçons et 21,275 filles, c'est-à-dire près de 67,000 enfants des deux sexes. Parmi ces élèves, 44,000 recevaient l'instruction dans les écoles du zemstvo, 13,000 dans les écoles paroissiales et près de 10,000 dans celles de l'État et des personnes privées.

Fig. 213. — École professionnelle de Kologrine. (Façade principale.)

Indépendamment de ses écoles ordinaires, le zemstvo de Viatka possède trois écoles spéciales d'agriculture, un institut, onze agronomes, un par district, aidés chacun par des maîtres-agriculteurs choisis parmi les personnes instruites ou parmi les paysans intelligents. Pour agir sur l'esprit des populations plus directement encore, le zemstvo a organisé un grand nombre de champs de démonstration et des terrains appelés « Économies rurales de démonstration ». L'agronome choisit un paysan laborieux, favorable aux innovations, qui lui remet entre les mains, pour un temps déterminé, tout ou partie de sa propriété en s'engageant à suivre ses conseils. Le zemstvo fournit au paysan les semences, lui prête des instruments, parfois même lui donne une prime.

Cette méthode est, pour ainsi dire, un enseignement en masse de la population, et, par cela même, les résultats en sont très rapides. Il est quelquefois suffisant d'une démonstration bien réussie pour que certaine innovation intéresse un grand nombre de personnes et devienne bientôt générale. Cela arrive surtout dans les endroits où, comme dans le gouvernement de Viatka, ce sont les personnes les plus intelligentes qui sont appelées à la propagation des perfectionnements en agriculture.

Fig. 214. — École de Tchoukloma. (Bâtiment principal.)

Le second point de l'organisation agricole du zemstvo de Viatka, ce sont les fermes modèles qui doivent : 1° servir de modèle d'économie rurale rationnelle pour les paysans des environs et démontrer les avantages de différentes innovations et les changements faciles à introduire parmi la population en ayant égard au milieu; 2° servir d'école agricole pratique et, dans la mesure du possible, théorique pour les jeunes garçons de la campagne, destinés à devenir des cultivateurs qui pourront servir d'exemple à leurs voisins, et 3° faire diverses expériences dans le but de démontrer l'utilité de différentes sortes de végétaux, d'engrais, d'instruments et de manières de travailler la terre, d'alterner les cultures, eu égard aux conditions du climat et du sol du pays.

Le gouvernement de Viatka est un des plus vastes et des plus populeux de la Russie d'Europe. A la place des 510 écoles primaires de 1895, il y en avait 994 en 1898, et le nombre des élèves passait de 45,702 à 69,561.

Pour rendre les instituteurs et les institutrices aptes à l'enseignement agricole, le zemstvo a organisé des cours spéciaux d'agriculture et d'horticulture sous la direction d'un spécialiste désigné par le Ministère de l'agriculture et des domaines.

Dans le district de Nijni-Novgorod, le zemstvo a fondé une école d'agriculture avec cours manuels relatifs aux métiers de charpentier, de menuisier et de forgeron-serrurier en ce qu'ils ont rapport à la fabrication, et à la réparation des instruments aratoires. L'école est aménagée pour 70 élèves; les cours sont de trois ans. L'entretien annuel revient à 4,930 roubles dont 1,500 sont fournis par le Ministère de l'instruction publique.

Des cours du dimanche sont également établis et dans les bibliothèques et salles de lecture sont placés des ouvrages agricoles.

Le Ministère de l'agriculture prête aussi son concours pour l'organisation de cours d'agriculture dans quelques écoles primaires de l'instruction publique, comme à l'école municipale de Jisdra, ainsi que dans les asiles.

Si le Gouvernement russe s'occupe activement avec les zemstvos du développement de l'instruction technique dans les classes rurales, l'initiative privée ne reste pas en arrière du mouvement. On lui doit, au point de vue de l'enseignement des adultes, la création des écoles du dimanche, au nombre de plusieurs milliers déjà dans les campagnes, bien que leur fondation remonte à une époque récente. Ces écoles ont pour prototype celle de Karkov fondée par Mme Altchevesky.

XI. — Stations météorologiques agricoles.

La météorologie agricole occupe une place importante dans la plupart des écoles d'agriculture russes, où l'on définit ainsi cette science : la météorologie agricole a pour objet l'étude des facteurs météorologiques considérés au point de vue de leur influence sur le développement des plantes et sur la vie des animaux, dans le but d'établir des règles indiquant comment l'agriculteur doit profiter des observations météorologiques pour augmenter le rendement de ses cultures.

Les observations et les recherches météorologiques agricoles remontent en Russie à l'année 1844, lorsque, sur l'initiative des académiciens Koupfer, Brandt et Mayer, on a commencé à étudier les phénomènes atmosphériques, mais ces observations n'ont pris un caractère vraiment scientifique, puis pratique, que depuis une vingtaine d'années. En 1886, M. Klossovsky, professeur à l'Université d'Odessa, organisa au sud-ouest de la Russie un réseau météorologique local qui, grâce à son énergie, a pris un grand développement. Cet heureux début a encouragé les imitateurs. En 1891, l'observatoire météorologique de l'Université de Kiev organisa un réseau semblable de stations dans le bassin du Dnieper; plus tard, l'observatoire météorologique de l'Institut agronomique de Moscou, dirigé par le professeur Michelsoa, organisa un réseau semblable dans les gouvernements du centre de la Russie; puis la Société de l'Économie rurale à Moscou s'occupa de cette création dans les gouvernements de l'Ouest.

Dans le but de multiplier les points d'observation, le Ministère de l'agriculture et des domaines fit établir, avec le concours effectif du Bureau météorologique, à la fin de l'année 1897, de nombreuses stations météorologiques agricoles, destinées aux recherches de l'influence des conditions météorologiques sur la production agricole. Chaque station établie soit dans une *école d'agriculture,* soit dans un champ d'essais, soit dans une propriété particulière, a à sa disposition un champ d'observation et tous les appareils météorologiques nécessaires pour étudier la pression atmosphérique, la température et l'humidité de l'air, la vitesse et la variation du vent, etc. Sur chacune des parties du champ d'observations, divisé en parcelles, on fait des observations et des essais sur l'époque des semailles et des récoltes, sur les phases de la croissance des plantes, sur les travaux agricoles et l'état des récoltes, sur l'influence exercée par les facteurs météorologiques.

Toutes ces stations, même celles qui sont dans les écoles d'agriculture, ne sont à vrai dire que des stations d'études, de recherches et servent peu à l'enseignement de la météorologie; nous les avons signalées à cause de leur lien avec les établissements d'enseignement agricole au milieu desquels elles sont établies.

CHAPITRE IV.

FINLANDE. .

Depuis 1860, la direction de l'agriculture dans le grand-duché de Finlande est confiée à la Section de l'agriculture du Sénat impérial de Finlande. A la tête de cette section est placé un sénateur, auquel sont adjoints un rapporteur référendaire, un secrétaire du protocole et d'autres employés. De la Section de l'agriculture dépendent les institutions et les fonctionnaires suivants : la Direction de l'agriculture, les agronomes provinciaux, les ingénieurs agricoles, les conseillers de laiterie, l'Institut d'agriculture et de laiterie, un certain nombre d'écoles spéciales, etc. La Section de l'agriculture est secondée par les gouverneurs, les sociétés d'agriculture et d'économie domestique.

Fig. 215. — Institut de Mustiala.
(Salle d'enseignement.)

La Direction de l'agriculture, fondée en 1892, exerce une surveillance générale sur toutes les écoles spéciales d'agriculture; elle étudie toutes les questions ayant trait à l'agriculture que lui soumet le Gouvernement, suit tous les progrès de la science agricole, veille aux besoins de l'agriculture et des industries annexes et présente au Gouvernement les projets qu'elle juge de nature à encourager le développement de l'agriculture.

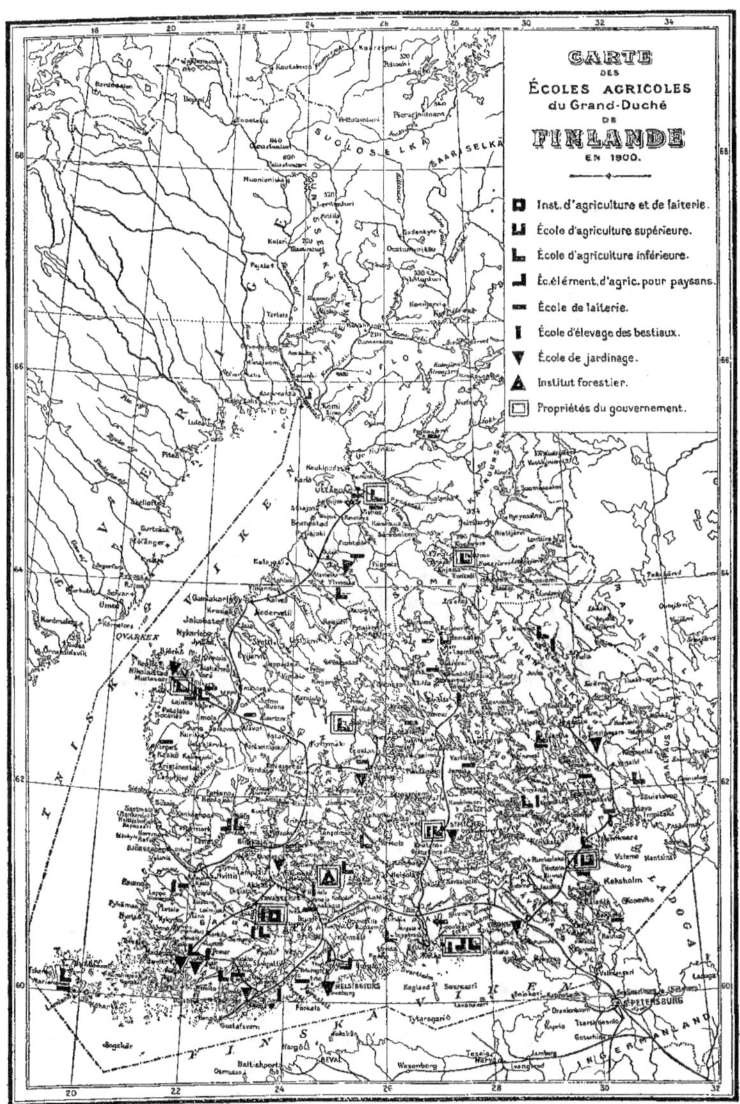

Fig. 216. — Carte des établissements d'enseignement agricole du grand-duché de Finlande.

L'Institut de Mustiala, école d'agriculture et de laiterie, représente l'enseignement agricole supérieur en Finlande.

Le budget de l'Institut de Mustiala s'élevait en 1898 à la somme de 109,195 marks, à laquelle il y a lieu d'ajouter un crédit annuel de 34,000 marks pour les appointements du personnel. Le cours supérieur d'agriculture était suivi par 42 étudiants; le cours de laiterie par 10 élèves, et le cours d'élevage par 4 élèves seulement.

L'École d'agriculture de Kronoborg a été inaugurée le 1ᵉʳ novembre 1897. Le personnel enseignant se compose de : 1 directeur, 1 professeur de sciences naturelles, 1 maître de laiterie et d'élevage, 1 professeur de sylviculture, 1 vétérinaire. Le nombre des élèves en 1898 était de 20. La subvention annuelle de l'École s'élevait à 20,000 marks. Le domaine a une étendue de 260 hectares.

Fig. 217. — Institut d'agriculture et de laiterie de Mustiala. (Vue d'ensemble.)

On compte en outre en Finlande 20 écoles d'agriculture à deux classes annuelles, et 2 ayant une classe annuelle; 3 cours d'hiver de connaissances agricoles, 4 écoles d'élevage du bétail à 2 classes annuelles; 13 écoles d'élevage du bétail à une classe annuelle; 16 écoles de laiterie à 2 classes annuelles, et 12 de laiterie à une classe annuelle; 10 écoles d'horticulture.

Parmi les écoles élémentaires d'agriculture, on en compte 6 qui sont situées dans les domaines de l'État. Chacune de ces écoles jouit d'une subvention annuelle de 11,200 marks. La somme totale que l'État accordait à ces écoles en 1898 s'élevait à 338,914 marks. Le nombre total des élèves était, cette même année, de 402.

La Finlande possède des laboratoires de chimie agricole, des stations de contrôle de graines et une station d'essai rattachée à l'Institut de Mustiala.

La Direction de l'agriculture de Finlande a sous ses ordres : 8 agronomes provinciaux de 1ʳᵉ classe, 5 agronomes de 2ᵉ classe, 3 agronomes adjoints, 3 ingénieurs agricoles, 5 professeurs ou «conseillers» de laiterie, 1 conseiller pour l'élevage du bétail et la zootechnie, 1 instructeur pour l'élevage des chevaux.

CHAPITRE V.
CONSIDÉRATIONS GÉNÉRALES.

Dans la Russie d'Europe, indépendamment des biens d'apanage, du domaine impérial et des terres qui appartiennent à des institutions jouissant de la personnalité civile, biens qui ne représentent que les 4,1 p. 100 des immenses territoires de ce pays, les terres appartiennent : 1° à l'État, qui en possède environ les deux cinquièmes; 2° aux communes rurales, propriétaires d'un tiers; 3° aux particuliers, dont les domaines forment environ le quart du territoire russe. Il résulte de cette répartition de la propriété rurale que le nombre des propriétaires ne cultivant pas directement le sol est considérable. Ces derniers sont obligés d'avoir des contremaîtres, des directeurs d'exploitation, qui ne peuvent se former que dans des écoles d'agriculture.

Fig. 218. — École supérieure d'agriculture de Kronoborg.
(Église, laboratoire, maison d'enseignement, vacherie, corps de logis.)

De là ce grand nombre d'établissements d'enseignement agricole que l'on trouve en Russie : en 1898 on comptait 4 écoles supérieures, 11 établissements d'enseignement secondaire, 110 écoles inférieures. Et, cependant, ce nombre d'écoles est relativement faible, en raison de la grande étendue de terres cultivables. Le Gouvernement l'a bien compris puisqu'il compte porter le nombre des écoles inférieures à 156.

L'enseignement supérieur est très largement distribué dans les écoles supérieures que nous avons examinées. Pas de concours rendant leur accès difficile; c'est l'instruction libre pour tous les jeunes gens munis du diplôme de fin d'études des écoles de l'enseignement secondaire. Le concours n'a lieu que lorsque le nombre des candidats est supérieur à celui des places. Dans la pratique, comme nous l'avons fait remarquer déjà, ces concours sont rares.

Aussi le nombre des élèves que l'on trouve dans chaque école supérieure est-il relativement élevé : 198 élèves (année 1899) à l'Institut de Moscou; 501 étudiants dont 137 internes à l'Institut forestier de Saint-Pétersbourg; 260 élèves à l'Institut agronomique et forestier de Nouvelle-Alexandrie. Le nombre des élèves a d'ailleurs augmenté dans toutes les écoles agricoles de la Russie passant, pour l'ensemble, de 1,292 en 1879 à 2,715 en 1889 et à 5,730 en 1899; il a donc quintuplé. Le budget des écoles agricoles, qui s'élevait à 435,980 francs en 1879, atteignait en 1899 le chiffre de 2,076,499 francs.

La Russie n'a pas, comme l'Allemagne, des instituts formant partie intégrante des Universités ou attachés à ces dernières; elle ne possède que deux sections d'économie rurale aux Instituts polytechniques de Riga et de Kiev.

Il est à remarquer que toutes les écoles supérieures sont à sections : l'Institut de Moscou a une section d'agriculture et une section de génie rural; l'Institut de Nouvelle-Alexandrie une section d'agriculture et une section de sylviculture. Cette dernière n'empêche d'ailleurs pas l'existence d'un établissement spécial pour les études forestières : l'Institut forestier de Saint-Pétersbourg.

Les instituts agricoles supérieurs russes présentent un caractère spécial qui leur est personnel : alors que dans presque tous les pays l'enseignement supérieur est surtout théorique, en Russie, il est à la fois théorique et pratique. Ainsi, à l'Institut agronomique de Moscou, les cours théoriques sont faits en hiver, et, pendant les mois d'été, les élèves se rendent à la ferme de l'École où ils prennent part aux travaux de culture, à la conduite des machines, etc. Il en est de même pour l'Institut agronomique et forestier de Nouvelle-Alexandrie; les cours commencent le 1ᵉʳ septembre et dès le 15 mai commencent les opérations pratiques d'été qui se prolongent jusqu'aux vacances.

Les exercices pratiques, étant donné le très grand nombre d'élèves, nécessitent de grandes exploitations. Ces dernières ne font pas défaut : la Nouvelle-Alexandrie possède une *ferme d'expériences* de 180 hectares, un domaine de 700 hectares et des forêts couvrant 818 hectares. On comprend que dans des exploitations pareilles 250 étudiants puissent se livrer à des exercices nombreux et apprendre la technique du métier.

Avec le système employé en Russie la durée des études doit être plus grande : elle est, en effet, de quatre ans; ce n'est pas trop pour étudier le programme si complexe des connaissances théoriques et apprendre sommairement le métier d'agriculteur. La connaissance des organismes compliqués de l'exploitation rurale est plus utile peut-être à l'élève de l'École supérieure d'agriculture que la pratique manuelle. Mais il n'est cependant pas mauvais que le futur agronome ait une certaine habileté manuelle : «Ce n'est que grâce à elle, explique M. Wéry, qu'il aura de l'autorité sur son personnel dans la surveillance et la direction des travaux, qu'il donnera des ordres judicieux en harmonie avec ses ressources, qu'il évitera les fausses manœuvres.» En Russie, on n'a pas oublié que la pratique de l'administration et la direction d'un domaine sont choses essentielles pour des étudiants d'enseignement supérieur : à l'Institut agronomique et forestier de Nouvelle-Alexandrie ainsi qu'à l'Institut de Moscou, les élèves de 4ᵉ année subissent les épreuves théoriques en mars et séjournent du 1ᵉʳ avril au 1ᵉʳ août dans des exploitations particulières dont ils dirigent et surveillent les divers travaux. En somme, leur séjour à la ferme d'expériences et dans le domaine leur tient presque lieu de stage.

Les instituts agronomiques en Russie, comme dans certains pays (l'Autriche, l'Allemagne, la Suède notamment), sont en même temps que des écoles d'enseignement supérieur des établissements de vulgarisation. Ils ne se contentent pas seulement de préparer des agronomes, mais aussi de rendre service aux agriculteurs et d'instruire les praticiens. L'Institut agronomique de Moscou vulgarise l'enseignement de l'aviculture et de l'apiculture par des conférences et par des expositions organisées, chaque année, dans différentes villes de l'empire.

Les établissements supérieurs russes visent aussi à faire l'instruction des femmes. A l'Institut de Moscou, en 1898, on a inauguré, comme nous l'avons vu, des cours d'économie rurale (agriculture, élevage, comptabilité, économie, etc.) qui ont eu du succès. C'est un rôle que nous n'avons vu jouer par aucune école supérieure dans les autres pays.

Les écoles agricoles moyennes ou secondaires de la Russie ressemblent un peu à celles d'Allemagne au point de vue de l'enseignement théorique qu'on y donne : les programmes de ces écoles, en effet, accordent une large place à l'enseignement général.

Aux écoles secondaires d'Allemagne, les études d'une durée de trois ans sont purement théoriques, tandis qu'aux écoles secondaires russes les études, d'une durée bien plus grande (6 ans), sont à la fois théoriques et pratiques.

En somme, les établissements d'enseignement agricole secondaires de la Russie sont des « Lycées agricoles » ayant un caractère professionnel très marqué. L'enseignement théorique, comme dans les instituts agronomiques, s'y donne pendant la mauvaise saison, de septembre en avril, et l'enseignement pratique d'avril en juillet. Les élèves à la fin de leurs six années d'études consacrent six mois à des travaux pratiques dans des propriétés privées.

Alors que les écoles allemandes n'ont à leur disposition que des champs d'expériences ou de très petites exploitations, les écoles russes possèdent au contraire de vastes domaines (en moyenne 200 hectares), où de nombreux élèves peuvent se livrer à tous les exercices pratiques.

Quant aux *écoles inférieures* elles ont quelque ressemblance avec nos écoles pratiques de France comme niveau d'enseignement. Elles en diffèrent par certains points d'organisation : l'enseignement théorique se donne en hiver et l'enseignement pratique en été ; en outre, la durée des études est plus longue (4 ans), enfin la plupart des élèves, au bout de leurs quatre années, sont placés dans des propriétés privées pendant un ou deux ans pour y acquérir la pratique du métier, malgré les nombreux exercices pratiques auxquels ils se sont livrés à la ferme de l'École.

Les résultats obtenus par ces établissements doivent être excellents si l'on en juge par le recrutement qui est assez élevé : à l'École d'Alexandrovskaïa-Nartasskaïa pendant l'année 1899 nous relevons 97 élèves, 74 à Marïna-Gora, 70 à Bielaïa.

Les écoles inférieures, comme les instituts agronomiques et les écoles secondaires, sont aussi des établissements de vulgarisation et d'enseignement à courte durée pour les praticiens ; on y admet ces derniers pour étudier une branche quelconque de l'agriculture ou apprendre un de ces métiers ruraux si en faveur en Russie.

Ce qui nous a le plus frappé dans les programmes des écoles inférieures et même dans ceux de quelques écoles secondaires, c'est l'importance donnée aux travaux manuels se rapportant à la menuiserie et à la forge. Presque toutes les écoles possèdent des ateliers très bien outillés où les élèves s'exercent pendant les longs mois d'hiver à fabriquer des outils agricoles, à réparer des charrues, herses, etc., à fabriquer des instruments peu compliqués et même des meubles d'un usage courant à la campagne.

A la fin de leurs quatre années d'études, les jeunes étudiants sont plus que des agriculteurs, ils sont en même temps de bons ouvriers de la petite industrie rurale très importante en Russie.

Les industries rurales jouent un si grand rôle dans la vie du paysan russe, et par conséquent dans le programme des écoles d'agriculture, que nous nous croyons obligé d'en dire quelques mots.

Ce qui caractérise avant tout les petites industries rurales, dit M. Moratchevsky, c'est que les travaux nécessités par ces industries sont faits en famille : hommes et femmes, vieillards débiles et enfants y prennent part; en second lieu, les produits de ces industries ne sont pas fabriqués sur commande; la production a lieu en vue de consommateurs inconnus, d'acheteurs qui se présenteront sur le marché; enfin, ces industries ne sont pour ceux qui s'y livrent qu'une ressource accessoire : elles procurent au petit agriculteur des ressources supplémentaires augmentant celles qu'il tire de ses travaux principaux, de son métier d'agriculteur.

La petite industrie rurale, se rattachant solidement à l'industrie agricole et à la vie de famille, présente un grand avantage sur les industries non rurales, les industries des fabriques et des usines qui éloignent l'ouvrier des champs de sa maison. L'importance de la petite industrie dans l'économie nationale est extrêmement grande, puisqu'elle occupe pendant l'hiver, si long en Russie, 7 à 8 millions de paysans et leur procure des gains dont le total s'élève à un chiffre fort élevé.

La petite industrie produit les articles les plus divers : les articles en bois dont tout ménage russe fait usage (tables, chaises, baquets, tonneaux, seaux, charrettes, traîneaux, etc.); les articles fabriqués avec des matières textiles (toiles, tissus, etc.), avec les produits animaux (fourrures, gants, harnais, etc.), avec les métaux (couteaux, fourchettes, chandeliers, toiles métalliques, etc.). Son développement dans une localité quelconque a principalement pour cause l'insuffisance des ressources procurées à la population par les travaux des champs et la durée des hivers. Dans les gouvernements fertiles de la zone des terres noires où les récoltes donnent le plus souvent des rendements supérieurs aux besoins de la population, elle est peu développée.

Les gains des artisans ruraux sont peu élevés; ils varient entre 50 et 70 roubles par an; dans certaines industries, ils descendent jusqu'à 30 et 25 roubles, pour les tisseuses et les ouvrières en dentelles, par exemple. La médiocrité des gains des petits industriels ruraux s'explique par la rude concurrence que leur fait la fabrication à la machine. Ce qui aide le petit industriel à produire, ce sont les liens intimes qui le rattachent à l'agriculture, car l'agriculture est pour lui sa principale ressource.

Le Gouvernement, beaucoup de zemstvos et des particuliers viennent en aide aux petites industries rurales. Le concours des particuliers s'est manifesté principalement par l'ouverture de toute une série d'écoles ayant pour but de relever l'art technique de ces industries. Les plus connues sont celles du gouvernement de Kostroma fondées par Tchigeoff.

La petite industrie rurale occupait aussi une grande place en France autrefois, du temps des anciennes corporations. De nouvelles conditions économiques créées en partie par l'avènement de la machine à vapeur, par la substitution de la fabrication à la machine au travail fait à la main, ont favorisé le développement de la grande industrie, utilisant les gros moteurs à vapeur, machines fixes, machines compound. Un mouvement en sens contraire pourra se produire d'ici quelques années, avec la généralisation de l'usage des petits moteurs économiques, roues et turbines hydrauliques, en utilisant comme appoint les moteurs à alcool dénaturé; d'où, un nouveau déplacement de certaines branches de l'industrie.

L'enseignement des petites industries rurales est très prospère et très efficace dans les écoles russes. Le paysan profite beaucoup de cet enseignement parce qu'il le reconnaît utile. Il n'apprécie pas de la même façon les leçons qui lui sont faites, les conseils qui lui sont donnés par les professeurs d'agriculture. Le paysan russe est routinier; il applique les nombreux préceptes et dictons légués par ses ancêtres et accepte difficilement les améliorations qui lui sont signalées; il est encore trop peu éclairé pour comprendre les bienfaits de la science. Les élèves qui sortent des écoles supérieures peuvent trouver l'emploi de leur science dans la direction des grands domaines, nombreux en Russie; les jeunes gens qui sortent des écoles inférieures ont beaucoup de mal à faire admettre les améliorations qu'ils préconisent dans leurs domaines ou dans ceux où ils sont employés. Ils se heurtent non seulement à l'esprit routinier des paysans, mais il faut le dire aussi à sa pauvreté; la plupart du temps le petit cultivateur n'a pas le moyen d'acheter les engrais ou les machines perfectionnées qui lui sont vantés.

Mais quelque faible que soit au début la répercussion de l'enseignement agricole sur les progrès de la culture, les écoles d'agriculture sont des plus utiles parce qu'elles propagent l'instruction. Il ne faut pas oublier que ces établissements donnent l'instruction générale en même temps que l'enseignement agricole. Chaque école spéciale créée est en même temps une sorte de collège donnant l'instruction complète. Le Gouvernement russe a bien compris l'utilité de ces créations pour l'enseignement général, aussi favorise-t-il la fondation des écoles spéciales de toutes sortes, aussi bien agricoles qu'industrielles, afin de développer le nombre des établissements d'enseignement.

Au-dessous des écoles inférieures agricoles viennent se placer les cours et les écoles pratiques. Ces dernières, de création très récente, sur lesquelles nous n'avons eu que peu de renseignements, paraissent ressembler à nos fermes-écoles, où l'enseignement de la pratique domine.

Avec elles, nous pourrions citer la plupart des écoles primaires, lesquelles sont de véritables petites écoles agricoles : le plus grand nombre des écoles primaires russes, surtout celles du Caucase, ont, en effet, un caractère spécialement agricole; quelques-unes ont même à leur disposition un coin de terre où les élèves suivent la démonstration de l'instituteur et se livrent à des expériences; on s'y occupe d'agriculture, d'éducation de vers à soie, etc., toutes choses qui préparent l'enfant à sa future profession d'agriculteur.

Nous devons faire remarquer que la Russie possède quatre écoles agricoles et ménagères pour les jeunes filles. La première, celle de Zozoulino, a été créée en 1888, presque en même temps que celle de Coëtlogon en France. La Russie et la France sont les premières puissances qui aient songé à faire donner un enseignement agricole ménager à le femme dont le rôle est si important dans la bonne administration de la ferme.

L'enseignement forestier est très développé en Russie à cause de l'étendue des forêts. Indépendamment de l'Institut forestier de Saint-Pétersbourg, il existe encore une section forestière à l'Institut d'agriculture et de sylviculture de Nouvelle-Alexandrie. On peut donc dire qu'il y a deux écoles supérieures pour l'enseignement forestier.

Ainsi que nous l'avons vu, il y a 30 écoles secondaires en province. Ces établissements donnent un enseignement essentiellement pratique. L'industrie du bois est apprise aux élèves dans beaucoup d'écoles; la plupart d'entre elles ont des usines de distillation dans l'école. De nombreux spécimens d'usines de ce genre avaient été présentés à l'Exposition.

La météorologie agricole est l'objet des préoccupations du Gouvernement russe. Avec le concours du Bureau météorologique, le Ministère de l'agriculture et des domaines a pu créer un réseau de stations météorologiques assez important. Les écoles d'agriculture ont reçu des stations et coopèrent aux études et aux recherches qui sont entreprises dans l'intérêt agricole; elles en profitent pour signaler aux élèves l'utilité de cette science d'observation; mais leur véritable but n'est pas l'enseignement et leur rôle est de compléter l'ensemble des observations et des expériences faites dans le réseau régional des stations météorologiques.

Ces stations ont donné des résultats appréciables; elles ont permis de donner à l'avance une évaluation approximative du rendement de la récolte en céréales; elles ont fourni des indications pour avancer ou retarder l'époque des semailles dans certaines régions en signalant les époques et les périodes des pluies; elles ont préconisé l'emploi de certaines variétés de plantes convenant mieux dans des régions déterminées.

La Russie possède donc dans ces stations météorologiques agricoles des établissements qui peuvent rendre de grands services à l'agriculture; elles sont à leur début et ne peuvent manquer de prendre du développement pour renseigner le cultivateur et l'aider dans sa tâche. Le Ministère de l'agriculture a l'intention de faire entrer dans le réseau météorologique agricole déjà constitué la météorologie forestière.

XVIII
SERBIE.

CHAPITRE PREMIER.
EXPOSITION.

La Serbie n'avait présenté qu'un petit nombre de documents relatifs à l'enseignement professionnel agricole, dans le pavillon construit près du pont de l'Alma, qui rappelait les monuments religieux de la Serbie, construits dans le style byzantin. L'exposition de l'enseignement se trouvait dans la seconde salle près de la porte du pont de l'Alma. Une carte de la Serbie, publiée par le Ministère de l'agriculture, de l'industrie et du commerce, indiquait la situation des différents établissements d'enseignement agricole. La station agronomique de Belgrade exposait une collection de graines potagères et de céréales; l'école royale serbe de viticulture et d'arboriculture avait envoyé des échantillons de graines, de miel, de prunes séchées; les produits exposés par l'École d'agriculture n'avaient pas été groupés et se trouvaient mélangés aux expositions industrielles et commerciales voisines. Une intéressante brochure sur l'agriculture en Serbie, publiée par M. Yovanovitch, ancien ministre de Serbie, conseiller d'État, suppléait à l'insuffisance des documents présentés pour l'étude de l'enseignement agricole en Serbie.

Récompenses : 2 médailles d'argent.

CHAPITRE II.

HISTORIQUE ET ORGANISATION DE L'ENSEIGNEMENT AGRICOLE.

La première école d'agriculture serbe fut fondée en 1852, dans le domaine de Toptchider, près de Belgrade, où chaque arrondissement envoyait tous les ans un ou deux jeunes gens qui y recevaient une instruction professionnelle. Mais cette école fut fermée, pour des raisons d'ordre politique, dès 1859.

Le domaine de l'État à Toptchider comprend actuellement une vaste exploitation modèle où l'on fait de l'agriculture expérimentale. On y produit des semences sélectionnées, livrées ensuite à bas prix aux particuliers. Les pépinières d'arbres fruitiers donnent, chaque année, de 10,000 à 15,000 plants, vendus aux propriétaires serbes. A côté d'un vignoble composé de différentes espèces de vignes choisies, on trouve à Toptchider des pépinières de vignes américaines dont les plants sont souvent distribués gratuitement aux cultivateurs qui veulent créer des vignobles.

Des cours pratiques ont été organisés dans le domaine de Toptchider pour les agriculteurs praticiens. Les jeunes gens qui ont terminé leurs études agricoles à l'école d'agriculture de Kralyevo ou à l'école de viticulture et d'arboriculture de Boukovo peuvent aussi faire un stage à Toptchider pour compléter leur instruction technique.

En 1872, quatorze ans après la fermeture de l'école d'agriculture, une école de sylviculture fut ouverte dans le domaine. Fermée à titre provisoire en 1882, sa réouverture semble prochaine, si elle n'est pas déjà accomplie.

L'Assemblée nationale serbe, en même temps qu'elle décrétait la fermeture de l'école de Toptchider, vota une loi portant création d'écoles secondaires d'agriculture. La première école fut instituée la même année; l'ouverture de la seconde, où l'on étudie spécialement la viticulture et l'arboriculture, ne date que de l'année 1891.

Le Gouvernement serbe estimant ces deux écoles insuffisantes déposa un projet de loi tendant à la création de stations agronomiques. Aux termes de cette loi, qui a été votée par l'Assemblée nationale, chaque département est tenu de fonder une école pratique d'agriculture annexée à une importante exploitation agricole.

Le programme de l'organisation de l'enseignement agricole et forestier en Serbie comporte : 1° la création d'une école d'agriculture et de sylviculture, à Toptchider, près Belgrade, destinée à l'enseignement supérieur; 2° le maintien des deux écoles secondaires existantes d'agriculture et d'arboriculture fruitière; 3° le fonctionnement de seize écoles pratiques d'agriculture.

Actuellement, la Serbie envoie à l'étranger les jeunes gens qui désirent faire des études agronomiques supérieures. En 1900, on en comptait quatre en France, trois en Allemagne et cinq en Autriche-Hongrie.

CHAPITRE III.

ÉTABLISSEMENT ET INSTITUTIONS D'ENSEIGNEMENT AGRICOLE.

I. — École d'agriculture de Kralyevo.

(Médaille d'argent.)

Fondée en 1882 par l'État, l'école d'agriculture de Kralyevo a pour but de former des agriculteurs qui se destinent à la gestion des domaines ruraux, soit pour leur propre compte, soit pour autrui. La durée des études y est de deux ans.

Les matières enseignées sont les suivantes : langue serbe, géographie, histoire serbe, arithmétique, arpentage, minéralogie, zoologie, botanique, physique, chimie, agriculture, horticulture, culture des prairies, élevage du bétail et des volailles, sériciculture, apiculture, éléments de l'art vétérinaire et notions de sylviculture.

On admet à l'école de Kralyevo les jeunes gens âgés de 14 à 18 ans, qui ont terminé leurs classes à l'école primaire. Ils se divisent en boursiers de l'État et en élèves payants.

Les cours commencent le 1er octobre et finissent le 30 septembre. A la fin de chaque année, les élèves subissent des examens portant sur la théorie et la pratique.

Le personnel enseignant comprend : 1 directeur, 2 professeurs, 1 instituteur, 1 jardinier, 1 vétérinaire.

Depuis sa fondation jusqu'en 1898, 300 élèves environ y ont terminé leurs études. En 1899, l'école comptait 109 élèves, dont 50 boursiers de l'État.

L'exploitation agricole comprend près de 80 hectares. Les élèves prennent part à tous les travaux de la propriété sous la direction des professeurs. Le cheptel se compose de bovidés de la race d'Algan, de chevaux du pays et de juments de demi-sang de race anglaise, de porcs de la race Berkshire.

L'établissement d'apiculture compte cinquante-deux ruches. L'école possède tous les instruments et machines modernes pour la culture et la préparation des semences ainsi qu'un séchoir à prunes et autres fruits. Il existe aussi à Kralyevo une fromagerie où les élèves apprennent à fabriquer des fromages. Comme spécialité, on y étudie le séchage des fruits, principalement des prunes.

Indépendamment des cours réguliers professés à l'école, des cours pratiques ont lieu, chaque année, pour les instituteurs, les prêtres et les cultivateurs de la région.

Les frais d'entretien de l'école d'agriculture coûtent au budget de l'État une somme annuelle de 65,000 francs environ.

II. — École de viticulture et d'arboriculture de Boukovo.
(Médaille d'argent.)

L'école de viticulture et d'arboriculture fruitière a été instituée en 1891, au couvent de Boukovo, près de Negotine. Elle a pour objet de former des viticulteurs et des arboriculteurs.

L'organisation de cette école est identique à celle de l'école d'agriculture, à cette différence près que l'enseignement de la viticulture et de l'arboriculture y tient la première place.

Le programme d'enseignement comprend les mêmes matières que celui de l'école d'agriculture; mais, comme nous venons de le dire, la priorité y est accordée à la viticulture et à l'arboriculture.

Le personnel de l'école était, en 1899, ainsi composé : 1 directeur, 2 professeurs, 1 instituteur, 1 économe, 1 arboriculteur fruitier, 1 médecin, 1 vétérinaire et 1 aumônier.

En 1899, l'école comptait 86 élèves. Sur ce chiffre, 67 avaient obtenu une bourse de l'État.

Le domaine de Boukovo a une superficie de 127 hectares. L'école dispose en outre des propriétés suivantes appartenant à l'État : Baleïska Livada, Rosno Grlo et Zvetanovatz. Elle possède un outillage agricole moderne, un bétail de choix, un établissement d'apiculture, un séchoir, système Kaznibov, pour le séchage du raisin et des autres fruits, une pépinière de vignes américaines, un atelier de vannerie où les élèves apprennent ce métier pendant l'hiver.

Des cours ont lieu à l'école pour les vignerons, les maîtres d'écoles primaires et les prêtres de la région.

La part contributive de l'État dans le budget de l'école s'élève à 85,000 francs.

L'école de viticulture et d'arboriculture de Boukovo avait exposé des échantillons de graines, de verres et de laines, ainsi qu'un album de photographies.

III. — Stations agronomiques et Écoles pratiques d'agriculture.

Aux termes de la loi de 1898 relative à la création de stations agronomiques dans chacun des 16 départements serbes, chaque département doit créer une station agronomique annexée à une importante exploitation agricole.

En 1899, une première station a été établie à Tchoupriya, dans la Morava. Quatre autres stations ont dû être inaugurées en 1900.

Chaque station agronomique doit posséder :

1° Une exploitation d'une étendue de 60 hectares de terre arable pour les cultures de toute nature;

2° Un verger d'une superficie de 2 hectares planté de différents arbres fruitiers indigènes ou étrangers;

3° Une basse-cour destinée à l'élevage de diverses races de volailles indigènes et étrangères;

4° Un vignoble de 2 hectares planté des meilleures espèces de vignes indigènes et étrangères;

5° Un établissement d'apiculture rationnellement organisé.

Chaque station agronomique doit, en outre, posséder un nombre de bêtes de trait proportionné aux besoins de la culture de la terre et autant d'animaux reproducteurs, appartenant aux diverses races.

Elle doit également posséder un établissement modèle de sériciculture, pour la culture des vers à soie, un vivier, si la situation naturelle des lieux le permet, destiné à la pisciculture, et un atelier ayant pour objet d'apprendre aux élèves un ou plusieurs métiers se rattachant à l'agriculture.

Chaque station agronomique est rattachée à une école pratique d'agriculture, qui reçoit la jeunesse rurale désireuse de s'initier à l'agriculture rationnelle.

Les élèves de l'école pratique d'agriculture se recrutent parmi les jeunes gens ressortissant aux communes du département auquel elles appartiennent. Chaque commune est tenue de fournir tous les deux ans un élève. Les jeunes gens doivent, pour leur admission : savoir lire et écrire; avoir moins de 16 ans. Les jeunes gens choisis par leur commune sont obligés d'accepter ce choix et de fréquenter les cours. La durée des études est de deux ans.

On ne fait pas aux élèves de cours à l'école, mais on leur explique toutes les opérations durant le travail même. Ils doivent encore se perfectionner dans la lecture, l'écriture et le calcul. A la fin de leur apprentissage, les élèves subissent des examens pratiques ayant pour objet les différentes branches d'agriculture qui leur ont été enseignées.

Les travaux dans les stations agronomiques sont faits par les élèves eux-mêmes sous la direction et la surveillance du directeur de l'école ou de ses suppléants. Les stations sont entretenues aux frais du département sur le territoire duquel elles sont situées. Elles sont placées sous le contrôle du Ministre de l'agriculture et sont administrées directement par l'économe du département assisté de deux ou trois suppléants.

Station agronomique pour recherches et expériences. —Il a été fondé à Belgrade, en 1898, une station agronomique pour recherches et expériences; elle a pour objet : de faire toutes les analyses chimiques ayant trait à l'agriculture; d'effectuer toutes les recherches et expériences pratiques et théoriques concernant l'agriculture; d'exercer un contrôle sur toutes les graineteries; de fournir des renseignements sur les diverses questions scientifiques se rattachant à l'agriculture. Les travaux de la station se font sur la propre initiative du directeur, sur l'ordre du Ministère de l'agriculture ou à la demande des établissements et institutions agricoles d'État, des associations agricoles ou des particuliers. La station possède un laboratoire de chimie pourvu de tous les appareils nécessaires pour recherches agricoles et chimiques. Elle possède en outre un terrain servant de champ d'expériences. La station est dirigée par un chimiste agronome qui est assisté d'un garçon de laboratoire. En 1899 la station a effectué 1,503 travaux portant sur les analyses chimiques, les recherches microscopiques et les expériences agricoles pratiques; elle s'est également occupée de certains essais tels que : culture de la betterave sucrière et recherche de son rendement en sucre, cultures de certaines variétés de plantes textiles, examen de graines de vers à soie, étude de certaines maladies du vin, etc.

IV. — Économes départementaux et d'arrondissement ou Professeurs nomades d'agriculture.

Dans le but d'encourager l'agriculture générale en Serbie, on a voté en 1898 une loi instituant des économes départementaux et d'arrondissement.

Les économes départementaux sont chargés de rédiger des rapports relatifs aux matières agricoles qu'ils adressent au préfet du département. Les économes d'arrondissement adressent des rapports au sous-préfet.

Les attributions de ces économes consistent :

1° A enseigner au peuple les nouvelles méthodes et procédés concernant la culture de la terre, la culture des prairies, l'arboriculture fruitière, la viticulture, l'élevage du bétail, la pisciculture, l'élevage des volailles, la culture des abeilles et des vers à soie;

2° A veiller à ce que les travaux agricoles soient exécutés dans des conditions régulières, commencés et terminés en temps utile;

3° A guider de leurs conseils et même à aider matériellement les cultivateurs pour l'achat des instruments et machines agricoles, des animaux reproducteurs, des semences, des fruits et autres produits agricoles;

4° A étudier et apprécier les conditions agricoles, dans l'étendue de leur ressort, et à adresser des rapports au Ministre de l'agriculture ;

5° A exercer un contrôle sur les établissements, institutions et associations agricoles, départementaux, d'arrondissement ou communaux, et à en encourager le progrès ;

6° A veiller à l'exécution des lois et règlements relatifs à l'agriculture ;

7° A diriger les travaux des stations agronomiques du département ainsi que ceux des pépinières d'arbres fruitiers de l'arrondissement.

En résumé, ils sont tenus de s'acquitter de toutes les obligations qui leur ont été imposées en vertu de lois spéciales ou d'arrêtés ministériels.

Ils s'acquittent de leurs obligations :

1° Par des leçons et des conseils ; 2° par l'organisation de conférences pratiques accompagnées d'expériences ; 3° par l'organisation de cours pratiques agricoles ; 4° par des ordonnances appropriées.

Les deux catégories d'économes communiquent le résultat de leurs informations, dans des rapports annuels ou mensuels, les économes d'arrondissement aux économes départementaux, et ceux-ci au Ministre de l'agriculture, dont ils dépendent en dernier ressort. Ils sont autorisés encore à soumettre au Ministre, de leur propre mouvement, des propositions ayant pour objet les encouragements à l'agriculture en général ou à une de ses branches.

Les attributions des économes consistant en travaux qui exigent des connaissances d'agriculture spéciales, la loi de 1898 décide qu'ils ne peuvent être recrutés que parmi les diplômés des écoles d'agriculture : les économes départementaux doivent justifier d'un brevet d'école agricole supérieure, et les économes d'arrondissement, d'un brevet d'école agricole secondaire.

Les économes des deux catégories sont fonctionnaires de l'État. Leurs émoluments leur sont cependant payés par le budget du département ou de l'arrondissement. En dehors de cette rétribution fixe, ils sont logés et chauffés aux frais du département ou de l'arrondissement.

La loi relative aux économes départementaux ou d'arrondissement n'a pas encore reçu sa complète exécution. Cet état de choses est dû à l'insuffisance numérique d'un personnel remplissant les conditions requises pour ces emplois. On ne compte actuellement en Serbie que 3 économes départementaux et 14 économes d'arrondissement. Ces chiffres doivent être portés à 15 pour les économes départementaux, à 72 pour ceux d'arrrondissement.

CHAPITRE IV.

CONSIDÉRATIONS GÉNÉRALES.

L'organisation de l'enseignement agricole en Serbie n'est pas encore terminée. L'enseignement supérieur sera représenté par l'école d'agriculture et de sylviculture à Toptchider près de Belgrade. En attendant, les jeunes gens qui désirent faire des études supérieures vont en France, en Allemagne ou en Autriche-Hongrie.

L'enseignement secondaire seul fonctionne, et encore depuis peu de temps : l'école de Kralyevo a été fondée en 1882 et celle de Boukovo en 1891.

En réalité, ces deux établissements sont plutôt des écoles élémentaires de degré primaire supérieur que des écoles secondaires. Ils correspondent à nos écoles pratiques : ils reçoivent, en effet, les jeunes gens de quatorze à dix-huit ans sortant de l'école primaire, et l'enseignement est à la fois théorique et pratique.

Les professeurs de Kralyevo et de Boukovo ne se contentent pas de donner des cours réguliers à leurs jeunes élèves, ils font aussi, comme dans quelques autres pays, des cours pratiques aux instituteurs et aux cultivateurs de la région. C'est une excellente mesure qui les met en rapport avec un grand nombre d'agriculteurs, leur donne une idée des besoins de la culture et facilite le recrutement de l'école. Il est à remarquer, à propos du recrutement, que le nombre des élèves reçus est assez élevé.

D'après le projet de loi de 1898, la Serbie possédera 16 écoles pratiques toutes annexées à des stations agronomiques. Elle n'en possède, pour le moment, qu'une créée en 1899 à Tchoupriya.

M. Yovanovitch, ancien ministre serbe, qui a été pendant plusieurs années à la tête du Département de l'agriculture et qui est l'auteur de la monographie sur l'agriculture en Serbie, publiée à l'occasion de l'Exposition universelle, appelle stations agronomiques des institutions que nous rangerions dans la catégorie des fermes modèles. Ces stations doivent, en effet, avoir une exploitation agricole importante, ayant des bêtes de trait et des animaux d'élevage, un verger, une basse-cour, un vignoble, un rucher, un établissement modèle de sériciculture, un vivier. Des laboratoires de recherches et d'études ne sont pas prévus. S'il n'y a pas d'oubli dans l'énumération donnée dans l'ouvrage dont nous venons de parler, ce sont donc de véritables fermes établies dans des conditions suffisantes pour pouvoir servir d'instruction aux élèves. Nous avons dit que des écoles pratiques doivent être annexées à ces stations; il y a lieu de remarquer que les élèves ne recevront pas de cours réguliers, mais on leur expliquera toutes les opérations devant le travail même et ils exécuteront tous les travaux de la ferme. C'est ainsi qu'il est procédé en France dans nos fermes-écoles. Ces stations agronomiques paraissent donc ressembler à nos fermes-écoles. Ce qui nous fait croire encore qu'il ne s'agit pas de stations agronomiques, dans l'acception que nous donnons en France à ces institutions, c'est qu'il existe une station agronomique pour recherches et expériences dont nous avons donné la monographie et qui rentre réellement dans la catégorie des stations agronomiques.

Si contrairement à ce que nous supposons les stations agronomiques sont à la fois des fermes modèles et des stations d'études, nous nous trouvons en présence d'institutions d'un ordre spécial qui correspondraient au type de station que M. Déhérain, membre de l'Institut et professeur à Grignon, préconisait dans un de ses ouvrages, et qui devrait comprendre le domaine pour expériences à côté du laboratoire.

«On m'accordera, dit M. Déhérain, que ce n'est pas en se bornant à analyser des matières fertilisantes qu'on deviendra capable de guider les praticiens dans leur difficile métier; pour y réussir, il faut que la station agronomique soit établie dans un domaine où elle trouvera comme sujet d'études : des champs, des vignes, des prairies, des étables. Il faut, en outre, que dans ce domaine existent des laboratoires pourvus des instruments de recherches indispensables. Ce sont là des conditions nécessaires à la réussite. Le succès n'est possible que par l'association du laboratoire et des champs d'expériences. »

Le service des économes départementaux et d'arrondissement a beaucoup d'analogie avec celui de nos professeurs départementaux et spéciaux d'agriculture qui semble avoir servi de modèle au Gouvernement serbe pour la création de cet organisme d'enseignement nomade. Ces fonctionnaires ont cependant des attributions plus importantes : faire des conférences, organiser des cours pratiques, exercer un contrôle sur les établissements, institutions et associations agricoles, diriger les stations agronomiques.

L'enseignement agricole est encouragé en Serbie par des sociétés d'agriculture de création récente. Leur nombre est encore assez restreint. Nous citerons deux sociétés importantes : la société agricole et la société apicole de Serbie, qui ont leur siège à Belgrade. La société agricole, en dehors des prix donnés dans les expositions qu'elle organise, pourvoit à la création de fermes modèles et institue, lorsque ses ressources le lui permettent, des cours pratiques publics qui portent sur les diverses branches de l'agriculture.

L'enseignement agricole n'est pas oublié dans les écoles primaires. Aux termes du plan d'études établi le 28 novembre 1899, l'enseignement dans les écoles primaires doit comprendre les sciences naturelles et des notions d'agriculture dans les écoles de garçons; les soins du ménage sont prévus dans les écoles de filles.

Dans les écoles primaires supérieures une place est réservée également à l'enseignement agricole. Le maître peut faire porter, dans les écoles rurales, l'instruction sur différentes branches de l'industrie agricole : agriculture, pomologie, apiculture, viticulture, etc.

L'enseignement forestier est l'objet des préoccupations du Gouvernement serbe. Déjà, en 1872, une école de sylviculture avait été ouverte sur le domaine de l'État à Toptchider, mais elle a été fermée en 1882. Sa réouverture semble prochaine et doit être actuellement un fait accompli. En 1900, deux écoles pratiques secondaires pour la préparation des gardes-forestiers ont été ouvertes en conformité de l'article 25 de la loi sur les forêts. Une de ces écoles a son siège à Belgrade, elle compte 30 élèves; la deuxième est située à Kralyevo et possède 32 élèves. A la fin des cours les élèves sont nommés forestiers. L'établissement de ces écoles était indispensable, car la Serbie, autrefois très boisée, contient encore d'importantes forêts qui doivent être protégées et soignées.

XIX
SUÈDE.

CHAPITRE PREMIER.

EXPOSITION.

L'exposition de l'enseignement suédois occupait au premier étage du Palais de l'éducation et de l'enseignement une galerie parallèle à celle occupée par la Russie.

L'Institut agronomique d'Ultuna avait envoyé des brochures explicatives sur l'enseignement, contenant des programmes, des règlements, des statuts, des rapports annuels sur l'école d'agriculture et l'exploitation du domaine, des mémoires basés sur des recherches et des expériences faites à l'institut. L'Institut d'agriculture et de laiterie d'Alnarp avait présenté des programmes de cours. L'Institut royal forestier de Stockholm et l'Institut vétérinaire n'avaient envoyé que des programmes et des rapports sur leur enseignement. L'exposition des instituts agronomiques, forestier et vétérinaire, devait former une exposition collective, mais les documents n'avaient pas été réunis ensemble et se trouvaient au milieu des ouvrages d'enseignement général de l'Université et parmi ceux relatifs aux enseignements professionnels et pratiques.

Au moment du passage du Jury de la Classe 5 des indications suffisantes n'ont pu lui être données, car ces ouvrages étaient noyés au milieu de l'exposition de l'enseignement général qui était d'ailleurs très complète et tout à fait remarquable. Un grand prix ayant été accordé par le Jury de la Classe 3 à l'ensemble de l'exposition, la Commission de l'enseignement agricole ne s'est pas prononcée sur la récompense à accorder et s'est bornée à laisser à son rapporteur le soin de signaler l'exposition relative à la Classe 5 et de donner des indications sur l'enseignement agricole en Suède.

CHAPITRE II.

HISTORIQUE ET ORGANISATION DE L'ENSEIGNEMENT AGRICOLE.

Les premières tentatives faites par l'État ou par des particuliers pour l'étude de l'agriculture remontent à l'époque dite *de la liberté*, où on créa des chaires d'économie rurale et d'agriculture à l'Université d'Uppsala en 1740 et à celle de Lund en 1750.

La création de l'Académie royale d'agriculture en 1811 montre l'intérêt que le Gouvernement suédois portait à l'agriculture dès cette époque. L'Académie d'agriculture de Stockholm comprend 6 sections : agriculture, sylviculture et horticulture économie et industrie, mécanique et construction, sciences, statistique. En 1899, l'Académie possédait un capital d'environ 350,000 couronnes; elle avait reçu de l'État, pour la même année, une subvention de 4,371 couronnes. L'Académie d'agriculture possède à Albano, près de Stockholm, une ferme modèle pour des expériences. Deux stations d'expériences, l'une pour la chimie agricole et l'autre pour la physiologie végétale, sont placées sous sa surveillance.

Plusieurs membres de l'Académie d'agriculture étudièrent vers 1820 la question de l'enseignement agricole. En 1828, on proposa au Riksdag de créer une école d'agriculture sur le modèle de celle fondée par Thaer à Mœglin. Ce ne fut cependant que quelques années plus tard, en 1833, que la première école d'agriculture suédoise fut fondée par Edvard Nonnen, ancien élève de l'école de Mœglin. Cet établissement d'enseignement agricole, établi sur les terres de Degeberg auprès du lac Venern, continua

Fig. 219. — École supérieure d'agriculture, à Alnarp. (Le château, côté sud.)

d'exister comme école supérieure d'agriculture jusqu'en 1852, jouissant pendant cette longue période d'une subvention de l'État. L'école avait eu près de 200 élèves, dont quelques-uns devinrent des agronomes distingués. En 1834, on fit la proposition au Riksdag de subvenir à la fondation d'écoles inférieures d'agriculture pour former de bons travailleurs ruraux. La première école de ce genre fut ouverte en 1840 sur les terres d'Orup en Scanie; elle fut bientôt suivie de la création d'autres établissements similaires dans les différentes parties du royaume. Le premier institut agricole public fut ouvert à Ultuna, près d'Uppsala, en 1848, et le second, en 1862, à Alnarp en Scanie.

Les établissements d'enseignement agricole, placés sous l'inspection de la direction de l'agriculture créée en 1890, comprennent trois catégories : 1° les instituts agronomiques (landtbruksinstituten), pour l'enseignement supérieur et professionnel; 2° les écoles d'agriculture (landtbruksskolorna), pour l'enseignement à la fois théorique et pratique de l'agriculture; 3° les écoles agricoles (landtmannaskolorna), donnant l'enseignement primaire et professionnel.

En dehors de ces établissements d'enseignement général de l'agriculture, on trouve des écoles spéciales de laiterie, des professeurs nomades d'agriculture, des stations agronomiques et d'essais de semences, des écoles pour l'enseignement vétérinaire et l'enseignement forestier.

Instituts agronomiques. — Les deux instituts agronomiques sont situés dans les domaines d'Ultuna et d'Alnarp. A Ultuna, la culture du domaine est dirigée par un intendant qui enseigne aux élèves l'agriculture pratique. L'administration de l'établissement est confiée à la direction nommée par le roi.

Fig. 220. — École supérieure d'agriculture d'Alnarp.
(Le musée agricole.)

Fig. 221. — École supérieure d'agriculture d'Alnarp.
(La laiterie.)

Le cours scolaire complet dans les instituts agronomiques suédois est de deux ans.

Pour y être admis, il faut avoir 18 ans accomplis, justifier d'une année de pratique agricole et avoir passé l'examen de sortie des écoles techniques élémentaires ou de la sixième classe, section moderne, d'un lycée de l'État.

Le programme de l'enseignement des instituts agronomiques comprend trois parties :

1° Mathématiques, mécanique, physique, météorologie, chimie, géologie, botanique, zoologie, anatomie et physiologie, géodésie, nivellements, dessin;

2° Agronomie, zootechnie, laiterie, connaissance des machines et outils aratoires, constructions rurales, économie rurale et tenue des livres;

3° Thérapeutique spéciale se rapportant aux animaux domestiques, sylviculture, horticulture, économie politique, droit.

L'un des professeurs est nommé recteur par le roi, pour une période de cinq ans, et dirige l'institut.

Les élèves des instituts agronomiques suédois ne prennent pas une part active aux travaux agricoles du domaine. Pendant l'année 1897, le nombre total des élèves des deux instituts était de 74.

Écoles d'agriculture. — L'instruction donnée dans les écoles d'agriculture tend surtout à familiariser les élèves avec la pratique de leur métier, bien qu'on y enseigne aussi les éléments théoriques. Les élèves prennent part à tous les travaux agricoles et sont désignés, à tour de rôle, comme chefs de pratique.

Le nombre des écoles d'agriculture est de 24. En général, il y a une école pour chaque gouvernement. L'ensemble des élèves est de 350 environ.

Fig. 222. — École supérieure d'agriculture à Ultuna. (Vue générale.)

Le plus souvent, ces écoles d'agriculture se trouvent dans des exploitations privées; elles sont placées sous la direction spéciale de la Société d'économie rurale du gouvernement. L'État accorde à chacune d'elles une subvention annuelle de 4,000 couronnes. Le cours scolaire est de deux ans; une année seulement pour les élèves déjà initiés à la pratique du métier. L'instruction théorique se donne pendant les mois de l'hiver, dans la matinée ou l'après-midi. Pour être admis aux écoles d'agriculture, il faut avoir 18 ans au moins, être habitué aux travaux agricoles et avoir suivi le cours inférieur des écoles primaires. La pension est gratuite.

Écoles agricoles. — Ces écoles, *annexées souvent aux écoles populaires supérieures,* donnent l'enseignement primaire théorique. Elles reçoivent une subvention de l'État, s'élevant au maximum à 3,000 couronnes pour chacune, à la condition que les autres revenus de l'école atteignent une somme égale.

Actuellement, le nombre des écoles agricoles est de 14; le nombre total des élèves, d'environ 200. La durée des cours est de cinq à six mois, et l'instruction est donnée pendant l'hiver. Ce sont des écoles d'hiver d'un ordre spécial. Les jeunes gens qui désirent être admis à ces écoles doivent être âgés de 18 à 20 ans et posséder une instruction égale à celle donnée dans les écoles primaires. En outre, les jeunes gens doivent justifier d'un stage d'une année dans une exploitation rurale quelconque.

Fig. 223. — École supérieure d'agriculture à Ultuna.
(Musée des machines.)

Fig. 224. — École supérieure d'agriculture à Ultuna.
(La laiterie.)

Ces écoles agricoles comprennent, comme on le voit, l'enseignement universitaire et l'enseignement agricole; à cause de cette particularité nous les étudierons à part dans les considérations générales.

Écoles de laiterie. — La Suède est presque aussi avancée que le Danemark pour l'enseignement de l'industrie laitière.

Écoles de l'État. — L'Institut de laiterie d'Alnarp comprend deux divisions : l'école supérieure de laiterie et l'école de laiterie.

Chaque année, on y admet 12 élèves au plus, dont 2 ne payent aucune rétribution, un dans chaque division. Le cours est d'un an. L'école supérieure a pour but de former le personnel enseignant pour les laiteries. Pour y être admis, il faut avoir suivi le cours de l'Institut agronomique et pris part, pendant une année, à tous les travaux d'une laiterie. Frais d'études : 600 couronnes. L'école de laiterie a pour but de former des contremaîtres pour les grandes laiteries. Conditions d'admission : avoir 19 ans accomplis, justifier du certificat d'études primaires, un an de stage dans une laiterie. Frais des études : 400 couronnes.

L'École de laiterie d'Atvidaberg a pour but de fournir aux personnes (hommes et femmes) qui ont acquis déjà quelques connaissances (théoriques et pratiques) de leur métier l'occasion de se perfectionner dans la pratique de l'industrie laitière, d'apprendre le maniement des appareils nouveaux et des machines, puis la comptabilité de l'industrie. Il y a deux cours par an : un du 1ᵉʳ novembre au 1ᵉʳ mai, et l'autre du 1ᵉʳ mai au 1ᵉʳ novembre. A chaque cours, on admet 4 élèves. Les élèves admis doivent avoir acquis, au préalable, une certaine expérience des travaux d'une laiterie et posséder les connaissances nécessaires pour que l'instruction leur profite. Frais d'études : 180 couronnes.

Des élèves fromagers sont admis temporairement, moyennant une rétribution, pour apprendre la fabrication des fromages.

L'école de laiterie de Bjorkfors, gouvernement de Norrbotten, reçoit chaque année 6 élèves femmes; le cours dure un an.

Les stations de laiterie de l'État donnent aux élèves femmes un enseignement théorique et pratique qui dure deux ans. La pension est gratuite; les élèves reçoivent même une indemnité de 50 couronnes pour l'entretien de leur garde-robe. Le nombre des stations annexées à de grandes laiteries s'élève actuellement à 24, dont 16 ne donnent qu'un enseignement pratique, et dont 8 donnent l'enseignement théorique et pratique. Les stations comptent environ 64 élèves; leur nombre varie de 2 à 7 par station.

Pendant la période écoulée de 1859 à 1898, 2,000 élèves environ ont suivi l'enseignement. La subvention accordée à ces écoles par l'État s'élève, à présent, à 27,000 couronnes par an.

Écoles des sociétés d'économie rurale. — Plusieurs sociétés d'agriculture entretiennent aussi des écoles de laiterie pour les

Fig. 225. — École supérieure d'agriculture d'Arnalp.
(Intérieur de la laiterie.)

femmes; assez fréquemment, les élèves reçoivent des gages et une indemnité pour l'entretien de leurs vêtements, pendant la durée de leur séjour à l'école, qui varie d'un à deux ans. L'enseignement est essentiellement pratique, mais il est terminé par une partie théorique, dont la durée varie de deux à quinze semaines. On compte que 36 élèves sont instruites chaque année par ces sociétés qui consacrent à cet enseignement une somme de 10,000 couronnes en moyenne.

Enseignement agricole nomade. — L'enseignement agricole nomade en Suède s'étend à toutes les branches de la production agricole. C'est en Suède que l'enseignement nomade semble avoir pris naissance, puisqu'il a été inauguré dans ce pays dès 1835 par la création des *ingénieurs agricoles*, suivie plus tard par celle des *instructeurs ambulants*.

Les ingénieurs agricoles, au nombre de 21, sont chargés, chacun dans leur district, d'assister les agriculteurs pour la confection des cartes agronomiques, pour les dessèchements, les drainages, les irrigations.

Ils donnent également des consultations relatives aux améliorations foncières, aux assolements.

Les instructeurs ambulants ou conseillers sont au nombre de 7 : l'un s'occupe de l'élevage du bétail, un second de l'industrie laitière, un troisième de l'élevage des moutons et de la production de la laine; deux s'occupent d'économie domestique (hus-slojd), et les deux autres, de la pisciculture et de la pêche. Ces agronomes sont rétribués par l'État qui paye également leurs frais de déplacement.

En dehors de ces fonctionnaires, il existe un certain nombre d'agronomes attachés aux sociétés d'agriculture ou d'économie rurale : 8 agronomes départementaux, 18 instructeurs pour la laiterie, 3 maîtresses de laiterie, 38 maîtres-jardiniers, 14 forestiers et 20 inspecteurs de pêcheries.

Fig. 226. — École inférieure théorique d'agriculture à Kâfresta.

Ces instructeurs sont payés par les sociétés d'agriculture; mais leurs frais de déplacement sont en partie payés par les agriculteurs qui désirent les consulter.

Stations agronomiques et stations d'essais de semences. — Le Riksdag accorda, en 1876, 16,000 couronnes de subvention pour l'établissement de 4 stations chimiques agricoles et industrielles. Le crédit alloué s'éleva, en 1887, à 26,000 couronnes et, en 1889, à 28,000 couronnes pour 7 stations : Jonköping, Kalmar, Halmstadt, Skara, Œrebro, Vesteras et Hernœsand. Le Riksdag de 1889 a alloué, en outre, 3,000 couronnes à la nouvelle station de Visby. En dehors de ces stations de l'État, huit sociétés d'économie rurale accordent des subventions à des stations chimiques de leur région, à Netuna, Visby, Kristiansad, Alnarp, Boras, Molkom, Gefle et Umea. A Stockholm, Gothembourg, Helsingborg, des laboratoires d'analyse sont aussi à la disposition des agriculteurs.

On compte environ 29 stations agronomiques en Suède.

Des stations d'essais de semence ont été créées en Suède dès 1869 à la suite des études faites par quelques professeurs sur la faculté germinative des graines. Un contrôle sur les semences mises en vente par les commerçants fut exercé par des stations organisées par le Gouvernement et par plusieurs sociétés d'économie rurale.

La station d'essais de semences du Gouvernement du Halland entra la première en activité; on créa ensuite d'autres stations : à Stockolhm, Lund, OErebro. En 1897 on comptait 18 stations organisées. Ces stations reçoivent des subventions des sociétés d'économie rurale, des conseils généraux et du Gouvernement.

Enseignement vétérinaire. — En 1763, le Gouvernement suédois envoya à l'école vétérinaire de Lyon, ouverte l'année précédente, trois jeunes gens, pour y étudier la médecine vétérinaire, sous la direction de Bourgelat. Un de ces jeunes gens, Peter Hernqvist, fut nommé professeur de physique au lycée de Skara et reçut en bénéfice le domaine de Brogarden où il ouvrit, en 1775, une école vétérinaire. L'élève le plus distingué de Hernqvist, Norling, continua l'œuvre du maître et ouvrit en 1821, dans la capitale, une école vétérinaire. Au Sud de la Suède, à Lund, Florman, professeur de médecine, s'occupa aussi, vers la fin du xviiie siècle, de l'enseignement de la médecine vétérinaire.

Fig. 227. — École inférieure théorique d'agriculture à Fridhem.

L'établissement vétérinaire de Skara fut supprimé en 1889, et, depuis cette époque, l'Institut vétérinaire de Stockholm est la seule école du royaume pour la formation des vétérinaires.

D'après les règlements du 24 mai 1867, le baccalauréat est exigé pour l'admission à l'Institut vétérinaire.

Le corps enseignant comprend : 5 professeurs titulaires, dont l'un est en même temps directeur de l'institut; 1 professeur (lektor), 1 professeur adjoint; 1 forgeron-maréchal instructeur, puis des professeurs suppléants; 1 professeur pour l'inspection des viandes; 1 préparateur; 1 maître d'équitation. Le cours complet comprend quatre ou cinq années d'études et l'enseignement correspond à celui des écoles vétérinaires des autres nations. Le nombre des élèves est habituellement de 40 à 50.

L'État rétribue 32 vétérinaires départementaux, les vétérinaires militaires, des vétérinaires dans les campagnes, 2 vétérinaires professeurs dans les écoles d'agriculture et 2 vétérinaires des dépôts d'étalons et de remonte. Le personnel du corps vétérinaire en Suède comprend 340 praticiens.

Trois écoles de maréchalerie sont établies à Alnarp, Stockholm, Skara. L'école d'Alnarp a été ouverte dès 1863; elle est très importante et les cours ont lieu dans un édifice très important bâti en 1877. L'école est bien suivie par les élèves civils et militaires. Le nombre des élèves de l'école d'Alnarp, de 1863 à 1899, s'est élevé à 1,407.

Enseignement forestier. — Les forêts couvrent près de la moitié du territoire de la Suède, soit près de 22 millions d'hectares, chiffre qui montre l'importance de l'économie forestière dans ce pays.

L'Institut forestier de Stockholm date de l'année 1828. On attribue sa création à Israel of Ström, qui avait organisé une école forestière privée.

L'organisation de l'Institut forestier, ainsi que celle des autres écoles des forêts, a été fixée par des décrets de 1886, auxquels certains changements ou quelques additions ont été apportés en 1893, où on a créé à l'institut de Stockholm un cours inférieur pour former des gardes-forestiers. On exige, pour l'admission au cours supérieur de l'institut forestier, que le candidat ait subi avec succès les épreuves du baccalauréat de la section moderne d'un lycée. Le candidat doit avoir en outre passé par l'école forestière d'Omberg, où a été fondé en 1886 un cours préparatoire d'une année pour l'institut de Stockholm. La durée du séjour à l'institut est de deux années.

Les études théoriques portent sur les matières ci-après de l'économie forestière, savoir : gestion des forêts, technologie forestière, création des forêts, géodésie, distribution des forêts, mathématiques forestières, et, en partie, sur les sciences suivantes : botanique, maladies des bois, vénerie, géologie et science du sol, zoologie, minéralogie, chimie, physique, météorologie et climatologie, économie et finances, organisation des forêts et des chasses, ainsi que le droit général, l'économie politique, l'agronomie et la tenue des livres.

Le nombre des élèves du cours supérieur ne dépasse pas le chiffre de 20, soit 10 pour chaque année. Pour être admis au cours inférieur, les élèves doivent avoir passé par la 6ᵉ classe des lycées, puis avoir suivi pendant deux ans des exercices pratiques de sylviculture.

Les écoles forestières de l'État sont au nombre de 7. Celle d'Omberg est exclusivement destinée à préparer les jeunes gens à entrer à l'institut forestier. Les six autres écoles ont pour mission de former des gardes capables. Les cours n'y durent qu'une année. Les études y portent sur l'économie forestière, la botanique, la zoologie, les mathématiques, la cartographie, l'écriture, la comptabilité, la vénerie et la gestion des forêts ainsi que sur les ordonnances qui concernent le service de surveillance. Les travaux pratiques qu'on y exécute comprennent tout ce qui concerne l'aménagement des bois et leur exploitation. La plupart des élèves diplômés des écoles forestières trouvent des places chez les propriétaires de forêts, dans les scieries ou dans les diverses industries forestières.

CHAPITRE III.

CONSIDÉRATIONS GÉNÉRALES.

La Suède, de même que la Norvège et le Danemark, possède des établissements pour l'enseignement agricole supérieur, mais aucune école pour le degré moyen ou secondaire.

Ce sont les deux instituts agricoles d'Ultuna et d'Alnarp qui représentent le degré supérieur. L'enseignement y étant exclusivement théorique, on exige, comme dans quelques pays (la Hongrie, l'Autriche, la Hollande), que les candidats aient fait une année de pratique. Les deux instituts possèdent cependant un domaine, mais les élèves suivent simplement les travaux de la ferme, sans y prendre une part active.

L'enseignement inférieur est représenté par 24 écoles d'agriculture, 14 écoles agricoles ou écoles d'hiver, sans compter les nombreuses écoles de laiterie.

Les écoles d'agriculture n'ont que peu d'élèves, 10 en moyenne par établissement. Par certains côtés, elles ressemblent aux fermes-écoles de France : âge d'admission élevé (18 ans); pension gratuite; les élèves prennent part à tous les travaux de la ferme. Elles se rapprochent des écoles pratiques à cause de l'enseignement théorique assez développé que l'on y donne. Il faut observer cependant que ce dernier n'a lieu que pendant l'hiver.

Point particulier à relever : les jeunes apprentis dans tous les travaux sont désignés à tour de rôle comme chefs de pratique. Cette mesure, que nous trouvons excellente, est bien faite pour développer chez de futurs agriculteurs l'initiative personnelle, le sentiment de la responsabilité et les qualités que réclament les fonctions délicates de contremaîtres ou de directeurs d'exploitations rurales.

Remarquons aussi que les élèves qui ont été déjà initiés à la pratique du métier peuvent ne passer qu'un an aux cours scolaires, au lieu de deux années. Cette condition est particulière aux écoles d'agriculture de la Suède.

Les écoles agricoles sont de véritables cours d'hiver à enseignement théorique où l'on admet les jeunes gens âgés de 18 ans ayant justifié d'une année de pratique. Ce qui les différencie des cours d'hiver de la plupart des autres pays, c'est qu'ils sont généralement annexés aux écoles populaires supérieures.

Les écoles populaires supérieures constituent une espèce particulière d'établissements d'instruction, qui ne se trouve que dans les trois pays scandinaves et dans la Finlande. Elles sont destinées à donner à la jeunesse adulte des classes inférieures une éducation patriotique, civique et pratique. Le mouvement dont ces écoles sont sorties a son origine en Danemark, dans le danger politique que le voisinage de l'Allemagne a créé à ce pays au milieu de notre siècle : le sentiment du danger amena les Danois à chercher les moyens de porter à leur plus haut degré les forces intellectuelles de la nation.

En Suède, ces écoles firent leur apparition après la publication des lois nouvelles de 1862 sur l'administration communale et de la nouvelle loi organique du Riksdag (1866), lois qui augmentaient considérablement l'importance politique des classes inférieures, en leur donnant une éducation civique supérieure.

La première école populaire supérieure de Suède fut ouverte, en 1868, à Hvilan en Scanie; elle a servi de modèle aux autres. Aujourd'hui, on compte 29 de ces établissements.

En règle générale, ces écoles sont situées à la campagne. Elles sont dues pour la plupart à l'initiative privée; elles reçoivent des subventions tant du Conseil général que de la Société d'économie rurale et de l'État. Un comité directeur est formé par les autorités et les sociétés qui contribuent à l'entretien de l'école; mais des pouvoirs étendus sont laissés au directeur, et l'activité du travail dépend beaucoup de sa capacité personnelle. Il n'y a pas, en effet, de programmes d'études nettement déterminés et pas d'examen de sortie. On reçoit comme élèves des jeunes gens âgés d'au moins 18 ans accomplis, ayant passé par l'école primaire. Il n'y a pas d'examen d'entrée.

L'enseignement comprend une ou deux années d'études. Pour la première année, le temps consacré aux différentes matières est réparti de la manière suivante :

	HEURES.		HEURES.
Langue suédoise	186	Géométrie, arpentage, nivellement..	45
Histoire	80	Comptabilité	47
Géographie	57	Tracé des plans et dessin linéaire...	68
Administration communale et d'État.	56	Écriture	46
Économie rurale	22	Chant	46
Sciences naturelles et hygiène	120	Gymnastique	60
Calcul	85		

Comme on le voit, la première année est surtout destinée à l'enseignement général. Il n'en est pas de même de la deuxième année qui est plus particulièrement consacrée à l'étude de l'agriculture. Les cours de deuxième année, qui sont plus pratiques, comprennent des notions d'agronomie, d'élevage, d'économie forestière.

Dans douze des écoles populaires supérieures, la deuxième année est transformée en un véritable cours d'économie rurale ou d'agriculture. Un grand nombre de «Folkhögskolor» ont tellement senti la nécessité d'orienter l'enseignement vers l'agriculture qu'elles se sont annexé des cours d'agriculture ou cours d'hiver analogues à ceux que l'on trouve en Danemark.

Nous n'insisterons pas davantage sur l'organisation de ces écoles populaires supérieures. Nous avons seulement voulu signaler les relations étroites qui existent en Suède entre l'enseignement agricole et l'enseignement universitaire pour bien montrer que l'union de ces deux enseignements peut donner d'excellents résultats.

Dans les écoles primaires il n'y a pas de cours spéciaux pour l'agriculture, mais le programme prévoit des leçons sur le jardinage qui comprennent la culture des principales espèces de fleurs et des principales plantes comestibles, les soins à donner aux arbustes et aux arbres, leur amélioration par la greffe. Ces leçons sont très bien comprises, car elles peuvent intéresser l'enfant et l'orienter vers l'agriculture.

En dehors des établissements d'enseignement agricole général, la Suède possède un grand nombre d'écoles de laiterie destinées surtout aux jeunes filles. Avec son climat tenant le milieu entre le type continental et le type maritime, avec ses nombreuses prairies inondées facilement par les eaux des grands lacs, ce pays est particulièrement doté pour se livrer à l'élevage des bestiaux et à l'industrie laitière. Aussi cette dernière industrie a rapidement suivi le mouvement créé en Danemark et n'a pas tardé à se développer considérablement. Le succès obtenu est dû surtout aux écoles de laiterie que l'État ou les sociétés d'économie rurale ont multipliées partout, et aussi aux vingt-quatre stations laitières. Ces dernières sont d'ailleurs de véritables écoles gratuites donnant aux femmes un enseignement laitier théorique et pratique d'une durée de deux ans.

L'enseignement vétérinaire a été l'objet de l'attention du Gouvernement suédois depuis de longues années. Dès 1775 une école vétérinaire fut, en effet, créée en Suède sur le modèle de notre École vétérinaire de Lyon. Il existe actuellement une importante école pour l'art vétérinaire à Stockholm; le niveau des cours y est élevé, et les élèves, pour y entrer, doivent avoir le baccalauréat. Les écoles de maréchalerie ont été également ment l'objet de l'attention du Gouvernement; on compte 3 écoles de maréchalerie installées d'une façon complète.

La Suède possède plusieurs écoles forestières dont un institut d'enseignement supérieur; les élèves doivent avoir leur baccalauréat de la section moderne du lycée pour entrer dans cette dernière école. Ces établissements, bien organisés, répondent aux nécessités de ce pays; le Gouvernement a apporté tous ses soins à l'organisation des écoles forestières pour cette raison que l'économie forestière est de première importance en Suède où les forêts couvrent la moitié du territoire.

. Nous ne voudrions pas terminer cette étude sans signaler le corps des ingénieurs agricoles et des professeurs ambulants chargés de l'enseignement nomade.

Les ingénieurs agricoles, au nombre de 21, sont chargés du service des améliorations agricoles. Ce service existe depuis 1835 et il a donné d'excellents résultats comme d'ailleurs les services analogues en Allemagne et en Autriche. Ces ingénieurs dressent les plans des travaux de drainage, d'endiguement, d'abaissement de niveau des eaux des lacs, d'irrigation de prairies, etc. En 1897, plus de 60,000 hectares étaient exploités sous la direction de ces fonctionnaires.

Quant aux instructeurs ambulants de l'État, aux agronomes départementaux attachés aux sociétés d'agriculture, ils rappellent nos professeurs départementaux. Ils ont cependant des fonctions plus spécialisées : les uns ne s'occupent que de laiterie, pendant que d'autres s'occupent de la production de la laine, ou encore d'économie domestique.

L'éducation du peuple, fort ancienne dans les pays scandinaves, a permis aux agronomes de l'État d'élever le niveau de leur enseignement et de le spécialiser avec l'esprit pratique qui caractérise la pédagogie suédoise.

TABLE DES FIGURES

DU TOME II.

PAYS ÉTRANGERS.

Allemagne.

Figures. — Pages.

1. Carte des établissements d'enseignement agricole.
2. Institut agronomique de l'Université de Breslau 5
3. École supérieure d'agriculture de Berlin 8
4. École agricole de Hildesheim. 10
5. École d'horticulture de Wildpark. 15

6. ⎰ École } Bâtiment principal nord-est. 20
7. ⎱ royale vétérinaire } Bâtiment des machines 21
   de Hanovre.

8. ⎰ École supérieure } Bas-côté du hall central. 24
9. ⎱ d'agriculture } Hall central. 25
   de Berlin.

10. École royale d'agriculture de Poppelsdorf. 27
11. École royale d'agriculture de Poppelsdorf : Un exercice pratique. 29

12. ⎰ } Collection destinée à l'enseignement de l'art vétérinaire. 32
13. ⎪ Institut agronomique } Salle de constructions agricoles 32
14. ⎪ de l'Université } Partie de la salle d'exposition des machines agricoles. 32
15. ⎱ de Breslau. } Partie de la salle consacrée aux appareils de laiterie. 32

16. Institut agronomique de Giessen 33

17. ⎰ Institut agronomique } Hangar-abri pour les plantes. 34
18. ⎱ de Gœttingen. } Champ d'expériences agricoles 34

19. ⎰ École } Bâtiment de l'Institut de physiologie et de chimie. 35
20. ⎱ royale vétérinaire } Boxes pour les animaux domestiques de grande taille 36
   de Hanovre.

21. École agricole de Clèves. 37
22. École de Dahme. 38
23. École d'agriculture de Marienberg : Verger et potager et station météorologique. 40
24. École agricole de Hildesheim : Salle des collections. 41

25. ⎰ } Les travaux. 42
26. ⎪ École d'horticulture } Vue du parc. 42
27. ⎪ de Wildpark. } Les serres 43
28. ⎱ } Intérieur d'une serre. 43

Autriche.

29. Carte de l'enseignement agricole et forestier en Autriche.

30. ⎰ } Vue générale. 60
31. ⎪ } Chimie. 61
32. ⎪ Institut agronomique } Laboratoire pour la production végétale. 61
33. ⎪ de Vienne. } Endiguement des torrents 62
34. ⎱ } Cabinet d'un professeur. 62

35. École supérieure d'agriculture à Tetschen-Liebwerd 68
36. École moyenne d'agriculture à Czernowitz. 68
37. École moyenne d'agriculture à Neutischen-Joehte (en Moravie). 69
38. Institut œnologique et pomologique à Klosterneubourg 69

Belgique.

39. Carte des établissements d'enseignement agricole et vétérinaire de la Belgique. 85
40. Institut agricole de l'État, à Gembloux. 86
41. Institut agricole de l'État, à Gembloux : Laboratoire d'analyses 87
42. Institut agronomique de Louvain. 90
43. École pratique d'agriculture à Huy 93
44. Institut Saint-Joseph 94
45. École Notre-Dame de Bellevue. 96
46. } École d'agriculture { Cours pratique de laiterie. 98
47. }   de Huy.   { Cours pratique de menuiserie 99
48. } École d'agriculture { Ferme et machines agricoles. 100
49. }   de Carlsbourg.   { Le rucher. 101
50. } École d'agriculture, { Salle de cours 104
51. }   à Grammont.   { Exercices pratiques 105
52. École de Hasselt : Groupe d'élèves préparant le sol des vases de végétation 106
53. École d'agriculture de Sottegem : Exercices pratiques 108
54. École d'Herve : Économie domestique; repassage. 112
55. École d'Oosterloo : Économie domestique; préparation des aliments à la cuisine. 113
56. École ménagère agricole, à Bouchout. 119
57. { École ménagère { Fabrication du fromage. 120
58. {   agricole   { Une leçon de couture. 120
   { à Bouchout.   {
59. }   { Travaux de couture. 121
60. } École de Herve. { La laiterie; fabrication du beurre. 122
61. }   { Travaux pratiques. 122
62. École de Virton : Atelier de coupe. 123
63. École de Bastogne : Laiterie 123
64. }   { Laiterie. 124
65. } École d'Oosterloo. { Fabrication du fromage. 125
66. }   { Leçons de couture. 125
67. École supérieure de fromagerie d'Overyssche : Exercice pratique. 126

Bosnie-Herzégovine.

68. } Station agricole   { A Livno 151
69. } du Gouvernement.   { A Ilidze. 152
70. Station vinicole et d'arboriculture, près Mostar. 155

Danemark.

71. }   { Entrée principale. 172
72. }   { Photographie du plan en relief exposé 173
73. }   Institut royal   { Intérieur d'un laboratoire 174
74. } vétérinaire et agricole { Salle du laboratoire d'expériences. 176
75. }   de Copenhague.   { Vue du laboratoire d'expériences agronomiques. 177
76. }   { Une salle de laboratoire. 179

77. École agricole Malling, à Jutland... 180
78. Graphique du développement de l'enseignement agronomique.................... 191

Espagne.

79. École provinciale — Grange et station d'aviculture............................. 193
80. d'agriculture — Sonde.. 194
81. de Barcelone. — Serre 194

États-Unis.

82. Collège d'agriculture — Vue générale.. 197
83. de Michigan. — Bâtiment des machines............................... 198
84. Université — Collège agricole.. 199
85. de Wisconsin. — Un bâtiment du collège agricole...................... 201
86. — Opérations sur un cheval............................. 202
87. Collège agricole — Infirmerie des chevaux............................. 202
88. de Wisconsin. — Atelier de menuiserie.............................. 203
89. — Laboratoire pour épreuves du lait..................... 203
90. — Bâtiment principal.................................. 204
91. Collège d'Alabama. — Champ de la station expérimentale.................. 204
92. — Vue du laboratoire de chimie.......................... 205
93. — Atelier des industries du bois......................... 205
94. Collège — Bâtiment principal.................................. 206
95. de Pennsylvanie. — Station expérimentale 207
96. — Maison d'habitation des jeunes filles................... 207
97. Université de Cornell : Bibliothèque... 209
98. Collège de la Nouvelle-Galles, à Bangor : Vue générale des bâtiments.............. 210
99. Université de Cornell : Ferme.. 212
100. Université de l'Illinois : Bâtiments agricoles................................. 213
101. — Bâtiment des filles.................................. 214
102. École d'agriculture — Examen des moutons............................. 215
103. de l'Université — Laboratoire d'horticulture 215
104. de Minnesota. — Classe des filles................................. 216
105. — Classe d'horticulture................................ 216
106. Collège d'agriculture — Laboratoire à la ferme.......................... 218
107. de Tennessee. — Bâtiment de laiterie............................... 219
108. Collège de Pennsylvanie : Laboratoire de physique et de chimie.................... 220
109. — Serre 221
110. — Salle de classe.................................... 222
111. — Étudiants faisant l'exercice militaire 223
112. — Arrangement des boxes pour les animaux.............. 224
113. — Étudiants examinant les bestiaux 225
114. — Étudiants examinant un cheval....................... 226
115. Collège d'agriculture — Expériences d'engrais avec du maïs 228
116. de Tennessee. — Sélection des graines.............................. 229
117. — Laboratoire des semences............................ 231
118. — Laboratoire de laiterie 233
119. — Vue des celliers.................................... 234
120. — Laboratoire de chimie............................... 238
121. — Appareil à pasteuriser le lait 239

Grande-Bretagne.

122.\
123.\
124. Collège   Vue générale. 248
125. de Cirencester. Salle à manger 249
126.   Jardin botanique. 250
127./   Laiterie; plan de l'intérieur 251
                       Bâtiment de la laiterie. 252
                       Laiterie; vue d'une salle 253

128. Collège agricole du Sud-Est, à Wye : Plan général de l'exploitation 256
129. Collège de Wye (Kent) : Plan général des bâtiments 257
130. Collège et Institut britannique de laiterie de Reading : Vue générale 279
131. Collège de Reading : Laboratoire de chimie. 281
132.\   Enclos démontables. 283
133.\ Institut de laiterie. Poulailler de la ferme 284
134./   Fromagerie. 285

Hongrie.

135. Carte de l'enseignement agricole, vétérinaire et forestier, en Hongrie. 295
136. École supérieure d'agriculture, à Magyar-Ovar. 299
137. Institut royal agronomique de Debreczen. 307
138.\ Institut   Édifice principal 308
139.\ royal agronomique Musée de zoologie et de zootechnie. 308
      de Kassa.
140. Institut royal agronomique de Keszthely : Édifice principal 309
141. École pratique d'Aa : Partie de la métairie. 310
142. École Szent-Imre : Entrée principale. 310
143.\   de Nagy-Szent-Miklos : Intérieur de la métairie. 311
144.\   d'Algiogy : Cour de la ferme. 311
145.\   de Papa : Entrée principale 312
146. École pratique   de Kecskemet : Édifice principal. 312
147.\   de Rimaszombat 313
148.\   de Lugos. 314
149./   de Csakvar. 315
150. Station expérimentale d'agriculture à Magyar-Ovar. 318
151.\   École   Vue générale; photographie tirée de la maquette exposée. 325
152.\ supérieure vétérinaire Laboratoire d'histologie. 326
153./ de Budapest.   Musée de zootechnie 326

Italie.

154. Carte.
155.\ École supérieure   Plan général de l'établissement. 343
156.\ d'agriculture   Bâtiment principal. 344
       de Portici.
157. Institut agronomique de l'Université de Pise. 347
158. Vallombrosa (d'après une gravure du xviiie siècle). 349
159.\   Clinique de chirurgie. 350
160.\ École vétérinaire Salle des opérations. 350
161.\ de Milan.   Lit d'opération avec un cheval. 350
162./   Lit d'opération mobile. 350

163. École vétérinaire de Milan : Grande cour de la clinique de chirurgie.............. 351
164.) École vétérinaire (Intérieur du musée d'anatomie....................... 351
165. } de Naples. { Jardin pour la culture des plantes médicinales 351
166.) (Cour de clinique.................................. 351
167. École pratique de Voghera : Entrée principale....................... 357
168. } École de Conegliano. (Vue des bâtiments du cours pratique................... 368
169.) { Serre pour les vignes.............................. 369
170.) (Vue des bâtiments 370
171. } École d'Avellino. { Cabinet d'histoire naturelle et de pathologie végétale........ 370
172.) (Vigne de Sirah................................. 370
173.) École de Catane. { Bâtiment principal............................ 371
174.) (Cabinet de viticulture et d'œnologie 372
175.) (Bâtiment principal............................. 372
176. } École de Cagliari. { Champ d'expériences pour la culture du blé............. 373
177.) (Une préparation agricole........................ 373
178.) Institut de zootechnie (Vue des bâtiments............................ 384
179.) de Palerme. { Vue de l'exploitation 384

Japon.

180.) Faculté agronomique (Salle d'études.............................. 398
181. } de l'Université { Musée agricole................................ 399
182.) de Tokio. (Partie d'une des forêts dépendant de la Faculté............ 400
183. Université de Tokio : Faculté de génie, Faculté des sciences, géologie et zoologie 401
184. Plan de l'Institut agronomique de Sapporo...................... 402
185.) (Plates-bandes pour les expériences de la culture du riz....... 411
186. } Institut de Sapporo. { Intérieur d'une ferme................................ 412
187. {) Une serre du jardin botanique 413
188.) (Jardin systématique; partie du jardin botanique............. 414

Norvège.

189. { École supérieure (Cour intérieure 422
190. } d'agriculture { Vue des bâtiments annexes......................... 423
191. (à Aas, près Christiania.) La laiterie construite en 1900...................... 425

Pays-Bas.

192. Vue de la ferme de l'École d'agriculture de Wageningen..................... 429
193. Jardin de l'École d'horticulture de Wageningen 430
194. Serre appartenant à l'École d'horticulture de Wageningen................... 431
195. École moyenne et supérieure d'horticulture de Wageningen.................. 432
196. École moyenne d'agriculture de Wageningen...................... 439
197. École horticole de Fiel : Jardin pomologique........................ 441
198. École forestière à Faederiksoord.............................. 444
199. École moyenne de l'École d'agriculture à Wageningen..................... 446
200. École horticole de Boskoop : Vue du bâtiment principal.................... 447

Portugal.

201. (Institut agronomique) Entrée principale.............................. 462
202. (et vétérinaire de Lisbonne.) Pavillons de physiologie végétale..................... 463

Russie.

203. Carte des établissements d'enseignement agricole de la Russie d'Europe............. 483
204. École forestière secondaire du cantonnement de Khrénowé, gouvernement de Voronège. 484
205. École secondaire de Mariynsk, gouvernement de Kazan........................ 485
206. École de Kazan : Maison d'école................................... 503
207. École de Marïnsky : Vue générale................................ 503
208. École d'Oumagne : Métairie................................... 505
209. École de Mariina-Gora : Vue des bâtiments........................ 508
210. École de Lotochino : Fromagerie.............................. 510
211.} École de Zozoulino. { Bâtiment principal............................ 511
212.}   { Travaux divers............................. 511
213. École de Kologrine : Façade principale........................ 515
214. École de Tchoukloma : Bâtiment principal...................... 516
215. Institut de Mustiala (Finlande) : Salle d'enseignement.................. 518
216. Carte des établissements d'enseignement agricole du grand-duché de Finlande....... 519
217. Institut d'agriculture et de laiterie de Mustiala (Finlande) : Vue d'ensemble.......... 520
218. École supérieure d'agriculture de Kronoborg (Finlande) : Vue générale............. 521

Suède.

219.} École supérieure { Le château, côté sud..................... 536
220.} d'agriculture,   { Le musée agricole....................... 537
221.} à Alnarp.   { La laiterie........................... 537
222.} École supérieure { Vue générale.......................... 538
223 } d'agriculture   { Musée des machines..................... 539
224.} d'Ultuna.   { La laiterie........................... 539
225. École supérieure d'agriculture, à Alnarp : Intérieur de la laiterie................ 540
226. École inférieure théorique d'agriculture, à Kàfresta........................ 541
227. École inférieure théorique d'agriculture, à Fridhem........................ 542

TABLE DES MATIÈRES

DU TOME II.

PAYS ÉTRANGERS.

Pages.

INTRODUCTION. (Voir l'Introduction générale au début du tome Ier.)

Allemagne.

CHAPITRE PREMIER. — EXPOSITION 1

CHAPITRE II. — HISTORIQUE DE L'ENSEIGNEMENT AGRICOLE 2

CHAPITRE III. — ORGANISATION DE L'ENSEIGNEMENT AGRICOLE 4
    I.   Enseignement supérieur 4
    II.   Enseignement moyen ou secondaire 10
    III. Enseignement élémentaire. — *Écoles d'hiver* 12
    IV. Écoles professionnelles diverses. (*Écoles de brasserie, de laiterie, de culture des prairies, etc.*) 14
    V.   Écoles ménagères 17
    VI. Enseignement nomade 18
    VII. Stations agronomiques 18
    VIII. Enseignement vétérinaire 19
    IX. Enseignement forestier 21

CHAPITRE IV. — ÉTABLISSEMENTS ET INSTITUTIONS D'ENSEIGNEMENT AGRICOLE RÉCOMPENSÉS 24

CHAPITRE V. — EXPOSANTS LIBRES RÉCOMPENSÉS 44

CHAPITRE VI. — CONSIDÉRATIONS GÉNÉRALES 44

Autriche.

CHAPITRE PREMIER. — EXPOSITION 55

CHAPITRE II. — HISTORIQUE DE L'ENSEIGNEMENT AGRICOLE 56

CHAPITRE III. — ORGANISATION DE L'ENSEIGNEMENT AGRICOLE. — ÉTABLISSEMENTS ET INSTITUTIONS D'ENSEIGNEMENT AGRICOLE 59
    I.   Enseignement supérieur 60
    II.   Enseignement secondaire 67
    III. Enseignement primaire. — *Écoles d'agriculture pratique; Écoles d'hiver; Écoles de laiterie et d'économie ménagère; Écoles spéciales agricoles* 70
    IV. Enseignement forestier 73
    V.   Enseignement vétérinaire 76
    VI. Enseignement de la brasserie et de la distillerie 77

CHAPITRE IV. — CONSIDÉRATIONS GÉNÉRALES 78

Belgique.

CHAPITRE PREMIER. — Exposition ......,............................ 82

CHAPITRE II. — Historique de l'enseignement agricole 83

CHAPITRE III. — Organisation de l'enseignement agricole. — Établissements et institutions d'enseignement agricole.................................... 84
    I.   Enseignement supérieur................................... 84
    II.   Enseignement moyen. — *Écoles régionales d'agriculture; Cours d'agronomie dans
les Athénées et les Écoles moyennes; Écoles ménagères agricoles*............. 92
    III. Enseignement élémentaire. (*Enseignement agricole dans les écoles primaires; Sec-
tions professionnelles agricoles et horticoles; Cours et conférences aux adultes, aux
militaires; Cours de maréchalerie; Cours spéciaux divers.*)................ 127
    IV.   Enseignement officiel de la laiterie............................ 132
    V.   École professionnelle pour conducteurs de machines agricoles............. 137
    VI.   Service des agronomes de l'État,............................ 137
    VII. Station agronomique. — Laboratoires d'analyses de l'État. — Chimistes agréés
par l'État... 139

CHAPITRE IV. — Considérations générales.................................. 140

Bosnie-Herzégovine.

CHAPITRE PREMIER. — Exposition 148

CHAPITRE II. — Organisation de l'enseignement agricole. (*Stations agricoles; Écoles primaires; Écoles techniques; Écoles ménagères.*)........................ 148

CHAPITRE III. — Établissements d'enseignement agricole 150

CHAPITRE IV. — Considérations générales 158

Canada.

CHAPITRE PREMIER. — Exposition 161

CHAPITRE II. — Organisation de l'enseignement agricole. — Établissements et insitu-
tions d'enseignement agricole....................................... 161

CHAPITRE III. — Considérations générales................................ 167

Danemark.

CHAPITRE PREMIER. — Exposition.................................... 170

CHAPITRE II. — Aperçu historique sur l'enseignement agricole................... 170

CHAPITRE III. — Organisation de l'enseignement agricole. — Établissements et institutions d'enseignement agricole 171
    I.   Enseignement supérieur................................. 171
    II.   Enseignement secondaire et élémentaire........................ 178
    III. Enseignement agricole pratique 185
    IV. Enseignement agricole nomade............................. 188

CHAPITRE IV. — Considérations générales 189

Espagne.

CHAPITRE PREMIER. — Exposition 193

CHAPITRE II. — Établissements et institutions d'enseignement agricole............... 193

États-Unis.

CHAPITRE PREMIER. — Exposition 196

CHAPITRE II. — Historique de l'enseignement agricole 196

CHAPITRE III. — Organisation des institutions et écoles d'enseignement agricole, et consi-
dérations générales 201
    I.   Land Grant Colleges. — *University extension; Cours d'hiver* 201
    II. Enseignement secondaire de l'agriculture 211
    III. Enseignement élémentaire de l'agriculture 212
    IV. Institut des fermiers (Farmer's Institut) 214
    V. Institutions diverses d'enseignement agricole. (*École ambulante; Champs d'expé-
riences.*) 215

CHAPITRE IV. — Monographies d'institutions et d'écoles agricoles. (*Université de Tennessee; Collège agricole de Massachusetts à Amherst; Collège de Maryland.*) 216

CHAPITRE V. — Ministère de l'agriculture. — Stations expérimentales 238

Grande-Bretagne.

CHAPITRE PREMIER. — Exposition 242

CHAPITRE II. — Historique et organisation de l'enseignement agricole (Angleterre,
Écosse et Irlande). 242

CHAPITRE III. — Monographies d'établissements d'enseignement agricole. — *Collège royal
d'agriculture et ferme de Cirencester; Collège d'agriculture de Downton, près Salisbury; Collège agricole du Sud-Est, à Wye (Kent); Institut agricole et laitier du Middland, etc.* 247

CHAPITRE IV. — Considérations générales 288

Hongrie.

CHAPITRE PREMIER. — Exposition 293

CHAPITRE II. — Historique de l'enseignement agricole 294

CHAPITRE III. — Organisation de l'enseignement agricole. — Établissements et insti-
tutions d'enseignement agricole 296
    I.   Enseignement supérieur 297
    II. Enseignement moyen ou secondaire 301
    III. Enseignement primaire. — *Écoles pratiques ou écoles primaires d'agriculture* 310
    IV. Enseignement nomade et cours spéciaux 315
    V. L'enseignement agricole à l'école primaire. — *Écoles complémentaires agricoles* 316
    VI. Stations agronomiques et stations d'essais 317
    VII. Enseignement forestier 320
    VIII. Enseignement vétérinaire 322

CHAPITRE IV. — Ministère royal hongrois de l'agriculture 327

CHAPITRE V. — Croatie-Slavonie 328

CHAPITRE VI. — Considérations générales 329

Italie.

CHAPITRE PREMIER. — Exposition 336

CHAPITRE II. — Historique de l'enseignement agricole. 337

CHAPITRE III. — Organisation de l'enseignement agricole. — Établissements et institutions d'enseignement agricole. 339

    I.   Enseignement supérieur. 339
    II.   Enseignement moyen et élémentaire. 352
          a. *Écoles pratiques d'agriculture et écoles spéciales.* 352
          b. *Écoles libres d'agriculture.* 375
    III. Enseignement nomade. 377
    IV. Institutions et établissements divers. 378
          1° *Stations expérimentales agricoles.* 378
          2° *Laboratoires de chimie agricole et laboratoires spéciaux.* 381
          3° *Stations de pisciculture.* 382
          4° *Instituts de zootechnie.* 383
          5° *Stations œnologiques.* 385
          6° *Huileries expérimentales.* 387
          7° *Sections agricoles dans les écoles et instituts techniques.* 388
          8° *Musée royal d'agriculture de Rome* 389

CHAPITRE IV. — Considérations générales. 390

Japon.

CHAPITRE PREMIER. — Exposition. 396

CHAPITRE II. — Historique de l'enseignement agricole. 396

CHAPITRE III. — Organisation de l'enseignement agricole. — Établissements et institutions d'enseignement agricole. 397

    I.   Enseignement supérieur. 397
    II.   Enseignement agricole moyen. 415
    III. Enseignement agricole élémentaire. — *Écoles locales; Écoles rurales complémentaires.* 417
    IV. Enseignement agricole divers. (*Professeurs conférenciers; Champs d'expériences; Stations agronomiques.*) 418

CHAPITRE IV. — Considérations générales. 419

Norvège.

CHAPITRE PREMIER. — Exposition. 421

CHAPITRE II. — Historique et organisation de l'enseignement agricole. 421

CHAPITRE III. — Considérations générales. 424

Pays-Bas.

CHAPITRE PREMIER. — Exposition. 426

CHAPITRE II. — Historique de l'enseignement agricole. 426

CHAPITRE III. — Organisation de l'enseignement agricole. — Établissements et institutions d'enseignement agricole 428

    I.   École d'agriculture de l'État de Wageningen. (*Enseignement supérieur, moyen et élémentaire.*). 429
    II.   Écoles nationales agricoles d'hiver.. 439
    III. Écoles nationales horticoles d'hiver 440
    IV. Cours agricoles et horticoles d'hiver... 442
    V.   Professeurs d'agriculture et d'horticulture ou agronomes de l'État. 442
    VI. Experts ou conseillers de laiterie.. 443
    VII. Écoles subsidiées et cours spéciaux 443
    VIII. Stations agronomiques de l'État 445

CHAPITRE IV. — Considérations générales 445

Portugal.

CHAPITRE PREMIER. — Exposition 453

CHAPITRE II. — Aperçu historique sur l'organisation de l'enseignement agricole 453

CHAPITRE III. — Organisation de l'enseignement agricole. — Établissements et institutions d'enseignement agricole 457

    I.   Enseignement supérieur... 457
    II.   Enseignement moyen ou secondaire 464
    III. Enseignement inférieur ou primaire.. 464

CHAPITRE IV. — Considérations générales 465

Roumanie.

CHAPITRE PREMIER. — Exposition 468

CHAPITRE II. — Historique de l'enseignement agricole.................................... 469

CHAPITRE III. — Organisation de l'enseignement agricole. — Établissements et institutions d'enseignement agricole 471

    I.   École supérieure d'agriculture de Bucarest....................................... 471
    II.   Fermes modèles... 474
    III. Écoles pratiques d'agriculture... 476
    IV. Enseignement horticole... 478
    V.   Enseignement forestier.. 478
    VI. Enseignement vétérinaire.. 479

CHAPITRE IV. — Considérations générales 480

Russie.

CHAPITRE PREMIER. — Exposition 482

CHAPITRE II. — Historique de l'enseignement agricole.................................... 485

CHAPITRE III. — Organisation de l'enseignement agricole. — Établissements et institutions d'enseignement agricole 490

    I.   Enseignement supérieur... 491
    II.   Enseignement forestier.. 498

CHAPITRE III. — Organisation de l'enseignement agricole. — Établissements et institutions d'enseignement agricole. (Suite.)

    III.   Écoles moyennes ou secondaires d'agriculture............................ 500
    IV.   Écoles inférieures d'agriculture............................... 506
    V.   Écoles de laiterie.. 510
    VI.   Écoles de filles..... 510
    VII.   Cours d'horticulture et de viticulture........................ 512
    VIII.   Écoles professionnelles de Tchigeoff........................ 512
    IX.   Enseignement de la petite industrie... 514
    X.   L'enseignement agricole dans les écoles primaires rurales 514
    XI.   Stations météorologiques agricoles............................ 517

CHAPITRE IV. — Finlande.. 518

CHAPITRE V. — Considérations générales................................... 521

Serbie.

CHAPITRE PREMIER. — Exposition...................................... 527

CHAPITRE II. — Historique et organisation de l'enseignement agricole. 527

CHAPITRE III. — Établissements et institutions d'enseignement agricole.............. 528
    I.   École d'agriculture de Kralyevo 528
    II.   École de viticulture et d'arboriculture de Boukovo.................... 529
    III.   Stations agronomiques et Écoles pratiques d'agriculture................ 530
    IV.   Économes départementaux et d'arrondissement ou professeurs nomades d'agriculture 531

CHAPITRE IV. — Considérations générales................................. 532

Suède.

CHAPITRE PREMIER. — Exposition..................................... 535

CHAPITRE II. — Historique et organisation de l'enseignement agricole. (*Instituts agronomiques; Écoles d'agriculture; Écoles de laiterie; Enseignement nomade; Stations; Enseignements vétérinaire et forestier.*)................................... 535

CHAPITRE III. — Considérations générales................................. 544